全国水利水电高职教研会规划教材

建筑施工技术

主编　钟汉华　董伟

中国水利水电出版社
www.waterpub.com.cn

内 容 简 介

本书按照高等职业教育土建施工类专业的教学要求，以国家现行建设工程标准、规范和规程为依据，以施工员、二级建造师等职业岗位能力的培养为导向，根据编者多年工作经验和教学实践，在自编教材基础上修改、补充编纂而成。

本书对房屋建筑工程施工工序、施工方法等作了详细的阐述，坚持以就业为导向，突出实用性、实践性；吸取了建筑施工的新技术、新工艺、新方法，按照高等职业教育的特点把握教学内容的深度和难度，重点讲授理论知识在工程实践中的应用，培养高等职业学校学生的职业能力；内容通俗易懂，叙述规范、简练，图文并茂。全书共分9个单元，包括：土方工程施工，地基与基础工程施工，砌筑工程施工，混凝土结构工程施工，预应力混凝土工程施工，混凝土结构安装工程施工，钢结构工程施工，屋面与防水工程施工，装饰工程施工。

本书具有较强的针对性、实用性和通用性，既可作为高等职业教育土建类各专业的教学用书，也可供建筑安装施工企业各类人员学习参考。

图书在版编目（CIP）数据

建筑施工技术 / 钟汉华，董伟主编. -- 北京 : 中国水利水电出版社，2013.4
全国水利水电高职教研会规划教材
ISBN 978-7-5170-0773-9

Ⅰ. ①建… Ⅱ. ①钟… ②董… Ⅲ. ①建筑工程－工程施工－高等职业教育－教材 Ⅳ. ①TU74

中国版本图书馆CIP数据核字(2013)第077426号

书　　名	全国水利水电高职教研会规划教材 **建筑施工技术**
作　　者	钟汉华　董伟　主编
出版发行	中国水利水电出版社 （北京市海淀区玉渊潭南路1号D座　100038） 网址：www.waterpub.com.cn E-mail：sales@waterpub.com.cn 电话：(010) 68367658（发行部）
经　　售	北京科水图书销售中心（零售） 电话：(010) 88383994、63202643、68545874 全国各地新华书店和相关出版物销售网点
排　　版	中国水利水电出版社微机排版中心
印　　刷	北京嘉恒彩色印刷有限责任公司
规　　格	184mm×260mm　16开本　24印张　569千字
版　　次	2013年4月第1版　2013年4月第1次印刷
印　　数	0001—3000册
定　　价	**45.00元**

前言

qianyan

本书根据高等职业教育土建类各专业人才培养目标，以施工员、二级建造师等职业岗位能力的培养为导向，同时遵循高等职业院校学生的认知规律，以专业知识和职业技能、自主学习能力及综合素质培养为课程目标，紧密结合职业资格证书中相关考核要求确定本书的内容。本书是根据编者多年工作经验和教学实践，在自编教材基础上修改、补充编纂而成。

建筑施工技术是一门实践性很强的课程。为此，本书始终坚持“素质为本、能力为主、需要为准、够用为度”的原则进行编写。本书对土方工程施工、地基与基础工程施工、砌筑工程施工、混凝土结构工程施工、预应力混凝土工程施工、混凝土结构安装工程施工、钢结构工程施工、屋面与防水工程施工、装饰工程施工等土建工程施工方法、施工技术做了详细阐述。本书结合我国建筑工程施工的实际内容，力求理论联系实际，注重实践能力的培养，突出针对性和实用性，以满足学生学习的需要。同时，本书还在一定程度上反映了国内外建筑工程施工的先进经验和技术成就。建议安排100～120学时进行教学。

本书由钟汉华、董伟担任主编，李翠华、余燕君、裴英安担任副主编，武汉市第四市政工程有限公司张亚庆、湖北卓越工程建设监理公司鲁立中主审。具体编写分工如下：

单元1由钟汉华、董伟编写；单元2由施艳平编写；单元3由李翠华、余燕君编写；单元4由王中发、邵元纯、张少坤编写；单元5由陈锋云编写；单元6由余丹丹、方怀霞编写；单元7由裴英安编写；单元8由宋文学编写；单元9由王廷栋编写。

在本书编写过程中，湖北水利水电职业技术学院王燕、罗中、沈小芹、范艳丽、金芳、段炼、侯琴、唐贤秀、胡蕾、曲炳良、徐欣等老师做了不少辅助性工作，在此对他们的辛勤工作表示感谢。本书参考和引用了有关专业文献和资料，未在书中一一注明出处，在此对有关文献的作者表示感谢。

由于编者水平有限，加之时间仓促，书中存在错误和不足之处，诚请读者与同行批评指正。

编　者

2013年3月

目　　录

单元1 土方工程施工

课题1.1 土的种类和鉴别

1.1.1 土方工程施工的特点

1. 工程量大和劳动强度高

大型建筑场地的平整，土方工程量可达数百万立方米以上，施工面积达数平方千米，大型基坑的开挖深度超过二十米，施工工期长，任务重，劳动强度高。在组织施工时，为了减轻繁重的体力劳动，提高生产效率，加快施工进度，降低工程成本，应尽可能采用机械化施工。

2. 施工条件复杂

土方工程施工多为露天作业，受气候、水文、地质条件影响很大，施工中不可确定因素较多。因此，施工前必须进行充分的调查研究，做好各项施工准备工作，制定合理的施工方案，确保施工顺利进行，保证工程质量。

3. 受场地限制和影响大

任何建筑物基础都有一定埋置深度，基坑（槽）的开挖、土方的留置和存放都受到施工场地的影响，特别是城市内施工，场地狭窄，往往由于施工方案不妥，导致周围建筑设施存在安全稳定问题。因此，施工前必须充分熟悉施工场地情况，了解周围建筑结构形式和地质技术资料，科学规划，制定切实可行的施工方案，确保周围建筑物安全。

1.1.2 土的工程分类与鉴别方法

在土方工程施工中，根据土体开挖的难易程度将土分为松软土、普通土、坚土、砂砾坚土、软石、次坚石、坚石、特坚石八类。前四类属于一般土，后四类属于岩石，其分类和鉴别方法见表1.1。

表1.1 土的工程分类与现场鉴别方法

土的分类	土的名称	可松性系数		现场鉴别方法
		K_s	K_s'	
一类土（松软土）	砂土，粉土，冲积砂土层，种植土，泥炭（淤泥）	1.08～1.17	1.01～1.03	能用锹、锄头挖掘
二类土（普通土）	粉质黏土，潮湿的黄土，夹有碎石、卵石的砂，种植土，填筑土及粉土混卵（碎）石	1.14～1.28	1.02～1.05	用锹、锄头挖掘，少许用镐翻松
三类土（坚土）	中等密实黏土，重粉质黏土，粗砾石，干黄土及含碎石、卵石的黄土、粉质黏土，压实的填筑土	1.24～1.30	1.04～1.07	用镐，少许用锹、锄头挖掘，部分用撬棍

续表

土的分类	土的名称	可松性系数		现场鉴别方法
		K_s	K_s'	
四类土（砂砾坚土）	坚硬密实的黏土及含碎石、卵石的黏土，粗卵石，密实的黄土，天然级配砂石，软泥灰岩及蛋白石	1.26～1.32	1.06～1.09	整个用镐、撬棍，然后用锹挖掘，部分用楔子及大锤
五类土（软石）	硬质黏土，中等密实的页岩、泥灰岩、白垩土，胶结不紧的砾岩，软的石灰岩	1.30～1.45	1.10～1.20	用镐或撬棍、大锤挖掘，部分使用爆破方法
六类土（次坚石）	泥岩，砂岩，砾岩，坚实的页岩，泥灰岩，密实的石灰岩，风化花岗岩，片麻岩	1.30～1.45	1.10～1.20	用爆破方法开挖，部分用风镐开挖
七类土（坚石）	大理岩，辉绿岩，玢岩，粗、中粒花岗岩，坚实的白云岩、砂岩、砾岩、片麻岩、石灰岩、微风化的安山岩、玄武岩	1.30～1.45	1.10～1.20	用爆破方法开挖
八类土（特坚石）	安山岩，玄武岩，花岗片麻岩、坚实的细粒花岗岩、闪长岩、石英岩、辉长岩、辉绿岩、玢岩	1.45～1.50	1.20～1.30	用爆破方法开挖

土的开挖难易程度直接影响土方工程施工方案、劳动消耗量和工程费用。土体越硬，劳动消耗量越大，工程成本越高。正确区分和鉴别土的种类，可以合理地选择施工方法和准确套用定额，计算土方工程费用。

1.1.3　土的工程性质

土的工程性质对土方工程施工有着直接影响，也是进行土方施工方案确定的基本资料。土的工程性质有土的含水量、土的质量密度、土的可松性和土的渗透性。

1. 土的含水量

土的含水量（W）是指土中水的质量与土的固体颗粒质量的百分比，计算公式为

$$W=\frac{m_1-m_2}{m_2}\times 100\%=\frac{m_w}{m_s}\times 100\% \tag{1.1}$$

式中　m_1——含水状态土的质量，kg；

m_2——烘干后土的质量，kg；

m_w——土中水的质量，kg；

m_s——固体颗粒的质量，是指土经温度105℃烘干的质量，kg。

含水量表示土体的干湿程度。含水量在5%以下称为干土；在5%～30%称为潮湿土；大于30%称为湿土。土的含水量随气候条件、雨雪和地下水的影响而变化，对土方边坡的稳定性及填方密实程度有直接的影响。

2. 土的质量密度

土的质量密度分为天然密度和干密度。它表示土体密实程度。

（1）土的天然密度。土的天然密度（ρ）是指土在天然状态下单位体积的质量。它与

土的密实程度和含水量有关，计算公式为

$$\rho=\frac{m}{V} \tag{1.2}$$

式中　ρ——土的天然密度，kg/m^3；

m——土的总质量，kg；

V——土的体积，m^3。

土的天然密度随着土颗粒的组成、孔隙的多少和含水量的变化而变化，一般黏土的天然密度约为 1600～2200kg/m^3，密度越大，土体越硬，挖掘越困难。

(2) 土的干密度。土的干密度（ρ_d）是指土的固体颗粒质量与土的总体积的比值，计算公式为

$$\rho_d=\frac{m_s}{V} \tag{1.3}$$

式中　ρ_d——土的干密度，kg/m^3；

m_s——土的固体颗粒质量，kg；

V——土的总体积，m^3。

在一定程度上，土的干密度反映了土体颗粒排列的紧密程度。土的干密度愈大，表示土体愈密实。在土方填筑时，常以土的干密度来控制土的夯实标准。

3. 土的可松性

自然状态下的土经开挖后，其体积因松散而增加，虽经振动夯实，仍然不能恢复到原状土的体积，土的这种性质称为土的可松性。土的可松性程度用可松性系数表示，计算公式为

$$K_s=\frac{V_2}{V_1} \tag{1.4}$$

$$K_s'=\frac{V_3}{V_1} \tag{1.5}$$

式中　K_s、K_s'——土的最初、最终可松性系数；

V_1——土在天然状态下的体积，m^3；

V_2——土挖出后在松散状态下的体积，m^3；

V_3——土经压（夯）实后的体积，m^3。

土的最初可松性系数 K_s，是计算车辆装运土方体积及挖土机械的主要参数；土的最终可松性系数 K_s'，是计算填方所需挖土工程量的主要参数，各类土的可松性系数见表 1.1。

4. 土的渗透性

土的渗透性是指土体被水透过的性能。土的渗透性用渗透系数 K 表示，它表示单位时间内水穿透土层的能力，一般有试验确定，以 m/d 表示。渗透系数与土的颗粒级配、密实程度等有关，是人工降低地下水位及选择各类井点的主要参数。土的渗透系数见表 1.2。

表 1.2 土的渗透系数参考表 单位：m/d

土的名称	渗透系数 K	土的名称	渗透系数 K
黏土	<0.005	中砂	5.00～20.00
粉质黏土	0.005～0.10	均质中砂	35～50
粉土	0.10～0.50	粗砂	20～50
黄土	0.25～0.50	圆砾石	50～100
粉砂	0.50～1.00	卵石	100～500
细砂	1.00～5.00		

课题 1.2 土方工程量的计算

在土方工程施工前，通常要计算土方工程量，根据土方工程量的大小，拟订土方工程施工方案，组织土方工程施工。土方工程外形往往很复杂、不规则，要准确计算土方工程量难度很大。一般情况下，将其划分成一定的几何形状，采用具有一定精度又与实际情况近似的方法计算。

1.2.1 基坑与基槽土方量的计算

1. 基坑土方量

基坑是指长宽比不大于 3 的矩形土体。基坑土方量可按立体几何中拟柱体（由两个平行的平面做底的一种多面体）体积公式计算，如图 1.1 所示。计算公式为

$$V=\frac{H}{6}(A_1+4A_0+A_2) \tag{1.6}$$

式中 V——基坑土方量，m^3；

H——基坑深度，m；

A_1、A_2——基坑上、下底的面积，m^2；

A_0——基坑中截面的面积，m^2。

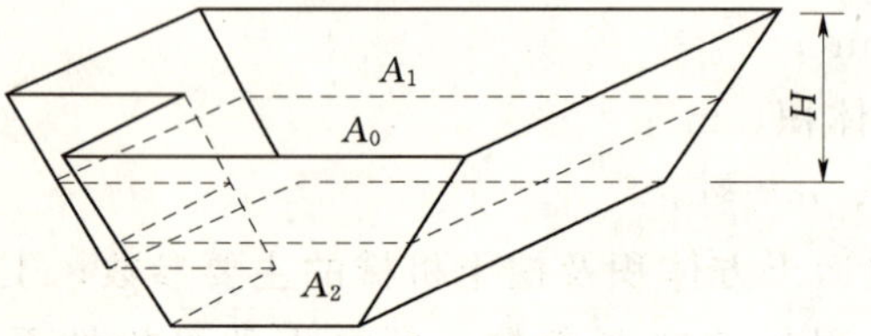

图 1.1 基坑土方量计算

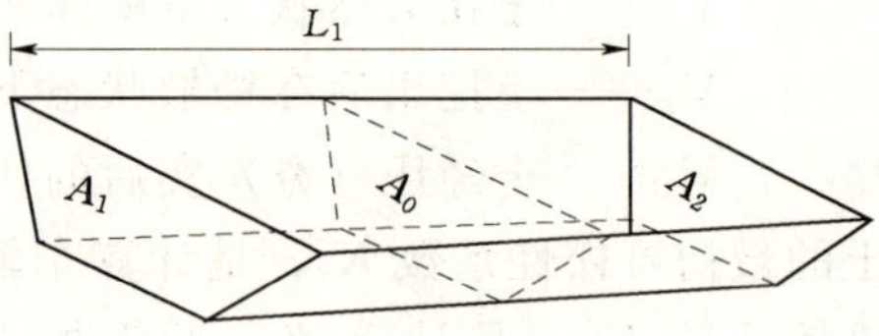

图 1.2 基槽土方量计算

2. 基槽土方量

基槽土方量计算可沿长度方向分段后，按照上述同样的方法计算，如图 1.2 所示。计算公式为

$$V_1=\frac{L_1}{6}(A_1+4A_0+A_2) \tag{1.7}$$

式中 V_1——第 1 段的土方量，m^3；

L_1——第 1 段的长度，m。

将各段土方量相加，即得总土方量，计算公式为

$$V=V_1+V_2+\cdots+V_n \tag{1.8}$$

式中 V_1、V_2、…、V_n——各段土方量，m^3。

1.2.2 场地平整土方量的计算

场地平整就是将天然地面平整成施工要求的设计平面。场地设计标高是进行场地平整和土方量计算的依据，合理选择场地设计标高，对减少土方量，提高施工速度具有重要意义。场地设计标高是全局规划问题，应由设计单位及有关部门协商解决。当场地设计标高无设计文件特定要求时，可按场区内“挖填土方量平衡法”经计算确定，并可达到土方量少、费用低、造价合理的效果。

场地平整土方量的计算有方格网法和断面法两种。断面法是将计算场地划分成若干横截面后逐段计算，最后将逐段计算结果汇总。断面法计算精度较低，可用于地形起伏变化较大、断面不规则的场地。当场地地形较平坦时，一般采用方格网法。

1.2.2.1 方格网法

方格网法计算场地平整土方量包括以下步骤。

1. 绘制方格网图

根据地形图（一般比例为 1∶500），将建筑场地划分为若干个方格网，方格边长主要取决于地形变化复杂程度，一般取方格边长 a＝10m、20m、30m、40m 等，通常采用 20m。方格网与测量的纵横坐标网相对应，在各方格角点规定的位置上标注角点的自然地面标高（H）和设计标高（H_n），如图 1.3 所示。

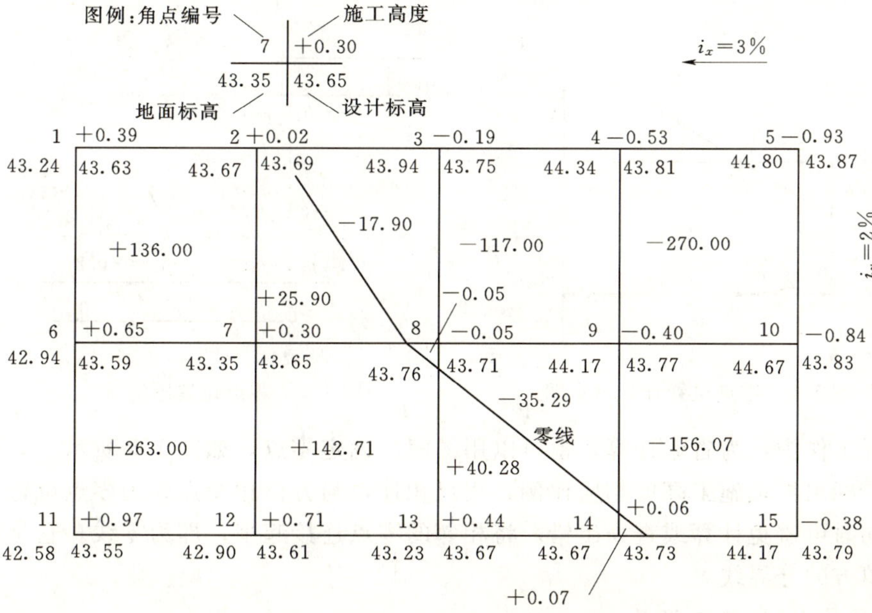

图 1.3 方格网法计算土方工程量图

2. 计算场地各方格角点的施工高度

各方格角点的施工高度为角点的设计地面标高与自然地面标高之差，是以角点设计标高为基准的挖方或填方的施工高度。各方格角点的施工高度按下式计算：

$$h_n = H_n - H \tag{1.9}$$

式中 h_n——角点的施工高度，即填挖高度（以“＋”为填，“－”为挖），m；

H_n——角点的设计标高，m；

H——角点的自然地面标高，m；

n——方格的角点编号（自然数列1，2，3，…，n）。

3. 计算“零点”位置和确定零线

当同一方格的四个角点的施工高度同号时，该方格内的土方则全部为挖方或填方，如果同一方格中一部分角点的施工高度为“＋”，而另一部分为“－”，则此方格中的土方一部分为填方，另一部分为挖方，沿其边线必然有一不挖不填的点，即为“零点”，如图1.4所示。

“零点”位置按下式计算：

$$\left.\begin{aligned} x_1 &= \frac{ah_1}{h_1 + h_2} \\ x_2 &= \frac{ah_2}{h_1 + h_2} \end{aligned}\right\} \tag{1.10}$$

式中 x_1、x_2——角点至零点的距离，m；

h_1、h_2——相邻两角点的施工高度，均用绝对值表示，m；

a——方格网的边长，m。

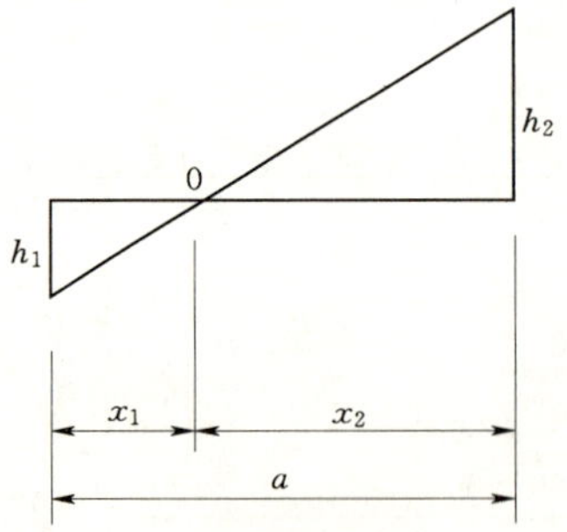

图1.4 零点位置计算示意图

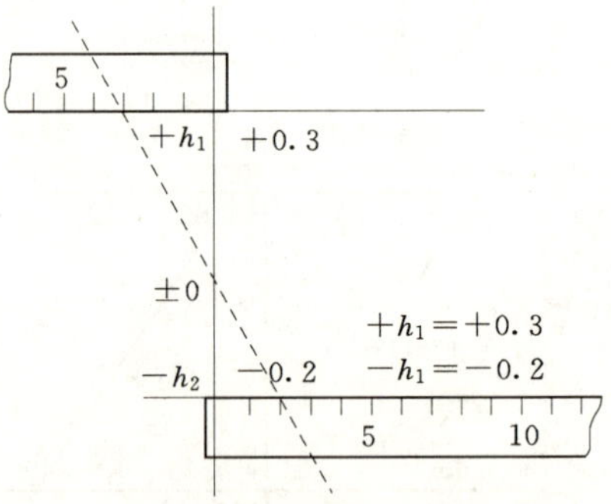

图1.5 零点位置图解法

在实际工作中，为省略计算，也可以用图解法确定零点，如图1.5所示。方法是用尺在各角点上标出挖填施工高度相应比例，用尺相连，与方格相交点即为零点位置。此法甚为方便，同时可避免计算或查表出错。将相邻的零点连接起来，即为零线。它是确定方格中挖方与填方的分界线。

4. 计算方格土方工程量

按方格底面积图形和表1.3所列计算公式，计算每个方格内的挖方量或填方量。

表 1.3　　**常用方格网点计算公式**

项　目	图　示	计算公式
一点填方或挖方（三角形）	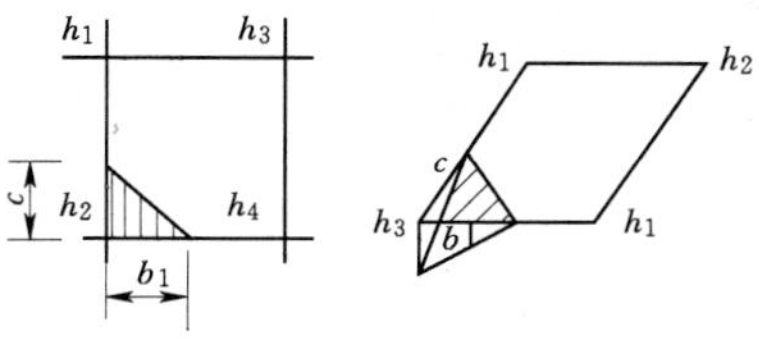	$V=\frac{bc}{2}\frac{\sum h}{3}=\frac{bch_3}{6}$ 当 $b=a=c$ 时，$V=\frac{a^2h_3}{6}$
二点填方或挖方（梯形）	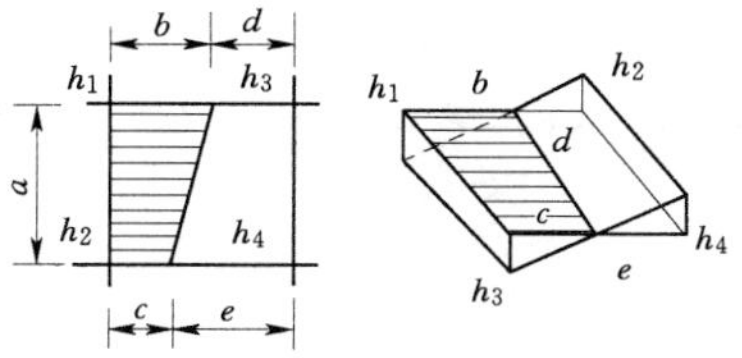	$V_+=\frac{b+c}{2}a\frac{\sum h}{4}=\frac{a}{8}(b+c)(h_1+h_3)$ $V_-=\frac{d+e}{2}a\frac{\sum h}{4}=\frac{a}{8}(d+e)(h_2+h_4)$
三点填方或挖方（五角形）	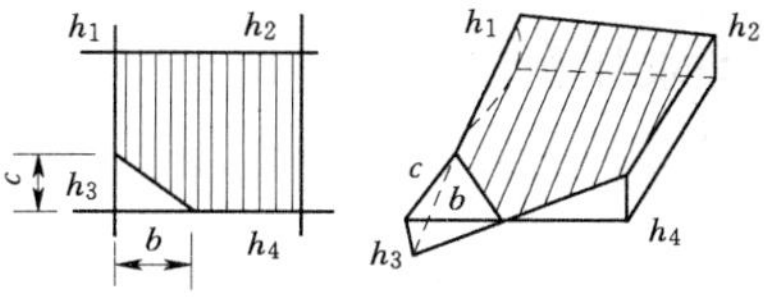	$V=\left(a^2-\frac{bc}{2}\right)\frac{\sum h}{5}$ $=\left(a^2-\frac{bc}{2}\right)\frac{h_1+h_2+h_4}{5}$
四点填方或挖方（正方形）	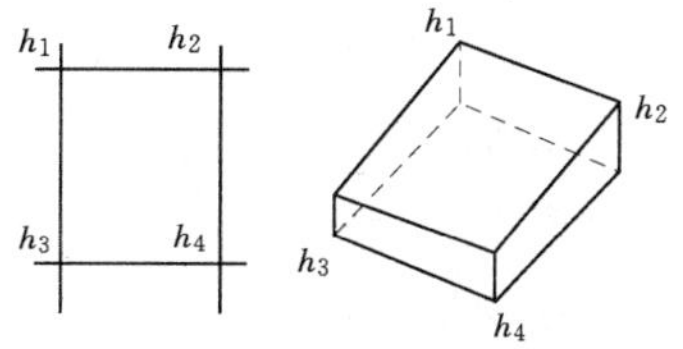	$V=a^2\frac{\sum h}{4}=\frac{a^2}{4}(h_1+h_2+h_3+h_4)$

注　1. a—方格网的边长，m；b、c—零点到一角的边长，m；h_1、h_2、h_3、h_4—方格网四角点的施工高度，用绝对值代入，m；$\sum h$—填方或挖方施工高度总和，用绝对值代入，m；V—填方或挖方的体积，m^3。

2. 本表计算公式是按各计算图形底面积乘以平均施工高度而得出的。

5. 计算边坡土方量

场地的挖方区和填方区的边沿都需要做成边坡，以保证挖方土壁和填方区的稳定。边坡的土方量可以划分成两种近似的几何形体进行计算：一种为三角棱锥体，另一种为三角棱柱体。

（1）三角棱锥体边坡体积，如图 1.6 中①～③、⑤～⑦所示，计算公式为

$$V_1=\frac{A_1l_1}{3} \tag{1.11}$$

式中　l_1——三角棱锥体边坡的长度，m；

A_1——三角棱锥体边坡的端面积，m^2。

（2）三角棱柱体边坡体积，如图 1.6 中④所示，计算公式为

$$V_4=\frac{A_1+A_2}{2}l_4 \tag{1.12}$$

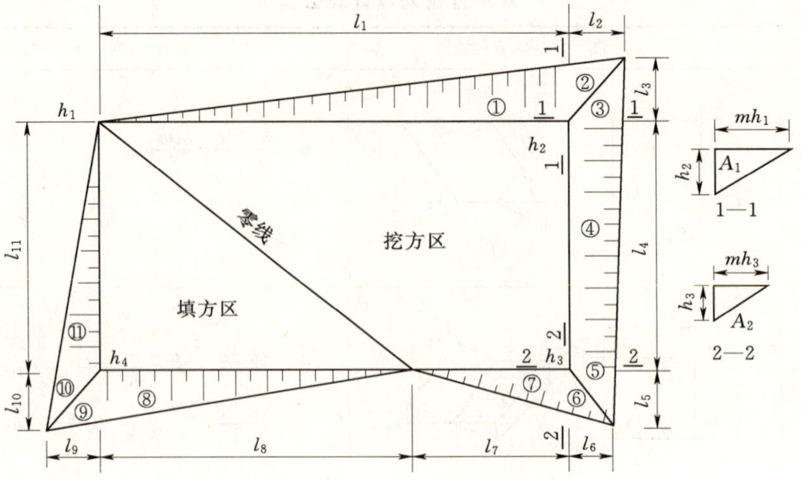

图 1.6 场地边坡平面图

当两端横断面面积相差很大的情况下，边坡体积按式（1.13）计算：

$$V_4=\frac{l_4}{6}(A_1+4A_0+A_2) \tag{1.13}$$

式中 l_4——三角棱柱体边坡的长度，m；

A_1、A_2、A_0——三角棱柱体边坡两端及中部横断面面积。

6. 计算土方总量

将挖方区（或填方区）所有方格计算的土方量和边坡土方量汇总，即得该场地挖方和填方的总土方量。

1.2.2.2 断面法

沿场地取若干个相互平行的断面，可利用地形图或实际测量定出，将所取的每个断面（包括边坡断面）划分为若干个三角形和梯形，如图 1.7 所示，则面积为

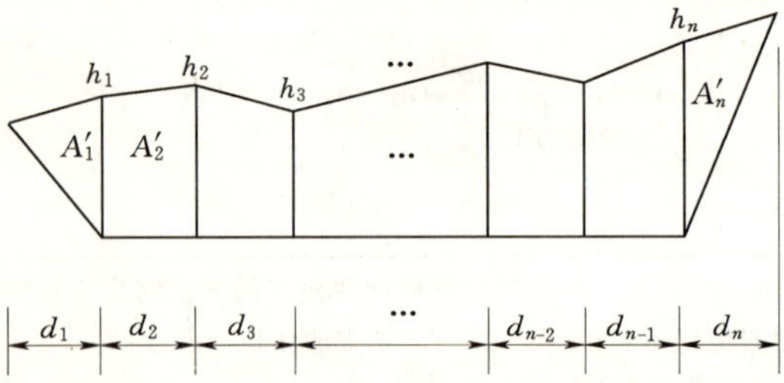

图 1.7 断面法示意图

$$A_1'=\frac{h_1d_1}{2},\quad A_2'=\frac{(h_1+h_2)d_2}{2},\ \cdots$$

某一断面面积为

$$A_i=A_1'+A_2'+\cdots+A_n'$$

若 $d_1=d_2=\cdots=d_n=d$，则

$$A_i=d(h_1+h_2+\cdots+h_{n-1})$$

设各断面面积分别为 A_1，A_2，…，A_m，相邻两断面间的距离依次为 L_1，L_2，…，L_{m-1}，则所求的土方体积为

$$V=\frac{A_1+A_2}{2}L_1+\frac{A_2+A_3}{2}L_2+\cdots+\frac{A_{m-1}+A_m}{2}L_{m-1} \tag{1.14}$$

用断面法计算土方量，边坡土方量已包括在内。

【例1.1】 某建筑施工场地地形图和方格网布置，如图1.8所示。方格网的边长 $a=20$m，方格网各角点上的标高分别为地面的设计标高和自然标高，该场地为粉质黏土，为了保证填方区和挖方区边坡稳定性，设计填方区边坡坡度系数为1.0，挖方区边坡坡度系数为0.5，试用方格网法计算挖方和填方的总土方量。

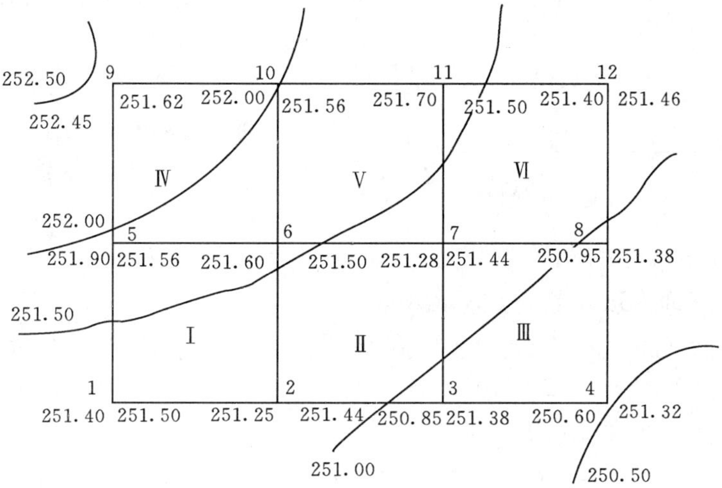

图1.8 某建筑场地方格网布置图

解：

1. 计算各角点的施工高度

根据方格网各角点的地面设计标高和自然标高，按照式（1.9）计算得

$$h_1=251.50-251.40=0.10\ (\text{m})$$

$$h_2=251.44-251.25=0.19\ (\text{m})$$

$$h_3=251.38-250.85=0.53\ (\text{m})$$

$$h_4=251.32-250.60=0.72\ (\text{m})$$

$$h_5=251.56-251.90=-0.34\ (\text{m})$$

$$h_6=251.50-251.60=-0.10\ (\text{m})$$

$$h_7=251.44-251.28=0.16\ (\text{m})$$

$$h_8=251.38-250.95=0.43\ (\text{m})$$

$$h_9=251.62-252.45=-0.83\ (\text{m})$$

$$h_{10}=251.56-252.00=-0.44\ (\text{m})$$

$$h_{11}=251.50-251.70=-0.20\ (\text{m})$$

$$h_{12}=251.46-251.40=0.06\ (\text{m})$$

各角点施工高度计算结果标注如图1.9所示。

2. 计算零点位置

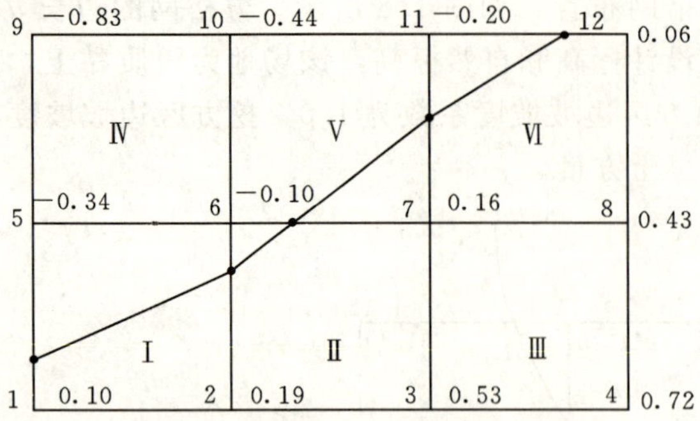

图 1.9　施工高度及零线位置

由图 1.9 可知，方格网边 1—5、2—6、6—7、7—11、11—12 两端的施工高度符号不同，这说明在这些方格边上有零点存在，由式（1.10）求得

1—5 线：$x_1=4.55$m；2—6 线：$x_1=13.10$m；6—7 线：$x_1=7.69$m；7—11 线：$x_1=8.89$m；11—12 线：$x_1=15.38$m。

将各零点标于图上，并将相邻的零点连接起来，即得零线位置，如图 1.9 所示。

3. 计算各方格的土方量

方格Ⅲ、Ⅳ底面为正方形，土方量为

$$V_{\mathrm{III}}(+)=20^2/4\times(0.53+0.72+0.16+0.43)=184\ (\mathrm{m}^3)$$

$$V_{\mathrm{IV}}(-)=20^2/4\times(0.34+0.10+0.83+0.44)=171\ (\mathrm{m}^3)$$

方格Ⅰ底面为两个梯形，土方量为

$$V_{\mathrm{I}}(+)=20/8\times(4.55+13.10)\times(0.10+0.19)=12.80\ (\mathrm{m}^3)$$

$$V_{\mathrm{I}}(-)=20/8\times(15.45+6.90)\times(0.34+0.10)=24.59\ (\mathrm{m}^3)$$

方格Ⅱ、Ⅴ、Ⅵ底面为三边形和五边形，土方量为

$$V_{\mathrm{II}}(+)=65.73(\mathrm{m}^3)；V_{\mathrm{II}}(-)=0.88(\mathrm{m}^3)；V_{\mathrm{V}}(+)=2.92\ (\mathrm{m}^3)；$$

$$V_{\mathrm{V}}(-)=51.10\ (\mathrm{m}^3)；V_{\mathrm{VI}}(+)=40.89(\mathrm{m}^3)；V_{\mathrm{VI}}(-)=5.70\ (\mathrm{m}^3)$$

方格网总填方量为

$$\sum V(+)=184+12.80+65.73+2.92+40.89=306.34\ (\mathrm{m}^3)$$

方格网总挖方量为

$$\sum V(-)=171+24.59+0.88+51.10+5.70=253.26\ (\mathrm{m}^3)$$

4. 计算边坡土方量

如图 1.10 所示，除④、⑦按三角棱柱体计算外，其余均按三角棱锥体计算，由式（1.11）、式（1.12）、式（1.13）计算可得

$$V_{①}(+)=0.003\ (\mathrm{m}^3)$$

$$V_{②}(+)=V_{③}(+)=0.0001\ (\mathrm{m}^3)$$

$$V_{④}(+)=5.22\ (\mathrm{m}^3)$$

$$V_{⑤}(+)=V_{⑥}(+)=0.06\ (\mathrm{m}^3)$$

$$V_{⑦}(+)=7.93\ (\mathrm{m}^3)$$

$$V_{⑧}(+)=V_{⑨}(+)=0.01\ (\mathrm{m}^3)$$

$$V_{⑩}=0.01\ (\mathrm{m}^3)$$

$$V_{⑪}=2.03\ (\mathrm{m}^3)$$

$$V_{⑫}=V_{⑬}=0.02\ (\mathrm{m}^3)$$

$$V_{⑭}=3.18\ (\mathrm{m}^3)$$

边坡总填方量：

$$\sum V(+)=0.003+0.0001+5.22+2\times 0.06+7.93+2\times 0.01+0.01=13.29\ (m^3)$$

边坡总挖方量：

$$\sum V(-)=2.03+2\times 0.02+3.18=5.25\ (m^3)$$

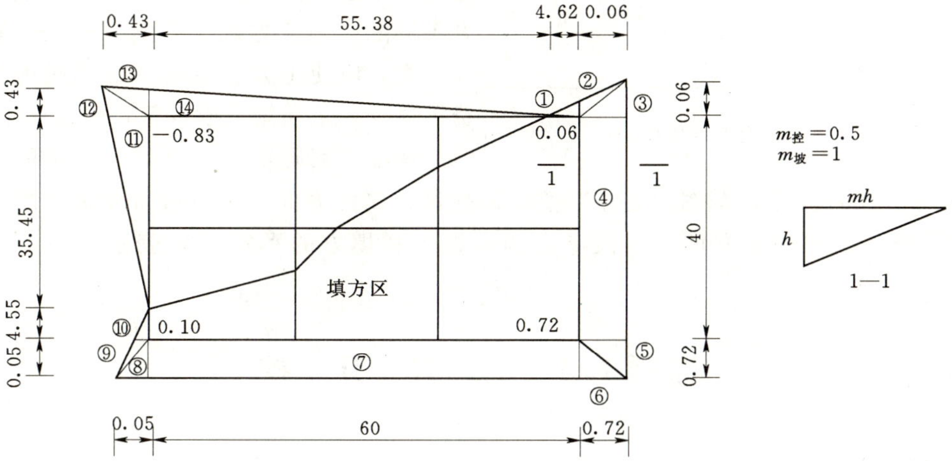

图 1.10　场地边坡平面图

1.2.3　土方调配

土方调配是土方工程施工组织设计（土方规划）中的重要内容，在场地土方工程量计算完成后，即可着手土方的调配工作。土方调配，就是对挖土的利用、堆弃和填土三者之间的关系进行综合协调的处理。好的土方调配方案，应该使土方的运输量或费用最少，而且施工又方便。

1. 土方调配的原则

(1) 力求达到挖方与填方基本平衡和运距最短。使挖方量与运距的乘积之和最小，即土方运输量或费用最小，降低工程成本。

(2) 近期施工与后期利用相结合。当工程分期分批施工时，若先期工程有土方余额，应结合后期工程的需求来考虑其利用量与堆放位置，以便就近调配，避免重复挖运和场地混乱。

(3) 应分区与全场相结合。分区土方的余额或欠额的调配，必须考虑全场土方的调配，不可只顾局部平衡而妨碍全局。

(4) 尽可能与大型建筑物的施工相结合。大型建筑物位于填土区时，应将开挖的部分土体予以保留，待基础施工后再进行填土，以避免土方重复挖、填和运输。

(5) 选择适当的调配方向和运输路线，使土方机械和运输车辆的功效得到充分发挥。

总之，进行土方调配，必须依据现场具体情况、有关技术资料、工期要求、土方施工方法与运输方法等，综合考虑上述原则，并经计算比较，选择经济合理的调配方案。

2. 土方调配方案的编制

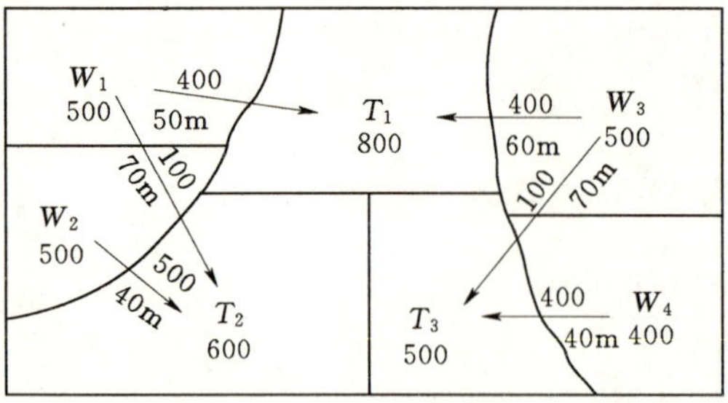

图 1.11 土方调配图（单位：m^3）

土方调配方案的编制，应根据施工场地地形及地理条件，把挖方区和填方区划分成若干个调配区，计算各调配区的土方量，并计算每对挖、填方区之间的平均运距（即挖方区重心至填方区重心的距离），然后确定挖方各调配区的土方调配方案。土方调配的最优方案，应使土方总运输量最小或土方运输费用最少，工期短、成本低，而且便于施工。

调配方案确定后，绘制土方调配图，如图 1.11 所示。在土方调配图上要注明挖填调配区、调配方向、土方数量和每对挖填之间的平均运距。图中的土方调配，仅考虑场内挖方和填方的平衡，W 表示挖方，T 表示填方。

课题 1.3 土 方 开 挖

1.3.1 施工准备

土方开挖前需要做好下列准备工作。

1. 场地清理

施工区域内障碍物要调查清楚，制订方案，并征得主管部门意见和同意，拆除影响施工的建筑物、构筑物；拆除和改造通信和电力设施、自来水管道、煤气管道和地下管道；迁移树木。

2. 排除地面积水

尽可能利用自然地形和永久性排水设施，采用排水沟、截水沟或挡水坝等措施，把施工区域内的雨雪自然水、低洼地区的积水及时排除，使场地保持干燥，便于土方工程施工。

3. 测设地面控制点

大型场地的平整，利用经纬仪、水准仪，将场地设计平面图的方格网在地面上测设固定下来，各角点用木桩定位，并在桩上注明桩号、施工高度数值，便于施工。

4. 修筑临时设施

修好临时道路、电力、通信及供水设施，以及生活和生产用临时房屋。

1.3.2 土方机械化施工

土方工程施工包括：土方开挖、运输、填筑和压实等。由于土方工程量大，劳动繁重，施工时应尽量采用机械化施工，以减少繁重的体力劳动，加快施工进度。

1.3.2.1 推土机施工

推土机由拖拉机和推土铲刀组成。按铲刀的操纵机构不同，推土机分为钢索式和液压式两种。目前使常用的主要是液压式，如图 1.12 所示。

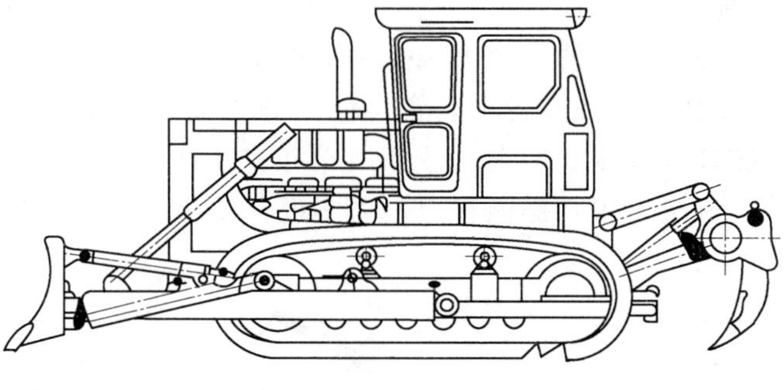

图 1.12 T—L180 型推土机外形图（单位：mm）

推土机能够单独完成挖土、运土和卸土工作，具有操作灵活，运转方便，所需工作面小，行驶速度快，易于转移等特点。

推土机经济运距在 100m 以内，效率最高的运距在 60m。为提高生产效率，可采用槽形推土、下坡推土及并列推土等方法。

1.3.2.2 铲运机施工

铲运机是一种能独立完成铲土、运土、卸土、填筑、场地平整的土方施工机械。按行走方式分为牵引式铲运机和自行式铲运机，按铲斗操纵系统可分为有液压操纵和机械操纵两种，如图 1.13 所示。

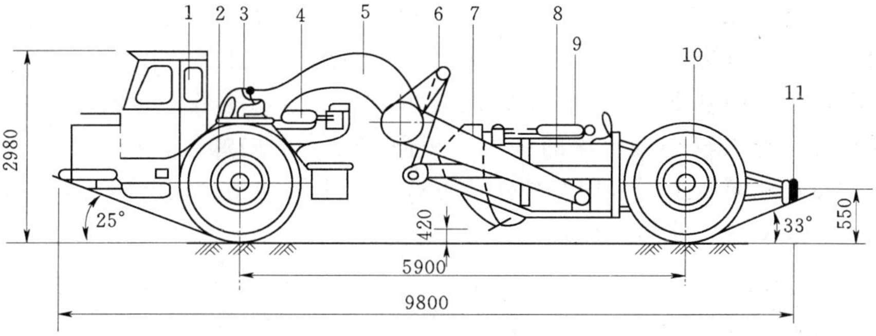

图 1.13 CL_7 型自行式铲运机（单位：mm）

1—驾驶室；2—前轮；3—中央框架；4—转角油缸；5—辕架；6—提斗油缸；7—斗门；8—铲斗；9—斗门油缸；10—后轮；11—尾架

铲运机对道路要求较低，操纵灵活，具有生产效率较高的特点。它使用在一至三类土中直接挖、运土。经济运距在 600～1500m，当运距在 800m 效率最高。常用于坡度在 20°以内的大面积场地平整，大型基坑开挖及填筑路基等，不适用于淤泥层、冻土地带及沼泽地区。

为了提高铲运机的生产效率，可以采取下坡铲土、推土机推土助铲等方法，缩短装土时间，使铲斗的土装得较满。铲运机在运行时，根据填、挖方区分布情况，结合当地具体条件，合理选择运行路线，提高生产率。一般有环形路线和“8”字形路线两种形式。

1.3.2.3 单斗挖土机施工

单斗挖土机是土方开挖常用的一种机械。按工作装置不同，可分为正铲、反铲、拉铲和抓铲四种，如图 1.14 所示。按其行走装置不同，分为履带式和轮胎式两类。按操纵机构的不同，可分为机械式和液压式两类。液压式单斗挖土机调速范围大，作业时惯性小，转动平稳，结构简单，一机多用，操纵省力，易实现自动化。

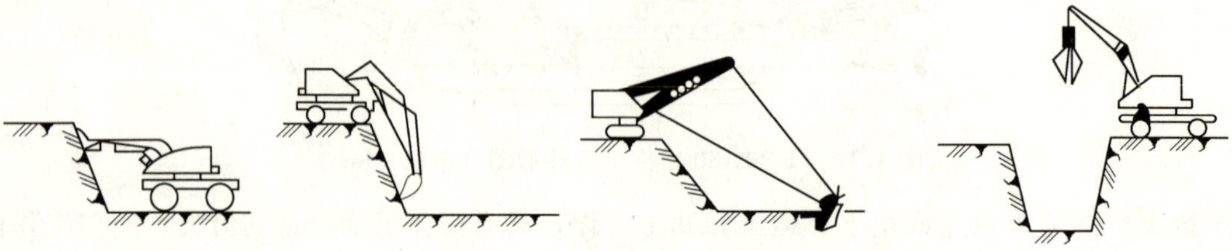

(a)正铲　(b)反铲　(c)拉铲　(d)抓铲

图 1.14 单斗挖土机工作装置类型

1. 正铲挖土机

正铲挖土机的工作特点是：前进行驶，铲斗由下向上强制切土，挖掘力大，生产效率高；适用于开挖停机面以上一类至三类土，且与自卸汽车配合完成整个挖掘运输作业，可用于挖掘大型干燥的基坑和土丘等。

正铲挖土机的开挖方式，根据开挖路线与运输车辆相对位置的不同，可分为正向挖土、反向卸土［见图 1.15 (a)］和正向挖土、侧向卸土［见图 1.15 (b)］两种。正向挖土、反向卸土，挖土机沿前进方向挖土，运输车辆停在挖土机后方装土。这种作业方式所开挖的工作面较大，但挖土机卸土时动臂回转角度大，生产率低，运输车辆要倒车开入，一般只适宜开挖工作面较小且较深的基坑。正向挖土、侧向卸土，挖土机沿前进方向挖土，运输车辆停在侧面装土。采用这种作业方式，挖土机卸土时动臂回转角度小，运输工具行驶方便，生产率高，使用广泛。

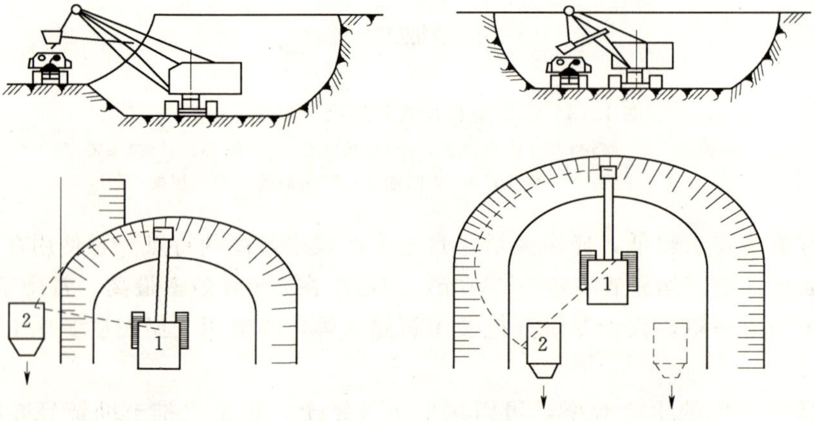

(a)正向挖土、反向卸土　(b)正向挖土、侧向卸土

图 1.15 正铲挖土机作业方式

2. 反铲挖土机

反铲挖土机的工作特点是：机械后退行驶，铲斗由下而上强制切土；挖土能力比正铲小；用于开挖停机面以下的一类至三类土，适用于挖掘深度不大于4m的基坑、基槽、管沟开挖，也可用于湿土、含水量较大及地下水位以下的土壤开挖。

反铲挖土机的开挖方式有沟端开挖和沟侧开挖两种。沟端开挖，如图1.16（a）所示，挖土机停在沟端，向后倒退挖土，汽车停在两旁装土，开挖工作面宽。沟侧开挖，如图1.16（b）所示，挖土机沿沟槽一侧直线移动挖土，挖土机移动方向与挖土方向垂直，此法能将土弃于距沟较远处，但挖土宽度受到限制。

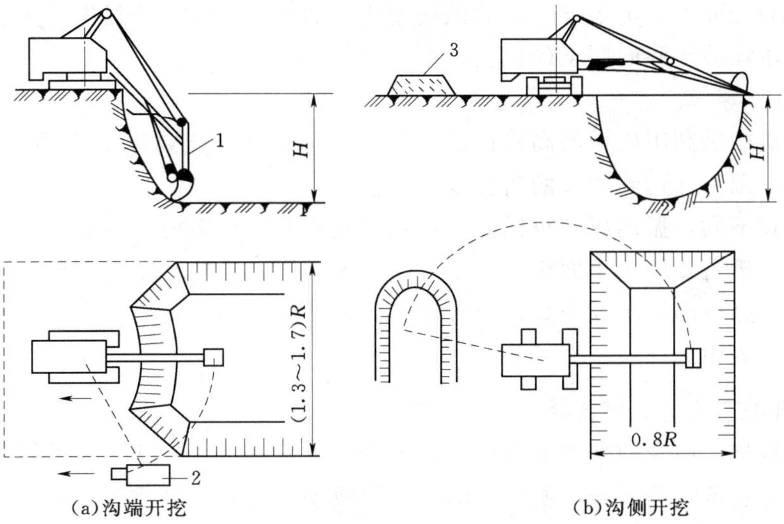

图1.16　反铲挖土机开挖方式

1—反铲挖土机；2—自卸汽车；3—弃土堆

3. 拉铲挖土机

拉铲挖土机工作时利用惯性，把铲斗甩出后靠收紧和放松钢丝绳进行挖土或卸土，铲斗由上而下，靠自重切土。可以开挖一类、二类土壤的基坑、基槽和管沟，特别适用于含水量较大的水下松软土和普通土的挖掘。拉铲开挖方式与反铲挖土机相似，有沟端开挖、沟侧开挖两种。

4. 抓铲挖土机

抓铲挖土机主要用于开挖土质比较松软，施工面比较狭窄的基坑、沟槽和沉井等工程，特别适于水下挖土，土质坚硬时不能用抓铲施工。

1.3.2.4　装载机

装载机按行走方式分为履带式和轮胎式两种，按工作方式分单斗装载机、链式装载机和轮斗式装载机。土方工程主要使用单斗式装载机，它具有操作灵活、轻便和快速等特点。适用于装卸土方和散料，也可用于松软土的表层剥离、地面平整和场地清理等工作。

1.3.2.5　压实机械

根据土体压实机理，压实机械可分为冲击式、碾压式和振动压实机械三大类。

1. 冲击式压实机械

冲击式压实机械主要有蛙式打夯机和内燃式打夯机两类，蛙式打夯机一般以电为动力。这两种打夯机适用于狭小的场地和沟槽作业，也可用于室内地面的夯实及大型机械无法到达的边角的夯实。

2. 碾压式压实机械

按行走方式不同，碾压式压实机械可分为自行式压路机和牵引式压路机两类。自行式压路机常用的有光轮压路机、轮胎压路机。自行式压路机主要用于土方、砾石、碎石的回填压实及沥青混凝土路面的施工。牵引式压路机的行走动力一般采用推土机（或拖拉机）牵引，常用的有光面碾、羊足碾。光面碾用于土方的回填压实，羊足碾适用于黏性土的回填压实，不能用在砂土和面层土的压实。

3. 振动压实机械

振动压实机械是利用机械的高频振动，把能量传给被压土，降低土颗粒间的摩擦力，在压实能量的作用下，达到较大的密实度。

按行走方式不同，振动压实机械分为手扶平板式振动压实机和振动压路机两类。手扶平板式振动压实机主要用于小面积的地基夯实。振动压路机按行走方式分为自行式和牵引式两种。振动压路机的生产效率高，压实效果好，能压实多种性质的土，主要用在工程量大的大型土方工程中。

1.3.3 土方开挖方式与机械选择

在土方工程施工中合理选择土方机械，充分发挥机械性能，并使各种机械相互配合使用，以加快施工进度，提高施工质量，降低工程成本，具有十分重要的意义。

1. 场地平整

场地平整包括土方的开挖、运输、填筑和压实等工序。地势较平坦、含水量适中的大面积平整场地，选用铲运机较适宜；地形起伏较大，挖方、填方量大且集中的平整场地，运距在1000m以上时，可选择正铲挖土机配合自卸车进行挖土、运土，在填方区配备推土机平整及压路机碾压施工；挖填方高度不大，运距在100m以内时，采用推土机施工，灵活、经济。

2. 基坑开挖

单个基坑和中小型基础基坑，多采用抓铲挖土机和反铲挖土机开挖。抓铲挖土机适用于一类、二类土质和较深的基坑，反铲挖土机适于四类以下土质，深度在4m以内的基坑。

3. 基槽和管沟开挖

在地面上开挖具有一定截面、长度的基槽或沟槽，挖大型厂房的柱列基础和管沟，宜采用反铲挖土机挖土。如果水中取土或开挖土质为淤泥，且坑底较深，则可选择抓铲挖土机挖土。如果土质干燥，槽底开挖不深，基槽长30m以上，可采用推土机或铲运机施工。

4. 整片开挖

基坑较浅，开挖面积大，且基坑土干燥，可采用正铲挖土机开挖。若基坑内土体潮湿，含水量较大，则采用拉铲或反铲挖土机作业。

5. 柱基础基坑和条形基础基槽开挖

对于独立柱基础的基坑及小截面条形基础基槽，可采用小型液压轮胎式反铲挖土机配以翻斗车来完成浅基坑（槽）的挖掘和运土。

课题1.4 土方的填筑与压实

建筑工程的回填土主要有地基、基坑（槽）、室内地坪、室外场地、管沟和散水等，回填土一定要密实，使回填后的土体不致产生较大的沉陷。

1.4.1 土料填筑的要求

碎石类土、砂土和爆破石碴，可用作表层以下的填料，当填方土料为黏土时，填筑前应检查其含水量是否在控制范围内。含水量大的黏土不宜作为填土用。含有大量有机质的土，吸水后容易变形，承载能力降低。含水溶性硫酸盐大于5%的土，在地下水的作用下，硫酸盐会逐渐溶解消失，形成孔洞，影响土的密实性。这两种土以及淤泥、冻土、膨胀土等均不应作为填土。

填土应分层进行，并尽量采用同类土填筑。如采用不同土填筑时，应将透水性较大的土层置于透水性较小的土层之下，不能将各种土混杂在一起使用，以免填方内形成水囊。

碎石类土或爆破石渣作填料时，其最大粒径不得超过每层铺土厚度的2/3，使用振动碾时，不得超过每层铺土厚度的3/4，铺填时，大块料不应集中，且不得填在分段接头或填方与山坡连接处。

1.4.2 填土压实方法

填土压实方法一般有碾压法、夯实法和振动压实法，如图1.17所示。

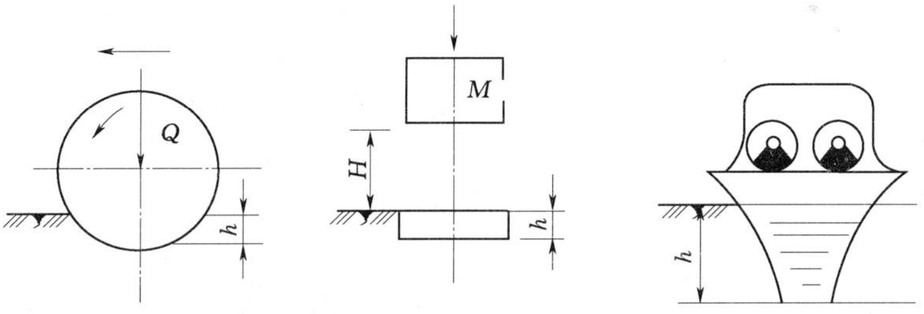

(a)碾压法 (b)夯压法 (c)振动压实法

图1.17 填土压实方法

1. 碾压法

碾压法是利用机械滚轮的压力压实土壤，使之达到所需的密实度，此法多用于大面积填土工程。碾压机械有光面碾（压路机）、羊足碾和气胎碾。光面碾对砂土、黏性土均可压实；羊足碾需要较大的牵引力，且只宜压实黏性土，如图1.18所示；气胎碾在工作时是弹性体，其压力均匀，填土压实质量较好。还可利用运土机械进行碾压，也是较经济合理的压实方案，施工时使运土机械行驶路线能大体均匀地分布在填土面积上，并达到一定重复行驶遍数，使其满足填土压实质量的要求。

碾压机械压实填方时，行驶速度不宜过快，一般平碾控制在2km/h，羊足碾控制在3km/h，否则会影响压实效果。

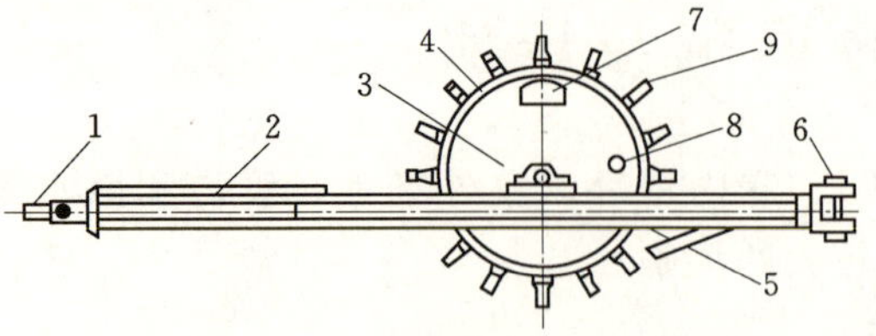

图1.18 羊足碾构造示意图

1—前拉头；2—机架；3—轴承座；4—碾筒；5—铲刀；6—后拉头；7—装砂口；8—水口；9—羊碾头

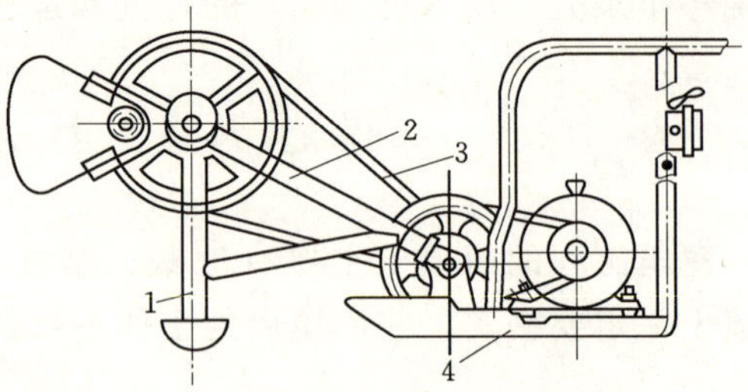

图1.19 蛙式打夯机示意图

1—夯头；2—夯架；3—三角带；4—底盘

2. 夯实法

夯实法是利用夯锤自由下落的冲击力来夯实土壤，主要用于小面积回填。夯实法分人工夯实和机械夯实两种。常用的夯实机械有夯锤、内燃夯土机和蛙式打夯机，如图1.19所示。适用于夯实砂性土、湿陷性黄土、杂填土以及含有石块的填土。

3. 振动压实法

振动压实法是将振动压实机械放在土层表面，借助振动机械使压实机械振动，土颗粒在振动力的作用下发生相对位移而达到紧密状态。这种方法用于振实非黏性土效果较好。

1.4.3 填土压实的影响因素

填土压实的质量与许多因素有关，其中主要影响因素有压实功、土的含水量以及每层铺土厚度。

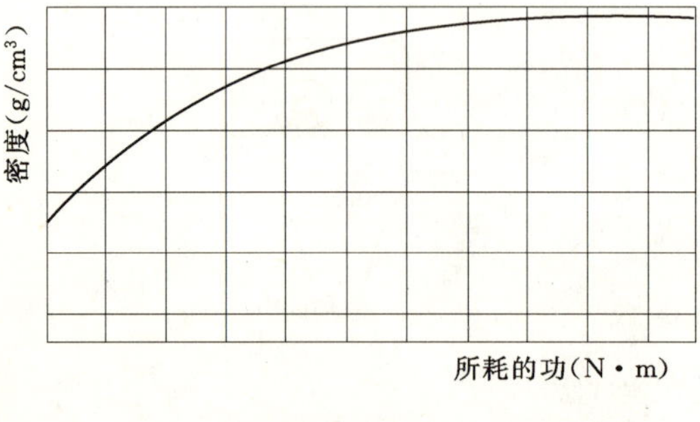

图1.20 土的密度与压实功的关系示意图

1. 压实功的影响

填土压实后的密实度与压实机械在其上所施加的功有一定的关系。土的密度与所耗的功的关系如图1.20所示。当土的含水量一定，在开始压实时，土的密度急剧增加，待到接近土的最大密实度时，虽然压实功增加许多，但土的密度则变化甚小，实际施工中，对于砂土只需碾压或夯击2或3遍，对粉土只需3或4遍，对粉质黏土或黏土只需5或6遍。此外，松土不宜用重型碾压机械直接滚压，否则土层有强烈起伏现象，效率不高。如果先用轻碾压实，再用重碾压实就会取得较好效果。

2. 含水量的影响

在同一压实功条件下，填土的含水量对压实质量有直接影响。较为干燥的土，由于颗粒之间的摩阻力较大，因而不易压实。当含水量超过一定限度时，土颗粒之间孔隙由水填充而呈饱和状态，也不能压实。当土的含水量适当时，水起润滑作用，土颗粒之间的摩阻力减少，压实效果好。每种土都有其最佳含水量。土在这种含水量的条件下，使用同样的压实功进行压实，所得到的密度最大，如图1.21所示，不同土有不同的最佳含水量，如砂土为8%～12%、黏土为19%～23%、粉质黏土为12%～15%、粉土为15%～22%。工地简单检验黏性土含水量的方法一般是以手握成团“落地开花”为适宜。

为了保证填土在压实过程中处于最佳含水量状态，当土过湿时，应予翻松晾干，也可掺入同类干土或吸水性土料，当土过干时，则应预先洒水润湿。

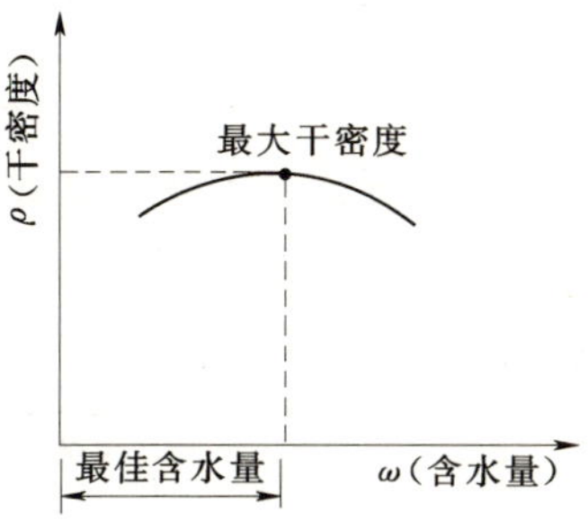

图1.21　土的干密度与含水量的关系

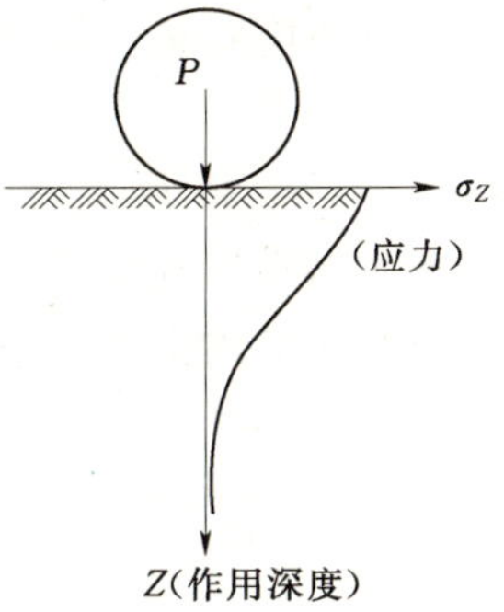

图1.22　压实作用沿深度变化

3. 铺土厚度的影响

土在压实功的作用下，其应力随深度增加而逐渐减小，如图1.22所示，其影响深度与压实机械、土的性质和含水量等有关。铺土厚度应小于压实机械压土时的作用深度，但其中还有最优土层厚度的问题，铺得过厚，要压很多遍才能达到规定的密实度；铺得过薄，则也要增加机械的总压实遍数。最优的铺土厚度应能使土方压实而机械的功耗费最少，可按照表1.4选用。

表1.4　　**每层铺土厚度与压实遍数**

压实机具	每层铺土厚度（mm）	每层压实遍数
平碾	250～300	6～8
振动压实机	250～350	3或4
柴油打夯机	200～250	3或4
人工打夯	<200	3或4

上述三个方面的因素相互影响。为了保证压实质量，提高压实机械生产效率，应根据土质和压实机械在施工现场进行压实试验，以确定达到规定密实度所需压实遍数，铺土厚度及最佳含水量。

课题1.5　基坑支护与降排水

在土方工程施工过程中，当开挖的基坑底面低于地下水位时，地下水会不断渗入坑内，如果没有采取降水措施，会恶化施工条件。为了保持基坑干燥，防止由于水的浸泡发生边坡塌方和地基承载力下降，必须做好基坑的支护、排水、降水工作。

1.5.1 土壁支护

在开挖基坑或沟槽时，如果地质水文条件良好，场地周围条件允许，可以采用放坡开挖，这种方式比较经济。但是随着高层建筑的发展，以及建筑物密集地区施工基坑的增多，常因场地的限制而不能采取放坡，或放坡导致土方量增大，或地下水渗入基坑导致土坡失稳。此时，便可以采用土壁支护，以保证施工安全和顺利进行，并减少对邻近已有建筑物的不利影响。基坑支护应综合考虑工程地质与水文地质条件、基础类型、基坑开挖深度、降排水条件、周边环境对基坑侧壁位移的要求、基坑周边荷载、施工季节、支护结构使用期限等因素。

1. 沟槽的支撑

开挖较窄的沟槽多用横撑式支撑。横撑式支撑由挡土板、楞木和工具式横撑组成，根据挡土板的不同，分为水平挡土板和垂直挡土板两类，见表1.5。

表1.5 基槽、管沟的支撑方法

支撑方式	简图	支撑方法及适用条件
断续式 水平支撑	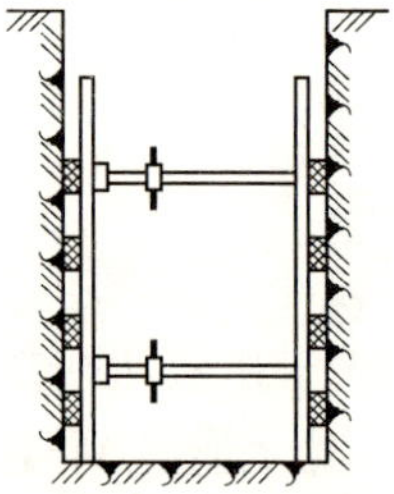	挡土板水平放置，中间留出间隔，并在两侧同时对称立竖方木，然后用工具式或木横撑上、下顶紧； 适用于能保持直立壁的干土或天然湿度的黏土、深度在3m以内的沟槽
连续式 水平支撑	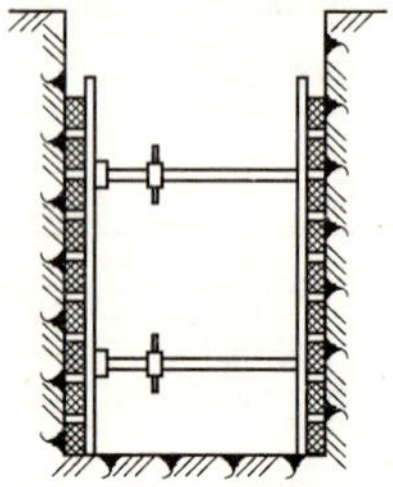	挡土板水平连续放置，不留间隙，在两侧同时对称立竖枋木，上、下各顶一根撑木，端头加木楔顶紧； 适用于较松散的干土或天然湿度的黏土、深度为3～5m的沟槽
垂直支撑	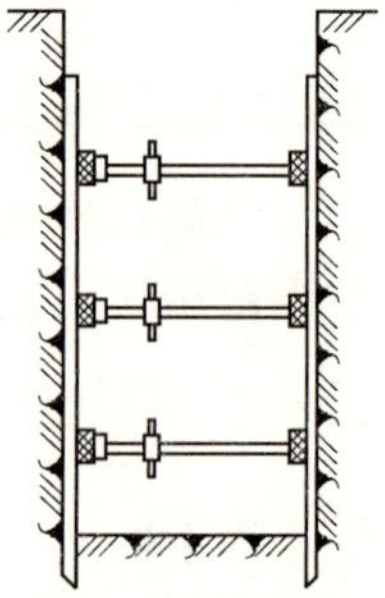	挡土板垂直放置，可连续或留适当间隙，然后每侧上、下各水平顶一根枋木，再用横撑顶紧； 适用于土质较松散或湿度很高的土，深度不限

采用横撑式支撑时，应随挖随撑，支撑牢固。施工中应经常检查，如有松动、变形等现象时，应及时加固或更换。支撑的拆除应按回填顺序依次进行，多层支撑应自下而上逐层拆除，随拆随填。

2. 一般浅基坑的支撑方法

一般浅基坑的支撑方法可根据基坑的宽度、深度及大小采用不同形式，浅基坑的支撑方法见表 1.6。

表 1.6　一般浅基坑的支撑方法

支撑方式	简　图	支撑方法及适用条件
临时挡土墙支撑	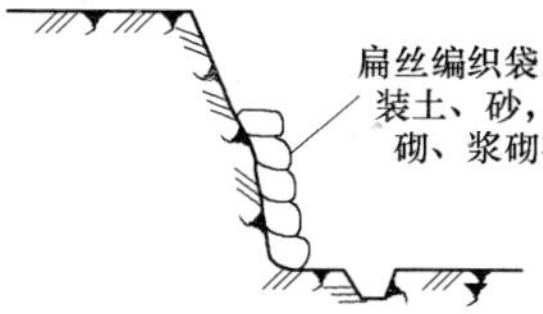	沿坡脚用砖、石叠砌或用装水泥的聚丙烯扁丝编织袋、草袋装土、砂堆砌，使坡脚保持稳定； 适于开挖宽度大的基坑，当部分地段下部放坡不够时使用
斜柱支撑	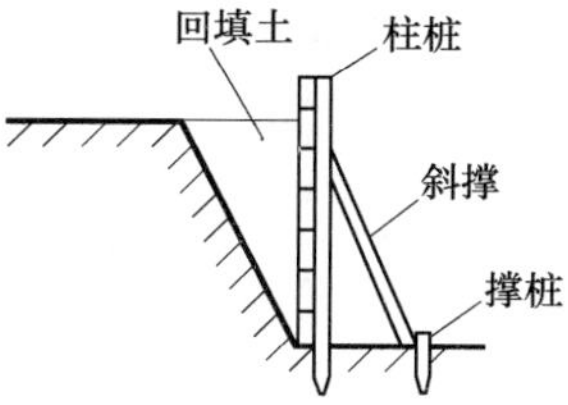	水平挡土板钉在柱桩内侧，柱桩外侧用斜撑支顶，斜撑底端支在木桩上，在挡土板内侧回填土； 适用于开挖较大型、深度不大的基坑或使用机械挖土时使用
锚拉支撑	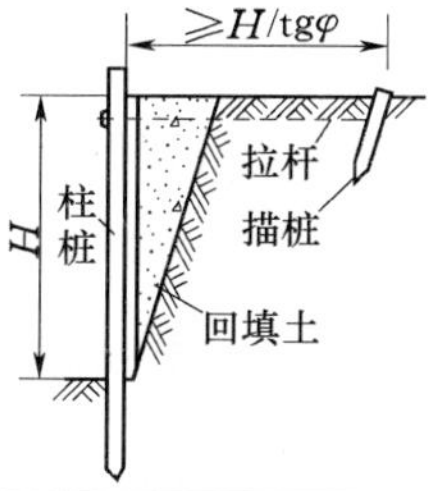	水平挡土板方在柱桩的内侧，柱桩一端打入土中，另一端用拉杆与锚桩拉紧，在挡土板内侧回填土； 适于开挖较大型、深度不大的基坑或使用机械挖土，不能安设横撑时使用

1.5.2　深基坑支护

深基坑一般是指开挖深度超过 5m（含 5m）或地下室 3 层以上（含 3 层），或深度虽未超过 5m，但地质条件和周围环境及地下管线特别复杂的工程。深基坑支护是为保证地下结构施工及基坑周边环境的安全，对深基坑侧壁及周边环境采用的支档、加固与保护的措施。随着高层建筑及地下空间的出现，深基坑工程规模不断扩大。

1.5.2.1　钢板桩支护

钢板桩是一种支护结构，既可挡土又可挡水。当开挖的基坑较深，地下水位较高且有出现流砂的危险时，如未采用降低地下水位的措施，则可用板桩打入土中，使地下水在土中渗流的路线延长，降低水力坡度，从而防止流砂现象。靠近原有建筑物开挖基坑时，为了防止和减少原建筑物下沉，也可打钢板桩支护。板桩有钢板桩、木板桩与钢筋混凝土板桩数种。钢板桩除用钢量多之外，其他性能比别的板桩都优越，钢板桩在临时工程中可多次重复使用。

1. 钢板桩分类

钢板桩的种类很多，常见的有 U 形板桩与 Z 形板桩、H 形板桩，如图 1.23 所示。其中以 U 形应用最多，可用于 5～10m 深的基坑。

钢板桩根据有无锚桩结构，分为无锚板桩（也称悬臂式板桩）和有锚板桩两类。无锚

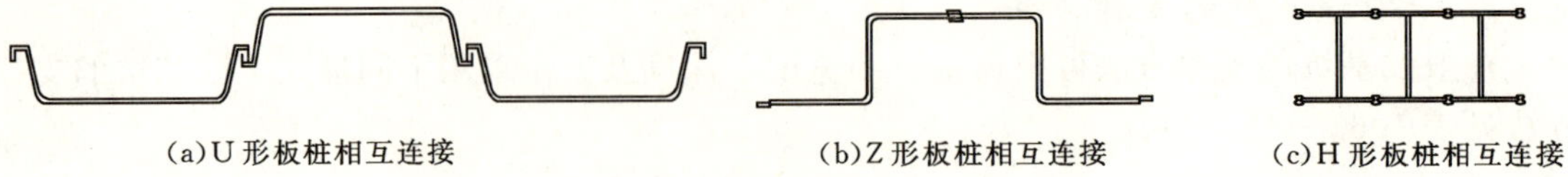

图 1.23　常用钢板桩截面形式

板桩用于较浅的基坑，依靠入土部分的土压力来维持板桩的稳定。有锚板桩是在板桩墙后设柔性系杆（如钢索、土锚杆等）或在板桩墙前设刚性支撑杆（如大型钢、钢管）加以固定，可用于开挖较深的基坑，该种板桩用得较多。板式支护结构如图 1.24 所示。

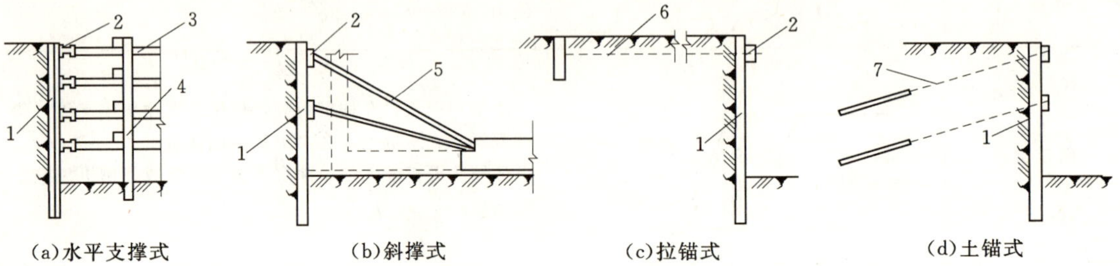

图 1.24　板式支护结构

1—板桩墙；2—围檩；3—钢支撑；4—竖撑；5—斜撑；6—拉锚；7—土锚杆

2. 钢板桩施工

钢板桩施工机具有冲击式打桩机，包括自由落锤、柴油锤、蒸汽锤等；振动打桩机，可用于打桩及拔桩；此外还有静力压桩机等。

钢板桩的位置应设置在基础最突出的边缘外，留有支模、拆模的余地，便于基础施工。在场地紧凑的情况下，也可利用钢板作底板或承台侧模，但必须配以纤维板（或油毛毡）等隔离材料，以方便钢板桩拔出。

钢板桩的打入方法主要有单根桩打入法、屏风式打入法、围檩打桩法。

(1) 单根桩打入法。将板桩一根根地打入至设计标高。这种施工法速度快，桩架高度相对可低一些，但容易倾斜，当板桩打设要求精度较高、板桩长度较长（大于 10m）时，不宜采用这种方法。

(2) 屏风式打入法。将 10～20 根板桩成排插入导架内，使之成屏风状，然后桩机来回施打，并使两端先打到要求深度，再将中间部分的板桩顺次打入。这种屏风施工法可防止板桩的倾斜与转动，对要求闭合的围护结构常用此法，缺点是施工速度比单桩施工法慢，且桩架较高。

(3) 围檩打桩法。分单层、双层围檩，是在地面上一定高度处离轴线一定距离，先筑起单层或双层围檩架，而后将钢板桩依次在围檩中全部插好，待四角封闭合拢后，再逐渐按阶梯状将钢板桩逐块打至设计标高。这种方法能保证钢板桩墙的平面尺寸、垂直度和平整度，适用于精度要求高、数量不大的场合，缺点是施工复杂，施工速度慢，封闭合拢时需异形桩，如图 1.25 所示。

1.5.2.2　排桩支护

基坑开较大、较深（大于 6m），邻近有建筑物，不能放坡时，可采用排桩支护。排桩

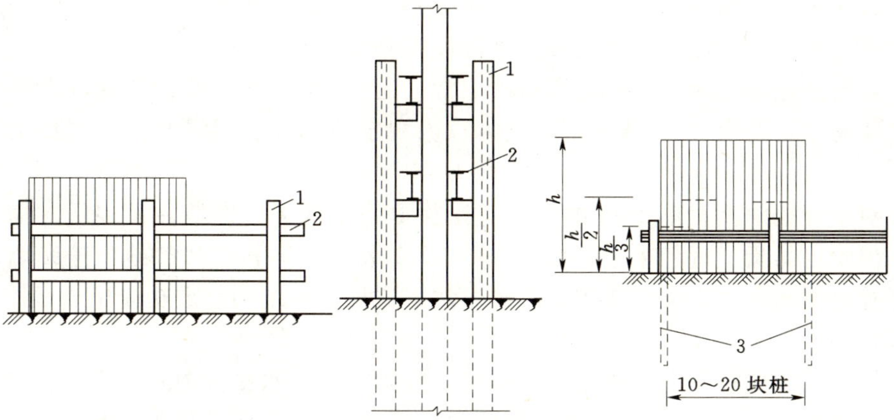

图 1.25　单层、双层围檩示意图

1—围檩桩；2—围檩；3—两端先打入的定位钢板桩；h—钢板桩的高度

支护可采用钻孔灌注桩、人工挖孔桩、预制钢筋混凝土板桩或钢板桩等。

1. 排桩支护的布置形式

（1）柱列式排桩支护。当边坡土质较好、地下水位较低时，可利用土拱作用，以稀疏钻孔灌注桩或挖孔桩支挡土坡，如图 1.26（a）所示。

（2）连续排桩支护。在软土中一般不能形成土拱，支挡桩应该连续密排，如图 1.26（b）所示。密排的钻孔桩可以互相搭接，或在桩身混凝土强度尚未形成时，在相邻桩之间做一根素混凝土树根桩把钻孔桩排连起来，如图 1.26（c）所示。也可以采用钢板桩支护、钢筋混凝土板桩支护，如图 1.26（d）、图 1.26（e）所示。

（3）组合式排桩支护。在地下水位较高的软土地区，可采用钻孔灌注桩排桩与水泥土桩防渗墙组合的形式，如图 1.26（f）所示。

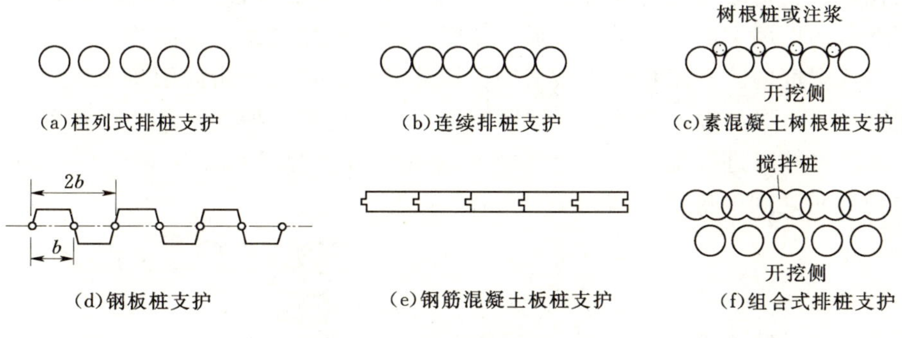

图 1.26　排桩围护的形式

2. 排桩支护施工

（1）钢筋混凝土挡土桩间距一般为 1.0～2.0m，桩直径为 0.5～1.1m，埋深为基坑深的 0.5～1.0 倍。桩配筋由计算确定，一般主筋为 ϕ14～32，当为构造配筋时，每根桩不少于 8 根，箍筋采用Φ8@100～200。

（2）对于开挖深度不大于 6m 的基坑，在场地条件允许的情况下，采用重力式深层搅拌桩挡墙较为理想。当场地受限制时，也可先用 $\phi600$ 密排悬臂钻孔桩，桩与桩之间可用树根桩封密，也可在灌注桩后注浆或打水泥搅拌桩作防水帷幕。

(3) 对于开挖深度为 6～10m 的基坑，常采用 $\phi800$～1000 的钻孔桩，后面加深层搅拌桩或注浆防水，并设 2～3 道支撑，支撑道数视土质情况、周围环境及围护结构变形要求而定。

(4) 对于开挖深度大于 10m 的基坑，以往常采用地下连续墙，设多层支撑，虽然安全可靠，但价格昂贵。近年来常采用 $\phi800$～1000 大直径钻孔桩代替地下连续墙，同样采用深层搅拌桩防水，多道支撑或中心岛施工法，这种支护结构已成功应用于开挖深度达到 13m 的基坑。

(5) 排桩顶部应设钢筋混凝土冠梁连接，冠梁宽度（水平方向）不宜小于桩径，冠梁高度（竖直方向）不宜小于 400mm，排桩与桩顶冠梁的混凝土强度宜大于 C20；当冠梁作为连系梁时可按构造配筋。

(6) 基坑开挖后，排桩的桩间土防护可采用钢丝网混凝土护面、砖砌等处理方法，当桩间渗水时，应在护面设泄水孔。当基坑面在实际地下水位以上且土质较好、暴露时间较短时，可不对桩间土进行防护处理。

1.5.2.3 水泥土墙支护

水泥土墙支护是加固软土地基的一种新方法，它是利用水泥、石灰等材料作为固化剂，通过深层搅拌机械，将软土和固化剂（浆液或粉体）强制搅拌，利用固化剂和软土之间所产生的一系列物理—化学反应，使软土硬结成具有整体性、水稳定性和一定强度的围护结构。其适用于以下条件：①基坑侧壁安全等级宜为二级、三级；②水泥土墙施工范围内地基承载力不宜大于 150kPa；③基坑深度不宜大于 6m；④基坑周围具备水泥土墙的施工宽度；⑤深层搅拌法最适宜于各种成因的饱和软黏土，包括淤泥、淤泥质土、黏土和粉质黏土等。

深层搅拌桩支护结构是将搅拌桩相互搭接而成，平面布置可采用壁状体，如图 1.27 所示。若壁状的挡墙宽度不够时，可加大宽度，做成格栅状式支护结构，如图 1.28 所示，即在支护结构宽度内，不需整个土体都进行搅拌加固，可按一定间距将土体加固成相互平行的纵向壁，再沿纵向按一定间距加固肋体，用肋体将纵向壁连接起来。这种挡土结构目前常采用双头搅拌机进行施工，一个头搅拌的桩体直径为 700mm，两个搅拌轴的距离为 500mm，搅拌桩之间的搭接距离为 200mm。

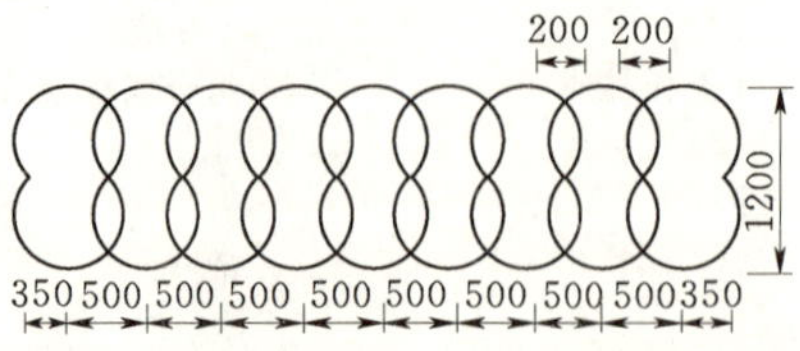

图 1.27 深层搅拌水泥土桩平面布置形式——壁状支护结构（单位：mm）

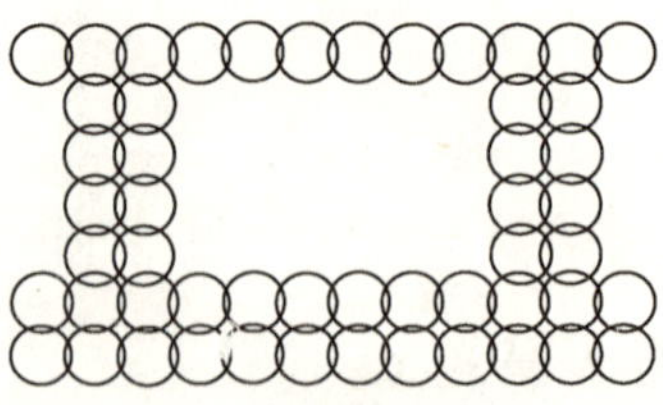

图 1.28 深层搅拌水泥土桩平面布置形式——格栅式支护结构

墙体宽度 B 和插入深度 D 应根据基坑深度、土质情况及其物理、力学性能、周围环境、地面荷载等计算确定。在软土地区，当基坑开挖深度 $h \leqslant 5\text{m}$ 时，可按经验取 B 为

(0.6～0.8)h，D 为 (0.8～1.2)h。基坑深度一般控制在 7m 以内，过深则不经济。根据使用要求和受力特性，搅拌桩挡土结构的竖向断面形式如图 1.29 所示。

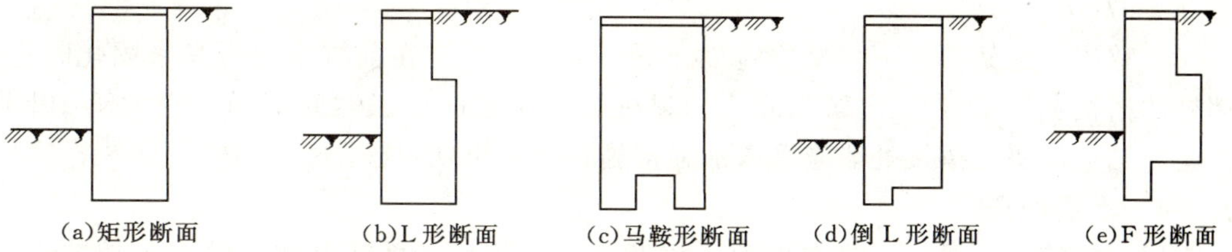

图 1.29 搅拌桩支护结构几种竖向断面

水泥土桩墙工程主要施工机械采用深层搅拌机。目前，我国生产的深层搅拌机主要分为单轴搅拌机和双轴搅拌机。水泥土桩墙工程施工工艺如图 1.30 所示。深层搅拌桩施工可采用湿法（喷浆）及干法（喷粉）施工，施工时应优先选用喷浆法双轴型深层搅拌机。

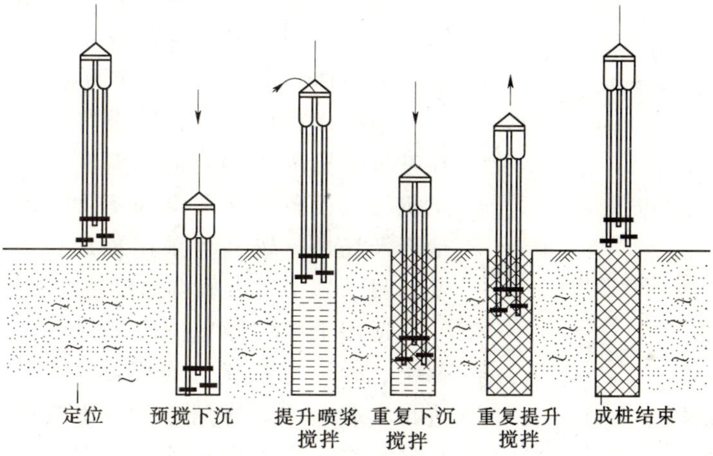

图 1.30 施工工艺流程

(1) 定位。桩架定位及保证垂直度。深层搅拌机桩架到达指定桩位、对中。当场地标高不符合设计要求或起伏不平时，应先进行开挖、整平。施工时桩位偏差应小于 5cm，桩的垂直度误差不超过 1%。

(2) 预搅下沉。待深层搅拌机的冷却水循环正常后，启动搅拌机的电动机，放松起重机的钢线绳，使搅拌机沿导向架搅拌切土下沉，下沉速度可由电动机的电流表控制。工作电流不应大于 70A。如果下沉速度太慢，可从输浆系统补给清水以利钻进。

(3) 制备水泥浆。按设计要求的配合比拌制水泥浆，压浆前将水泥浆倒入集料斗中。

(4) 提升、喷浆并搅拌。深层搅拌机下沉到设计深度后，开启灰浆泵将水泥浆压入地基土中，并且边喷浆、边旋转，同时严格按照设计确定的提升速度提升搅拌头。

(5) 重复搅拌或重复喷浆。搅拌头提升至设计加固深度的顶面标高时，集料斗中的水泥浆应正好排空。为使软土和水泥浆搅拌均匀，可再次将搅拌头边旋转边沉入土中，至设计加固深度后再将搅拌头提升出地面。有时可采用复搅、复喷（即二次喷浆）方法。在第一次喷浆至顶面标高，喷完总量的60%浆量，将搅拌头边搅边沉入土中，至设计深度后，再将搅拌头边提升边搅拌，并喷完余下的40%浆量。喷浆搅拌时搅拌头的提升速度不应超过0.5m/min。

(6) 移位。桩架移至下一桩位施工。下一桩位施工应在前桩水泥土尚未固化时进行。相邻桩的搭接宽度不宜小于200mm。相邻桩喷浆工艺的施工时间间隔不宜大于10h。施工开始和结束的头尾搭接处，应采取加强措施，防止出现勾缝。

1.5.2.4　土层锚杆

土层锚杆简称土锚杆，是在地面或深开挖的地下室墙面或基坑立壁未开挖的土层钻孔，达到设计深度后，在扩大孔端部形成球状或其他形状，在孔内放入钢筋或其他抗拉材料，灌入水泥浆与土层结合成为抗拉强度高的锚杆。为了均匀分配传到连续墙或柱列式灌注桩上的土压力，减少墙、柱的水平位移和配筋，一端采用锚杆与墙、柱连接，另一端锚固在土层中，用以维持坑壁的稳定。

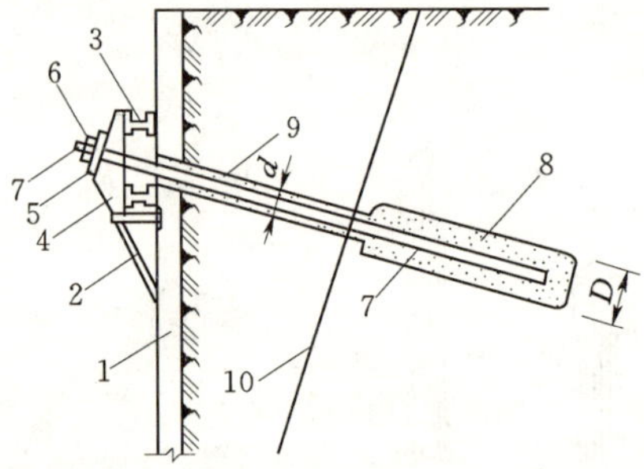

图1.31　土层锚杆的构造

1—挡墙；2—承托支架；3—横梁；4—台座；5—承压板；6—锚具；7—钢拉杆；8—水泥浆或砂浆锚固体；9—非锚固段；10—滑动面；D—锚固体直径；d—拉杆直径

锚杆由锚头、拉杆和锚固体组成。锚头由锚具、承压板、横梁和台座组成；拉杆采用钢筋、钢绞线制成；锚固体是由水泥浆或水泥砂浆将拉杆与土体连接成一体的抗拔构件，如图1.31所示。

锚杆代替内支撑，它设置在围护墙背后，因而在基坑内有较大的空间，有利于挖土施工。锚杆施工机械及设备的作业空间不大，因此可适用于各种地形及场地。锚杆可采用预加拉力，以控制结构的变形量。施工时的噪声和振动均很小。

适用于基坑侧壁安全等级一、二、三级，一般黏土、砂土地基皆可应用，软土、淤泥质土地基要进行实验确认后应用，适用于难以采用支撑的大面积深基坑，不宜用于地下水多、含有化学腐蚀物的土层和松散软弱土层。

1. 土层锚杆类型

土层锚杆主要有如下几种类型：

(1) 一般灌浆锚杆。钻孔后放入受拉杆件，然后用砂浆泵将水泥浆或水泥砂浆注入孔内，经养护后即可承受拉力。

(2) 高压灌浆锚杆（又称预压锚杆）。其与一般灌浆锚杆的不同点是在灌浆阶段对水泥砂浆施加一定的压力，使水泥砂浆在压力下压入孔壁四周的裂缝并在压力下固结，从而使锚杆具有较大的抗拔力。

(3) 预应力锚杆。先对锚固段进行一次压力灌浆，然后对锚杆施加预应力后锚固并在非锚固段进行不加压二次灌浆，也可一次灌浆（加压或不加压）后施加预应力。这种锚杆可穿过松软地层而锚固在稳定土层中，并使结构物减小变形。我国目前大多采用预应力锚杆。

(4) 扩孔锚杆。用特制的扩孔钻头扩大锚固段的钻孔直径，或用爆扩法扩大钻孔端头，从而形成扩大的锚固段或端头，可有效提高锚杆的抗拔力。扩孔锚杆主要用在松软地层中。

2. 土层锚杆施工程序

土层锚杆的施工程序分为以下几步。钻机就位→钻孔→清孔→放置钢筋（或钢绞线）及灌浆管→压力灌浆→养护→放置横梁、台座，张拉锚固。

（1）钻孔。土层锚杆钻孔用的钻孔机械，按工作原理分为旋转式钻孔机、冲击式钻孔机和旋转冲击式钻孔机三类。主要根据土质、钻孔深度和地下水情况进行选择。

锚杆孔壁要求平直，以便安放钢拉杆和灌注水泥浆。孔壁不得坍陷和松动，否则影响钢拉杆安放和土层锚杆的承载能力。钻孔时不得使用膨润土循环泥浆护壁，以免在孔壁上形成泥皮，降低锚固体与土壁间的摩阻力。

（2）安放拉杆。土层锚杆用的拉杆，常用的有钢管、粗钢筋、钢丝束和钢绞线。主要根据土层锚杆的承载能力和现有材料的情况来选择。

（3）灌浆。灌浆的作用是形成锚固段，将锚杆锚固在土层中；防止钢拉杆腐蚀；充填土层中的孔隙和裂缝。灌浆是土层锚杆施工中的一个重要工序，施工时应做好记录。灌浆有一次灌浆法和二次灌浆法。一次灌浆法宜选用灰砂比0.5～1.0、水灰比0.38～0.45的水泥砂浆，或水灰比0.4～0.50的水泥浆；二次灌浆法中的二次高压灌浆，宜用水灰比0.45～0.55的水泥浆。

（4）张拉和锚固。锚杆压力灌浆后，待锚固段的强度大于15MPa并达到设计强度等级的75%后方可进行张拉。

锚杆宜张拉至设计荷载的0.9～1.0倍后，再按设计要求锁定。锚杆张拉控制应力，不应超过拉杆强度标准值的75%。张拉所用设备与预应力结构张拉所用设备相同。

1.5.2.5　土钉墙支护结构

土钉墙支护是在基坑开挖过程中将较密排列的土钉（细长杆件）置于原位土体中，并在坡面上喷射钢筋网混凝土面层。通过土钉、土体和喷射混凝土面层的共同工作，形成复合土体。土钉墙支护充分利用土层介质的自承力，形成自稳结构，承担较小的变形压力，土钉承受主要拉力，喷射混凝土面层调节表面应力分布，体现整体作用。同时由于土钉排列较密，通过高压注浆扩散后使土体性能提高。土钉墙支护如图1.32所示。

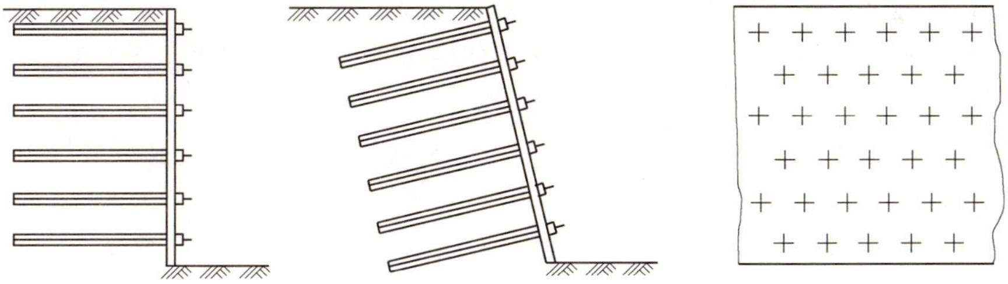

(a)平钉墙剖面　(b)斜钉墙剖面　(c)土钉墙立面

图1.32　土钉墙支护简图

土钉墙支护是边开挖边支护，流水作业，不占独立工期，施工快捷。设备简单，操作方便，施工所需场地小。材料用量和工程量小，经济效果好。土体位移小，采用信息化施工，发现墙体变形过大或土质变化，可及时修改、加固或补救，确保施工安全。适用于基坑侧壁安全等级为二、三级非软土场地，地下水位较低的黏土、砂土、粉土地基，土钉墙基坑深度不宜大于12m，当地下水位高于基坑底面时，应采取降水或截水措施。

1. 土钉墙的基本构造

（1）土钉长度。一般对非饱和土，土钉长度L与开挖深度H之比值为0.6～1.2，密实砂土及干硬性黏土取小值。为减少变形，顶部土钉长度宜适当增加。非饱和土底部土钉长度可适当减少，但不宜小于$0.5H$。对于饱和软土，由于土体抗剪能力很低，土钉内力因水压作用而增加，设计时取L/H值大于1为宜。

（2）土钉间距。土钉间距的大小影响土体的整体作用效果，目前尚不能给出有足够理论依据的定量指标。土钉的水平间距和垂直间距一般宜为1.2～2.0m。垂直间距依土层及计算确定，且与开挖深度相对应。上下插筋交错排列，遇局部软弱土层间距可小于1.0m。

（3）土钉直径。最常用的土钉材料是变形钢筋、圆钢、钢管及角钢等。当采用钢筋时，一般为ϕ18～32高强度带肋钢筋；当采用角钢时，一般为∟50×50×5角钢；当采用钢管时，一般为ϕ50钢管。

（4）土钉倾角。土钉垂直方向向下倾角一般在5°～20°，土钉倾角取决于注浆钻孔工艺与土体分层特点等多种因素。研究表明，倾角越小，支护的变形越小，但注浆质量较难控制。倾角越大，支护的变形越大，但倾角大，有利于土钉插入下层较好的土层内。

（5）注浆材料。用水泥砂浆或水泥素浆，其强度等级不宜低于M10。水泥采用普通硅酸盐水泥，水灰比为0.5～2.5，水泥砂浆配合比宜为0.5～1（质量比）。

（6）支护面层。土钉支护中的喷射混凝土面层不属于主要挡土部件，在土体自重作用下主要是稳定开挖面上的局部土体，防止其崩落和受到侵蚀。临时性土钉支护的面层通常用50～150mm厚的钢筋网喷射混凝土，混凝土强度等级不低于C20。钢筋网常用ϕ6～8钢筋焊成15～30cm方格网片。永久性土钉墙支护面层厚度为150～250mm，设两层钢筋网，分两次喷成。

2. 土钉墙支护的施工

土钉墙支护的成功与否不仅与结构设计有关，而且在很大程度上取决于施工方法、施工工序和施工速度，设计与施工的紧密配合是土钉墙支护成功的重要环节。

土钉墙支护施工设备主要有钻孔设备、混凝土喷射机及注浆泵。

土钉墙支护施工应按设计要求自上而下、分层分段进行。土钉墙施工工艺流程及技术要点如下：

（1）开挖、修坡。土方开挖用挖掘机作业，挖掘机开挖应离预定边坡线0.4m以上，以保证土方开挖少扰动边坡壁的原状土，一次开挖深度由设计确定，一般为1.0～2.0m，土质较差时应小于0.75m。正面宽度不宜过长，开挖后，用人工及时修整。边坡坡度不宜大于10∶1。

（2）在开挖面上进行土钉施工。

1）成孔。按设计规定的孔径、孔距及倾角成孔，孔径宜为70～120mm。成孔方法有洛阳铲成孔和机械成孔。成孔后及时将土钉（连同注浆管）送入孔中，沿土钉长度每隔

2.0m，设置一对中支架。

2）设置土钉。土钉的置入可分为钻孔置入、打入或射入方式。最常用的是钻孔注浆型土钉。钻孔注浆土钉是先在土中成孔，置入变形钢筋或钢管，然后沿全长注浆填孔。打入土钉是用机械（振动冲击钻、液压锤），将角钢、钢筋或钢管打入土体。打入土钉不注浆，与土体接触面积小，钉长受限制，所以布置较密，其优点是不需预先钻孔，施工较为快速。射入土钉是用高压气体作动力，将土钉射入土体。射入钉的土钉直径和钉长受一定限制，但施工速度更快。注浆打入钉是将周围带孔、端部密闭的钢管打入土体后，从管内注浆，并透过壁孔将浆体渗到周围土体。

3）注浆。注浆时先高速低压从孔底注浆，当水泥浆从孔口溢出后，再低速高压从孔口注浆。水泥浆、水泥砂浆应拌和均匀，随伴随用，一次拌和的浆液应在初凝前用完。注浆前应将孔内的杂土清除干净；注浆开始或中途停止超过 30min 时，应用水或稀水泥浆润滑注浆泵及其管路；注浆时，注浆管应插至距孔底 250～500mm 处，孔口宜设置止浆塞及排气管。

4）绑钢筋网，焊接土钉头。层与层之间的竖筋用对钩连接，竖筋与横筋之间用扎丝固定，土钉与加强钢筋或垫板施焊。

5）喷射混凝土面层。

6）继续向下开挖有限深度，并重复上述步骤。这里需要注意第一层土钉施工完毕后，等注浆材料达到设计强度的 70%以上，方可进行下层土方开挖，按此循环直至坑底标高。

按此循环，直到坑底标高，最后设置坡顶及坡底排水装置。

当土质较好时，也可采取如下顺序：确定基坑开挖边线→按线开挖工作面→修整边坡→埋设喷射混凝土厚度控制标志→放土钉孔位线并做标志→成孔→安设土钉、注浆→绑扎钢筋网，土钉与加强钢筋或承压板连接，设置钢筋网垫块→喷射混凝土→下一层施工。

1.5.2.6 逆作法支护

逆作法施工是以地面为起点，先建地下室的外墙和中间支撑桩，然后由上而下逐层建造梁、板或框架，利用它们做水平支撑系统，进行下部地下工程的结构施工，这种地下室施工不同于传统方法的先开挖土方到底，浇筑底板，然后自下而上逐层施工的方法，故称为逆作法，如图 1.33 所示。与传统的施工方法相比，用逆作法施工多层地下室可节省支护结构的支撑，可以缩短工程施工的总工期，基坑变形减小，相邻建筑物等沉降少等优点。

逆作法施工可分为封闭式逆作法施工（又称全逆作法施工）和开敞式逆作法施工（又称半逆作法施工），具体选用哪种施工方法，需根据结构体系、基础选型、建筑物周围环境以及施工机具与施工经验等因素确定。

1. 封闭式逆作法

在土方开挖之前，先浇筑地下连续墙，作为该建筑的基础墙或基坑支护结构的围护墙，同时在建筑物内部浇筑或打下中间支撑柱（又称中支桩）。然后开挖土方至地下一层顶面底的标高处，浇筑该层的楼盖结构（留有部分工作面），这样已完成的地下一层顶面楼盖结构即作为周围地下连续墙的水平支撑。然后由上向下逐层开挖土方和浇筑各层地下

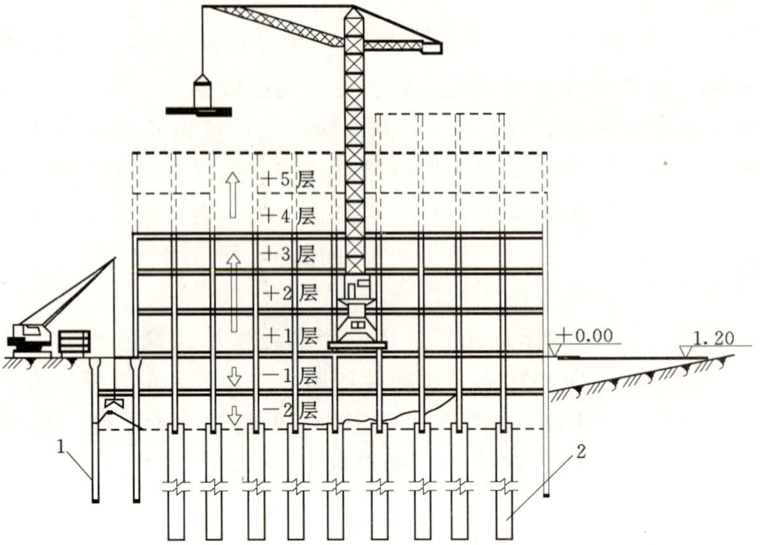

图 1.33 逆作法施工示意图
1—地下连续墙；2—中间支承桩

结构，直至底板封底。由于地面一层的楼面结构已完成，为上部结构施工创造了条件，这样可以同时向上逐层进行地上结构的施工。

2. 开敞式逆作法

开敞式逆作法即在地面以下，从地面开始向地下室底面施工。地下部分施工方法与封闭式逆作法相同，只是不同时施工地上部分。

1.5.3 基坑降水排水

在基坑开挖过程中，当基坑底面低于地下水位时，由于土壤的含水层被切断，地下水将不断渗入基坑。这时如不采取有效措施排水，降低地下水位，不但会使施工条件恶化，而且基坑经水浸泡后会导致地基承载能力的下降和边坡塌方。因此为了保证工程质量和施工安全，在基坑开挖前或开挖过程中，必须采取措施降低地下水位，使基坑在开挖中坑底始终保持干燥。对于地面水（雨水、生活污水），一般采取在基坑四周或流水的上游设排水沟、截水沟或挡水土堤等办法解决。对于地下水则常采用人工降低地下水位的方法，使地下水位降至所需开挖的深度以下。无论采用何种方法，降水工作都应持续到基础工程施工完毕并回填土后才可停止。

1.5.3.1 降水排水的方法、类别及适用条件

基坑的降水排水方法很多，一般常用的有明排水法和井点降水法两类。

(1) 明排水法是在基坑开挖过程中，在坑底设置集水井，并沿坑底的周围或中央开挖排水沟，使水流入集水井内，然后用水泵抽出坑外。明排水法包括普通明沟排水法和分层明沟排水法。

(2) 井点降水法是在基坑的周围埋下深于基坑底的井点或管井，以总管连接抽水，使地下水位下降形成一个降落漏斗，并降低到坑底以下 0.5～1.0m，从而保证可在干燥无水

的状态下挖土，不但可防止流砂、基坑边坡失稳等问题，而且便于施工。井点降水方法的种类有单层轻型井点、多层轻型井点、喷射井点、电渗井点、管井井点、深井井点等。

井点降水法可根据土的种类、透水层位置、厚度、土的渗透系数；水的补给源、井点布置形式、要求降水深度、邻近建筑、管线情况、工程特点、场地及设备条件以及施工技术水平等情况比较，做出经济和节能的选择，选用一种或两种，或井点与明沟排水综合使用，可参照选用见表 1.7。

表 1.7　各类井点降水法的适用范围

井点降水法类型	土层渗透系数（m/d）	降低水位深度（m）	适用土层种类
单层轻型井点	0.1～80	3～6	粉砂、砂质粉土、黏质粉土、含薄层粉砂层的粉质黏土
多层轻型井点	0.1～80	6～12（由井点级数决定）	粉砂、砂质粉土、黏质粉土、含薄层粉砂层的粉质黏土
喷射井点	0.1～50	8～20	粉砂、砂质粉土、黏质粉土、粉质黏土、含薄层粉砂层的淤泥质粉质黏土
电渗井点	≤0.1	根据阴极井点确定（宜配合其他形式降水使用）	淤泥质粉质黏土、淤泥质黏土
管井井点	20～200	3～5	各种砂土、砂质粉土
深井井点	10～80	≥10 或降低深部地层承压水头	各种砂土、砂质粉土

一般来讲，当土质情况良好，土的降水深度不大，可采用单层轻型井点；当降水深度超过 6m，且土层垂直渗透系数较小时，宜用二级轻型井点或多层轻型井点，或在坑中另布置井点，以分别降低上层土及下层土的水位。当土的渗透系数小于 0.1m/d 时，可在一侧增加电极，改用电渗井点降水；如土质较差，降水深度较大，采用多层轻型井点设备增多，土方量增大，经济效率低，可采用喷射井点较为适宜；如果降水深度不大，土的渗透系数大，涌水量大，降水时间长，可选用管井井点；如果降水很深，涌水量大，土层复杂多变，降水时间很长，此时宜选用深井井点，最为有效而经济。当各种井点降水方法影响邻近建筑物产生不均匀沉降和使用安全，应采用回灌井点或在基坑有建筑物一侧采用旋喷桩加固土壤和防渗，对侧壁和坑底进行加固处理。

1.5.3.2　基坑明沟排水法

1. 普通明沟排水法

普通明沟排水法是采用截、疏、抽的方法进行排水，即在开挖基坑时，沿坑底周围或中央开挖排水沟，再在沟底设置集水井，使基坑内的水经排水沟流入集水井内，然后用水泵抽出坑外，如图 1.34、图 1.35 所示。

根据地下水量、基坑平面形状及水泵的抽水能力，每隔 30～40m 设置一个集水井。集水井的截面一般为 0.6m×0.6m～0.8m×0.8m，其深度随着挖土的加深而加深，并保持低于挖土面 0.8～1.0m，井壁可用竹笼、砖圈、木枋或钢筋笼等做简易加固；当基坑挖至设计标高后，井底应低于坑底 1～2m，并铺设 0.3m 碎石滤水层，以免由于抽水时间较长而将泥砂抽出，并防止井底的土被搅动。一般基坑排水沟深0.3～0.6m，底宽应不小于0.3m，排水沟的边坡为1.1～1.5m，沟底设有0.2%～0.5%的纵坡，其深度随着挖土的加深而加深，并保持水流的畅通。基坑四周的排水沟及集水井必须设置在基础范围以外，以及地下水流的上游。

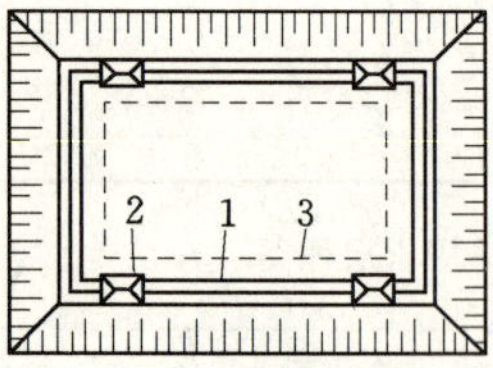

图1.34　坑内明沟排水
1—排水沟；2—集水井；
3—基础外边线

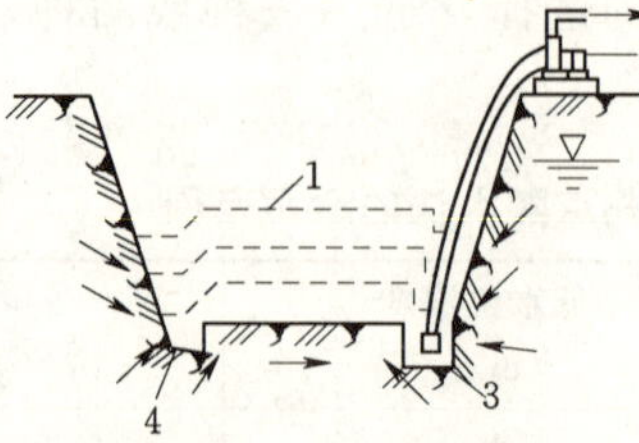

图1.35　集水井降水
1—基坑；2—水泵；3—集水井；4—排水坑

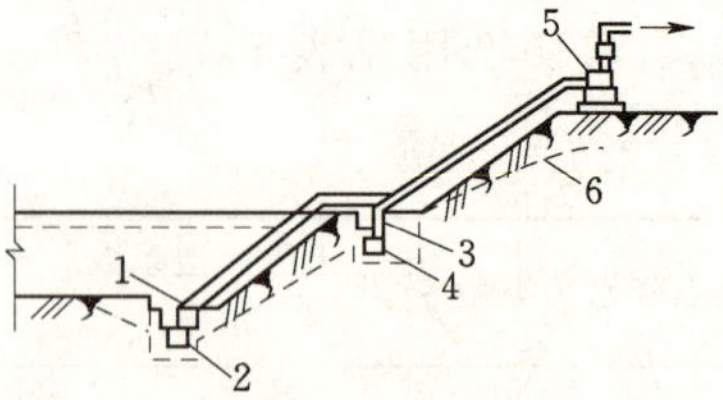

图1.36　分层明沟排水
1—底层排水沟；2—底层集水井；
3—二层排水沟；4—二层集水井；
5—水泵；6—水位降低线

集水坑排水所用机具主要为离心泵、潜水泵和软轴泵。选用水泵类型时，一般取水泵的排水量为基坑涌水量的1.5～2.0倍。

2. 分层明沟排水法

基坑较深，开挖土层由多种土壤组成，中部夹有透水性强的砂类土壤时，为避免上层地下水冲刷下部边坡，造成塌方，可在基坑边坡上设置2～3层明沟及相应的集水井，分层阻截土层中的地下水，如图1.36所示。这样一层一层地加深排水沟和集水井，逐步达到设计要求的基坑断面和坑底标高，其排水沟与集水井的设置及基本构造，基本与普通明沟排水法相同。

1.5.3.3　基坑井点降水法

1. 轻型井点

轻型井点降低地下水位是沿基坑周围以一定的间距埋入井点管（下端为滤管），在地面上用水平铺设的集水总管将各井点管连接起来，在一定位置设置离心泵和水力喷射器，离心泵驱动工作水，当水流通过喷嘴时形成局部真空，地下水在真空吸力的作用下经滤管进入井管，然后经集水总管排出，从而降低了水位。

(1) 设备。轻型井点系统由井点管、连接管、集水总管及抽水设备等组成，如图1.37所示。

1) 井点管。井点管多用无缝钢管，长度一般为5～7m，用直径为38～55mm的钢管。井点管的下端装有滤管和管尖，其构造如图1.38所示。滤管直径常与井点管直径相同，长度为1.0～1.7m，管壁上钻有直径为12～18mm的星棋状排列滤孔。管壁外包两层滤网，内层为细滤网，采用30～50孔每厘米的黄铜丝布或生丝布，外层为粗滤网，采用8～10孔每厘米的铁丝布或尼龙丝布。常用的滤网类型有方织网、斜织网和平织网。一般在细砂中适宜采用平织网，中砂中宜采用斜织网，粗砂、砾石中则用方织网。为避免滤孔淤塞，在管壁与滤网间用铁丝绕成螺旋形隔开，滤网外面再围一层8号粗铁丝保护网。滤管下端放一个锥形铸铁头以利井管插埋。井点管的上端用弯管接头与总管相连。

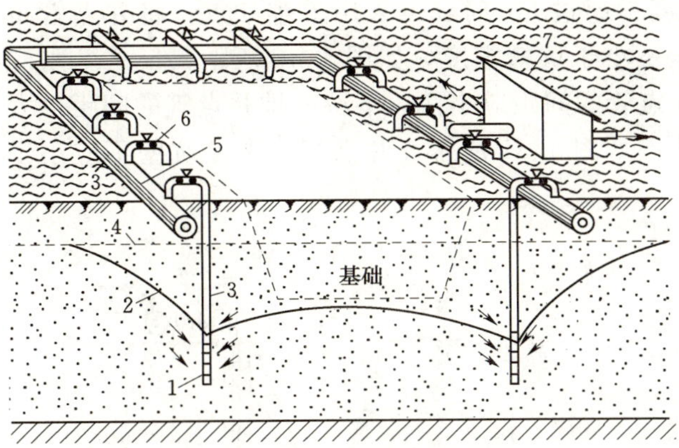

图 1.37　轻型井点降低地下水位全貌示意图

1—滤管；2—降低各地下水位线；3—井点管；4—原有地下水位线；5—总管；6—弯联管；7—水泵房

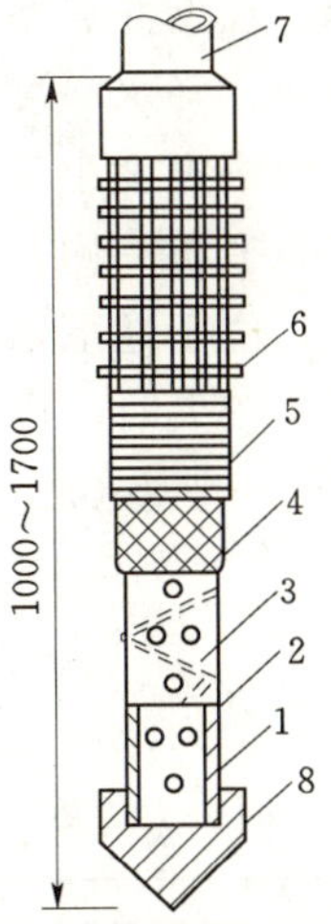

图 1.38　滤管构造（单位：mm）

1—钢管；2—管壁上的小孔；3—缠绕的塑料管；4—细滤网；5—粗滤网；6—粗铁丝保护网；7—井点管；8—铸铁头

2）连接管与集水总管。连接管用胶皮管、塑料透明管或钢管弯头制成，直径为 38～55mm。每个连接管均宜装设阀门，以便检修井点。集水总管一般用直径为 100～127mm 的钢管分布连接，每节长约 4m，其上装有与井点管相连接的短接头，间距 0.8m 或 1.2m 或 1.6m。

3）抽水设备。现在多使用射流泵井点，如图 1.39 所示。射流泵采用离心泵驱动工作水运转，当水流通过喷嘴时，由于截面收缩，流速突然增大而在周围产生真空，把地下水吸出，而水箱内的水呈一个大气压的天然状态。射流泵能产生较高真空度，但排气量小，稍有漏气则真空度易下降，因此它带动的井点管根数较少。但它耗电少、重量轻、体积小、机动灵活。

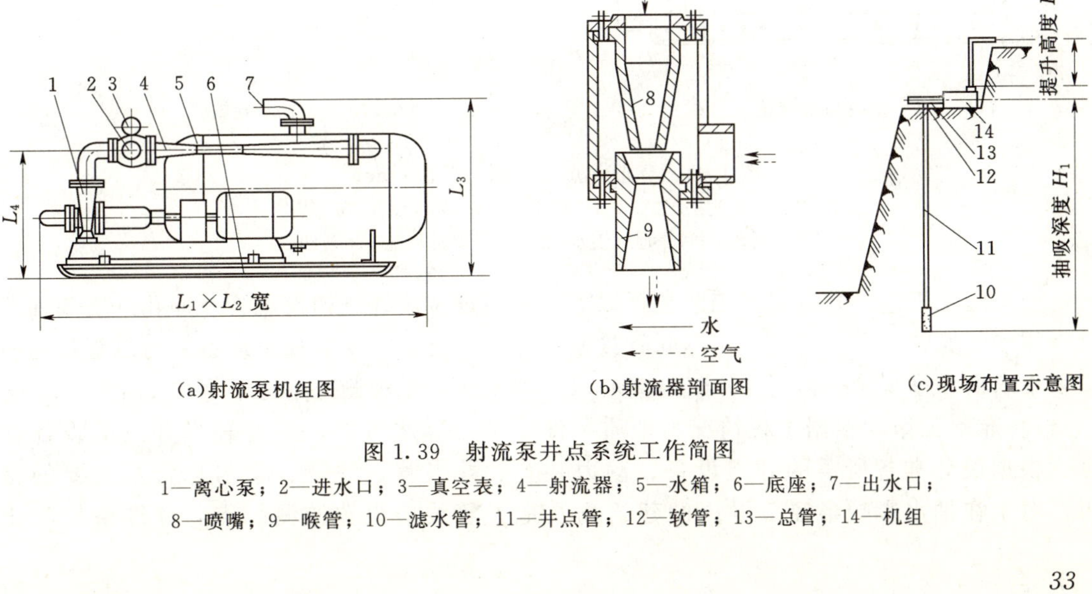

图 1.39　射流泵井点系统工作简图

1—离心泵；2—进水口；3—真空表；4—射流器；5—水箱；6—底座；7—出水口；8—喷嘴；9—喉管；10—滤水管；11—井点管；12—软管；13—总管；14—机组

(2) 布置。轻型井点系统的布置，应根据基坑平面形状及尺寸、基坑的深度、土质、地下水位及流向、降水深度等因素确定。设计时主要考虑平面和高程两个方面。

当基坑或沟槽宽度小于6m，降水深度不超过5m时，可采用单排井点，将井点管布置在地下水流的上游一侧，两端延伸长度不小于坑槽宽度，如图1.40所示；反之，则应采用双排井点，位于地下水流上游一排井点管的间距应小些，下游一排井点管的间距可大些。当基坑面积较大时，则应采用环形井点如图1.41所示。井点管距离基坑壁不应小于1～1.5m，间距一般为0.8～1.6m。

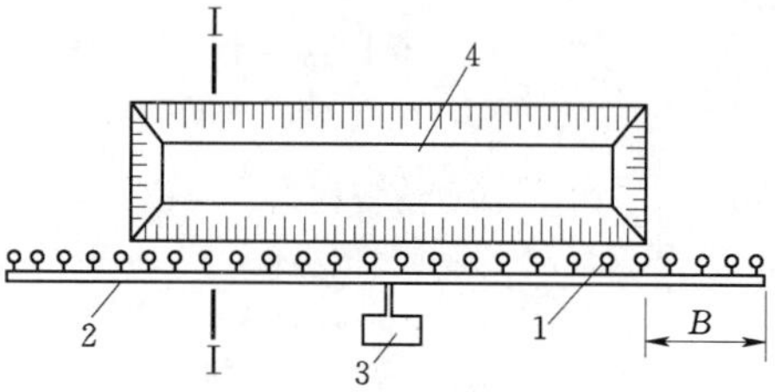

(a)平面布置图

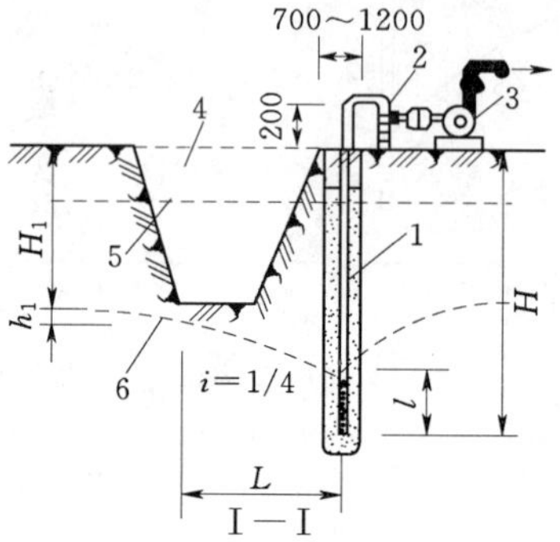

(b)剖视图

图1.40 单排井点布置图（单位：mm）

1—井点管；2—集水总管；3—抽水设备；4—基坑；5—原地下水位线；6—降低后地下水位

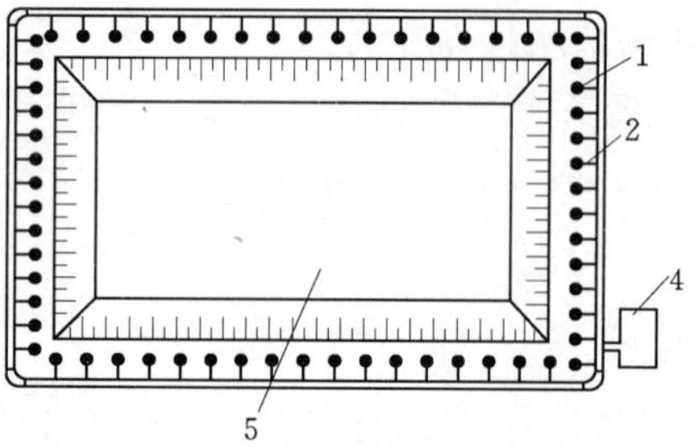

(a)平面布置图

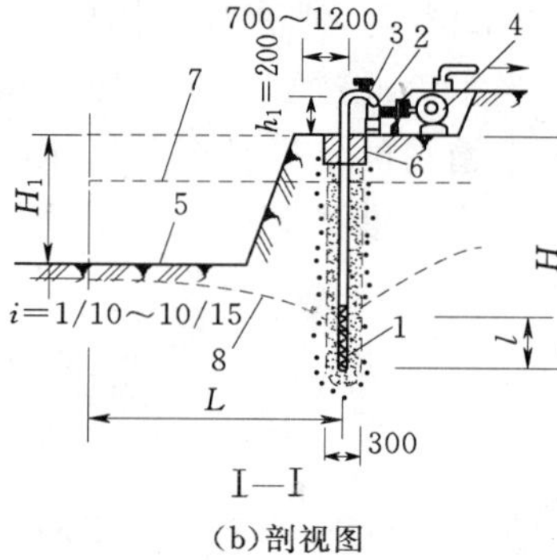

(b)剖视图

图1.41 环形井点布置图（单位：mm）

1—井点；2—集水总管；3—弯联管；4—抽水设备；5—基坑；

6—填黏土；7—原地下水位线；8—降低后地下水位线

(3) 施工工艺。井点施工工艺包括以下步骤：定位放线→铺设总管→冲孔→安装井点管→添砂砾滤料、黏土封口→用弯联管接通井点管与总管→安装抽水设备并与总管接通→安装集水箱和排水管→真空泵排气→离心水泵抽水→测量观测井中地下水位变化。

1) 准备工作。根据工程情况与地质条件，确定降水方案，进行轻型井点的设计计算。根据设计准备所需的井点设备、动力装置、井点管、滤管、集水总管及必要的材料。对于在抽水影响半径范围内的建筑物及地下管线应设置监测标点，并准备好防止沉降的措施。

2）井点管的埋设。井点管的埋设一般用水冲法进行，并分为冲孔与埋管填料两个过程。冲孔时先用起重设备将直径为50～70mm的冲管吊起，并插在井点埋设位置上，然后开动高压水泵（一般压力为0.6～1.2MPa），将土冲松，如图1.42（a）所示。冲孔时冲管应垂直插入土中，并做上下左右摆动，以加速土体松动，边冲边沉。冲孔直径一般为250～300mm，以保证井管周围有一定厚度的砂滤层。冲孔深度宜比滤管底深0.5～1.0m，以防冲管拔出时，部分土颗粒沉淀于孔底而触及滤管底部。

在埋设井点时，冲孔是重要的一个环节，冲水压力不宜过大或过小。当冲孔达到设计深度时，须尽快减低水压。

井孔冲成后，应立即拔出冲管，插入井点管，并在井点管与孔壁之间迅速填灌砂滤层，以防孔壁塌土如图1.42（b）所示。砂滤层一般选用干净粗砂，填灌均匀，并填至滤管顶上部1.0～1.5m，以保证水流通畅。井点填好砂滤料后，需用黏土封好井点管与孔壁间的上部空间，以防漏气。

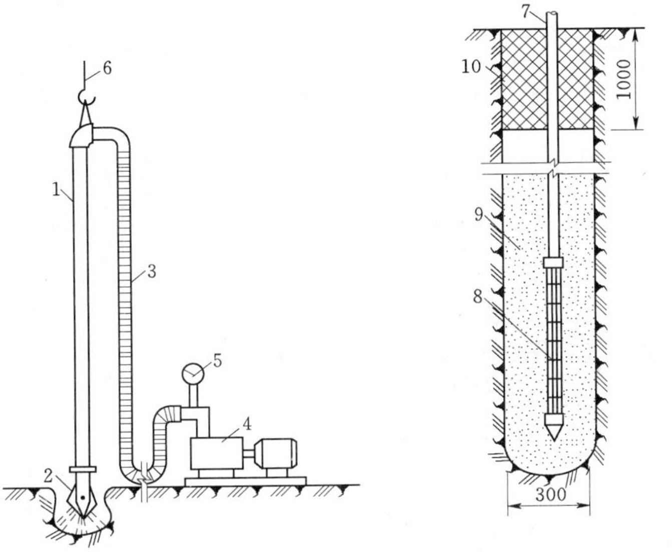

图1.42 水冲法井点管（单位：mm）

1—冲管；2—冲嘴；3—胶管；4—高压水泵；5—压力表；6—起重机吊钩；7—井点管；8—滤管；9—填砂；10—黏土封口

3）连接与试抽。将井点管、集水总管与水泵连接起来，形成完整的井点系统。安装完毕，需进行试抽，以检查是否有漏气现象。开始正式抽水后，一般不宜停抽，时抽时停，滤网易堵塞，也易抽出土颗粒，使水混浊，并引起附近建筑物由于土颗粒流失而沉降开裂。正常的降水是细水长流、出水澄清。

4）井点运转与监测。井点运行后要连续工作，应准备双电源以保证连续抽水。真空度能判断井点系统是否运行良好，一般应不低于55.3～66.7kPa。如真空度不够，通常是由于管路漏气，应及时修复。如果通过检查发现淤塞的井点管太多，严重影响降水效果时，应逐个用高压水反冲洗或拔出重新埋设。

井点运行过程中应加强监测，井点监测项目包括流量观测、地下水位观测、沉降观测三方面。

流量观测可用流量表或堰箱。若发现流量过大而水位降低缓慢甚至降不下去时，可考虑改用流量较大的水泵；若流量较小而水位降低较快则可改用小型水泵以免离心泵无水发热，并可节约电力。

地下水位观测井的位置和间距可按设计需要布置，可用井点管作为观测井。在开始抽水时，每隔4～8h测一次，以观测整个系统的降水效果。3d后若降水达到预定标高前，每日观测1～2次。地下水位降到预定标高后，可数日或一周测一次，但若遇下雨时，须加密观测。

在抽水影响范围内的建筑物和地下管线，应进行沉降观测。观测次数一般每天一次，在异常情况下须加密观测，每天不少于2次。

2. 喷射井点

当基坑开挖所需降水深度超过8m时，一层轻型井点就难以收到预期的降水效果，这时如果场地许可，可以采用二层甚至多层轻型井点的增加降水深度，达到设计要求。但是这样会增加基坑土方施工工程量、增加降水设备用量并延长工期，也扩大了井点降水的影响范围而对环境保护不利。因此，当降水深度超过8m时，宜采用喷射井点。

(1) 喷射井点设备。根据工作流体的不同，喷射井点可分为喷水井点和喷气井点两种。两者的工作原理是相同的。喷射井点系统主要由喷射井点管、高压水泵（或空气压缩机）和管路系统组成，如图1.43所示。

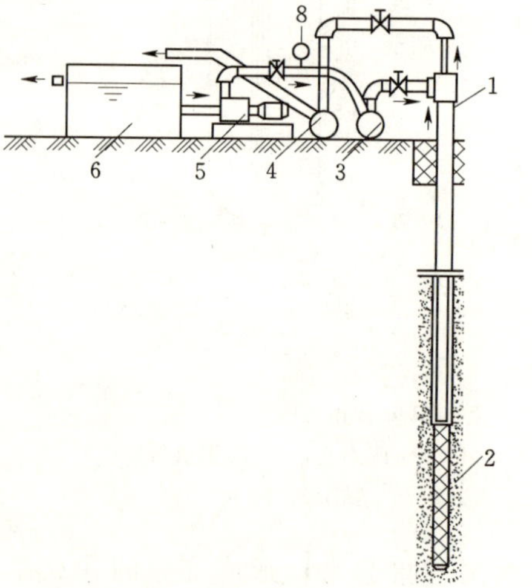

(a)喷射井点设备简图

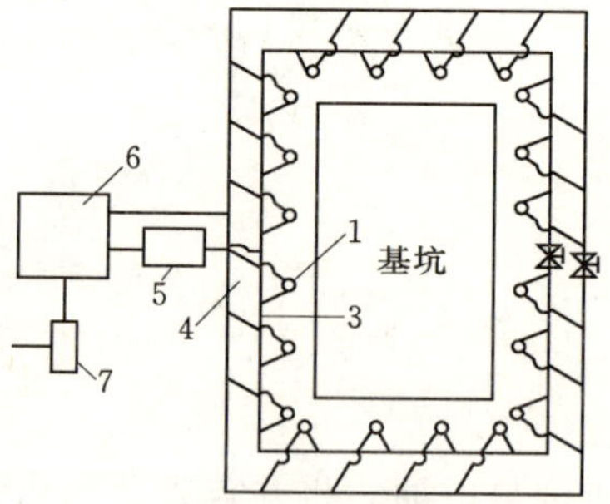

(b)喷射井点平面布置图

图1.43 喷射井点布置图

1—喷射井管；2—滤管；3—供水总管；4—排水总管；5—高压离心水泵；6—水箱；7—排水泵；8—压力表

1) 喷射井点管。喷射井点管由内管和外管组成，在内管的下端装有喷射扬水器与滤管相连，如图1.44所示。当喷射井点管工作时，由地面高压离心水泵供应的高压工作水经过内外管之间的环形空间直达底端，在此处工作流体由特制内管的两侧进水孔至喷嘴喷出，在喷嘴处由于断面突然收缩变小，使工作流体具有极高的流速，在喷口附近造成负压，将地下水经过滤管吸入，吸入的地下水在混合室与工作水混合，然后进入扩散室，水流在强大压力的作用下把地下水同工作水一同扬升出地面，经排水管道系统排至集水池或水箱，一部分用低压泵排走；另一部分供高压水泵压入井管外管内作为工作水流。如此循环作业，将地下水不断从井点管中抽走，使地下水逐渐下降，达到设计要求的降水深度。

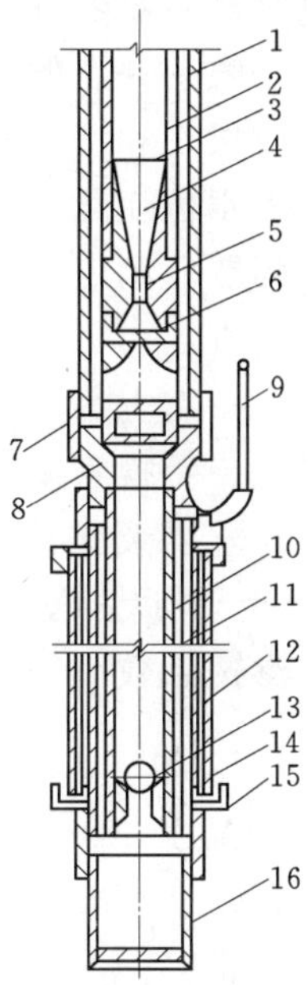

图 1.44　喷射井点管构造
1—外管；2—内管；3—喷射器；4—扩散管；5—混合管；6—喷嘴；7—缩节；8—连接座；9—真空测定管；10—滤管芯管；11—滤管有孔套管；12—滤管外缠滤网及保护网；13—逆止球阀；14—逆止阀座；15—护套；16—沉泥管

2）高压水泵。高压水泵一般可采用流量为 50～80m^3/h，压力为 0.7～0.8MPa 的多级高压水泵，每套约能带动 20～30 根井管。

3）管路系统。管路系统包括进水、排水总管（直径 150mm，每套长度 60m）、接头、阀门、水表、溢流管、调压管等管件、零件及仪表。

喷射井点用作深层降水，应用在渗透系数在 0.1～20m/s 的粉土、极细砂和粉砂中较为适用。在较粗的砂粒中，由于出水量较大，循环水流不经济，这时宜采用深井泵。一般一级喷射井点可降低地下水位 8～20m，甚至高于 20m。

（2）喷射井点设计。喷射井点在设计时其管路布置和剖面布置与轻型井点基本相同。基坑面积较大时，采用环形布置如图 1.44 所示；基坑宽度小于 10m 时采用单排线型布置；大于 10m 时作双排布置。喷射井管间距一般为 3～6m。当采用环形布置时，进出口（道路）处的井点间距可扩大为 5～7m。每套井点的总管数应控制在 30 根左右。

（3）喷射井点施工工艺及要点。喷射井点施工工艺为：泵房设置→安装进、排水总管→水冲或钻孔成井→安装喷射井点管、填滤管→接通进、排水总管，并与高压水泵或空气压缩机接通→将各井点管的外管管口与排水管接通，并通过循环水箱→启动高压水泵或空气压缩机抽水→离心水泵排除循环水箱中多余的水→测量观测井中地下水位变化。

喷射井点的施工要点如下。

1）喷射井点井点管埋设方法与轻型井点相同，其成孔直径为 400～600mm。为保证埋设质量，宜用套管法冲孔加水及压缩空气排泥，当套管内含泥量经测定小于 5%时，下井管及灌砂，然后再拔套管。对于 10m 以上喷射井点管，宜用吊车下管。下井管时，水泵应先开始运转，以便每下好一根井点管，立即与总管接通，然后及时进行单根试抽排泥，让井管内出来的泥浆从水沟排出。

2）全部井点管埋设完毕后，再接通回水总管全面试抽，然后使工作水循环，进行正式工作。各套进水总管均应用阀门隔开，各套回水管应分开。

3）为防止喷射器损坏，安装前应对喷射井管逐根冲洗，开泵压力要小些（不大于

0.3MPa)，以后再将其逐步开足。如果发现井点管周围有翻砂、冒水现象，应立即关闭井管检修。

4）工作水应保持清洁，试抽2d后，应更换清水，以后视水质污浊程度定期更换清水，以减轻对喷嘴及水泵叶轮的磨损。

(4) 喷射井点的运转和保养。喷射井点比较复杂，在井点安装完成后，必须及时试抽，及时发现和消除漏气和"死井"。在其运转期间，需进行监测以了解装置性能，及时观测地下水位变化；测定井点抽水量，通过地下水量的变化，分析降水效果及降水过程中出现的问题；测定井点管真空度，检查井点工作是否正常。此外，还可通过听、摸、看等方法来检查：

听——有上水声是好井点，无声则可能井点已被堵塞；

摸——手摸管壁感到振动，另外，冬天热而夏天凉为好井点，反之则为坏井点；

看——夏天湿、冬天干的井点为好井点。

3. 电渗井点

在渗透系数小于0.1m/d的黏土或淤泥中降低地下水位时，比较有效的方法是电渗井点排水。

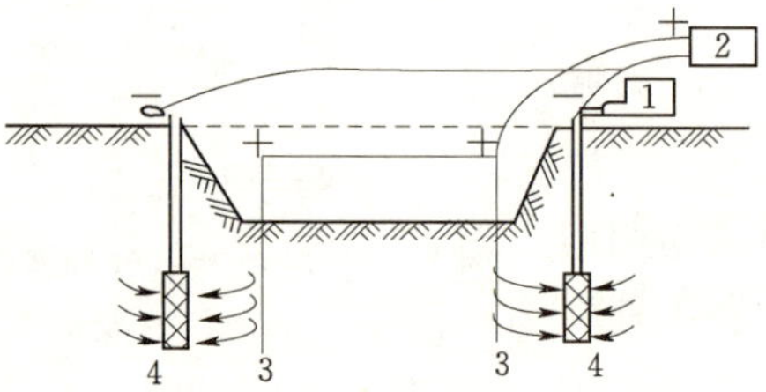

图1.45　电渗井点排水示意图

1—水泵；2—直流发电机；3—钢管；4—井点

电渗井点排水的原理如图1.45所示，以井点管作负极，以打入的钢筋或钢管作正极，当通以直流电后，土颗粒即自负极向正极移动，水则自正极向负极移动而被集中排出。土颗粒的移动称电泳现象，水的移动称电渗现象，故名电渗井点。

电渗井点的施工要点如下：

(1) 电渗井点埋设程序，一般是先埋设轻型井点或喷射井点管，预留出布置电渗井点阳极的位置，待轻型井点或喷射井点降水不能满足降水要求时，再埋设电渗阳极，以改善降水效果。可用75mm旋叶式电钻钻孔埋设阳极，钻进时加水和高压空气循环排泥，阳极就位后，利用下一钻孔排出泥浆倒灌填孔，使阳极与土接触良好，减少电阻，以利电渗。如深度不大，可用锤击法打入。阳极埋设必须垂直，严禁与相邻阴极相碰，以免造成短路，损坏设备。

(2) 通电时，工作电压不宜大于60V，电压梯度可采用50V/m，土中通电的电流密度宜为0.5～1.0A/m²。为避免大部分电流从土表面通过，降低电渗效果，通电前应清除井点管与阳极间地面上的导电物质，使地面保持干燥，如涂一层沥青绝缘效果更好。

(3) 通电时，为消除由于电解作用产生的气体积聚于电极附近，使土体电阻增大，而加大电能的消耗，宜采用间隔通电法，每通电22h，停电2h，然后再通电，依次类推。

(4) 在降水过程中，应对电压、电流密度、耗电量及观测孔水位等进行量测记录。

4. 深井井点

深井井点降水的工作原理是利用深井进行重力集水，在井内用长轴深井泵或井内用潜水泵进行排水以达到降水或降低承压水压力的目的。它适用于渗透系数较大（$K \geqslant 200$m/d)、涌水量大、降水较深（可达50m）的砂土、砂质粉土，及用其他井点降水不易解决的深层降水，可采用深井井点系统。深井井点的降水深度不受吸程限制，由水泵扬程决定，在要求水位降低大于5m，或要求降低承压水压力时，排水效果好。井距大，对施工平面布置干扰小。

（1）深井井点设备。深井井点系统由深井、井管和深井泵（或潜水泵）组成，如图1.46所示。

（2）深井井点布置。对于采用坑外降水的方法，深井井点的布置根据基坑的平面形状及所需降水深度，沿基坑四周呈环形或直线型布置，井点一般沿工程基坑周围离开边坡上缘0.5～1.5m，井距一般为30m左右。当采用坑内降水时，同样可按棋盘状点状方式布置，如图1.47所示，并根据单井涌水量、降水深度及影响半径等确定井距，在坑内呈棋盘形点状布置。一般井距为10～30m。井点宜深入到透水层6～9m，通常还应比所应降水深度深6～8m。

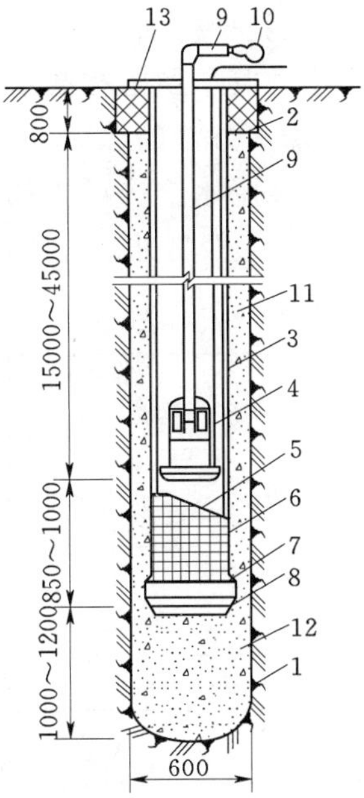

图1.46　深井井点构造示意图（单位：mm）
1—井孔；2—井口（黏土封口）；3—ϕ300井管；4—潜水泵；5—过滤段（内填碎石）；6—滤网；7—导向段；8—开孔底板（下铺滤网）；9—ϕ50出水管；10—ϕ50～75出水总管；11—小砾石或中粗砂；12—中粗砂；13—钢板井盖

（3）深井井点施工程序及要点。

1）井位放样、定位。

2）做井口，安放护筒。井管直径应大于深井泵最大外径50mm，钻孔孔径应大于井管直径300mm以上。安放护筒以防孔口塌方，并为钻孔起到导向作用。做好泥浆沟与泥浆坑。

3）钻机就位、钻孔。深井的成孔方法可采用冲击钻、回转钻、潜水电钻等，用泥浆护壁或清水护壁法成孔。清孔后回填井底砂垫层。

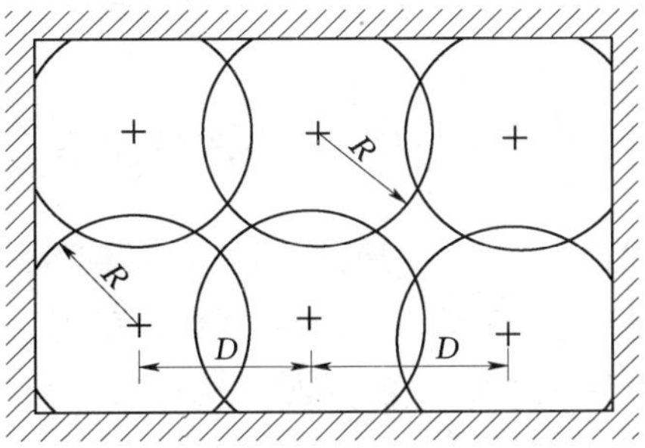

图1.47　坑内降水井点布置示意图
R—抽水影响半径；D—井点间距

4）吊放深井管与填滤料。井管应安放垂直，过滤部分应放在含水层范围内。井管与土壁间填充粒径大于滤网孔径的砂滤料。填滤料要一次连续完成，从底填到井口下1m左右，上部采用黏土封口。

5）洗井。若水较混浊，含有泥砂、杂物、会增加泵的磨损、减少寿命或使泵堵塞，可用空压机或旧的深井泵来洗井，使抽出的井水清洁后，再安装新泵。

6）安装抽水设备及控制电路。安装前应先检查井管内径、垂直度是否符合要求。安放深井泵时，用麻绳吊入滤水层部位，并安放平稳，然后接电动机电缆及控制电路。

7）试抽水。深井泵在运转前，应用清水预润（清水通入泵座润滑水孔，以保证轴与轴承的预润）。检查电气装置及各种机械装置，测量深井的静、动水位。达到要求后，即可试抽，一切满足要求后，再转入正常抽水。

8）降水完毕拆除水泵、拔井管、封井。降水完毕，即可拆除水泵，用起重设备拔除井管。拔出井管所留的孔洞用砂砾填实。

1.5.3.4 降水方法的选择

各种井点降水方法可根据基础规模，土的渗透性、降水深度、设备条件及经济性选用，见表1.8。轻型井点属于基本类型，应用最广泛。

表1.8 降水类型及适用条件

降水类型 \ 适用条件	土层渗透系数（cm/s）	可能降低的水位深度（m）
轻型井点 多级轻型井点	$10^{-2}\sim10^{-5}$	3～6 6～12
喷射井点	$10^{-3}\sim10^{-6}$	8～20
电渗井点	$<10^{-6}$	宜配合其他降水方法使用
深井井点	$\geqslant10^{-5}$	>10

1.5.3.5 降水对环境的影响及防治措施

井点降水时，井点管周围含水层的水不断流向滤管。在无承压水等环境条件下，经过一段时间之后，在井点周围形成漏斗状的弯曲水面，即“降水漏斗”曲线。经过几天或几周后，降水漏斗渐趋稳定。降水漏斗范围内的地下水位下降后，就必然会造成地基固结沉降。由于降水漏斗不是平面，因而产生的沉降也是不均匀的。在实际工程中，由于井点管滤网和砂滤层结构不良，把土层中的细颗粒同地下水一同抽出，就会使地基不均匀沉降加剧，造成附近建筑物及地下管线的不同程度的损坏。

在基坑降水开挖中，为了防止邻近建筑物受影响，可采用以下措施：

（1）井点降水时应减缓降水速度，均匀出水，勿使土粒带出。降水时要随时注意抽出的地下水是否混浊。抽出的水中带走细颗粒，不但会增加周围地面的沉降，而且还会使井管堵塞、井点失效。为此，应选用合适的滤网与回填的砂滤料。

（2）井点应连续运转，尽量避免间歇和反复抽水，以减小在降水期间引起的地面沉降量。

（3）降水场地外侧设置挡水帷幕，减小降水影响范围。降水场地外侧设置一圈挡水帷幕，切断“降水漏斗”曲线的外侧延伸部分，减小降水影响范围。一般挡水帷幕底面应在降落后的水位线2m以下。常用的挡水帷幕可采用地下连续墙、深层水泥土搅拌桩等。

（4）设置回灌水系统，保护邻近建筑物与地下管线。回灌水系统包括回灌井、回灌沟。

1.5.3.6 基坑外地面排水

基坑（槽）形成以后，地下水渗透流量相应增大，基坑边坡和底部的动水压力加大，容易引起管涌或流土，造成塌坡和基坑底隆起的严重后果。因此在整个基础工程施工期间，应进行周密的排水系统的布置、渗透流量的计算和排水设备的选择，并注意观察基坑边坡和基坑底面的变化，保证基坑工作顺利进行。基坑排水主要包括基坑外地面排水和坑内排水。

地面水的排除一般采用排水沟、截水沟、挡水土坝等措施。应尽量利用自然地形来设置排水沟，使水直接排至场外，或流向低洼处再用水泵抽走。主排水沟最好设置在施工区域的边缘或道路的两旁，其横断面和纵向坡度应根据最大流量确定。一般排水沟的横断面不小于 0.5m×0.5m，纵向坡度一般不小于 3∶1000。平坦地区，如排水困难，其纵向坡度不应小于 2∶1000，沼泽地区坡度可减至 1∶1000。场地平整过程中，要注意排水沟保持畅通。

山区的场地平整施工，应在较高一面的山坡上开挖截水沟。在低洼地区施工时，除开挖排水沟外，必要时应修筑挡水土坝，以阻挡雨水的流入。

课题 1.6　冬期施工和雨期施工的措施

1.6.1　土方工程的冬期施工

冬期施工，是指室外日平均气温降低到 5℃或 5℃以下，或者最低气温降低到 0℃或 0℃以下时，用一般的施工方法难以达到预期目的，必须采取特殊的措施进行施工的方法。土方工程冬期施工造价高，功效低，一般应在入冬前完成。如果必须在冬期施工时，其施工方法应根据本地区气候、土质和冻结情况，并结合施工条件进行技术比较后确定。

1. 地基土的保温防冻

土在冬期由于受冻变得坚硬，挖掘困难。土的冻结有其自然规律，在整个冬期期间，土层的冻结厚度（冻结深度）可参见有关的建筑施工手册，其中未列出的地区，在地面无雪和草皮覆盖的条件下全年标准冻结深度 Z_0，可按式（1.15）计算：

$$Z_0=0.28\sqrt{\sum T_m+7}-0.5 \tag{1.15}$$

式中　$\sum T_m$——低于 0℃的月平均气温的累计值（取连续 10 年以上的平均值），以正号代入。

土方工程冬期施工，应采取防冻措施，常用的方法有松土防冻法、覆盖雪防冻法和隔热材料防冻等。

（1）松土防冻法。入冬期，在挖土的地表层先翻松 25～40cm 厚表层土并耙平，其宽度应不小于土冻结深度的两倍与基底宽之和。在翻松的土中，有许多充满空气的孔隙，以降低土层的导热性，达到防冻的目的。

（2）覆盖雪防冻法。降雪量较大的地区，可利用较厚的雪层覆盖作保温层，防止地基土冻结。对于大面积的土方工程，可在地面上与风主导方向垂直的方向设置篱笆、栅栏或雪堤（高度为 0.5～1.0m，其间距为 10～15m），人工积雪防冻。对于面积较小的基槽（坑）土方工程，在土冻结前，可以在地面上挖积雪沟（深 30～50cm），并随即用雪将沟填满，以防止未挖土层冻结。

（3）隔热材料防冻法。面积较小的基槽（坑）的地基土防冻，可在土层表面直接覆盖炉渣、锯末、草垫、树叶等保温材料，其宽度为土层冻结深度的两倍与基槽宽度之和。

2. 冻土的融化

冻结土的开挖比较困难，可用外加热能融化后挖掘。这种方式只有在面积不大的工程土采用，费用较高。

(1) 烘烤法。适用面积较小，冻土不深，燃料充足地区。常用锯末、谷壳和刨花等作燃料。在冻土上铺上杂草、木柴等引火材料，然后撒上锯末，上面压数厘米的土，让它不起火苗地燃烧，250mm厚的锯末经一夜燃烧可熔化冻土300mm左右，开挖时分层分段进行。

(2) 蒸汽融化法。当热源充足，工程量较小时，可采用蒸汽融化法。把带有喷气孔的钢管插入预先钻好的冻土孔中，通蒸汽融化。

3. 冻土的开挖

冻土的开挖方法有人工法开挖、机械法开挖、爆破法开挖3种。

(1) 人工法开挖。人工开挖冻土适用开挖面积较小和场地狭窄，不具备其他方法进行土方破碎开挖的情况。开挖时一般用大铁锤和铁楔子劈冻土。

(2) 机械法开挖。机械法开挖适用于大面积的冻土开挖。破土机械的选择，根据冻土层的厚度和工程量大小选用。当冻土层厚度小于0.25m时，可直接用铲运机、推土机、挖土机挖掘开挖；当冻土层厚度为0.6～1.0m时，用打桩机将楔形劈块按一定顺序打入冻土层，劈裂破碎冻土，或用起重设备将重3～4t的尖底锤吊至5～6m高时，脱钩自由落下，击碎冻土层（击碎厚度可达1～2m），然后用斗容量大的挖土机进行挖掘。

(3) 爆破法开挖。爆破法开挖适用面积较大，冻土层较厚的土方工程。采用打炮眼、填药的爆破方法将冻土破碎后，用机械挖掘施工。

4. 冬期回填土施工

由于冻结土块坚硬且不易破碎，回填过程中又不易被压实，待温度回升、土层解冻后会造成较大的沉降。为保证冬期回填土的工程质量，冬期回填土施工必须按照施工及验收规范的规定组织施工。

冬期填方前，要清除基底的冰雪和保温材料，排除积水，挖除冻块或淤泥。对于基础和地面工程范围内的回填土，冻土块的含量不得超过回填土总体积的15%，且冻土块的粒径应小于15cm。填方宜连续进行，且应采取有效的保温防冻措施，以免地基土或已填土受冻。填方时，每层的虚铺厚度应比常温施工时减少20%～25%。填方的上层应用未冻的、不冻胀或透水性好的土料填筑。

1.6.2 土方工程的雨期施工

1. 雨期施工准备

在雨期到来之际，施工现场、道路及设施必须做好有组织的排水。施工现场临时设施、库房要做好防雨排水的准备。现场的临时道路加固、加高，或在雨期加铺炉渣、砂砾或其他防滑材料。施工现场准备足够的防水、防汛材料（如草袋、油毡雨布等）和器材工具等，以防备用。

2. 土方工程的雨期施工

雨期开挖基槽（坑）或管沟时，开挖的施工面不宜过大，应从上至下分层分段依次施工，底部随时做成一定的坡度，应经常检查边坡的稳定，适当放缓边坡或设置支撑。雨期不要在滑坡地段进行施工。大型基坑开挖为防止被雨水冲塌，可在边坡上加钉钢丝网片，再浇筑50mm厚的细石混凝土。地下的池、罐构筑物或地下室结构，完工后应抓紧基坑四周回填土施工和上部结构继续施工，否则会造成地下室和池子上浮的事故。

课题1.7 安全施工措施

(1) 土方工程施工前，必须对场地内的地上和地下管道、电缆及高压水管等情况了解清楚。在特殊危险地区，工程技术观测必须设专人负责，挖土采用人在上方进行。

(2) 基坑开挖时，两人开挖操作间距应大于 2.5m，多台机械开挖，挖土机间距应大于 10m。挖土应由上而下，逐层进行。严禁采用挖空底脚的施工方法。

(3) 基坑（槽）开挖应合理放坡。操作时应随时注意土壁变动情况，如发现有裂纹和部分坍塌现象，应及时进行支撑或放坡，并注意支撑的稳固和土壁的变化。

(4) 基坑（槽）开挖深度超过 3m 以上时，使用吊装设备吊土，起吊后，坑内操作人员应立即离开吊点的垂直下方，起吊设备距坑边一般不得少于 1.5m，坑内人员应戴安全帽。

(5) 用手推车推土，应铺好道路，卸土回填时，不得放手让车自动翻转。用翻斗汽车运土，运输道路的坡度、转弯半径应符合有关安全规定。

(6) 深基坑上下应先挖好阶梯或设置靠梯，或开斜坡道，采取防滑措施，禁止踩踏支撑上下。坑四周应设置安全栏杆或悬挂危险标志。

(7) 基坑设置的支撑应经常检查，特别是雨后更应经常检查，如有松动变形现象，及时排除隐患。

(8) 坑（槽）沟边 1m 内不得堆土、堆料和停放机具，1m 以外堆土，其高度不宜超过 1.5m。坑（槽）、沟与附近建筑物的距离不得小于 1.5m，危险时必须加固。

复习思考题

1. 土方工程施工中，根据土体开挖的难易程度土体如何分类？
2. 土的可松性对土方施工有何影响？
3. 基坑及基槽土方量如何计算？
4. 试述方格网法计算场地平整土方量的步骤和方法。
5. 试述断面法计算场地平整土方量的步骤和方法。
6. 土方调配应遵循哪些原则？调配区如何划分？
7. 什么是边坡系数？影响边坡稳定的因素有哪些？
8. 人工降低地下水位的方法有哪些？适用范围如何？
9. 轻型井点系统的布置方案有哪些？
10. 单斗挖土机有哪几种类型？其工作特点和适用范围如何？正铲、反铲挖土机开挖方式有哪几种？如何选择？
11. 填土压实有哪几种方法？各有什么特点？影响填土压实的主要因素有哪些？
12. 什么是土的最佳含水量？土的含水量和控制干密度对填土压实质量有何影响？
13. 土方工程冬期施工有哪些防冻措施？雨期施工应注意哪些问题？

14. 土方工程有哪些主要安全技术措施？

15. 某个基坑底长 85m，宽 60m，深 8m，工作宽度 0.5m，四边放坡，边坡系数为 0.5。试计算土方开挖工程量。

16. 某建筑场地，如图 1.48 所示，方格网边长为 40m，试用方格网法计算场地总挖方量和填方量。如填方区和挖方区的边坡系数均为 0.5 时，试计算场地边坡挖填、土方量。

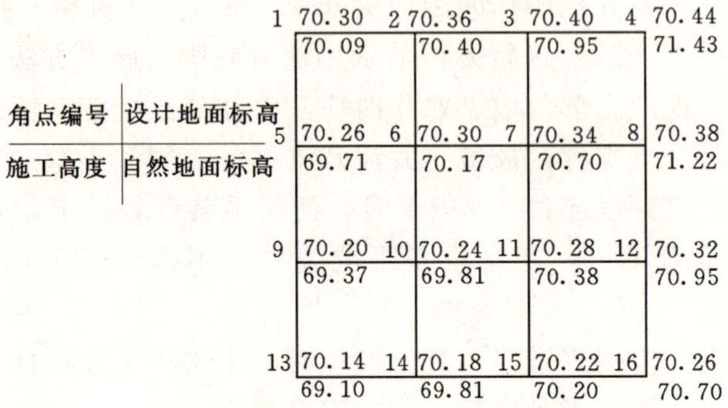

图 1.48　建筑场地方格网示意图

单元2　地基与基础工程施工

课题2.1　地　基　处　理

2.1.1　灰土地基施工

灰土地基是将基础底面下要求范围内的软弱土层挖去，用一定比例的石灰和土，在最优含水量情况下充分搅拌，分层回填夯实或压实而成。

灰土地基具有一定的强度、水稳定性和抗渗性，施工工艺简单，取材容易，费用较低，是一种应用广泛、经济、实用的地基加固方法。适用于加固深1～4m厚的软弱土、湿陷性黄土、杂填土等，还可用作结构的辅助防渗层。

2.1.1.1　材料要求

灰土地基是采用石灰与土料的拌合料经压实而成。灰土地基对材料的主要要求如下。

1. 土料

采用就地挖掘的黏性土及塑性指数大于14的粉土。土内不能含有松软杂质和耕植土。土料应过筛，其颗粒不大于15mm。严禁采用冻土、膨胀土、盐渍土等活动性较强的土料。

2. 石灰

应用三级以上新鲜的块灰，氧化钙、氧化镁含量越高越好。使用前1～2d消解并过筛，其颗粒不得大于5mm，且不应夹有未熟化的生石灰块粒及其他杂质，也不能含有过多水分。

灰土的配合比采用体积比，除设计有特殊要求外，一般为2∶8或3∶7。基础地基灰应严格控制配合比。拌和时必须均匀一致，至少翻拌两次，拌和好的灰土颜色应一致。

灰土土质、配合比、龄期对强度的影响见表2.1。

表2.1　灰土土质、配合比、龄期对强度的影响　　单位：MPa

配合比		黏土	粉质黏土	粉土
7d	4∶6	0.507	0.411	0.311
	3∶7	0.669	0.533	0.284
	2∶8	0.526	0.537	0.163

灰土施工时，应适当控制含水量。现场检验方法是：用手将灰土紧握成团，两指轻捏即碎为宜。如土料水分过大或不足时，应晾干或洒水润湿。

2.1.1.2　施工准备

1. 机具设备

压路机、木夯、蛙式或柴油打夯机、手推车、筛子（孔径有6～10mm和16～20mm

两种)、标准斗、靠尺、耙子、平头铁锹、胶皮管、小线和木折尺等。

2. 作业条件

(1) 基坑（槽）在铺灰土前必须先行钎探验槽，并按要求处理完地基，办理隐检手续。

(2) 当地下水位高于基坑（槽）底时，施工前应采取排水或降低地下水位的措施，使地下水位经常保持在施工面以下 0.5m 左右。

(3) 基础施工前，应做好水平高程的标志。如在基坑（槽）或管沟的边坡上每隔 3m 钉上表示灰土上平面的木橛，在室内和散水的边墙上弹上水平线或在地坪上钉好控制标高的标准木桩。

(4) 房心灰土和管沟灰土，应在完成上下水管道的安装或管沟墙间加固等措施之后进行施工，并且将管沟、槽内、地坪上的积水或杂物、垃圾等清除干净。

(5) 基础外侧打灰土，必须对基础、地下室墙和地下防水层、保护层进行检查，发现损坏时应及时修补处理，办完隐检手续。现浇的混凝土基础墙、地梁等均应达到规定的强度，不得碰坏损伤混凝土。

2.1.1.3　工艺流程

灰土地基施工工艺流程如图 2.1 所示。

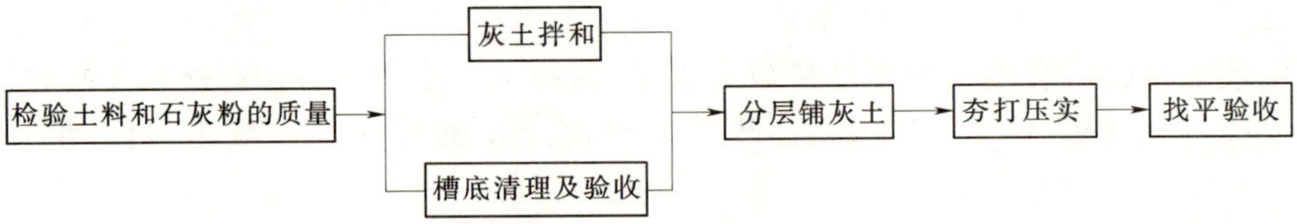

图 2.1　工艺流程图

2.1.1.4　施工要点

(1) 对基槽（坑）应先验槽，消除松土，并打两遍底夯，要求平整干净。如有积水、淤泥应晾干。局部有软弱土层或孔洞，应及时挖除后用灰土分层回填夯实。

(2) 土应分层摊铺并夯实。根据灰土每层最大虚铺厚度，可选择不同夯实机具见表 2.2。每层灰土的夯压遍数，应根据设计要求的灰土干密度在现场试验确定，一般不少于 3 遍。人工打夯应一夯压半夯，夯夯相接，行行相接，纵横交叉。

表 2.2　灰土最大虚铺厚度

序　　号	夯实机具	重量（t）	虚铺厚度（mm）	备　　注
1	石夯、木夯	0.04～0.08	200～250	人力送夯，落距 400～500mm，每夯搭接半夯，夯实后厚 80～100mm
2	轻型夯实机械	0.12～0.4	200～250	蛙式打夯机或柴油打夯机，夯实后厚 100～150mm
3	压路机	机重 6～10	200～300	双轮

(3) 灰土回填每层夯（压）实后，应根据规范规定进行质量检验，达到设计要求时，才能进行上一层灰土的铺摊。

(4) 当日铺填夯压，入槽（坑）灰土不得隔日夯打。夯实后的灰土 3d 内不能被水浸泡，并及时进行基础施工与基坑回填，或在灰土表面做临时性覆盖，避免日晒雨淋。

(5) 灰土分段施工时，不得在墙角、柱基及承重窗间墙下设置接缝，上下两层的接缝距离不得小于 500mm，接缝处应夯压密实，并做成直槎。

(6) 对基础、基础墙或地下防水层、保护层以及从基础墙伸出的各种管线，均应妥善保护，防止回填灰土时碰撞或损坏。

(7) 灰土最上一层完成后，应拉线或用靠尺检查标高和平整度，超高处用铁锹铲平；低洼处应及时补打灰土。

(8) 施工时应注意妥善保护定位桩、轴线桩，防止碰撞位移，并应经常复测。

2.1.1.5 质量检验

(1) 每一层铺筑完毕后，应进行质量检验，并认真填写分层检测记录。当某一填层不合乎质量要求时，应立即采取补救措施，进行整改。检验方法主要有贯入测定法和环刀取样法两种。

1) 贯入测定法。先将地基表面 30mm 左右的填料刮去，然后用贯入仪、钢叉或钢筋根据贯入度的大小来定性地检查地基质量。应根据地基的控制干密度预先进行相关性试验，确定要求的贯入度值。

钢筋贯入法。用直径 20mm，长度 1250mm 的平头钢筋，自 700mm 高处自由落下，插入深度以不大于根据该地基的控制干密度测定的深度为合格。

钢叉贯入法。用水撼法使用的钢叉，自 500mm 高处自由落下，插入深度以不大于根据该地基的控制干密度测定的深度为合格。

2) 环刀取样法。在压实后的地基中，用容积不小于 $200cm^3$ 的环刀压入每层 2/3 的深度处取样，测定干密度，其值不应小于灰土料在中密状态的干密度值为合格，灰土干质量密度标准见表 2.3。

表 2.3　　灰土干质量密度标准

项　　次	土　料　种　类	灰土最小干质量密度（g/cm^3）
1	粉土	1.55
2	粉质黏土	1.50
3	黏土	1.45

(2) 检测的布置原则。当采用贯入仪或钢筋检验基础的质量时，检验点的间距应小于 4m；当取样检验地基的质量时，大基坑每 50～$100m^2$ 不应少于一个检验点；对于基槽每 10～$20m^2$ 不应少于一个点；每个单独柱基不应少于一个点。

(3) 灰土土料、石灰或水泥（当水泥替代灰土中的石灰时）等材料的质量及配合比应符合设计要求，灰土应搅拌均匀。

(4) 施工过程中应检查虚铺厚度、分段施工时上下两层的搭接长度、夯实加水量、夯实遍数、压实系数。检验必须分层进行。应在每层的压实系数符合设计要求后铺垫上层土。

(5) 施工结束后，应检查灰土地基的承载力。

(6) 灰土地基的质量验收标准应符合表 2.4 的规定。

表 2.4　　灰土地基质量检验标准

项　目	序号	检　查　项　目	容许偏差或容许值	检查方法
主控项目	1	地基承载力	设计要求	按规定方法
	2	配合比	设计要求	按拌和时的体积比
	3	压实系数	设计要求	现场实测
一般项目	1	石灰粒径（mm）	≤5	筛分法
	2	土料有机质含量（%）	≤5	试验室焙烧法
	3	土颗粒粒径（mm）	≤5	筛分法
	4	含水量（与要求的最优含水量比较）（%）	±2	烘干法
	5	分层厚度偏差（与设计要求比较）（mm）	±50	水准法

2.1.2　砂和砂石地基施工

砂和砂石地基系采用砂或砂砾石（碎石）混合物，经分层夯实，作为地基的持力层，提高基础下部地基强度，并通过地基的压力扩散作用，降低地基的压应力，减少变形量，如图 2.2、图 2.3 所示。砂地基还可起到排水作用，地基土中孔隙水可通过地基快速地排出，能加速下部土层的沉降和固结。

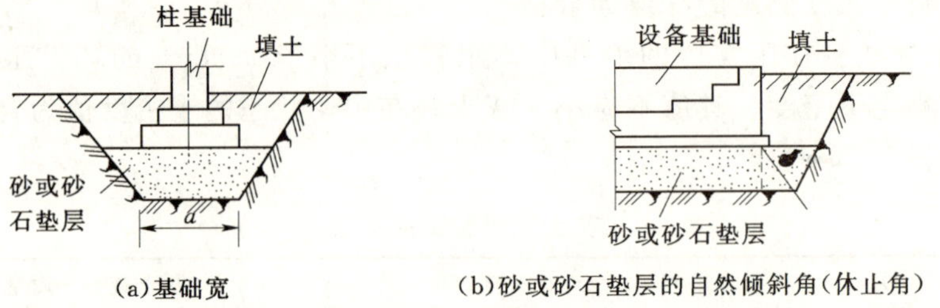

图 2.2　施工做法

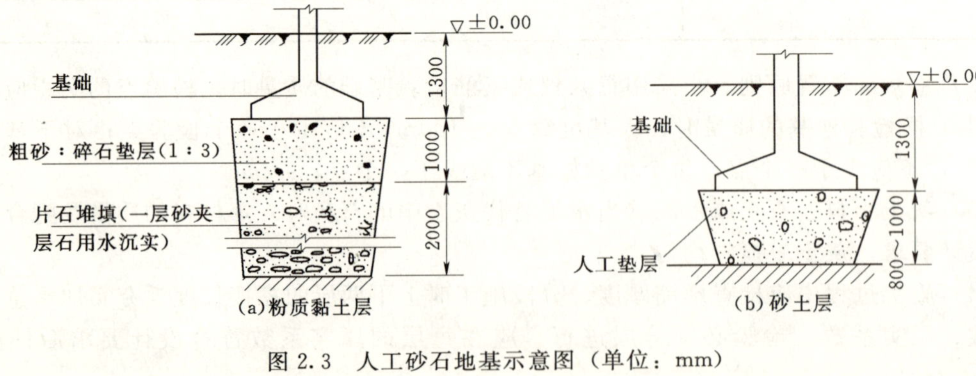

图 2.3　人工砂石地基示意图（单位：mm）

砂和石宜用颗粒级配良好，质地坚硬的中砂、粗砂、砾砂、卵石或碎石、石屑，也可用细砂，但宜同时掺入一定数量的卵石或碎石。人工级配的砂石地基，应将砂石拌和均匀。砂砾中石子含量应在50%内，石子最大粒径不宜大于50mm。砂、石子中均不得含有草根、垃圾等杂物，含泥量不应超过5%；用作排水地基时，含泥量不得超过3%。

1. 施工准备

机具设备可选择木夯、蛙式或柴油打夯机、推土机、压路机、手推车、标准斗、平头铁锹、喷水用胶皮管、2m 靠尺、小线或细铁丝、钢尺或木折尺等。

2. 作业条件

(1) 砂石地基铺筑前应验槽，包括轴线尺寸、水平标高、地质情况，如有无孔洞、沟、井、墓穴等；应在未做地基前处理完毕并办理隐检手续。

(2) 设置控制铺筑厚度的标志，如水平标准木桩或标高桩，或在固定的建筑物墙上、槽和沟的边坡上弹上水平标高线或钉上水平标高木橛。

(3) 在地下水位高于基坑（槽）底面的工程中施工时，应采取排水或降低地下水位的措施，使基坑（槽）保持无水状态。

(4) 铺设地基前，应将基底表面浮土、淤泥、杂物清除干净，两侧应设一定坡度，防止振捣时塌方。

3. 工艺流程

砂和砂石地基工艺流程如图 2.4 所示。

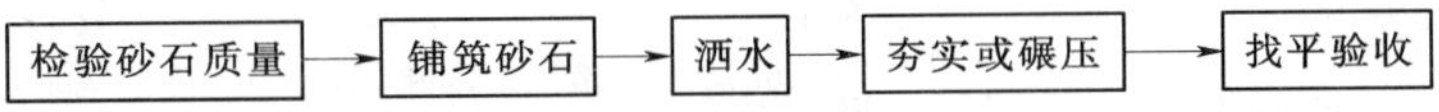

图 2.4　砂子地基工艺流程图

4. 施工要点

(1) 地基铺设时，严禁扰动地基下卧层及侧壁的软弱土层，防止被践踏、受冻或受浸泡，降低其强度。如地基下有厚度较小的淤泥或淤泥质土层，在碾压荷载下抛石能挤入该层底面时，可采取挤淤处理。先在软弱土面上堆填块石、片石等，然后将其压入以置换和挤出软弱土，再做地基。

(2) 砂和砂石地基底面宜铺设在同一标高上，如深度不同时，基土面应挖成踏步和斜坡形，踏步宽度不小于500mm，高度同每层铺设厚度，斜坡坡度应大于1∶1.5，搭槎处应注意压（夯）实。施工应按先深后浅的顺序进行。

(3) 应分层铺筑砂石，铺筑砂石的每层厚度，一般为150～200mm，不宜小于100mm或大于300mm。分层厚度可用样桩控制。视不同条件，可选用夯实或压实的方法。大面积的砂石地基，铺筑厚度可达350mm，宜采用6～10t的压路机碾压。

(4) 砂和砂石地基的压实，可采用平振法、插振法、水撼法、夯实法、碾压法。各种施工方法的每层铺筑厚度及最优含水量见表2.5。

(5) 砂地基每层夯实后的密实度应达到中密标准，即孔隙比不应大于0.65，干密度不小于1.60g/cm^3。测定方法采用容积不小于200cm^3的环刀取样。如系砂石地基，则在砂石地基中设纯砂检验点，在同样条件下用环刀取样鉴定。现场简易测定方法是将直径20mm、长1250mm的平头钢筋提升至距离砂面700mm处自由下落，插入深度不大于根据该砂的控制干密度测定的深度为合格。

表 2.5　砂和砂石地基每层铺筑厚度及最优含水量

项次	捣实方法	每层铺筑厚度（mm）	施工时最优含水量（%）	施工说明	备注
1	平振法	200～250	15～20	用平板式振捣器往复振捣	
2	插振法	振捣器插入深度	饱和	1. 用插入式振捣器； 2. 插入间距可根据机械振幅大小决定； 3. 不应插至下卧黏性土层； 4. 插入振捣器完毕后所留的孔洞，应用砂填实	不宜用于细砂或含泥量较大的砂所铺的砂地基
3	水撼法	250	饱和	1. 注水高度应超过每次铺筑面； 2. 钢叉摇撼捣实，插入点间距为100mm； 3. 钢叉分4齿，齿间距30mm，长30mm；柄长900mm，重4kg	湿陷性黄土、膨胀土地区不得使用
4	夯实法	150～200	8～12	1. 用木夯或机械夯； 2. 木夯重40kg，落距400～500mm； 3. 一夯压半夯，全面夯实	适用于砂石地基
5	碾压法	250～350	8～12	6～10t压路机往复碾压，一般不少于4遍	1. 适用于大面积砂地基； 2. 不宜用于地下水位以下的砂地基

注　在地下水位以下的地基，其最下层的铺筑厚度可比上表增加50mm。

（6）分段施工时，接槎处应做成斜坡，每层接岔处的水平距离应错开0.5～1.0m，并应充分压（夯）实。

（7）铺筑的砂石应级配均匀。如发现砂窝或石子成堆现象，应将该处砂子或石子挖出，分别填入级配好的砂石。在夯实碾压前，应根据所铺筑的级配砂石的干湿程度和气候条件，适当地洒水以保持砂石的最佳含水量，一般为8%～12%。

（8）夯实或碾压的遍数由现场试验确定。用木夯或蛙式打夯机时，应保持落距为400～500mm，要求一夯压半夯，行行相接，全面夯实，一般不少于3遍。采用压路机往复碾压，一般碾压不少于4遍，其轮距搭接不小于500mm。边缘和转角处应用人工或蛙式打夯机补夯密实。

（9）当采用水撼法或插振法施工时，以振捣棒振幅半径的1.75倍为间距（一般为400～500mm）插入振捣，依次振实，以不再冒气泡为准，直至完成。同时应采取措施做到有控制地注水和排水。

5. 质量检验

（1）砂石的质量、配合比应符合设计要求，砂石应搅拌均匀。

（2）施工过程中必须检查虚铺厚度。分段施工时必须检查搭接部位的加水量、压实遍数和压实系数。

(3) 地基施工质量检验必须分层进行。应在每层的压实系数符合设计要求后铺填上层土。

(4) 采用环刀法检验地基的施工质量时，取样点应位于每层厚度的 2/3 深度处。采用贯入仪或动力触探检验地基的施工质量时，每分层检验点的间距应小于 4m。

(5) 竣工验收采用载荷试验检验地基承载力时，每个单体工程不宜少于 3 点；对于大型工程则应按单体工程的数量或工程的面积确定检验点数。

(6) 砂和砂石地基的质量验收标准应符合的规定见表 2.6。

表 2.6　　砂及砂石地基质量检验标准

项目	序号	检查项目	容许偏差或容许值	检查方法
主控项目	1	地基承载力	设计要求	按规定方法
	2	配合比	设计要求	检查拌和时的体积比或重量比
	3	压实系数	设计要求	现场实测
一般项目	1	砂石料有机质含量（%）	≤5	筛分法
	2	砂石料含泥量（%）	≤5	水洗法
	3	石料粒径（mm）	≤100	筛分法
	4	含水量（与最优含水量比较）（%）	±2	烘干法
	5	分层厚度（与设计要求比较）（mm）	±50	水准仪

2.1.3 粉煤灰地基施工

粉煤灰地基是以粉煤灰为地基，经压实而成的地基。粉煤灰可用于道路、堆场和小型建筑、构筑物等的地基换填，如图 2.5 所示。

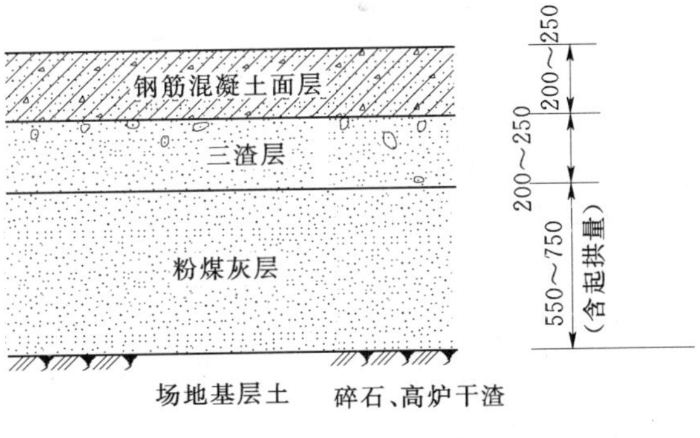

图 2.5　粉煤灰地基构造图（单位：mm）

基坑（槽）内换填前，应先进行钎探并按要求处理完基层，办理验槽隐检手续。当地下水位高于基坑（槽）底时，应采取排水或降水措施，使地下水位保持在基底以下 500mm 左右，并在 3d 之内不得受水浸泡。基础外侧换填前，必须对基础、地下室墙和地下防水层、保护层进行检查，发现损坏时应及时修补，并办理隐检手续；现浇的混凝土基础墙、地基梁等均应达到规定的强度，施工中不得损坏混凝土。

粉煤灰地基工艺流程如图 2.6 所示。

施工要点如下。

(1) 铺设前应先验槽，清除地基表面垃圾杂物。

(2) 粉煤灰地基应分层铺设与碾压，铺设厚度用机械夯为 200～300mm，夯完后厚度

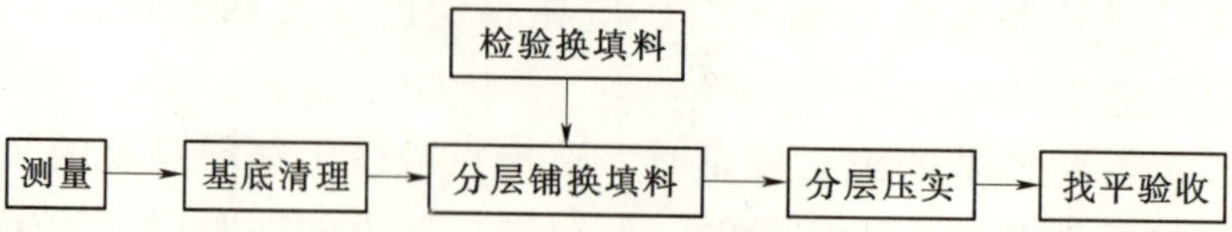

图 2.6 工艺流程图

为 150～200mm；用压路机为 300～400mm，压实后为 250mm 左右。对小面积基坑（槽）地基，可用人工分层摊铺，用平板振动器或蛙式打夯机进行振（夯）实，每次振（夯）板应重叠 1/2～1/3 板宽，往复压实，由两侧或四侧向中间进行，夯实不少于 3 遍。大面积地基应采用推土机摊铺，先用推土机预压 2 遍，然后用 8t 压路机碾压，施工时压轮重叠 1/2～1/3 轮宽，往复碾压，一般碾压 4～6 遍。

（3）粉煤灰铺设含水量应控制在最优含水量（31±4）%范围内。

（4）每层铺完经检测合格后，应及时铺筑上层，以防干燥、松散、起尘、污染环境，并应严禁车辆在其上行驶。

（5）全部粉煤灰地基铺设完经验收合格后，应及时进行浇筑混凝土地基，以防日晒、雨淋破坏。

（6）夯实或碾压时，如出现"橡皮土"现象，应暂停压实，可采取将地基开槽、翻松、晾晒或换灰等办法处理。

（7）在软弱地基上填筑粉煤灰地基时，应先铺设 200mm 的中、粗砂或高炉干渣，以免下卧软土层表面受到扰动，同时有利于下卧的软土层的排水固结，并切断毛细水的上升。

（8）冬季施工，最低气温不得低于 0℃，以免粉煤灰含水冻胀。

2.1.4 其他地基施工

2.1.4.1 重锤夯实地基

将 1.5～3t 重锤提升到一定高度后，自由下落，夯击基土表面，一般为 8～12 遍，使浅层地基受到压密加固，加固深度一般为 1.2m。适用于处理离地下水位 0.8m 以上稍湿的黏性土、砂土、杂填土和分层填土。

（1）施工要点。现场进行试夯，选定夯锤重量、底面直径和落距，确定最后下沉量及相应的最少夯击遍数和总下沉量。基槽（坑）的夯实范围应大于基础底面，每边应比设计宽度加宽 0.3m 以上，一夯压半夯，夯实完后，应将基槽（坑）表面修整至设计标高。

（2）质量检查。检查施工记录，除应符合试夯最后下沉量的规定外，并应检查基槽（坑）表面的总下沉量，以不小于试夯总下沉量的 90%为合格。

2.1.4.2 强夯地基

强夯法属高能量夯击，将 8～40t 的夯锤从 6～30m 的高处自由下落，利用其产生的巨大冲击能使土中出现冲击波和很大的应力，迫使土颗粒重新排列，排除孔隙中的气和水，从而提高地基强度，其影响深度一般在 10m 以上。

（1）施工要点。施工前应试夯，确定正式施工的各项参数如锤重、落距、夯击点布置、夯击遍数、加固范围。每夯击一遍完成后，应测量场地平均下沉量，然后用土将夯坑填平，方可进行下一遍夯击。

(2) 质量检查。强夯法施工结束后应间隔一定时间方能对地基质量进行检验。对于碎石土和砂土地基，其间隔时间应大于7d，低饱和度的粉土和黏性土地基应大于15d。一般可采用标准贯入、静力触探、动力触探或土工实验等方法。

2.1.4.3 灰土挤密桩法

灰土挤密桩法是在基础底面形成若干个桩孔，然后将灰土填入并分层夯实，以提高地基的承载力或水稳性。灰土挤密桩法适用于处理地下水位以上的湿陷性黄土、素填土和杂填土等地基，处理深度宜为5～15m。

1. 材料要求

土料宜用黏性土及塑性指数大于4的粉土，粒径不大于15mm。石灰宜用新鲜的生石灰，其颗粒粒径不得大于5mm。

2. 构造要求

(1) 灰土挤密桩处理地基的宽度应大于基础的宽度。

(2) 桩孔直径宜为300～600mm，并可根据所选用的成孔设备或成孔方法确定，桩孔宜按等边三角形布置。

(3) 灰土的体积配合比宜为2∶8或3∶7，压实系数λ_c不应小于0.97。

3. 施工要点

(1) 灰土挤密桩的施工，应按设计要求和现场条件选用沉管（振动、锤击）、冲击或爆扩等方法进行成孔，使土向孔的周围挤密。

(2) 成孔施工时地基土宜接近最优含水量，当含水量低于12%时，宜加水增湿至最优含水量。桩孔中心点的偏差不应超过桩距设计值的5%，桩孔垂直度偏差不应大于1.5%。

(3) 向孔内填料前，孔底必须夯实，然后用素土或灰土在最优水量状态下分层回填夯实，每层回填厚度为250～400mm，其压实系数及填料质量应符合有关规范要求。

(4) 基础地面以上应预留200～300mm厚的土层，待施工结束后，将表层挤松的土挖除或分层夯压密实。

(5) 雨季或冬季施工，应采取防雨、防冻措施，防止灰土受雨水淋湿或冻结。

4. 质量检验

(1) 施工结束后，对灰土挤密桩处理地基的质量，应及时进行抽样检验，对一般工程，主要应检查桩和桩间土的干密度、承载力和施工记录，对重要或大型工程，除应检测上述内容外，尚应进行载荷试验或其他原位测试。

(2) 抽样检查的数量不应少于桩孔总数的2%，不合格处应采取加桩或其他补救措施。

2.1.4.4 振冲法

振冲法又称振动水冲法，是以起重机吊起振冲器，启动潜水电动机带动偏心块，使振动器产生高频振动，同时启动水泵，通过喷嘴喷射高压水流，在边振边冲的共同作用下，将振动器沉到土中的预定深度，经清孔后，从地面向孔内逐段填入碎石，使其在振动作用下被挤密实，达到要求的密实度后即可提升振动器，如此反复直至地面，在地基中形成一个大直径的密实桩体与原地基构成复合地基，提高地基承载力，减少沉降，是一种快速、经济有效的加固方法。

振冲法根据加固机理和效果可分为振冲置换法和振冲密实法两类。

1. 振冲置换法

振冲置换法是利用振冲器或沉桩机，在软弱黏性土地基中成孔，再在孔内分批填入碎石或卵石等材料制成桩体。桩体和原来的黏性土构成复合地基，从而提高地基承载力，减小压缩性。碎石桩的承载力和压缩量在很大程度上取决于周围软土对碎石桩的约束作用。如周围的土过于软弱，对碎石桩的约束作用就差。

振冲置换法适用于不排水抗剪强度不小于20kPa的黏性土、粉土、饱和黄土和人工填土地基。对不排水剪切强度小于20kPa的地基，应慎重对待。

2. 振冲密实法

振冲密实法的原理是依靠振冲器的强力振动使饱和砂层发生液化，砂粒重新排列，孔隙减少，使砂层挤压加密。振冲密实法适用于黏粒含量小于10%的粗砂、中砂地基。

振冲法施工过程应注意控制密实电流值、留振时间和填料量，并做好记录。

质量检查：振冲地基的质量检验应抽取振冲总桩数的3%～5%在桩体中心进行动力触探试验。桩间土可用静力触探、动力触探、标准贯入试验或土工试验进行检验。应选取桩体质量较差的3个点进行复合地基载荷试验。

2.1.4.5 深层搅拌法

利用水泥、石灰等材料作为固化剂，通过深层搅拌机械在地基深处就地将软土和固化剂（浆液）强制搅拌，利用固化剂和软土之间所产生的一系列物理—化学反应，使软土硬结。

（1）施工过程步骤。定位→预搅下沉→制备水泥浆→喷浆、搅拌和提升→重复上、下搅拌→清洗。

（2）质量检查。深层搅拌施工完毕后，应在15d以后进行质量检验。抽取总搅拌桩数的1%且不少于3根进行复合地基载荷试验。

2.1.4.6 地基压浆

将含有胶结材料的浆液或化学溶液，通过压浆泵、灌浆管均匀地注入岩土体中，以填充、渗透和挤密等方式，驱走岩石裂隙中或土颗粒间的水分和气体，并填充其位置，硬化后将土体胶结成一个整体。

压浆分类：水泥压浆，所用的浆液是以水泥作为胶结材料；硅化压浆，采用硅酸钠（水玻璃）溶液或以这种化学溶液为主，同时灌入氯化钙等附加剂。

1. 施工要点

（1）固地基前，应通过试验确定压浆段长度、压浆孔距、压浆压力等有关技术参数。

（2）压浆应连续一次压入，不得中断。

（3）灌浆完后拔出灌浆管，留孔用1∶2水泥砂浆或砂砾石填塞密实。

（4）压浆次序。一般把射管一次沉入整个深度后自下而上分段连续进行压浆，直至孔口为止。

2. 施工过程

(1) 按规定位置用钻机或手钻钻孔到要求的深度。

(2) 用压力水冲洗孔内污物和石料碎屑。

(3) 在孔内插入射管，并密封四周。

(4) 压浆，先从稀浆开始，逐渐加浓。

3. 质量检查

注浆施工完毕后，应在15d以后进行质量检测。注浆加固后的地基按如下方式检测：

(1) 对一、二级建筑，可采用动力触探进行检测。

(2) 除以上检测外，应选取3点进行复合地基载荷试验，试验宜在加固层顶面进行。

2.1.5 地基局部处理

在基坑开挖施工中，有空洞、墓穴、枯井、暗沟等存在时，就应该进行局部处理。处理的方法和原则：将局部软弱土层或硬物尽可能挖除，回填与天然土压缩性相近的材料，分层夯实。处理后的地基应保证建筑物各部位沉降量趋于一致，以减少地基的不均匀下沉。

2.1.5.1 软松土坑（填土、墓穴、淤泥）的处理

在基槽范围内，当软松土坑的范围较小时，将坑中的软松土、虚土全部挖除，使坑底及四周均见天然土，然后用与坑边天然土层相近的材料分层夯实回填至坑底标高处。

常用回填材料有砂、砂砾石、天然土、3∶7或2∶8的灰土。采用天然土分层夯实回填时，每层厚度200mm。

对于较深的土坑处理后，还可考虑加强上部结构的强度，以抵抗可能发生的不均匀沉降而引起的内力。

在基槽范围内，当古墓、坑穴等松软土的范围较大时，可将该部分基础挖深，并做成1∶2的踏步。踏步多少根据坑深而定，但每步高不大于0.5m，长不小于1.0m。

如遇到地下水位较高或坑内积水无法夯实时，亦可用砂石或混凝土回填。寒冷地区冬季施工时，换土不得使用冻土，因为冻土不易夯实，且解冻后强度会明显降低，造成不均匀沉降。

2.1.5.2 土井和砖井的处理

若井内填土已较密实，可将井的砖圈拆除至槽底以下1m（或更多些），在此拆除范围内用2∶8或3∶7灰土分层夯实至槽底。井内填土不密实时，可用大块石将下面软土挤紧，再选用上述办法回填处理。若井内不能夯填密实时，则可在井的砖圈上加钢筋混凝土盖封口，上部再回填处理。

如井的直径大于1.5m时，应考虑加强上部结构的强度，如在墙内配筋或做地基梁跨越砖井等。

当砖井位于房屋转角处，而基础压在井上部分不多，并且在井上部分所损失的承压面积可由其余基槽承担而不引起过多的沉降时，可采用从基础中设置挑梁的办法解决。

2.1.5.3 局部范围内（硬物）的处理

当桩基或部分基槽下有基岩、旧墙基、老灰土、压实路面等硬土或坚硬物时，在地坑、地槽范围内尽可能地挖除，以免基础局部落在硬物上造成不均匀沉降，使上部建筑物

开裂。硬土、硬物挖除后，若深度小于 1.5m 时，可用砂、砂卵石或灰土回填；若长度大于 5m 时，则将槽底做 1∶2 踏步灰土地基与两端紧密连接，然后坐落在深基础上。

2.1.5.4 “橡皮土”的处理

当地基为黏性土，且含水量较大并趋于饱和时，夯拍后会使地基土踩上去有种颤动感觉，这种土称为“橡皮土”。因此，要避免直接夯拍，这时，可采用晾槽或掺石灰粉的办法降低土的含水量。

如已出现“橡皮土”，可铺填一层碎砖或碎石将土挤紧，或将颤动部分的土挖除，填以砂土或级配砂石。

2.1.5.5 流砂的处理

当发生流砂现象时，可采取抢挖法或打钢板桩法处理。

1. 抢挖法

抢挖法是对于仅有轻微流砂现象的基坑可组织分段抢挖，即使挖土速度超过冒砂速度，挖到标高后，立即抛入大石块填压，以平衡动水压力。

2. 打钢板桩法

打钢板桩法是将钢板桩打入地底以下一定深度，不仅可以支护坑壁，而且使地下水从坑外渗入坑内的渗流路程增长，从而降低水力坡度，减小了动水压力。

课题 2.2　砌体工程基础施工

2.2.1 砖砌基础施工

砖基础用普通烧结砖与水泥砂浆砌成。砖基础砌成的台阶形状称为“大放脚”，有等高式和不等高式两种，如图 2.7 所示。等高式大放脚是两皮一收，两边各收进 1/4 砖长，即高为 120mm，宽为 60mm；不等高式大放脚是两皮一收与一皮一收相间隔，两边各收进 1/4 砖长，即高为 120mm 与 60mm，宽为 60mm。

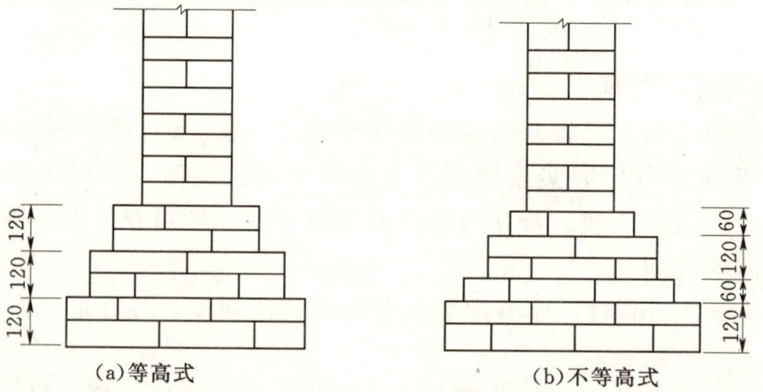

图 2.7　砖基础大放脚形式（单位：mm）

大放脚的底宽应根据计算确定，各层大放脚的宽度应为半砖宽的整数倍。在大放脚的下面一般做地基。地基材料可用 3∶7 或 2∶8 灰土，也可用 1∶2∶4 或 1∶3∶6 碎砖三合土。为了防止土中水分沿砖块中毛细管上升而侵蚀墙身，应在室内地坪以下一皮砖处设置防潮层如图 2.8 所示。防潮层一般用 1∶2 水泥防水砂浆，厚约 20mm。

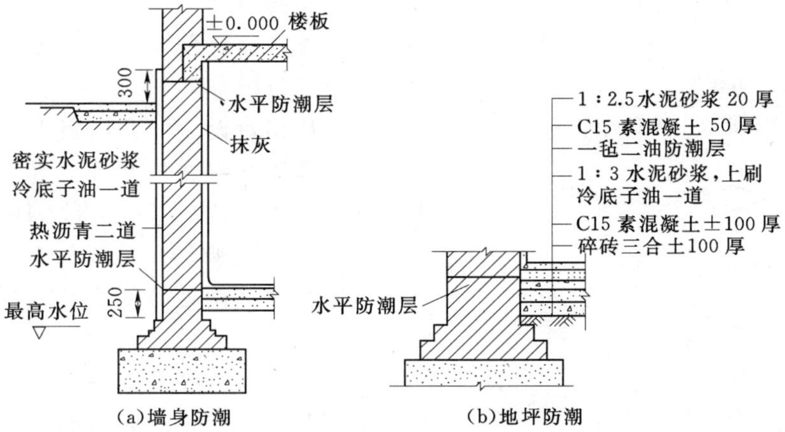

图 2.8　防潮层设置（单位：mm）

大放脚一般采用一顺一丁砌法，上下皮垂直灰缝相互错开 60mm。砖基础的转角处、交接处，为错缝需要应加砌配砖（3/4 砖、半砖或 1/4 砖）。在这些交接处，纵横墙要隔皮砌通；大放脚的最下一皮及每层的最上一皮应以丁砌为主。

底宽为两砖半等高式砖基础大放脚转角处分皮砌法如图 2.9 所示。

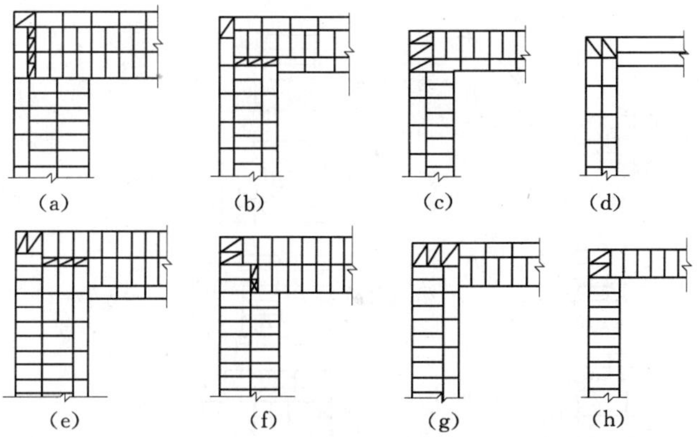

图 2.9　大放脚转角处分皮砌法

砖基础底标高不同时，应从低处砌起，并应由高处向低处搭砌，当设计无要求时，搭砌长度不应小于砖基础大放脚的高度，如图 2.10 所示。

砖基础的转角处和交接处应同时砌筑，当不能同时砌筑时，应留置斜槎。

基础墙的防潮层，当设计无具体要求，宜用 1∶2 水泥砂浆加适量防水剂铺设，其厚度宜为 20mm。防潮层位置宜在室内地面标高以下一皮砖处。

砖基础施工工艺流程如图 2.11 所示。

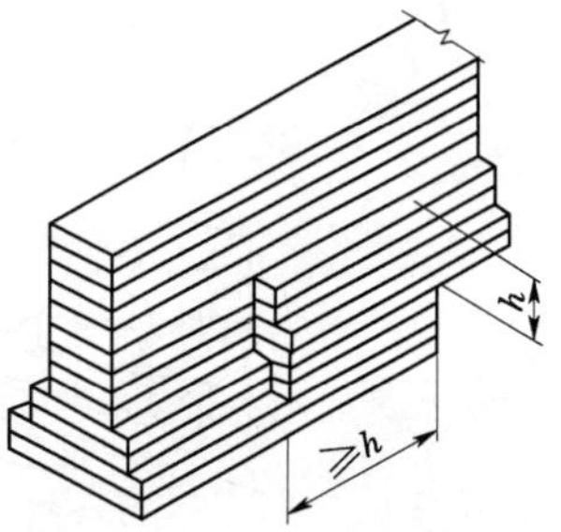

图 2.10　基底标高不同时，砖基础的搭砌

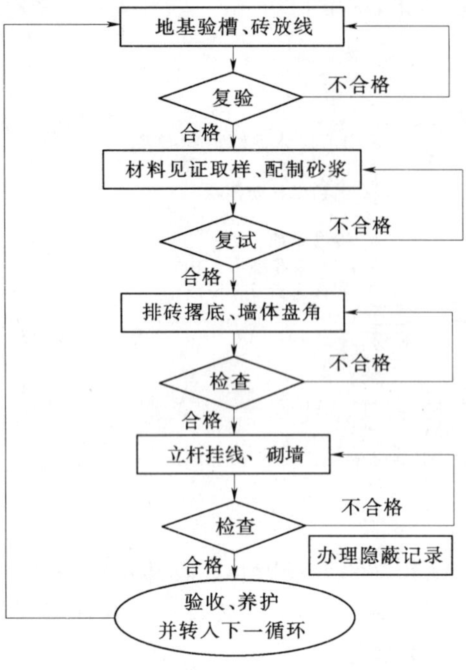

图 2.11　砖基础砌筑工艺流程图

施工要点包括以下几项：

(1) 砌砖基础前，应先将地基清扫干净，并用水润湿，立好皮数杆，检查防潮层以下砌砖的层数是否相符。

(2) 从相对设立的龙门板上拉上大放脚准线，根据准线交点在地基面上弹出位置线，即为基础大放脚边线。基础大放脚的组砌法如图 2.12 所示。大放脚转角处要放七分头，七分头应在山墙和檐墙两处分层交替放置，一直砌到实墙。

(3) 大放脚一般采用一顺一丁砌筑法，竖缝至少错开 1/4 砖长。大放脚的最下一皮及各个台阶的上面一皮应以丁砌为主，砌筑时宜采用“三一”砌法，即一铲灰、一块砖、一挤揉。

(4) 开始操作时，在墙转角和内外墙交接处应砌大角，先砌筑 4、5 皮砖，经水平尺检查无误后进行挂线，砌好撂底砖，再砌以上各皮砖，挂线方法如图 2.13 所示。

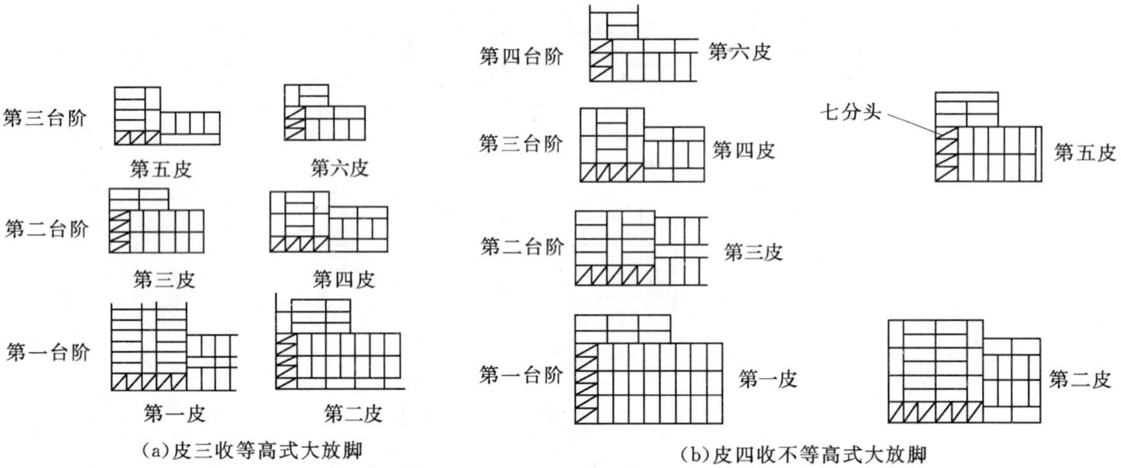

图 2.12　基础大放脚的组砌法

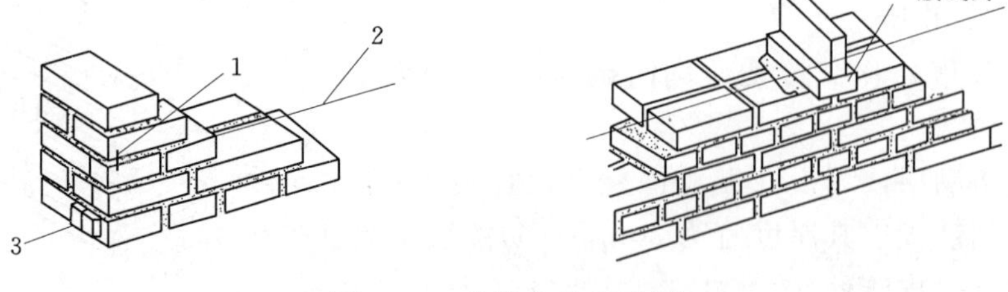

图 2.13　挂线方法示意图

1—别线棍；2—准线；3—简易挂线坠

(5) 砌筑时，所有承重墙基础应同时进行。基础接槎必须留斜槎，高低差不得大于1.2m。预留孔洞必须在砌筑时预先留出，位置要准确。暖气沟墙可以在基础砌完后再砌，但基础墙上放暖气沟盖板的出檐砖，必须同时砌筑。

(6) 有高低台的基础底面，应从低处砌起，并按大放脚的底部宽度由高台向低台搭接。如设计无规定时，搭接长度不应小于大放脚高度，如图2.14所示。

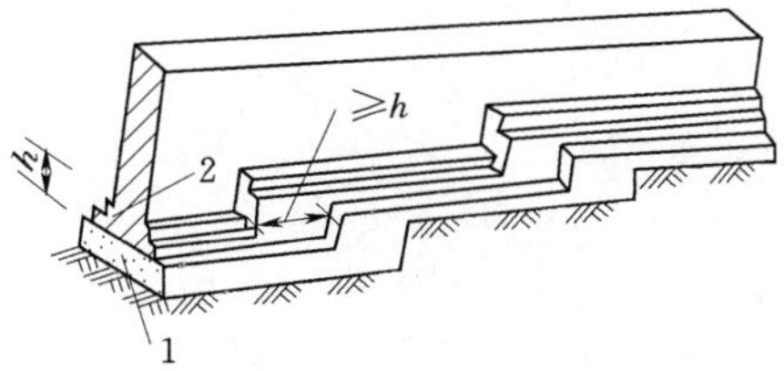

图 2.14 放脚搭接长度做法
1—基础；2—大放脚

(7) 砌完基础大放脚，开始砌实墙部位时，应重新抄平放线，确定墙的中线和边线，再立皮数杆。砌到防潮层时，必须用水平仪找平，并按图样规定铺设防潮层。如设计未作具体规定，宜用1：2.5水泥砂浆加适量的防水剂铺设，其厚度一般为20mm。砌完基础经验收后，应及时清理基槽（坑）内杂物和积水，应在两侧同时填土，并应分层夯实。

(8) 在砌筑时，要做到上跟线、下跟棱；角砖要平、绷线要紧；上灰要准、铺灰要活；皮数杆要牢固垂直；砂浆饱满，灰缝均匀，横平竖直，上下错缝，内外搭砌，咬槎严密。

(9) 砌筑时，灰缝砂浆要饱满，水平灰缝厚度宜为10mm，不应小于8mm，也不应大于12mm。每皮砖要挂线，它与皮数杆的偏差值不得超过10mm。

(10) 基础中预留洞口及预埋管道，其位置、标高应准确，避免凿打墙洞；管道上部应预留沉降空隙。基础上铺放地沟盖板的出檐砖应同时砌筑，并应用丁砖砌筑，立缝碰头灰应打严实。

(11) 基础砌至防潮层时，须用水平仪找平，并按设计铺设防水砂浆（掺加水泥重量3%的防水剂）防潮层。

2.2.2 石砌体基础施工

2.2.2.1 石砌体基础构造

1. 毛石基础

毛石基础是用毛石与水泥砂浆或水泥混合砂浆砌成。所用毛石强度等级一般为MU20以上，砂浆宜用水泥砂浆，强度等级应不低于M5。

毛石基础可作墙下条形基础或柱下独立基础。按其断面形式有矩形、阶梯形和梯形。基础的顶面宽度应比墙厚大200mm，即每边宽出100mm，每阶高度一般为300～400mm，并至少砌两皮毛石。上级阶梯的石块应至少压砌下级阶梯的1/2，相邻阶梯的毛石应相互错缝搭砌，如图2.15所示。

毛石基础必须设置拉结石。毛石基础同皮内每隔2m左右设置一块。拉结石长度如基础宽度不大于400mm，应与基础宽度相等；如基础宽度大于400mm，可用两块拉结石内外搭接，搭接长度不应小于150mm，且其中一块拉结石长度不应小于基础宽度的2/3。

2. 料石基础

砌筑料石基础的第一皮石块应用丁砌层坐浆砌筑，以上各层料石可按一顺一丁进行砌筑。阶梯形料石基础，上级阶梯的料石至少压砌下级阶梯料石的1/3，如图2.16所示。

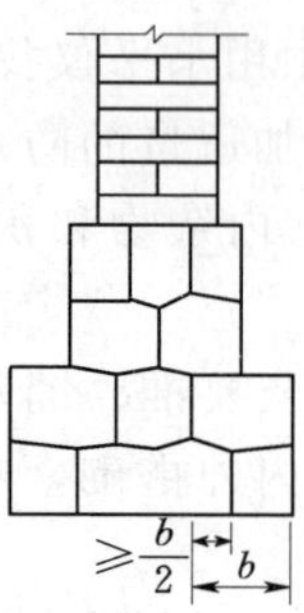

图 2.15　阶梯形毛石基础

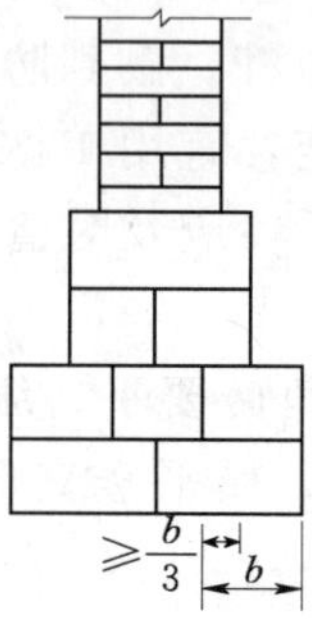

图 2.16　阶梯形料石基础

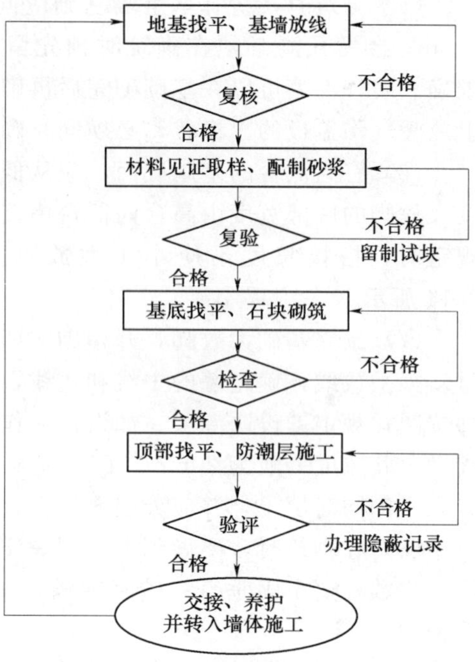

图 2.17　毛石基础工艺流程图

2.2.2.2　毛石基础施工

毛石基础施工工艺流程如图 2.17 所示。

施工要点包括以下几项：

（1）砌筑前应检查基槽（坑）的尺寸、标高、土质，清除杂物，夯平槽（坑）底。

（2）根据设置的龙门板在槽底放出毛石基础底边线，在基础转角处、交接处立上皮数杆。皮数杆上应标明石块规格及灰缝厚度，砌阶梯形基础还应标明每一台阶的高度。

（3）砌筑时，应先砌转角处及交接处，然后砌中间部分。毛石基础的灰缝厚度宜为 20～30mm，砂浆应饱满。石块间较大空隙应先用砂浆填塞后，再用碎石块嵌实，不得先嵌石块后填砂浆或干塞石块。

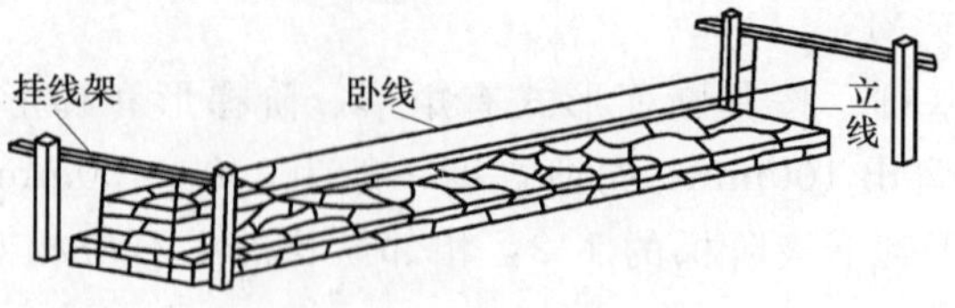

图 2.18　毛石基础挂线图

（4）基础的组砌形式应内外搭砌，上下错缝，拉结石、丁砌石交错设置；毛石墙拉结石每 0.7m^2 墙面不应少于 1 块。

（5）砌筑毛石基础应双面挂线，挂线方法如图 2.18 所示。

（6）基础外墙转角处、纵横墙交接处及基础最上一层，应选用较大的平毛石砌筑。每隔 0.7m 须砌一块拉结石，上下两皮拉结石位置应错开，立面形成梅花形。当基础宽度小于 400mm 时，拉结石宽度应与基础宽度相等；当基础宽度超过 400mm 时，可用两块拉结石内外搭砌，搭接长度不应小于 150mm，且其中一块长度不应小于基础宽度的 2/3。毛石基础每天的砌筑高度不应超过 1.2m。

(7) 每天应在当天砌完的砌体上铺一层灰浆，表面应粗糙。夏季施工时，对刚砌完的砌体，应用草袋覆盖养护 5～7d，避免风吹、日晒和雨淋。毛石基础全部砌完后，要及时在基础两边均匀分层回填，分层夯实。

2.2.2.3　料石基础施工

料石应质地坚实，强度不低于 MU20，岩种应符合设计要求，无风化、裂缝；料石中部厚度不小于 200mm；料石厚度一般不小于 200mm，料石应六面方整、四角齐全、边棱整齐。料石的加工细度应符合设计要求，污垢、水锈使用前应用水冲洗干净。

工艺流程分为以下几步：基础抄平、放线→材料见证取样、配置砂浆→基底找平、石块砌筑。

施工要点有以下几项：

(1) 砌料石基础应双面拉准线。第一皮按所放的基础边线砌筑，以上各皮按皮数杆准线砌筑。

(2) 水泥砂浆和水泥混合砂浆应具有较好的和易性和保水性，一般稠度以 5～7cm 为宜。外加剂和有机塑化剂的配料精度应控制在±2%以内，其他配料精度应控制在±5%以内。

(3) 料石基础的第一皮应丁砌，在基底坐浆。阶梯形基础，上阶料石基础应至少压砌下阶料石的 1/3 宽度。料石砌筑时可先砌转角处和交接处，后砌中间部分。有高低台的料石基础，应从低处砌起，并由高台向低台搭接，搭接长度不小于基础高度。

(4) 灰缝厚度不宜大于 20mm，砌筑时，砂浆铺设厚度应略高于规定灰缝厚度，一般高出厚度为 6～8mm，砂浆应饱满。

(5) 料石基础转角处和交接处应同时砌起，如不能同时砌起又必须留槎时，应留成斜槎，斜槎长度应不小于斜槎高度。斜槎面上毛石不应找平，继续砌筑时应将斜槎面清理干净。

(6) 料石基础每天可砌筑高度为 1.2m。

课题 2.3　钢筋混凝土基础施工

2.3.1　钢筋混凝土条形基础

墙下或柱下钢筋混凝土条形基础较为常见，工程中，柱下基础底面形状很多情况是矩形的，因此也称其为柱下独立基础，柱下独立基础只不过是条形基础的一种特殊形式，有时也统一称为条形基础或条式基础，条形基础构造如图 2.19、图 2.20 所示。条形基础的抗弯和抗剪性能良好，可在竖向荷载较大、地基承载力不高的情况下采用，因为高度不受台阶宽高比的限制，故适宜于“宽基浅埋”的场合下使用，其横断面一般呈倒 T 形。

1. 构造要求

(1) 地基厚度一般为 100mm。

(2) 底板受力钢筋的最小直径不宜小于 8mm，间距不宜大于 200mm。当有垫层时钢筋保护层的厚度不宜小于 35mm，无垫层时不宜小于 70mm。

(3) 插筋的数目与直径应和柱内纵向受力钢筋相同。插筋的锚固及柱的纵向受力钢筋

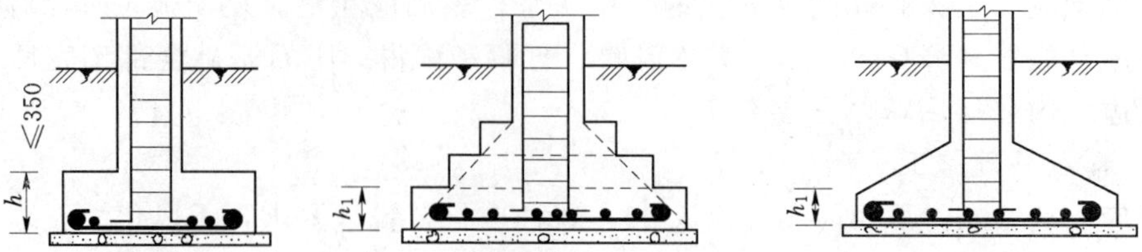

(a)阶梯形(一)　　(b)阶梯形(二)　　(c)锥形

图 2.19　柱下混凝土独立基础

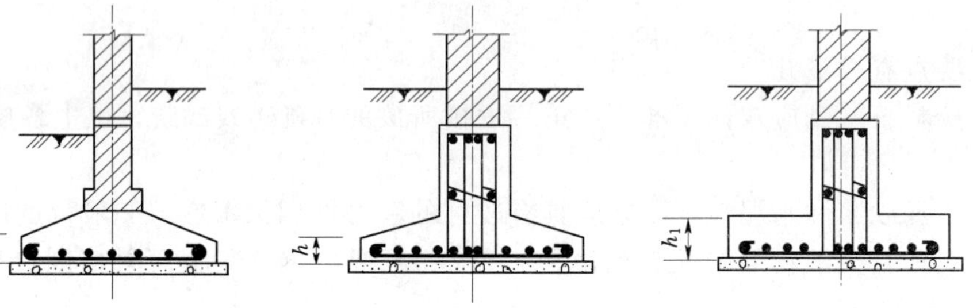

(a)板式　　(b)梁板结合式(一)　　(c)梁板结合式(二)

图 2.20　墙下混凝土条形基础（单位：mm）

的搭接长度，按国家现行设计规范的规定执行。

2. 工艺流程

土方开挖、验槽→混凝土地基施工→恢复基础轴线、边线、校正标高→基础钢筋、柱、墙钢筋安装→基础模板及支撑安装→钢筋、模板验收→混凝土浇筑、试块制作→养护、模板拆除。

3. 施工要点

(1) 混凝土浇筑前应进行验槽，轴线、基坑（槽）尺寸和土质等均应符合设计要求。

(2) 基坑（槽）内浮土、积水、淤泥、杂物等均应清除干净。基底局部软弱土层应挖去，用灰土或砂砾回填夯实至与基底相平。

(3) 当基槽验收合格后，应立即浇筑混凝土地基，以保护地基。

(4) 钢筋经验收合格后，应立即浇筑混凝土。

(5) 质量检查。混凝土的质量检查，主要包括施工过程中的质量检查和养护后的质量检查。

2.3.2　杯口基础

杯口基础常用于装配式钢筋混凝土柱的基础，形式有一般杯口基础、双杯口基础、高杯口基础等。

1. 杯口模板

杯口模板可用木模板或钢模板，可做成整体式，也可做成两半形式，中间各加楔形板一块，拆模时，先取出楔形板，然后分别将两半杯口模板取出。为便于拆模，杯口模板外可包钉薄铁皮一层。支模时杯口模板要固定牢固。在杯口模板底部留设排气孔，避免出现空鼓，如图 2.21 所示。

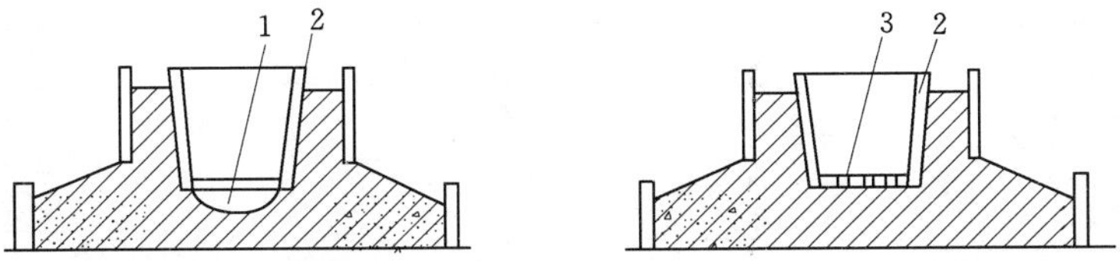

(a)模板底部空鼓　　(b)正确作法

图 2.21　杯口内模板排气孔示意

1—空鼓；2—杯口模板；3—底板留排气孔

2. 混凝土浇筑

混凝土要先浇筑至杯底标高，方可安装杯口内模板，以保证杯底标高准确，一般在杯底均留有 50mm 厚的细石混凝土找平层，在浇筑基础混凝土时，要仔细控制标高。

2.3.3　筏形基础

筏形基础可分为钢筋混凝土平板式和钢筋混凝土梁板式两种类型，适用于有地下室或地基承载能力较低而上部荷载较大的基础，筏形基础在外形和构造上如倒置的钢筋混凝土楼盖，分为梁板式和平板式两类，如图 2.22 所示。

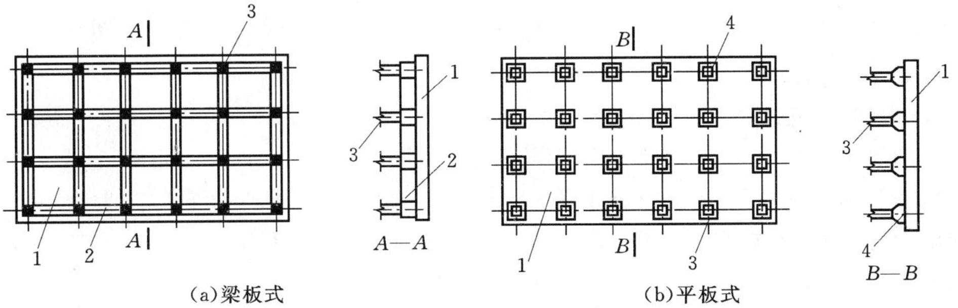

(a)梁板式　　(b)平板式

图 2.22　筏形基础

1—底板；2—梁；3—柱；4—支墩

施工要点包括以下几项：

(1) 根据地质勘探和水文资料，地下水位较高时，应采用降低水位的措施，使地下水位降低至基底以下不少于 500mm；保证在无水情况下，进行基坑开挖和钢筋混凝土筏体施工。

(2) 根据筏体基础结构情况、施工条件等确定施工方案。

(3) 加强养护。混凝土筏形基础施工完毕后，表面应加以覆盖和洒水养护，以保证混凝土的质量。

2.3.4　基础大体积混凝土结构浇筑

基础工程多为大体积混凝土结构，整体性要求较高，往往不允许留施工缝，要求一次连续浇筑完成。根据结构特点不同，可分为全面分层、分段分层、斜面分层等浇筑方案，如图 2.23 所示。

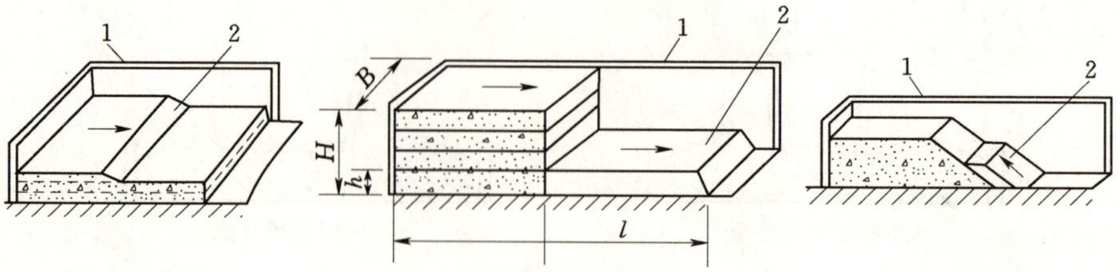

图 2.23　大体积混凝土浇筑方案图
1—模板；2—新浇筑的混凝土

1. 全面分层浇筑方案

当结构平面面积不大时，可将整个结构分为若干层进行浇筑，即第一层全部浇筑完毕后，再浇筑第二层，如此逐层连续浇筑，直到结束。为保证结构的整体性，要求次层混凝土在前层混凝土初凝前浇筑完毕。

2. 分段分层浇筑方案

当结构平面面积较大时，全面分层已不适应，这时可采用分段分层浇筑方案。即将结构分为若干段，每段又分为若于层，先浇筑第一段各层，然后浇筑第二段各层，如此逐段逐层连续浇筑，直至结束。为保证结构的整体性，要求次段混凝土应在前段混凝土初凝前浇筑并与之捣实成整体。

3. 斜面分层浇筑方案

当结构的长度超过厚度的 3 倍时，可采用斜面分层的浇筑方案。混凝土从结构一端满足其高度浇筑一定长度，并留设坡度为 1∶3 的浇筑斜面，从斜面下端向上浇筑，逐层进行，振动器应与斜面垂直。

课题 2.4　桩 基 础 施 工

2.4.1　钢筋混凝土预制桩施工

钢筋混凝土预制桩是在预制构件厂或施工现场预制，用沉桩设备在设计位置上将其沉入土中。其特点有坚固耐久，不受地下水或潮湿环境影响，能承受较大荷载，施工机械化程度高，进度快，能适应不同土层施工。目前最常用的预制桩是预应力混凝土管桩。它是一种细长的空心等截面预制混凝土构件，是在工厂经先张预应力、离心成型、高压蒸养等工艺生产而成。管桩按桩身混凝土强度等级的不同分为 PC 桩（C60、C70）和 PHC 桩(C80)；按桩身抗裂弯距的大小分为 A 型、AB 型和 B 型（A 型最大，B 型最小）；外径有 300mm、400mm、500mm、550mm 和 600mm，壁厚为 65～125mm，常用节长 7～12m，特殊节长 4～5m。

钢筋混凝土预制桩施工前，应根据施工图设计要求、桩的类型、成孔过程对土的挤压情况、地质探测和试桩等资料制定施工方案。一般的施工程序如图 2.24 所示。

2.4.1.1　打桩前的准备

桩基础工程在施工前，应根据工程规模的大小和复杂程度，编制整个分部工程施工组

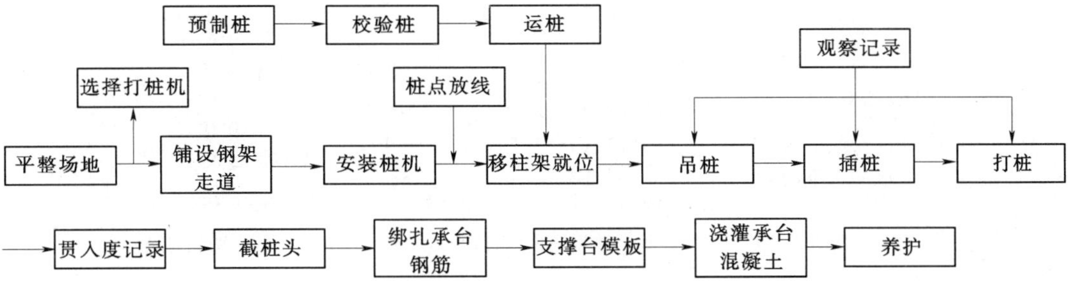

图 2.24　预制桩施工程序图

织设计或施工方案。沉桩前，现场准备工作的内容有处理障碍物、平整场地、抄平放线、铺设水电管网、沉桩机械设备的进场和安装以及桩的供应等。

（1）处理障碍物。打桩前，宜向城市管理、供水、供电、煤气、电信、房管等有关单位提出申请，认真处理高空、地上和地下的障碍物。然后对现场周围（一般为 10m 以内）的建筑物、驳岸、地下管线等作全面检查，必须予以加固或采取隔振措施或拆除，以免打桩中由于振动的影响引起倒塌。

（2）场地平整。打桩场地必须平整、坚实，必要时宜铺设道路，经压路机碾压密实，场地四周应挖排水沟以利排水。

（3）抄平放线定桩位。在打桩现场附近设水准点，其位置应不受打桩影响，数量不得少于 2 个，用以抄平场地和检查桩的入土深度。要根据建筑物的轴线控制桩定出桩基础的每个桩位，可用小木桩标记。正式打桩之前，应对桩基的轴线和桩位复查一次。以免因小木桩挪动、丢失而影响施工。桩位放线容许偏差为 20mm。

（4）进行打桩试验。施工前应做不少于 2 根桩的打桩工艺试验，用以了解桩的沉入时间、最终沉入度、持力层的强度、桩的承载力以及施工过程中可能出现的各种问题和反常情况等，以便检验所选的打桩设备和施工工艺，确定是否符合设计要求。

（5）确定打桩顺序。打桩顺序直接影响到桩基础的质量和施工速度，应根据桩的密集程度（桩距大小）、桩的规格、长短、桩的设计标高、工作面布置、工期要求等综合考虑，合理确定打桩顺序。根据桩的密集程度，打桩顺序一般分为逐段打设、自中部向四周打设和由中间向两侧打设三种，如图 2.25 所示。当桩的中心距不大于 4 倍桩的直径或边长时，应由中间向两侧对称施打，如图 2.25（c）所示，或由中间向四周施打，如图 2.25（b）所示。当桩的中心距大于 4 倍桩的边长或直径时，可采用由中间向两侧对称施打，或由中间向四周施打两种打法，或逐排单向打设，如图 2.25（a）所示。

根据基础的设计标高和桩的规格，宜按先深后浅、先大后小、先长后短的顺序进行打桩。

（6）桩帽、垫衬和送桩设备机具准备。

2.4.1.2　桩的制作、运输和堆放

1. 桩的制作

较短的桩多在预制厂生产。较长的桩一般在打桩现场附近或打桩现场就地预制。

桩分节制作时，单节长度确定应满足桩架的有效高度、制作场地条件、运输与装卸能

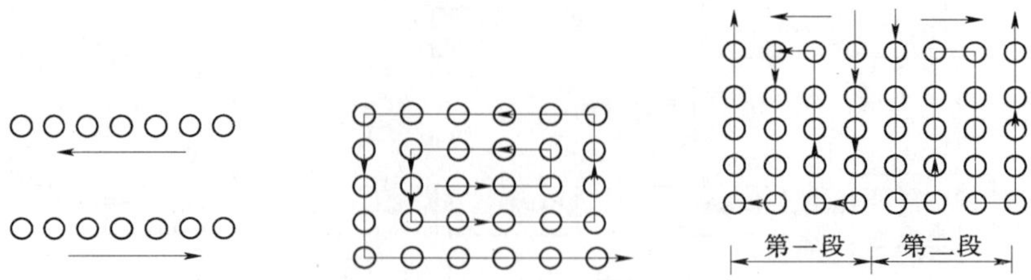

(a)逐排打设　　(b)自中部向四周打设　　(c)由中间向两侧打设

图 2.25　打桩顺序图

力的要求，同时应避免桩尖接近硬持力层或桩尖处于硬持力层中接桩，上节桩和下节桩应尽量在同一纵轴线上预制，使上下节钢筋和桩身减少偏差。

制桩时，应作好浇筑日期、混凝土强度、外观检查、质量鉴定等记录，以供验收时查用。每根桩上应标明编号、制作日期，如不预埋吊环，则应标明绑扎位置。

2. 桩的运输

钢筋混凝土预制桩达到设计强度 70%方可起吊，达到设计强度 100%后方可进行运输。如提前吊运，必须验算合格。桩在起吊和搬运时，吊点应符合设计规定，如无吊环，设计又未作规定时，绑扎点的数量及位置按桩长而定，且应按起吊弯距最小的原则进行捆绑。钢丝绳与桩之间应加衬垫，以免损坏棱角。起吊时应平稳提升，吊点同时离地，如要长距离运输，可采用平板拖车或轻轨平板车。长桩搬运时，桩下要设置活动支座。经过搬运的桩，还应进行质量复查。

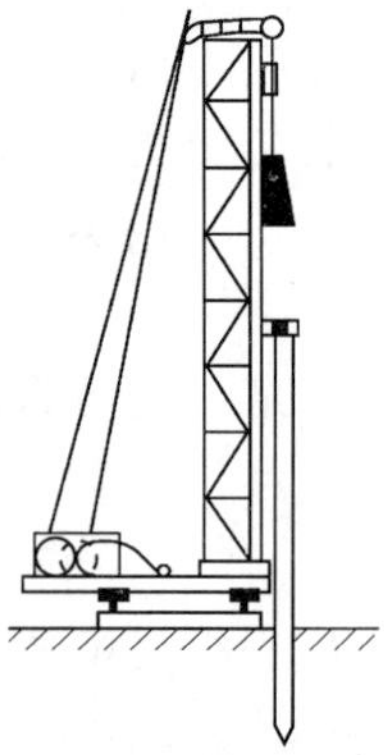

图 2.26　打入桩施工

3. 桩的堆放

桩堆放应遵守桩堆放时，地面必须平整、坚实，垫木间距应根据吊点确定，各层垫木应位于同一垂直线上，最下层垫木应适当加宽，堆放层数不宜超过 4 层。不同规格的桩应分别堆放。

2.4.1.3　施工方法

混凝土预制桩的沉桩方法有锤击沉桩、静力压桩、振动沉桩等。

1. 锤击沉桩

锤击沉桩也称打入桩，如图 2.26 所示，是利用桩锤下落产生的冲击能量将桩沉入土中，锤击沉桩是混凝土预制桩最常用的沉桩方法。该法施工速度快，机械化程度高，适应范围广，但施工时有噪声振动，对于城市中心和夜间施工有所限制。

(1) 打桩设备及其选择。

打桩所用的机具设备主要包括桩锤（作用是对桩施加冲动击力，将桩打入土中）、桩架（作用是支持桩身和桩锤将桩吊到打桩位置，并在打入过程中引导桩的方向，保证桩锤沿着所要求的方向冲击）及动力装置（包括启动桩锤用的动力设施，如卷扬机、锅炉、空气压缩机等）三部分。

1) 桩锤。将桩打入土中的主要机具，包括落锤、汽锤（单动汽锤和双动汽锤）、柴油桩锤、振动桩锤等。

桩锤的类型应根据施工现场情况、机具设备条件及工作方式和工作效率等条件来选择。锤重的选择，在做功相同（锤重与落距乘积相等）的情况下，宜选用重锤低击，这样可以使桩锤动量大而冲击回弹能量消耗小。桩锤过重，所需动力设备大，能源消耗大，经济效率不高；桩锤过轻，施打时必定增大落距，使桩身产生回弹，桩不宜沉入土中，常常打坏桩头或使混凝土保护层脱落，严重者甚至使桩身断裂。

2）桩架的选择。桩架是支持桩身和桩锤的设备，在打桩过程中引导桩的方向及维持桩的稳定，并保证桩锤沿着要求方向冲击。桩架一般由底盘、导向杆、起吊设备、撑杆等组成。根据桩的长度、桩锤的高度及施工条件等选择桩架和确定桩架高度。

桩架的形式很多，常用的通用桩架有两种基本形式：一种是沿轨道行驶的；另一种是装在履带底盘上的履带式桩架。多功能桩架是由定柱、斜撑、回转工作台、底盘及传动机构组成。多功能桩架的机动性和适应性很大，在水平方向可做360°回转，导架可以伸缩和前后倾斜，底座下装有铁轮，底盘在轨道上行走。这种桩架可适用于各种预制桩及灌注桩施工。履带式桩架以履带式起重机为主机，配备桩架工作装置而组成，如图2.27所示。操作灵活，移动方便，适用于各种预制桩和灌注桩的施工。

3）动力装置的选择。打桩机械的动力装置是根据所选桩锤而定的。当采用空气锤时，应配备空气压缩机；当选用蒸汽锤时，则要配备蒸汽锅炉和绞盘。

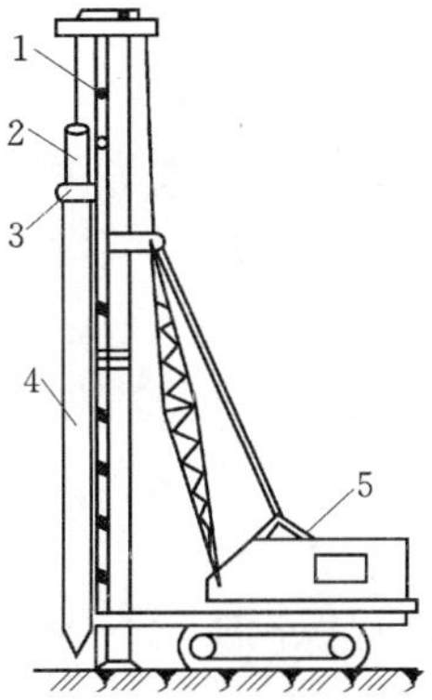

图2.27　履带式桩架

1—导架；2—桩锤；3—桩帽；4—桩；5—吊车

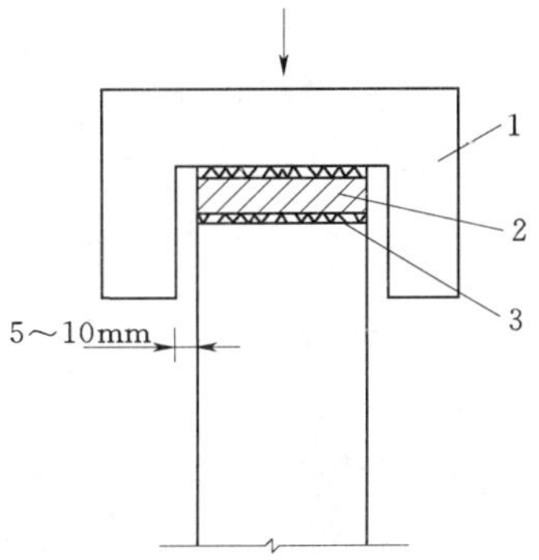

图2.28　自落锤桩帽构造示意图

1—桩帽；2—硬垫木；3—草纸（弹性衬垫）

（2）打桩工艺。

1）吊桩就位。按既定的打桩顺序，先将桩架移动至桩位处并用缆风绳拉牢，然后将桩运至桩架下，利用桩架上的滑轮组，由卷扬机提升桩。当桩提升至直立状态后，即可将桩送入桩架的龙门导管内，同时把桩尖准确地安放到桩位上，并与桩架导管相连接，以保证打桩过程中不发生倾斜或移动。桩插入时垂直偏差不得超过0.5%。桩就位后，为了防止击碎桩顶，在桩锤与桩帽、桩帽与桩之间应放上硬木、粗草纸或麻袋等桩垫作为缓冲层，桩帽与桩顶四周应留5～10mm的间隙，如图2.28所示。然后进行检查，使桩身、桩帽和桩锤在同一轴线上即可开始打桩。

2）打桩。打桩时用“重锤低击”可取得良好效果，这是因为这样桩锤对桩头的冲击小，回弹也小，桩头不易损坏，大部分能量都用于克服桩身与土的摩阻力和桩尖阻力上，桩就能较快地沉入土中。

初打时地层软、沉降量较大，宜低锤轻打，随着沉桩加深（1～2m)，速度减慢，再适当增加起锤高度，控制锤击应力。打桩时应观察桩锤回弹情况，如经常回弹较大时则说明锤太轻，不能使桩下沉，应及时更换。至于桩锤的落距以多大为宜，根据实践经验，在一般情况下，单动汽锤以0.6m左右为宜，柴油锤不超过1.5m，落锤不超过1.0m为宜。打桩时要随时注意贯入度变化情况，当贯入度骤减，桩锤有较大回弹时，表示桩尖遇到障碍，此时应将桩锤落距减小，加快锤击。如上述情况仍存在，则应停止锤击，查找原因进行处理。

在打桩过程中，如突然出现桩锤回弹、贯入度突增、锤击时桩弯曲、倾斜、颤动、桩顶破坏加剧等情况，则表明桩身可能已破坏。

打桩最后阶段，沉降太小时，要避免硬打，如难沉下，要检查桩垫、桩帽是否适宜，需要时可更换或补充软垫。

3）接桩。预制桩施工中，由于受到场地、运输及桩机设备等的限制，而将长桩分为多节进行制作。接桩时要注意新接桩节与原桩节的轴线一致。目前预制桩的接桩工艺主要有硫磺胶泥浆锚法、电焊接桩和法兰螺栓接桩等三种。前一种适用于软弱土层，后两种适用于各类土层。

(3）打桩质量要求。

保证打桩的质量，应遵循以下原则：端承桩（即桩端达到坚硬土层或岩层)，以控制贯入度为主，桩端标高可作参考；摩擦桩（即桩端位于一般土层)，以控制桩端设计标高为主，贯入度可作参考；打（压）入桩（预制混凝土方桩、先张法预应力管桩、钢桩）的桩位偏差必须符合规范的规定；打斜桩时，斜桩的倾斜度的容许偏差不得大于倾斜角正切值的15%。

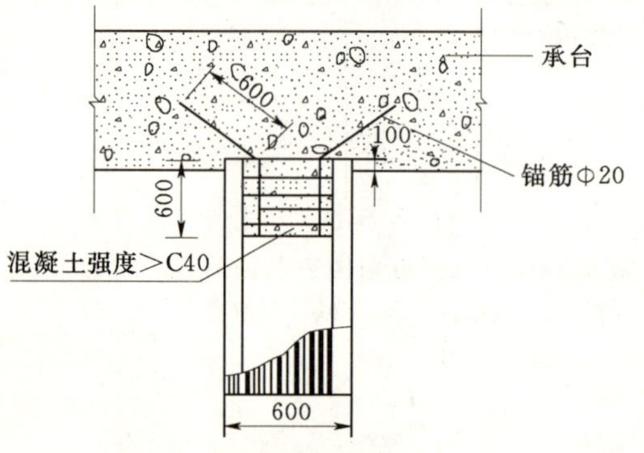

图2.29　桩头处理（单位：mm)

(4）桩头的处理。

在打完各种预制桩开挖基坑时，按设计要求的桩顶标高将桩头多余的部分截去。截桩头时不能破坏桩身，要保证桩身的主筋伸入承台，长度应符合设计要求。当桩顶标高在设计高程以下时，在桩位上挖成喇叭口，凿掉桩头混凝土，剥出主筋并焊接接长至设计要求长度，与承台钢筋绑扎在一起，用桩身同强度等级的混凝土与承台一起浇筑接长桩身，如图2.29所示。

(5）打桩施工常见问题。

在打桩施工过程中会遇见各种各样的问题，例如，桩顶破碎，桩身断裂，桩身位移、扭转、倾斜，桩锤跳跃，桩身严重回弹等。发生这些问题的原因有钢筋混凝土预制桩制作质量、沉桩操作工艺和复杂土层等三个方面的原因。施工规范规定，打桩过程中如遇到上述问题，都应立即暂停打桩，施工单位应与勘察、设计单位共同研究，查明原因，提出明确的处理意见，采取相应的技术措施后，方可继续施工。

2. 静力压桩

静力压桩是在软土地基上，利用静力压桩机或液压压桩机提供无振动的静力压力（自重和配重）将预制桩压入土中的一种新工艺，如图 2.30 所示。静力压桩已被我国沿海地区较为广泛地采用，与普通的打桩和振动沉桩相比，压桩可以消除噪声和振动的危害。故特别适用于医院和有防震要求部门附近的施工。

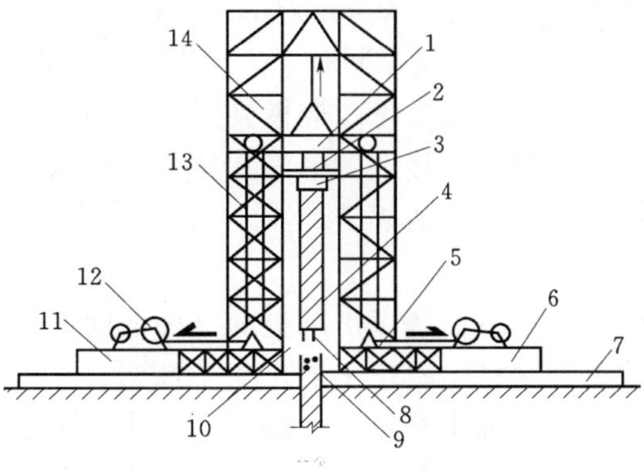

图 2.30　静力压桩机示意图

1—活动压梁；2—油压表；3—桩帽；4—上段桩；5—加重物仓；6—底盘；7—轨道；8—上段接桩锚筋；9—桩；10—压头；11—操作平台；12—卷扬机；13—加压钢绳滑轮组；14—桩架导向笼

静力压桩机的工作原理：通过安置在压桩机上的卷扬机的牵引，由钢丝绳、滑轮及压梁，将整个桩机的自重力（800～1500kN）反压在桩顶上，以克服桩身下沉时与土的摩擦力，迫使预制桩下沉。桩架高度 10～40m，压入桩长度已达 37m，桩断面为 400mm×400mm～500mm×500mm。

近年引进 WYJ—200 型和 WYJ—400 型压桩机，是液压操纵的先进设备。静压力有 2000kN 和 4000kN 两种，单根制桩长度可达 20m。压桩施工，一般情况下都采取分段压入，逐段接长的方法。接桩的方法目前有三种：焊接法、法兰接法和浆锚法。

焊接法接桩时，必须对准下节桩并垂直无误后，用点焊将拼接角钢连接固定，再次检查位置正确后则进行焊接，如图 2.31 所示。施焊时，应两人同时对角对称地进行，以防止节点变形不匀而引起桩身歪斜。焊缝要连续饱满。

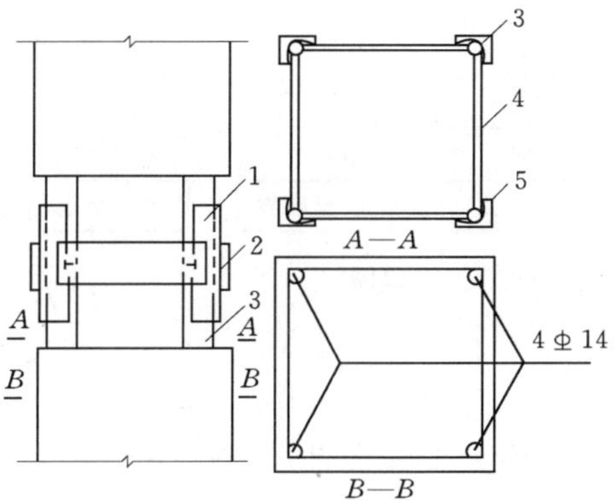

图 2.31　焊接法接桩节点构造

1—角钢与主筋焊接；2—钢板；3—主筋；4—箍筋；5—焊缝

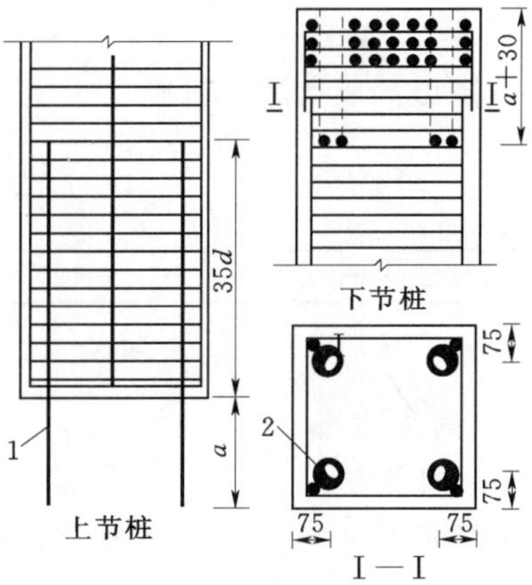

图 2.32　浆锚法接桩节点构造（单位：mm）

1—锚筋；2—锚筋孔

浆锚法接桩时，首先将上节桩对准下节桩，使 4 根锚筋插入锚筋孔中（直径为锚筋直径的 2.5 倍），下落压梁并套住桩顶，然后将桩和压梁同时上升约 200mm，以 4 根锚筋不脱离锚筋孔为度，如图 2.32 所示。此时，安设好施工夹箍（施工夹箍由 4 块木板构成，木板内侧为用人造革包裹 40mm 厚的树脂海绵块)，将溶化的硫磺胶泥注满锚筋孔内和接头平面上，然后将上节桩和压梁同时下落，当硫磺胶泥冷却并拆除施工夹箍后，即可继续加荷施压。

为保证接桩质量，应做到锚筋应刷净并调直；锚筋孔内应有完好螺纹，无积水、杂物和油污；接桩时接点的平面和锚筋孔内应灌满胶泥；灌注时间不得超过 2min；灌注后停歇时间应符合有关规定。

3. 其他沉桩方法

水冲沉桩法是锤击沉桩的一种辅助方法，它利用高压水流经过桩侧面或空心管内部的射水管冲击桩尖附近土层，便于锤击。一般是边冲水边打桩，当沉桩至最后 1～2m 时停止冲水，用锤击至规定标高。水冲法适用于砂土和碎石土，有时对于特别长的预制桩，单靠锤击有一定的困难时，也用水冲法辅助沉桩。

振动法沉桩是利用振动机，将桩与振动机连接在一起，振动机产生的振动力通过桩身使土体振动，使土体的内摩擦角减小、强度降低而将桩沉入土中。此法在砂土中效率最高。

2.4.2　灌注桩施工

混凝土灌注桩是直接在施工现场桩位上成孔，然后在孔内安装钢筋笼，浇筑混凝土成桩。与预制桩相比，灌注桩具有不受地层变化限制，不需要接桩和截桩，节约钢材、振动小、噪声小等特点，但施工工艺复杂，影响质量的因素多。灌注桩按成孔方法分为以下几种，泥浆护壁成孔灌注桩、干作业钻孔灌注桩、人工挖孔灌注桩、沉管灌注桩等，近年来出现了夯扩桩、管内泵压桩、变径桩等新工艺，特别是变径桩，将信息化技术引进到桩基础中。

2.4.2.1　泥浆护壁成孔灌注桩

泥浆护壁成孔是利用原土自然造浆或人工造浆浆液进行护壁，通过循环泥浆将被钻头切下的土块携带排出孔外成孔，然后安装绑扎好的钢筋笼，导管法水下灌注混凝土沉桩。此法对无论地下水高或低的土层都适用。但在岩溶发育地区慎用。

1. 施工工艺流程

泥浆护壁成孔灌注桩施工工艺流程如图 2.33 所示。

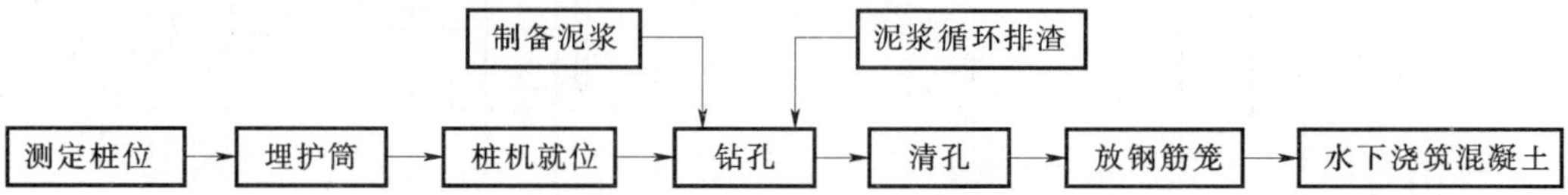

图 2.33　泥浆护壁成孔灌注桩工艺流程图

2. 施工准备

(1) 埋设护筒。

护筒是用 4～8mm 厚钢板制成的圆筒，其内径应大于钻头直径 100mm，其上部宜开设 1 个或 2 个溢浆孔。

埋设护筒时，先挖去桩孔处表土，将护筒埋土中，保证其准确、稳定。护筒中心与桩位中心的偏差不得大于 50mm，护筒与坑壁之间用黏土填实，以防漏水。护筒的埋设深度，在黏土中不宜小于 1.0m，在砂土中不宜小于 1.5m。护筒顶面应高于地面 0.4～0.6m，并应保持孔内泥浆面高出地下水位 1m 以上，在受水位涨落影响时，泥浆面应高出最高水位 1.5m 以上。

护筒的作用是固定桩孔位置，防止地面水流入，保护孔口，增高桩孔内水压力，防止塌孔和成孔时引导钻头方向。

（2）制备泥浆。

泥浆在桩孔内吸附在孔壁上，将土壁上孔隙填渗密实，避免孔内壁漏水，保持护筒内水压稳定；泥浆比重大，加大孔内水压力，可以稳固土壁、防止塌孔；泥浆有一定黏度，通过循环泥浆可将切削碎的泥石碴屑悬浮后排出，起到携砂、排土的作用。同时，泥浆还可对钻头有冷却和润滑作用。

制备泥浆方法：在黏性土中成孔时可在孔中注入清水，钻机旋转时，切削土屑与水旋伴，用原土造浆，泥浆相对密度值应控制在 1.1～1.2；在其他土中成孔时，泥浆制备应选用高塑性黏土或膨润土。在砂土和较厚的夹砂层中成孔时，泥浆相对密度值应控制在 1.3～1.5；施工中应经常测定泥浆相对密度值，并定期测定黏度、含砂率和胶体率等指标。对施工中废弃的泥浆、碴应按环境保护的有关规定处理。

3. 成孔

桩架安装就位后，挖泥浆槽、沉淀池，接通水电，安装水电设备，制备要求相对密度的泥浆。用第一节钻杆（每节钻杆长约 5m，按钻进深度用钢销连接）接好钻机，另一端接上钢丝绳，吊起潜水钻对准埋设的护筒，悬离地面，先空钻然后慢慢钻入土中；注入泥浆，待整个潜水钻入土，观察机架是否垂直平稳，检查钻杆是否平直后，再正常钻进。

泥浆护壁成孔灌注桩成孔方法按成孔机械分类有回转钻机成孔、潜水钻机成孔、冲击钻机成孔、冲抓锥成孔等，其中以钻机成孔应用最多。

（1）回转钻机成孔。

回转钻机是由动力装置带动钻机回转装置转动，再由其带动带有钻头的钻杆移动，由钻头切削土层。适用于地下水位较高的软、硬土层，如淤泥、黏性土、砂土、软质岩层。

回转钻机钻孔方式根据泥浆循环方式的不同，分为正循环回转钻机成孔和反循环回转钻机成孔。

1）正循环回转钻机成孔的工艺如图 2.34 所示。空心钻杆内部的泥浆或高压水从钻杆底部喷出，携带钻下的土渣沿孔壁向上流动，土渣被带出，由孔口流入泥浆池。

2）反循环回转钻机成孔的工艺如图 2.35 所示。泥浆带渣流动的方向与正循环回转钻机成孔的情形相反。反循环工艺的泥浆上流的速度较高，能携带较大的土渣。

（2）潜水钻机成孔。

潜水钻机成孔示意图如图 2.36 所示。潜水钻机是一种将动力、变速机构和钻头连在一起加以密封，潜入水中工作的一种体积小而轻的钻机。这种钻机的钻头有多种形式，以适应不同桩径和不同土层的需要。钻头可带有合金刀齿，靠电动机带动刀齿旋转切削土层或岩层。钻头靠桩架悬吊吊杆定位，钻孔时钻杆不旋转，仅钻头部分放置切削下来的泥渣，泥渣通过泥浆循环排出孔外。

钻机桩架轻便，移动灵活，钻进速度快，噪声小，钻孔直径为 500～1500mm，钻孔深度可达 50m，甚至更深。

潜水钻机成孔适用于黏性土、淤泥、淤泥质土、砂土等，也可钻入岩层，尤其适用于地下水位较高的土层中成孔。当钻一般黏性土、淤泥、淤泥质土及砂土时，宜用笼式钻

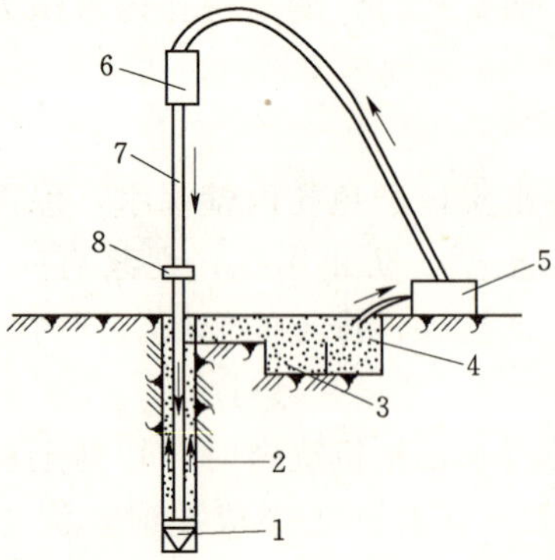

图 2.34　正循环回转钻机成孔工艺原理图

1—钻头；2—泥浆循环方向；3—沉淀池；4—泥浆池；5—泥浆泵；6—水龙头；7—钻杆；8—钻机回转装置

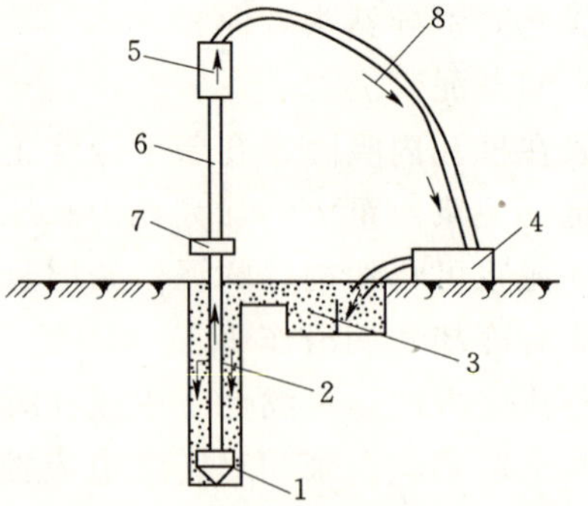

图 2.35　反循环回转钻机成孔工艺原理图

1—钻头；2—新泥浆流向；3—沉淀池；4—砂石泵；5—水龙头；6—钻杆；7—钻机回转装置；8—混合液流向

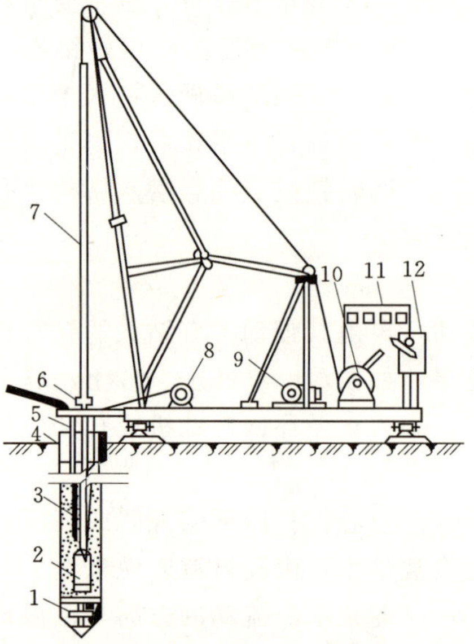

图 2.36　潜水钻机钻孔示意图

1—钻头；2—潜水钻机；3—电缆；4—护筒；5—水管；6—滚轮（支点）；7—钻杆；8—电缆盘；9—5kN 卷扬机；10—10kN 卷扬机；11—电流电压表；12—启动开关

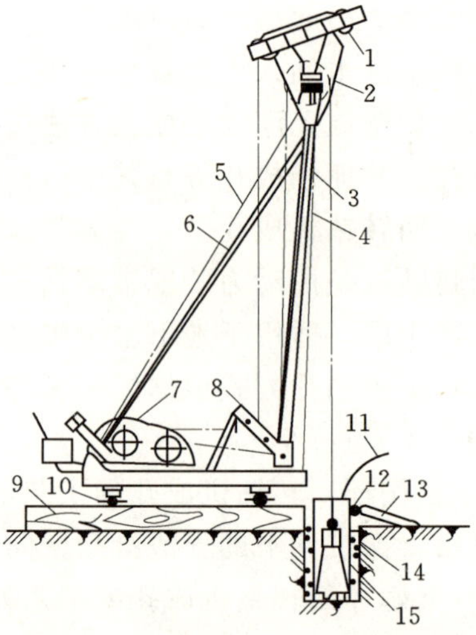

图 2.37　简易冲击钻孔机示意图

1—副滑轮；2—主滑轮；3—主杆；4—前拉索；5—后拉索；6—斜撑；7—双滚筒卷扬机；8—导向轮；9—垫木；10—钢管；11—供浆管；12—溢流口；13—泥浆渡槽；14—护筒回填土；15—钻头

头；穿过不厚的砂夹卵石层或在强风化岩上钻进时，可镶焊硬质合金刀头的笼式钻头；遇孤石或旧基础时，应用带硬质合金齿的筒式钻头。

(3) 冲击钻机成孔。

冲击钻机通过机架、卷扬机把带刃的重钻头（冲击锤）提高到一定高度，靠自由下落的冲击力切削破碎岩层或冲击土层成孔，如图 2.37 所示。部分碎渣和泥浆挤压进孔壁，大部分碎渣用掏渣筒掏出。此法设备简单，操作方便，对于有孤石的砂卵石岩、坚质岩、岩层均可成孔。

冲击钻头形式有十字形、工字形、人字形等，一般常用十字形冲击钻头，如图 2.38 所示。在钻头锥顶与提升钢丝绳间设有自动转向装置，冲击锤每冲击一次转动一个角度，从而保证桩孔冲成圆孔。

冲孔前应埋设钢护筒，并准备好护壁材料。若表层为淤泥、细砂等软土，则在筒内加入小块片石、砾石和黏土；若表层为砂砾卵石，则投入小颗粒砂砾石和黏土，以便冲击造浆，并使孔壁挤密实。冲击钻机就位后，校正冲锤中心对准护筒中心，在冲程 0.4～0.8m 范围内应低提密冲，并及时加入石块与泥浆护壁，直至护筒下沉 3～4m 以后，冲程可以提高到 1.5～2.0m，转入正常冲击，随时测定并控制泥浆相对密度。

施工中，应经常检查钢丝绳损坏情况，卡机松紧程度和转向装置是否灵活，以免掉钻。如果冲孔发生偏斜，应回填片石（厚 300～500mm）后重新冲孔。

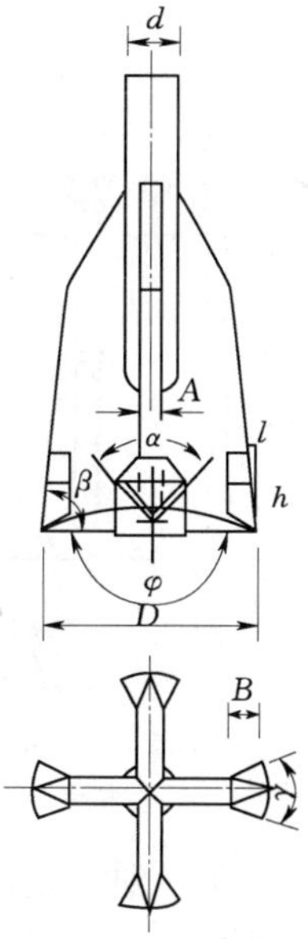

图 2.38 十字形冲头示意图

（4）冲抓锥成孔。

冲抓锥锥头上有一重铁块和活动抓片，通过机架和卷扬机将冲抓锥提升到一定高度，下落时松开卷筒刹车，抓片张开，锥头便自由下落冲入土中，然后开动卷扬机提升锥头，这时抓片闭合抓土，如图 2.39 所示。冲抓锥整体提升至地面上卸去土渣，依次循环成孔。

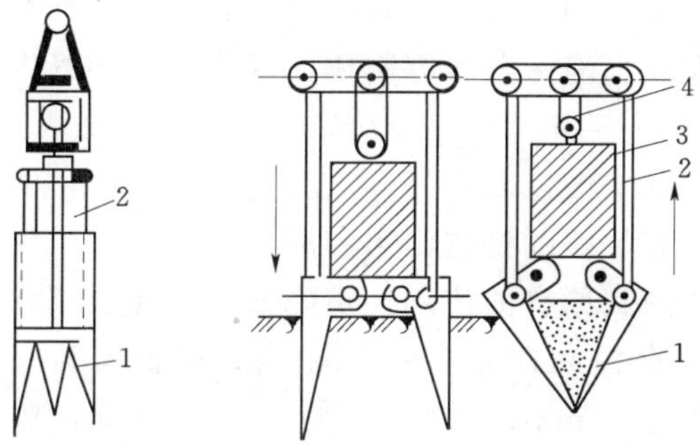

(a)抓土　(b)提土

图 2.39 冲抓锥锥头

1—抓土；2—连杆；3—压重；4—滑轮组

冲抓锥成孔施工过程、护筒安装要求、泥浆护壁循环等与冲击成孔施工相同。

冲抓锥成孔直径为 450～600mm，孔深可达 10m，冲抓高度宜控制在 1.0～1.5m。适用于松软土层（砂土、黏土）中冲孔，但遇到坚硬土层时宜换用冲击钻施工。

4. 清孔

成孔后，必须保证桩孔进入设计持力层深度。当孔达到设计要求后，即进行验孔和清孔。验孔是用探测器检查桩位、直径、深度和孔道情况；清孔即清除孔底沉渣、淤泥浮土，以减少桩基的沉降量，提高承载能力。

泥浆护壁成孔清孔时，对于土质较好不易坍塌的桩孔，可用空气吸泥机清孔，气压为 0.5MPa，使管内形成强大高压气流向上涌，同时不断地补足清水，被搅动的泥渣随气流上涌从喷口排出，直至喷出清水为止。对稳定性较差的孔壁应采用泥浆循环法清孔或抽筒排渣，清孔后的泥浆相对密度应控制在 1.15～1.25；原土造浆的孔，清孔后泥浆相对密度应控制在 1.1 左右，在清孔时，必须及时补充足够的泥浆，并保持浆面稳定。

5. 水下浇筑混凝土

在灌注桩、地下连续墙等基础工程中，常要直接在水下浇筑混凝土。其方法是利用导

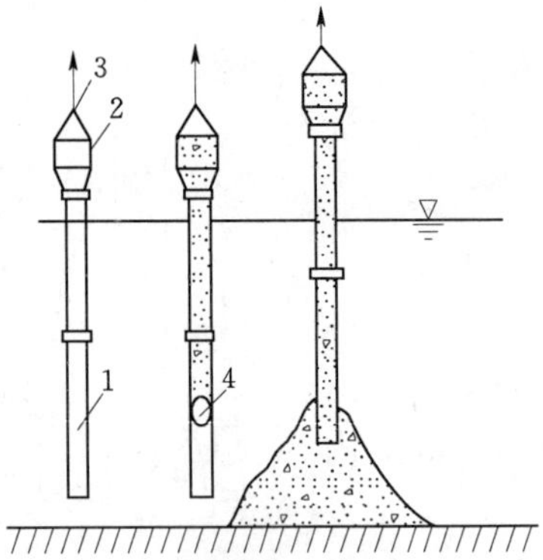

图 2.40　导管法浇筑水下混凝土示意图

1—导管；2—承料漏斗；3—提升机具；4—球塞

管输送混凝土并使之与环境水隔离，依靠管中混凝土的自重，压管口周围的混凝土在已浇筑的混凝土内部流动、扩散，以完成混凝土的浇筑工作，如图 2.40 所示。

在施工时，先将导管放入水中（其下部距离底面约 100mm），用麻绳或铅丝将球塞悬吊在导管内水位以上的 0.2m（塞顶铺 2 或 3 层稍大于导管内径的水泥纸袋，再散铺一些干水泥，以防混凝土中骨料卡住球塞），然后浇入混凝土，当球塞以上导管和承料漏斗装满混凝土后，剪断球塞吊绳，混凝土靠自重推动球塞下落，冲向基底，并向四周扩散。球塞冲出导管，浮至水面，可重复使用。冲入基底的混凝土将管口包住，形成混凝土堆。同时不断地将混凝土浇入导管中，管外混凝土面不断被管内的混凝土挤压上升。随着管外混凝土面的上升，导管也逐渐提高（到一定高度，可将导管顶段拆下）。但不能提升过快，必须保证导管下端始终埋入混凝土内；其最大埋置深度不宜超过 5m。混凝土浇筑的最终高程应高于设计标高约 100mm，以便清除强度低的表层混凝土（清除应在混凝土强度达到 2～2.5MPa 后方可进行）。

导管由每段长度为 1.5～2.5m（脚管为 2～3m）、管径 200～300mm、厚 3～6mm 的钢管用法兰盘加止水胶垫用螺栓连接而成。承料漏斗位于导管顶端，漏斗上方装有振动设备以防混凝土在导管中阻塞。提升机具用来控制导管的提升与下降，常用的提升机具有卷扬机、电动葫芦、起重机等。球塞可用软木、橡胶、泡沫塑料等制成，其直径比导管内径小 15～20mm。

水下浇筑的混凝土必须具有较大的流动性和黏聚性以及良好的流动性保持能力，能依靠其自重和自身的流动能力来实现摊平和密实，有足够的抵抗泌水和离析的能力，以保证混凝土在堆内扩散过程中不离析，且在一定时间内其原有的流动性不降低。因此要求水下浇筑混凝土中水泥用量及砂率宜适当增加，泌水率控制在 2%～3%以内；粗骨料粒径不得大于导管的 1/5 或钢筋间距的 1/4，并不宜超过 40mm；坍落度为 150～180mm。施工开始时采用低坍落度，正常施工则用较大的坍落度，且维持坍落度的时间不得少于 1h，以便混凝土能在较长时间内靠其自身的流动能力实现其密实成型。

每根导管的作用半径一般不大于 3m，所浇混凝土覆盖面积不宜大于 30m^2，当面积过大时，可用多根导管同时浇筑。混凝土浇筑应从最深处开始，相邻导管下口的标高差不应超过导管间距的 1/20～1/15，并保证混凝土表面均匀上升。

导管法浇筑水下混凝土的关键：一是保证混凝土的供应量应大于导管内混凝土必须保持的高度和开始浇筑时导管埋入混凝土堆内必须的埋置深度所要求的混凝土量；二是严格控制导管提升高度，且只能上下升降，不能左右移动，以避免造成管内返水事故。

2.4.2.2　干作业钻孔灌注桩

干作业钻孔灌注桩是先用钻机在桩位处进行钻孔，然后在桩孔内放入钢筋骨架，再灌注混凝土而成桩。其施工过程如图 2.41 所示。

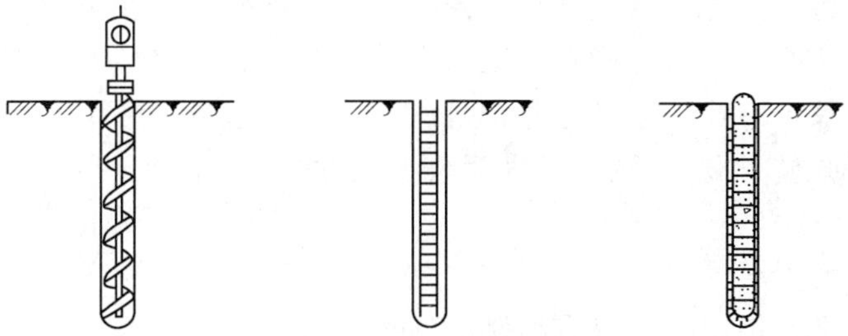

(a)钻机进行钻孔　(b)放入钢筋骨架　(c)浇筑混凝土

图2.41　螺旋钻机钻孔灌注桩施工过程示意图

1. 施工特点

干作业成孔一般采用螺旋钻机钻孔。螺旋钻机根据钻杆形式不同可分为整体式螺旋、装配式长螺旋和短螺旋三种。螺旋钻杆是一种动力旋动钻杆，它是使钻头的螺旋叶旋转削土，土块由钻头旋转上升而带出孔外。螺旋钻头外径分别为400mm、500mm、600mm，钻孔深度相应为12m、10m、8m。适用于成孔深度内没有地下水的一般黏土层、砂土及人工填土地基，不适于有地下水的土层和淤泥质土。

2. 施工工艺

干作业钻孔灌注桩的施工步骤分为以下几步：螺旋钻机就位对中→钻进成孔，排土→钻至预定深度，停钻→起钻，测孔深、孔斜、孔径→清理孔底虚土→钻机移位→安放钢筋笼→安放混凝土溜筒→灌溉混凝土成桩→桩头养护。

钻机就位后，钻杆垂直对准桩位中心，开钻时先慢后快，减少钻杆的摇晃，及时纠正钻孔的偏斜或位移。钻孔时，螺旋刀片旋转削土，削下的土沿整个钻杆螺旋叶片上升而涌出孔外，钻杆可逐节接长直至钻到设计要求的深度。在钻孔过程中，若遇到硬物或软岩，应减速慢钻或提起钻头反复钻，穿透后再正常进钻。在砂卵石、卵石或淤泥质土夹层中成孔时，这些土层的土壁不能直立，易造成塌孔，这时，钻孔可钻至塌孔下1～2m以内，用低强度等级细石混凝土回填至塌孔1m以上；待混凝土初凝后，再钻至设计要求深度。也用3：7夯实灰土回填代替混凝土处理。

钻孔至规定要求深度后，孔底一般都有较厚的虚土，需要进行专门处理。清孔的目的是将孔内的浮土、虚土取出，减少桩的沉降。常用的方法是采用25～30kg的重锤对孔底虚土进行夯实，或投入低坍落度素混凝土，再用重锤夯实；或是钻机在原深处空转清土，然后停止旋转，提钻卸土。

钢筋骨架的主筋、箍筋、直径、根数、间距及主筋保护层均应符合设计规定，绑扎牢固，防止变形。用导向钢筋送入孔内，同时防止泥土杂物掉进孔内。钢筋骨架就位后，应立即灌注混凝土，以防塌孔。灌注时，应分层浇筑、分层捣实，每层厚度50～60cm。

3. 操作要点

(1) 螺旋钻进应根据地层情况，合理选择和调整钻进参数，并可通过电流表来控制进尺速度，如果电流值增大，说明孔内阻力增大，这时应降低钻进速度。

(2) 开始钻进及穿过软硬土层交界处时，应缓慢进尺，保持钻具垂直；钻进含有砖头瓦块卵石的土层时，应控制钻杆跳动与机架摇晃。

(3) 钻进中遇憋车，不进尺或钻进缓慢时，应停机检查，找出原因，采取措施，避免盲目钻进，导致桩孔严重倾斜、垮孔甚至卡钻、折断钻具等恶性孔内事故。

(4) 遇孔内渗水、垮孔、缩径等异常情况时，立即起钻，采取相应的技术措施；上述情况不严重时，可调整钻进参数，投入适量黏土球，经常上下活动钻具等，保持钻进顺畅。

(5) 冻土层、硬土层施工，宜采用高转速，小给进量，恒钻压。

(6) 短螺旋钻进，每回次进尺宜控制在钻头长度的2/3左右，砂层、粉土层可控制在0.8～1.2m，黏土、粉质黏土在0.6m以下。

(7) 钻至设计深度后，应使钻具在孔内空转数圈清除虚土，然后起钻，盖好孔口盖，防止杂物落入。

2.4.2.3 人工挖孔灌注桩

人工挖孔灌注桩是采用人工挖掘方法成孔，然后放置钢筋笼，浇筑混凝土而成的桩基础，也称墩基础。其施工特点：①设备简单；②无噪声、无振动、不污染环境，对施工现场周围原有建筑物的影响小；③施工速度快，可按施工进度要求决定同时开挖桩孔的数量，必要时各桩孔可同时施工；④土层情况明确，可直接观察到地质变化，桩底沉渣能清除干净，施工质量可靠。尤其当高层建筑选用大直径的灌注桩，而施工现场又在狭窄的市区时，采用人工挖孔比机械挖孔具有更大的适应性。但其缺点是人工耗量大。开挖效率低，安全操作条件差等。

1. 施工设备

一般可根据孔径、孔深和现场具体情况选用，常用的有电动葫芦、提土桶、潜水泵、鼓风机和输风管、镐、锹、土筐、照明灯、对讲机及电铃等。

2. 施工工艺

施工时，为确保挖土成孔施工安全，必须考虑预防孔壁坍塌和流砂发生的措施。因此，施工前应根据水文地质资料，拟定出合理的护壁措施和降排水方案，护壁方法很多，可以采用现浇混凝土护壁、沉井护壁、喷射混凝土护壁等。

(1) 现浇混凝土护壁法施工，即分段开挖、分段浇筑混凝土护壁，既能防止孔壁坍塌，又能起到防水作用。

桩孔采取分段开挖，每段高度取决于土壁直立状态的能力，一般0.5～1.0m为一施工段，开挖井孔直径为设计桩径加混凝土护壁厚度。

护壁施工段，即支设护壁内模板（工具式活动钢模板）后浇筑混凝土，模板的高度取决于开挖土方施工段的高度，一般为1m，由4～8块活动钢模板组合而成，支成有锥度的内模。内模支设后，将用角钢和钢板制成的两半圆形合成的操作平台吊放入桩孔内，置于内模板顶部，以放置料具和浇筑混凝土操作之用。浇筑混凝土时要注意振捣密实。

当护壁混凝土强度达到1MPa（常温下约24h）可拆除模板，开挖下段的土方，再支模浇筑护壁混凝土，如此循环，直至挖到设计要求的深度。

当桩孔挖到设计深度，并检查孔底土质是否已达到设计要求后，再在孔底挖成扩大头。待桩孔全部成型后，用潜水泵抽出孔底的积水，然后立即浇筑混凝土。当混凝土浇筑至钢筋笼的底面设计标高时，再吊入钢筋笼就位，并继续浇筑桩身混凝土而形成桩基。

(2) 当桩径较大，挖掘深度大，地质复杂，土质差（松软弱土层），且地下水位高时，应采用沉井护壁法挖孔施工。

沉井护壁施工是先在桩位上制作钢筋混凝土井筒，井筒下捣制钢筋混凝土刃脚，然后在筒内挖土掏空，井筒靠其自重或附加荷载来克服筒壁与土体之间的摩擦阻力，边挖边沉，使其垂直地下沉到设计要求深度。

3. 施工注意事项

(1) 成孔质量控制。成孔质量包括垂直度和中心线偏差、孔径、孔形等。

(2) 防止塌孔。护壁是人工挖孔桩施工中防止塌孔的构造措施。施工中应按照设计要求做好护壁。护壁混凝土强度在达到1MPa后方能拆除模板。

(3) 排水处理。地面水往孔边渗流会造成土的抗剪强度降低，可能造成塌孔，地下水对挖孔有着重要影响。水量大时，先采取降水措施；水量小时可以边排水边挖。将施工段高度减小（如300～500mm）或采用钢护筒护壁。

4. 施工安全问题

(1) 井下人员须配备相应安全的设施设备。提升吊桶的传动机构及地面扒杆必须牢靠，制作、安装应符合施工设计要求。人员不得乘盛土吊桶上下，必须另配钢丝绳及滑轮并有断绳保护装置，或使用安全爬梯上下。

(2) 注意孔口安全防护。应避免落物伤人，孔内应设半圆形防护板，随挖掘深度逐层下移。吊运物料时，作业人员应在防护板下面工作。

(3) 每次下井作业前应检查井壁和抽样检测井内空气，当有害气体超过规定时，应进行处理。用鼓风机送风严禁用纯氧进行通风换气。

(4) 井内照明应采用安全矿灯或12V防爆灯具。桩孔较深时，上下联系可通过对讲机等方式，地面不得少于2名监护人员。井下人员应轮换作业，连续工作时间不应超过2h。

(5) 挖孔完成后，应当天验收，并及时将桩身钢筋笼就位和浇筑混凝土。正在浇筑混凝土的桩孔周围10m半径内，其他桩不得有人作业。

2.4.2.4 沉管灌注桩

沉管灌注桩是利用锤击打桩设备或振动沉桩设备，将带有钢筋混凝土的桩尖（或钢板靴）或带有活瓣式桩靴的钢管沉入土中（钢管直径应与桩的设计尺寸一致），造成桩孔，然后放入钢筋骨架并浇筑混凝土，随之拔出套管，利用拔管时的振动将混凝土捣实，便形成所需要的灌注桩。利用锤击沉桩设备沉管、拔管成桩，称为锤击沉管灌注桩，如图2.42所示；利用振动器振动沉管、拔管成桩，称为振动沉管灌注桩，如图2.43所示。

在沉管灌注桩施工过程中，对土体有挤密作用和振动影响，施工中应结合现场施工条件，考虑成孔的顺序：①间隔一个或两个桩位成孔；②在邻桩混凝土初凝前或终凝后成孔；③一个承台下桩数在5根以上者，中间的桩先成孔，外围的桩后成孔。

为了提高桩的质量和承载能力，沉管灌注桩常采用单打法、复打法、翻插法等施工工艺。

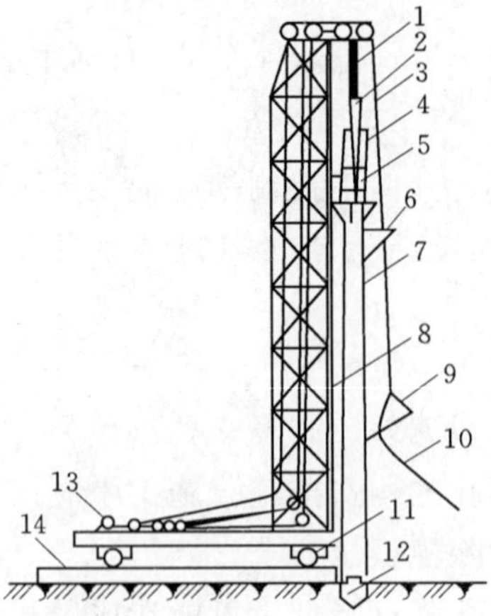

图 2.42　锤击沉管灌注桩

1—桩锤钢丝绳；2—桩管滑轮组；3—吊斗钢丝绳；4—桩锤；5—桩帽；6—混凝土漏斗；7—桩管；8—桩架；9—混凝土吊斗；10—回绳；11—行驶用钢管；12—预制桩靴；13—卷扬机；14—枕木

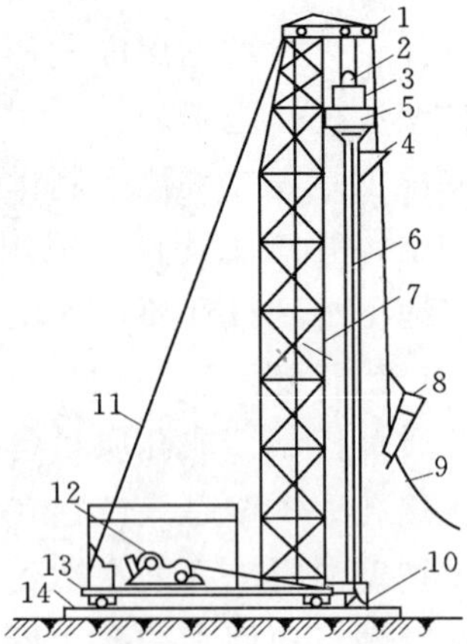

图 2.43　振动沉管灌注桩

1—导向滑轮；2—滑轮组；3—激振器；4—混凝土漏斗；5—桩帽；6—加压钢丝绳；7—桩管；8—混凝土吊斗；9—回绳；10—活瓣桩靴；11—缆风绳；12—卷扬机；13—行驶用钢管；14—枕木

(1) 单打法（又称一次拔管法）。拔管时，每提升 0.5～1.0m，振动 5～10s，然后再拔管 0.5～1.0m，这样反复进行，直至全部拔出。

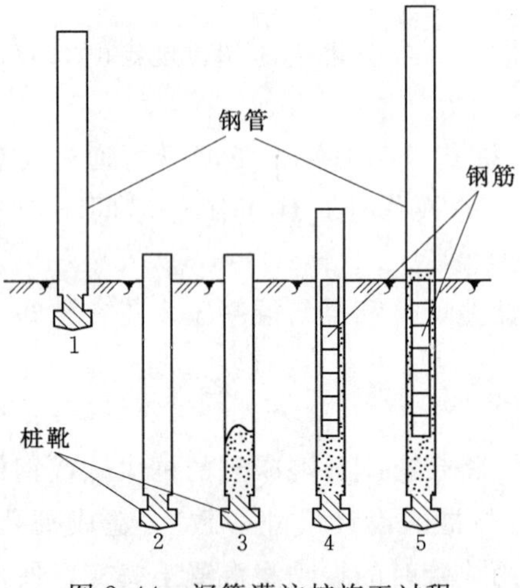

图 2.44　沉管灌注桩施工过程

1—就位；2—沉套管；3—初灌混凝土；4—放置钢筋笼、灌注混凝土；5—拔管成桩

(2) 复打法。在同一桩孔内连续进行两次单打，或根据需要进行局部复打。施工时，应保证前后两次沉管轴线重合，并在混凝土初凝之前进行。

(3) 翻插法。钢管每提升 0.5m，再下插 0.3m，这样反复进行，直至拔出。

在施工时，注意及时补充套筒内的混凝土，使管内混凝土面保持一定高度并高于地面。

1. 锤击沉管灌注桩

锤击沉管灌注桩适宜于一般黏性土、淤泥质土和人工填土地基。其施工过程如图 2.44 所示。

锤击沉管灌注桩施工要点：

(1) 桩尖与桩管接口处应垫麻（或草绳）垫圈用作缓冲层，且可以防止地下水渗入管内。沉管时先用低锤锤击，观察无偏移后，才正常施打。

(2) 拔管前应先锤击或振动套管，在测得混凝土确已流出套管时方可拔管。

(3) 桩管内混凝土尽量填满，拔管时要均匀，保持连续密锤轻击，并控制拔管速度，一般土层以不大于 1m/min 为宜，软弱土层与软硬交界处，应控制在 0.8m/min 以内为宜。

(4) 在管底未拔到桩顶设计标高前，倒打或轻击不得中断，注意使管内的混凝土保持略高于地面，并保持到全管拔出为止。

(5) 桩的中心距在5倍桩管外径以内或小于2m时，均应跳打施工；中间空出的桩须待邻桩混凝土达到设计强度的50%以后，方可施打。

2. 振动沉管灌注桩

振动沉管灌注桩采用激振器或振动冲击沉管。其施工过程分为以下几步。

(1) 桩机就位。将桩尖活瓣合拢对准桩位中心，利用振动器及桩管自重，把桩尖压入土中。

(2) 沉管。开动振动箱，桩管即在强迫振动下迅速沉入土中。沉管过程中，应经常探测管内有无水或泥浆，如发现水、泥浆较多，应拔出桩管，用砂回填桩孔后方可重新沉管。

(3) 上料。桩管沉到设计标高后停止振动，放入钢筋笼，再上料斗将混凝土灌入桩管内，一般应灌满桩管或略高于地面。

(4) 拔管。开始拔管时，应先启动振动箱8～10min，并用吊铊测得桩尖活瓣确已张开，混凝土确已从桩管中流出以后，卷扬机方可开始抽拔桩管，边振边拔。拔管速度应控制在1.5m/min以内。拔管方法根据承载力不同要求，可分别采用单打法、复打法和翻插法。

振动沉管灌注桩宜用于一般黏性土、淤泥质土及人工填土地基，更适用于砂土、稍密及中密的碎石土地基。

3. 夯扩桩

夯扩桩（夯压成型灌注桩）是在普通沉管灌注桩的基础上加以改进，增加一根内夯管，使桩端扩大的一种桩型。内夯管的作用是在夯扩工序时，将外管混凝土夯出管外，并在桩端形成扩大头；在施工桩身时利用内管和桩锤的自重将桩身混凝土压实。夯扩桩适用于一般黏性土、淤泥、淤泥质土、黄土、硬黏性土；也可用于有地下水的情况；可在20层以下的高层建筑基础中使用。

锤击沉管夯扩桩成孔部分采用内外双管，外桩管为空心钢管，内桩管的下端封底，两管套装长度相等，一般无桩靴。用桩锤将其打到设计深度后拔出内管，往外管内灌入一定高度的扩底混凝土，重新插入内管并将外管向上拔一定高度，锤击力经内外桩管直接传给混凝土，通过桩管的挤撑作用，将管底的混凝土夯出管外，迫使扩底混凝土向下部和四周基土挤压，形成扩大头（扩大头设计要求，采用一次或二次夯扩），再浇灌桩身混凝土，如图2.45所示。

2.4.2.5 PPG灌注桩后压浆法

PPG灌注桩后压浆法是利用预先埋设于桩体内的注浆系统，通过高压注浆泵将高压浆液压入桩底，浆液克服土粒之间抗渗阻力，不断渗入桩底沉渣及桩底周围土体孔隙中，排走孔隙中水分，充填于孔隙中。由于浆液的充填胶结作用，在桩底形成一个扩大头。另一方面，随着注浆压力及注浆量的增加，一部分浆液克服桩侧摩阻力及上覆土压力沿桩土界面不断向上泛浆，高压浆液破坏泥皮，渗入（挤入）桩侧土体，使桩周松动（软化）的

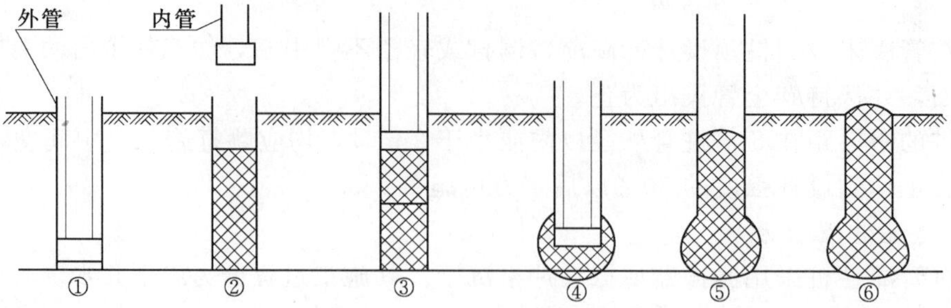

图 2.45 夯扩桩施工

土体得到挤密加强。浆液不断向上运动，上覆土压力不断减小，当浆液向上传递的反力大于桩侧摩阻力及上覆土压力时，浆液将以管状流溢出地面。因此，控制一定的注浆压力和注浆量，将使桩底土体及桩周土体均得到加固，从而有效提高了桩端阻力和桩侧阻力，达到大幅度提高承载力的目的。

施工工艺分以下几步：灌注桩成孔→钢筋笼制作→压浆管制作→灌注桩清孔→压浆管绑扎→下钢筋笼→灌注桩混凝土后压浆施工。施工要点有以下几项。

(1) 压浆管的制作。

在制作钢筋笼的同时制作压浆管。压浆管采用直径为 25mm 的黑铁管制作，接头采用丝扣连接，两端采用丝堵封严。压浆管长度比钢筋笼长度多出 55cm，在桩底部长出钢筋笼 5cm，上部高出桩顶混凝土面 50cm，但不得露出地面以便于保护。压浆管在最下部 20cm 制作成压浆喷头（俗称花管），在该部分采用钻头均匀钻出 4 排（每排 4 个）、间距 3cm、直径为 3mm 的压浆孔作为压浆喷头；用图钉将压浆孔堵严，外面套上同直径的自行车内胎并在两端用胶带封严，这样压浆喷头就形成了一个简易的单向装置：当注浆时压浆管中压力将车胎迸裂、图钉弹出，水泥浆通过注浆孔和图钉的孔隙压入碎石层中，而混凝土灌注时该装置又保证混凝土浆不会将压浆管堵塞。

(2) 压浆管的布置。

将两根压浆管对称绑在钢筋笼外侧。成孔后清孔、提钻、下钢筋笼，在钢筋笼吊装安放过程中要注意对压浆管的保护，钢筋笼不得扭曲，以免造成压浆管在丝扣连接处松动，喷头部分应加混凝土垫块保护，不得摩擦孔壁以免车胎破裂造成压浆孔的堵塞。按照规范要求灌注混凝土。

(3) 压浆桩位的选择。

根据以往工程实践，在碎石层中，水泥浆在工作压力作用下影响面积较大。为防止压浆时水泥浆液从临近薄弱地点冒出，压浆的桩应在混凝土灌注完成 3～7d 后，并且该桩周围至少 8m 范围内没有钻机钻孔作业，该范围内的桩混凝土灌注完成也应在 3d 以上。

(4) 压浆施工的顺序。

压浆时最好采用整个承台群桩一次性压浆，压浆先施工周圈桩，再施工中间桩。压浆时采用两根桩循环压浆，即先压第 1 根桩的 A 管，压浆量约占总量的 70%，压完后再压另一根桩的 A 管，然后依次为第 1 根桩的 B 管和第 2 根桩的 B 管，这样就能保证同 1 根桩两根管压浆时间间隔为 30～60min，为水泥浆在碎石层中扩散留出时间。压浆时应作好施工记录，记录的内容应包括施工时间、压浆开始及结束时间、压浆数量以及出现的异常情况和处理的措施等。

2.4.3　桩基工程质量检查及检测

1. 打（沉）桩的质量控制

（1）桩端（指桩的全截面）位于一般土层时，以控制桩端设计标高为主，贯入度可作参考。

（2）桩端达到坚硬、硬塑的黏性土，中密以上粉土、砂土、碎石类土、风化岩时，以贯入度控制为主，桩端标高可作参考。

（3）当贯入度已达到，而桩端标高未达到时，应继续锤击 3 阵，按每阵 10 击的贯入度不大于设计规定的数值加以确认。

（4）振动法沉桩是以振动箱代替桩锤，其质量控制是以最后 3 次振动（加压），每次 10min 或 5min，测出每分钟的平均贯入度，以不大于设计规定的数值为合格，而摩擦桩则以沉到设计要求的深度为合格。

2. 打（沉）入桩验收要求

（1）打（沉）入桩的桩位偏差按施工验收规范要求进行控制，桩顶标高的容许偏差为 −50～100mm；斜桩倾斜度的偏差不得大于倾斜角正切值的 15%（倾斜角系桩的纵向中心线与铅垂线间夹角）。

（2）施工结束后应对承载力进行检查。桩的静载荷试验根数应不少于总桩数的 1%，且不少于 3 根，当总桩数少于 50 根时，应不少于 2 根；当施工区域地质条件单一，又有足够的实际经验时，可根据实际情况由设计人员酌情而定。

（3）桩身质量应进行检验，对多节打入桩不应少于桩总数的 15%，且每个柱子承台不得少于 1 根。

（4）由工厂生产的预制桩应逐根检查，工厂生产的钢筋笼应抽查总量的 10%，但不少于 10 根。

（5）现场预制成品桩时，应对原材料、钢筋骨架、混凝土强度进行检查；采用工厂生产的成品桩时，进场后应作外观及尺寸检查，并应附相应的合格证、复验报告。

（6）施工中应对桩体垂直度、沉桩情况、桩顶完整状况、桩顶质量等进行检查，对电焊接桩、重要工程应作 10%的焊缝探伤检查。

（7）施工结束后，应对承载力及桩体质量做检验。

（8）钢筋混凝土预制桩的质量检验标准按现行施工验收规范执行。

3. 灌注桩质量要求及验收

（1）灌注桩在沉桩后的桩位偏差按施工验收规范要求进行控制，桩顶标高至少要比设计标高高出 0.5m。

（2）灌注桩的沉渣厚度。当以摩擦桩为主时，不得大于 150mm；当以端承力为主时，不得大于 50mm，套管成孔的灌注桩不得有沉渣。

（3）灌注桩每灌注 $50m^3$ 应有一组试块，小于 $50m^3$ 的桩应每根桩有一组试块。

（4）桩的静载荷载试验根数应不少于总桩数的 1%，且不少于 3 根，当总桩数少于 50 根时，应不少于 2 根。

（5）桩身质量应进行检验，检验数不应少于总数的20%，且每个桩子承台下不得少于1根。

（6）对砂子、石子、钢材、水泥等原材料的质量，检验项目、批量和检验方法，应符合国家现行有关标准的规定。

（7）施工中应对成孔、清渣、放置钢筋笼，灌注混凝土等全过程检查；人工挖孔桩尚应复验孔底持力层土（岩）性。嵌岩桩必须有桩端持力层的岩性报造。

（8）施工结束后，应检查混凝土强度，并应进行桩体质量及承载力检验。

（9）混凝土灌注桩的质量检验标准详见施工验收规范要求。

课题2.5　地下连续墙施工

地下连续墙是利用特制的成槽机械在泥浆（又称稳定液，如膨润土泥浆）护壁的情况下进行开挖，形成一定槽段长度的沟槽；再将在地面上制作好的钢筋笼放入槽段内。采用导管法进行水下混凝土浇筑，完成一个单元的墙段，各墙段之间的特定的接头方式（如用接头管或接头箱做成的接头）相互联结，形成一道连续的地下钢筋混凝土墙。地下连续墙按成槽方式可分为壁板式和组合式；按施工方法可分为现浇式、预制板式及二者组合成墙等。

地下连续墙具有防渗、止水、承重、挡土、抗滑等功能，适用于深基坑开挖和地下建筑的临时性和永久性的挡土围护结构；用于地下水位以下的截水和防渗；可作为承受上部建筑的永久性荷载，兼有挡土墙和承重基础的作用；由于对邻近地基和建筑物的影响小，适合在城市建筑密集、人流多和管线多的地方施工。

2.5.1　施工机械

1. 挖槽机械

挖槽是地下连续墙施工中的关键工序，常用的机械设备有以下几种：

（1）多钻头成槽机。主要由多头钻机（用于挖槽）、机架（用于吊多头钻机）、卷扬机（用于提升钻机头和吊胶皮管、拆装钻机）、电动机（钻机架行走动力）和液压千斤顶（用于机架就位、转向顶升）组成。

（2）液压抓斗成槽机。主要由挖掘装置（用于挖槽）、导架（用于导杆抓斗支撑、导向）和起重机（用于吊导架和挖掘装置）组成。

（3）钻挖成槽机。主要由潜水电钻（用于钻导孔）、导板抓斗（用于挖槽及清除障碍物）和钻抓机架（用于吊钻机导板抓斗）组成。

（4）冲击成槽机。主要由冲击式钻机（用于冲击成槽）和卷扬机（用于升降冲击锤）组成。

2. 泥浆制备及处理设备

主要的设备有旋流器机架、泥浆搅拌机（用于制备泥浆）、软轴搅拌机（用于搅拌泥浆）、振动筛（用于泥渣处理分类）、灰渣泵（与旋流器配套和吸泥）、砂泵（用于供浆）、泥浆泵（用于输送泥浆）、真空泵（用于吸泥引水）、孔压机（用于多头钻吸泥）。

3. 混凝土浇筑设备

主要的设备有混凝土浇筑架、卷扬机（用于提升混凝土漏斗及导管用）、混凝土料斗（用于装运混凝土）、混凝土导管（带受料斗，用于浇筑水下混凝土）。

2.5.2　施工方法

地下连续墙的施工是多个单元槽段的重复作业，每个槽段的施工过程大致可分为五步：首先在始终充满泥浆的沟槽中，利用专用挖槽机械进行挖槽；随后在沟槽两端放入接头管；将已制备的钢筋笼下沉到设计高度；然后插入水下灌注混凝土导管，进行混凝土灌注；待混凝土初凝后，拔去接头管，如图 2.46 所示。

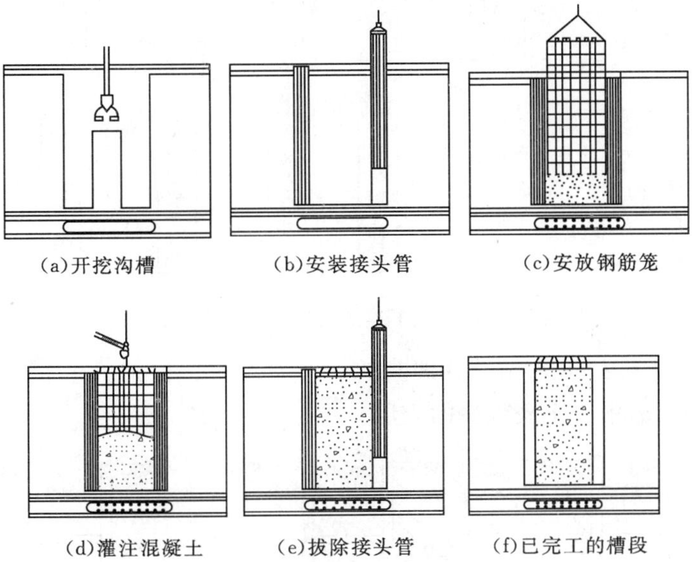

图 2.46　地下连续墙施工程序

地下连续墙的施工工艺流程如图 2.47 所示。

其中修筑导墙、配制泥浆、开挖槽段、钢筋笼制作与吊装以及混凝土浇筑是地下连续墙施工中主要的工序。

1. 修筑导墙

(1) 导墙的作用。

1) 测量基准作用。由于导墙与地下墙的中心是一致的，所以导墙可作为挖槽机的导向，导墙顶面又用于机架式挖土机械导向钢轨的架设定位。

2) 挡土作用。地表土层受地面超载影响容易坍陷，导墙可起到挡土作用，保证连续墙孔口的稳定性。为防止导墙在侧向土压力作用下产生位移，一般应在导墙内侧每隔 1～2m 加设上下两道木支撑。

3) 承重物的支撑作用。导墙可作为重物支撑台，承受钢筋笼、导管、接头管及其他施工机械的静、动荷载。

4) 储存泥浆以及防止泥浆漏失，阻止雨水等地面水流入槽内的作用。为保证槽壁的稳定，一般要求泥浆液面要高于地下水位 1.0m。

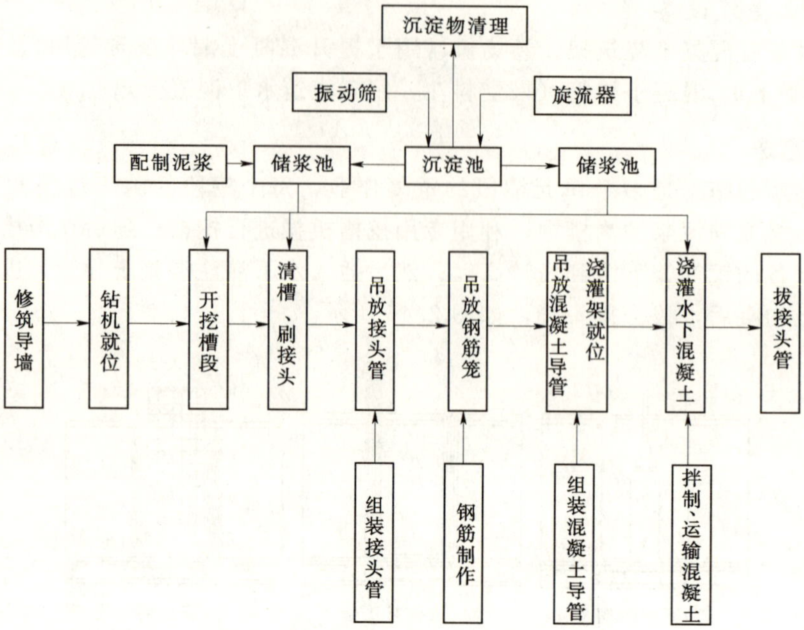

图 2.47　地下连续墙施工工艺流程

(2) 导墙形式如图 2.48 所示。导墙断面一般为 L 形、匚形或 Γ 形，L 形和匚形用于土质较差的土层；Γ 形用于土质较好的土层。

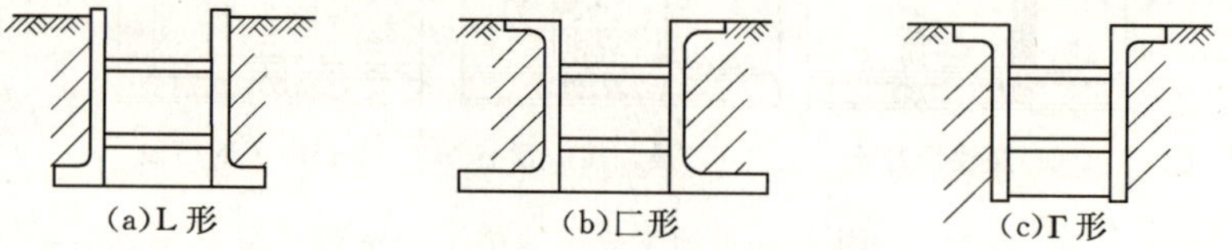

图 2.48　导墙形式

(3) 导墙施工。导墙一般用钢筋混凝土浇筑而成，采用 C20 混凝土，配筋较少，多为Φ 12@200，水平钢筋按规定搭接；导墙厚度一般为 150～250mm，深度为 1.5～2.0m，底部应坐落在原土层上，其顶面高出施工地面 50～100mm，并应高出地下水位 1.5m 以上。两侧墙净距中心线与地下连续墙中心线重合。每个槽段内的导墙应设 1 个以上的溢浆孔。

现浇钢筋混凝土导墙拆模后，应立即在两片导墙间加支撑，其水平间距为 2.0～2.5m，在养护期间，严禁重型机械在附近行走、停置或作业。

导墙的施工容许偏差：①两片导墙的中心线应与地下墙纵向轴线相重合，容许偏差应为±10mm；②导墙内壁面垂直度容许偏差为 0.5%；③两导墙间间距应比地下墙设计厚度加宽 30～50mm；其容许偏差为±10mm；④导墙顶面应平整。

2. 配制泥浆

(1) 泥浆的作用。

1) 护壁作用。泥浆具有一定的密度，槽内泥浆液面高出地下水位一定高度，泥浆在槽内就对槽壁产生一定的侧压力，相当于一种液体支撑，可以防止槽壁倒坍和剥落，并防止地下水渗入。

2）携渣作用。泥浆具有一定的黏度，它能将挖槽时挖下来的土渣悬浮起来，使土渣随泥浆一同排出槽外。

3）冷却和润滑作用。泥浆可降低钻具连续冲击或回转而引起的升温，同时起到切土润滑的作用，从而减少机具磨损，提高挖槽效率。

（2）泥浆的制作。

1）泥浆材料。配制泥浆的主要材料有黏土（一般采用酸性陶土粉）、纯碱（Na_2CO_3）、羧甲基纤维素（CMC）、水（一般采用pH接近中性的自来水）。此外可根据需要掺入少量硝基腐植酸碱剂（简称硝腐碱）或铁铬木质素硫酸盐（FCLS，简称铁铬盐）。

2）泥浆需要量。泥浆的需要量取决于一次同时开挖槽段的大小、泥浆的各种损失、制备和回收处理泥浆的机械能力，一般可参考类似工程的经验决定。

3）泥浆配比。纯碱液配制浓度为1∶5或1∶10。

CMC液对高黏度泥浆的配制浓度为1.5%，搅拌时先将水加至1/3，再把CMC粉缓慢撒入，然后用软轴搅拌器将大块CMC搅拌成小颗粒，继续加水搅拌。CMC配制后静置6h使用。

硝腐碱液配合比为硝基腐植酸∶烧碱∶水＝15∶1∶300，配制时先将烧碱或烧碱液和1/2左右水在贮液筒里搅拌，待烧碱全部溶解后，放进硝基腐植酸，继续搅拌15min。

泥浆搅拌前先将水加至搅拌筒1/3后开动搅拌机，在定量水箱不断加水同时，加入陶土粉、纯碱液，搅拌3min后，加入CMC液及硝腐碱液继续搅拌。

一般情况下，新拌制的泥浆应存放24h或加分散剂，使之充分水化后方可使用。对一般软土地基，新拌泥浆及使用过的循环泥浆性能可按表2.7中指标进行控制。

表2.7　　软土地基泥浆质量控制指标

测定项目	新拌泥浆	使用过的循环泥浆	试验方法
黏度	19～21s	19～25s	用500mL/700mL野外黏度计
相对密度	<1.05	<1.20	用泥浆比重计
失水量	<10mL/30min	<20mL/30min	用失水量仪
泥皮	<1mm	<2.5mm	用失水量仪
稳定性	100%	—	用比重计
pH值	7～9	<11	pH值试纸

（3）泥浆的处理。

当泥浆受水泥污染时，黏度会急剧升高，可用Na_2CO_3和FCL（铁铬盐）进行稀释。当泥浆过分凝胶化或泥浆pH大于10.5时，则应废弃。废弃的泥浆不能任意倾倒或排入河流、下水道，必须用密封箱、真空车将其运至专用填埋场进行填埋或进行泥水分离处理。

3. 开挖槽段

成槽时间约占工期的一半，挖槽精度决定了墙体制作精度，所以槽段开挖是决定施工进度和质量的关键工序。

挖槽前，预先将地下墙体划分成许多段，每一段称为地下连续墙的一个槽段（又称为一个单元），一个槽段是一次混凝土灌注单位。

槽段的长度，理论上应取得长一些，这样可减少墙段的接头数量，不但可提高地下连续墙的防水性和整体性，而且也减少了循环作业的次数，提高施工效率；但实际上槽段的长度应根据设计要求、土层性质、地下水情况、钢筋笼的轻重大小、设备起吊能力、混凝土供应能力等条件确定，一般槽段长度为 3～7m。

划分单元槽段时应注意合理设置槽段间的接头位置，一般情况下应避免将接头设在转角处、地下连续墙与内部结构的连接处，以保证地下连续墙有较好的整体性。

作为深基坑的支护结构或地下构筑物外墙的地下连续墙，其平面形状一般多为纵向连续一字形。但为了增加地下连续墙的抗挠曲刚度，也可采用工字形、L 形、T 形、Z 形及 U 形。墙厚根据结构受力计算确定，现浇式一般为 600～1000mm，最大为 1200mm；预制式受施工条件限制，厚度一般不大于 500mm。

挖槽过程中应保持槽内始终充满泥浆，根据挖槽方式的不同确定不同的泥浆使用方式。使用抓斗挖槽时，应采用泥浆静止方式，随着挖槽深度的增大，不断向槽内补充新鲜泥浆，使槽壁保持稳定。使用钻头或切削刀具挖槽时，应采用泥浆循环方式，用泵把泥浆通过管道压送到槽底，土渣随泥浆上浮至槽顶面排出称为正循环；泥浆自然流入槽内，土渣被泵管抽吸到地面上称为反循环，反循环的排渣效率高，宜用于容积大的槽段开挖。

非承重墙的终槽深度必须保证设计深度，同一槽段内，槽底深度必须一致且保持平整。承重墙的槽段深度应根据设计入岩深度要求，参照地质剖面图及槽底岩屑样品等综合确定，同一槽段开挖深度宜一致。

槽段开挖完毕，应检查槽位、槽深、槽宽及槽壁垂直度，合格后应尽快清底换浆、安装钢筋笼。

4. 钢筋笼的制作和吊放

（1）钢筋笼的制作。

钢筋笼的制作按设计配筋图和单元槽段的划分来制作，一般每一单元槽段做成一个整体。受力钢筋一般采用 HRB400 钢筋，直径不宜小于 16mm，构造筋可采用 HPB300 钢筋，直径不宜小于 12mm。

钢筋笼宽度应比槽段宽度小 300～400mm，钢筋笼端部与接头管或混凝土接头面间应留有 150～200mm 的空隙。主筋净保护层厚度为 70～80mm，为了确保保护层厚度，可用钢筋或钢板定位垫块或预制混凝土垫块焊于钢筋笼上，保护层垫块厚 50mm。

制作钢筋笼时要预留用于插放浇筑混凝土的导管的位置，在导管周围增设箍筋和连接筋进行加固；纵向主筋放在内侧，且其底端距槽底面 100～200mm，横向钢筋放在外侧。

为防止钢筋笼在起吊时产生过大变形，要根据钢筋笼重量、尺寸以及起吊方式和吊点布置，在钢筋笼内布置一定数量（一般 2～4 榀）的纵向桁架及横向架立桁架，对宽度较大的钢筋笼在主筋面上增设 $\phi25$ 水平筋和斜拉条。

钢筋绑扎一般用铁丝先临时固定，然后用点焊焊牢，再拆除铁丝。为保证钢筋笼整体刚度，点焊数不得少于交叉点总数的50%。

(2) 钢筋笼的吊放。

起吊时，用钢丝绳吊住钢筋笼的四个角，为避免在空中晃动，钢筋笼下端可系绳索用人力控制。起吊时不能使钢筋笼下端在地面上拖引，以防造成下端钢筋弯曲变形。

插入钢筋笼时，一定要使钢筋笼和吊点中心都对准槽段中心，徐徐下降，垂直而又准确的插入槽内。此时须注意不要因起重臂摆动或其他影响而使钢筋笼产生横向摆动，造成槽壁坍塌。

钢筋笼插入槽内后，检查其顶端高度是否符合设计要求，然后将其搁置在导墙上。

5. 槽段接头

地下连续墙需承受侧向水压力和土压力，而它又是由若干个槽段连成的，那么各槽段之间的接头就成为连续墙的薄弱部位；此外，地下连续墙与内部主体结构之间的连接接头，要承受弯、剪、扭等各种内力，因此接头连接问题就成为了地下连续墙施工中的重点。

地下连续墙的接头形式大致可分为施工接头和结构接头两类。施工接头是浇筑地下连续墙时纵向连接两相邻单元墙段的接头。结构接头是已竣工的地下连续墙在水平方向与其他构件（地下连续墙内部结构的梁、柱、墙、板等）相连接的接头。

(1) 施工接头。

施工接头应满足受力和防渗的要求，并要求施工简便、质量可靠。

1) 直接连接构成接头。单元槽段挖成后，随即吊放钢筋笼，浇灌混凝土。混凝土与未开挖土体直接接触。在开挖下一单元槽段时，用冲击锤等将与土体相接触的混凝土改造成凹凸不平的连接面，再浇灌混凝土形成所谓“直接接头”，如图2.49所示。而粘附在连接面上的沉渣与土是用抓斗的斗齿或射水等方法清除的，但难以清除干净，受力与防渗性能均较差。因此，目前此种接头用得很少。

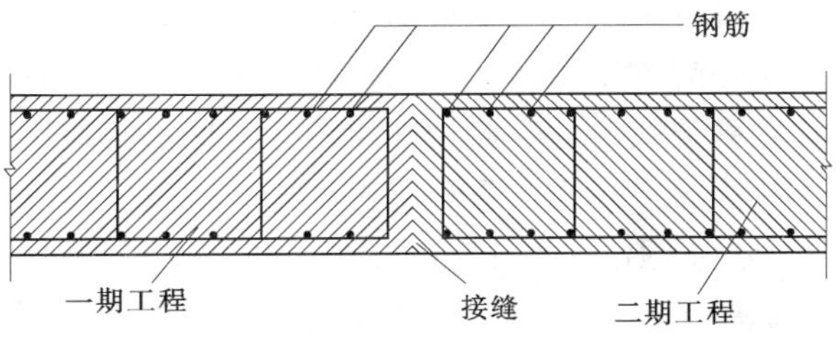

图2.49　直接接头

2) 接头管接头。接头管接头使用接头管（也称锁口管）形成槽段间的接头。其施工时的情况如图2.50所示。

为了使施工时每一个槽段纵向两端受到的水压力、土压力大致相等。一般可沿地下连续墙纵向将槽段分为一期和二期两类槽段。先挖一期槽段，待槽段内土方开挖完成后，在该槽段的两端用起重设备放入接头管，然后吊放钢筋笼和浇筑混凝土。这时两端的接头管相当于模板的作用，将刚浇筑的混凝土与还未挖的二期槽段的土体隔开。待新浇混凝土开始初凝时，用机械将接头管拔起。这时，已施工完成的一期槽段的两端和还未开挖土方的二期槽段之间分别留有一个圆形孔。继续二期槽段施工时，与其两端相邻的一期槽段混凝土已经结硬。只需开挖二期槽段内的土方。当二期槽段完成土方开挖后，应对一期槽段已浇筑的混凝土半圆形端头表面进行处理。将附着的水泥浆与稳定液混合而成的胶凝物除去，否则接头处止水性就很差。胶凝物的铲除须采用专门设备，如电动刷，刮刀等工具。

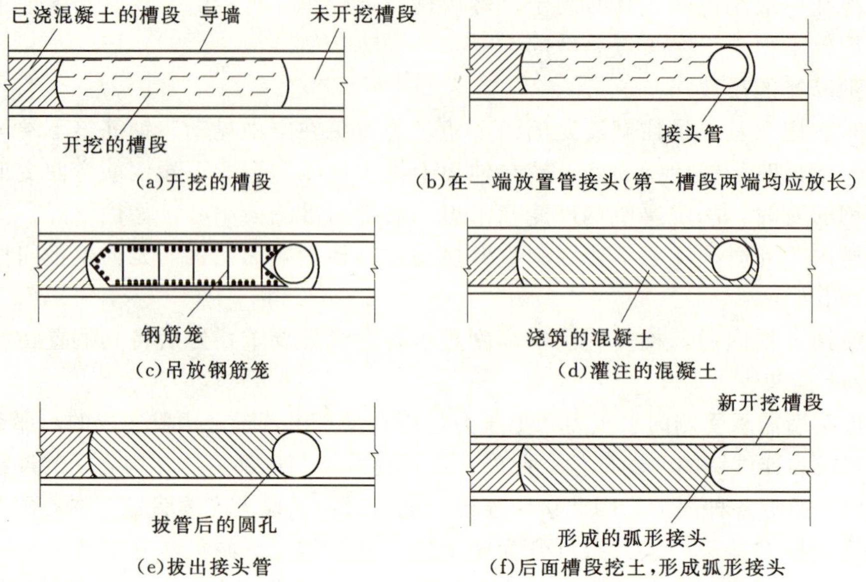

图 2.50　接头管接头的施工过程

在接头处理后，即可进行二期槽段钢筋笼吊放和混凝土的浇筑。这样，二期槽段外凸的半圆形端头和一期槽段内凹的半圆形端头相互嵌套，形成整体。

除了上述将槽段分为一期和二期跳格施工外，也可按序逐段进行各槽段的施工。这样每个槽段的一端与已完成的槽段相邻，只需在另一端设置接头管，但地下连续墙槽段两端会受到不对称水压力、土压力的作用，所以两种处理方法各有利弊。

这种连接法是目前最常用的，其优点是用钢量少、造价较低，能满足一般抗渗要求。

接头管多用钢管，每节长度 15m 左右，采用内销连接，即便于运输，又可使外壁平整光滑，易于拔管。值得注意的问题是如何掌握起拔接头管的时间。如果起拔时间过早，新浇混凝土还处于流态，混凝土从接头管下端流入到相邻槽段，为下一槽段的施工造成困难。如果提拔时间太晚，新浇混凝土与接头管胶粘在一起，造成提拔接头管的困难，强行起拔有可能造成新浇混凝土的损伤。

接头管用起重机吊放入槽孔内。为了今后便于起拔，管身外壁必须光滑，还应在管身上涂抹黄油。开始灌注混凝土 1h 后，旋转半圆周，或提起 10cm。一般在混凝土达到 0.05～0.20MPa（浇筑后 3～5h）开始起拔，并应在混凝土浇筑后 8h 内将接头管全部拔出。起拔时一般用 3000kN 起重机，但也可另备 10000kN 或 20000kN 千斤顶提升架作应急之用。

3）接头箱接头。接头箱接头可以使地下连续墙形成整体接头，接头的刚度较好。

接头箱接头的施工方法与接头管接头相似，只是以接头箱代替接头管。一个单元槽段挖土结束后，吊放接头箱，再吊放钢筋笼。由于接头箱在浇筑混凝土的一面是开口的，所以钢筋笼端部的水平钢筋可插入接头箱内。浇筑混凝土时，由于接头箱的开口面被焊在钢筋笼端部的钢板封住，因而浇筑的混凝土不能进入接头箱。混凝土初凝后，与接头管一样逐步吊出接头箱，待后一个单元槽段再浇筑混凝土时，由于两相邻单元槽段的水平钢筋交错搭接，而形成刚性接头，其施工过程如图 2.51 所示。

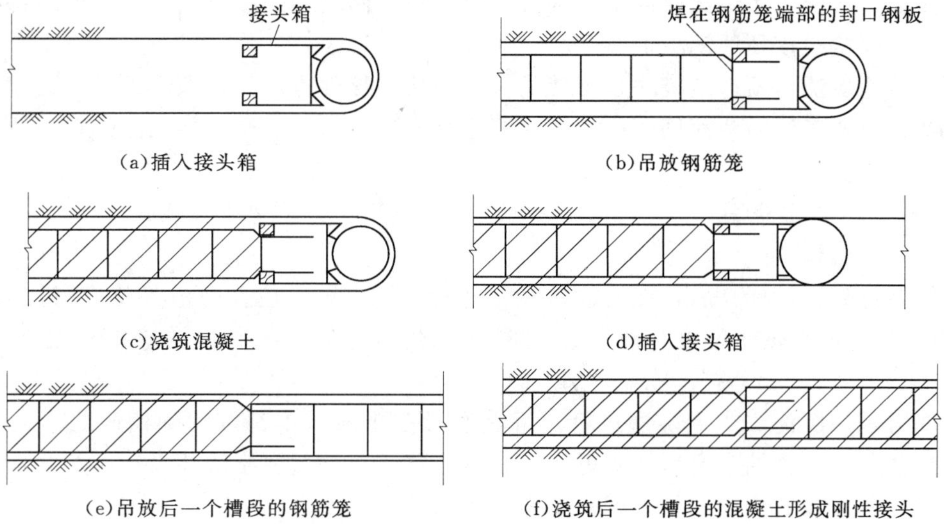

图 2.51　接头箱接头的施工过程

4）隔板式接头。隔板式接头按隔板的形状分为平隔板、榫形隔板和 V 形隔板。由于隔板与槽壁之间难免有缝隙，为防止新浇筑的混凝土渗入，要在钢筋笼的两边铺贴维尼龙等化纤布。吊入钢筋笼时要注意不要损坏化纤布。这种接头适用于不易拔出接头管（箱）的深槽。

带有接头钢筋的榫形隔板式接头，能使各单元墙段连成一个整体，是一种较好的接头方式。但插入钢筋笼较困难，且接头处混凝土不易密实，施工时须特别加以注意。

5）预制构件的接头。用预制构件作为接头的连接件，按材料可分为钢筋混凝土和钢材。在完成槽段挖土后将其吊放槽段的一端，浇筑混凝土后这些预制构件不再拔出，利用预制构件的一面作为下一槽段的连接点。这种接头施工造价高，宜在成槽深度较大、起拔接头管有困难的场合应用。

（2）结构接头。

地下连续墙与内部结构的楼板、柱、梁连结的结构接头常用的有以下几种。

1）直接连接接头。在浇筑地下连续墙体以前，在连结部位预先埋覆盖结钢筋。即将该连结筋一端直接与槽段主筋连结（焊接式搭接），另一端弯折后与地下连续墙墙面平行且紧贴墙面。待开挖地下连续墙内侧土体露出此墙面时，凿去该处的墙面混凝土面层，露出预埋钢筋，然后将预埋钢筋弯成所需的形状，与后浇主体结构受力筋连接。预埋连接钢筋一般选用 HPB235 钢筋、且直径不宜大于 22mm。为方便弯折此预埋钢筋，可采用加热方法。如果能避免急剧加热并认真施工，钢筋强度几乎可以不受影响。但考虑到连接处往往是结构薄弱环节，故钢筋数量可比计算增加 20%的余量。

采用预埋钢筋的直接接头，施工容易，受力可靠，是目前用得最广泛的结构接头。

2）间接接头。间接接头是通过钢板或钢构件作媒介，连接地下连续墙和地下工程内部构件的接头。一般有预埋连接钢板和预埋剪力块两种方法。

预埋连接钢板法是将钢板事先固定于地下连续墙钢筋笼的相应部位。待浇筑混凝土以及内墙面土方开挖后，将面层混凝土凿去露出钢板，然后用焊接方法将后浇的内部构件中的受力钢筋焊接在该预埋钢板上。

预埋剪力块法与预埋钢板法是类似的。剪力块连接件也事先预埋在地下连续墙内，剪力钢筋弯折放置于紧贴墙面处。待凿去混凝土外露后，再与后浇构件相连。剪力块连接件一般主要承受剪力。

6. 水下混凝土浇筑

(1) 清底工作。

槽段开挖到设计标高后，在插放接头管和钢筋笼之前，应及时清除槽底淤泥和沉渣，否则钢筋笼插不到设计位置，地下连续墙的承载力降低，我们将清除沉渣的工作称为清底。

清底可采用沉淀法或置换法进行。沉淀法是在土渣基本都沉淀到槽底之后再进行清底；置换法是在挖槽结束之后，对槽底进行认真清理，然后在土渣还没有沉淀之前就用新泥浆把槽内的泥浆置换出来。工程上一般常用置换法。

清除沉渣的方法常用的有砂石吸力泵排泥法、压缩空气升液排泥法、带搅动翼的潜水泥浆泵排泥法、抓斗直接排泥法。

(2) 混凝土浇筑。

地下连续墙的混凝土是在护壁泥浆下浇筑，需按水下混凝土的方法配制和浇筑。混凝土强度等级一般不应低于C20；用导管法浇筑的水下混凝土应具有良好的和易性和流动性，坍落度宜为180～220mm，扩散度宜为340～380mm。

混凝土的配合比应通过试验确定，并应满足设计要求和抗压强度等级、抗渗性能及弹性模量等指标。水泥一般选用普通硅酸盐水泥或矿渣硅酸盐水泥，混凝土配比中水泥用量一般大于370kg/m^3，并可根据需要掺入外加剂；粗骨料最大粒径不应大于25mm，宜选用中砂或粗砂，且拌和物中的含砂率不小于45%；水灰比不应大于0.6。

地下连续墙混凝土是用导管在泥浆中浇筑的。由于导管内混凝土密度大于导管外的泥浆密度，利用两者的压力差使混凝土从导管内流出，在管口附近一定范围内上升替换掉原来泥浆的空间。

导管的数量与槽段长度有关，槽段长度小于4m时，可使用1根导管；大于4m时，应使用2根或2根以上导管。导管内径约为粗骨料粒径的8倍左右，不得小于粗骨料粒径4倍。导管间距根据导管直径决定，使用150mm导管时，间距为2m；使用200mm导管时，间距为3m，一般可取（8～10）d（d为导管的直径）。导管距槽段两端不宜大于1.5m。

在浇筑过程中，混凝土的上升速度不得小于2m/h；且随着混凝土的上升，要适时提升和拆卸导管，导管下口插入混凝土深度应控制在2～4m，不宜过深或过浅。插入深度大，混凝土挤推的影响范围大，深部的混凝土密实、强度高，但容易使下部沉积过多的粗骨料，而面层聚积较多的砂浆。导管插入太浅，则混凝土是摊铺式推移，泥浆容易混入混凝土，影响混凝土的强度。因此导管插入混凝土深度不宜大于6m，并不得小于1m，严禁把导管底端提出混凝土面。浇筑过程中，应有专人每30min测量一次导管埋深及管外混凝土面高度，每 2h 测量一次导管内混凝土面高度。导管不能作横向运动，否则会使沉渣或泥浆混入混凝土内。混凝土要连续灌注，不能长时间中断，一般可允许中断 5～10min，最长只允许中断 20～30min。为保持混凝土的均匀性，混凝土搅拌好之后，应在 1.5h 内灌注完毕。

在一个槽段内同时使用两根导管浇筑时，其间距不应大于 3m，导管距槽段端头不宜大于 1.5m，混凝土面应均匀上升，各导管处的混凝土表面的高差不宜大于 0.3m，在浇筑完成后的地下连续墙墙顶存在一层浮浆层，因此混凝土顶面应比设计标高超浇 0.5m，凿去该层浮浆层后，地下连续墙墙顶才能与主体结构或支撑相连成整体。

课题 2.6 箱形基础施工

箱形基础是由钢筋混凝土底板、顶板、侧墙及一定数量的内隔墙构成封闭的箱体。它的整体性和刚度都比较好，有调整不均匀沉降的能力，抗震能力较强，可以消除因地基变形而造成的建筑物开裂。也可以减少基底处原有地基的自重应力，降低总沉降量。箱形基础适用于软弱地基上面积较小，平面形状简单，荷载较大或上部结构分布不均的高层建筑物，如图 2.52 所示。

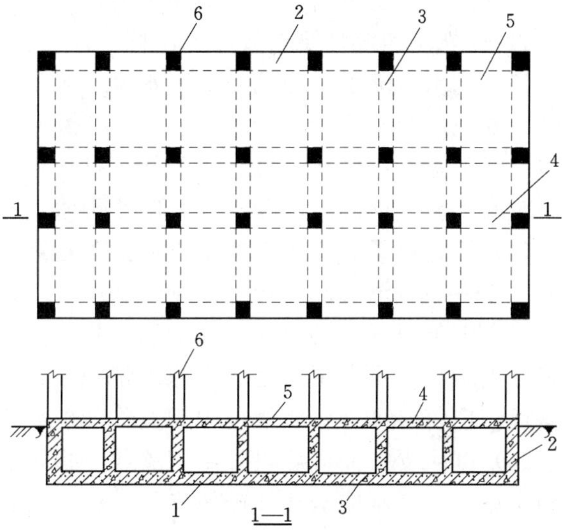

图 2.52 箱形基础
1—底板；2—外墙；3—内横隔墙；4—内纵隔墙；5—顶板；6—柱

基坑开挖如有地下水，应将地下水位降低至设计底板以下 500mm 处。

箱形基础的底板、内外墙和顶板的支模和灌注，可采取内外墙作顶板分次支模灌注方法施工，外墙接缝应设榫接或设止水带。施工缝的处理应符合有关规定。

基础施工完毕，应抓紧基坑四周的回填土工作。停止降水时，应验算箱形基础抗浮稳定性，地下水对基础的浮力，抗浮稳定系数不宜小于 1.1，以防出现基础上浮或倾斜的重大事故。

课题 2.7 安全施工措施

2.7.1 基坑支护

基坑支护常见安全事故有：边坡塌陷或滑塌、高处坠落、机械伤害、挖断电缆漏电伤人、地下管线泄漏、临近建筑物沉降。

基坑支护安全事故的预防措施有：

(1) 编制土方开挖和基坑支护的施工方案。对土方工程的风险进行识别、评价，并提出有针对性的对策。开挖深度超过5m（含5m）的深基坑（槽、沟）工程，地质条件、周围环境或地下管线较复杂的基坑（槽、沟）工程，可能影响毗邻建筑物、构筑物的结构、使用安全的基坑（槽、沟）开挖及降水工程，以上三种土方开挖工程的专项施工方案必须经过专家组的论证（评审），符合要求后方可实施。

(2) 土方开挖。

1) 所有施工机械应按规定进场，且经过有关部门组织验收确认合格，并有记录。

2) 机械挖土与人工挖土进行配合操作时，人员不得进入挖土机作业半径内；必须进入时，待挖土机作业停止后，人员方可进行坑底清理、边坡找平等作业。

3) 挖土作业位置的土质及支护条件，必须满足机械作业的荷载要求，机械应保持水平位置和足够的工作面。

4) 挖土机不能超标高挖土，以免造成土体结构破坏。坑底最后留一步土方由人工完成，并且人工挖土清槽应在打垫层之前进行，以减少亮槽时间（减少土侧压力）。

5) 按规范和设计要求放坡，不同土层要按土的特性放坡。

(3) 排水、降水。开挖时地下水位必须低于开挖面50cm以上，严禁开挖后长期露天暴晒，开挖后的基坑排水措施应跟上。要经常维护排水措施，防止地表水渗入或流入边坡土体。经常检查布置在基坑周边的给、排水管，发现有漏水、破损的要及时修补或更换，降雨时及时疏导地面雨水和积水，防止雨水下渗和冲刷基坑壁。

(4) 坑边荷载。开挖出的土方应及时运离基坑边，防止堆载过大造成边坡失稳，一般堆放的土方距坑槽上部边缘不少于1.2m，土堆高度不超过1.5m。

(5) 上下通道。必须设置基坑施工作业人员的上下专用通道，不准攀爬模板、脚手架以确保安全。人员专用通道应在施工组织设计中确定，其攀登设施可视条件采用梯子或专门搭设，应符合高处作业规范中攀登作业的要求。

(6) 基坑支护完成后，要组织验收，保证支护措施到位、可靠，另在开挖过程中应提醒施工单位注意不能碰撞和破坏支护结构，防止支护措施失效。

(7) 临边防护。深度超过2m的基坑施工应有邻边防护措施。基坑周边搭设的防护栏杆，从选材、搭设方式及牢固程度都应符合《建筑施工高处作业安全技术规范》（JGJ 80—1991）的规定。

(8) 在基坑开挖和基坑支护过程中，监理人员（安全员）要加强巡视，发现坑壁有滑塌隐患，及时组织现场施工人员撤离，并督促施工单位采取有效措施，排除隐患。

(9) 监督施工单位对基坑壁和临近建筑物、管线等进行变形沉降观测，如发现异常后，应要求施工单位停止挖方，待查明原因采取有效的安全措施后，方准继续施工。

2.7.2　桩基工程

桩基工程常见安全事故包括机械伤害、基坑塌陷、孔内坍塌、中毒、触电、高处坠落。

桩基工程安全事故的预防措施有：

(1) 编制桩基施工专项安全方案；检查验收进场大型机械设备合格证、性能检测报告，对符合要求的进行签认。

（2）作好桩基工地安全布置、加强桩基施工设备的安全与防护、定期检修施工设备、严格桩基施工安全操作。

（3）桩基施工现场安全布置

1）进入工地前必须对施工现场进行勘察，弄清场内高压线、地下管道、通讯电缆等构筑物；工地应具备“三通一平”的施工条件，施工现场应有排污坑、污水池等设施，做到文明生产。

2）施工现场应设置安全标志，危险部位应设安全警示牌；工地内供电线路应架空或挖沟埋设，电气线路的绝缘状况应符合安全要求；夜间生产要有足够的照明。

（4）加强桩基施工设备的安全与防护。

1）钻架与平台安装要平稳、端正、牢固，零部件要齐全；明齿轮、皮带传动以及裸露的旋转轴头均应配齐防护栏杆或防护罩。

2）基台木轨道铺设要稳固、长度合适；平台板铺设要防滑、牢固；塔梯、工作台、栏杆安装必须牢固可靠；钻架上部要有便于高处作业的工作台；水上钻探台要坚固牢靠，不受水流的影响。

3）钻架架顶与供电高压线的距离符合安全规定或满足安全要求；配电箱要安装漏电保护器等安全设施，箱柜外有防雨措施，电器设备外壳装有保护接地或接零；电气开关要完好无损，熔断器、保险丝等按规定使用，不准超过额定标准或以铜丝、铁丝代替。

4）工地内的危险部位应配齐相应的安全防护设施；并配齐足够的防火设施。

5）起重用钢丝绳及绳卡必须安全可靠。

（5）人工挖孔桩施工。

1）上下井使用的设备安全可靠并配有自动卡紧保险装置，使用前必须检验其安全起吊能力。

2）每日开工前检测井下的有毒有害气体，并应有足够的安全防护措施。开挖深度超过 10m 时，应有专门向井下送风的设备。

3）孔口四周必须设置护栏；下班（完工）必须将孔口盖严、盖牢。

4）人工挖孔必须采用混凝土护壁，其首层护壁应根据土质情况做成沿口护圈，护圈混凝土强度达到 5kPa 以后，方可进行下层土方的开挖。必须边挖边打混凝土护壁（挖一节、打一节），严禁一次挖完，然后补打护壁的冒险作业。

5）挖出的土石方应及时运离孔口，不得堆放在孔口四周 1m 内，机动车辆通行不得对井壁的安全造成影响。

6）施工现场的一切电源、电路的安装和拆除必须由持证电工操作；电器必须严格接地、接零和使用漏电保护器。各孔用电必须分闸，严禁一闸多用。孔上电缆必须架空 2.0m 以上，严禁拖地和埋压土中，孔内电缆、电线必须有防磨损、防潮、防断等保护措施。照明应采用安全矿灯或 12V 以下的安全灯。

（6）石灰桩施工时应采取防止冲孔伤人的有效措施，确保施工人员安全。

复习思考题

1. 什么是灰土地基？
2. 灰土地基的主要优点和适用范围是什么？
3. 灰土地基施工时，应适当控制含水量，工地的检验方法是什么？
4. 砂和砂石地基的概念和适用范围是什么？
5. 砂和砂石地基对材料的主要要求有哪些？
6. 砂和砂石地基的压实一般可采用什么方法？
7. 施工时，当地下水位较高或在饱和的松软地基上施工时应采取什么措施？
8. 粉煤灰地基铺设时对粉煤灰的含水量有何要求？
9. 粉煤灰地基施工工艺流程如何？
10. 简述毛石基础、料石基础和砖基础的构造。
11. 简述砖砌基础的工艺流程及施工要点。
12. 简述毛石基础的工艺流程及施工要点。
13. 桩基础包括哪几部分？桩如何进行分类？
14. 各种形式桩基施工环节、施工机械有什么不一样？
15. 钻孔灌注桩成孔施工时，泥浆起什么作用？正循环与反循环有何区别？
16. 如何确定钢筋混凝土预制桩的打桩顺序？
17. 预制桩和灌注桩各有什么优、缺点。
18. 泥浆护壁钻孔灌注桩和干作业成孔灌注桩有什么区别？

单元3 砌筑工程施工

课题3.1 脚 手 架

3.1.1 脚手架的作用和种类

脚手架又称脚手，是砌筑过程中堆放材料和进行操作不可缺少的临时设施，它直接影响到施工作业的顺利开展和安全，也关系到工程质量和劳动生产率。建筑施工脚手架应由架子工搭设，脚手架的宽度一般为1.5～2.0m，砌筑用脚手架的每步架高度一般为1.2～1.4m，装饰用脚手架的每步架高一般为1.6～1.8m。砌筑用脚手架必须满足使用要求，安全可靠，构造简单，便于装拆、搬运，经济省料并能多次周转使用。

脚手架可根据与施工对象的位置关系，支承特点、所用材料及结构形式划分为多种类型。

1. 按支承部位和支承方式划分

(1) 落地式。搭设（支座）在地面、楼面、屋面或其他平台结构之上的脚手架。

(2) 悬挑式。采用悬挑方式支设的脚手架，其挑支方式又有以下3种：①架设于专用悬挑梁上；②架设于专用悬挑三角桁架上；③架设于由撑拉杆件组合的支挑结构上。其支挑结构有斜撑式斜拉式拉撑式和顶固式等多种。

(3) 附墙悬挂脚手架。在上部或中部挂设于墙体挑挂件上的定型脚手架。

(4) 悬吊脚手架。悬吊于悬挑梁或工程结构之下的脚手架。

(5) 附着升降脚手架。附着升降脚手架简称“爬架”，附着于工程结构，依靠自身提升设备实现升降的悬空脚手架。

(6) 水平移动脚手架。带行走装置的脚手架或操作平台架。

2. 按所用材料划分

木脚手架、竹脚手架和金属脚手架。

3. 按结构形式划分

多立杆式、碗扣式、门型、方塔式、附着式升降脚手架及悬吊式脚手架等。

下面分别介绍几种常用脚手架。

3.1.2 扣件式钢管脚手架

扣件式钢管脚手架是属于多立杆式外脚手架中的一种。其特点是：杆配件数量少；装卸方便，利于施工操作；搭设灵活，能搭设高度大；坚固耐用，使用方便。

多立杆式脚手架由立杆、大横杆、小横杆、斜撑、脚手板等组成。其特点是每步架高可根据施工需要灵活布置，取材方便，钢、木、竹等均可应用。

3.1.2.1 构造要求

扣件式脚手架是由标准的钢管杆件和特制扣件组成的脚手架骨架、脚手板、防护构件、连墙件等组成的，是目前最常用的一种脚手架。

多立杆式脚手架分为双排式和单排式两种形式。双排式沿外墙侧设两排立杆，小横杆两端支承在内外二排立杆上，多、高层房屋均可采用，当房屋高度超过 50m 时，需专门设计。单排式沿墙外侧仅设一排立杆，其小横杆与大横杆连接，另一端承在墙上，仅适用于荷载较小，高度较低、墙体有一定强度的多层房屋，如图 3.1 所示。

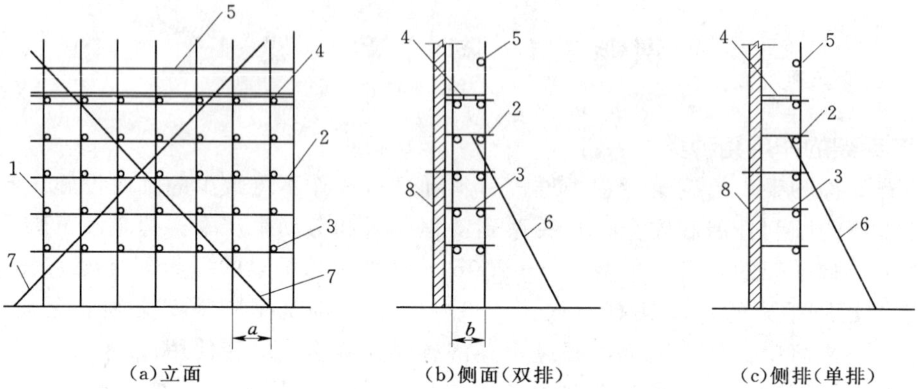

图 3.1　扣件式钢管脚手架

1—立杆；2—大横杆；3—小横杆；4—脚手板；5—栏杆；6—抛撑；7—斜杆（剪刀撑）；8—墙体

1. 钢管杆件

钢管杆件包括立杆、大横杆、小横杆、脚手板、栏杆、斜杆（剪刀撑）和抛撑等。

钢管杆件一般采用外径 48mm、壁厚 3.5mm 的焊接钢管或无缝钢管，也有外径 50～51mm，壁厚 3.0～4.0mm 的焊接钢管或其他钢管。用于立杆、大横杆、剪刀撑和斜杆的钢管最大长度为 4.0～6.5m，最大重量不宜超过 250N，以便适合人工操作。用于小横杆的钢管长度宜在 1.8～2.2m，以适应脚手宽的需要。

2. 扣件

扣件为杆件的连接件。有可锻铸铁铸造扣件和钢板压制扣件两种。扣件的基本形式有三种：①对接扣件（对接扣件用于两根钢管的对接连接）；②旋转扣件（用于两根钢管呈任意角度交叉的连接）；③直角扣件（用于两根钢管呈垂直交叉的连接），如图 3.2 所示。

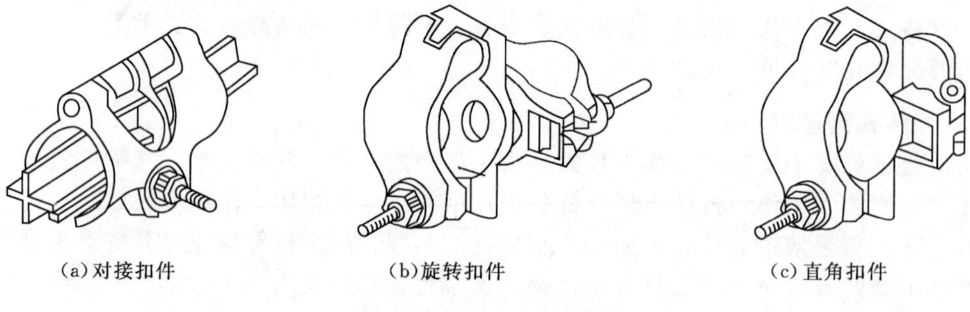

图 3.2　扣件形式

3. 脚手板

脚手板一般用厚 2mm 的钢板压制而成，长度为 2～4m，宽度为 250mm，表面应有防滑措施。也可采用厚度不小于 50mm 的杉木板或松木板，长度为 3～6m，宽度为 200～250mm；或者采用竹脚手板，有竹笆板和竹片板两种形式。脚手板的材质应符合规定，且脚手板不得有超过允许的变形和缺陷。

4. 连墙件

连墙件将立杆与主体结构连接在一起，可用钢管、型钢或粗钢筋等，其间距见表 3.1。

表 3.1 **连 墙 件 的 布 置** 单位：m

脚手架类型	脚手架高度	垂直间距	水平间距
双排	≤60	≤6	≤6
	>50	≤4	≤6
单排	≤24	≤6	≤6

每个连墙件抗风荷载的最大面积应小于 40m²。连墙件需从底部第一根纵向水平杆处开始设置，附墙件与结构的连接应牢固，通常采用预埋件连接。

连墙杆每 3 步 5 跨设置 1 根，其作用不仅防止架子外倾，同时增加立杆的纵向刚度，如图 3.3 所示。

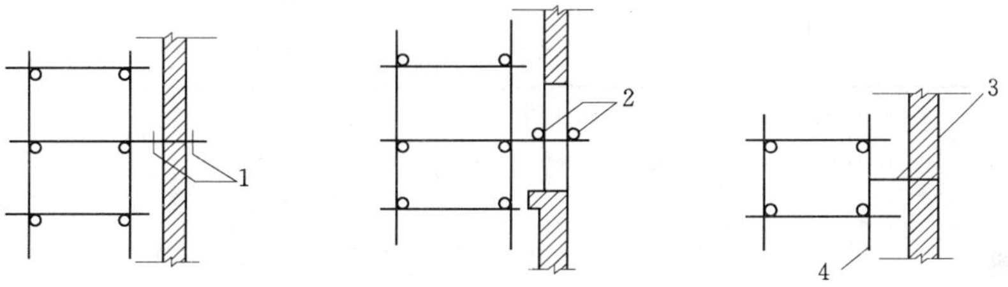

(a)双排

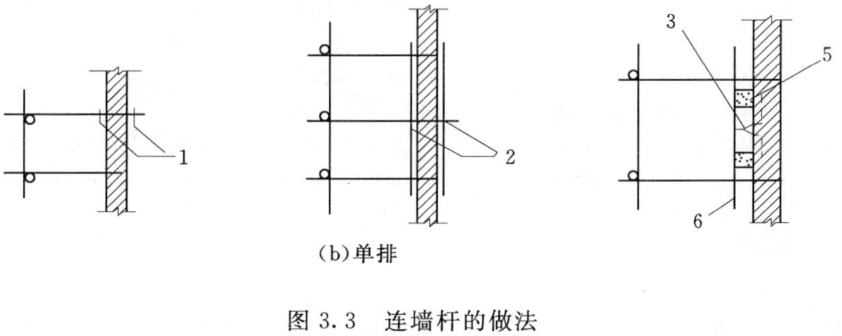

(b)单排

图 3.3 连墙杆的做法

1—扣件；2—短钢管；3—铅丝与墙内埋设的钢筋环拉住；
4—顶墙横杆；5—木楔；6—短钢管

5. 底座

扣件式钢管脚手架的底座用于承受脚手架立柱传递下来的荷载，底座一般采用厚

8mm，边长150～200mm的钢板作底板，上焊150mm高的钢管。底座形式有内插式和外套式两种（见图3.4），内插式的外径 D_1 比立杆内径小2mm，外套式的内径 D_2 比立杆外径大2mm。

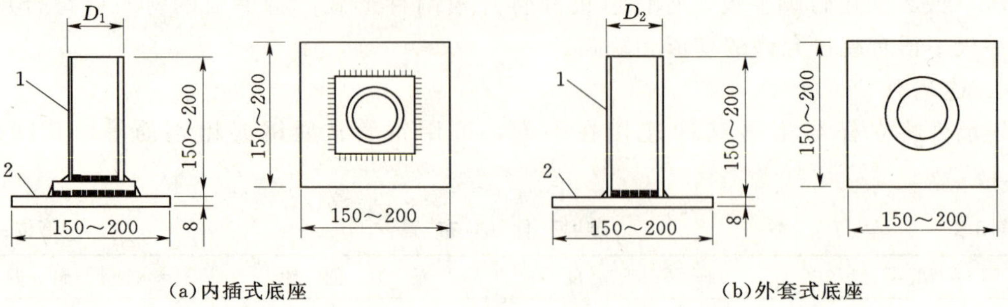

图3.4 扣件式钢管脚手架底座（单位：mm）

1—承插钢管；2—钢板底座

3.1.2.2 扣件式钢管脚手架的搭设要求

（1）扣件式钢管脚手架搭设范围内的地基要夯实找平，做好排水处理，防止积水浸泡地基。

（2）立杆中大横杆步距和小横杆间距可按表3.2选用，最下一层步距可放大到1.8m，便于底层施工人员的通行和运输。

表3.2 扣件式钢管脚手架构造尺寸和施工要求 单位：m

用途	构造形式	立杆离墙面的距离	立杆间距		操作层小横杆间距	大横杆步距	小横杆挑向墙面的间距
			横向	纵向			
砌筑	单排	0.5	1.2～1.5	2	0.67	1.2～1.4	0.45
	双排		1.5	2	1	1.2～1.4	
装饰	单排	0.5	1.2～1.5	2.2	1.1	1.6～1.8	0.45
	双排		1.5	2.2	1.1	1.6～1.8	

注 1. 立杆底座须在底下垫以木板或垫块。杆件搭设时应注意立杆垂直，竖立第一节立柱时，每6跨应暂设一根抛撑（垂直于大横杆，一端支承在地面上），直至固定件架设好后方可根据情况拆除。

2. 剪刀撑设置在脚手架两端的双跨内和中间每隔30m净距的双跨内，仅在架子外侧与地面呈45°布置。搭设时将一根斜杆扣在小横杆的伸出部分，同时随着墙体的砌筑，设置连墙杆与墙锚拉，扣件要拧紧。

3. 脚手架的拆除按由上而下逐层向下的顺序进行，严禁上下同时作业。严禁将整层或数层固定件拆除后再拆脚手架。严禁抛扔，卸下的材料应集中。严禁行人进入施工现场，要统一指挥，上下呼应，保证安全。

3.1.3 碗扣式钢管脚手架

1. 基本构造

碗扣式钢管脚手架由钢管立杆、横杆、碗扣接头等组成。其基本构造和搭设要求与扣件式钢管脚手架类似，不同之处主要在于碗扣接头。

碗扣接头是该脚手架系统的核心部件，它由上碗扣、下碗扣、横杆接头和上碗扣的限位销等组成，如图3.5所示。上碗扣、上碗扣和限位销按60cm间距设置在钢管立杆之上，其中下碗扣和限位销则直接焊在立杆上。组装时，将上碗扣的缺口对准限位销后，把横杆接头插入下碗扣内，压紧和旋转上碗扣，利用限位销固定上碗扣。碗扣接头可同时连接 4 根横杆，可以互相垂直或偏转一定角度。

2. 碗扣式脚手架的搭设要求

碗扣式钢管脚手架立柱横距为 1.2m，纵距根据脚手架荷载可为 1.2m、1.5m、1.8m、2.4m，步距为 1.8m，2.4m。搭设时立杆的接长缝应错开，第一层立杆应用长 1.8m 和 3.0m 的立杆错开布置，往上均用 3.0m 长杆，至顶层再用 1.8m 和 3.0m 两种长度找平。高 30m 以下脚手架垂直度应在 1/200 以内，高 30m 以上脚手架垂直度应控制在 1/400～1/600，总高垂直度偏差应不大于 100mm。

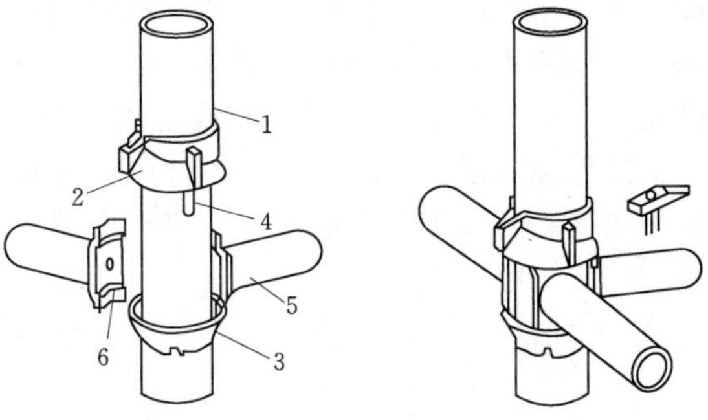

(a)连接前　　(b)连接后

图 3.5　碗扣接头

1—立杆；2—上碗扣；3—下碗扣；4—限位销；5—横杆；6—横杆接头

3.1.4　门式钢管脚手架

1. 构造要求

门型脚手架由门式框架、剪刀撑和水平梁架或脚手板构成基本单元，如图 3.6（a）所示。将基本单元连接起来即构成整片脚手架，如图 3.6（b）所示。

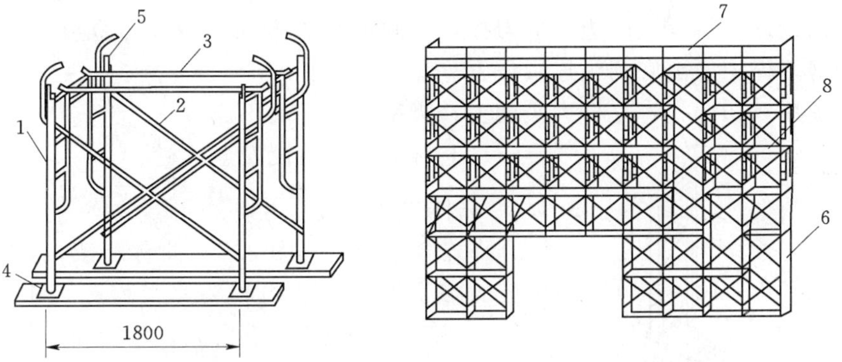

(a)基本单元　　(b)门式外脚手架

图 3.6　门式钢管脚手架（单位：mm）

1—门式框架；2—剪刀撑；3—水平梁架；4—螺旋基脚；5—连接器；6—梯子；7—栏杆；8—脚手板

2. 门型脚手架的搭设与拆除

门型脚手架一般按以下程序搭设：铺放垫木（板）→拉线、放底座→自一端起立门架并随即装剪刀撑→装水平梁架（或脚手板）→装梯子→需要时，装设通常的纵向水平杆→装设连墙杆→重复上述步骤，逐层向上安装→装加强整体刚度的长剪刀撑→装设顶部栏杆。

搭设门型脚手架时，基底必须先平整夯实，并铺设可调底座，以免产生塌陷和不均匀沉降。应严格控制第一步门式框架垂直度偏差不大于2mm，门架顶部的水平偏差不大于5mm。外墙脚手架必须通过扣墙管与墙体拉结，并用扣件把钢管和处于相交方向的门架连接起来。整片脚手架必须适量放置水平加固杆（纵向水平杆），前3层要每层设置，3层以上则每隔3层设一道。在架子外侧面设置长剪刀撑。使用连墙管或连墙器将脚手架与建筑物连接。高层脚手架应增加连墙点布设密度。拆除架子时应自上而下进行，部件拆除顺序与安装顺序相同。门式脚手架架设超过10层，应加设辅助支撑。一般地，高度方向每隔8～11层门式框架，宽度方向每隔5个门式框架加设一组辅助支撑，使部分荷载由墙体承受。

3.1.5 满堂脚手架

（1）单层厂房、礼堂、大餐厅的平顶施工，可搭满堂脚手架，其构造参数见表3.3。

表3.3 满堂脚手架构造参数

用途	立杆纵横间距	大横杆的步距	纵向拉杆设置	小横杆的间距	靠墙立杆间距	脚手板铺设	
						架高<4.0m	架高>4.0m
一般装修用	≤2.0m	≤1.7m	两侧每步一道 中间两步一道	≤1.0m	0.5～0.6m	板间空隙 ≤200mm	满铺
承重较大时用	≤1.5m	≤1.4m	两侧每步一道 中间两步一道	≤0.75m	根据需要而定	满铺	满铺

（2）立杆底部应夯实或垫板。

（3）四角设抱角斜撑，四边设剪刀撑，中间沿纵长方向每隔4排立杆设一道剪刀撑，所有斜撑和剪刀撑均须由底到顶连续设置。

（4）封顶用双扣绑扎，立杆大头朝上，脚手板铺好后不露杆头。

（5）上料井口四角设安全护栏。

3.1.6 升降式脚手架

升降式脚手架（见图3.7）简称爬架，是沿结构外表面满搭的脚手架，在结构和装修工程施工中应用较为方便，但费料耗工，一次性投资大，工期亦长。因此，近年来在高层建筑及筒仓、竖井、桥墩等施工中发展了多种形式的外挂脚手架，其中应用较为广泛的是升降式脚手架。

该形式的脚手架搭设高度为3～4个楼层，不占用塔吊，相对落地式外脚手架，省材料、省人工，适用于高层框架、剪力墙和筒体结构的快速施工。

升降脚手架的升降运动是通过手动或电动倒链交替对活动架和固定架进行升降来实现的。从升降架的构造来看，活动架和固定架之间能够进行上下相对运动。当脚手架工作时，活动架和固定架均用附墙螺栓与墙体锚固，两架之间无相对运动；当脚手架需要升降时，活动架与固定架中的一个架子仍然锚固在墙体上，使用倒链对另一个架

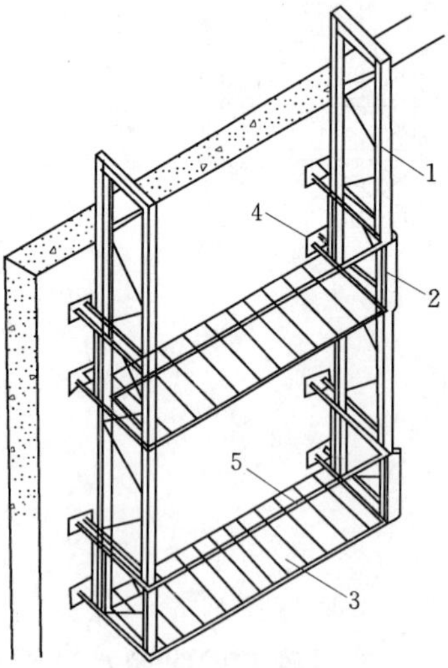

图3.7 升降式脚手架
1—内架；2—外套架；3—外手板；4—附墙装置；5—栏杆

子进行升降，两架之间便产生相对运动。通过活动架和固定架交替附墙，互相升降，脚手架即可沿着墙体上的预留孔逐层升降。爬升可分段进行，视设备、劳动力和施工进度而定，每个爬升过程提升 1.5～2.0m，每个爬升过程分两步进行。

升降式脚手架主要特点是：①脚手架不需满搭，只搭设满足施工操作及安全各项要求的高度；②地面不需做支承脚手架的坚实地基，也不占施工场地；③脚手架及其上承担的荷载传给与之相连的结构，对这部分结构的强度有一定要求；④随施工进程，脚手架可随之沿外墙升降，结构施工时由下往上逐层提升，装修施工时由上往下逐层下降。

3.1.7 悬挑脚手架

悬挑式脚手架（见图 3.8）简称挑架。搭设在建筑物外边缘向外伸出的悬挑结构上，将脚手架荷载全部或部分传递给建筑结构。

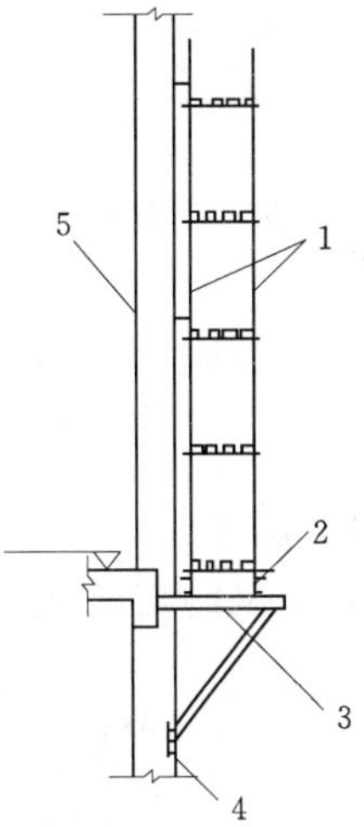

图 3.8 悬挑脚手架

1—钢管脚手架；2—型钢横梁；3—三角支承架；4—预埋件；5—钢筋混凝土柱（墙）

悬挑支承结构有两种主要形式：用型钢焊接制作的三角桁架下撑式结构以及用钢丝绳斜拉住水平型钢挑梁的斜拉式结构。

在悬挑结构上搭设的双排外脚手架与落地式脚手架相同，分段悬挑脚手架的高度一般控制在 25m 以内。该形式的脚手架适用于高层建筑的施工。由于脚手架是沿建筑物高度分段搭设，故在一定条件下，当上层还在施工时，其下层即可提前交付使用；而对于有裙房的高层建筑，则可使裙房与主楼不受外脚手架的影响，同时展开施工。

3.1.8 外挂脚手架

外挂式脚手架（见图 3.9）随主体结构逐层向上施工，用塔吊吊升，悬挂在结构上。在装饰施工阶段，该脚手架改为从屋顶吊挂，逐层下降。吊挂式脚手架的吊升单元（吊篮架子）宽度宜控制在 5～6m，每一吊升单元的自重宜在 1t 以内。该形式的脚手架适用于

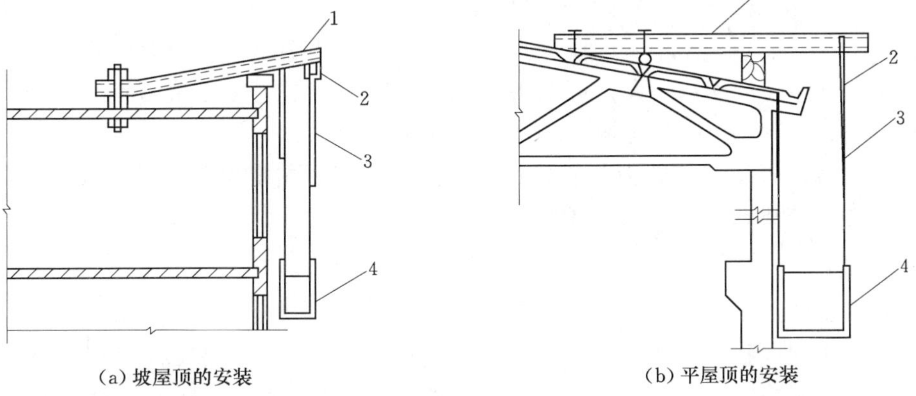

图 3.9 吊挂脚手架

1—挑梁；2—吊环；3—吊索；4—吊篮

高层框架和剪力墙结构施工。

课题3.2 垂直运输机械

垂直运输设施是指担负垂直输送材料和施工人员上下的机械设备和设施。在砌筑施工过程中，各种材料（砖、砂浆）、工具（脚手架、脚手板）及各层楼板安装时，垂直运输量较大，都需要用垂直运输机具来完成。目前，砌筑工程中常用的垂直运输设施有塔吊、井字架、龙门架、建筑施工电梯等。

3.2.1 塔吊

塔吊又称塔机或塔式起重机，具有提升、回转、水平移动等功能，不仅是重要的吊装设备，也是重要的垂直运输设备，尤其在吊运长、大、重的物料时有明显的优势，故在可能的条件下宜优先选用。塔式起重机具有竖直的塔身，起重臂安装在塔身顶部，它具有较大的工作空间，起重高度大。塔式起重机的类型较多，广泛运用于多层砖混及多高层现浇或装配钢筋混凝土工程的施工。

塔式起重机由金属结构部分、机械传动部分、电气控制与安全保护部分以及外部支承设施组成。金属结构部分包括行走台车架、支腿、底架平台、塔身、套架、回转支承、转台、驾驶室、塔帽、起重臂架、平衡臂架以及绳轮系统、支架等。机械传动部分包括起升机构、行走机构、变幅机构、回转机构、液压顶升机构、电梯卷扬机构以及电缆卷筒等。电气控制与安全保护部分包括电动机、控制器、动力线、照明灯、各安全保护装置以及中央集电环等。外部支承设施包括轨道基础及附着支撑等。

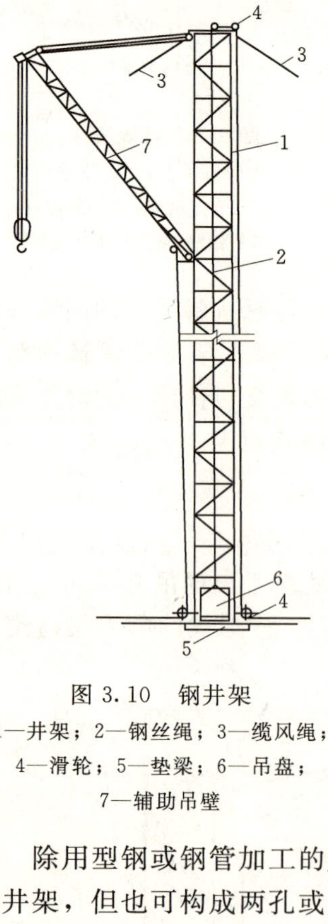

图3.10 钢井架

1—井架；2—钢丝绳；3—缆风绳；4—滑轮；5—垫梁；6—吊盘；7—辅助吊壁

3.2.2 井字架

在垂直运输过程中，井字架的特点是稳定性好，运输量大，可以搭设较大的高度，是施工中最常用、最简便的垂直运输设施，如图3.10所示。

除用型钢或钢管加工的定型井架外，还有用脚手架材料搭设而成的井架。井架多为单孔井架，但也可构成两孔或多孔井架。

3.2.3 龙门架

龙门架是由两根三角形或矩形截面的立柱及天轮梁（横梁）构成的门式架。立柱是由若干个格构柱用螺栓拼装而成，而格构柱是用角钢及钢管焊接而成或直接用厚壁钢管构成门架。龙门架设有滑轮、导轨、吊盘、安全装置以及起重索、缆风绳等，其构造如图3.11所示。

龙门架构造简单、制作容易、用材少、装拆方便，但刚度和稳定性较差，一般适用于中小型工程。

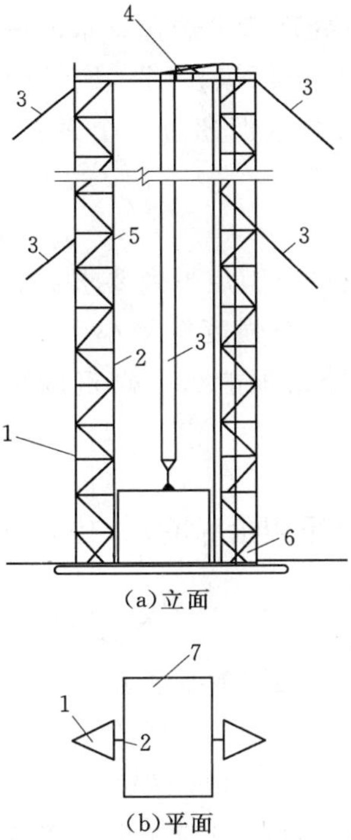

图 3.11　龙门架的基本构造形式

1—立柱；2—导轨；3—缆风绳；
4—天轮；5—缆风绳；6—地轮；
7—吊盘停车安全装置

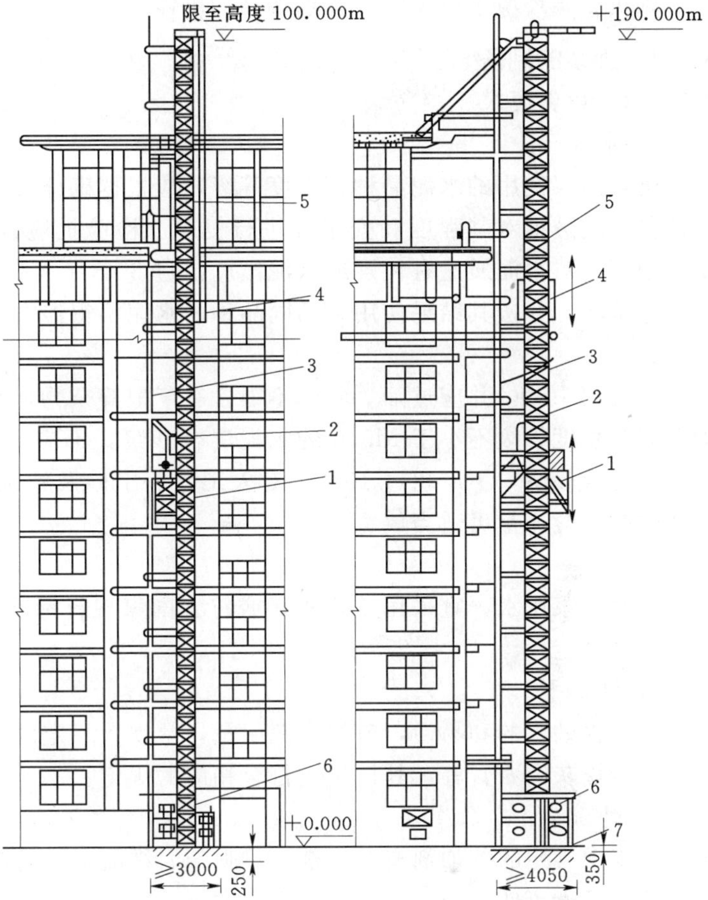

图 3.12　建筑施工电梯（单位：mm）

1—吊笼；2—小吊杆；3—架设安装杆；4—平衡安装杆；
5—导航架；6—底笼；7—混凝土基础

3.2.4　建筑施工电梯

目前，在高层建筑施工中常采用人货两用的建筑施工电梯，它的吊笼装在井架外侧，沿齿条式轨道升降，附着在外墙或其他建筑物结构上，可载重货物 1.0～1.2t，亦可容纳 12～15 人。其高度随着建筑物主体结构施工而接高，可达 100m，如图 3.12 所示。它特别适用于高层建筑，也可用于高大建筑、多层厂房和一般楼房施工中的垂直运输。

课题 3.3　砂浆的制备和运输

砌筑砂浆一般采用水泥砂浆、混合砂浆和石灰砂浆。水泥砂浆具有较高的强度和耐久性，但和易性差，多用于高强度和潮湿环境的砌体中；混合砂浆指水泥砂浆中掺入一定数量的掺加料，常用于地面以上强度要求较高的砌体中；石灰砂浆的强度低、耐久性差，常用于砌筑干燥环境中以及强度要求不高的砌体。

3.3.1 砂浆的制备

3.3.1.1 材料要求

1. 水泥

砌筑砂浆使用的水泥品种及强度等级，应根据砌体部位和所处环境来选择。水泥进场使用前，应分批对其强度和安定性进行复验。检验批应以同一生产厂家、同一编号为一批。使用中对水泥质量有怀疑或水泥出厂超过3个月（快硬硅酸盐水泥超过1个月）时，应复查试验，并按其结果使用。不同品种的水泥不得混合使用。

2. 砂

砂宜用中砂，并应过筛。砂中不得含有草根等杂物，其含泥量应满足下列要求：对水泥砂浆和强度等级不小于M5.0的水泥混合砂浆，不应超过5%；对强度等级小于M5.0的水泥混合砂浆，不应超过10%；对人工砂、山砂及特细砂，经试配能满足砌筑砂浆技术条件时，含泥量可适当放宽。

3. 水

拌制砂浆用水，宜采用饮用水，或符合国家现行标准《混凝土用水标准》（JGJ 63—2006）的规定。

4. 掺加料

为改善砂浆的和易性，节约水泥用量，常掺入一定的掺加料，如石灰膏、黏土膏、电石膏、粉煤灰、石膏等，其掺量应符合相应的规定。

5. 外加剂

砂浆中常用的外加剂有引气剂、早强剂、缓凝剂及防冻剂等，其掺量应经检验和试配符合要求后方可使用。

3.3.1.2 砂浆的制备

砂浆稠度应符合表3.4规定。

表3.4 砌筑砂浆稠度 单位：mm

砌体种类	砂浆的稠度
烧结普通砖砌体	70～90
轻骨料混凝土小型空心砌块砌体	60～90
烧结多孔砖、空心砖砌体	60～80
烧结普通砖平拱式过梁、空斗墙、普通混凝土小型空心砌块砌体、加气混凝土砌块砌体	50～70
石砌体	30～50

砌筑砂浆应通过试配确定配合比。当砌筑砂浆的组成材料有变更时，其配合比应重新确定。

水泥砂浆中水泥用量不应小于200kg/m^3，水泥混合砂浆中水泥和掺加料总量宜为300～350kg/m^3。

具有冻融循环次数要求的砌筑砂浆，经冻融试验后，质量损失率不得大于5%，抗压强度损失率不得大于 25%。

拌制水泥砂浆，应先将砂和水泥干拌均匀，再加水拌和均匀。

拌制混合砂浆，应先将砂与水泥干拌均匀，再加掺加料和水拌和均匀。

掺用外加剂时，应先将外加剂按规定浓度溶于水中，外加剂不得直接投入拌制的砂浆中。

砌筑砂浆应采用机械搅拌，自投料完算起，搅拌时间应符合下列规定：

(1) 水泥砂浆和混合砂浆不得少于 2min。

(2) 水泥粉煤灰砂浆和掺用外加剂的砂浆不得少于 3min。

(3) 掺用有机塑化剂的砂浆，应为 3～5min。

砂浆拌和好后和使用时，均应盛入贮灰器中。如砂浆出现泌水现象，应在砌筑前重新拌和。

3.3.1.3 砂浆的强度及质量检验

砌筑砂浆的强度等级宜采用 M20、M15、M10、M7.5、M5.0、M2.5。

(1) 砂浆应进行强度检验。砂浆强度应以标准养护龄期为 28d 的试块的抗压试验结果为准。水泥砂浆的标准养护条件为温度 (20 ±3)℃，相对湿度不小于 90%。

(2) 抽检数量。每一检验批且不超过 $250m^3$ 砌体中的各种类型及强度等级的砌筑砂浆，每台搅拌机应至少抽查一次。

(3) 检验方法。在砂浆搅拌机出料口随机取样制作砂浆试块（同盘砂浆只应制作一组试块），砂浆试块 6 块为一组，试块制作见证取样，建设单位委托的见证人应旁站，并对试块作出标记以保证试块的真实性。最后检查试块强度试验报告单。

当施工中或验收时出现下列情况，可采用现场检验方法对砂浆和砌体强度进行原位检测或取样检测，并判定其强度。

1) 砂浆试块缺乏代表性或试块数量不足。

2) 对砂浆试块的试验结果有怀疑或有争议。

3) 砂浆试块的试验结果不能满足设计要求。

现场检测应由有资质的试验检测单位进行，其检测方法由委托方和试验检测单位确定，检测后出具正规检测报告。

3.3.2 砂浆的运输

砂浆应随拌随用，水泥砂浆和混合砂浆应分别在 3h 和 4h 内使用完毕；当施工期间最高气温超过 30℃时，应分别在拌成后 2h 和 3h 内使用完毕。对掺用缓凝剂的砂浆，其使用时间可根据具体情况延长。

所以对砂浆运输机械的选择，必须能保证运输时间上满足上述条件。常用的垂直运输机械有塔式起重机、井架、龙门架和施工电梯等；常用的水平运输机械除塔式起重机外，还有双轮手推车、机动翻斗车等。

课题 3.4 砌 体 施 工

3.4.1 砖砌体施工的基本要求

砌体除采用符合质量要求的原材料外，还必须有良好的砌筑质量，以使砌体有良好的整体性、稳定性和受力性能。施工的基本要求是：灰缝横平竖直，砂浆饱满，厚薄均匀；砌块应上下错缝，内外搭砌，接槎可靠，以保证砌体的整体性。同时组砌要有规律，少砍砖，以提高砌筑效率，节约材料，冬期施工还要采取相应的措施。

3.4.2　砖砌体施工

3.4.2.1　砖墙的组砌形式

用普通砖砌筑的砖墙，依其墙面组砌形式不同，常用以下几种：一顺一丁（满丁满条）、三顺一丁、梅花丁。

1. 一顺一丁（满丁满条）

一顺一丁砌法是一皮中全部顺砖与一皮中全部丁砖相互间隔砌成，上下皮间的竖缝相互错开 1/4 砖长，如图 3.13（a）所示。这种砌法各皮间错缝搭接牢靠，墙体整体性较好，操作中变化小，易于掌握，砌筑时墙面也容易控制平直。但竖缝不易对齐，在墙的转角、丁字接头、门窗洞口等处都要砍砖，因此砌筑效率受到一定限制。当砌二四墙时，顶砖层的砖有两个面露出墙面（也称出面砖较多），故对砖的质量要求较高。这种砌法在砌筑中采用较多，它的墙面形式有两种：一种是顺砖层上下对齐（称十字缝），一种是顺砖层上下相错半砖（称骑马缝）。

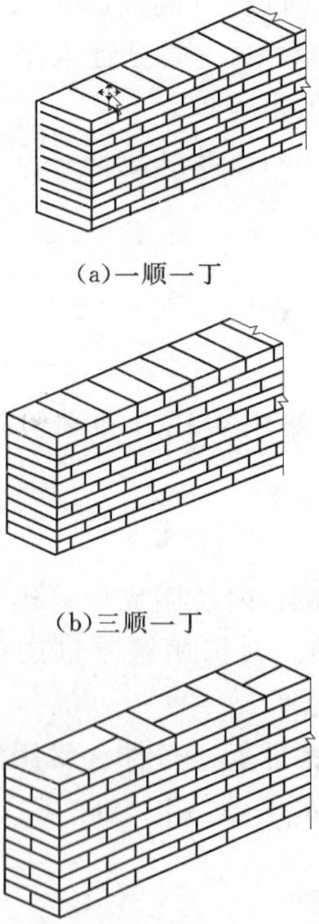

(a)一顺一丁

(b)三顺一丁

(c)梅花丁

图 3.13　砖墙组砌形式图

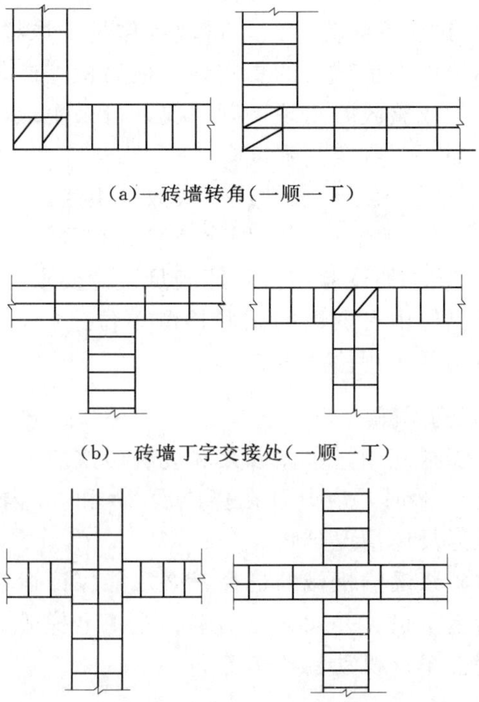

(a)一砖墙转角(一顺一丁)

(b)一砖墙丁字交接处(一顺一丁)

(c)砖墙十字交接处(一顺一丁)

图 3.14　砖墙交接处组砌

当采用一顺一丁组砌时，七分头的顺面方向依次砌顺砖，丁面方向依次砌丁砖，如图 3.14（a）所示。砖墙的丁字接头处，应分皮相互砌通，内角相交处的竖缝应错开 1/4 砖长，并在横墙端头处加砌七分头砖，如图3.14（b）所示。砖墙的十字接头处，应分皮相互砌通，立角处的竖缝相互错开1/4砖长，如图3.14（c）所示。

2. 三顺一丁

三顺一丁砌法是三皮中全部顺砖与一皮中全部丁砖间隔砌成，上下皮顺砖与丁砖间竖缝错开1/4砖长，上下皮顺砖间竖缝错开1/2砖长，如图3.13（b）所示。这种砌法出面砖较少，同时在墙的转角、丁字与十字接头，门窗洞口处砍砖较少，故可提高工效。但由于顺砖层较多，反面墙面的平整度不易控制，当砖较湿或砂浆较稀时，顺砖层不易砌平且容易向外挤出，影响质量。该法砌的墙，抗压强度接近一顺一丁砌法，受拉受剪力学性能均较“一顺一丁”为强。

3. 梅花丁

梅花丁砌法是每皮中丁砖与顺砖相隔，上皮丁砖坐中于下皮顺砖，上下皮间竖缝相互错开1/4砖长，如图3.13（c）所示。该砌法内外竖缝每皮都能错开，故抗压整体性较好，墙面容易控制平整，竖缝易于对齐，特别是当砖长、宽比例出现差异时竖缝易控制。因丁砖、顺砖交替砌筑，且操作时容易搞错，比较费工，抗拉强度不如“三顺一丁”。因外形整齐美观，所以多用于砌筑外墙。

4. 其他组砌方式

砖墙砌筑除以上介绍的几种外，还有五顺一丁、全顺砌法（条砌法）、全丁砌法、两平一侧砌法、空斗墙等。

五顺一丁砌法：与三顺一丁砌法基本相同，仅在两个丁砖层中间多砌两皮顺砖。全顺砌法（条砌法）：每皮砖全部用顺砖砌筑，两皮间竖缝搭接1/2砖长，此种砌法仅用于半砖隔断墙。全丁砌法：每皮砖都用丁砖砌筑，两皮间竖缝搭接为1/4砖长。此种砌法一般多用于圆形建筑物，如水塔、烟囱、水池，圆仓等。两平一侧砌法（18cm墙）：两皮平砌的顺砖旁砌一皮侧砖，其厚度为18cm。两平砌层间竖缝应错开1/2砖长；平砌层与侧砌层间竖缝可错开1/4或1/2砖长。此种砌法比较费工，墙体的抗震性能较差，但能节约用砖量。

3.4.2.2 砌筑工艺

砖墙砌筑的施工过程一般有抄平、放线、摆砖、立皮数杆、盘角、挂线、砌砖、勾缝、清理等工序。

1. 抄平

砌墙前应在基础防潮层或楼面上定出各层标高，厚度不大于20mm时用1∶3水泥砂浆找平，厚度大于20mm时一般用C15细石混凝土找平，使各段砖墙底部标高符合设计要求。

2. 放线

根据龙门板上给定的控制轴线及图纸上标注的墙体尺寸，在基础顶面上用墨线弹出墙的轴线和墙的宽度线，并定出门洞口位置线。利用预先引测在外墙面上的线复核墙身中心轴线，借助于经纬仪把墙身中心轴线引测到楼层上去；或用线锤挂，对准外墙面上的墙身中心轴线，从而向上引测，如图3.15所示。根据标高控制点，测出水平标高，为竖向尺寸控制确定基准。

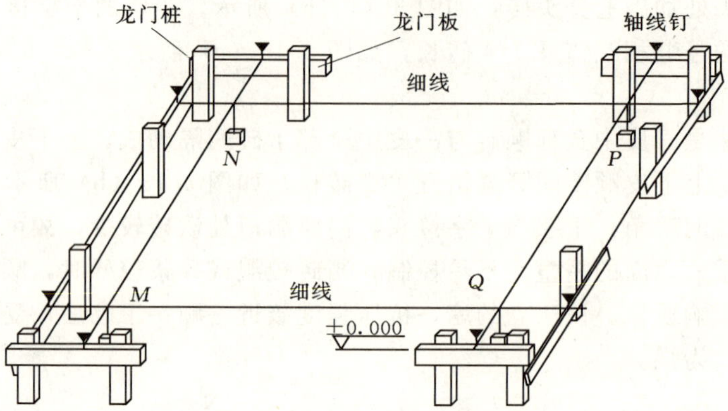

图 3.15 龙门板

3. 摆砖

摆砖是指在放线的基面上按选定的组砌方式用干砖试摆。尽量使门窗垛符合砖的模数，偏差 h 可通过竖缝调整，以减小砍砖数量，并保证砖及砖缝排列整齐、均匀，以提高砌砖效率。摆砖的目的是为了核对所放的墨线在门窗洞口、附墙垛等处是否符合砖的模数，尽可能减少砍砖。

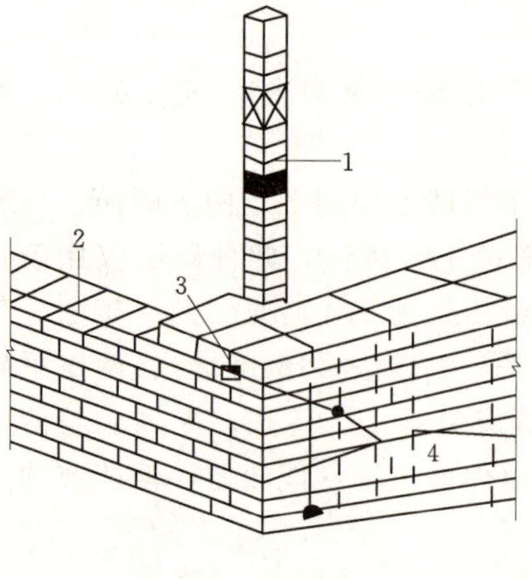

图 3.16 皮数杆示意

1—皮数杆；2—准线；3—竹片；4—圆铁钉

4. 立皮数杆

皮数杆是一种画有每皮砖和砖缝厚度以及门窗洞口、过梁、楼板、梁底、预埋件等标高位置的木制标杆，如图 3.16 所示。

5. 盘角、挂线

墙角是控制墙面横平竖直的主要依据，所以，一般砌筑时应先砌墙角，墙角砖层高度必须与皮数杆相符合，做到"三皮一吊，五皮一靠"，墙角必须双向垂直。

为保证砌体垂直平整，砌筑时必须挂线，一般二四墙可单面挂线，三七墙及以上的墙则应双面挂线。

6. 砌砖

砌砖的操作方法很多，常用的是"三一"砌砖法和挤浆法。"三一"砌砖法的操作要点是一铲灰、一块砖、一挤揉，并随手将挤出的砂浆刮去，操作时砖块要放平，跟线。挤浆法即先用砖刀或小方铲在墙上铺 500～750mm 左右长的砂浆，用砌刀调整好砂浆的厚度，再将砖沿砂浆面向接口处推进并揉压，使竖向灰缝有 2/3 高的砂浆，再用砖刀将砖调平，依次操作，也是较好的方法，但要求砂浆的和易性一定要好。

7. 勾缝、清理

清水墙砌完后，要进行墙面修正及勾缝。墙面勾缝应横平竖直，深浅一致，搭接平整，不得有丢缝、开裂和粘结不牢等现象。砖墙勾缝宜采用凹缝或平缝，凹缝深度一般为

4～5mm。勾缝完毕后，应进行墙面、柱面和落地灰的清理。

3.4.3 混凝土小砌块砌体施工

1. 普通混凝土小型空心砌块

普通混凝土小型空心砌块以水泥、砂、碎石或卵石、水等预制而成。砌块主规格尺寸为 390mm×190mm×190mm，有两个方形孔，最小外壁厚应不小于 30mm，最小肋厚应不小于 25mm，空心率应不小于 25%，如图 3.17 所示。

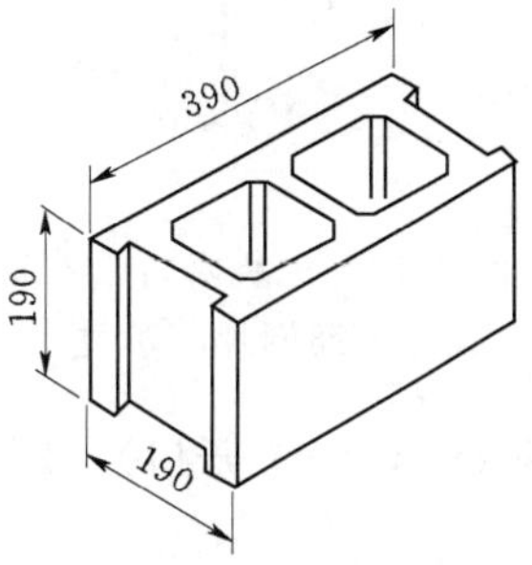

图 3.17 普通混凝土小型空心砌块（单位：mm）

普通混凝土小型空心砌块按其强度分为 MU3.5、MU5、MU7.5、MU10、MU15、MU20 共 6 个强度等级。

2. 轻骨料混凝土小型空心砌块

轻骨料混凝土小型空心砌块以水泥、轻骨料、砂、水等预制成的。轻骨料混凝土小型空心砌块主规格尺寸为 390mm×190mm×190mm。按其孔的排数有：单排孔、双排孔、三排孔和四排孔等四类。

轻骨料混凝土小型空心砌块按其密度分为 500、600、700、800、900、1000、1200、1400 八个密度等级。

轻骨料混凝土小型空心砌块按其强度分为 MU1.5、MU2.5、MU3.5、MU5、MU7.5、MU10 六个强度等级。

3. 一般构造要求

(1) 混凝土小型空心砌块砌体所用的材料，除满足强度计算要求外，还应符合下列要求。

1) 对室内地面以下的砌体，应采用普通混凝土小砌块和不低于 M5 的水泥砂浆。

2) 5 层及 5 层以上民用建筑的底层墙体，应采用不低于 MU5 的混凝土小砌块和 M5 的砌筑砂浆。

(2) 在墙体的下列部位，应用 C20 混凝土灌实砌块的孔洞。

1) 底层室内地面以下或防潮层以下的砌体。

2) 无圈梁的楼板支承面下的一皮砌块。

3) 没有设置混凝土垫块的屋架、梁等构件支承面下，高度不应小于 600mm，长度不应小于 600mm 的砌体。

4) 挑梁支承面下，距墙中心线每边不应小于 300mm，高度不应小于 600mm 的砌体。

砌块墙与后砌隔墙交接处，应沿墙高每隔 400mm 在水平灰缝内设置不少于 2Φ4、横筋间距不大于 200mm 的焊接钢筋网片，钢筋网片伸入后砌隔墙内不应小于 600mm，如图 3.18 所示。

4. 小型砌块施工

普通混凝土小砌块不宜浇水；当天气干燥炎热时，可在砌块上稍加喷水润湿；轻集料混凝土小砌块施工前可洒水，但不宜过多。龄期不足 28d 及潮湿的小砌块不得进行砌筑。

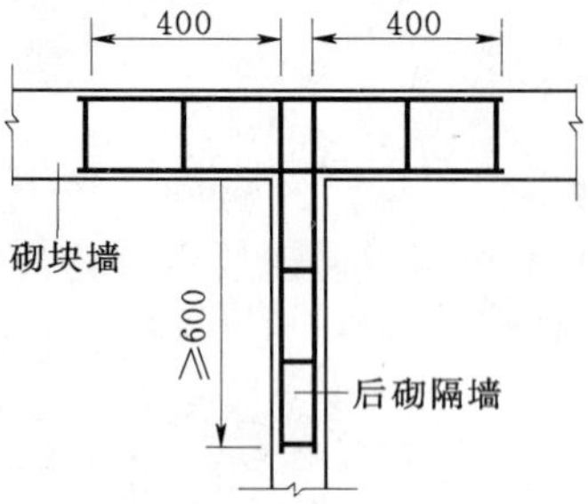

图 3.18 砌块墙与后砌隔墙交接处钢筋网片（单位：mm）

应尽量采用主规格小砌块，小砌块的强度等级应符合设计要求，并应清除小砌块表面污物和孔洞底部的毛边。

在房屋四角或楼梯间转角处设立皮数杆，皮数杆间距不得超过 15m。皮数杆上应画出各皮小型砌块的高度及灰缝厚度。在皮数杆上相对小型砌块上边线之间拉准线，小型砌块依准线砌筑。

小型砌块砌筑应从转角或定位处开始，内外墙同时砌筑，纵横墙交错搭接。外墙转角处应使小型砌块隔皮露端面；T 字交接处应使横墙小砌块隔皮露端面，纵墙在交接处改砌两块辅助规格小型砌块（尺寸为 290mm×190mm×190mm，一头开口），所有露端面用水泥砂浆抹平，如图 3.19 所示。

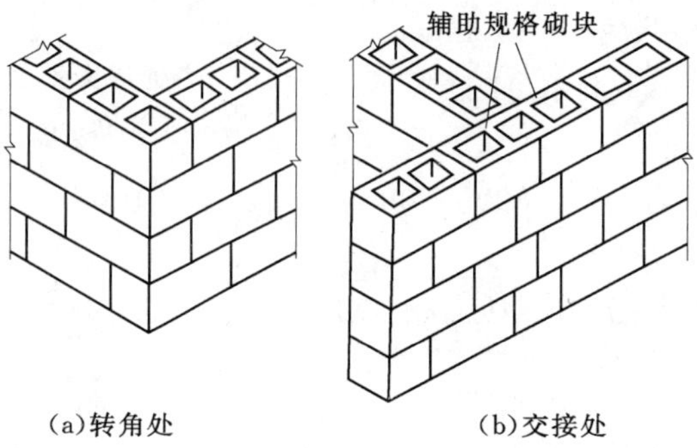

图 3.19 小型砌块墙转角处及 T 字交接处砌法

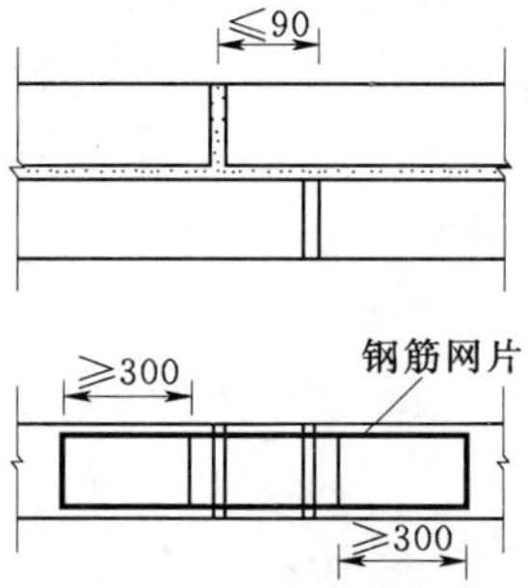

图 3.20 水平灰缝中拉结筋（单位：mm）

小型砌块应对孔错缝搭砌。上下皮小型砌块竖向灰缝相互错开 190mm。个别情况当无法对孔砌筑时，普通混凝土小型砌块错缝长度不应大于 90mm，轻骨料混凝土小型砌块错缝长度不应小于 120mm；当不能保证此规定时，应在水平灰缝中设置 2Φ4 钢筋网片，钢筋网片每端均应超过该垂直灰缝，其长度不得小于 300mm，如图 3.20 所示。

小型砌块砌体的灰缝应横平竖直，全部灰缝均应铺填砂浆；水平灰缝的砂浆饱满度不得低于 90%；竖向灰缝的砂浆饱满度不得低于 80%；砌筑中不得出现瞎缝、透明缝。水平灰缝厚度和竖向灰缝宽度应控制在 8～12mm。当缺少辅助规格小砌块时，砌体通缝不应超过两皮砌块。

小型砌块砌体临时间断处应砌成斜槎，斜槎长度不应小于斜槎高度的 2/3（一般按一步脚手架高度控制）；如留斜槎有困难，除外墙转角处及抗震设防地区，砌体临时间断处不应留直槎外，可从砌体面伸出 200mm 砌成阴阳槎，并沿砌体高每三皮小型砌块（600mm），设拉结筋或钢筋网片，接槎部位宜延至门窗洞口，如图 3.21 所示。

承重砌体严禁使用断裂小砌块或壁肋中有竖向凹形裂缝的小型砌块砌筑；也不得采用小型砌块与烧结普通砖等其他块体材料混合砌筑。

3.4.4 加气混凝土砌块

加气混凝土砌块以水泥、矿渣、砂、石灰等为主要原料，加入发气剂，经搅拌成型、蒸压养护而成的实心砌块。

加气混凝土砌块按其抗压强度分为 A1、A2、A2.5、A3.5、A5、A7.5、A10 七个强度等级。

加气混凝土砌块按其密度分为 B03、B04、B05、B06、B07、B08 六个密度级别。

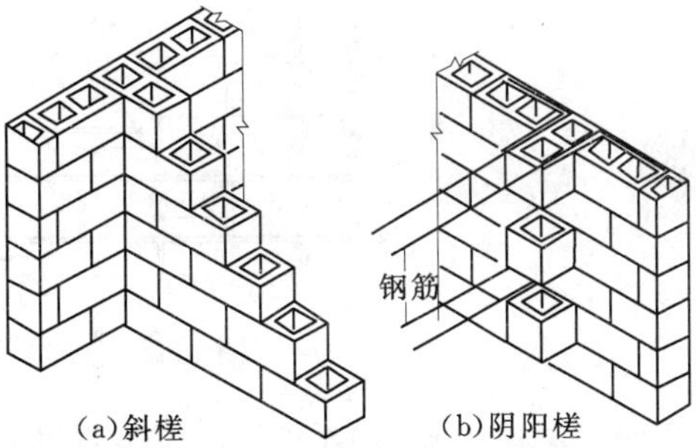

图 3.21 小型砌块砌体斜槎和直接

1. 加气混凝土砌块砌体构造

加气混凝土砌块可砌成单层墙或双层墙。单层墙是将加气混凝土砌块立砌，墙厚为砌块的宽度。双层墙是将加气混凝土砌块立砌两层，中间夹以空气层，两层砌块间每隔 500mm 墙高在水平灰缝中放置 $\phi4\sim6$ 的钢筋扒钉，扒钉间距为 600mm，空气层厚度约 70～80mm，如图 3.22 所示。

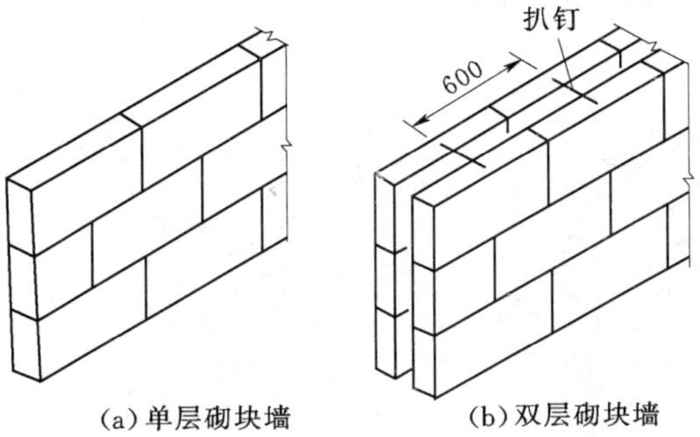

图 3.22 加气混凝土砌块墙（单位：mm）

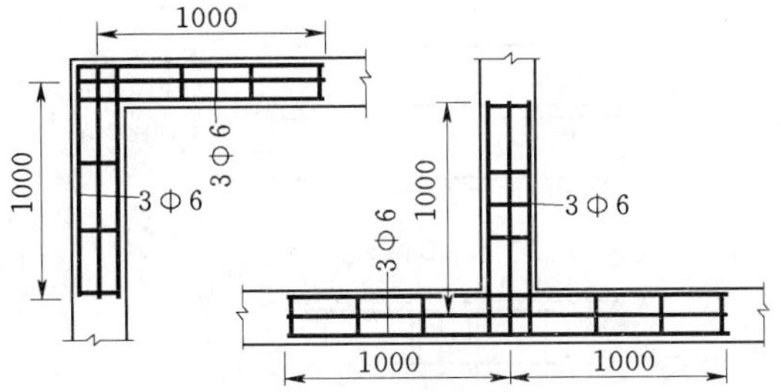

图 3.23 承重砌块墙的拉结钢筋（单位：mm）

承重加气混凝土砌块墙的外墙转角处、墙体交接处，均应沿墙高 1m 左右，在水平灰缝中放置拉结钢筋，拉结钢筋为 3Φ6，钢筋伸入墙内不少于 1000mm，如图 3.23 所示。

非承重加气混凝土砌块墙的转角处、与承重墙交接处，均应沿墙高 1m 左右，在水平灰缝中放置拉结钢筋，拉结钢筋为 2Φ6，钢筋伸入墙内不少于 700mm，如图 3.24 所示。

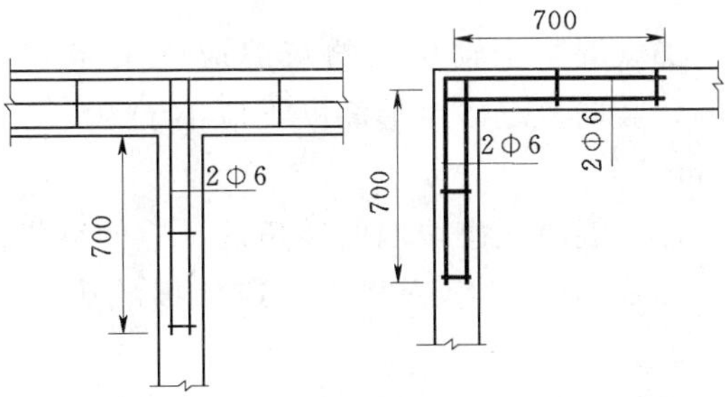

图 3.24 非承重砌块墙拉结钢筋（单位：mm）

加气混凝土砌块外墙的窗口下一皮砌块下的水平灰缝中应设置拉结钢筋，拉结钢筋为 3Φ6，钢筋伸过窗口侧边应不小于 500mm，如图 3.25 所示。

2. 加气混凝土砌块砌体施工

承重加气混凝土砌块砌体所用砌块强度等级应不低于 A5，砂浆强度不低于 M5。

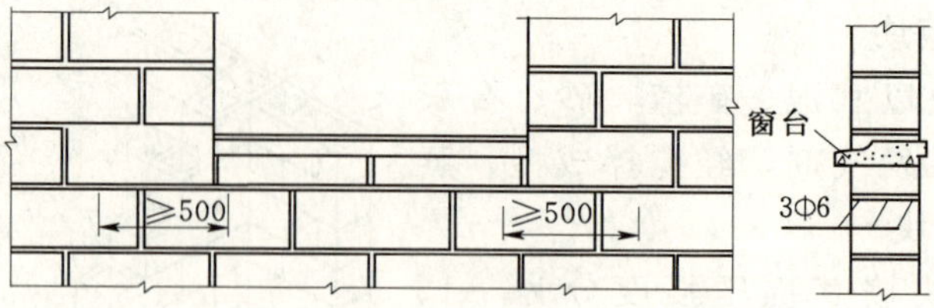

图 3.25　砌块墙窗口下配筋（单位：mm）

加气混凝土砌块砌筑前，应根据建筑物的平面、立面图绘制砌块排列图。在墙体转角处设置皮数杆，皮数杆上画出砌块皮数及砌块高度，并在相对砌块上边线间拉准线，依准线砌筑。

加气混凝土砌块的砌筑面上应适量洒水。

砌筑加气混凝土砌块宜采用专用工具（铺灰铲、锯、钻、镂、平直架等）。

加气混凝土砌块墙的上下皮砌块的竖向灰缝应相互错开，相互错开长度宜为 300mm，并不大于 150mm。如不能满足时，应在水平灰缝设置 $2\Phi 6$ 的拉结钢筋或 $\phi 4$ 钢筋网片，拉结钢筋或钢筋网片的长度应不小于 700mm，如图 3.26 所示。

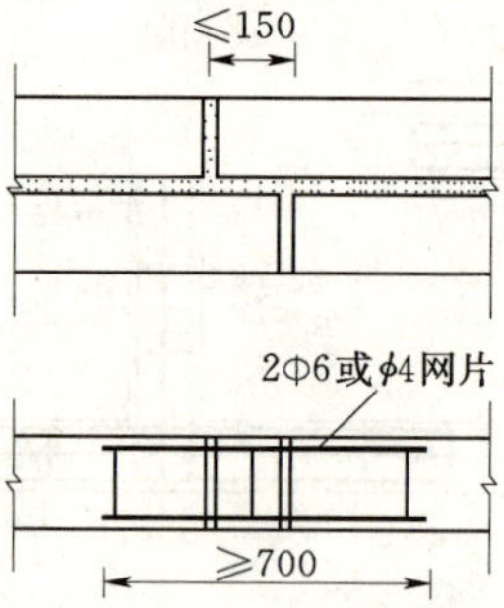

图 3.26　加气混凝土砌块墙中拉结筋（单位：mm）

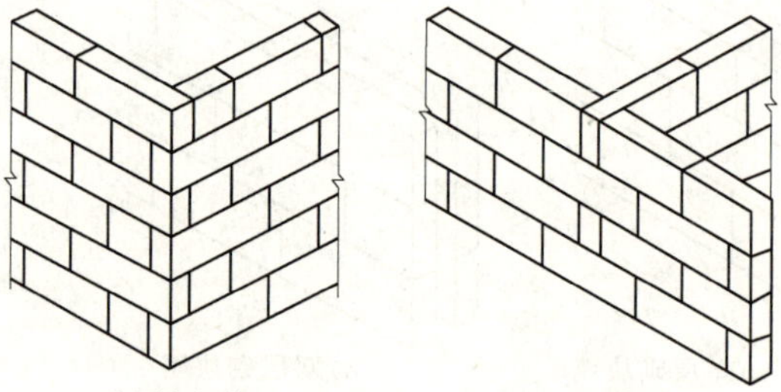

(a)转角处　(b)交接处

图 3.27　加气混凝土砌块墙的转角处、交接处砌法

加气混凝土砌块墙的灰缝应横平竖直，砂浆饱满，水平灰缝砂浆饱满度不应小于 90%；竖向灰缝砂浆饱满度不应小于 80%。水平灰缝厚度宜为 15mm；竖向灰缝宽度宜为 20mm。

加气混凝土砌块墙的转角处，应使纵横墙的砌块相互搭砌，隔皮砌块露端面。加气混凝土砌块墙的 T 字交接处，应使横墙砌块隔皮露端面，并坐中于纵墙砌块，如图 3.27 所示。

加气混凝土砌块墙如无切实有效措施，不得使用于下列部位：

（1）建筑物室内地面标高以下部位。

（2）长期浸水或经常受干湿交替部位。

（3）受化学环境侵蚀（如强酸、强碱）或高浓度二氧化碳等环境。

（4）砌块表面经常处于 80℃以上的高温环境。

加气混凝土砌块墙上不得留设脚手眼。每一楼层内的砌块墙体应连续砌完，不留接槎。如必须留槎时应留成斜槎，或在门窗洞口侧边间断。

3.4.5 粉煤灰砌块

粉煤灰砌块是以粉煤灰、石灰、石膏和轻集料为原料，通过加水搅拌、振动成型、蒸汽养护而成的密实砌块。粉煤灰砌块的主规格外形尺寸为 880mm×380mm×240mm、880mm×430mm×240mm。砌块端面应加灌浆槽，坐浆面宜设抗剪槽。

粉煤灰砌块按其立方体试件的抗压强度分为 MU10 和 MU3 两个强度等级。

粉煤灰砌块按其尺寸容许偏差、外观质量和干缩性能分为一等品和合格品。

粉煤灰砌块适用于砌筑粉煤灰砌块墙。墙厚为 240mm，所用砌筑砂浆强度等级应不低于 M2.5。

粉煤灰砌块墙砌筑前，应按设计图绘制砌块排列图，并在墙体转角处设置皮数杆。粉煤灰砌块的砌筑面适量浇水。

粉煤灰砌块的砌筑方法可采用“铺灰灌浆法”。先在墙顶上摊铺砂浆，然后将砌块按砌筑位置摆放到砂浆层上，并与前一块砌块靠拢，留出不大于 20mm 的空隙。待砌完一皮砌块后，在空隙两旁装上夹板或塞上泡沫塑料条，在砌块的灌浆槽内灌砂浆，直至灌满。等到砂浆开始硬化不流淌时，即可卸掉夹板或取出泡沫塑料条。

粉煤灰砌块上下皮的垂直灰缝应相互错开，错开长度应不小于砌块长度的 1/3。灰缝应横平竖直，砂浆饱满。水平灰缝的砂浆饱满度不应小于 90%；竖向灰缝的砂浆饱满度不应小于 80%。水平灰缝厚度不得大于 15mm；竖向灰缝宽度不得大于 20mm。

粉煤灰砌块墙的转角处，应使纵横墙砌块相互搭砌，隔皮砌块露端面，露端面应锯平灌浆槽。粉煤灰砌块墙的 T 字交接处，应使横墙砌块隔皮露端面，并坐中于纵墙砌块，露端面应锯平灌浆槽，如图 3.28 所示。

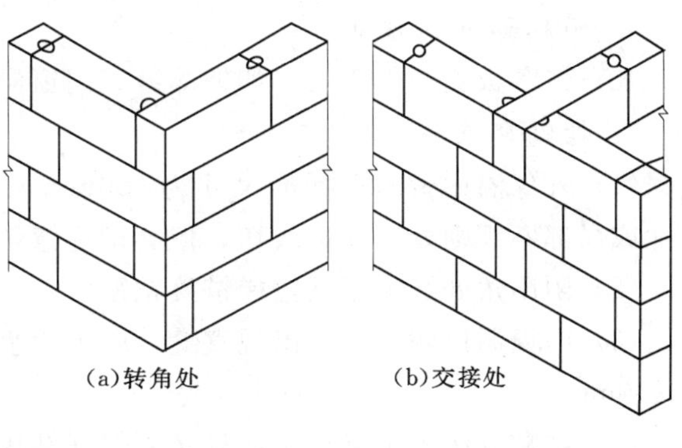

图 3.28 粉煤灰砌块墙转角处、交接处的砌法

粉煤灰砌块墙砌到接近上层楼板底时，因最上一皮不能灌浆，可改用烧结普通砖或煤渣砖斜砌挤紧。砌筑粉煤灰砌块外墙时，不得留脚手眼。每一楼层内的砌块墙应连续砌完，尽量不留接槎。如必须留槎时应留成斜槎，或在门窗洞口侧边间断。

课题 3.5 墙体节能工程施工

3.5.1 膨胀聚苯薄抹灰外墙外保温体系

膨胀聚苯薄抹灰外墙外保温体系使用的水泥应采用强度等级 42.5 普通硅酸盐水泥、中砂，聚苯乙烯泡沫塑料板、聚合物水泥砂浆胶粘剂及聚合物抹面砂浆等均满足规范要求。

3.5.1.1 EPS外墙保温施工工艺流程

EPS外墙保温施工工艺流程为：基层检查、处理→配专用粘接剂→预粘翻包网格布→粘贴聚苯保温板→钻孔及安装固定件→保温板面打磨、找平→配聚合物砂浆→抹底层聚合物砂浆→粘网格布→抹面层聚合物砂浆→验收。

3.5.1.2 施工工艺

1. 弹控制线

根据建筑立面设计和外墙外保温技术要求，在墙面弹出外门窗水平、垂直控制线及伸缩缝线、装饰缝线等。

2. 挂基准线

在建筑外墙大角（阴阳角）及其他必要处挂垂直基准钢线，在每个楼层适当位置挂水平线，用以控制聚苯板的垂直度和平整度。

3. 配制专用粘接剂

（1）根据专用粘接剂的使用说明书提供的掺配比例配制，专人负责，严格计量，机械搅拌，确保搅拌均匀。

（2）拌和好的粘接剂在静停5min后再搅拌方可使用。

（3）粘接剂必须随拌随用，拌和好的粘接剂应保证在1h内用完。

4. 预粘翻包网格布

凡在聚苯板侧边外露处（如伸缩缝、门窗洞口处），都应作网格布翻包处理。

5. 粘贴聚苯板

（1）外保温用聚苯板标准尺寸为600mm×900mm、600mm×1200mm两种，非标准尺寸或局部不规则处可现场裁切，但必须注意切口与板面垂直。

（2）阴阳角处必须相互错槎搭接粘贴。

（3）门窗洞口四角不可出现直缝，必须用整块聚苯板裁切出刀把状，且小边宽度不小于200mm。

（4）粘贴方法采用点粘法，且必须保证粘接面积不小于30%。

（5）聚苯板抹完专用粘接剂后必须迅速粘贴到墙面上，避免粘接剂结皮而失去粘接性。

（6）粘贴聚苯板时应轻柔、均匀挤压聚苯板，并用2m靠尺和拖线板检查板面平整度和垂直度。粘贴时注意清除板边溢出的粘接剂，使板与板间不留缝。

6. 安装固定件

（1）固定件安装应至少在粘完聚苯板24h后再进行。

（2）固定件长度为板厚+50mm。

（3）用电锤在聚苯板表面向内打孔，孔径视固定件直径而定，进墙深度不小于60mm，拧入固定件，钉头和压盘应略低于板面。

7. 板面打磨、找平

对板面接缝高低不平的区域用粗砂纸打磨找平，打磨时动作要轻，并以圆周运动打磨。

8. 配制聚合物砂浆

方法及要求同配制专用粘接剂。

9. 抹聚合物砂浆

聚合物砂浆分底层和面层两次抹灰。在聚苯板面抹底层砂浆，厚度为 2～2.5mm。同时将翻包网格布压入砂浆中。门窗洞口的加强网格布也应随即压入砂浆中。

10. 贴网格布

将网格布紧绷后贴于底层抹面砂浆上，用抹子由中间向四周把网格布压入砂浆的表层，要平整压实，严禁网格布褶皱。网格布不得压入过深，表面必须暴露在底层砂浆之外。网格布上下搭接宽度不小于 80mm，左右搭接宽度不小于 100mm。

11. 抹面层聚合物砂浆

网格布粘贴完后，在表面抹一层 0.5～1mm 面层聚合物砂浆。

3.5.2 外贴式聚苯板外墙外保温系统

3.5.2.1 构造做法及施工顺序

1. 聚苯板涂料饰面系统

聚苯板涂料饰面系统基本构造如图 3.29 所示。施工程序为：清理基层墙体→胶粘剂粘贴、塑料膨胀锚栓固定聚苯板→抹加入耐碱玻纤网的聚合物抗裂砂浆→柔性耐水腻子→涂料饰面。

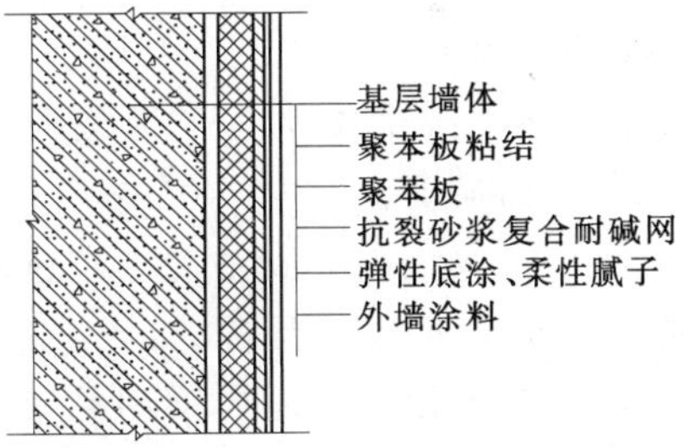

图 3.29 聚苯板涂料饰面系统

2. 聚苯板复合 ZL 胶粉聚苯颗粒涂料饰面系统

聚苯板复合 ZL 胶粉聚苯颗粒涂料饰面系统基本构造如图 3.30 所示。施工程序为：清理基层墙体→胶粘剂粘贴、塑料膨胀锚栓固定聚苯板→抹胶粉聚苯颗粒找平层 20mm 厚→抹加入耐碱玻纤网的聚合物抗裂砂浆→刮柔性耐水腻子→涂料饰面。

3. 聚苯板复合 ZL 胶粉聚苯颗粒面砖饰面系统

聚苯板复合 ZL 胶粉聚苯颗粒面砖饰面系统基本构造如图 3.31 所示。施工程序为：清理基层墙体→胶粘剂粘贴聚苯板→抹 ZL 胶粉聚苯颗粒保温浆料→抹第一遍聚合物抗裂砂浆→塑料膨胀锚栓固定热镀锌钢丝网→抹第二遍聚合物抗裂砂浆→粘贴面砖。

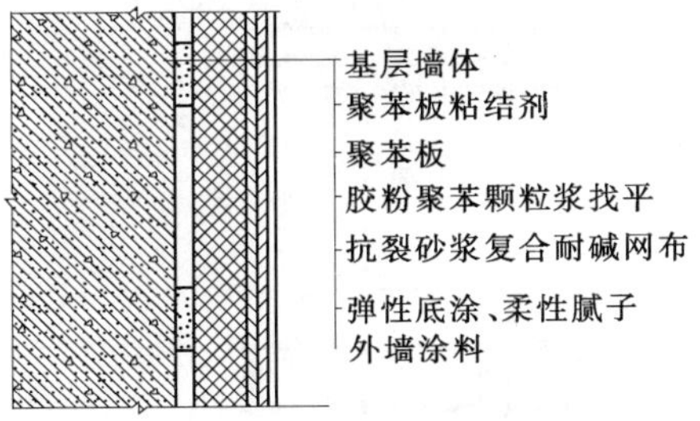

图 3.30 聚苯板复合 ZL 胶粉聚苯颗粒涂料饰面系统

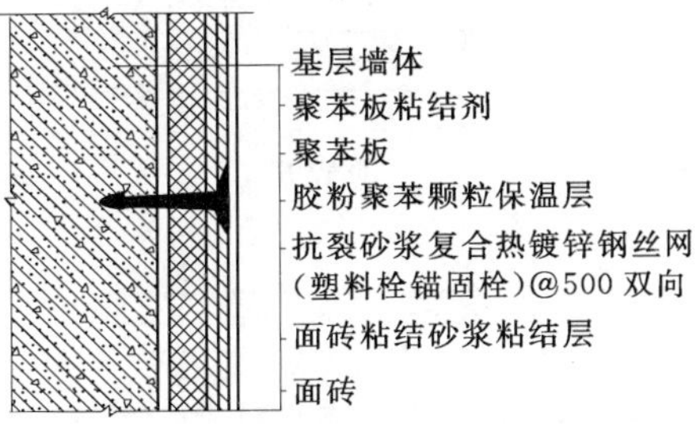

图 3.31 聚苯板复合 ZL 胶粉聚苯颗粒面砖饰面系统

3.5.2.2 施工准备及材料配制

(1) 聚苯板外墙保温系统施工主要施工工具有不锈钢抹子、槽抹子、搓抹子、角抹子、700～1000r/min 电动搅拌器（或可调速电钻加配搅拌器）、专用锯齿抹子以及粘有大于 20 粒度粗砂纸的不锈钢打磨抹子。此外还需配电热丝切割器、冲击钻、靠尺、刷子、多用刀、灰浆托板、拉线、墨斗、空所压缩机、开槽器、皮尺、毛辊等一般施工工具以及操作人员必需的劳保用品等。

(2) 基层墙体表面应清洁、无油污、脱模剂等妨碍粘结的附着物。凸起、空鼓和疏松部位应剔除并找平。找平层应与墙体粘结牢固（应有可靠粘结力或界面处理措施），不得有脱层、空鼓、裂缝，面层不得有粉化、起皮、爆灰等现象。

(3) 聚苯板的切割采用电热丝切割器割成型，标准板尺寸一般为 1200mm×600mm，对角误差为±1.6mm，非标准板用整板按实际需要尺寸加工，尺寸容许偏差为±1.6mm，大小面应互相垂直。

(4) 胶粘剂的配制应严格按规定的配比和制作工艺现场进行，除规定外严禁添加任何添加剂。

(5) 双组分胶粘剂。配制胶粘剂用的树脂乳液开罐后，一般有离析现象，应在掺加水泥前，用专用电动搅拌器将其充分搅拌至均匀，然后加入一定比例水泥继续搅拌至充分均匀并静置 5min 后，视其和易性再加入适量的水再进行搅拌，直至达到的所需的黏稠度。

(6) 单组分胶粘剂。将干粉胶粘剂直接加入适量水，用专用电动搅拌器搅拌均匀，达到所需的黏稠度。

(7) 每次配制的胶粘剂不宜过多，应视不同环境温度控制在 2h 内用完，或在产品说明书中规定的时间内用完。

(8) 聚苯板保温层应采用粘锚结合方案，当采用 EPS 板时，其锚栓数量为：对高层建筑标高 20m 以下时不宜少于 3 个/m^2；20～50m 不宜少于 4 个/m^2；50m 以上时不宜少于 6 个/m^2。当采用 XSP 板时，可参照图 3.32 进行布置锚栓，锚栓长度应保证进入基层墙体内 50mm，锚栓固定件在阳角、檐口下、孔洞边缘四周应加密，其间距不应大于 300mm，距基层边缘不小于 80mm。

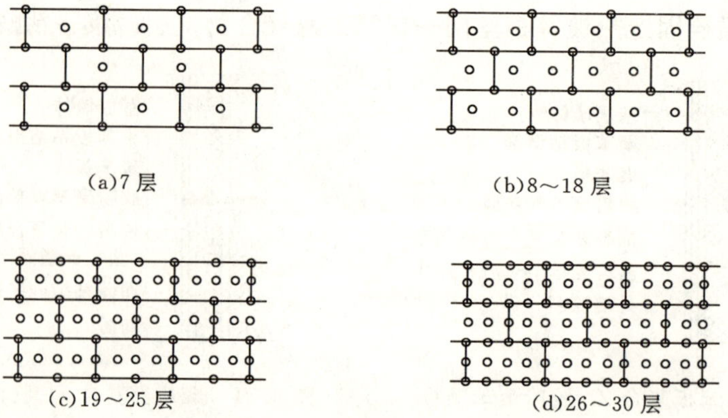
(a)7 层　(b)8～18 层
(c)19～25 层　(d)26～30 层

图 3.32 XPS 板排列锚固口布置图

（9）饰面层为面砖时，应在底部第一排以及每层楼面底的每块面砖下方增设不锈角钢托架，间距不大于 1200mm，角钢托架长 150mm，宽度由保温层厚度确定，每个托架由两个经防腐处理的膨胀螺栓与基层墙体固定，具体方法如图 3.33 所示。

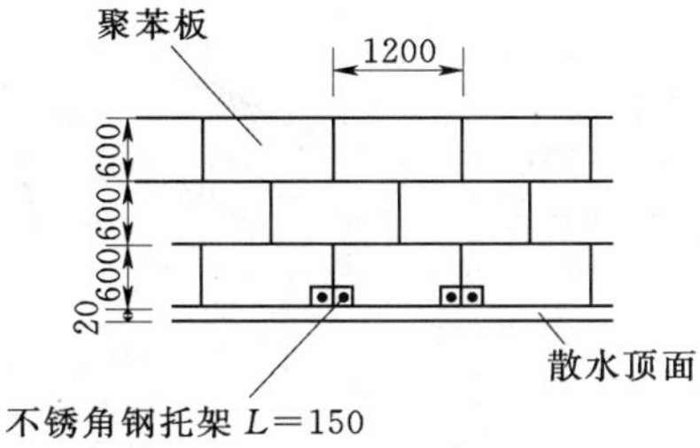

图 3.33　不锈角钢托架布置图（单位：mm）

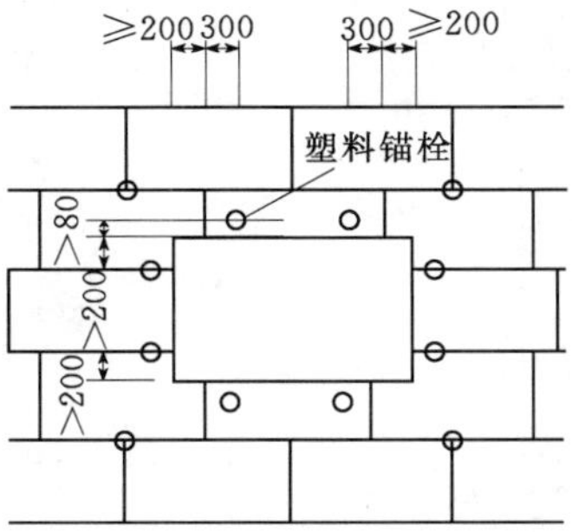

图 3.34　洞口 EPS 板排板及锚固示意图（单位：mm）

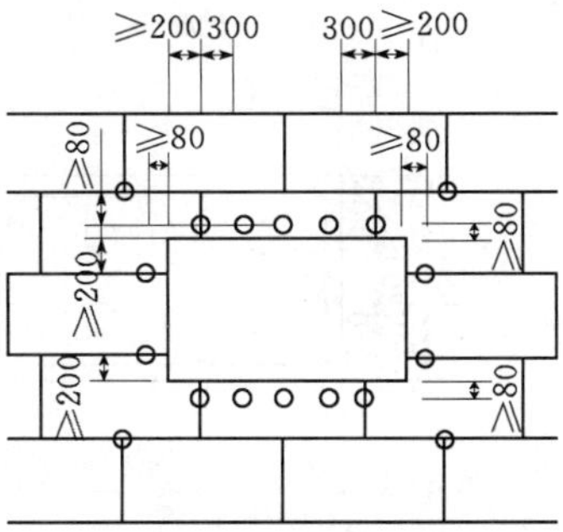

图 3.35　洞口 XPS 板排板及锚固（单位：mm）

（10）洞口四角的聚苯板应采用整块聚苯板切割成型，不得拼接。拼接缝距四角距离应大于 200mm，且须有锚固措施，并应在洞口处增贴耐碱玻纤网，如图 3.34～图 3.36 所示。

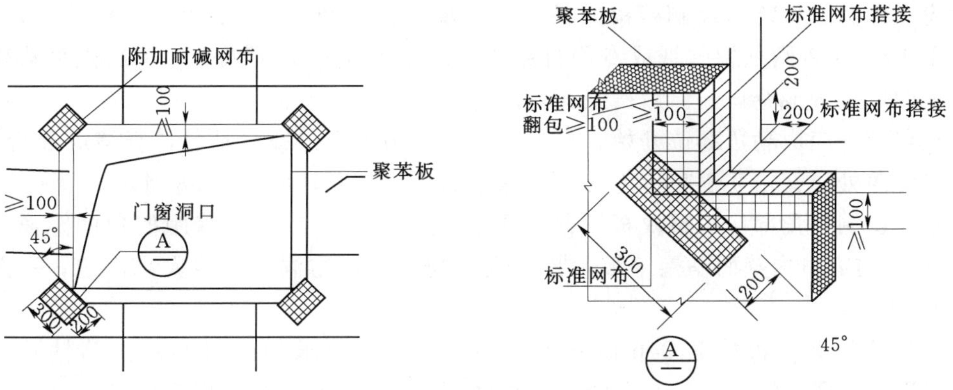

（a）　（b）

图 3.36　门窗洞口网格布加强（单位：mm）

3.5.2.3　施工操作要点

（1）根据建筑物体型和立面设计要求，进行聚苯板排板设计，特别应做好门窗洞口的排板设计。在经过整体处理的基层墙面上，用墨线弹出距散水标高 20mm 的水平线和保温层变形缝宽度线，排出聚苯板粘结位置。所有细部构造应按标准图或施工图的节点大样进行处理。

（2）粘贴聚苯板前，应按平整度和垂直度要求挂线（基层平整度偏差不宜超过 3mm，垂直度偏差不应超过 10mm）；应首先进行系统起端和终端的翻包或包边施工。

（3）聚苯板贴宜采用点框粘贴方法，如图 3.37 所示。先用抹子沿保温板背面四周抹上胶粘剂，其宽度为 50mm，如采用标准板时在板中还要均匀布置 8 个粘结饼，每个饼的粘结直径不小于120mm，胶厚6～8mm，中心距200mm，当采用非标准板时，板面中部粘结饼一般为4～6个。胶粘剂粘结面积与保温板面积比：当外表为涂料饰面时不得小于40%，当为面砖饰面时不得小于45%。

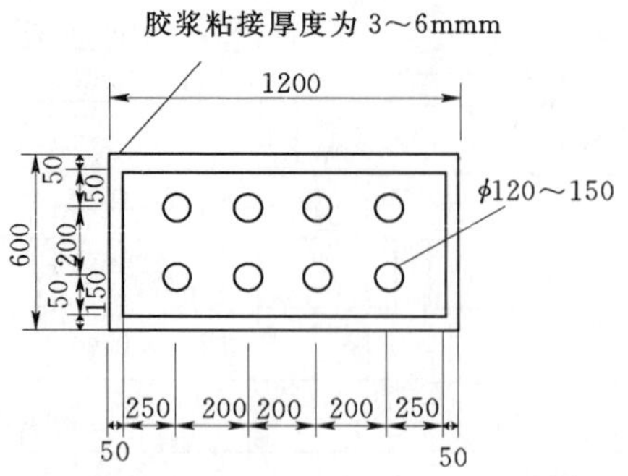

图3.37 保温板点框粘贴法（单位：mm）

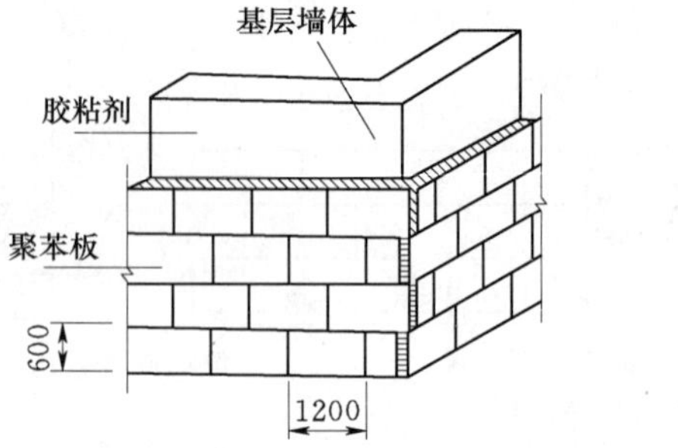

图3.38 聚苯板转角板示意图（单位：mm）

(4) 胶粘剂应涂抹在聚苯板上，不应涂在基层上，涂胶点应按面积均布，板的侧边不得涂胶（需翻包标准网时除外），抹完胶粘剂后应立即就位粘贴。

(5) 聚苯板粘贴时，应先轻柔滑动就位，再采用2m靠尺进行压平操作，不得局部用力按压，聚苯板对头缝应挤紧，并与相邻板齐平，胶粘剂的压实厚度宜控制在3～6mm，贴好后应立即刮除板缝和板侧残留的粘结剂，聚苯板板间缝隙不应大于2mm，板间高差不得大于1mm，否则须用砂纸或专用打磨机具打磨平整；为了减少对头缝热桥影响，宜将聚苯板四周边裁成企口，然后按上述方法进行粘贴。

(6) 聚苯板应由勒角部位开始，自下而上，沿水平方向铺设粘贴，竖缝应逐行缝1/2板长，在墙角处应交错互锁咬口连接，并保证墙角垂直度，如图3.38所示。

(7) 门窗洞口角部应用整块板切割成L形进行粘贴，板间接缝距四角的距离不应小于200mm；门窗口内壁面贴聚苯板，其厚度应视门窗框与洞口间隙大小而定，一般不宜小于30mm。

(8) 锚栓在聚苯板粘贴24h后开始安装，按设计要求的位置用冲击钻钻孔（孔径ϕ10），采用ϕ10聚乙烯胀塞，其有效锚固长度不小于50mm，并确保牢固可靠。

(9) 塑料锚栓的钉帽与聚苯板表面齐平或略拧入些，确保膨胀栓钉尾部回拧使其与基层墙体充分锚固。

(10) 聚苯板贴完后应至少静默24h，才可用金刚砂纸将板缝不平处磨平，然后将聚苯板面打磨一遍，并将板面清理干净。

(11) 标准网的铺设。先用抹子在聚苯板表面均匀涂抹一道厚度1.5～2.0mm聚合物抗裂砂浆（底层），面积略大于一块玻纤网范围，立即将耐碱玻纤网压入抗裂砂浆中，压出抗裂砂浆表面应平整，直至把整片墙面做完，待胶浆干硬至可碰触量，再抹第二遍，聚合物水泥抗裂砂浆（面层），厚度为1.0～1.2mm，直至全部覆盖玻纤网，使玻纤网约处于两道抗裂砂浆中的中间位置，表面应平整。

(12) 加强网铺设同标准网铺设，但加强网应采用对接。

(13) 玻纤网铺设应自上而下，先从外墙转角处沿外墙一圈一圈铺设，当遇到门窗洞口时，要在洞口周边和四周，铺设加强网。

（14）首层墙面及其他可能遭受冲击的部位，应加铺一层加强玻纤网，二层及二层以上如无特殊要求（门窗洞口除外）应铺标准网；勒角以下部位宜增设钢丝网采用厚层抹灰。

（15）标准网接缝为搭接，搭接长度不应少于 100mm，转角处标准网应是连续的，从每边双向绕角后包墙的宽度（即搭接长度）不应小于 200mm。加强玻纤网铺设完毕后，至少静默养护 24h 方可进行下道工序，在寒冷和潮湿的气候条件下，可适当处长养护时间。养护过程中应避免雨水渗透和冲刷。

（16）标准网在下列终端应进行翻包处理。

1）门窗洞口、管道或其他设备穿墙洞处。

2）勒角、阴阳台、雨篷等系统的尽端部位。

3）变形缝等需终止系统的部位。

4）女儿墙顶部。

（17）翻包标准网施工应按下列步骤进行。

1）裁剪窄幅标准网，长度由需翻包的墙体部位尺寸而定。

2）在基层墙体上所有洞口周边及保温系统起、终端处涂抹宽 100mm，厚 2～3mm 的胶粘剂。

3）将窄幅标准网的一端压入胶粘剂内 10mm，其余甩出备用，并保持清洁。

4）将聚苯板背面抹好胶粘剂，将其压在墙上，然后用抹子轻轻拍击，使其与墙面粘贴牢固。

5）将翻包部位的聚苯板的正面和侧面，均涂抹上聚合物抗裂砂浆，将预先甩出的窄幅标准网沿板厚翻包，并压入抗裂砂浆内。当需要铺高加强网时，则应先铺设加强网，再将翻包压在加强网之上。

（18）主体结构变形缝、保温层的伸缩缝和饰面层的分格缝的施工应符合下列要求。

1）主体结构缝。应按标准图或设计图纸进行施工，其金属调节片，应在保温层粘贴前按设计要求安装就位，并与基层墙体牢固固定，作好防锈处理。缝外侧需采用橡胶密封条或采用密封膏，采用密封膏的应留出嵌缝背衬及密封膏的深度，无密封条或密封膏的应与保温板面平齐。

2）保温层的伸缩缝。应按标准图或设计图纸进行施工，缝内应填塞大于缝宽 1.3 倍的嵌缝衬条（如软聚乙烯泡沫塑料条），并分两次勾填密封膏，密封膏应凹进保温层外表面 5mm；当饰面层施工完毕后勾填密封膏时，应事前用胶带保护墙面，确保墙面免受污染。

3）饰面层分格缝。按设计要求进行分格，槽深不大于 8mm，槽宽为 10～12mm，抹聚合物抗裂砂浆时，应先处理槽缝部位，在槽口加贴一层标准玻纤网，并伸出槽口两边 10mm；分格缝亦可采用塑料分隔条进行施工。

（19）装饰线条安装应按下列步骤进行。

1）装饰线条应采用与墙体保温材料性能相同的聚苯板。

2）装饰线条凸出墙面时，可采用两种安装方式：一种是在保温用聚苯板粘贴完毕后，按设计要求用墨线在聚苯板面弹出装饰线具体位置，将装饰线条用胶粘剂粘贴在设计位置上，表面用聚合物抗裂砂浆铺贴标准网，并留出不小于100mm的搭接长度，如图3.39所示；另一种是将凸出装饰线按设计要求先用胶粘剂粘贴在基层墙面上，然后再用胶粘剂粘贴装饰线上下保温用聚苯板，如图3.40所示。

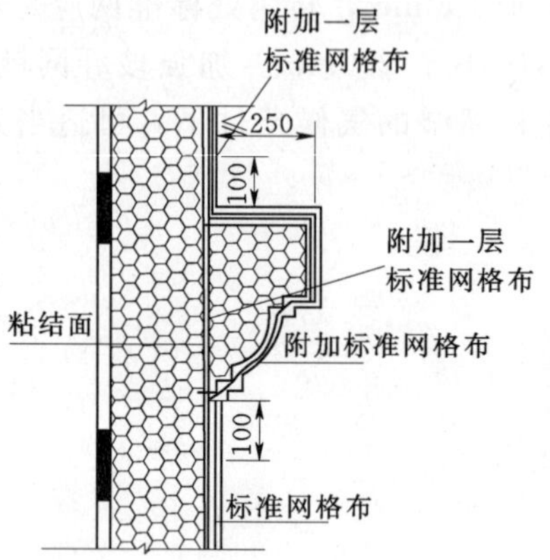

图3.39 装饰件做法（单位：mm）

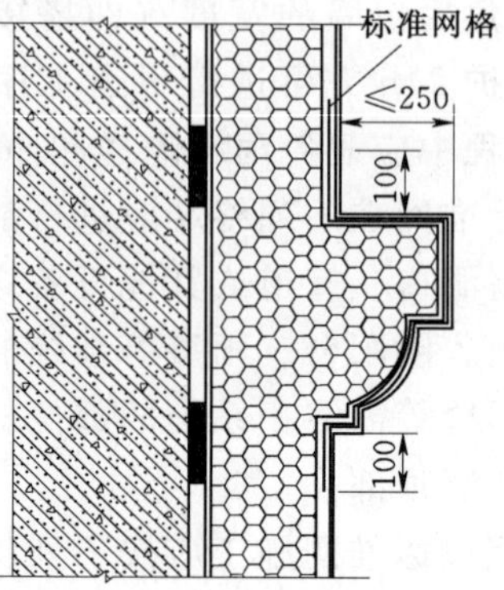

图3.40 装饰件做法（单位：mm）

3）装饰线条凹进墙面时，应在粘贴完毕的保温聚苯板上按设计要求用墨线弹出装饰线具体位置，用开槽器按图纸要求将聚苯板切出凹线或图案，凹槽处聚苯板的实际厚度不得小于20mm，然后压入标准网。墙面粘贴的标准网与凹槽周边甩出的网布需搭接。

4）装饰线条凸出墙面保温板的厚度不得大于250mm，且应采取安全锚固措施。

5）装饰件铺网时，饰件应在大面积网外装贴，再加附加网，附加网与大面积网应有一定的搭接宽度。

（20）饰面层施工应符合下列要求。

1）施工前，应首先检查聚合物抗裂砂浆是否有抹子抹痕，耐碱玻纤网是否全部嵌入，然后修补抗裂砂浆缺陷和凹凸不平处，并用细砂纸打磨一遍。

2）待聚合物抗裂砂浆表干后，即可进行柔性耐水腻子施工，用镘刀或刮板批刮，待第一遍柔性腻子表干后，再刮第二遍柔性腻子，压实磨光成活，待柔性腻子完全干固后，即可进行与保温系统配套的涂料施工。

3）采用涂料饰面系统，应采用高弹性防水耐擦洗外墙涂料，并按《建筑装饰工程施工及验收规范》JGJ73规定进行施工。

4）采用面砖饰面系统，应增设热镀锌钢丝网和锚栓固定，并按《外墙饰面砖工程施工及验收规程》JGJ126规定进行施工。

5）当采用模塑、挤塑聚苯板复合ZL胶粉聚苯颗粒浆料饰面系统时，仅需在聚苯板粘结和用塑料膨胀锚栓固定并清除表面污物后，增抹一层厚15mm的ZL胶粉聚苯颗粒浆料作为保温找平层，然后再做饰面层施工即可。

6）当采用模塑胶、挤塑聚苯板复合ZL胶粉聚苯颗粒面砖饰面系统时，则在聚苯板粘结牢固，并清除表面污物后，增抹一层厚15mmZL胶粉聚苯颗粒浆料作为保温找平层，然后抹第一遍厚为3～4mm的聚合物抗裂砂浆，并用塑料膨胀锚栓将热镀锌钢丝网固定，再抹第二遍厚为 5～6mm 的聚合物抗裂砂浆，最后用专用粘结砂浆粘贴面砖。

3.5.3 大模内置无网保温系统

3.5.3.1 构造做法及施工顺序

1. 大模内置无网聚苯板保温系统（涂料饰面）

大模内置无网聚苯板保温系统（涂料饰面）基本构造如图 3.41 所示。施工程序为：绑扎外墙钢筋骨架、验收→聚苯板内外表面喷涂界面砂浆→置入聚苯板、用塑料锚栓或塑料卡钉固定在钢筋骨架上→安装大模板→浇注混凝土→拆除大模板→抹加入耐碱玻纤网的聚合物抗裂砂浆→刮柔性耐水腻子→涂料饰面。

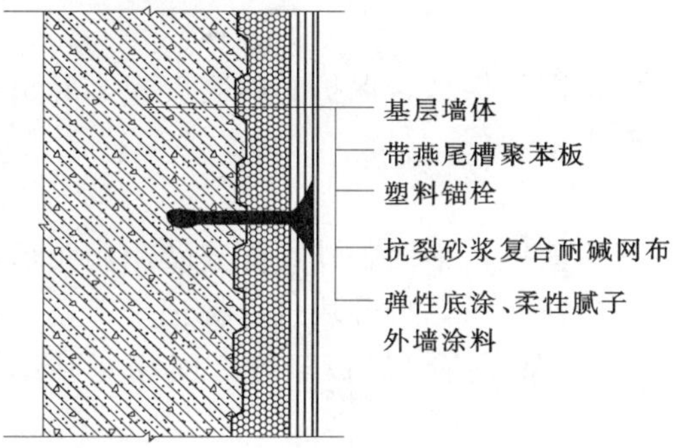

图 3.41 大模内置无网聚苯板保温系统（涂料饰面）

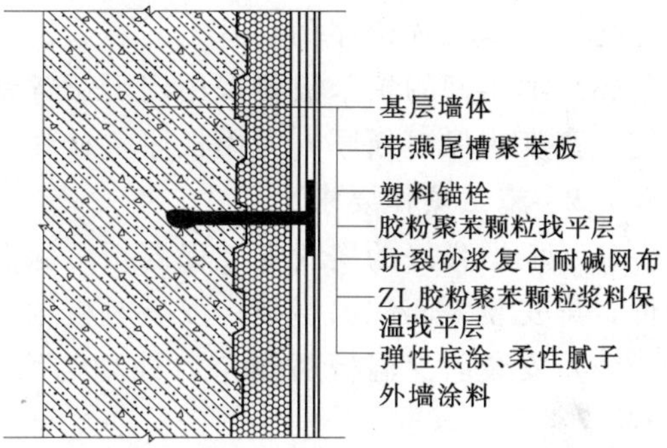

图 3.42 大模内置无网聚苯板复合 ZL 胶粉聚苯颗粒浆料外保温系统（涂料饰面）

2. 大模内置无网聚苯板复合 ZL 胶粉聚苯颗粒浆料外保温系统（涂料饰面）

大模内置无网聚苯板复合 ZL 胶粉聚苯颗粒浆料外保温系统（涂料饰面）基本构造与大模内置无网聚苯板保温系统（涂料饰面）基本相同，仅在拆除大模板后加抹 20mm 厚的 ZL 胶粉聚苯颗粒浆料保温找平层，其余皆与前述相同。

3. 大模内置无网聚苯板复合 ZL 胶粉聚苯颗粒浆料外保温系统（面砖饰面）

大模内置无网聚苯板复合 ZL 胶粉聚苯颗粒浆料外保温系统（面砖饰面）基本构造如图 3.42 所示。施工程序为：绑扎外墙钢筋骨架、验收→聚苯板内外表面喷涂界面砂浆→置入聚苯板、用塑料锚栓或塑料卡钉固定在钢筋骨架上→安装大模板→浇注混凝土→拆除大模板→抹 ZL 胶粉聚苯颗粒浆料→抹第一遍聚合物抗裂砂浆→用塑料锚栓将 ϕ0.9 热镀锌钢丝网与基层墙体固定→抹第二遍聚合物抗裂砂浆→专用粘结砂浆粘贴面砖。

拆除大模板前的所有工序皆与大模内置无网聚苯板保温系统（涂料饰面）相同。

3.5.3.2 施工准备及材料配制

（1）施工用主要工具及设备有不锈钢抹子、槽抹子、搓抹子、角抹子、700～1000r/min 电动搅拌器（或可调速电钻加配搅拌器）、专用锯齿抹子以及粘有大于 20 粒度粗砂纸的不锈钢打磨抹子。此外还需配电热丝切割器、冲击钻、靠尺、刷子、多用刀、灰浆托板、拉线、墨斗、空所压缩机、开槽器、皮尺、毛辊等一般施工工具以及操作人员必需的劳保用品等。

（2）聚苯板宽度宜为 1200mm，高度宜为建筑物高度，即与大模板同高；大小面互相垂直，对角误差为±1.6mm，聚苯板单面开矩形（燕尾）槽，聚苯板两侧裁成企口。

（3）高层建筑，对于EPS板其塑料锚栓数量为：标高20m以下不应少于3个/m^2；20～30m不应少于4个/m^2；50m以上时不应少于6个/m^2；对于XPS板可参照图3.42布置塑料锚栓，锚栓长度为保温层厚度加80mm。

（4）外墙体钢筋安装绑扎完毕，隐验合格，水电等专业预埋预留完成，预验合格。

（5）墙体大模板位置、控制线及控制各大角垂直线均设置完毕并预验合格。

（6）用于控制钢筋保护层水泥砂浆垫块已按要求绑扎完毕（每平方米保温板面不得少于3块）。

（7）聚苯板已开好单面矩形（燕尾）槽，并在内外表面喷涂界面砂浆；大模板对拉螺栓穿孔，聚苯板锚栓穿孔。

（8）加工好的聚苯板要采用门形镀锌铁皮保护套进行保护，保护套的高度视实际情况而定，宽度为保温板厚＋大模板厚，材料为镀锌铁皮。

3.5.3.3 施工操作要求

（1）根据弹好的墨线安装保温板，保温板凹槽面朝里，平面朝外，先安装阴阳角保温构件，再安装大面积保温板；安装时板缝不能留在门窗四角，将分块进行标记。

（2）安装前保温板两侧企口处均匀涂刷胶粘剂，保证将保温板竖缝之间相互粘结在一起。

（3）在安装好的保温板面上弹线，标出锚栓位置，用电烙铁或其他工具在锚栓定位处穿孔，然后在孔内塞入胀管，其尾部与墙体钢筋绑扎以固定保温板。

（4）用胶粘剂满涂100mm宽、10mm厚保温板，填补门窗洞口两边齿槽缝隙的凹槽处，以免在浇注混凝土时跑浆（冬期施工时，保温板上可不开洞口，待全部保温板安装完毕后，再切割出洞口）。

（5）安装钢制大模板，应在保温板外侧根部采取可靠的定位措施，以防模板压损保温板。大模板就位后，穿螺栓紧固校正，连接必须严密、牢固，以防出现错台或露浆现象。

（6）浇注混凝土前，应在保温板和大模板上部扣上“门”形镀锌铁皮保护套，将保温板和大模板一同扣住。可在保护套上侧开口，将大模板吊环放在开口内。

（7）浇注混凝土应确保混凝土振捣密实，门窗洞口处浇灌混凝土时应沿洞口两边同时下料，使两侧浇灌高度大体一致。严禁振捣棒紧靠保温板。

（8）拆除模板后应及时修整墙面混凝土边角和板面余浆。

（9）穿墙套管拆除后，应以干硬性砂浆堵塞孔洞。保温板孔洞部位须用ZL胶粉聚苯颗粒浆料堵塞，并深入墙内大于50mm。

（10）抹面层聚合物抗裂砂浆前，应先清理保温层面层污物，板面、门窗洞口保温板如有缺损应采用ZL胶粉聚苯颗粒浆料或聚苯板进行修补，不平之处应进行打磨。

（11）抹聚合物抗裂砂浆标准网和加强网的铺设，门窗洞口的处理，玻纤网翻包，沉降缝、抗震缝、伸缩缝、分格缝的处理，装饰线条的安装以及柔性防水腻子和涂料施工皆与装饰工程施工相同。

（12）采用大模内置无网聚苯板复合ZL胶粉聚苯颗粒浆料外保温系统（涂料饰面和面砖饰面）拆除大模板前皆与前述相同，拆除大模板后，对于涂料饰面，增加抹20mm

胶粉聚苯颗粒浆料保温找平层；对于面砖饰面，应先用塑料锚栓固定设热镀锌钢丝网，再抹20mm胶粉聚苯颗粒保温浆料找平层，其余施工方法皆与前述相同。

3.5.4 外墙保温砂浆施工

外墙保温砂浆是将无机保温砂浆、弹性腻子（粗灰腻子、细灰腻子）与保温涂料（含抗碱防水底漆）或与面砖和勾缝剂按照一定的方式复合在一起，设置于建筑物墙体表面。对建筑物起保温隔热、装饰和保护作用的体系称无机保温隔热体系。保温砂浆由下列材料组成：

（1）无机空心体。无机空心体为中空的球体或不规则体，里面封闭不流动的空气或氮气，形成阻断热传导的物质。

（2）对流阻断体。填充无机空心体之间的孔隙，防止其间的空气出现对流，提高隔热效果。

（3）少量硅酸盐。提高无机保温砂浆层硬度。

（4）无机粘结剂。改善无机保温砂浆层和基层的粘结效果，提高无机保温砂浆层本身的强度。

（5）助剂。改善无机保温砂浆的贮存性能、施工性能、保水性能等。

3.5.4.1 基层墙体准备

（1）施工前清除墙面浮灰、油污、隔离剂及墙角杂物，保证施工作业面干净，混凝土墙面上因有不同的隔离剂，需做适当的界面处理。其他墙面只要剔除突出墙面大于10mm的异物，保证干净即可，不需特殊处理。

（2）基层墙面、外墙四角、洞口等处的表面平整及垂直度应满足有关施工验收规范的要求。

（3）按垂直、水平方向在墙角、阳台栏板等处弹好厚度控制线。

（4）按厚度控制线，用膨胀玻化微珠保温防火砂浆作标准厚度灰饼，冲筋，间隔适度。

3.5.4.2 施工工艺

1. 工艺流程

面饰涂料工艺流程：基层墙面清理（混凝土墙面界面处理）→测量垂直度、套方、弹控制线→做灰饼、冲筋、做口→抹保温砂浆→弹分格线、开分格槽、嵌贴滴水槽→抹抗裂砂浆→刮柔性耐水腻子→面层装饰涂料。

面饰瓷砖工艺流程：基层墙面清理（混凝土墙面界面处理）→测量垂直度、套方、弹控制线→做灰饼、冲筋、做口→抹保温砂浆→铺设低碳镀锌钢丝网→将锚固钉固定在主体墙体上→抹聚合物罩面砂浆→用砂浆粘贴瓷砖→瓷砖勾缝处理。

2. 作业条件

结构工程全部完工，并经有关部门验收合格；门窗框与墙体联结处的缝隙按规范规定嵌塞；施工墙面的灰尘、污垢和油渍应清理干净；脚手架搭设完成并验收合格。横竖杆与墙面、墙角的间距应保证满足保温层厚度和满足施工要求；施工环境温度不低于5℃，严禁雨天施工。

3.5.4.3 施工方法

(1) 当窗框安装完毕后将窗框四周分层填塞密实，保温层包裹窗框尺寸控制在10mm。

(2) 在清理干净的墙面上，用配好的保温料浆压抹第一层（厚度不低于10mm），使料浆均匀密实地覆盖墙面，稍待干燥后按设计要求抹至规定厚度，并且大杠搓平，门窗、洞口、垂直度、平整度均达到了规范质量要求后，再在表面进行收平压实。

(3) 抹灰厚度大于25mm时，可分两次抹涂，待第一次抹浆硬化后（24h）即可进行第二次抹浆，抹涂方法与普通砂浆相同。

(4) 对于外饰涂料的墙体，待保温砂浆硬化后在其表面涂刮抗裂砂浆罩面，涂刮厚度为1～2㎜，使其具有很好的防渗抗裂性能。同时对后续装饰工程形成很好的界面层，增强装饰装修效果。

(5) 对于外贴瓷砖的墙体，待保温砂浆硬化后在其表面涂刮上3mm聚合物抹面抗裂砂浆，铺设低碳镀锌钢丝网，打上锚固钉，固定在主体墙壁上，再涂刮上2mm的聚合物抗裂砂浆，然后待其干燥后用砂浆粘贴瓷砖。

(6) 首层外保温的阳角，须用专用金属护角或网格布护角处理。其余各层阴角、阳角以及门窗洞口角用玻纤网格布搭接增强，网格布翻包尺寸150～200mm。

(7) 色带。设计要求用色带来体现立面效果时，在保温砂浆施工完毕后，弹出色带控制线，用壁纸刀开出设定的凹槽，深度约为10mm，处理时应做工精细，保证色带内表面和侧面的平整和光滑。聚合物抹面抗裂砂浆施工时，色带和大面同时进行，色带部位用专用小型工具，做出阴阳角，并保证平整和顺直。

(8) 滴水槽。根据设计要求弹出滴水槽控制线，然后用壁纸刀沿控制线划开设定的凹槽，用聚合物抹面抗裂砂浆填满凹槽，并与聚合物抹面抗裂砂浆粘结牢固，然后将挤出的抗裂砂浆清理掉，确保粘结牢固。滴水槽的位置应处于同一水平面上，并距窗口外边缘距离相等。

(9) 外装饰。保温砂浆属于柔性涂层，所以严禁在其表面进行刚性涂层施工。其外装饰可按照设计要求进行施工。

课题3.6 冬期施工和雨期施工的措施

3.6.1 砌筑工程冬期施工

当室外日平均气温连续5d稳定低于5℃时，砌体工程应采取冬期施工措施。日最低温度低于－20℃时，砌体工程不宜施工。

冬期施工所用的材料，应符合下列要求：

(1) 砖、石、砌体在砌筑前，应清除冰霜。

(2) 砂浆宜用普通硅酸盐水泥拌制，因为这种水泥的早期强度发展较其他水泥快，有利于砌体在冻结前具有一定的强度。

(3) 石灰膏、黏土膏和电石膏等应防止受冻。如遭冻结，应经融化后方可使用。

(4) 拌制砂浆所用的砂，不得含有冰块和直径大于100mm的冻结快。

(5) 拌和砂浆时，水的温度不得超过 80℃，以免遇水泥发生“假凝”现象；砂的温度不得超过 40℃。

砖石工程冬期施工中以掺盐砂浆法为主，对保温、绝缘、装饰方面有特殊要求的工程，可用冻结法或其他施工方法。

3.6.1.1 掺盐砂浆法

掺入盐类的水泥砂浆、水泥混合砂浆或微沫砂浆称为掺盐砂浆。采用这种砂浆砌筑的方法称为掺盐砂浆法。

1. 掺盐砂浆法的原理和适应范围

掺盐砂浆法就是在砌筑砂浆内掺入一定数量的抗冻化学剂，来降低水溶液的冰点，以保证砂浆中有液态水存在，使水化反应在一定负温下不间断进行，使砂浆强度在负温下能够继续缓慢增长。同时，由于降低了砂浆中水的冰点，砖石砌体的表面不会立即结冰而形成冰膜，故砂浆和砖石砌体能较好地粘结。

掺盐砂浆中的抗冻化学剂，目前主要是氯化钠和氯化钙。其他还有亚硝酸钠、碳酸钾和硝酸钙等。

掺盐砂浆法具有施工简便、施工费用低，货源易于解决等优点，所以在我国砖石砌体冬期施工中普遍采用掺盐砂浆法。

由于氯盐砂浆吸湿性大，使结构保温性能下降，并有析盐现象等。对下列工程严禁采用掺盐砂浆法施工：对装饰有特殊要求的建筑物，使用湿度大于 80%的建筑物，接近高压电路的建筑物，配筋、钢埋件无可靠防腐处理措施的砌体，处于地下水位变化范围内以及水下未设防水层的结构。

2. 掺盐砂浆法的施工工艺

采用掺盐法进行施工，应按不同负温界限控制掺盐量，当砂浆中氯盐掺量过少，砂浆内会出现大量的冰结晶体，水化反应极其缓慢，会降低早期强度。如果氯盐掺量大于 10%。砂浆的后期强度会显著降低，同时导致砌体析盐量过大，增大吸湿性，降低保温性能。按气温情况规定的掺盐量见表 3.5。

表 3.5　　砂浆掺盐量（占用水量的%）　　%

氯盐及砌体材料种类			日最低气温（℃）			
			≥−10	−11～−15	−16～−20	−21～−25
氯化钠（单盐）		砖、砌块	3	5	7	—
		砌石	4	7	10	—
（双盐）	氯化钠	砖、砌块	—	—	5	7
	氯化钙		—	—	2	3

注　掺盐量以无水盐计。

对砌筑承重结构的砂浆强度等级应按常温施工时提高一级。拌和砂浆前要对原材料加热，且应优先加热水。当满足不了温度时，再进行砂的加热。当拌和水的温度超过 60℃时，拌制时的投料顺序是：水和砂先拌，然后再投放水泥。掺盐砂浆中掺入微沫剂时，盐溶液和微沫剂在砂浆拌和过程中先后加入。砂浆应采用机械进行拌和，搅拌时间应比常温季节增加1倍。拌和后的砂浆应注意保温。

由于氯盐对钢筋有腐蚀作用，掺盐法用于设有构造配筋的砌体时，钢筋可以涂樟丹2～3道或者涂沥青1～2道，以防钢筋锈蚀。

掺盐砂浆法砌筑砖砌体，应采用“三一”砌砖法进行操作。即一铲灰，一块砖，一揉压，使砂浆与砖的接触面能充分结合。砌筑时要求灰浆饱满，灰缝厚度均匀，水平缝和垂直缝的厚度和宽度，应控制在8～10mm。采用掺盐砂浆法砌筑砌体，砌体转角处和交接处应同时砌筑，对不能同时砌筑而又必须留置的临时间断处，应砌成斜槎。砌体表面不应铺设砂浆层，宜采用保温材料加以覆盖，继续施工前，应先用扫帚扫净砖表面，然后再施工。

3.6.1.2 冻结法

冻结法是指采用不掺化学外加剂的普通水泥砂浆或水泥混合砂浆进行砌筑的一种冬期施工方法。

1. 冻结法的原理和适应范围

冻结法的砂浆内不掺任何抗冻化学剂，允许砂浆在铺砌完后就受冻。受冻的砂浆可以获得较大的冻结强度，而且冻结的强度随气温降低而增高。但当气温升高而砌体解冻时，砂浆强度仍然等于冻结前的强度。当气温转入正温后，水泥水化作用又重新进行，砂浆强度可继续增长。

冻结法允许砂浆在砌筑后遭受冻结，目在解冻后其强度仍可继续增长。所以对有保温、绝缘、装饰等特殊要求的工程和受力配筋砌体以及不受地震区条件限制的其他工程，均可采用冻结法施工。

经冻结、融化和硬化三个阶段后，冻结法施工的砂浆的强度、砂浆与砖石砌体间的粘结力都有不同程度的降低。砌体在融化阶段，由于砂浆强度接近于零，将会增加砌体的变形和沉降。所以下列结构不宜选用：空斗墙、毛石墙、承受侧压力的砌体、在解冻期间可能受到振动或动荷载的砌体、在解冻期间不允许发生沉降的砌体。

2. 冻结法的施工工艺

采用冻结法施工时，应按照“三一”砌筑方法，对于房屋转角处和内外墙交接处的灰缝应特别仔细砌合。砌筑时一般采用一顺一丁的砌筑方法。冻结法施工中宜采用水平分段施工，墙体一般应在一个施工段范围内砌筑至一个施工层的高度，不得间断。每天砌筑高度和临时间断处均不宜大于1.2m。不设沉降缝的砌体，其分段处的高差不得大于4m。

砌体解冻时，由于砂浆的强度接近于零，所以增加了砌体解冻期间的变形和沉降，其下沉量比常温施工增加10%～20%。解冻期间，由于砂浆遭冻后强度降低，砂浆与砌体之间的粘结力减弱，所以砌体在解冻期间的稳定性较差。用冻结法砌筑的砌体，在开冻前需进行检查，开冻过程中应组织观测。如发现裂缝、不均匀下沉等情况，应分析原因并立即采取加固措施。

为保证砖砌体在解冻期间能够均匀沉降不出现裂缝，应遵守下列要求：解冻前应清除房屋中剩余的建筑材料等临时荷载；开冻前宜暂停施工；留置在砌体中的洞口和沟槽等宜在解冻前填砌完毕；跨度大于0.7m的过梁宜采用预制构件；门窗框上部应留3～5mm的空隙，作为化冻后预留沉降量；在楼板水平面上，墙的拐角处、交接处和交叉处每半砖设置一根 $\phi 6$ 的拉筋。

在解冻期进行观测时，应特别注意多层房屋下层的柱和窗间墙、梁端支承处、墙交接处等位置。此外，还必须观测砌体沉降的大小、方向和均匀性，砌体灰缝内砂浆的硬化情况。观测一般需 15d 左右。

解冻时除对正在施工的工程进行强度验算外，还要对已完成的工程进行强度验算。

3.6.1.3　其他冬期施工方法

对保温、绝缘、装饰等方面有特殊要求的工程，还可采用其他施工方法：暖棚法、快硬砂浆法、蓄热法、电气加热法等。

1. 暖棚法

暖棚法是利用简易结构和廉价的保温材料，将需要砌筑的工作面临时封闭起来，使砌体在正温条件下砌筑和养护。

采用暖棚法施工，块材在砌筑时的温度不应低于＋5℃，距离所砌的结构底面 0.5m 处的棚内温度也不应低于＋5℃。

在暖棚内的砌体养护时间，应根据暖棚内温度按表 3.6 确定。

表 3.6　暖棚法砌体的养护时间

暖棚的温度（℃）	5	10	15	20
养护时间（d）	≥6	≥5	≥4	≥3

2. 快硬砂浆法

快硬砂浆法是用快硬硅酸盐水泥、加热的水和砂拌和制成的快硬砂浆，在受冻前能比普通砂浆获得较高的强度。适用于热工要求高、湿度大于 60％及接触高压输电线路和配筋的砌体。

3.6.2　砌筑工程雨期施工

（1）砖在雨期必须集中堆放，不宜浇水。砌墙时要求干湿砖块合理搭配。砖湿度较大时不可上墙。砌筑高度不宜超过 1.2m。

（2）雨期遇大雨必须停工。砌体停工时应在砖墙顶盖一层干砖，避免大雨冲刷灰浆。大雨过后受雨冲刷过的新砌墙体应翻砌最上面两皮砖。

（3）稳定性较差的窗间墙、独立砖柱，应加设临时支撑或及时浇注圈梁，以增加墙体的稳定性。

（4）砌体施工时，内外墙要同时砌筑，并注意转角及丁字墙的搭接。

（5）雨后继续施工，须复核已完工砌体的垂直度和标高。

课题 3.7　安 全 施 工 措 施

（1）砌筑操作前必须检查操作环境是否符合安全要求，道路是否畅通，机具是否完好牢固，安全设施和防护用品是否齐全，经检查符合要求后方可施工。

(2) 搭设脚手架人员必须戴安全帽、系安全带、穿防滑鞋。

(3) 墙身砌筑高度超过地坪1.2m以上时，应搭设脚手架。在一层以上或高度超过4m时，采用里脚手架必须支搭安全网，采用外脚手架应设护身栏杆和挡土板后方可砌筑。

(4) 作业层上的施工荷载应符合设计要求，不得超载。不得将楼板支架、缆风绳、泵送混凝土和砂浆的输送管等固定在脚手架上，严禁悬挂起重设备。

(5) 不得在脚手架基础及其邻近处进行挖掘作业，否则应采取安全措施，并报主管部门批准。

(6) 临街搭设脚手架时，外侧应有防止坠物伤人的防护措施。

(7) 在脚手架上进行电、气焊作业时，必须有防火措施和专人看守。

(8) 搭拆脚手架时，地面应设围栏和警戒标志，并派专人看守，严禁非操作人员入内。

(9) 不准站在墙顶上进行画线、刮缝及清扫墙面或检查大角垂直等工作。

(10) 砍砖时应面向墙体，避免碎砖飞出伤人。

(11) 不准在超过胸部的墙上进行砌筑，以免将墙体碰撞倒塌造成安全事故。

(12) 用于垂直运输的吊笼、滑车、绳索、刹车等必须满足负荷要求，牢固无损；吊运时不准超载，并经常检查，发现问题及时修正。

(13) 对于已砌好的山墙相互之间要用连系杆临时固定，使其联系稳定，或采取其他有效的加固措施。

(14) 在同一垂直面内上下交叉作业时，必须设置安全隔板，下方操作人员必须佩戴安全帽。

(15) 当有6级及6级以上大风和雾、雨、雪天气时应停止脚手架搭设与拆除作业。雨、雪后上架作业应有防滑措施，并应扫除积雪。

(16) 大风、大雨、冰冻等异常天气之后，应检查砌体是否有垂直度的变化，是否产生了裂隙，是否有不均匀沉降等现象。

复习思考题

1. 砌筑用砂浆有哪些种类？适用于什么场合？
2. 对砂浆制备和使用有什么要求？
3. 砂浆强度检验如何规定？
4. 砌筑用砖有哪些种类？其外观质量和强度指标有什么要求？
5. 砌体工程质量有哪些要求？影响其质量的因素有哪些？
6. 砖墙砌体主要有哪几种砌筑形式？各有何特点？
7. 简述砖墙砌筑的施工工艺和施工要点。
8. 皮数杆有何作用？如何布置？
9. 何谓“三一”砌砖法？其优点是什么？
10. 简述混凝土小型砌块的施工工艺。

11. 加气混凝土砌块有哪些材料组成？简述其构造要求。
12. 什么叫聚苯板外墙外保温薄抹灰系统？画出它的基本构造图？
13. 简要回答薄抹灰系统外保温工程的施工工序和施工方法。
14. 简要叙述胶粉聚苯颗粒外墙外保温工程的施工要点。
15. 砌筑工程冬期施工可以采用哪些方法？

单元4　混凝土结构工程施工

课题4.1　模 板 工 程 施 工

4.1.1　模板构造

模板与其支撑体系组成模板系统。模板系统是一个临时架设的结构体系，其中模板是新浇混凝土成型的模具，它保证混凝土构件具有所要求的形状、尺寸和表面质量；支撑体系是指支撑模板，承受模板、构件及施工中各种荷载，并使模板保持所要求的空间位置的临时结构。

4.1.1.1　模板的分类

1. 按模板形状分类

按模板形状分有平面模板和曲面模板。平面模板又称为侧面模板，主要用于结构物垂直面。曲面模板用于某些形状特殊的部位。

2. 按模板材料分类

按模板材料分有钢模板、木模板、胶合板、混凝土预制模板、塑料模板、橡胶模板等。

3. 按模板受力条件分类

按模板受力条件分有承重模板和侧面模板。承重模板主要承受混凝土重量和施工中的垂直荷载；侧面模板主要承受新浇混凝土的侧压力。侧面模板按其支承受力方式，又分为简支模板、悬臂模板和半悬臂模板。

4. 按模板使用特点分类

按模板使用特点分为固定式、拆移式、移动式和滑动式。固定式用于形状特殊的部位，不能重复使用。拆移式、移动式和滑动式模板都能重复使用，或连续使用在形状一致的部位。但其使用方式有所不同：拆移式模板需要拆散移动；移动式模板的车架装有行走轮，可沿专用轨道整体移动；滑动式模板是以千斤顶或卷扬机为动力，可在混凝土连续浇筑的过程中，使模板面紧贴混凝土面滑动。

4.1.1.2　定型组合钢模板

定型组合钢模板系列包括钢模板、连接件、支承件三部分。其中，钢模板包括平面钢模板和拐角模板；连接件有U形卡、L形插销、钩头螺栓、紧固螺栓、蝶形扣件等；支承件有圆钢管、薄壁矩形钢管、内卷边槽钢、单管伸缩支撑等。

1. 钢模板的规格和型号

钢模板包括平面模板、阳角模板、阴角模板和连接角模，如图4.1所示。单块钢模板由面板、边框和加劲肋焊接而成。面板厚2.3mm或2.5mm，边框和加劲肋上面按一定距离（如150mm）钻孔，可利用U形卡和L形插销等拼装成大块模板。

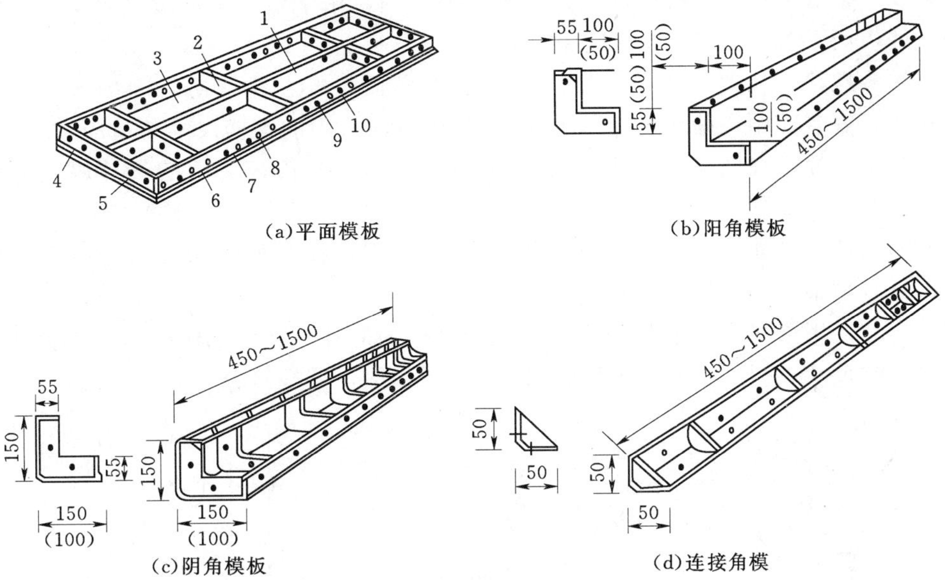

图 4.1 钢模板类型图（单位：mm）

1—中纵肋；2—中横肋；3—面板；4—横肋；5—插销孔；6—纵肋；7—凸棱；8—凸鼓；9—U 形卡孔；10—钉子孔

钢模板的宽度以 50mm 进级，长度以 150mm 进级，其规格和型号已做到标准化、系列化。如型号为 P3015 的钢模板，P 表示平面模板，3015 表示宽×长为 300mm×1500mm。又如型号为 Y1015 的钢模板，Y 表示阳角模板，1015 表示宽×长为 100mm×1500mm。如拼装时出现不足模数的空隙时，用镶嵌木条补缺，用钉子或螺栓将木条与板块边框上的孔洞连接。

2. 连接件

(1) U 形卡。它用于钢模板之间的连接与锁定，使钢模板拼装密合。U 形卡安装间距一般不大于 300mm，即每隔一孔卡插一个，安装方向一顺一倒相互交错，如图 4.2 所示。

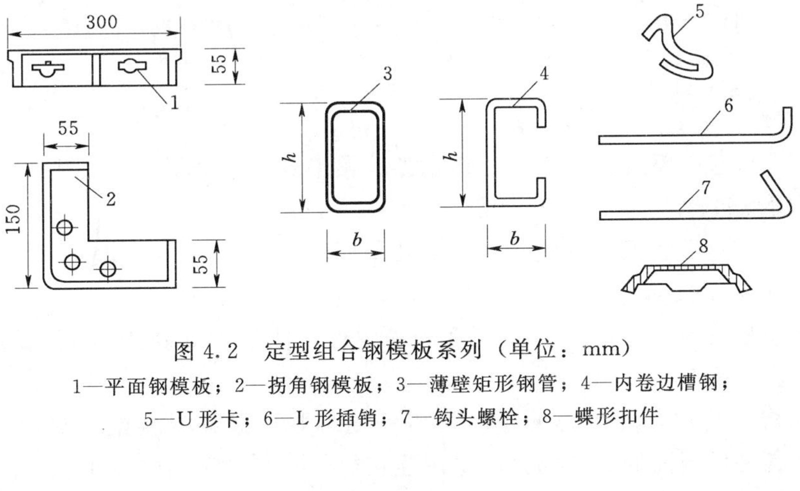

图 4.2 定型组合钢模板系列（单位：mm）

1—平面钢模板；2—拐角钢模板；3—薄壁矩形钢管；4—内卷边槽钢；5—U 形卡；6—L 形插销；7—钩头螺栓；8—蝶形扣件

（2）L形插销。它插入模板两端边框的插销孔内，用于增强钢模板纵向拼接的刚度和保证接头处板面平整，如图4.3（b）所示。

（3）钩头螺栓。如图4.3（c）所示，用于钢模板与内、外钢楞之间的连接固定，使之成为整体，安装间距一般不大于600mm，长度应与采用的钢楞尺寸相适应。

（4）对拉螺栓。如图4.3（e）所示，用来保持模板与模板之间的设计厚度并承受混凝土侧压力及水平荷载，使模板不致变形。

（5）紧固螺栓。如图4.3（d）所示，用于紧固钢模板内外钢楞，增强组合模板的整体刚度，长度与采用的钢楞尺寸相适应。

（6）扣件。用于将钢模板与钢楞紧固，与其他的配件一起将钢模板拼装成整体。按钢楞的不同形状尺寸，分别采用碟形扣件和“3”形扣件，其规格分为大、小两种。

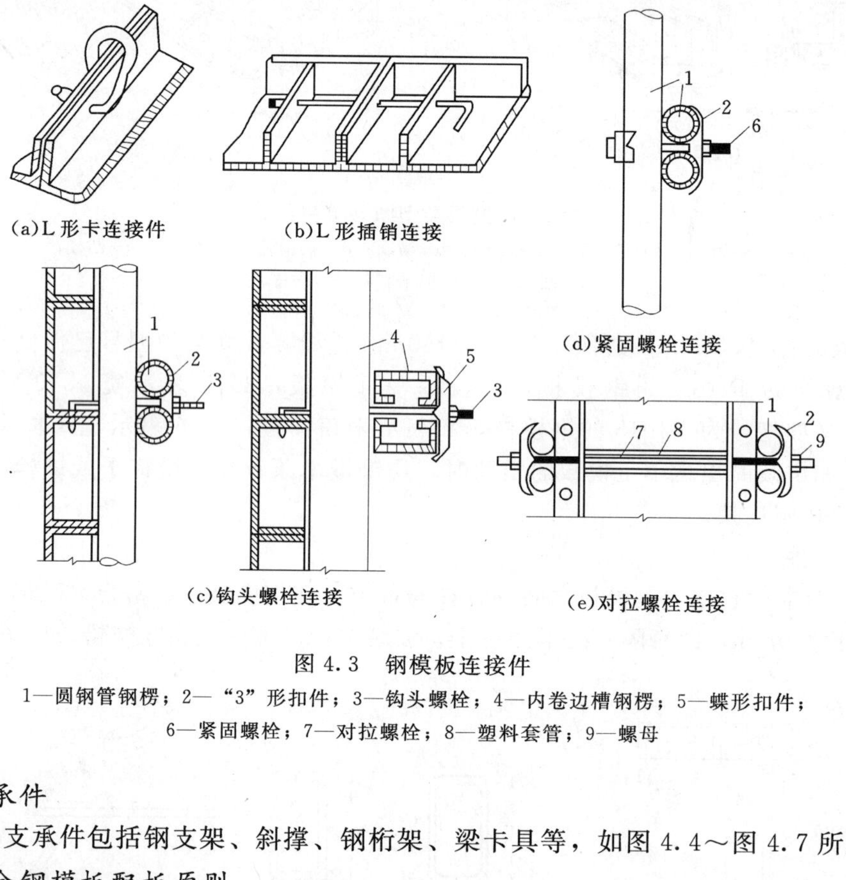

图4.3　钢模板连接件

1—圆钢管钢楞；2—“3”形扣件；3—钩头螺栓；4—内卷边槽钢楞；5—蝶形扣件；6—紧固螺栓；7—对拉螺栓；8—塑料套管；9—螺母

3. 支承件

配件的支承件包括钢支架、斜撑、钢桁架、梁卡具等，如图4.4～图4.7所示。

4. 组合钢模板配板原则

配板设计和支承系统的设计应遵守以下几个原则。

（1）要保证构件的形状尺寸及相互位置的正确。

（2）要使模板具有足够的强度、刚度和稳定性，能够承受新浇混凝土的重量和侧压力，以及各种施工荷载。

（3）力求构造简单，装拆方便，不妨碍钢筋绑扎，保证混凝土浇筑时不漏浆。柱、梁、墙、板的各种模板面的交接部分应采用连接简便、结构牢固的专用模板。

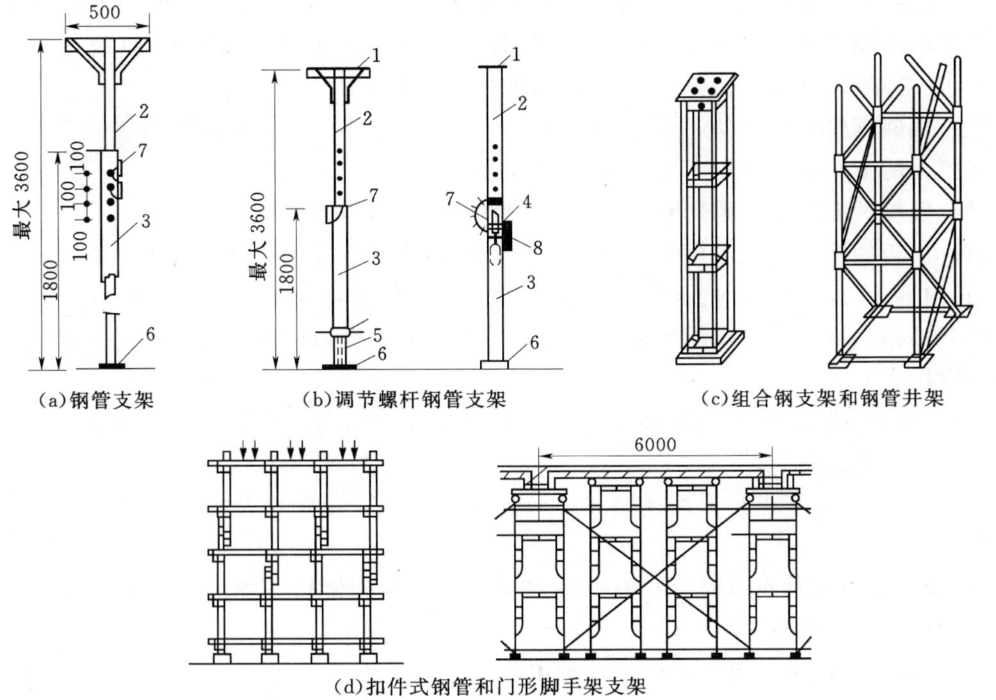

(a)钢管支架　(b)调节螺杆钢管支架　(c)组合钢支架和钢管井架

(d)扣件式钢管和门形脚手架支架

图 4.4　钢支架（单位：mm）

1—顶板；2—插管；3—套管；4—转盘；5—螺杆；6—底板；7—插销；8—转动手柄

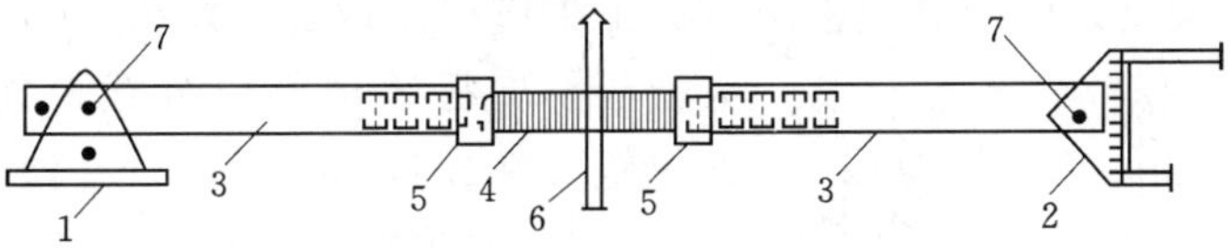

图 4.5　斜撑

1—底座；2—顶撑；3—钢管斜撑；4—花篮螺丝；5—螺母；6—旋杆；7—销钉

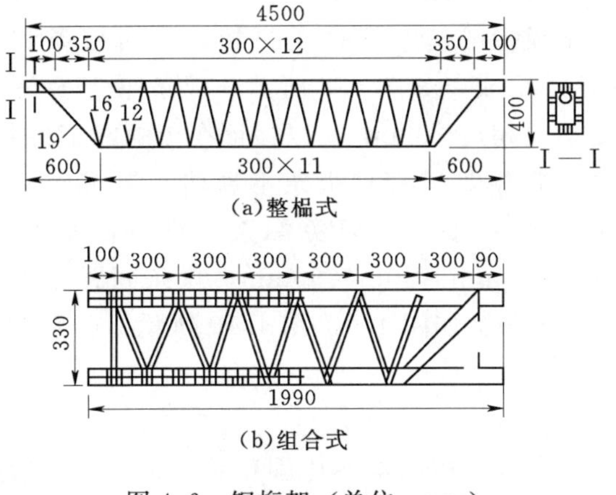

图 4.6　钢桁架（单位：mm）

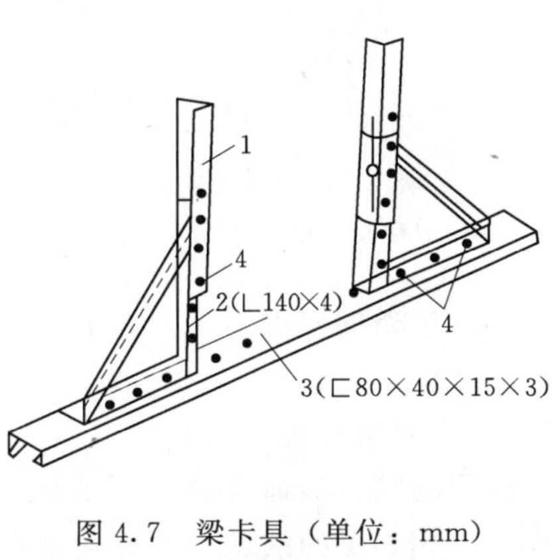

图 4.7　梁卡具（单位：mm）

1—调节杆；2—三脚架；3—底座；4—螺栓

(4) 配制的模板应优先选用通用、大块模板，使其种类和块数最小，木模镶拼量最少。为了减少钢模板的钻孔损耗，设置对拉螺栓的模板时可在螺栓部位改用 55mm×100mm 刨光方木代替，或应使钻孔的模板能多次周转使用。

(5) 相邻钢模板的边肋，都应用 U 形卡插卡牢固，U 形卡的间距不应大于 300mm，端头接缝上的卡孔也应插上 U 形卡或 L 形插销。

(6) 模板长向拼接宜采用错开布置，以增加模板的整体刚度。

(7) 模板的支撑系统应根据模板的荷载和部件的刚度进行布置。具体方法如下：

1) 内钢楞应与钢模板的长度方向相垂直，直接承受钢模板传递的荷载；外钢楞应与内钢楞互相垂直，承受内钢楞传来的荷载，用以加强钢模板结构的整体刚度，其规格不得小于内钢楞。

2) 内钢楞悬挑部分的端部挠度应与跨中挠度大致相同，悬挑长度不宜大于 400mm，支柱应着力在外钢楞上。

3) 一般柱、梁模板宜采用柱箍和梁卡具作支撑件。断面较大的柱、梁宜用对拉螺栓和钢楞及拉杆。

4) 模板端缝齐平布置时，一般每块钢模板应有两处钢楞支撑。错开布置时，其间距可不受端缝位置的限制。

5) 在同一工程中，可多次使用的预组装模板宜采用模板与支承系统连成整体的模架。

6) 支承系统应经过设计计算，保证具有足够的强度和稳定性。当支柱或节间的长细比大于 110 时，应按临界荷载进行核算，安全系数可取 3.0～3.5。

7) 对于连续形式或排架形式的支柱，应适当配置水平撑与剪刀撑，以保证其稳定性。

(8) 模板的配板设计应绘制配板图，标出钢模板的位置、规格、型号和数量。预组装大模板，应标绘出其分界线。预埋件和预留孔洞的位置应在配板图上标明，并注明固定方法。

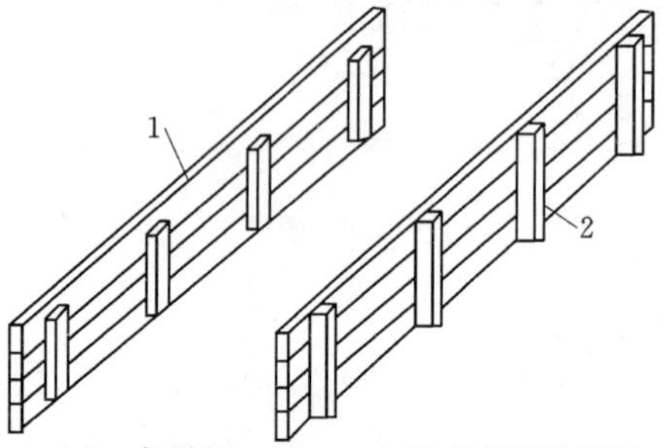

(a)一般拼板　　(b)梁侧板的拼板

图 4.8 拼板的构造
1—板条；2—拼条

4.1.1.3 木模板

木模板的木材主要采用松木和杉木，其含水率不宜过高，以免干裂，材质不宜低于三等材。

木模板的基本元件是拼板，它由板条和拼条（木挡）组成，如图 4.8 所示。板条厚 25～50mm，宽度不宜超过 200mm，以保证在干缩时缝隙均匀，浇水后缝隙要严密且板条不翘曲，但梁底板的板条宽度不受限制，以免漏浆。拼条截面尺寸为 25mm×35mm～50m×50mm，拼条间距根据施工荷载大小及板条的厚度而定，一般取 400～500mm。如图 4.9、图 4.10 所示，分别为阶梯形基础和楼梯模板。

4.1.1.4 胶合板模板

模板用的胶合板通常由 5、7、9、11 层等奇数层单板经热压固化胶合成形，一般采用竹胶模板。相邻层的纹理方向相互垂直，通常最外层表板的纹理方向和胶合板板面的长向平行，因此，整张胶合板的长向为强方向，短向为弱方向，使用时必须加以注意。模板用

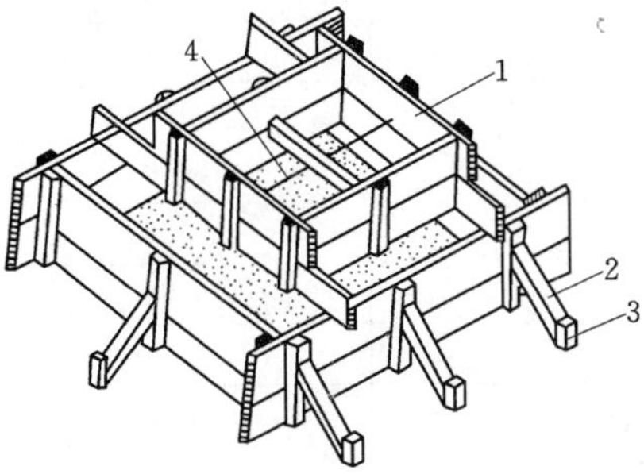

图4.9 阶梯形基础模板

1—拼板；2—斜撑；3—木桩；4—铁丝

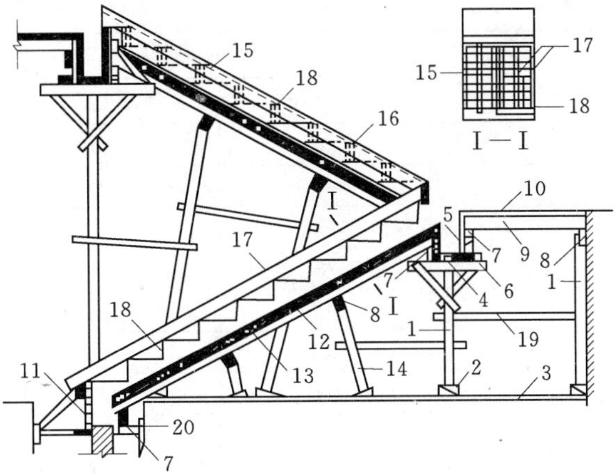

图4.10 楼梯模板

1—支柱（顶撑）；2—木楔；3—垫板；4—平台梁底板；5—侧板；6—夹板；7—托木；8—撑木；9—木楞；10—平台底板；11—楼梯基础侧板；12—斜木楞；13—楼梯底板；14—斜向顶撑；15—外帮板；16—横挡木；17—反三角板；18—踏步侧板；19—拉杆；20—木桩

木胶合板的幅面尺寸，一般宽度为1200mm左右，长度为2400mm左右，厚约12～18mm。适用于高层建筑中的水平模板、剪力墙、垂直墙板。

胶合板用作楼板模板时，常规的支模方法是用ϕ48mm×3.5mm脚手钢管搭设排架，排架上铺放间距为400mm左右的50mm×100mm或60mm×80mm木方（俗称68木方），作为面板下的楞木。木胶合板常用厚度为12mm、18mm，木方的间距随胶合板厚度作调整。这种支模方法简单易行，现已在施工现场大面积采用。

竹胶模板强度高，韧性好，板的静曲强度相当于木胶合板强度的4～5倍，可减少模板支撑的使用数量。竹胶模板幅面宽，拼缝少，基本尺寸为2440mm×1220mm，相当于6.5块P3015钢模板，自重轻，支模、拆模速度快。竹胶模板表面光滑，容易脱模，复模竹胶模板表面对混凝土的粘结力仅为钢模板的1/100，混凝土表面平整光滑，可取消抹灰作业，工程进展速度快。竹胶模板耐水性好，水煮不开胶，遇水受潮不变形，防腐、防虫蛀。竹胶模板导热系数为0.14～0.16W/（m·K），远小于钢模板的导热系数，有利于冬季施工保温。竹胶模板使用周转次数高，板材可正反两面使用，在使用方法正确的情况下，周转次数可达10次以上。

胶合板用作墙模板时，常规的支模方法是胶合板面板外侧的内楞用50mm×100mm或60mm×80mm木方，外楞用ϕ48mm×3.5mm脚手钢管，内外模用“3”形卡及穿墙螺栓拉结。竹胶模板跨距参考表见表4.1。

竹胶模板加工时，首先制定合理的方案，锯片要求是合金锯片，直径400mm，120齿左右，转速4000rad/min，要在板下垫实后再锯切，以防出现毛边。竹胶模板前5次使用不必涂脱模剂，以后每次应及时清洁板面，保持表面平整、光滑，以增加使用效果和次

表 4.1　竹胶模板跨距参考表

所浇楼板厚度（cm）	12mm厚竹胶板		15mm厚竹胶板	
	跨距（cm）	控制荷重量（kN/m^2）	跨距（cm）	控制荷重量（kN/m^2）
8	45	6.04	55	6.08
10	43	6.64	52	6.68
12	41	7.25	49	7.28
15	39	8.15	46	8.19
18	37	9.06	44	9.09
20	35	9.66	42	9.69
22	33	10.27	41	10.29
25	31	11.17	39	11.20
30	29	12.69	37	12.71

数。竹胶模板的存贮时，板面堆放应下垫方木条，不得与地面接触，保持通风良好，防止日晒雨淋，定期检查。

竹胶合板模板施工方法如下。

1. 楼板模型施工

楼板模型采用竹胶板模型，以满堂支架上铺双层方木为支撑，方木规格100mm×100mm，上层方木间距400mm左右，下层方木间距800～1200mm左右。其施工工艺流程：搭设满堂支架→安装纵横方木→调整方木标高及起拱→铺设竹胶模板→检查模板上顶标高、平整度。满堂支架搭设前，要在每块楼板四周的剪力墙上按楼板标高用墨斗弹出水平线，然后按平线搭设满堂支架，支架间距一般为800～1200mm，支架安装从一边开始，依次逐排向另一侧进行，安装完毕后，在支架上安装下层方木，方木的标高通过支柱上的可调顶丝调整，当按水平线调整无误后，安装上层方木，上层方木以下方木为支座，上层方木铺设完毕且标高无误后，即可开始铺设竹胶模板。成品竹胶模板规格一般为1.2m×2.4m，可根据每块楼板的实际尺寸裁割，应尽量使用整块模板，减少裁割、拼装。竹胶板与竹胶板接缝处要用透明薄胶带纸粘结密封，竹胶模与剪力墙相交处，要胶粘海绵条一道，以防楼板混凝土漏浆。当检查模板标高正确后，即可在模板上涂刷水性脱模剂，绑扎楼板钢筋。

2. 梁模板施工

竹胶合梁模的梁底模、梁侧模均由竹胶板与木楞或木板组合而成。竹胶合板模相较组合钢模有自重轻、板面平整、接缝少、锯截方便、混凝土观感质量好等特点。

梁模板的就位安装工艺：弹出梁轴线及水平线并复核→搭设梁模钢管支架→安装梁底模板→梁底起拱→绑扎梁钢筋→安装梁侧模→安装斜撑及对拉螺栓→复核梁模尺寸、位置→支设相邻楼板模型。

施工时先在剪力墙混凝土上弹出梁位置线及标高线，复核无误后，开始搭设梁模钢管支架，其支架需与楼板模型满堂支架一块施工，以保持支架的稳定性，支架采用标准脚手架钢管，支架间距一般为900～1200mm，支架上部水平钢管按梁底标高安设，梁底模直接安放在水平钢管上，并用管扣两边扣紧，以免移位。梁底模支好后，即可在底模上绑扎梁钢筋，经验收合格后，清理完杂物，开始安装梁侧模。将梁两侧模型与底模连接固定后，应用斜撑将梁上口模型固定，需要时还应穿对拉螺栓加固。侧梁模的上口要拉线找直，固定牢固。每个梁模支好后，要有专人复核检查梁模尺寸、位置，以免发生差错，检查时还应特别注意梁模两头与剪力墙的结合部位是否严密，以防浇筑混凝土时发生漏浆现象。

4.1.1.5 滑动模板

滑动模板（简称滑模），是在混凝土连续浇筑过程中，可使模板面紧贴混凝土面滑动的模板。采用滑模施工要比常规施工节约木材（包括模板和脚手板等）70%左右；采用滑模施工可以节约劳动力30%～50%；采用滑模施工要比常规施工的工期短、速度快，可以缩短施工周期30%～50%；滑模施工的结构整体性好，抗震效果明显，适用于高层或超高层抗震建筑物和高耸构筑物施工；滑模施工的设备便于加工、安装、运输。

1. 滑板系统装置的组成部分

（1）模板系统。包括提升架，围圈，模板及加固、连接配件。

（2）施工平台系统。包括工作平台、外圈走道、内外吊脚手架。

（3）提升系统。包括千斤顶、油管、分油器、针形阀、控制台、支承杆及测量控制装置。滑模构造如图4.11所示。

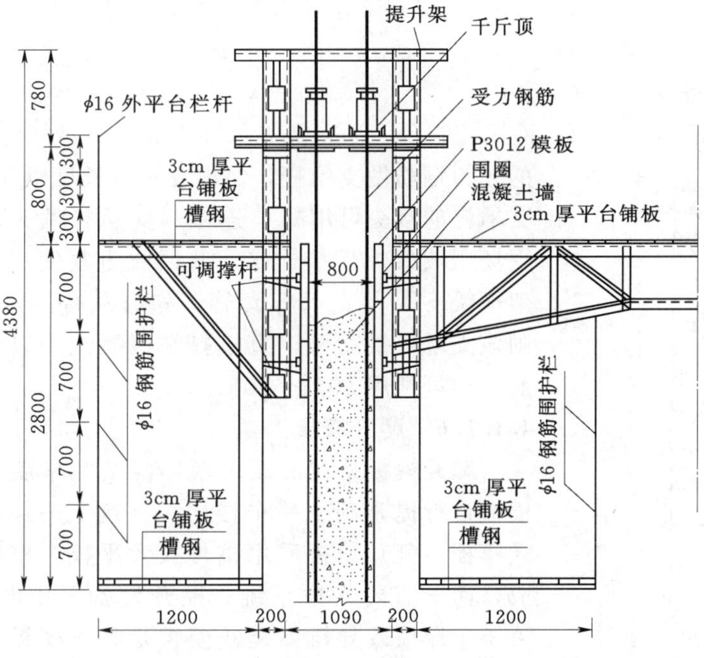

图4.11 滑模构造示意图（单位：mm）

2. 主要部件构造及作用

（1）提升架。

提升架是整个滑模系统的主要受力部分。各项荷载集中传至提升架，最后通过装设在提升架上的千斤顶传至支承杆上。提升架由横梁、立柱、牛腿及外挑架组成。各部分尺寸及杆件断面应通盘考虑，经计算确定。

（2）围圈。

围圈是模板系统的横向连接部分，将模板按工程平面形状组合为整体。围圈也是受力部件，它既承受混凝土侧压力产生的水平推力，又承受模板的重量、滑动时产生的摩阻力等竖向力。在有些滑模系统的设计中，也将施工平台支撑在围圈上。围圈架设在提升架的牛腿上，各种荷载将最终传至提升架上。围圈一般用型钢制作。

（3）模板。

模板是混凝土成型的模具，要求板面平整、尺寸准确、刚度适中。模板高度一般为90～120cm，宽度为50cm，但根据需要也可加工成小于50cm的异形模板。模板通常用钢材制作，也有用其他材料制作的，如钢木组合模板，是用硬质塑料板或玻璃钢等材料作为面板的有机材料复合模板。

（4）施工平台与吊脚手架。

施工平台是滑模施工中各工种的作业面及材料、工具的存放场所。施工平台应视建筑物的平面形状、开门大小、操作要求及荷载情况设计。施工平台必须有可靠的强度及必要的刚度，确保施工安全，防止平台变形导致模板倾斜。如果跨度较大时，在平台下应设置承托桁架。

吊脚手架用于对已滑出的混凝土结构进行处理或修补，要求沿结构内外两侧周围布置。吊脚手架的高度一般为1.8m，可以设2层或3层。吊脚手架要有可靠的安全设备及防护设施。

（5）提升设备。

提升设备由液压千斤顶、液压控制台、油路及支承杆组成。支承杆可用直径为25mm的光圆钢筋做支承杆，每根支承杆长度以3.5～5.0m为宜。支承杆的接头可用螺栓连接（支承杆两头加工成螺纹）或现场用坡口焊焊接连接。若回收重复使用，则需要在提升架横梁下附设支承杆套管。如有条件并经设计部门同意，则该支承杆钢筋可以直接打在混凝土中以代替部分结构配筋，约可利用50%～60%。

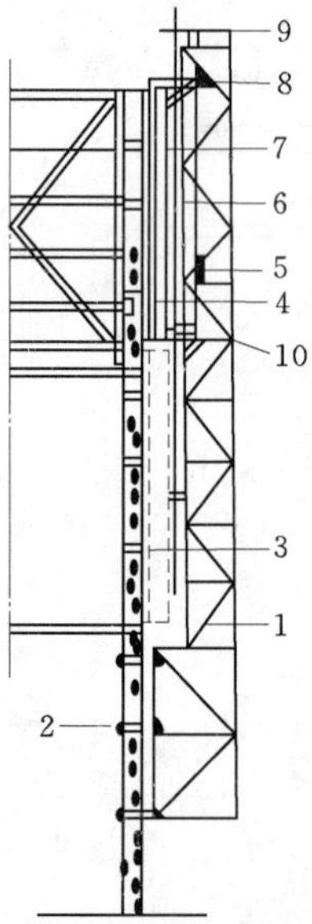

图 4.12　爬升模板

1—爬架；2—螺栓；3—预留爬架孔；4—爬模；5—爬架千斤顶；6—爬模千斤顶；7—爬杆；8—模板挑横梁；9—爬架挑横梁；10—脱模千斤顶

4.1.1.6　爬升模板

爬升模板是在混凝土墙体浇筑完毕后利用提升装置将模板自行提升到上一个楼层，浇筑上一层墙体的垂直移动式模板。爬升模板采用整片式大平模，模板由面板及肋组成，而不需要支撑系统；提升设备采用电动螺杆提升机、液压千斤顶或导链。爬升模板是将大模板工艺和滑升模板工艺相结合，既保持大模板施工墙面平整的优点，又保持了滑模利用自身设备使模板向上提升的优点，墙体模板能自行爬升而不依赖塔式起重机。爬升模板适用于高层建筑墙体、电梯井壁、管道间混凝土施工。

爬升模板由钢模板、提升架和提升装置三部分组成，如图4.12所示。

4.1.1.7 台模

台模是浇筑钢筋混凝土楼板的一种大型工具式模板。在施工中可以整体脱模和转运，利用起重机从浇筑完的楼板下吊出，转移至上一楼层，中途不再落地，所以也称为“飞模”。台模按其支架结构类型分为立柱式台模、桁架式台模、悬架式台模等。

台模适用于各种结构的现浇混凝土，适用于小开间、小进深的现浇楼板，单座台模面板的面积小至 $2m^2$，大至 $60m^2$ 以上。台模整体性好，混凝土表面容易平整、施工进度快。台模由台面、支架（支柱）、支腿、调节装置、行走轮等组成。台面是直接接触混凝土的部件，表面应平整光滑，具有较高的强度和刚度。目前常用的面板有钢板、胶合板、铝合金板、工程塑料板及木板等，如图 4.13 所示。

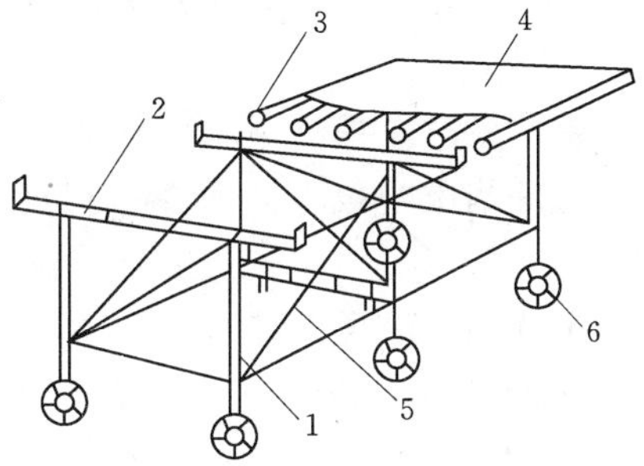

图 4.13 台模

1—支腿；2—可伸缩的横梁；3—檩条；4—面板；5—斜撑；6—滚轮

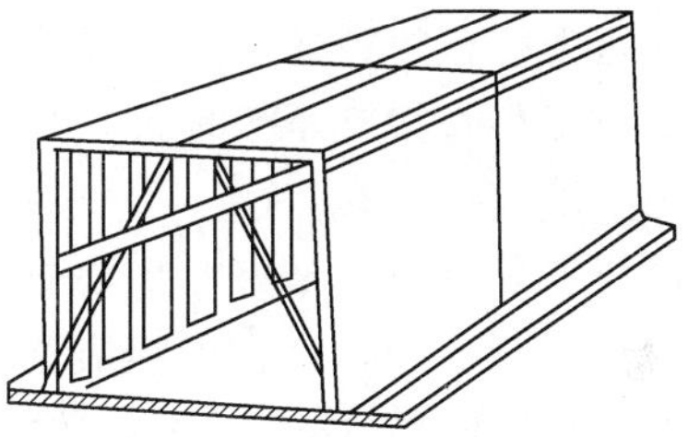

图 4.14 隧道模

4.1.1.8 隧道模

隧道模是将楼板和墙体一次支模的一种工具式模板，相当于将台模和大模板组合起来，如图 4.14 所示。隧道模包括断面呈Ⅱ字形的整体式隧道模和断面呈 Γ 形的双拼式隧道模两种。整体式隧道模自重大、移动困难，目前已很少应用；双拼式隧道模应用较广泛，特别在内浇外挂和内浇外砌的高层、多层建筑中应用较多。

双拼式隧道模由 2 个半隧道模和 1 道独立的插入模板组成。在 2 个半隧道模之间加 1 道独立的模板，用其宽度的变化，使隧道模适应于不同的开间；在不拆除中间模板的情况下，半隧道模可提早拆除，增加周转次数。半隧道模的竖向墙模板和水平楼板模板间用斜撑连接。在半隧道模下部设行走装置，在模板长方向沿墙模板设 2 个行走轮，并设置 2 个千斤顶，模板就位后，这 2 个千斤顶将模板顶起，使行走轮离开楼板，施工荷载全部由千斤顶承担。脱模时，松动 2 个千斤顶，半隧道模在自重作用下，下降脱模，行走轮落到楼板上。半隧道模脱模后，用专用吊架吊出，吊升至上一楼层。将吊架从半隧模的一端插入墙模板与斜撑之间，吊钩慢慢起钩，将半隧道模托起，托挂在吊架上，吊到上一楼层。

4.1.2 模板施工

4.1.2.1 模板安装

安装模板之前，应事先熟悉设计图样，掌握建筑物结构的形状尺寸，并根据现场条件，初步考虑好立模及支撑的程序，以及与钢筋绑扎、混凝土浇捣等工序的配合，尽量避免工种之间的相互干扰。

模板的安装包括放样、立模、支撑加固、吊正找平、尺寸校核、堵设缝隙及清仓去污等工序。在安装过程中，应注意下述事项。

(1) 模板竖立后，须切实校正位置和尺寸，垂直方向用垂球校对，水平长度用钢尺丈量两次以上，使模板的尺寸符合设计标准。

(2) 模板各结合点与支撑必须坚固紧密，牢固可靠，尤其是采用振捣器振捣的结构部位更应注意，以免在浇捣过程中发生裂缝、鼓肚等不良情况。但为了增加模板的周转次数，减少模板拆模损耗，模板结构的安装应力求简便，尽量少用圆钉，多用螺栓、木楔、拉条等进行加固连接。

(3) 凡属承重的梁板结构，跨度大于4m以上时，由于地基的沉陷和支撑结构的压缩变形，跨中应预留起拱高度。

(4) 为避免拆模时建筑物受到冲击或振动，安装模板时，撑柱下端应设置硬木楔形垫块，所用支撑不得直接支承于地面，应安装在坚实的桩基或垫板上，使撑木有足够的支撑面积，以免沉陷变形。

(5) 模板安装完毕，最好立即浇筑混凝土，以防日晒雨淋导致模板变形。为保证混凝土表面光滑和便于拆卸，宜在模板表面涂抹肥皂水或润滑油。夏季或在气候干燥情况下，为防止模板干缩裂缝漏浆，在浇筑混凝土之前，需洒水养护。如发现模板因干燥产生裂缝，应事先用木条或油灰填塞衬补。

(6) 安装边墙、柱等模板时，在浇筑混凝土以前，应将模板内的木屑、刨片、泥块等杂物清除干净，并仔细检查各连接点及接头处的螺栓、拉条、楔木等有无松动滑脱现象。在浇筑混凝土过程中，木工、钢筋、混凝土、架子等工种均应有专人“看仓”，以便发现问题随时加固修理。

(7) 模板安装的偏差应符合规定。

4.1.2.2 模板拆除

1. 拆模期限

混凝土表面和棱角不因拆模而受损害时方可拆除不承重的侧模板。一般此时混凝土的强度应达到2.5MPa以上。混凝土达到要求的强度后方能拆除承重模板，要求的强度见表4.2。

表4.2 承重模板拆除时的混凝土强度要求

构件类型	构件跨度 (m)	达到设计的混凝土立方体抗压强度标准值的百分率 (%)
板	≤2	≥50
	>2，≤8	≥75
	>8	≥100
梁、拱、壳	≤8	≥75
	>8	≥100
悬臂构件	—	≥100

2. 拆模注意事项

模板拆卸工作应注意以下事项。

(1) 模板拆除工作应遵守一定的方法与步骤。拆模时要按照模板各结合点的构造情况逐块松卸。首先去掉扒钉、螺栓等连接铁件，然后用撬杠使模板松动或用木楔插入模板与混凝土接触面的缝隙中，锤击木楔使模板与混凝土面逐渐分离。拆模时，禁止用重锤直接敲击模板，以免使建筑物受到强烈振动或将模板毁坏。

(2) 拆卸拱形模板时，应先将支柱下的木楔缓慢放松，使拱架徐徐下降，避免新拱因模板突然大幅度下沉而担负全部自重，并应从跨中点向两端同时对称拆卸。拆卸跨度较大的拱模时，则需从拱顶中部分段分期向两端对称拆卸。

(3) 高空拆卸模板时，不得将模板自高处摔下，而应用绳索吊卸，以防砸坏模板或发生事故。

(4) 当模板拆卸完毕后，应将附着在板面上的混凝土砂浆洗凿干净，损坏部分需加修整，板上的圆钉应及时拔除（部分可以回收使用），以免刺脚伤人。卸下的螺栓应与螺母、垫圈等拧在一起，并加黄油防锈。扒钉、铁丝等物均应收捡归仓，不得丢失。所有模板应按规格分放，妥加保管，以备下次立模周转使用。

(5) 对于大体积混凝土，为了防止拆模后混凝土表面温度骤然下降而产生表面裂缝，应考虑外界温度的变化而确定拆模时间，并应避免早、晚或夜间拆模。

4.1.3　模板设计简介

常用定型模板在其适用范围内一般无需进行设计或验算。而对一些特殊结构、新型体系模板或超出适用范围的一般模板，则应进行设计或验算。由于模板为一临时性系统，因此对钢模板及其支架，其设计荷载值可乘以系数 0.85 予以折减；对木模板及其支架系统，其设计荷载值可乘以系数 0.9 予以折减；对冷弯薄壁型钢不予折减。

作用在模板系统上的荷载分为永久荷载和可变荷载。永久荷载包括模板与支架的自重、新浇混凝土自重及对模板侧面的压力、钢筋自重等。可变荷载包括施工人员及施工设备荷载、振捣混凝土时产生的荷载、倾倒混凝土时产生的荷载。计算模板及其支架时，应根据构件的特点及模板的用途进行荷载组合。各项荷载标准值按下列规定确定：

1. 模板及其支架自重标准值

可根据模板设计图纸或类似工程的实际支模情况予以计算，肋形楼板或无梁楼板的自重标准值见表 4.3。

表 4.3　　**楼板模板自重标准值**　　单位：N/mm^2

模板构件名称	木模板	定型组合钢模板	钢框胶合板模板
平面模板及小楞的自重	300	500	400
楼板模板的自重（其中包括梁模板）	500	750	600
楼板模板及其支架的自重（楼层高度为 4m 以下）	750	1100	950

2. 新浇混凝土自重标准值

普通混凝土可采用 $24kN/m^2$，其他混凝土根据实际湿密度确定。

3. 钢筋自重标准值

钢筋自重标准值根据工程图纸确定。一般梁板结构每立方米钢筋混凝土的钢筋重量为：楼板 1.1kN，梁 1.5kN。

4. 施工人员及施工设备荷载标准值

（1）计算模板及直接支承模板的小楞时，均布荷载为 2.5kN/m²，并应另以集中荷载 2.5kN 再进行验算，比较两者所得弯矩值取大者。

（2）计算直接支承小楞结构构件时，其均布荷载可取 1.5kN/m²。

（3）计算支架立柱及其他支承结构构件时，均布荷载取 1.0kN/m²。

对大型浇筑设备（上料平台、混凝土泵等）按实际情况计算；混凝土堆集料高度超过 100mm 以上时按实际高度计算；模板单块宽度小于 150mm 时，集中荷载可分布在相邻的两块板上。

5. 振捣混凝土时产生的荷载标准值

对于水平面模板，振捣混凝土时产生的荷载标准值为 2.0kN/m²；对于垂直面模板，振捣混凝土时产生的荷载标准值为 4.0kN/m²。

6. 新浇混凝土对模板的侧压力标准值

影响新浇混凝土对模板侧压力的因素主要有混凝土材料种类、温度、浇筑速度、振捣方式、凝结速度等。此外还与混凝土坍落度大小、构件厚度等有关。

当采用内部振捣器振捣时，新浇筑的普通混凝土作用于模板的最大侧压力，可按式（4.1）和式（4.2）计算，并取较小值。

$$F=0.22\gamma_c t_0 \beta_1 \beta_2 V^{\frac{1}{2}} \tag{4.1}$$

$$F=\gamma_c H \tag{4.2}$$

式中　F——新浇混凝土的最大侧压力，kN/m²；

γ_c——混凝土的重力密度，kN/m³；

t_0——新浇混凝土的初凝时间，h，可按实测确定，当缺乏资料时，可采用 $t_0=200/(T+15)$ 计算（T 为混凝土的温度）；

V——混凝土的浇筑速度，m/h；

H——混凝土侧压力计算位置处至新浇混凝土顶面的总高度，m；

β_1——外加剂影响修正系数，不掺外加剂取 1.0，掺入具有缓凝作用的外加剂时取 1.2；

β_2——混凝土坍落度影响修正系数，坍落度小于 3cm 时取 0.85，5～9cm 时取 1.0，11～15cm 时取 1.15。

7. 倾倒混凝土时产生的荷载标准值

倾倒混凝土时对垂直面模板产生的水平荷载标准值见表 4.4。

表 4.4　倾倒混凝土时产生的水平荷载标准值　　单位：MPa

向模板中供料的方法	水平荷载
用溜槽、串筒或导管输出	2
用容量小于 0.2m³ 的运输器具倾倒	2
用容量为 0.2～0.8m³ 的运输器具倾倒	4
用容量大于 0.8m³ 的运输器具倾倒	6

8. 风荷载标准值

对风压较大地区及受风荷载作用易倾倒的模板，须考虑风荷载作用下的抗倾倒稳定性。其标准值按式（4.3）计算：

$$W_k = 0.8\beta_z\mu_s\mu_z w_0 \tag{4.3}$$

式中　W_k——风荷载标准值，kN/m²；

β_z——高度 z 处的风振系数；

μ_s——风荷载体型系数；

μ_z——风压高度变化系数；

w_0——基本风压，kN/m²。

β_z、μ_s、μ_z、w_0 的取值均按《建筑结构荷载规范》（GB 50009—2012）的规定采用。

计算模板及其支架的荷载设计值时，应采用上述各项荷载标准值乘以相应的分项系数求得，荷载分项系数见表4.5。

表4.5　　荷载分项系数

项次	荷载类别	γ_i
1	模板及支架自重	1.2
2	新浇混凝土自重	
3	钢筋自重	
4	施工人员及施工设备荷载	1.4
5	振捣混凝土时产生的荷载	
6	新浇混凝土对模板侧面的压力	1.2
7	倾倒混凝土时产生的荷载	1.4
8	风荷载	1.4

计算模板及支架时，荷载效应组合见表4.6。

表4.6　　计算模板及支架的荷载效应组合

构件模板组成	参与组合的荷载项	
	计算承载能力	验算刚度
平板和薄壳的模板及其支架	1、2、3、4	1、2、3
梁和拱模板的底板及支架	1、2、3、5	1、2、3
梁、拱、柱（边长≤300mm）、墙（厚≤100mm）的侧面模板	5、6	6
厚大结构、柱（边长>300mm）、墙（厚>100mm）的侧面模板	6、7	6

为了便于计算，模板结构设计计算时可作适当简化，即所有荷载可假定为均匀荷载。单元宽度面板、内楞和外楞、小楞和大楞或桁架均可视为梁，支撑跨度不小于两跨的可视为连续梁，并视实际情况可分别简化为简支梁、悬臂梁、两跨或三跨连续梁。

当验算模板及其支架的刚度时，其变形值不得超过下列数值。

（1）结构表面外露的模板，不超过模板构件跨度的1/400。

（2）结构表面隐蔽的模板，不超过模板构件跨度的1/250。

（3）支架压缩变形值或弹性挠度，不超过相应结构自由跨度的1/1000。当验算模板及其支架在风荷载作用下的抗倾倒稳定性时，抗倾倒系数不应小于1.15。

模板系统的设计包括选型、选材、荷载计算、拟定制作安装和拆除方案、绘制模板图等。

课题4.2　钢筋工程施工

4.2.1　钢筋的验收与配料

4.2.1.1　钢筋的验收与贮存

1. 钢筋的验收

钢筋进场应具有出厂证明书或试验报告单，每捆（盘）钢筋应有标牌，同时应按有关标准和规定进行外观检查，分批做力学性能试验。钢筋在使用时，如发现脆断、焊接性能不良或机械性能显著不正常等，则应进行钢筋化学成分检验。

2. 钢筋的贮存

钢筋进场后，必须严格按批次、等级、牌号、直径、长度挂牌存放，不得混淆。钢筋应尽量堆入仓库或料棚内。条件不具备时，应选择地势较高，土质坚硬的场地存放。堆放时，钢筋下部应垫高，离地至少20cm高，以防钢筋锈蚀。在堆场周围应挖排水沟，以利排水。

4.2.1.2　钢筋的配料

钢筋的配料是指识读工程图纸、计算钢筋下料长度和编制配筋表。

1. 钢筋下料长度

（1）钢筋长度。

施工图（钢筋图）中所指的钢筋长度是钢筋外缘至外缘之间的长度，即外包尺寸。

（2）混凝土保护层厚度。

混凝土保护层厚度是指受力钢筋外缘至混凝土表面的距离，其作用是保护钢筋在混凝土中不被锈蚀。一般将水泥砂浆垫块或塑料卡垫在钢筋与模板之间来控制混凝土的保护层厚度。塑料卡的形状有塑料垫块和塑料环圈两种。塑料垫块用于水平构件，塑料环圈用于垂直构件。

（3）钢筋接头增加值。

由于钢筋直条的供货长度一般为6～10m，而有的钢筋混凝土结构的尺寸很大，需要对钢筋进行接长。钢筋接头增加值见表4.7～表4.9。

（4）弯曲量度差值。

钢筋有弯曲时，在弯曲处的内侧发生收缩，而外皮却出现延伸，而中心线则保持原有尺寸。钢筋长度的度量方法系指外包尺寸，因此钢筋弯曲后，存在一个量度差值，在计算下料长度时必须加以扣除。根据理论推理和实践经验，钢筋弯曲量度差值见表4.10。

表 4.7 **纵向受拉钢筋的最小搭接长度**

钢筋类型		混凝土强度等级			
		C15	C20～C25	C30～C35	≥C40
光圆钢筋	HPB235、HPB300	45*d*	35*d*	30*d*	25*d*
带肋钢筋	HRB335	55*d*	45*d*	35*d*	30*d*
	HRB400、RRB400	—	55*d*	40*d*	35*d*

注 1. 两根直径不同钢筋的搭接长度，按较细钢筋直径计算。*d* 为钢筋直径，后同。

2. 本表适用于纵向受拉钢筋的绑扎搭接接头面积百分率不大于 25%。当纵向受拉钢筋搭接接头面积百分率大于 25%，但不大于 50%时，其最小搭接长度应按表中的数值乘以系数 1.2 取用；当接头面积百分率大于 50%时，应按表中的数值乘以系数 1.35 取用。

3. 当符合下列条件时，纵向受拉钢筋的最小搭接长度应根据上述要求确定后，按下列规定进行修正。

(1) 当带肋钢筋的直径大于 25mm 时，其最小搭接长度应按相应数值乘以系数 1.1 取用。

(2) 对环氧树脂涂层的带肋钢筋；其最小搭接长度应按相应数值乘以 1.25 使用。

(3) 当在混凝土凝固过程中受力钢筋易受扰动时（如滑模施工），其最小搭接长度应按相应数值乘以系数 1.1 取用。

(4) 对末端采用机械锚固措施的带肋钢筋，其最小搭接长度可按相应数值乘以系数 0.7 取用。

(5) 当带肋钢筋的混凝土保护层厚度大于搭接钢筋直径的 3 倍且配有箍筋时，其最小搭接长度可按相应数值乘以系数 0.8 取用。

(6) 对有抗震设防要求的结构构件，其受力钢筋的最小搭接长度对一、二级抗震等级应按相应数值乘以系数 1.05 采用；对三级抗震等级应按相应数值乘以系数 1.05 采用。在任何情况下，受拉钢筋的搭接长度不应小于 300mm。

4. 纵向压力钢筋搭接时，其最小搭接长度应根据上述规定确定相应数值后，乘以系数的 0.7 取用，在任何情况下，受压钢筋的搭接长度不应小于 200mm。

表 4.8 **钢筋对焊长度损失值** 单位：mm

钢筋直径	<16	16～25	>25
损失值	20	25	30

表 4.9 **钢筋搭接焊最小搭接长度**

焊接类型	HPB235、HPB300	HRB335、HRB400
双面焊	4*d*	5*d*
单面焊	8*d*	10*d*

表 4.10 **钢筋弯曲量度差值**

钢筋弯起角度	30°	45°	60°	90°	135°
钢筋弯曲调整值	0.35*d*	0.54*d*	0.85*d*	1.75*d*	2.5*d*

(5) 钢筋弯钩增加值。

弯钩形式最常用的有半圆弯钩、直弯钩和斜弯钩。受力钢筋的弯钩和弯折应符合下列要求：

1) HPB235、HPB300 钢筋末端应做 180°弯钩，其弯弧内直径不应小于钢筋直径的 2.5 倍，弯钩的弯后平直部分长度不应小于钢筋直径的 3 倍。

2）当设计要求钢筋末端需做135°弯钩时，HRB335、HRB400钢筋的弯弧内直径不应小于钢筋直径的4倍，弯钩的弯后平直部分长度应符合设计要求。

3）钢筋做小于90°的弯折时，弯折处的弯弧内直径不应小于钢筋直径的5倍，见表4.11。

表4.11　　钢筋弯钩增加

弯钩类型		弯钩		
		180°	135°	90°
增加长度	HPB235、HPB300	6.25d	4.9d	3.5d
	HRB335		5.9d	3.9d

注　HPB235、HPB300光圆钢筋弯曲直径按2.5d计，HRB335带肋钢筋弯曲直径按4d计。

4）除焊接封闭环式箍筋外，箍筋的末端应做弯钩，弯钩形式应符合设计要求，当无具体要求时，应符合下列要求。

a. 箍筋弯钩的弯弧内直径除应满足上述要求外，尚应不小于受力钢筋直径。

b. 箍筋弯钩的弯折角度，对一般结构不应小于90°；对于有抗震等要求的结构应为135°。

c. 箍筋弯后平直部分长度：对一般结构不宜小于箍筋直径的5倍；对于有抗震要求的结构，不应小于箍筋直径的10倍。

为了箍筋计算方便，一般将箍筋的弯钩增加长度、弯折减少长度两项合并成一箍筋调整值，见表4.12。计算时将箍筋外包尺寸或内皮尺寸加上箍筋调整值即为箍筋下料长度。

表4.12　　箍筋调整值　　单位：mm

箍筋量度方法	箍筋直径			
	4～5	6	8	10～12
量外包尺寸	40	50	60	70
量内皮尺寸	80	100	120	150～170

（6）钢筋下料长度计算。

直筋下料长度＝构件长度＋搭接长度－保护层厚度＋弯钩增加长度

弯起筋下料长度＝直段长度＋斜段长度＋搭接长度－弯折减少长度＋弯钩增加长度

箍筋下料长度＝直段长度＋弯钩增加长度－弯折减少长度

＝箍筋周长＋箍筋调整值

2. 钢筋配料

钢筋配料是钢筋加工中的一项重要工作，合理地配料能使钢筋得到最大限度的利用，并使钢筋的安装和绑扎工作简单化。钢筋配料是依据钢筋表合理安排同规格、同品种的下料，使钢筋的出厂规格长度能够得以充分利用，或库存各种规格和长度的钢筋得以充分利用。

（1）归整相同规格和材质的钢筋。

下料长度计算完毕后，把相同规格和材质的钢筋进行归整和组合，同时根据现有钢筋的长度和能够及时采购到的钢筋的长度进行合理组合加工。

（2）合理利用钢筋的接头位置。

对有接头的配料，在满足构件中接头的对焊或搭接长度、接头错开的前提下，必须根据钢筋原材料的长度来考虑接头的布置。要充分考虑原材料被截下来的一段长度的合理使用，如果能够使一根钢筋正好分成几段钢筋的下料长度，则是最佳方案。但往往难以做到，所以在配料时，要尽量地使用被截下的一段能够长一些，这样才不致使余料成为废料，使钢筋能得到充分利用。

（3）钢筋配料应注意的事项。

配料计算时，要考虑钢筋的形状和尺寸在满足设计要求的前提下，要有利于加工安装；配料时，要考虑施工需要的附加钢筋。如板双层钢筋中保证上层钢筋位置的撑脚、墩墙双层钢筋中固定钢筋间距的撑铁、柱钢筋骨架增加四面斜撑等。

根据钢筋下料长度计算结果和配料选择后，汇总编制钢筋配单。在钢筋配料单中必须反映出工程部位、构件名称、钢筋编号、钢筋简图及尺寸、钢筋直径、钢号、数量、下料长度、钢筋重量等。为列入加工计划的配料单中的每一编号的钢筋制作一块料牌作为钢筋加工的依据，并在安装中作为区别各工程部位、构件和各种编号钢筋的标志。钢筋配料单和料牌应严格校核，必须准确无误，以免返工浪费。钢筋料牌如图4.15所示。

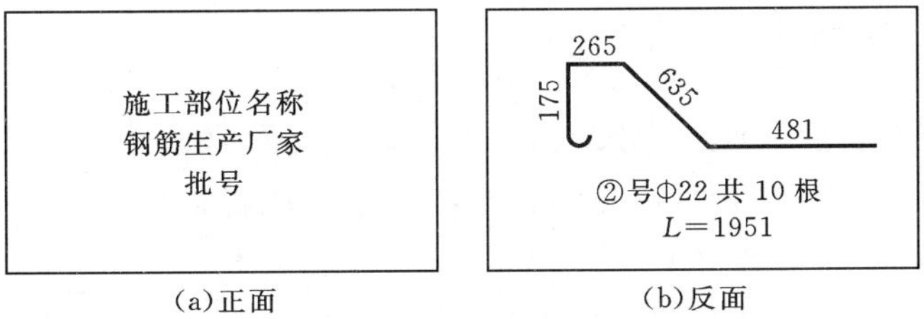

图4.15　钢筋料牌（单位：mm）

【例4.1】 某教学楼第一层楼的KL1，共计5根，如图4.16所示，KL1钢筋布置如图4.17所示。梁混凝土保护层厚度25mm，抗震等级为三级，混凝土强度级别为C30，柱截面尺寸500mm×500mm，请对其进行钢筋下料计算，并填写钢筋下料单。

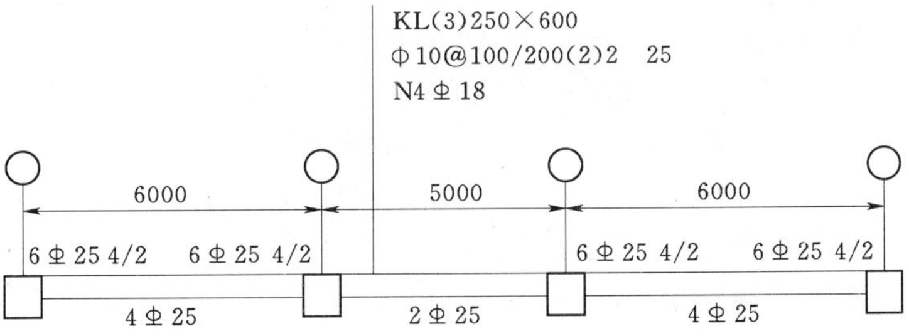

图4.16　教学楼第一层楼的KL1配筋图（单位：mm）

（1）依11G101—1图集《混凝土结构施工图平面整体表示方法制图规则和构造详图（现浇混凝土框架、剪力墙、梁、板）》，查得有关计算数据如下：

C30混凝土，三级抗震，普通钢筋（$d\leqslant 25$）时，$l_{aE}=31d$。

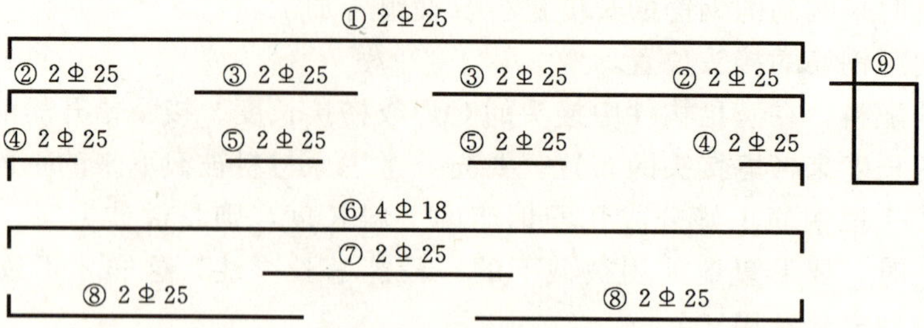

图 4.17 KL1 钢筋布置示意图

1）钢筋在端支座的锚固。

纵筋弯锚或直锚的判断：因为支座宽（25～500mm）⩽锚固长度 31×18＝558（mm），所以钢筋在端支座均需弯锚（注：这里考察的是直径 18mm 的受扭钢筋，直径 25mm 的钢筋也需要弯锚）。弯锚部分长度如下：

当直径＝25 时，$0.4l_{aE}=0.4\times31\times25=310$（mm），$15d=15\times25=375$（mm）；

当直径＝18 时，$0.4l_{aE}=0.4\times31\times18=223$（mm），$15d=15\times18=270$（mm）。

注：$0.4l_{aE}$表示钢筋弯锚时进入柱中水平段锚固长度值，$15d$ 表示在柱中竖直段钢筋的锚固长度值。

2）钢筋在中间支座的锚固（仅⑦、⑧钢筋）。

因为，$l_{aE}=31\times25=775$（mm），$0.5h_c+5d=0.5\times500+5\times25=375$（mm）；

所以，⑦、⑧钢筋在中间支座处的锚固长度取较大值 775mm。

（2）量度差。纵向钢筋的弯折角度为 90°，依据平法图集构造要求，框架主筋的弯曲半径 $R=4d$。

⏀ 25 钢筋量度差为 $2.931d=2.931\times25=73$（mm）；

⏀ 18 钢筋量度差为 $2.931d=2.931\times18=53$（mm）。

（3）各编号钢筋下料长度计算如下：

①号筋下料长度＝梁全长－左端柱宽－右端柱宽＋$2\times0.4l_{aE}+2\times15d-2\times$量度差值

＝（6000＋5000＋6000）－500－500＋2×310＋2×375－2×73

＝17224（mm）

②号筋下料长度＝$L_{n1}/3+0.4\,l_{aE}+15d-$量度差值

＝(6000－500)/3＋310＋375－73＝2445（mm）

③号钢筋下料长度＝$2\times L_{n\max}(L_{n1}、L_{n2})/3+$中间柱宽

＝2×(6000－500)/3＋500＝4167（mm）

式中 $L_{n\max}$——支座左右两跨净跨较大值；

L_{n1}——支座左跨净跨值；

L_{n2}——支座右跨净跨值。

④号筋下料长度＝$L_{n1}/4+0.4l_{aE}+15d-$量度差值

＝(6000－500)/4＋310＋375－73＝2060（mm）

⑤号筋下料长度＝$2\times L_{n\max}(L_{n1}、L_{n2})/4+$中间柱宽

＝2×(6000－500)/4＋500＝3250（mm）

⑥号筋下料长度＝梁全长－左端柱宽－右端柱宽＋2×0.4l_{aE}＋2×15d－2×量度差值

＝(6000＋5000＋6000)－500－500＋2×223＋2×270－2×53

＝16880 (mm)

⑦号筋下料长度＝端支座锚固值＋L_{n2}＋中间支座锚固值

＝775＋ (5000－500) ＋775＝6050 (mm)

⑧号筋下料长度＝L_{n1}＋0.4 l_{aE}＋15d＋中间支座锚固值－量度差值

＝(6000－500)＋310＋375＋775－73＝6887 (mm)

⑨号筋下料长度＝2×梁高＋2×梁宽－8×保护层厚度＋28.27×箍筋直径

＝2×600＋2×250－8×25＋28.272×10＝2083 (mm)

(4) 箍筋数量计算如下:

加密区长度为 900mm(取 1.5h 与 500mm 的大值,则 1.5×600＝900mm ＞500mm)

每个加密区箍筋数量＝(900－50)/100＋1＝10(个)

边跨非加密区箍筋数量＝(6000－500－900－900)/200－1＝18(个)

中跨非加密区箍筋数量＝(5000－500－900－900)/200－1＝13(个)

每根梁箍筋总数量＝10×6＋18×2＋13＝109(个)

编制钢筋下料表见表 4.13。

表 4.13 **钢 筋 下 料 表**

构 件	钢筋	简 图	直径 (mm)	钢筋级别	下料长度 (mm)	单位根数	合计根数	质量 (kg)
KL1 梁共 5 根	①		25	Φ	17224	2	10	490.0
	②		25	Φ	2445	4	20	188.3
	③		25	Φ	4167	4	20	321.0
	④		25	Φ	2060	4	20	158.7
	⑤		25	Φ	3250	4	20	250.3
	⑥		18	Φ	16880	4	20	584.4
	⑦		25	Φ	6050	2	10	233.0
	⑧		25	Φ	6887	8	40	106.1
	⑨		10	φ	2083	109	545	700.0

3. 钢筋代换

钢筋的级别、钢号和直径应按设计要求采用,若施工中缺乏设计图中所要求的钢筋,在征得设计单位的同意并办理设计变更文件后,可按下述原则进行代换。

(1) 钢筋代换原则。

1) 当构件按强度控制时,可按强度相等的原则代换,称“等强代换”。如设计中所用钢筋强度为 f_{y1},钢筋总面积 A_{S1};代换后钢筋强度为 f_{y2},钢筋总面积为 A_{S2},应使代换前后钢筋的总强度相等,即

$$A_{S2}\ f_{y2} \geqslant A_{S1} f_{y1}$$

$$A_{S2} \geqslant A_{S1} \cdot \left(\frac{f_{y1}}{f_{y2}}\right)$$

2）当构件按最小配筋率配筋时，可按钢筋面积相等的原则进行代换，称为“等面积代换”。

（2）钢筋代换注意事项。

1）有抗裂要求时，不允许用低强度钢筋代替高强度钢筋。

2）代换后，钢筋应符合有关的构造要求（如钢筋间距、最小直径、最少根数、锚固长度等）。

3）纵向钢筋与弯起钢筋应分别代换。

4）偏心构件中的拉压钢筋应分别代换。

5）同一截面中，钢筋代换直径差不大于 5mm。

6）当钢筋的品种、级别或规格需作变更时，应办理设计变更文件。

4.2.2　钢筋内场加工

4.2.2.1　钢筋的冷拉和冷拔

1. 钢筋冷拉

钢筋冷拉是在常温下，以超过钢筋屈服强度的拉应力拉伸钢筋，使钢筋产生塑性变形，以提高强度，节约钢材。冷拉时，钢筋被拉直，表面锈渣自动剥落，因此冷拉不但可提高强度，而且还可以同时完成调直、除锈工作。

钢筋的冷拉可采用控制应力和控制冷拉率两种方法。采用控制应力方法冷拉钢筋时，其冷拉控制应力及最大冷拉率应符合规范规定；采用控制冷拉率方法时，冷拉率必须由试验确定。钢筋冷拉采用控制应力法能够保证冷拉钢筋的质量，用作预应力筋的冷拉钢筋宜用控制应力法。控制冷拉率法的优点是设备简单。但当材质不均匀，冷拉率波动大时，不易保证冷拉应力，为此可采用逐根取样法。不能分清炉批的热轧钢筋，不应采用控制冷拉率法。

钢筋冷拉设备由拉力设备、承力结构、测量装置和钢筋夹具等组成。拉力设备主要为卷扬机和滑轮组，如图 4.18 所示，它们应根据所需的最大拉力确定。

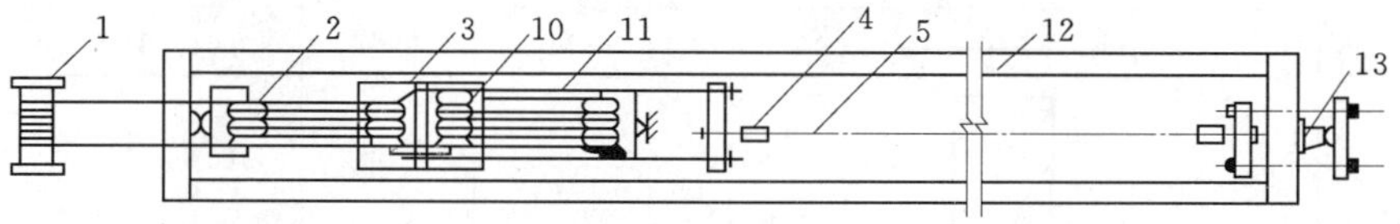

(a)冷拉布置图

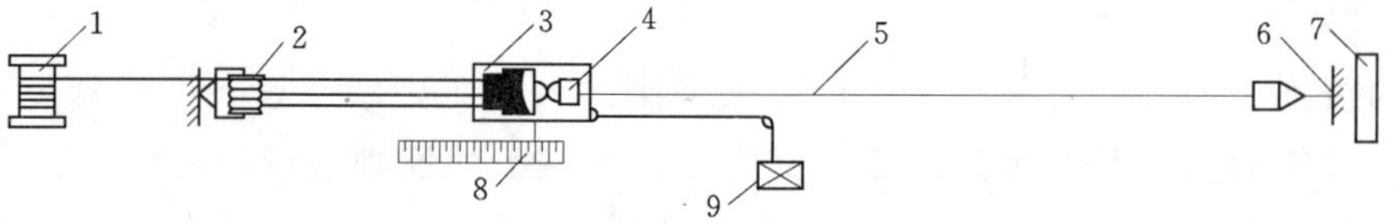

(b)冷拉示意图

图 4.18　冷拉设备

1—卷扬机；2—滑轮机；3—冷拉小车；4—夹具；5—被冷拉的钢筋；6—地锚；7—防护壁；8—标尺；9—回程荷重架；10—回程滑轮组；11—传力架；12—槽式台座；13—液压千斤顶

2. 钢筋冷拔

冷拔是使 ϕ6～8 的 HRB235 级钢筋通过钨合金拔丝模孔进行强力拉拔，使钢筋产生塑性变形，其轴向被拉伸、径向被压缩，内部晶格变形，因而抗拉强度提高（50%～90%），塑性降低，并呈硬钢特性，如图 4.19 所示。

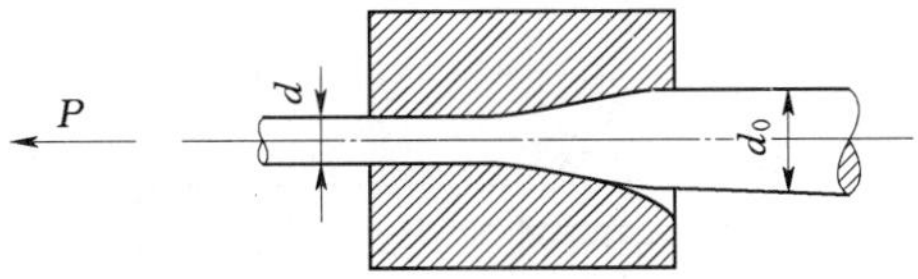

图 4.19　钢筋冷拔

4.2.2.2　钢筋的除锈

钢筋由于保管不善或存放时间过久，就会受潮生锈。在生锈初期，钢筋表面呈黄褐色，称水锈或色锈，这种水锈除在焊点附近必须清除外，一般可不处理；但是当钢筋锈蚀进一步发展，钢筋表面已形成一层锈皮，受锤击或碰撞可见其剥落，这种铁锈不能很好地和混凝土粘结，影响钢筋和混凝土的握裹力，并且在混凝土中继续发展，需要清除。

4.2.2.3　钢筋调直

钢筋在使用前必须经过调直，否则会影响钢筋受力，甚至会使混凝土提前产生裂缝，如未调直直接下料，会影响钢筋的下料长度，并影响后续工序的质量。

钢筋的机械调直可用钢筋调直机、弯筋机、卷扬机等调直。钢筋调直机用于圆钢筋的调直和切断，并可清除其表面的氧化皮和污迹。目前常用的钢筋调直机有 GT16/4、GT3/8、GT6S/12、GT10/16。此外还有一种数控钢筋调直切断机，利用光电管进行调直、输送、切断、除锈等功能的自动控制。

1. 钢筋调直机

钢筋调直机的技术性能见表 4.14。GT3/8 型钢筋调直机外形如图 4.20 所示。

表 4.14　钢筋调直机技术性能

机械型号	钢筋直径 (mm)	调直速度 (m/min)	断料长度 (mm)	电机功率 (kW)	外形尺寸 (mm) 长×宽×高	机　重 (kg)
GT3/8	3～8	40、65	300～6500	9.25	1854×741×1400	1280
GT6/12	6～12	36、54、72	300～6500	12.6	1770×535×1457	1230

注　表中所列的钢筋调直机断料长度误差均不大于 3mm。

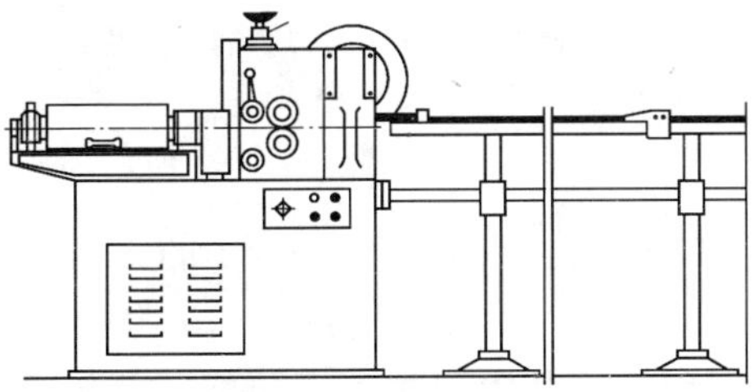
图 4.20　GT3/8 型钢筋调直机

2. 数控钢筋调直切断机

数控钢筋调直切断机是在原有调直机的基础上应用电子控制仪，准确控制钢丝断料长度，并自动计数。该机的工作原理如图 4.21 所示。在该机摩擦轮（周长 100mm）的同轴上装有一个穿孔光电盘（分为 100 等分），光电盘的一侧装有一只小灯泡，另一侧装有一只光电管。当钢筋通过摩擦轮带动光电盘时，灯泡光线通过每个小孔照射光电管，就被光电管接收而产生脉冲信号（每次信号为钢筋长 1mm），控制仪长度部位数字上立即显示出相应读数。当信号积累到给定数字（钢丝调直到所指定长度）时，控制仪立即发出指令，使切断装置切断钢丝。与此同时长度部位数字回到零，根数部位数字显示出根数，这样连续作业，当根数信号积累至给定数字时，即自动切断电源，停止运转。

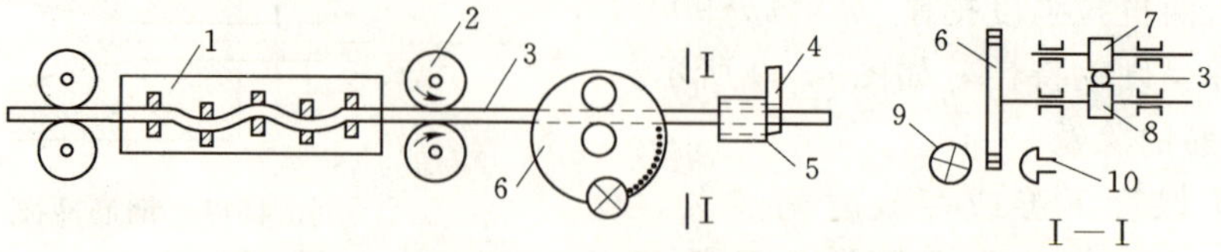

图4.21　数控钢筋调直切断机工作简图

1—调直装置；2—牵引轮；3—钢筋；4—上刀口；5—下刀口；
6—光电盘；7—压轮；8—摩擦轮；9—灯泡；10—光电管

钢筋数控调直切断机已在有些构件厂采用，断料精度高（偏差仅约1～2mm），并实现了钢丝调直切断自动化。采用此机时，要求钢丝表面光洁，截面均匀，以免钢丝移动时速度不匀，影响切断长度的精确性。

《混凝土结构工程施工质量验收规范（2011版）》（GB 50204—2002）规定：钢筋调直后应进行力学性能和重量偏差的检验，其强度应符合有关标准的规定。盘卷钢筋和直条钢筋调直后的断后伸长率、重量负偏差应符合的规定见表4.15。

表4.15　　盘卷钢筋和直条钢筋调直后的断后伸长率、重量负偏差要求

钢筋牌号	断后伸长率 A（%）	重量负偏差（%）		
		ϕ6～12mm	ϕ14～20mm	ϕ22～50mm
HPB235、HPB300	≥21	≤10	—	—
HRB335、HBRF335	≥16	≤8	≤6	≤5
HRB400、HBRF400	≥15			
RRB400	≥13			
HRB500、HBRF500	≥14			

注　1. 断后伸长率A的量测标距为5倍钢筋公称直径。

2. 重量负偏差（%）按（W_0-W_d）/W_0×100计算，其中W_0为钢筋理论重量（kg/m），W_d为调直后钢筋的实际重量（kg/m）。

3. 对直径为28～40mm的带肋钢筋，表中断后伸长率可降低1%；对直径大于40mm的带肋钢筋，表中断后伸长率可降低2%。

4.2.2.4　钢筋切断

钢筋切断有人工剪断、机械切断、氧气切割三种方法。直径大于40mm的钢筋一般用氧气切割。

钢筋切断机是用来把钢筋原材料或已调直的钢筋切断，其主要类型有机械式、液压式和手持式钢筋切断机。机械式钢筋切断机有偏心轴立式、凸轮式和曲柄连杆式等型式，如图4.22、图4.23所示。

4.2.2.5　钢筋弯曲成型

钢筋弯曲成型将已切断、配好的钢筋弯曲成规定的形状尺寸是钢筋加工的一道主要工序。钢筋弯曲成型要求加工的钢筋形状正确，平面上没有翘曲不平的现象，便于绑扎安装。

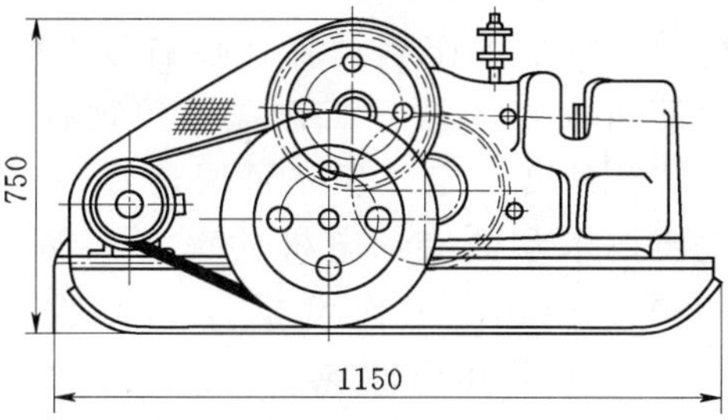

图 4.22　GQ40 型钢筋切断机（单位：mm）

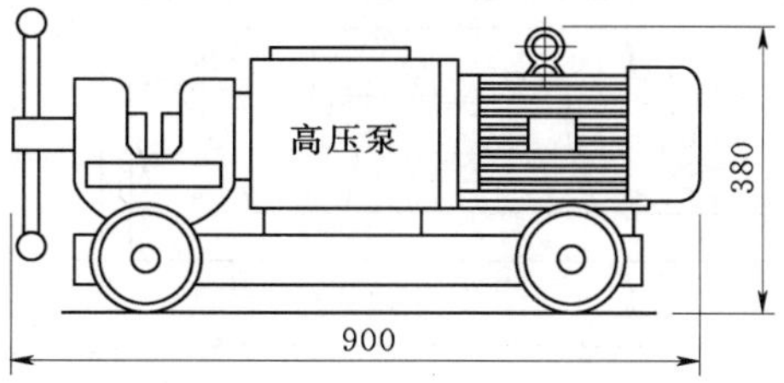

图 4.23　DYQ32B 电动液压切断机（单位：mm）

1. 钢筋弯钩和弯折的有关规定

（1）受力钢筋。

1）HPB235 级钢筋末端应做 180°弯钩，其弯弧内直径不应小于钢筋直径的 2.5 倍，弯钩的弯后平直部分长度不应小于钢筋直径的 3 倍，如图 4.24 所示。

2）当设计要求钢筋末端需做 135°弯钩时，如图 4.24 所示，HRB335 级、HRB400 级钢筋的弯弧内直径 D 不应小于钢筋直径的 4 倍，弯钩的弯后平直部分长度应符合设计要求。

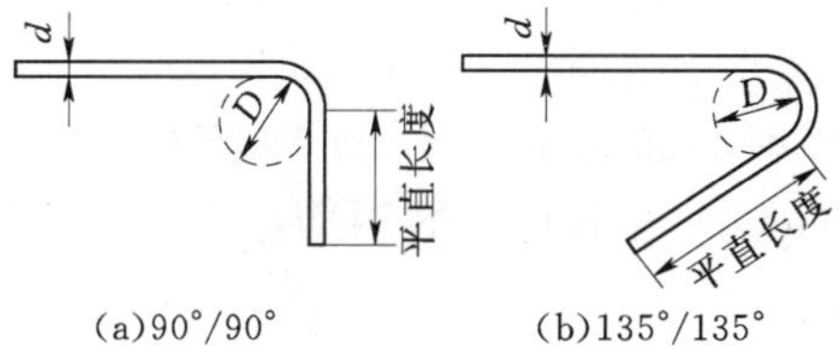

图 4.24　受力钢筋弯折

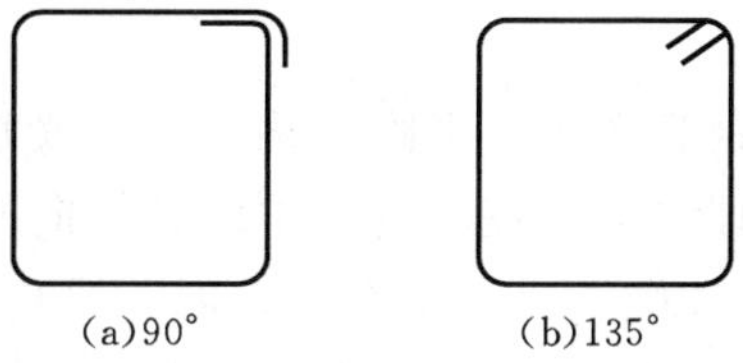

图 4.25　箍筋示意

3）钢筋做不大于 90°的弯折时，弯折处的弯弧内直径不应小于钢筋直径的 5 倍。

（2）箍筋。

除焊接封闭环式箍筋外，箍筋的末端应做弯钩。弯钩形式应符合设计要求；当设计无具体要求时，应符合下列规定：

1）箍筋弯钩的弯弧内直径除应满足上述要求外，尚应不小于受力钢筋的直径。

2）箍筋弯钩的弯折角度：对一般结构，不应小于 90°；对有抗震等要求的结构应为 135°，如图 4.25 所示。

3）箍筋弯后的平直部分长度：对一般结构，不宜小于箍筋直径的 5 倍；对有抗震等要求的结构，不应小于箍筋直径的 10 倍。

2. 钢筋弯曲设备

钢筋弯曲成型有手工和机械弯曲成型两种方法。钢筋弯曲机有机械钢筋弯曲机、液压钢筋弯曲机和钢筋弯箍机等几种形式。机械钢筋弯曲机按工作原理分为齿轮式和蜗轮蜗杆式钢筋弯曲机两种。

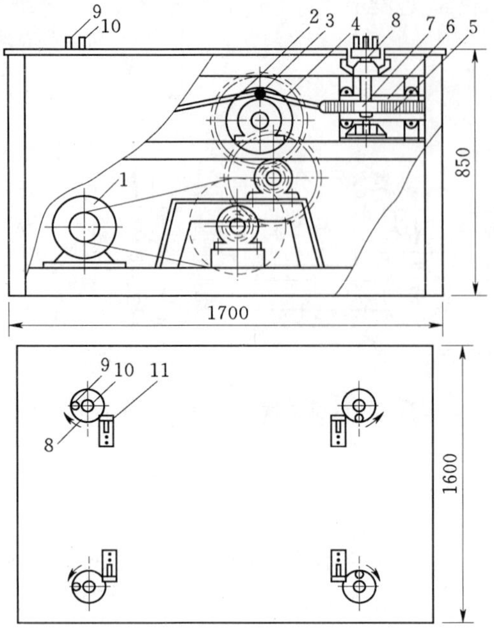

图 4.26　四头弯筋机（单位：mm）
1—电动机；2—偏心圆盘；3—偏心铰；4—连杆；5—齿条；6—滑道；7—正齿轮；8—工作盘；9—成型轴；10—心轴；11—挡铁

四头弯筋机如图 4.26 所示，四头弯筋机是由 1 台电动机通过三级变速带动圆盘，再通过圆盘上的偏心铰带动连杆与齿条，使 4 个工作盘转动。每个工作盘上装有心轴与成型轴，但与钢筋弯曲机不同：工作盘不停地往复运动，且转动角度一定（事先可调整）。四头弯筋机主要技术参数有：电机功率为 3kW，转速为 960rad/min，工作盘反复动作次数为 31rad/min。该机可弯曲 $\phi4\sim12$ 钢筋，弯曲角度在 $0°\sim180°$范围内变动。该机主要是用来弯制钢箍；其工效比手工操作高约 7 倍，加工质量稳定，弯折角度偏差小。

3. 弯曲成型工艺

(1) 画线。

对于形状复杂的钢筋（如弯起钢筋），钢筋弯曲前应根据钢筋料牌上标明的尺寸用石笔将各弯曲点位置画出。画线时应注意以下几点：

1) 根据不同的弯曲角度扣除弯曲调整值，其扣法是从相邻两段长度中各扣一半。

2) 钢筋端部带半圆弯钩时，该段长度画线时增加 $0.5d$（d 为钢筋直径）。

3) 画线工作宜从钢筋中线开始向两边进行；两边不对称的钢筋，也可从钢筋一端开始画线，如画到另一端有出入时，则应重新调整。

【例 4.2】　某工程有一根直径 20mm 的弯起钢筋，其所需的形状和尺寸如图 4.27 所示。画线方法如下。

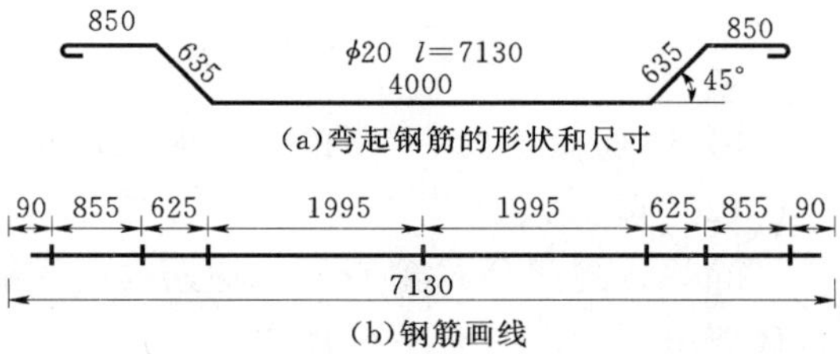

图 4.27　弯起钢筋的画线（单位：mm）

解：

1) 在钢筋中心线上画第一道线。

2) 取中段 $4000/2-0.5d/2=1995$ (mm)，画第二道线。

3) 取斜段 $635-2\times0.5d/2=625$ (mm)，画第三道线。

4) 取直段 $850-0.5d/2+0.5d=855$ (mm)，画第四道线。

上述画线方法仅供参考。第一根钢筋成型后应与设计尺寸校对一遍，完全符合后再成批生产。

(2) 钢筋弯曲成型。

钢筋在弯曲机上成型如图 4.28 所示，心轴直径应是钢筋直径的 2.5～5.0 倍，成型轴宜加偏心轴套，以便适应不同直径钢筋的弯曲需要。弯曲细钢筋时，为了使弯弧一侧的钢筋保持平直，挡铁轴宜做成可变挡架或固定挡架（加铁板调整）。

钢筋弯曲点线和心轴的关系如图 4.29 所示。由于成型轴和心轴在同时转动，就会带动钢筋向前滑移。因此，钢筋弯 90°时，弯曲点线约与心轴内边缘齐；弯 180°时，弯曲点线距心轴内边缘为（1.0～1.5）d（钢筋硬时取大值）。

《混凝土结构工程施工质量验收规范（2011 版）》（GB 50204—2002）规定钢筋加工的形状、尺寸应符合设计要求，其偏差应符合的规定见表 4.16。

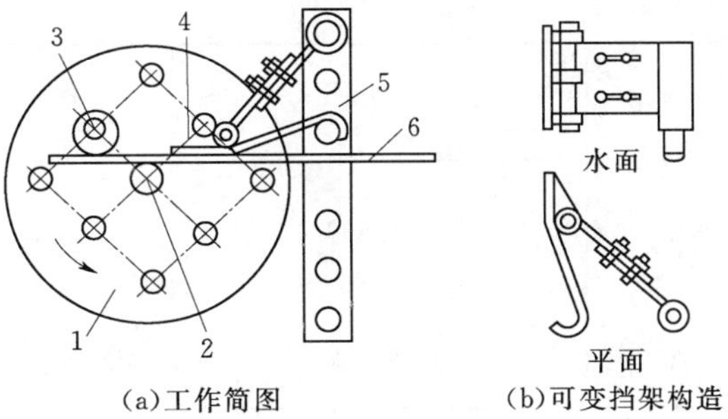

图 4.28 钢筋弯曲成型

1—工作盘；2—心轴；3—成型轴；4—可变挡架；5—插座；6—钢筋

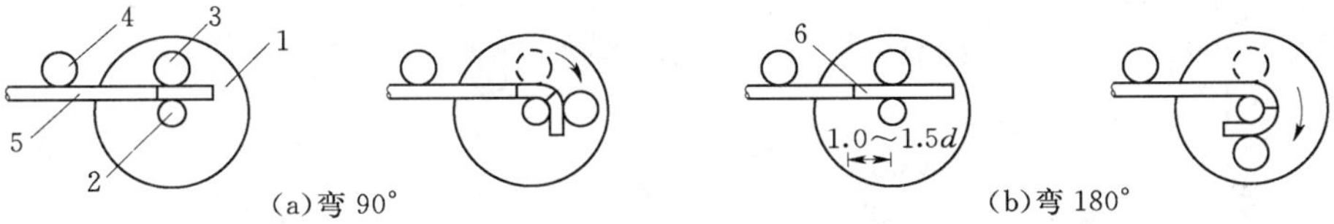

图 4.29 弯曲点线与心轴关系

1—工作盘；2—心轴；3—成型轴；4—固定挡铁；5—钢筋；6—弯曲点线

表 4.16 **钢筋加工的容许偏差** 单位：mm

项　目	容 许 偏 差
受力钢筋长度方向全长的净尺寸	±10
弯起钢筋的弯折位置	±20
箍筋内净尺寸	±5

4.2.3 钢筋接头的连接

钢筋的接头连接有焊接和机械连接两类。常用的钢筋焊接机械有电阻焊接机、电弧焊接机、气压焊接机及电渣压力焊机等。钢筋机械连接方法主要有钢筋套筒挤压连接、锥螺纹套筒连接等。

4.2.3.1 钢筋焊接

采用焊接代替绑扎，可改善结构受力性能，提高工效，节约钢材，降低成本。结构的某些部位，如轴心受拉和小偏心受拉构件中的钢筋接头应焊接。普通混凝土中直径大于 22mm 的钢筋和轻骨料混凝土中直径大于 20mm 的 HRB335 级钢筋及直径大于 25mm 的 HRB335、HRB400 级钢筋，均宜采用焊接接头。

钢筋的焊接应采用闪光对焊、电弧焊、电渣压力焊和电阻点焊。钢筋与钢板的 T 形连接宜采用埋弧压力焊或电弧焊。钢筋焊接的接头形式、焊接工艺和质量验收应符合《钢筋焊接及验收规程》（JGJ 18—2012）的规定。焊接方法及适用范围见表 4.17。

表 4.17　　焊接方法及适用范围

项次	焊接方法			接头型式	适用范围：钢筋级别	适用范围：直径（mm）
1	电阻点焊				HPB235 级 HRB335 级 冷拔低碳钢丝	6～14 3～5
2	闪光对焊			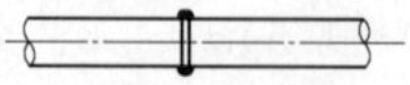	HRB335 级 HRB400 级	10～40
3	电弧焊	帮条焊	双面焊	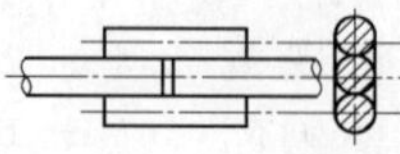	HPB235 级 HRB335 级 HRB400 级	10～40
		帮条焊	单面焊		HPB235 级 HRB335 级 HRB400 级	10～40
		搭接焊	双面焊	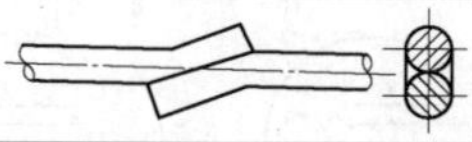	HPB235 级 HRB335 级	10～40
		搭接焊	单面焊	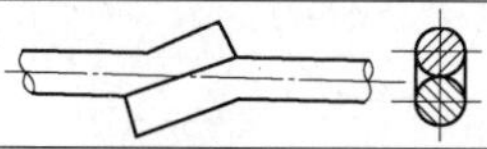	HPB235 级 HRB335 级	10～40
		熔槽帮条焊		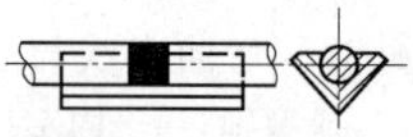	HPB235 级 HRB335 级 HRB400 级	25～40
		坡口焊	平焊		HPB235 级 HRB335 级 HRB400 级	18～40
		坡口焊	立焊		HPB235 级 HRB335 级 HRB400 级	18～40
		钢筋与钢板搭接接焊		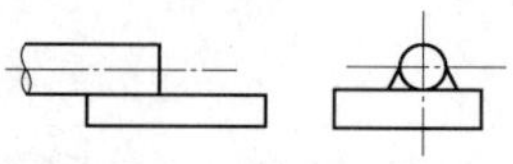	HPB235 级 HRB335 级	8～40
		预埋件 T 形接头电弧焊	贴角焊	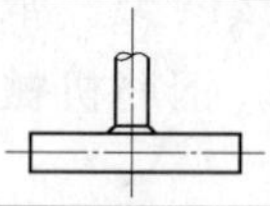	HPB235 级 HRB335 级	6～16
		预埋件 T 形接头电弧焊	穿孔塞焊	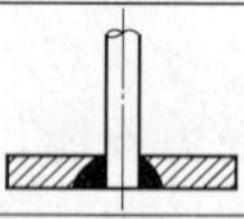	HPB235 级 HRB335 级	≥18
4	电渣压力焊				HPB235 级 HRB335 级	14～40
5	预埋 T 形接头埋弧压力焊			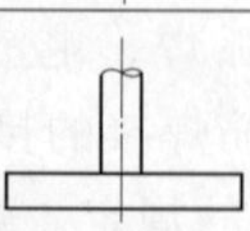	HPB235 级 HRB335 级	6～20

钢筋的焊接质量与钢材的可焊性、焊接工艺有关。在相同的焊接工艺条件下，能获得良好焊接质量的钢材，称其在这种条件下的可焊性好，相反则称其在这种工艺条件下的可焊性差。钢筋的可焊性与其含碳及含合金元素的数量有关。含碳、锰数量增加，则可焊性差；加入适量的钛，可改善焊接性能。焊接参数和操作水平亦影响焊接质量，即使可焊性差的钢材，若焊接工艺适宜，亦可获得良好的焊接质量。

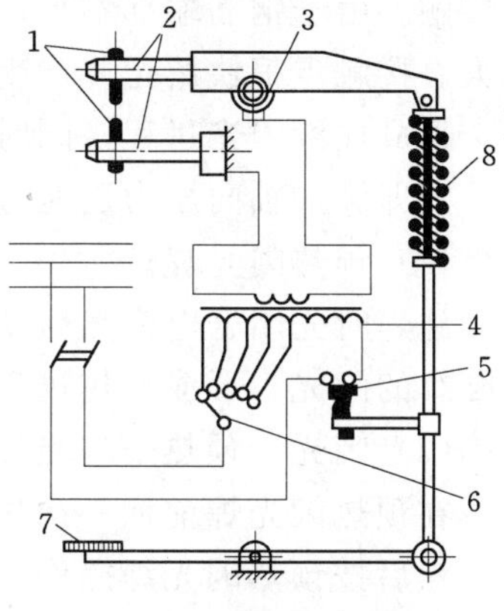

图4.30 点焊机工作原理
1—电极；2—电极臂；3—变压器的次级线圈；4—变压器的初级线圈；5—断路器；6—变压器的调节开关；7—踏板；8—压紧机构

1. 钢筋点焊

电阻点焊主要用于焊接钢筋网片、钢筋骨架等（适用于直径6～14mm的HPB235、HRB335级钢筋和直径3～5mm的冷拔低碳钢丝），它生产效率高，节约材料，应用广泛。

电阻点焊的工作原理如图4.30所示，将已除锈的钢筋交叉点放在点焊机的两电极间，使钢筋通电发热至一定温度后，加压使焊点金属焊合。常用点焊机有单点点焊机、多点点焊机和悬挂式点焊机，施工现场还可采用手提式点焊机。电阻点焊的主要工艺参数有：电流强度、通电时间和电极压力。电流强度和通电时间一般均宜采用电流强度大、通电时间短的参数，电极压力则根据钢筋级别和直径选择。

电阻点焊的焊点应进行外观检查和强度试验，热轧钢筋的焊点应进行抗剪试验。冷处理钢筋除进行抗剪试验外，还应进行抗拉试验。

点焊时，将表面清理好的钢筋叠合在一起，放在两个电极之间预压夹紧，使两根钢筋交接点紧密接触。当踏下脚踏板时，带动压紧机构使上电极压紧钢筋，同时断路器也接通电路，电流经变压器次级线圈引到电极，接触点处在极短的时间内产生大量的电阻热，使钢筋加热到熔化状态，在压力作用下两根钢筋交叉焊接在一起。当放松脚踏板时，电极松开，断路器随着杠杆下降，断开电路，点焊结束。

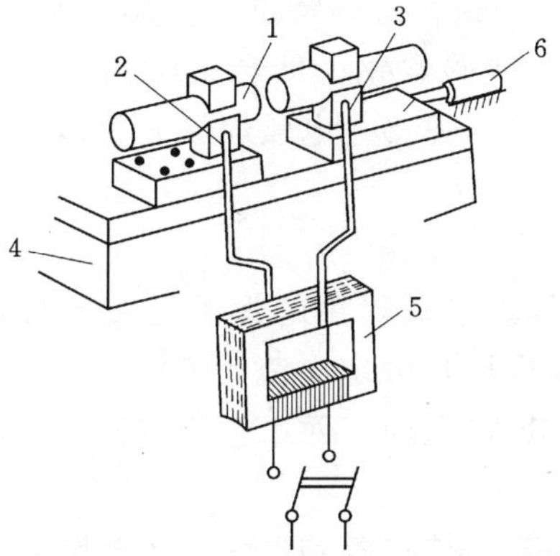

图4.31 钢筋闪光对接原理
1—焊接的钢筋；2—固定电极；3—可动电极；4—机座；5—变压器；6—手动顶压机构

2. 钢筋闪光对焊

闪光对焊广泛用于钢筋接长及预应力钢筋与螺丝端杆的焊接。热轧钢筋的焊接宜优先用闪光对焊，条件不可能时才用电弧焊。

如图4.31所示，钢筋闪光对焊是利用对焊机使两段钢筋接触，通过低电压的强电流，待钢筋被加热到一定温度变软后，进行轴向加压顶锻，形成对焊接头。钢筋闪光对焊焊接工艺应根据具体情况选择：钢筋直径较小，可采用连续闪光焊；钢筋直径较大，端面比较平整，宜采用预热闪光焊；端面不够平整，宜采用闪光—预热—闪光焊。

(1) 连续闪光焊。

这种焊接工艺过程是将待焊钢筋夹紧在电极钳口上后，闭合电源，使两根钢筋端面轻微接触。由于钢筋端部不平，开始只有一点或数点接触，接触面小而电流密度和接触电阻很大。接触点很快熔化并产生金属蒸气飞溅，形成闪光现象。闪光一开始，即缓慢移动钢筋，形成连续闪光过程，同时接头也被加热。待接头烧平、闪去杂质和氧化膜、白热熔化时，随即施加轴向压力迅速进行顶锻，使两根钢筋焊牢。

(2) 预热闪光焊。

施焊时先闭合电源然后使两根钢筋端面交替地接触和分开。这时钢筋端面间隙中即发出断续的闪光，形成预热过程。当钢筋达到预热温度后进入闪光阶段，随后顶锻而成。

(3) 闪光—预热—闪光焊。

在预热闪光焊前加一次闪光过程。目的是使不平整的钢筋端面烧化平整。使预热均匀，然后按预热闪光焊操作。

焊接大直径的钢筋（直径 25mm 以上），多用预热闪光焊与闪光—预热—闪光焊。

采用连续闪光焊时，应合理选择调伸长度、烧化留量、顶锻留量以及变压器级数等；采用闪光—预热—闪光焊时，除上述参数外，还应包括一次烧化留量、二次烧化留量、预热留量和预热时间等参数。焊接不同直径的钢筋时，其截面比值不宜超过 1.5。焊接参数按大直径的钢筋选择。负温下焊接时，由于冷却快，易产生冷脆现象，内应力也大。为此，负温下焊接应减小温度梯度和冷却速度。

钢筋闪光对焊后，除对接头进行外观检查（无裂纹和烧伤、接头弯折不大于 4°，接头轴线偏移不大于 1/10 的钢筋直径，也不大于 2mm）外，还应按《钢筋焊接及验收规程》(JGJ 18—2012) 的规定进行抗拉强度和冷弯试验。

3. 电弧焊接

钢筋电弧焊是以焊条作为一极，钢筋为另一极，利用焊接电流通过产生的电弧热进行焊接的一种熔焊方法。电弧焊具有设备简单，操作灵活、成本低等特点，且焊接性能好，但工作条件差、效率低。适用于构件厂内和施工现场焊接碳素钢、低合金结构钢、不锈钢、耐热钢和铸铁的补焊，可在各种条件下进行各种位置的焊接。电弧焊又分手弧焊、埋弧压力焊等。

(1) 手弧焊。

手弧焊是利用手工操纵焊条进行焊接的一种电弧焊。手弧焊用的焊机有交流弧焊机（焊接变压器)、直流弧焊机（焊接发电机）等。手弧焊焊机是额定电流为 500A 以下的弧焊电源：交流变压器或直流发电机；辅助设备有焊钳、焊接电缆、面罩、敲渣锤、钢丝刷和焊条保温筒等。

电弧焊是利用弧焊机使焊条与焊件之间产生高温电弧，使焊条和电弧燃烧范围内的焊件熔化，待其凝固便形成焊缝或接头。钢筋电弧焊可分帮条焊、搭接焊、坡口焊和熔槽帮条焊四种接头形式。下面介绍帮条焊、搭接焊和坡口焊，熔槽帮条焊及其他电弧焊接方法详见《钢筋焊接及验收规程》。

1) 帮条焊接头。帮条焊接头形式如图 4.32 (c) 所示，适用于焊接直径 10～40mm 的各级热轧钢筋。帮条宜采用与主筋同级别、同直径的钢筋制作，帮条长度见表 4.18。

如帮条级别与主筋相同时，帮条的直径可比主筋直径小一个规格，如帮条直径与主筋相同时，帮条钢筋的级别可比主筋低一个级别。

表 4.18 **钢 筋 帮 条 长 度**

项　次	钢 筋 级 别	焊 接 形 式	帮 条 长 度
1	HPB235、HPB300	单面焊	>8d
		双面焊	>4d
2	HRB335	单面焊	>10d
		双面焊	>5d

2）搭接焊接头。只适用于焊接直径 10～40mm 的 HPB235、HPB300、HRB335 级钢筋。焊接时，宜采用双面焊；不能进行双面焊时，也可采用单面焊，如图 4.32（a）所示。搭接长度应与帮条长度相同。

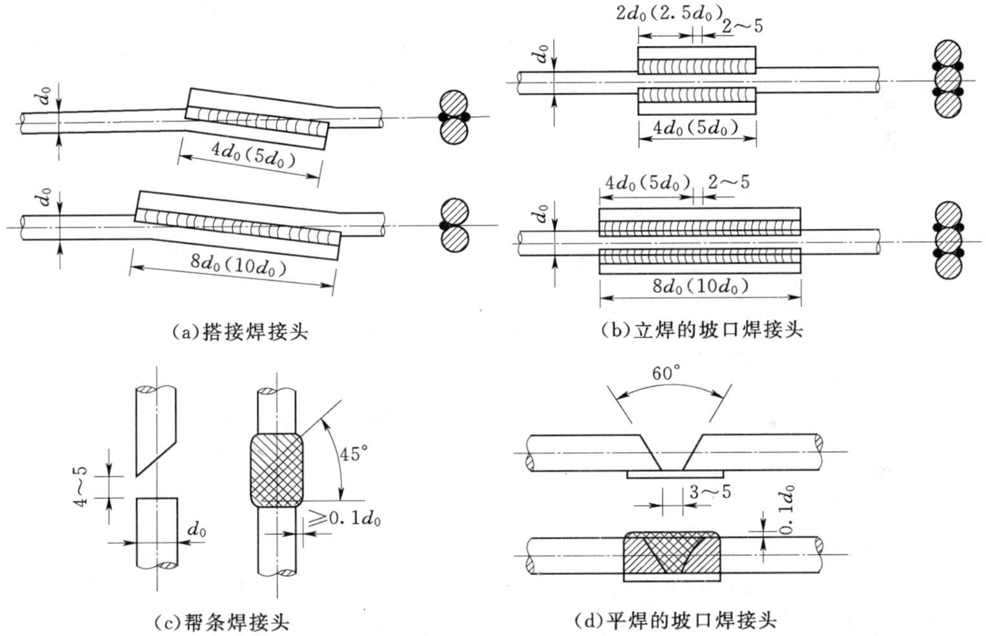

图 4.32 钢筋电弧焊的接头型式

钢筋帮条接头或搭接接头的焊缝厚度 h 应不小于 0.3 倍钢筋直径；焊缝宽度 b 不小于 0.7 倍钢筋直径，焊缝尺寸如图 4.33 所示。

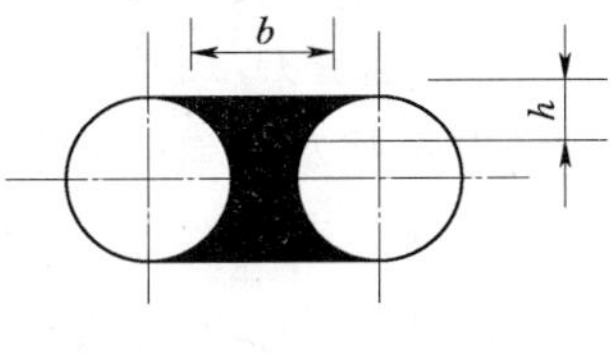

图 4.33 焊接尺寸示意图
b—焊接宽度；h—焊缝厚度

3）坡口焊接头。有平焊和立焊两种。这种接头比上两种接头节约钢材，适用于在现场焊接装配整体式构件接头中直径为 18～400mm 的各级热轧钢筋。钢筋坡口平焊时，V 形坡口角度为 60°，如图 4.32（d）所示；坡口立焊时，坡口角度为 45°，如图 4.32（c）所示。钢垫板长为 40～60mm。平焊时，钢垫板宽度为钢筋直径加 10mm；立焊时，其宽度等于钢筋直径。钢筋根部间隙，平焊时为 4～6mm；立焊时为 3～5mm。最大间隙均不宜超过 10mm。

焊接电流的大小应根据钢筋直径和焊条的直径进行选择。

帮条焊、搭接焊和坡口焊的焊接接头，除应进行外观质量检查外，亦需抽样作拉力试验。如对焊接质量有怀疑或发现异常情况，还应进行非破损方式（X 射线、γ 射线、超声波探伤等）检验。

（2）埋弧压力焊。

埋弧压力焊是将钢筋与钢板安放成 T 形形状，利用焊接电流通过时在焊剂层下产生电弧，形成熔池，加压完成的一种压焊方法。具有生产效率高、质量好等优点，适用于各种预埋件、T 形接头、钢筋与钢板的焊接。预埋件钢筋压力焊适用于热轧直径 6～25mm HPB235 级、HRB335 级钢筋的焊接，钢板为普通碳素钢，厚度 6～20mm。

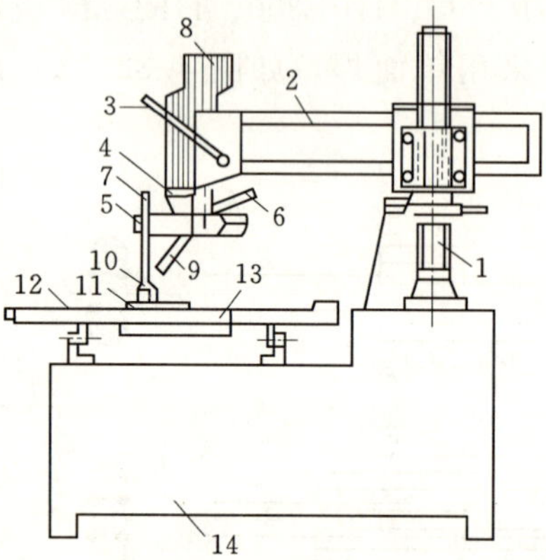

图 4.34　埋弧压力焊机

1—立柱；2—摇臂；3—压柄；4—工作头；5—钢筋夹头；6—手柄；7—钢筋；8—焊剂料箱；9—焊剂漏口；10—铁圈；11—预埋钢板；12—工作平台；13—焊剂储斗；14—机座

如图 4.34 所示，主要由焊接电源（BX2—500、AX1—500）、焊接机构和控制系统（控制箱）3 部分组成。埋弧压力焊机是由 BX2—500 型交流弧焊机作为电源的埋弧压力焊机的基本构造。其工作线圈（副线圈）分别接入活动电极（钢筋夹头）及固定电极（电磁吸铁盘）。焊机结构采用摇臂式，摇臂固定在立柱上，可做左右回转活动；摇臂本身可作前后移动，以使焊接时能取得所需要的工作位置。摇臂末端装有可上下移动的工作头，其下端是用导电材料制成的偏心夹头，夹头接工作线圈，形成活动电极。工作平台上装有平面型电磁吸铁盘，拟焊钢板放置其上，接通电源能被吸住而固定不动。

在埋弧压力焊时，钢筋与钢板之间引燃电弧之后，由于电弧作用使局部用材及部分焊剂熔化和蒸发，蒸发气体形成了一个空腔，空腔被熔化的焊剂形成的熔渣包围，焊接电弧就在这个空腔内燃烧，在焊接电弧的热作用下，熔化的钢筋端部和钢板金属形成焊接熔池。待钢筋整个截面均匀加热到一定温度，将钢筋向下顶压，随即切断焊接电源，冷却凝固后形成焊接接头。

4. 气压焊接

气压焊是利用氧气和乙炔，按一定的比例混合燃烧的火焰，将被焊钢筋两端加热，使其达到热塑状态，经施加适当压力，使其接合的固相焊接法。钢筋气压焊适用于 14～40mm 热轧钢筋，也能进行不同直径钢筋间的焊接，还可用于钢轨焊接。被焊材料有碳素钢、低合金钢、不锈钢和耐热合金等。钢筋气压焊设备轻便，可进行水平、垂直、倾斜等全方位焊接，具有节省钢材、施工费用低廉等优点。

钢筋气压焊接机由供气装置（氧气瓶、溶解乙炔瓶等）、多嘴环管加热器、加压器（油泵、顶压油缸等）、焊接夹具及压接器等组成，如图 4.35、图 4.36 所示。

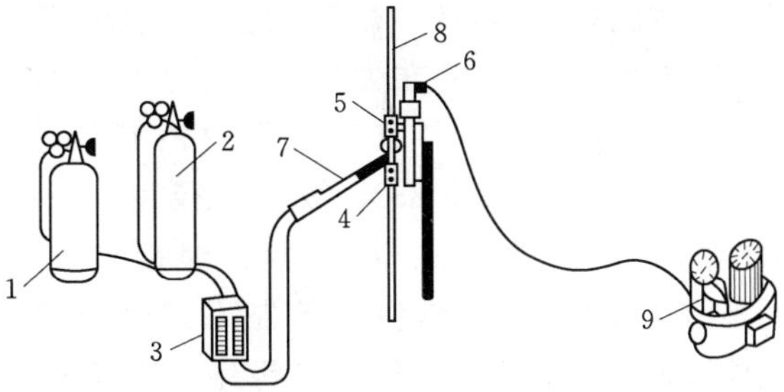

图 4.35 气压焊接设备示意图

1—乙炔；2—氧气；3—流量计；4—固定卡具；
5—活动卡具；6—压节器；7—加热器与焊炬；
8—被焊接的钢筋；9—电动油泵

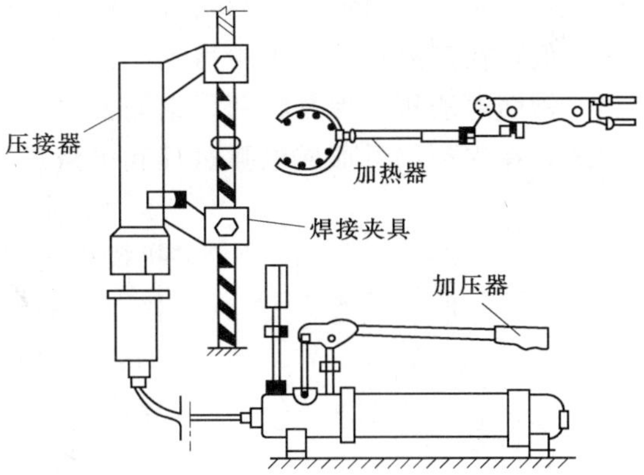

图 4.36 钢筋气压焊机

气压焊接钢筋是利用乙炔和氧气的混合气体燃烧产生的高温火焰对已有初始压力的两根钢筋端面接合处加热，使钢筋端部产生塑性变形，并促使钢筋端面的金属原子互相扩散，当钢筋加热到约 1250～1350℃（相当于钢材熔点的 0.8～0.9 倍，此时钢筋加热部位呈橘黄色，有白亮闪光出现）时进行加压顶锻，使钢筋内的原子得以再结晶而焊接在一起。

钢筋气压焊接属于热压焊。在焊接加热过程中，加热温度为钢材熔点的 0.8～0.9 倍，钢材未呈熔化液态，且加热时间较短，钢筋的热输入量较少，所以不会出现钢筋材质劣化倾向。

加热系统中的加热能源是氧气和乙炔。系统中的流量计用来控制氧气和乙炔的输入量，焊接不同直径的钢筋要求不同的流量。氧气和乙炔在加热器中混合，火焰通过喷火嘴喷出加热钢筋，要求火焰能均匀加热钢筋，有足够的温度和功率并且安全可靠。

加压系统中的压力源为电动油泵（或手动油泵），使加压顶锻时压力平稳。压接器是气压焊的主要设备之一，要求它能准确、方便地将两根钢筋固定在同一轴线上，并将油泵产生的压力均匀地传递给钢筋达到焊接的目的。施工时压接器需反复装拆，要求它重量轻、构造简单和装拆方便。

气压焊接的钢筋要用砂轮切割机断料，不能用钢筋切断机切断，要求端面与钢筋轴线垂直。焊接前应打磨钢筋端面，清除氧化层和污物，使之现出金属光泽，并立即喷涂一薄层焊接活化剂保护端面不再被氧化。

钢筋加热前先对钢筋施 30～40MPa 的初始压力，使钢筋端面贴合。当加热到缝隙密合后，上下摆动加热器，适当增大钢筋加热范围，促使钢筋端面金属原子互相渗透，也便于加压顶锻。加压顶锻的压应力约 34～40MPa，使焊接部位产生塑性变形。直径小于 22mm 的筋可以一次顶锻成型，大直径钢筋可以进行二次顶锻。

气压焊的接头应按规定的方法检查外观质量和进行拉力试验。

5. *电渣压力焊*

现浇钢筋混凝土框架结构中竖向钢筋的连接宜采用自动或手工电渣压力焊进行焊接

(直径 14～40mm 的 HPB235、HRB335 级钢筋)。与电弧焊比较，它工效高、节约钢材、成本低，在高层建筑施工中得到广泛应用。

钢筋电渣压力焊是将两根钢筋安放成竖向对接形式，利用焊接电流通过两根钢筋端面间隙，在焊剂层下形成电弧过程和电渣过程，产生电弧热和电阻热，熔化钢筋。钢筋电渣压力焊是通过加压完成的一种焊接方法。钢筋电渣压力焊机操作方便，效率高，适用于竖向或斜向受力钢筋的连接，钢筋级别为 HPB235 级、HRB335 级，直径为 14～40mm。电渣压力焊设备包括电源、控制箱、焊接夹具、焊剂盒。自动电渣压力焊的设备还包括控制系统及操作箱。焊接夹具如图 4.37 所示，焊接夹具应具有一定刚度，要求坚固、灵巧、上下钳口同心，上下钢筋的轴线应尽量一致。焊接时，先将钢筋端部约 120mm 范围内的钢筋除尽，将夹具夹牢在下部钢筋上，并将上部钢筋扶直夹牢于活动电极中，上下钢筋间放一小块导电剂（或钢丝小球），装上药盒，装满焊药，接通电路，用手炳使电弧引燃（引弧）。然后稳弧一定时间使之形成渣池并使钢筋熔化（稳弧），随着钢筋的熔化，用手柄使上部钢筋缓缓下送。稳弧时间的长短视电流、电压和钢筋直径而定。当稳弧达到规定时间后，在断电的同时用手柄进行加压顶锻以排除夹渣气泡，形成接头。待冷却一定时间后拆除药盒，回收焊药，拆除夹具和清除焊渣。引弧、稳弧、顶锻这三个过程应连续进行。

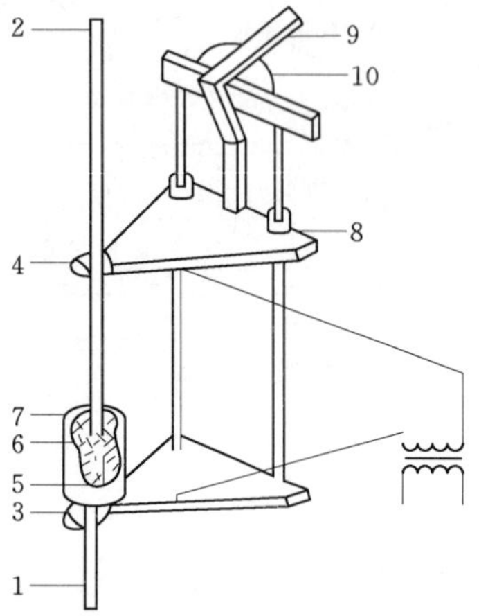

图 4.37 电渣压力焊焊接夹具构造示意图

1—钢筋；2—活动电极；3—焊剂；4—导电焊剂；5 焊剂盒；6 固定电极；7—钢筋；8—标尺；9—操纵杆；10—变压器

电渣压力焊的接头应按规范规定的方法检查外观质量和进行拉力试验。

4.2.3.2 钢筋机械连接

钢筋机械连接常用钢筋挤压连接和螺纹套管连接两种型式。是近年来大直径钢筋现场连接的主要方法。

1. 钢筋挤压连接

钢筋挤压连接亦称钢筋套筒冷压连接。它是将需连接的变形钢筋插入特制钢套筒内，利用液压驱动的挤压机进行径向或轴向挤压，使钢套筒产生塑性变形，使它紧紧咬住变形钢筋实现连接，如图 4.38 所示。适用于较大直径带肋钢筋的连接。与焊接相比，它具有节省电能、不受钢筋可焊性能影响、不受气候影响、无明火、施工简便和接头可靠度高等特点。

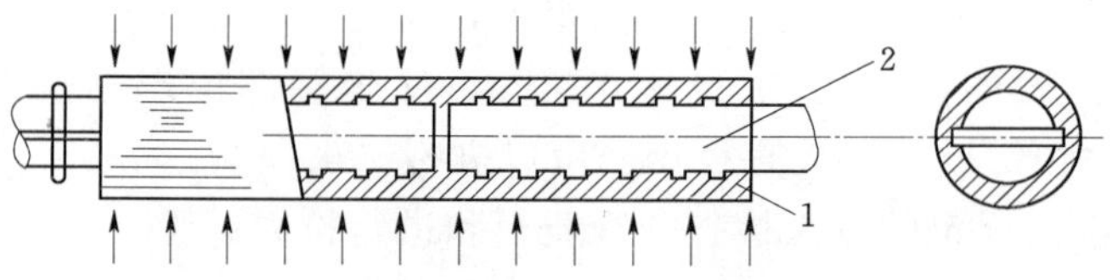

图 4.38 钢筋径向挤压连接原理图

1—钢套筒；2—被连接的钢筋

（1）钢筋径向挤压套管连接。

钢筋径向挤压套管连接是沿套管直径方向从套管中间依此向两端挤压套管，使之冷塑性变形，把插在套管里的两根钢筋紧紧咬合成一体，如图4.39所示。它适用于带肋钢筋连接。

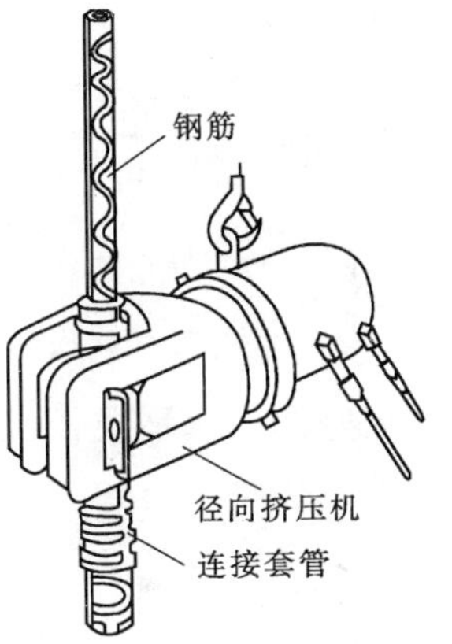

图4.39 径向挤压套管连接

（2）轴向挤压套管连接。

钢筋轴向挤压套管连接是沿钢筋轴线冷挤压金属套管，把插入套管里的2根待连接热轧带肋钢筋紧固连成一体，如图4.40所示。它适用于连接直径20～32mm竖向、斜向和水平钢筋。

套管的材料和几何尺寸应符合接头规格的技术要求，并应有出厂合格证。套管的标准屈服承载力和极限承载力应比钢筋大10%以上，套管的保护层厚度不宜小于15mm，净距不宜小于25mm，当所用套管外径相同时，钢筋直径相差不宜大于两个级差。

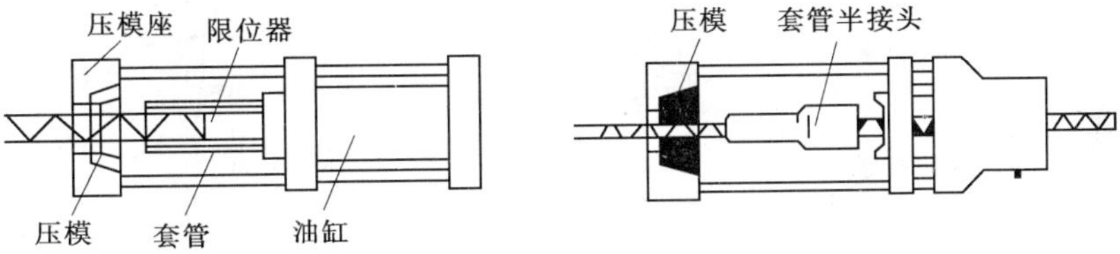

(a)钢筋半接头挤压　(b)钢筋连接挤压

图4.40 轴向挤压套管连接

冷挤压接头的外观检查应符合以下要求：

1）钢筋连接端花纹要完好无损，不能打磨花纹；连接处不能有油污、水泥等杂物。

2）钢筋端头离套管中线不应超过10mm。

3）压痕间距宜为1～6mm，挤压后的套管接头长度为套管原长度的1.10～1.15倍，挤压后套管接头外径用量规测量应能通过（量规不能从挤压套管接头外径通过的，可更换挤压模重新挤压一次），压痕处最小外径为套管原外径的0.85～0.90倍。

4）挤压接头处不能有裂纹、接头弯折角度不得大于4°。

2. 螺纹套管连接

钢筋套管螺纹连接有锥套管和直套管螺纹两种型式。钢套管内壁用专用机床加工成螺纹，钢筋的对端头亦在套丝机上加工成与套管匹配的螺纹。连接时，在对螺纹检查无油污和损伤后，先用手旋入钢筋，然后用扭矩扳手紧固至规定的扭矩即完成连接，如图4.41所示。它施工速度快、不受气候影响、质

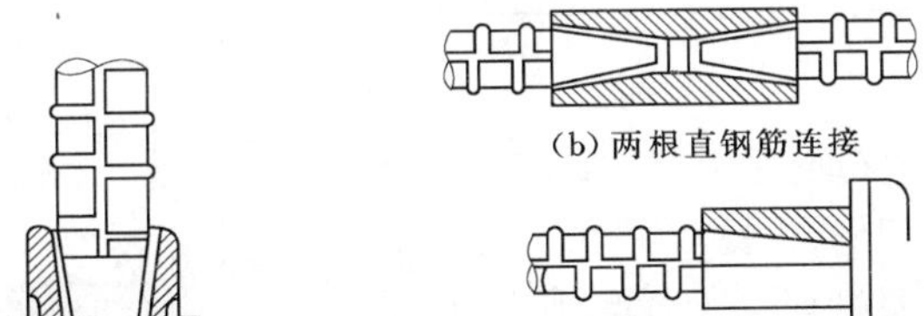
(a)1根直钢筋与1根弯钢筋连接　(b)两根直钢筋连接　(c)在金属结构上接装钢筋　(d)在混凝土构件中插接钢筋

图4.41 钢筋锥套管螺纹连接

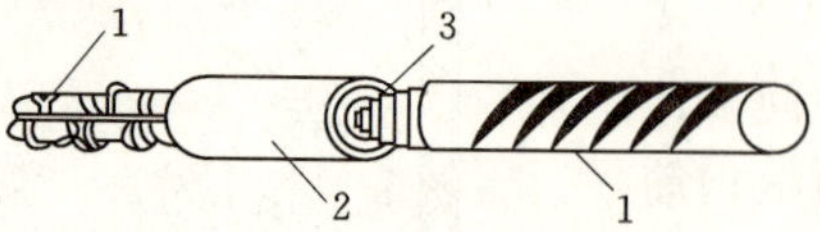

图 4.42　锥形螺纹钢筋接头
1—钢筋；2—套筒；3—锥螺纹

量稳定、对中性好。

（1）锥形螺纹连接。

锥形螺纹钢筋连接是将两根待接钢筋的端部和套管预先加工成锥形螺纹，然后用手和力矩扳手将两根钢筋端部旋入套筒形成机械式钢筋接头，如图 4.42 所示。它能在施工现场连接 ϕ16～40 的同径或异径的竖向、水平或任何倾角的钢筋，不受钢筋有无花纹及含量的限制。当连接异径钢筋时，所连接钢筋直径之差不应超过 9mm。

锥形螺纹加工套筒的抗拉强度必须大于钢筋的抗拉强度。在进行钢筋连接时，先取下钢筋连接端的塑料保护帽，检查丝扣牙形是否完好无损、清洁，钢筋规格与连接规格是否一致；确认无误后，将连接套拧在一根钢筋上，用力矩扳手按规定的力矩值拧紧；再将另一根钢筋插入连接套内，拧紧。当听到扳手发出“咔嗒”声时，表明钢筋接头已拧紧，做好标记，以防钢筋接头漏拧。钢筋接头连接方法如图 4.43 所示，钢筋拧紧的力矩值见表 4.19。

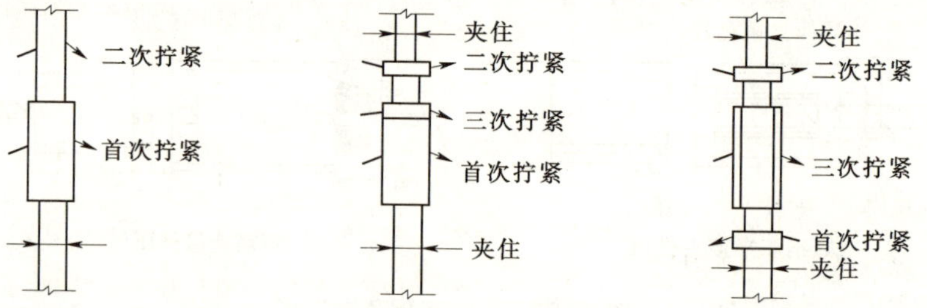

(a)同径或异径钢筋连接　(b)单向可调接头连接　(c)双向可调接头连接

图 4.43　钢筋接头连接方法

表 4.19　**钢筋接头拧紧力矩值**

钢筋直径（mm）	16	18	20	22	25～28	32	36	40
拧紧力矩值（N·m）	118	145	177	216	275	314	343	343

（2）直螺纹连接。

直螺纹连接是近年来开发的一种新的螺纹连接方式。它先把钢筋端部镦粗，然后再切削直螺纹，最后用套筒实施钢筋对接。由于镦粗段钢筋切削后的净截面仍大于钢筋原截面，即螺纹不削弱钢筋截面，从而确保接头强度大于母材强度。直螺纹不存在扭紧力矩对接头性能的影响，从而提高了连接的可靠性，也加快了施工速度。直螺纹接头比套筒挤压接头省钢 70%，比锥螺纹接头省钢 35%，技术经济效果显著，如图 4.44 所示。

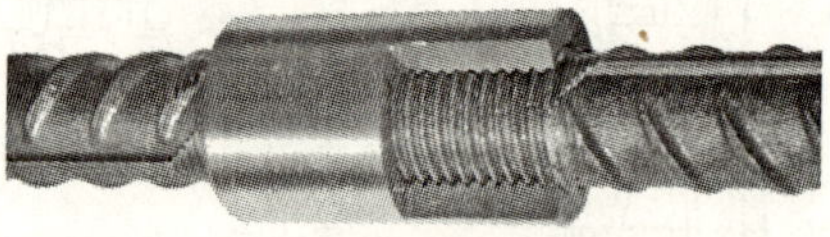

图 4.44　钢筋直螺纹连接

4.2.4　钢筋的绑扎与安装

钢筋加工后进行绑扎、安装。钢筋绑扎、安装前，应先熟悉图样。核对钢筋配料单和钢筋加工牌，研究与有关工种的配合，确定施工方法。

钢筋的接长、钢筋骨架或钢筋网的成型应优先采用焊接或机械连接，如果不能采用焊接（如缺乏电焊机或焊机功率不够）或骨架过大过重不便于运输安装时，可采用绑扎的方法。钢筋绑扎一般采用20～22号铁丝，铁丝过硬时，可经退火处理。绑扎时应注意钢筋位置是否准确，绑扎是否牢固，搭接长度及绑扎点位置是否符合规范要求。板和墙的钢筋网除靠近外围2行钢筋的相交点全部扎牢外，中间部分的相交点可相隔交错扎牢，但必须保证受力钢筋不位移。双向受力的钢筋须全部扎牢；梁和拄的箍筋除设计有特殊要求时，应与受力钢筋垂直设置。箍筋弯钩叠合处，应沿受力钢筋方向错开设置；柱中的竖向钢筋搭接时，角部钢筋的弯钩应与模板成45°（多边形柱为模板内角的平分角，圆形柱应与模板切线垂直）；弯钩与模扳的角度最小不得小于15°。

当受力钢筋采用机械连接接头或焊接接头时，设置在同一构件内的接头宜相互错开。同一构件中相邻纵向受力钢筋的绑扎搭接接头宜相互错开。钢筋搭接处，应在中心和两端用铁丝扎牢。在受拉区域内，HPB235级钢筋绑扎接头的末端应做弯钩。绑扎搭接接头中钢筋的横向净距不应小于钢筋直径，且不应小于25mm；钢筋绑扎搭接接头连接区段的长度为1.3L_i（L_i为搭接长度），凡搭接接头中点位于该连接区段长度内的搭接接头均属于同一连接区段。同一连接区段内，纵向钢筋搭接接头面积百分率为该区段内有搭接接头的纵向受力钢筋截面面积与全部纵向受力钢筋截面面积的比值。同一连接区段内，纵向受拉钢筋搭接接头面积百分率应符合规范要求。

钢筋绑扎搭接长度按下列规定确定：

（1）纵向受力钢筋绑扎搭接接头面积百分率不大于25%时，其最小搭接长度见表4.20。

表4.20　纵向受拉钢筋的最小搭接长度

钢筋类型		混凝土强度等级			
		C15	C20～C25	C30～C35	≥C40
光圆钢筋	HPB235、HPB300	45d	35d	30d	25d
带肋钢筋	HRB335	55d	45d	35d	30d
	HRB400	—	55d	40d	35d

注　两根直径不同钢筋的搭接长度，以较细钢筋的直径计算。

（2）当纵向受拉钢筋搭接接头面积百分率大于25%，但不大于50%时，其最小搭接长度应按表4.20中的数值乘以系数1.2取用；当接头面积百分率大于50%时，应按表4.20中的数值乘以系数1.35取用。

（3）纵向受拉钢筋的最小搭接长度根据前述要求确定后，在下列情况时还应进行修正。①带肋钢筋的直径大于25mm时，其最小搭接长度应按相应数值乘以系数1.1取用；②对环氧树脂涂层的带肋钢筋，其最小搭接长度应按相应数值乘以系数1.25取用；③当混凝土凝固过程中受力钢筋易受扰动时（如滑模施工），其最小搭接长度应按相应数值乘以系数1.1取用；④对末端采用机械锚固措施的带肋钢筋，其最小搭接长度可按相应数值乘以系数0.7取用；⑤当带肋钢筋的混凝土保护层厚度大于搭接钢筋直径的3倍且配有箍筋时，其最小搭接长度可按相应数值乘以系数 0.8 取用；⑥对有抗震设防要求的结构构件，其受力钢筋的最小搭接长度对一、二级抗震等级应按相应数值乘以系数 1.15 采用；⑦对三级抗震等级应按相应数值乘以系数 1.05 采用。

（4）纵向受压钢筋搭接时，其最小搭接长度应根据上面的规定确定相应数值后，再乘以系数 0.7 取用。

（5）在任何情况下，受拉钢筋的搭接长度不应小于 300mm，受压钢筋的搭接长度不应小于 200mm。在梁、柱类构件的纵向受力钢筋搭接长度范围内，应按设计要求配置箍筋。

钢筋安装或现场绑扎应与模板安装相配合。柱钢筋现场绑扎时，一般在模板安装前进行；柱钢筋采用预制安装时，可先安装钢筋骨架，然后安装柱模板，或先安装三面模板，待钢筋骨架安装后，再钉第四面模板。梁的钢筋一般在梁横板安装后，再安装或绑扎；断面高度较大（大于 600mm），或跨度较大、钢筋较密的大梁，可留一面侧模，待钢筋安装或绑扎完后再钉。楼板钢筋绑扎应在楼板模板安装后进行，并应按设计先画线，然后摆料、绑扎。

钢筋保护层应按设计或规范的要求正确确定。工地常用预制水泥垫块垫在钢筋与模板之间，以控制保护层厚度。垫块应布置成梅花形，其相互间距不大于 1m。上下双层钢筋之间的尺寸可通过绑扎短钢筋或设置撑脚来控制。

课题 4.3　混凝土工程施工

4.3.1　混凝土制备

混凝土制备应采用符合质量要求的原材料，按规定的配合比配料，混合料应拌和均匀，以保证结构设计所规定的混凝土强度等级，满足设计提出的特殊要求（如抗冻、抗渗等）和施工和易性要求，并应符合节约水泥、减轻劳动强度等原则。

4.3.1.1　混凝土施工配料

1. 混凝土配制强度

混凝土配制强度应按式（4.4）计算：

$$f_{cu,0} \geqslant f_{cu,k} + 1.645\sigma \tag{4.4}$$

式中　$f_{cu,0}$——混凝土配制强度，MPa；

$f_{cu,k}$——混凝土立方体抗压强度标准值，MPa；

σ——混凝土强度标准差，MPa。

混凝土强度标准差宜根据同类混凝土统计资料按式（4.5）计算确定：

$$\sigma = \sqrt{\frac{\sum_{n-1}^{n} f_{cu,i}^{2} - n f_{cu,n}^{2}}{n-1}} \tag{4.5}$$

式中　$f_{cu,i}$——统计周期内同一品种混凝土第 i 组试件的强度值，N/mm²；

$f_{cu,n}$——统计周期内同一品种混凝土 n 组强度的平均值，N/mm^2；

n——统计周期内同一品种混凝土试件的总组数，$n \geqslant 25$。

当混凝土强度等级为 C20 和 C25，若强度标准差计算值小于 2.5MPa 时，计算配制强度用的标准差应取不小于 2.5MPa；当混凝土强度等级不小于 C30，若强度标准差计算值小于 3.0MPa 时，计算配制强度用的标准差应取不小于 3.0MPa。

对预拌混凝土厂和预制混凝土构件厂，其统计周期可取为 1 个月；对现场拌制混凝土的施工单位，其统计周期可根据实际情况确定，但不宜超过 3 个月。

施工单位如无近期混凝土强度统计资料时，σ 可根据混凝土设计强度等级取值；当混凝土设计强度不大于 C20 时，取 $4N/mm^2$；当强度为 C25～C40 时，取 $5N/mm^2$；当强度不小于 C45 时，取 $5N/mm^2$。

2. 混凝土施工配合比及施工配料

在实验室根据混凝土的配制强度，经过试配和调整而确定的配合比，称为实验室配合比。实验室配合比所用砂、石都是不含水分的。而施工现场砂、石都有一定的含水率，且含水率大小随气温等条件不断变化。为保证混凝土的质量，施工中应根据砂、石的实际含水率对原配合比进行修正。根据现场砂、石含水率调整后的配合比称为施工配合比。

设实验室配合比：水泥∶砂∶石＝1∶x∶y，水灰比 W/C，现场砂、石含水率分别为 W_x、W_y，则施工配合比：水泥∶砂∶石＝1∶$x(1+W_x)$∶$y(1+W_y)$，水灰比 W/C 不变，但加水量应扣除砂、石中的含水量。

施工配料是确定每拌一次混凝土需用的各种原材料量，它根据施工配合比和搅拌机的出料容量计算。

【例 4.3】 某工程混凝土实验室配合比为 1∶2.4∶4.3，水灰比 $W/C=0.55$，每立方米混凝土水泥用量为 280g，现场砂、石含水率分别为 2%、1%，求施工配合比。若采用 350L 搅拌机，求每拌一次材料用量。

解： 水泥∶砂∶石为

$$1:x(1+W_x):y(1+W_y)=1:[2.4\times(1+0.02)]:[4.3\times(1+0.01)]=1:2.448:4.343$$

用 350L 搅拌机，每拌一次材料用量（施工配料）如下。

水泥　　$280\times0.35=98$ (kg)

砂　　$98\times2.448=239.4$ (kg)

石　　$98\times4.343=425.6$ (kg)

水　　$98\times0.55-98\times2.448\times0.02-98\times4.343\times0.01=44.8$ (kg)

4.3.1.2　混凝土搅拌机选择

1. 搅拌机的选择

混凝土搅拌是将各种组成材料拌制成质地均匀、颜色一致、具备一定流动性的混凝土拌和物。如混凝土搅拌得不均匀就不能获得密实的混凝土，影响混凝土的质量，所以搅拌是混凝土施工工艺中很重要的一道工序。由于人工搅拌混凝土质量差，消耗水泥多，而且劳动强度大，所以只有在工程量很小时才用人工搅拌。一般均采用机械搅拌。混凝土搅拌机有自落式和强制式两类见表 4.21。

表 4.21　　　　混凝土搅拌机类型

自落式			强制式			
鼓筒式	双锥式		立轴式			卧轴式（单轴双轴）
	反转出料	倾翻出料	涡桨式	行星式		
				定盘式	盘转式	
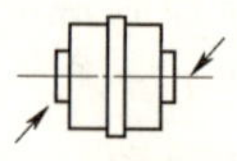	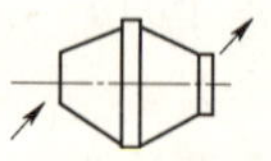	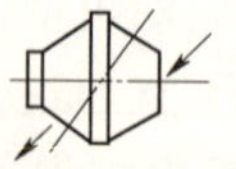		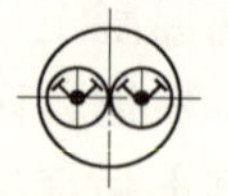		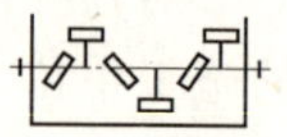

(1) 自落式混凝土搅拌机。

自落式搅拌机是通过筒身旋转，带动搅拌叶片将物料提高，在重力作用下物料自由坠下，互相穿插、翻拌、混合使混凝土各组分搅拌均匀的。

1）锥形反转出料搅拌机。锥形反转出料搅拌机是中、小型建筑工程常用的一种搅拌机，正转搅拌，反转出料。由于搅拌叶片呈正、反向交叉布置，拌和料一方面被提升后靠自落进行搅拌，另一方面又被迫沿轴向作左右窜动，搅拌作用强烈。

锥形反转出料搅拌机外形如图 4.45（a）所示，它主要由上料装置、搅拌筒、传动机构、配水系统和电气控制系统等组成。

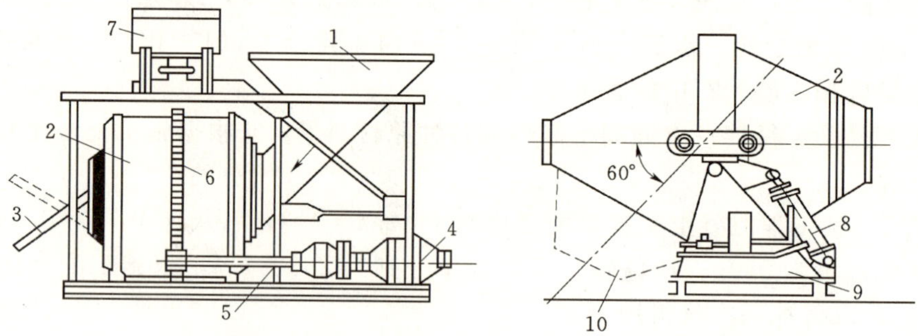

(a) 鼓形拌和机　　(b) 双锥形拌和机

图 4.45　自落式混凝土拌和机

1—装料机；2—拌和筒；3—卸料槽；4—电动机；5—传动轴；
6—齿圈；7—量水器；8—气顶；9—机座；10—卸料位置

2）双锥形倾翻出料搅拌机。双锥形倾翻出料搅拌机进出料在同一口，出料时由气动倾翻装置使搅拌筒下旋 50°～60°，即可将物料卸出，如图 4.45（b）所示。双锥形倾翻出料搅拌机卸料迅速，拌筒容积利用系数高，拌和物的提升速度低，物料在拌筒内靠滚动自落而搅拌均匀，能耗低、磨损小，能搅拌大粒径骨料混凝土。主要用于大体积混凝土工程。

(2) 强制式混凝土搅拌机。

强制式混凝土搅拌机一般筒身固定，搅拌机片旋转，对物料施加剪切、挤压、翻滚、滑动、混合使混凝土各组分搅拌均匀。

1）涡桨强制式混凝土搅拌机。涡桨强制式混凝土搅拌机是在圆盘搅拌筒中装一根回转轴，轴上装有拌和铲和刮板，随轴一同旋转，如图 4.46 所示。它用旋转着的叶片，将装在搅拌筒内的物料强行搅拌使之均匀。涡桨强制式搅拌机由动力传动系统、上料和卸料装置、搅拌系统、操纵机构和机架等组成。

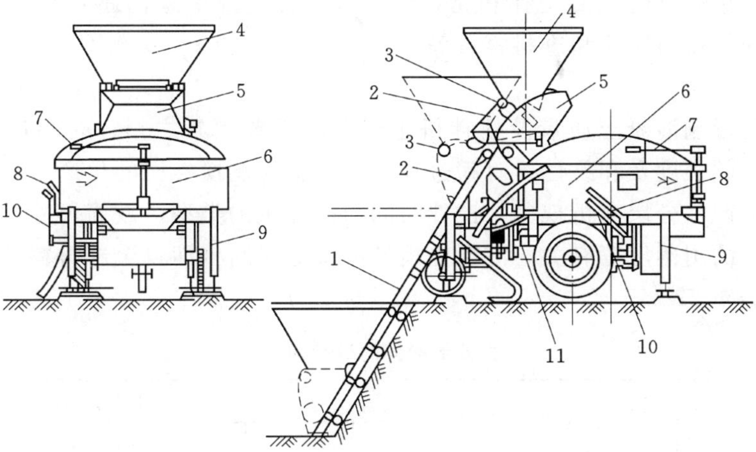

图 4.46 涡桨强制式混凝土搅拌机

1—上料轨道；2—上料斗底座；3—铰链轴；4—上料斗；5—进料承口；6—搅拌筒；7—卸料手柄；8—斜斗下降手柄；9—撑脚；10—上料手柄；11—给水手柄

2）单卧轴强制式混凝土搅拌机。单卧轴强制式混凝土搅拌机的搅拌轴上装有两组叶片，两组推料方向相反，使物料既有圆周方向运动，也有轴向运动，因而能形成强烈的物料对流，使混合料能在较短的时间内搅拌均匀。它由搅拌系统、进料系统、卸料系统和供水系统等组成。

3）双卧轴强制式混凝土搅拌机。双卧轴强制式混凝土搅拌机，如图 4.47 所示。它有两根搅拌轴，轴上布置有不同角度的搅拌叶片，工作时两轴按相反的方向同步相对旋转。由于两根轴上的搅拌铲布置位置不同，螺旋线方向相反，于是被搅拌的物料在筒内既有上下翻滚的动作，也有轴向运动，从而增强了混合料运动的剧烈程度，因此搅拌效果更好。双卧轴强制式混凝土搅拌机为固定式，其结构基本与单卧式相似。它由搅拌系统、进料系统、卸料系统和供水系统等组成。

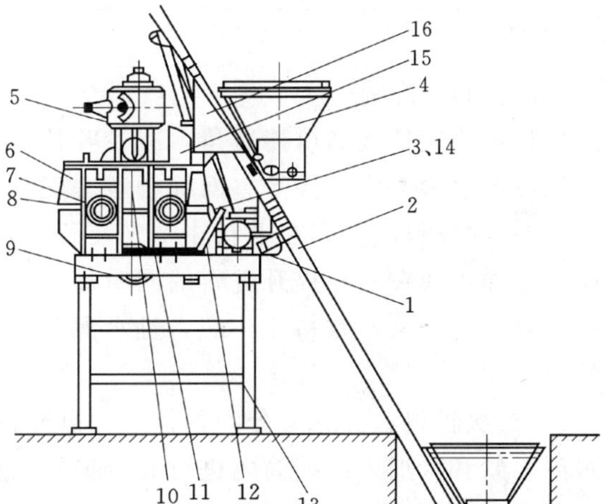

图 4.47 双卧轴强制式混凝土搅拌机

1—上料传动装置；2—上料架；3—搅拌驱动装置；4—料斗；5—水箱；6—搅拌筒；7—搅拌装置；8—供油器；9—卸料装置；10—三通阀；11—操纵杆；12—水泵；13—支撑架；14—罩盖；15—受料斗；16—电气箱

我国规定混凝土搅拌机以其出料容量 L 标定规格，现行混凝土搅拌机的系列为 50L、150L、250L、350L、500L、750L、1000L、1500L 和 3000L。

选择搅拌机时，要根据工程量大小、混凝土的坍落度、骨料尺寸等而定，既要满足技术上的要求，亦要考虑经济效果和节约能源。

2. 搅拌制度的确定

为了获得质量优良的混凝土拌和物，除正确选择搅拌机外，还必须正确确定搅拌制度，即搅拌时间、投料顺序和进料容量等。

（1）搅拌时间。

搅拌时间是影响混凝土质量及搅拌机生产率的重要因素之一，时间过短，拌和不均匀，降低混凝土的强度及和易性；时间过长，不仅会影响搅拌机的生产率，而且会使混凝土和易性降低或产生分层离析现象。搅拌时间与搅拌机的类型、鼓筒尺寸、骨料的品种和粒径以及混凝土的坍落度等有关，混凝土搅拌的最短时间（即自全部材料装入搅拌筒中起到卸料止）见表4.22。

表4.22　　混凝土搅拌的最短时间

混凝土坍落度（mm）	搅拌机	搅拌机出料容量（L）		
		＜250	250～500	＞500
≤30	自落式	90s	120s	150s
	强制式	60s	90s	120s
＞30	自落式	90s	90s	120s
	强制式	60s	60s	90s

注　掺有外加剂时，搅拌时间应适当延长。

（2）投料顺序。

投料顺序应从提高搅拌质量，减少叶片、衬板的磨损，减少拌和物搅拌筒的粘结，减少水泥飞扬改善工作条件等方面综合考虑确定。常用方法有以下几种。

1）一次投料法。即在上料斗中先装石子，再加水泥和砂，然后一次投入搅拌机。在鼓筒内先加水或在料斗提升进料的同时加水，这种上料顺序使水泥夹在石子和砂中间，上料时不致飞扬，又不致粘住斗底，且水泥和砂先进入搅拌筒形成水泥砂浆，可缩短包裹石子的时间。

2）二次投料法。它又分为预拌水泥砂浆法和预拌水泥净浆法。预拌水泥砂浆法是先将水泥、砂和水加入搅拌筒内进行充分搅拌，成为均匀的水泥砂浆，再投入石子搅拌成均匀的混凝土。预拌水泥净浆法是将水泥和水充分搅拌成均匀的水泥净浆后，再加入砂和石子搅拌成混凝土。二次投料法搅拌的混凝土与一次投料法相比较，混凝土强度提高约15%，在强度相同的情况下，可节约水泥15%～20%。

3）水泥裹砂法。此法又称为SEC法。采用这种方法拌制的混凝土称为SEC混凝土，也称作造壳混凝土。其搅拌程序是先加一定量的水，将砂表面的含水量调节到某一规定的数值后，再将石子加入与湿砂拌匀，然后将全部水泥投入，与润湿后的砂、石拌和，使水泥在砂、石表面形成一层低水灰比的水泥浆壳（此过程称为“成壳”），最后将剩余的水和外加剂加入，搅拌成混凝土。采用SEC法制备的混凝土与一次投料法比较，强度可提高20%～30%，混凝土不易产生离析现象，泌水少，工作性能好。

（3）进料容量（干料容量）。

进料容量为搅拌前各种材料体积的累积。进料容量与搅拌机搅拌筒的几何容量有一定的比例关系，一般情况下为 0.22～0.40。如任意超载（进料容量超过 10%以上），就会使材料在搅拌筒内无充分的空间进行拌和，影响混凝土拌和物的均匀性；如装料过少，则又不能充分发挥搅拌机的效率。进料容量可根据搅拌机的出料容量按混凝土的施工配合比计算。

使用搅拌机时，应该注意安全。在鼓筒正常转动之后才能装料入筒。在运转时，不得将头、手或工具伸入筒内。在因故（如停电）停机时，要立即设法将筒内的混凝土取出，以免凝结。在搅拌工作结束时，也应立即清洗鼓筒内外。叶片磨损面积如超过 10%左右，就应按原样修补或更换。

（4）拌和机的生产率。

混凝土拌和机是按照装料、拌和、卸料这 3 个顺序循环工作的，每循环工作一次就拌制出一罐新鲜混凝土料，按拌和实方体积（L 或 m^3）确定拌和机的工作容量（又称出料体积）。

混凝土拌和机的装料体积是指每拌和一次装入拌和筒内各种松散体积之和。拌和机的出料系数是出料体积与装料体积之比，约为 0.6～0.7。

每台拌和机的生产率 P 可按式（4.6）计算：

$$P=NV=k_t\frac{3600V}{t_1+t_2+t_3+t_4} \tag{4.6}$$

式中 P——单台拌和机生产率，m^3/h；

V——拌和机出料容量，m^3；

N——每小时搅拌罐数；

t_1——装料时间，自动化配料为 10～15s，半自动化配料为 15～20s；

t_2——搅拌时间；

t_3——卸料时间，倾翻卸料为 15s，非倾翻卸料为 25～30s；

t_4——必要的技术间隙时间，对双锥式为 3～5s；

k_t——时间利用系数，视施工条件而定。

3. *混凝土搅拌机的使用*

（1）搅拌机使用前的检查。

搅拌机使用前应按照“十字作业法”（清洁、润滑、调整、紧固、防腐）的要求检查离合器、制动器、钢丝绳等各个系统和部位是否机件齐全、机构灵活、运转正常，并按规定加注润滑油脂。检查电源电压，电压升降幅度不得超过搅拌电气设备规定的 5%。随后进行空转检查，检查搅拌机旋转方向是否与机身箭头一致，空车运转是否达到要求值。供水系统的水压、水量是否满足要求。在确认以上情况正常后，搅拌筒内加清水搅拌 3min 后将水放出，方可投料搅拌。

（2）开盘操作。

在完成上述检查工作后，即可进行开盘搅拌，为不改变混凝土设计配合比，补偿粘附在筒壁、叶片上的砂浆，第一盘应减少石子约 30%，或多加水泥、砂各 15%。

(3) 正常运转。

1) 投料顺序。普通混凝土一般采用一次投料法或两次投料法。一次投料法是按砂(石子)—水泥—石子(砂)的次序投料，并在搅拌的同时加入全部拌和水进行搅拌；二次投料法是先将石子投入拌和筒并加入部分拌和用水进行搅拌，清除前一盘拌和料粘附在筒壁上的残余，然后再将砂、水泥及剩余的拌和用水投入搅拌筒内继续拌和。

2) 搅拌时间。混凝土搅拌质量直接和搅拌时间有关，搅拌时间应满足要求。

3) 搅拌质量检查。应经常检查混凝土拌和物的搅拌质量，混凝土拌和物颜色均匀一致，无明显的砂粒、砂团及水泥团，石子完全被砂浆所包裹，说明其搅拌质量较好。

(4) 停机。

每班作业后应对搅拌机进行全面清洗，并在搅拌筒内放入清水及石子运转 10～15min 后放出，再用竹扫帚洗刷外壁。搅拌筒内不得有积水，以免筒壁及叶片生锈，如遇冰冻季节应放尽水箱及水泵中的存水，以防冻裂。

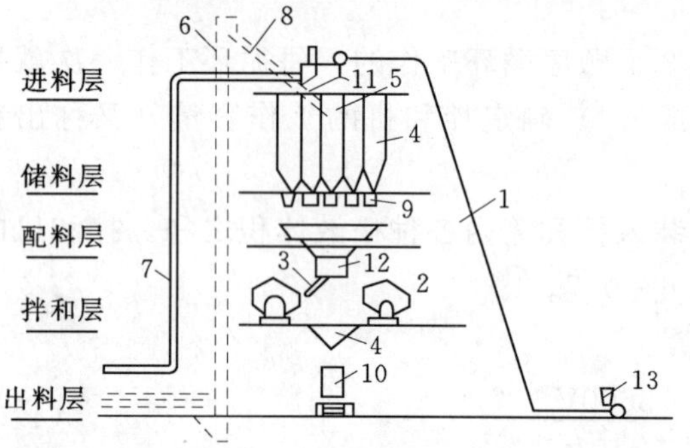

图 4.48 混凝土拌和楼布置示意图(单阶式)
1—皮带机；2—水箱及量水器；3—出料斗；4—骨料仓；5—水泥仓；6—斗式提升机输送水泥；7—螺旋机输送水泥；8—风送水泥管道；9—储料斗；10—混凝土吊罐；11—回转漏斗；12—回转喂料器；13—进料斗

每天工作完毕后，搅拌机料斗应放至最低位置，不准悬于半空。电源必须切断，锁好电闸箱，保证各机构处于空位。

4.3.1.3 混凝土搅拌站

在混凝土施工工地，通常集中地布置骨料堆场、水泥仓库、配料装置、拌和机及运输设备等，组成混凝土拌和站，或采用成套的混凝土工厂(拌和楼)来制备混凝土。一些城市建立混凝土集中搅拌站，供应半径约 15～20km。

搅拌站根据其组成部分在竖向布置方式的不同分为单阶式和双阶式。在单阶式混凝土搅拌站中，原材料一次提升后经过储料斗，然后靠自重下落进入称量和搅拌工序。这种工艺流程，原材料从一道工序到下一道工序的时间短、效率高、自动化程度高，搅拌站占地面积小，适用于产量大的固定式大型混凝土搅拌站，如图 4.48 所示。

在双阶式混凝土搅拌站中，原材料经第一次提升后经过储料斗下落，经称量配料后再经过第二次提升进入搅拌机，如图 4.49 所示。

4.3.2 混凝土运输

混凝土运输是整个混凝土施工中的一个重要环节，对工程质量和施工进度影响较大。由于混凝土料拌和后不能久存，而且在运输过程中对外界的影响敏感，运输方法不当或疏忽大意都会降低混凝土质量，甚至造成废品。如供料不及时或混凝土品种错误，正在浇筑的施工部位将不能顺利进行。因此要解决好混凝土拌和、浇筑、水平运输和垂直运输之间的协调配合问题，还必须采取适当的措施，保证运输混凝土的质量。

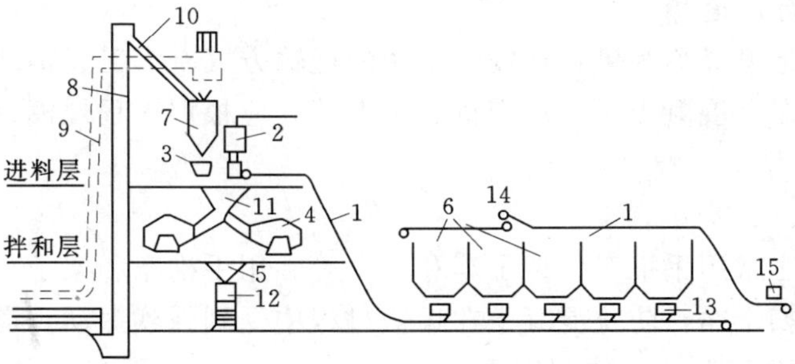

图 4.49　混凝土拌和楼布置示意图（双阶式）

1—皮带机；2—水箱及量水器；3—水泥料斗及磅秤；4—拌和机；5—出料斗；6—骨料仓；7—水泥仓；8—斗式提升机输送水泥；9—螺旋机输送水泥；10—风送水泥管道；11—集料斗；12—混凝土吊罐；13—配料器；14—回转漏斗；15—回转喂料器

4.3.2.1　混凝土拌和物运输的要求

运输过程中，应保持混凝土的均匀性，避免产生分层离析现象，混凝土运至浇筑地点应符合浇筑时所规定的坍落度见表 4.23。混凝土应以最少的中转次数、最短的时间，从搅拌地点运至浇筑地点，保证混凝土从搅拌机卸出后到与浇筑完毕的延续时间不超过的规定见表 4.24。运输工作应保证混凝土的浇筑工作连续进行。运送混凝土的容器应严密，其内壁应平整光洁、不吸水、不漏浆、粘附的混凝土残渣应经常清除。

表 4.23　　混凝土浇筑时的坍落度

项　次	结 构 种 类	坍落度（mm）
1	基础或地面等的垫层、无配筋的厚大结构（挡土墙、基础或厚大的块体）或钢筋稀疏的结构	10～30
2	板、梁和大型及中型截面的柱子等	30～50
3	配筋密列的结构（薄壁、斗仓、筒仓、细柱等）	50～70
4	配筋特密的结构	70～90

注　1. 本表指采用机械振捣的坍落度，采用人工捣实时可适当增大。
2. 需要配置大坍落度混凝土时，应掺用外加剂。
3. 曲面或斜面结构的混凝土，其坍落度值应根据实际需要另行选定。
4. 轻骨料混凝土的坍落度，宜比表中数值减少 10～20mm。
5. 自密实混凝土的坍落度另行规定。

表 4.24　　混凝土从搅拌机中卸出后到浇筑完毕的延续时间　　单位：min

混凝土强度等级	混凝土从搅拌机中卸出后到浇筑完毕的延续时间	
	≤25	＞25
C30 及 C30 以下	120	90
C30 以上	90	60

注　1. 掺外加剂或采用快硬水泥拌制混凝土时应按试验确定。
2. 轻骨料混凝土的运输、浇筑时间应适当缩短。

4.3.2.2　混凝土运输

混凝土运输工作分为水平（地面）运输、垂直运输和楼面运输这三种运输方式。

1. 水平（地面）运输

混凝土的水平运输又称为供料运输。常用的运输方式有人工、机动翻斗车、混凝土搅拌运输车、自卸汽车、混凝土泵、皮带机、机车等，应根据工程规模、施工场地宽窄和设备供应情况选用。

(1) 人工运输。

人工运输混凝土常用手推车、架子车和斗车等。用手推车和架子车时，要求运输道路路面平整，随时清扫干净，防止混凝土在运输过程中受到强烈振动。道路的纵坡一般要求水平，局部不宜大于15%，一次爬高不宜超过2～3m，运输距离不宜超过200m。

用窄轨斗车运输混凝土时，窄轨（轨距610mm）车道的转弯半径以不小于10m为宜。轨道尽量为水平，局部纵坡不宜超过4%，尽可能铺设双线；以便轻、重车道分开。如为单线要设避车岔道。容量为0.60m^3的斗车一般用人力推运，局部地段可用卷扬机牵引。

(2) 机动翻斗车运输。

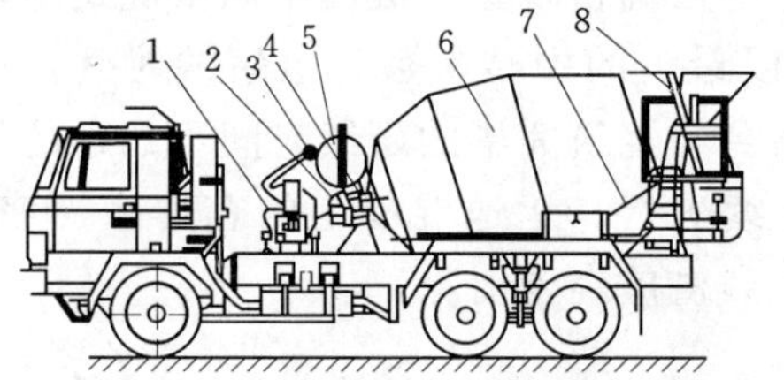

图4.50　混凝土搅拌运输车
1—泵连接组件；2—减速机总成；3—液压系统；4—机架；5—供水系统；6—搅拌筒；7—操纵系统；8—进出料装置

机动翻斗车是混凝土工程中使用较多的水平运输机械。它轻便灵活、转弯半径小、速度快且能自动卸料。车前装有容量为476L的翻斗，载重量约1t，最高时速20km/h，适用于短途运输混凝土或砂石料。

(3) 混凝土搅拌运输车运输。

混凝土搅拌运输车如图4.50所示，是运送混凝土的专用设备。它的特点是在运量大、运距远的情况下能保证混凝土的质量均匀，当混凝土制备点（商品混凝土站）与浇筑点距离较远时使用。它的运送方式有两种：一是在10km范围内短距离运送时，只作运输工具使用，即将拌和好的混凝土接送至浇筑点，在运输途中为防止混凝土分离，让搅拌筒只作低速搅动，使混凝土拌和物不致分离、凝结；二是在运距较长时，搅拌运输两者兼用，即先在混凝土拌和站将干料——砂、石、水泥按配比装入搅拌鼓筒内，并将水注入配水箱，开始只作干料运送，然后在到达距使用点10～15min路程时，启动搅拌筒回转，并向搅拌筒注入定量的水，这样在运输途中边运输边搅拌成混凝土拌和物，送至浇筑点卸出。

2. 垂直运输

混凝土的垂直运输，目前多用塔式起重机、井架，也可采用混凝土泵。

(1) 塔式起重机运输。

塔式起重机又称塔机或塔吊，是在门架上装置高达数十米的钢塔，用于增加起重高度。其起重臂多是水平的，起重小车（带有吊钩）可沿起重臂水平移动，用以改变起重幅度，如图4.51所示。塔机可靠近建筑物布置，沿着轨道移动，利用起重小车变幅，所以控制范围是一个长方形的空间。塔式起重机运输的优点是地面运输、垂直运输和楼面运输都可以采用。混凝土在地面由水平运输工具或搅拌机直接卸入吊斗，吊斗吊起混凝土运至浇筑部位进行浇筑。

(2) 井架运输。

混凝土的垂直运送，除采用塔式起重机之外，还可使用井架。混凝土在地面用双轮手推车运至井架的升降平台上，然后井架将双轮手推车提升到楼层上，再将手推车沿铺在楼面上的跳板推到浇筑地点。另外，井架可以兼运其他材料，利用率较高。由于在浇筑混凝土时，楼面上已立好模板，扎好钢筋，因此需铺设手推车行走用的跳板。为了避免压坏钢筋，跳板可用马凳垫起。手推车的运输道路应形成回路，避免交叉和运输堵塞。

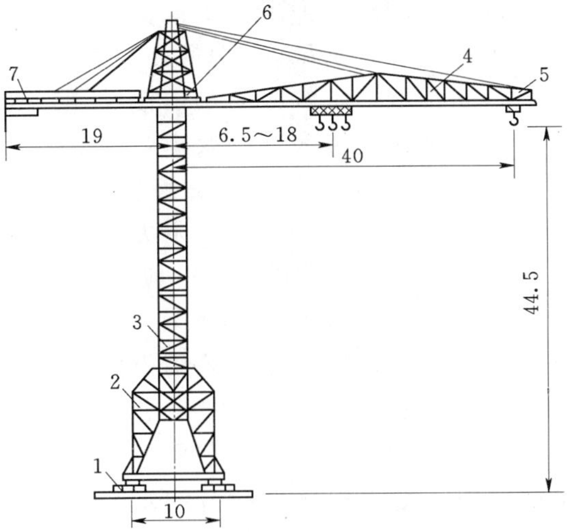

图 4.51 10/25t 塔式起重机（单位：m）
1—车轮；2—门架；3—塔身；4—起重臂；
5—起重小车；6—回转塔架；7—平衡重

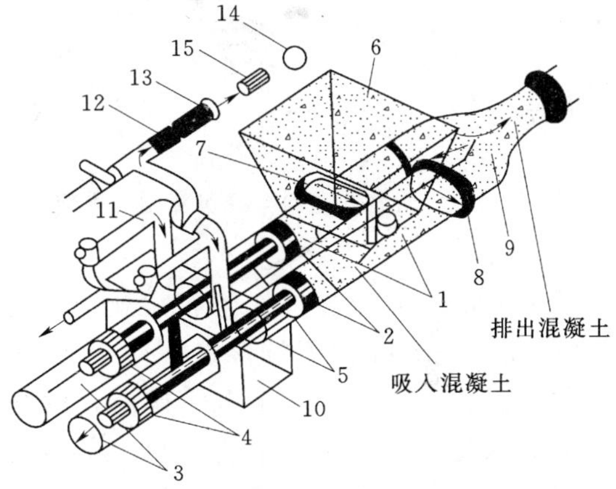

图 4.52 液压柱塞式混凝土泵工作原理图
1—混凝土缸；2—混凝土活塞；3—液压缸；4—液压活塞；5—活塞杆；6—料斗；7—吸入端水平片阀；8—排出端竖直片阀；9—Y 形输送管；10—水箱；11—水洗装置换向阀；12—水洗用高压软管；13—水洗法兰；14—海绵球；15—清洗活塞

(3) 混凝土泵运输。

混凝土泵是一种有效的混凝土运输工具，它以泵为动力，沿管道输送混凝土，可以同时完成水平和垂直运输，将混凝土直接运送至浇筑地点。混凝土泵根据驱动方式分为柱塞式混凝土泵和挤压式混凝土泵。柱塞式混凝土泵根据传动机构不同，又分为机械传动和液压传动两种，液压柱塞式混凝土泵的工作原理图如图 4.52 所示。它主要由料斗、液压缸和柱塞、混凝土缸、分配阀、Y 形输送管、冲洗设备、液压系统和动力系统等组成。柱塞泵工作时，搅拌机卸出的或由混凝土搅拌运输车卸出的混凝土倒入料斗后，吸入端分配阀移开，排出端分配阀关闭，柱塞在液压作用下带动柱塞左移，混凝土在自重及真空力作用下进入混凝土缸内，混凝土被压入管道，并被输送到浇筑地点。单缸混凝土泵的出料是脉冲式的，所以一般混凝土泵有 2 个混凝土缸并列交替进料和出料，通过 Y 形输料管送入同一管道使出料较为稳定。

混凝土泵车是将混凝土泵装在车上，车上装有可以伸缩的“布料杆”，管道装在杆内，末端是一段软管，可将混凝土直接送到浇筑地点，如图 4.53 所示。这种泵车布料范围广、机动性好、移动方便，适用于多层框架结构施工。

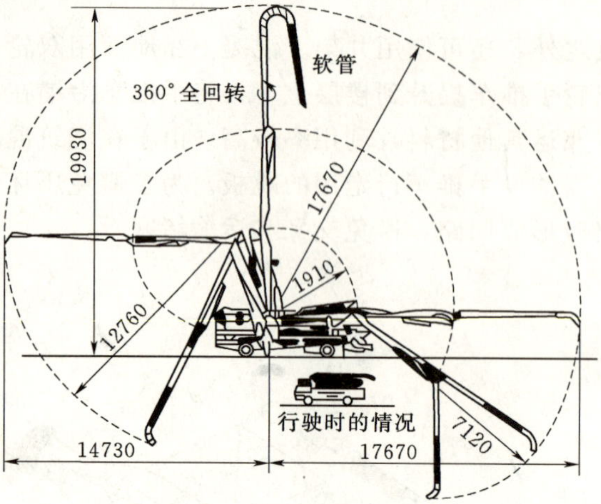

图4.53 三折叠式布料车浇筑范围（单位：mm）

不同型号的混凝土泵其排量不同，水平运距和垂直运距也不同。常见的混凝土排量为30～90m³/h，水平运距200～500m，垂直运距50～100m。宜与混凝土泵、混凝土搅拌运输车配套使用，且应使混凝土搅拌站的供应能力和混凝土搅拌车的运输能力大于混凝土泵的输送能力，以保证混凝土泵能连续工作。

泵送混凝土除应满足结构设计强度外，还要满足可泵性的要求，即混凝土在泵管内易于流动，有足够的黏聚性，不泌水、不离析，并且摩阻力小。要求泵送混凝土所采用粗骨料应为连续级配，其针片状颗粒含量不宜大于10%；粗骨料的最大粒径与输送管径之比应符合规范的规定；泵送混凝土宜采用中砂，其通过0.315mm筛孔的颗粒含量不应少于15%，最好能达到20%。泵送混凝土应选用硅酸盐水泥、普通硅酸盐水泥、矿渣硅酸盐水泥和粉煤灰硅酸盐水泥不宜采用火山灰质硅酸盐水泥。为改善混凝土工作性能，延缓凝结时间，增大坍落度和节约水泥，泵送混凝土用泵送剂或减水剂；泵送混凝土宜掺用粉煤灰或其他活性矿物掺和料。掺磨细粉煤灰，可提高混凝土的稳定性、抗渗性、和易性和可泵性，既能节约水泥，又使混凝土在泵管中增加润滑能力，提高泵和泵管的使用寿命。混凝土的坍落度宜为80～180mm；泵送混凝土的用水量与水泥和矿物掺和料的总量之比不宜大于0.60。泵送混凝土的水泥和矿物掺和料的总量不宜小于300g/m³。为防止泵送混凝土经过泵管时产生阻塞，要求泵送混凝土比普通混凝土的砂率要高，其砂率宜为35%～45%；此外，砂的粒度也很重要。

混凝土泵在输送混凝土前，管道应先用水泥浆或砂浆润滑。泵送时要连续工作，如中断时间过长，混凝土将出现分层离析现象，应将管道内混凝土清除，以免堵塞，泵送完毕要立即将管道冲洗干净。

3. 楼面运输

运输混凝土的辅助设备有吊罐、集料斗、溜槽、溜管等。用于混凝土装料、卸料和转运入仓，对于保证混凝土质量和运输工作顺利进行起着相当大的作用。

(1) 溜槽与振动溜槽。

溜槽为钢制槽子（钢模），可从皮带机、自卸汽车、斗车等受料，将混凝土转送入仓。其坡度可由试验确定，常采用45°左右。当卸料高度过大时，可采用振动溜槽。振动溜槽装有振动器，单节长4～6m，拼装总长可达30m，其输送坡度由于振动器的作用可放缓至15°～20°。采用溜槽时，应在溜槽末端加设1～2节溜管或挡板，如图4.54所示，以防止混凝土料在下滑过程中分离。

(2) 溜管与振动溜管。

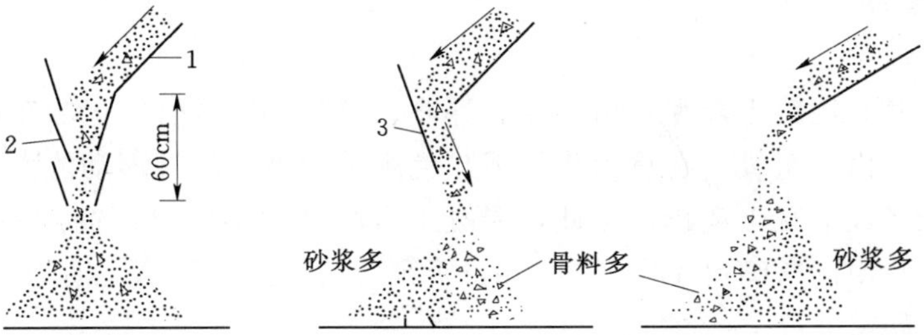

(a)正确方法　(b)不正确方法

图 4.54 溜槽卸料

1—溜槽；2—溜筒；3—挡板

溜管（溜筒）由多节铁皮管串挂而成。每节长 0.8～1m，上大下小，相邻管节铰挂在一起，可以拖动，如图 4.55 所示。采用溜管卸料可起到缓冲消能作用，以防止混凝土料分离和破碎。

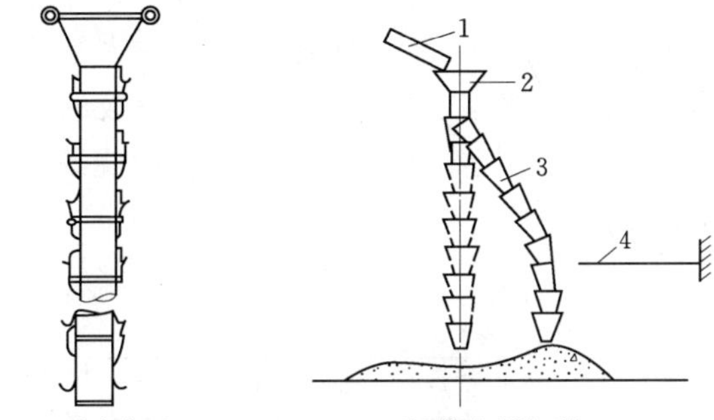

(a)垂直位置　(b)拉向侧卸料

图 4.55 溜筒

1—运料工具；2—受料斗；3—溜管；4—拉索

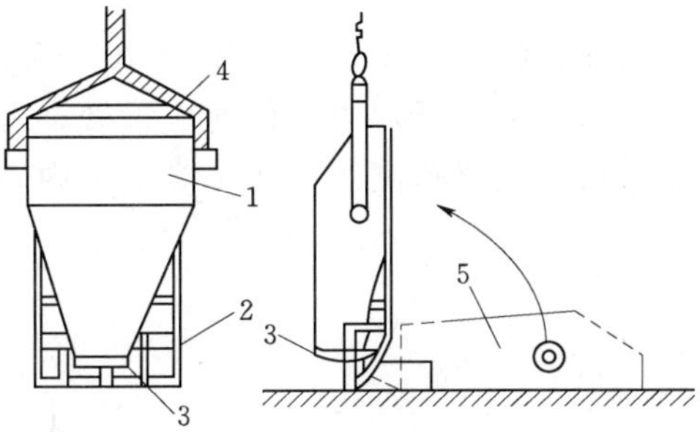

图 4.56 混凝土卧罐

1—装料斗；2—滑架；3—斗门；4—吊梁；5—平卧状态

溜管卸料时，其出口离浇筑面的高差应不大于 1.5m。并利用拉索拖动均匀卸料，但应使溜管出口段约 2m 长与浇筑面保持垂直，以避免混凝土料分离。随着混凝土浇筑面的上升，可逐节拆卸溜管下端的管节。

溜管卸料多用于断面小、钢筋密的浇筑部位，其卸料半径为 1～1.5m，卸料高度不大于 10m。

振动溜管与普通溜管相似，但每隔 4～8m 的距离装有一个振动器，以防止混凝土料中途堵塞，其卸料高度可达 10～20m。

（3）吊罐。

其示意图如图 4.56 所示。

4.3.3 混凝土浇筑

混凝土浇筑要保证混凝土的均匀性和密实性，要保证结构的整体性、尺寸准确和钢筋、预埋件的位置正确，拆模后混凝土表面要平整、光洁。

4.3.3.1　浇筑要求

1. 防止离析

浇筑混凝土时，混凝土拌和物由料斗、漏斗、混凝土输送管、运输车内卸出时，如自由倾落高度过大，由于粗骨料在重力作用下，克服粘着力后的下落动能大，下落速度较砂浆快，因而可能形成混凝土离析。为此，混凝土自高处倾落的自由高度不应超过 2m，在竖向结构中限制自由倾落高度不宜超过 3m，否则应沿串筒、斜槽、溜管等下料。

2. 正确留置施工缝

混凝土结构大多要求整体浇筑。如因技术或组织上的原因不能连续浇筑，且停顿时间有可能超过混凝土的初凝时间，则应事先确定在适当位置留置施工缝。由于混凝土的抗拉强度约为其抗压强度的 1/10，因而施工缝是结构中的薄弱环节，宜留在结构剪力较小的部位，同时要方便施工。

(1) 施工缝的留设位置。

施工缝设置的原则：一般宜留在结构受力（剪力）较小且便于施工的部位。柱子的施工缝宜留在基础与柱子交接处的水平面上，或梁的下面，或吊车梁牛腿的下面、吊车梁的上面、无梁楼盖柱帽的下面，如图 4.57 所示；高度大于 1m 的钢筋混凝土梁的水平施工缝应留在楼板底面下 20～30mm 处，当板下有梁托时，留在梁托下部；单向平板的施工缝，可留在平行于短边的任何位置处；对于有主次梁的楼板结构宜顺着次梁方向浇筑，施工缝应留在次梁跨度的中间 1/3 范围内，如图 4.58 所示。

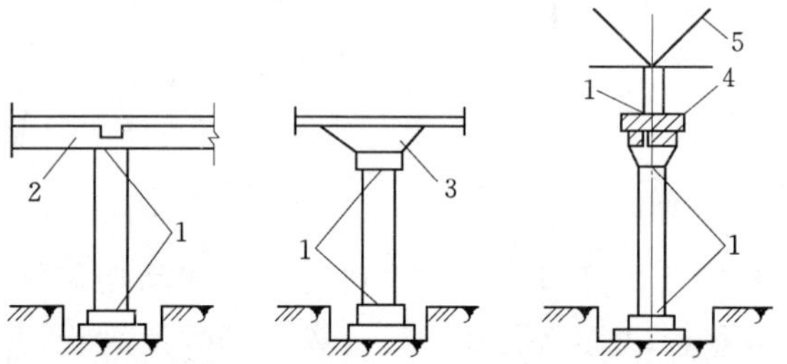

(a)肋形楼板柱　(b)无梁楼板柱　(c)吊车梁柱

图 4.57　柱子施工缝的位置

1—施工缝；2—梁；3—柱帽；4—吊车梁；5—屋架

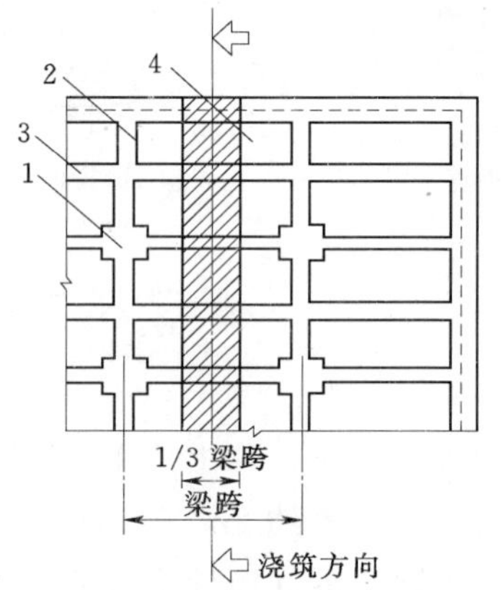

图 4.58　有梁板的施工缝位置

1—柱；2—主梁；3—次梁；4—板

(2) 施工缝的处理。

施工缝处继续浇筑混凝土时，应待混凝土的抗压强度不小于 1.2MPa 方可进行；施工缝浇筑混凝土之前，应除去施工缝表面的水泥薄膜、松动石子和软弱的混凝土层，处理方法有风砂枪喷毛、高压水冲毛、风镐凿毛或人工凿毛，并加以充分湿润和冲洗干净，不得有积水；浇筑时，施工缝处宜先铺水泥浆（水泥：水＝1：0.4），或与混凝土成分相同的水泥砂浆一层，厚度为 30～50mm，以保证接缝的质量；浇筑过程中，施工缝应细致捣实，使其紧密结合。

4.3.3.2 浇筑方法

多层钢筋混凝土框架结构的浇筑。浇筑这种结构首先要划分施工层和施工段，施工层一般按结构层划分，而每一施工层如何划分施工段，则要考虑工序数量、技术要求、结构特点等。要做到木工在第一施工层安装完模板，准备转移到第二施工层的第一施工段上时，该施工段所浇筑的混凝土强度应达到允许工人在其上操作的强度（1.2MPa）。

混凝土浇筑前应做好必要的准备工作，如模板、钢筋和预埋管线的检查和清理以及隐蔽工程的验收；浇筑用脚手架、走道的搭设和安全检查；根据试验室下达的混凝土配合比通知单准备和检查材料；并做好施工用具的准备等。

浇筑柱时，施工段内的每排柱应由外向内对称地依次浇筑，不要由一端向另一端推进，预防柱模板因湿胀造成受推倾斜，产生积累误差难以纠正。截面在400mm×400mm以内，或有交叉箍筋的柱子，应在柱子模板侧面开孔用斜溜槽分段浇筑，每段高度不超过2m。截面在400mm×400mm以上、无交叉箍筋的柱子，如柱高不超过4.0m，可从柱顶浇筑；如用轻骨料混凝土从柱顶浇筑，则柱高不得超过3.5m。柱子开始浇筑时，底部应先浇筑一层厚50～100mm与所浇筑混凝土成分相同的水泥砂浆。浇筑完毕，如柱顶处有较大厚度的砂浆层，则应加以处理。柱子浇筑后应间隔1～1.5h，待所浇混凝土拌和物初步沉实后，再筑浇上面的梁板结构。

梁和板一般应同时浇筑，顺次梁方向从一端开始向前推进。只有当梁高大于1m时才允许将梁单独浇筑，此时的施工缝留在楼板板面下20～30mm处。梁底侧面注意振实，振动器不要直接触及钢筋和预埋件。楼板混凝土的虚铺厚度应略大于板厚，用表面振动器或内部振动器振实，用铁插尺检查混凝土厚度，振捣完后用长的木抹子抹平。

为保证捣实质量，混凝土应分层浇筑，每层厚度见表4.25。

表4.25　混凝土浇筑层的厚度

项　次	捣实混凝土的方法		浇筑层厚度（mm）
1	插入式振动		振动器作用部分长度的1.25倍
2	表面振动		200
3	人工捣实	在基础或无筋混凝土和配筋稀疏的结构中	250
		在梁、墙、板、柱结构中	200
		在配筋密集的结构中	150
4	轻骨料混凝土	插入式振动	300
		表面振动（振动时需加荷）	200

浇筑叠合式受弯构件时，应按设计要求确定是否设置支撑，且叠合面应根据设计要求预留凸凹差（当无要求时，凸凹为6mm），形成延期粗糙面。

4.3.3.3 混凝土密实成型

混凝土浇入模板以后是较疏松的，里面含有空气与气泡。而混凝土的强度、抗冻性、抗渗性以及耐久性等都与混凝土的密实程度有关。目前主要是用人工或机械捣实混凝土使混凝土密实。人工捣实是用人力的冲击来使混凝土密实成型，只有在缺乏机械、工程量不大或机械不便工作的部位采用。

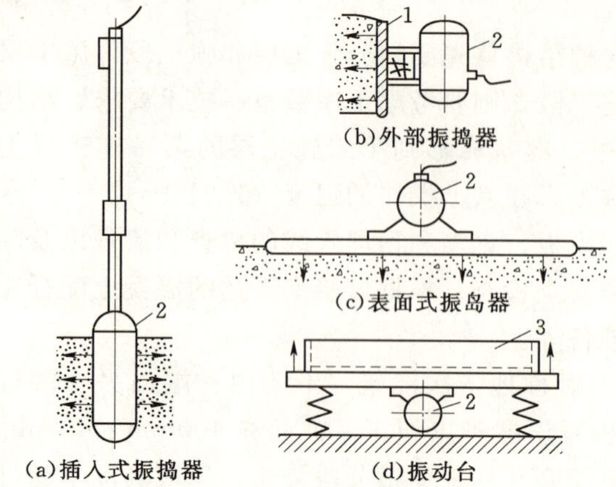

图 4.59　混凝土振捣器
1—模板；2—电动机；3—构件

混凝土振捣主要采用振捣器进行，振捣器产生小振幅、高频率的振动，使混凝土在其振动的作用下，内摩擦力和粘结力大大降低，使干稠的混凝土获得了流动性，在重力的作用下骨料互相滑动而紧密排列，空隙由砂浆所填满，空气被排出，从而使混凝土密实，并填满模板内部空间，且与钢筋紧密结合。

1. 混凝土振捣器

混凝土振捣器的类型，按振捣方式的不同分为插入式、外部式、表面式和振动台等，如图 4.59 所示。其中，外部式只适用于柱、墙等结构尺寸小且钢筋密的构件；表面式只适用于薄层混凝土的捣实（如渠道衬砌、道路、薄板等）；振动台多用于实验室。

（1）插入式振捣器。

根据使用的动力不同，插入式振捣器有电动式、风动式和内燃机式这 3 类。内燃机式仅用于无电源的场合。风动式因其能耗较大、不经济，同时风压和负载变化时会使振动频率显著改变，因而影响混凝土振捣密实质量，逐渐被淘汰。因此一般工程均采用电动式振捣器。电动插入式振捣器又分为以下三种，见表 4.26。

表 4.26　　电动插入式振捣器

序　号	名　称	构　造	适用范围
1	串励式振捣器	串励式电机拖动，ϕ18～50mm	小型构件
2	软轴振捣器	有偏心式、外滚道行星式、内滚道行星式，振捣棒 ϕ25～100mm	除薄板以外各种混凝土工程
3	硬轴振捣器	直联式，振捣棒 ϕ80～133mm	大体积混凝土

1）电动软轴插入式振捣器，如图 4.60 所示。它的电动机和机械增速器（齿轮机构）安装在底盘上，通过软轴（由钢丝股制成）带动振动棒内的偏心轴高速旋转而产生振动。这种振动器是偏心轴式软轴振捣器，由于偏心轴旋转的振动频率受到制造的限制，故振动频率不高，应用在钢筋密集、结构单薄的部位。

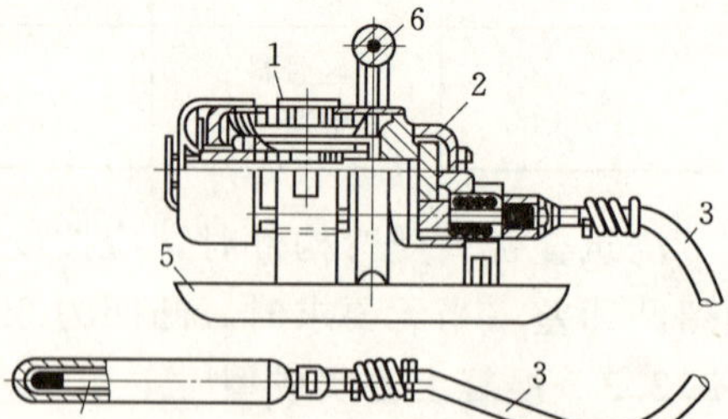

图 4.60　电动软轴插入式振动器
1—电动机；2—机械增速器；3—软轴；4—振动棒；5—底盘；6—手柄

2）电动硬轴插入式振捣器。电动机装在振动棒内部，直接与偏心块振动机构相连，如图 4.61 所示。同时采用低压变频装置代替机械增速器，以保证工人安全操作和提高振捣器的振动频率。

硬轴振捣器构造比较简单，使用方便，其振

动影响半径大（35～60cm），振捣效果好，故在大体积混凝土浇筑中应用最普遍。常见型号有国产 HZ6P—800、HZ6X—30 型，电动机电压为 30～42V。

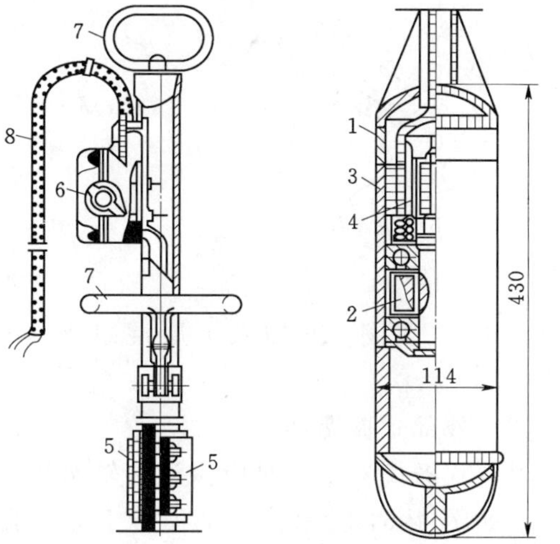

图 4.61 插入式电动硬轴振捣器（单位：mm）

1—振棒外壳；2—偏心块；3—电动机定子；
4—电动机转子；5—橡皮弹性连接器；
6—电路开关；7—把手；8—外接电源

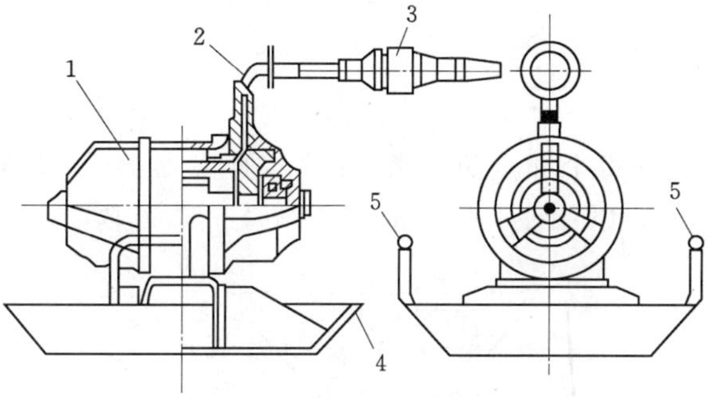

图 4.62 槽形平板式振捣器

1—振动电动机；2—电缆；3—电缆接头；
4—钢制槽形振板；5—手柄

（2）外部式振捣器。

外部式振捣器包括附着式、平板（梁）式及振动台三种类型。平板（梁）式振捣器有两种型式：一是在上述附着式振捣器底座上用螺栓紧固一块木板或钢板（梁），通过附着式振捣器所产生的激振力传递给振板，迫使振板振动而振实混凝土，如图 4.62 所示；另一类是定型的平板（梁）式振捣器，振板为钢制槽形（梁形）振板，上有把手，便于边振捣、边拖行，更适用于大面积的振捣作业。

（3）振动台。

混凝土振动台，又称台式振捣器。它是一种使混凝土拌和物振动成型的机械。其机架一般支撑在弹簧上，机架下装有激振器，机架上安置成型制品的钢模板，模板内装有混凝土拌和物。在激振器的作用下，机架连同模板及混合料一起振动，使混凝土拌和物密实成型。

2. 振捣器的使用与振实判断

（1）插入式振捣器。

用振捣器振捣混凝土，应在仓面上按一定顺序和间距，逐点插入进行振捣。每个插点振捣时间一般需要 20～30s，实际操作时的振实标准是按以下一些现象来判断：混凝土表面不再显著下沉，不出现气泡；并在表面出现一层薄而均匀的水泥浆。如振捣时间不够，则达不到振实要求；过振则骨料下沉、砂浆上翻，产生离析。

振捣器的有效振动范围用振动作用半径 R 表示。R 值的大小与混凝土坍落度和振捣器性能有关，可经试验确定，一般为 30～50cm。

为了避免漏振，插入点之间的距离不能过大。要求相邻插点间距不应大于其影响半径的 1.5～1.75 倍，如图 4.63 所示。在布置振捣器插点位置时，还应注意不要碰到钢筋和模板。但离模板的距离也不要大于 20～30cm，以免因漏振使混凝土表面出现蜂窝麻面。

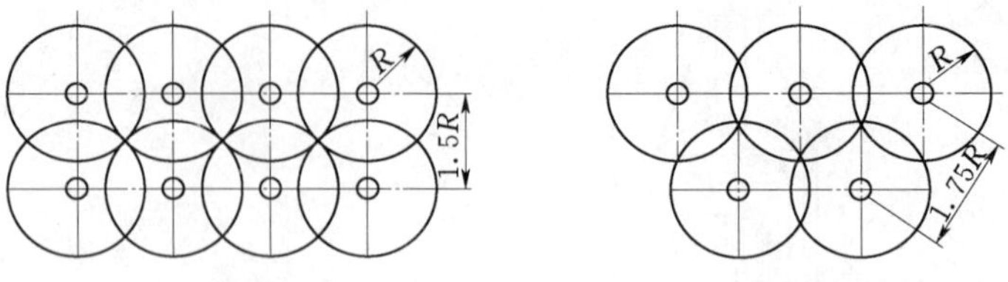

图 4.63　振捣器插入点排列示意图

在每个插点进行振捣时，振捣器要垂直插入，快插慢拔，并插入下层混凝土 5～10cm，以保证上、下混凝土结合。

(2) 外部式振捣器。

附着式振捣器安装时应保证转轴水平或垂直，如图 4.64 所示。一个模板上多台附着式振捣器同时进行作业时，各振捣器频率必须保持一致，相对安装的振捣器的位置应错开。振捣器所装置的构件模板要坚固牢靠，构件的面积应与振捣器的额定振动板面积相适应。

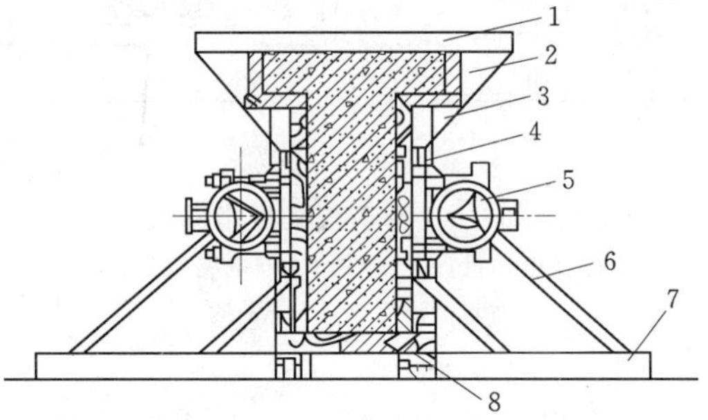

图 4.64　附着式振捣器的安装

1—模板面卡；2—模板；3—角撑；4—夹木枋；5—附着式振动器；6—斜撑；7—底横枋；8—纵向底枋

混凝土振动台是一种强力振动成型机械装置，必须安装在牢固的基础上，地脚螺栓应有足够的强度并拧紧。在振捣作业中，必须安置牢固可靠的模板锁紧夹具，以保证模板和混凝土与台面一起振动。

4.3.3.4　混凝土养护与拆模

1. 混凝土养护

混凝土浇筑完毕后，在一个相当长的时间内，应保持其适当的温度和足够的湿度，创造混凝土良好的硬化条件，称为混凝土的养护工作。混凝土表面水分不断蒸发，如不设法防止水分损失，水化作用未能充分进行，混凝土的强度将受到影响，还可能产生干缩裂缝。因此混凝土养护的目的：一是创造有利条件，使水泥充分水化，加速混凝土的硬化；二是防止混凝土成型后因曝晒、风吹、干燥等自然因素影响，出现不正常的收缩、裂缝等现象。

混凝土的养护方法分为自然养护和热养护两类，见表 4.27。养护时间取决于当地气温、水泥品种和结构物的重要性。

2. 混凝土的拆模

模板拆除日期取决于混凝土的强度、模板的用途、结构的性质及混凝土硬化时的气温。不承重的侧模，在混凝土强度能保证其表面棱角不因拆除模板而受损坏时，即可拆除。承重模板，如梁、板等底模，应待混凝土达到规定强度后，方可拆除。结构的类型跨度不同，其拆模强度不同，底模拆除时对混凝土强度要求，见表 4.2。

表 4.27 混凝土的养护

类别	名称	说明
自然养护	洒水（喷雾）养护	在混凝土面不断洒水（喷雾），保持其表面湿润
	覆盖浇水养护	在混凝土面覆盖湿麻袋、草袋、湿砂、锯末等，不断洒水保持其表面湿润
	围水养护	四周围成土埂，将水蓄在混凝土表面
	铺膜养护	在混凝土表面铺上薄膜，阻止水分蒸发
	喷膜养护	在混凝土表面喷上薄膜，阻止水分蒸发
热养护	蒸汽养护	利用热蒸汽对混凝土进行湿热养护
	热水（热油）养护	将水或油加热，将构件搁置在其上养护
	电热养护	对模板加热或微波加热养护
	太阳能养护	利用各种罩、窑、集热箱等封闭装置对构件进行养护

已拆除承重模板的结构，应在混凝土达到规定的强度等级后，才允许承受全部设计荷载。拆模后应由监理（建设）单位、施工单位对混凝土的外观质量和尺寸偏差进行检查，并做好记录。如发现缺陷，应进行修补。对面积小、数量不多的蜂窝或露石的混凝土，先用钢丝刷或压力水洗刷基层，然后用 1∶2～1∶2.5 的水泥砂浆抹平；对较大面积的蜂窝、露石、露筋应按其全部深度凿去薄弱的混凝土层，然后用钢丝刷或压力水冲刷，再用比原混凝土强度等级高一个级别的细骨料混凝土填塞，并仔细捣实。对影响结构性能的缺陷，应与设计单位研究处理。

4.3.4 混凝土的质量检查与缺陷防治

4.3.4.1 混凝土的质量检查

（1）混凝土质量检查包括施工过程中的质量检查和养护后的质量检查。

（2）施工过程中的质量检查，即在混凝土制备和浇筑过程中对原材料的质量、配合比、坍落度等的检查，每一工作班至少检查两次，如遇特殊情况还应及时进行抽查。混凝土的搅拌时间应随时检查。

（3）混凝土养护后的质量检查主要指混凝土的立方体抗压强度检查。混凝土的抗压强度应以标准立方体试件（边长 150mm），在标准条件下［温度为（20±3）℃和相对湿度为 90%以上的湿润环境］，养护 28d 后测得的具有 95%保证率的抗压强度。

（4）结构混凝土的强度等级必须符合设计要求。

（5）现浇混凝土结构的容许偏差应符合规范规定；当有专门规定时，还应符合相应的规定。

（6）混凝土表面外观质量要求。不应有蜂窝、麻面、孔洞、露筋、缝隙及夹层、缺棱掉角和裂缝等。

4.3.4.2 现浇湿混凝土结构质量缺陷及产生原因

1. 现浇结构的外观质量缺陷的确定

现浇结构的外观质量缺陷应由监理（建设）单位、施工单位等各方根据其对结构性能和使用功能影响的严重程度，按规范确定。

2. 混凝土质量缺陷产生的原因

混凝土质量缺陷产生的原因主要有以下几种：

（1）蜂窝。由于混凝土配合比不准确，浆少而石子多，或搅拌不均造成砂浆与石子分离，或浇筑方法不当，或振捣不足，以及模板严重漏浆。

（2）麻面。模板表面粗糙不光滑，模板湿润不够，接缝不严密，振捣时发生漏浆。

（3）露筋。浇筑时垫块位移，甚至漏放，钢筋紧贴模板，或者因混凝土保护层处漏振或振捣不密实而造成露筋。

（4）孔洞。混凝土结构内存在空隙，砂浆严重分离，石子成堆，砂与水泥分离。另外，有泥块等杂物掺入也会形成孔洞。

（5）缝隙和薄夹层。主要是混凝土内部处理不当的施工缝、温度缝和收缩缝，以及混凝土内有外来杂物而造成的夹层。

（6）裂缝。构件制作时受到剧烈振动，混凝土浇筑后模板变形或沉陷，混凝土表面水分蒸发过快，养护不及时等，以及构件堆放、运输、吊装时位置不当或受到碰撞。

3. 混凝土强度不足的原因

（1）配合比设计方面有时不能及时测定水泥的实际活性，影响了混凝土配合比设计的正确性；另外，套用混凝土配合比时选用不当及外加剂用量控制不准等，都有可能导致混凝土强度不足。分离或浇筑方法不当，或振捣不足，以及模板严重漏浆。也可能导致混凝土强度不足。

（2）搅拌方面任意增加用水量，配合比称料不准，搅拌时颠倒加料顺序及搅拌时间过短等造成搅拌不均匀，导致混凝土强度降低。

（3）现场浇捣方面主要是施工中振捣不实，以及发现混凝土有离析现象时，未能及时采取有效措施来纠正。

（4）养护方面主要是不按规定的方法、时间对混凝土进行妥善的养护，以致造成混凝土强度降低。

4.3.4.3　混凝土质量缺陷的防治与处理

（1）表面抹浆修补。为保护钢筋和混凝土不受侵蚀，对数量不多的小蜂窝、麻面、露筋、露石的混凝土表面可用1：2～1：2.5水泥砂浆抹面修整。

（2）细石混凝土填补。当蜂窝比较严重或露筋较深时，应取掉不密实的混凝土，用清水洗净并充分湿润后，再用比原强度等级高一级的细石混凝土填补并仔细捣实。

（3）水泥灌浆与化学灌浆。对于宽度大于0.5mm的裂缝，宜采用水泥灌浆；对于宽度小于0.5mm的裂缝，宜采用化学灌浆。

课题4.4　冬期施工和雨期施工的措施

4.4.1　冬期施工

4.4.1.1　钢筋工程

由于在负温条件下钢筋的力学性能会发生变化，即屈服点和抗拉强度增加，而伸长率及抗冲击韧性降低，脆性增加，称为冷脆性。

焊接应尽量在室内进行，对焊接工作间应采暖，使焊接接头温度不会突然下降。在负温时闪光对焊，宜选用预热闪光焊或闪光—预热—闪光焊接的工艺。要求焊接时调伸增加10%～20%，以利增大加热范围；变压器级数应降低1～2级；闪光前可将钢筋多次接触，使钢筋温度上升；烧化过程中期的速度应适当减慢；预热时的接触压力适当提高，预热间歇时间适当增长。电弧焊接应先从接头中部引弧，再向两端运弧；焊缝可采用分层控温施焊；焊接时电流应略微增大，焊接速度适当减慢。所有焊接接头，焊完后可放在炉灰渣中让其缓慢降温，不得立即拿到室外降温。在室外的焊接，则必须使环境温度不低于－20℃，同时应有挡风、防雨雪的措施；焊后的接头严禁立刻碰到冰雪。室外竖向钢筋气压焊，要增长预热时间，压接后要小火恢复降温加热2～3min，使接头慢慢由红变成暗灰色。

室外竖向电渣压力焊，要适当调整焊接参数，如电流的大小，应根据钢筋直径和环境温度而定，比常温应适当增加电流，并应适当加大通电时间。焊接后，接头的药盒要比常温时延长2min左右再拆，接头处的焊渣壳，应延长5min后再去渣，施工时应进行检查观察并按规定进行取样送检。

4.4.1.2　混凝土工程

新浇混凝土在养护初期遭受冻结，当气温恢复到正温后，即使正温养护到一定龄期，也不能达到其设计强度，这就是混凝土的早期冻害。混凝土的早期冻害是由于混凝土内部的水结冰所致。

混凝土允许受冻而不致使其各项性能遭到损害的最低强度称为混凝土受冻临界强度。我国现行规范规定：在受冻前，用硅酸盐水泥或变通硅酸盐水泥配制的混凝土抗压强度不得低于其设计强度标准值的30%；用矿渣水泥配制的混凝土抗压强度不得低于其设计强度标准值的40%；C10及C10以下的混凝土抗压强度不得低于5.0MPa。掺防冻剂的混凝土，温度降低到防冻剂规定温度以下时，混凝土的强度不得低于3.5MPa。

防止混凝土早期冻害的措施有两项：

（1）早期增强。主要提高混凝土早期强度，使其尽快达到混凝土受冻临界强度。

（2）改善混凝土内部结构。如增加混凝土的密实度，掺用外加剂等。

在一般情况下，混凝土冬期施工要求正温浇筑、正温养护。对原材料的加热，以及混凝土的搅拌、运输、浇筑和养护进行热工计算，并据此施工。混凝土冬期施工的工艺要求如下。

1. 对材料和材料加热的要求

（1）冬期施工中配制混凝土用的水泥应优先选用活性高、水化热量大的硅酸盐水泥和普通硅酸盐水泥，不宜用火山灰质硅酸盐水泥和粉煤灰硅酸盐水泥。蒸汽养护时用的水泥品种经试验确定。水泥的强度等级不应低于42.5，最小水泥用量不宜少于300kg/m^3，水灰比不应大于0.6。水泥不得直接加热，使用前1～2d运入暖棚存放，暖棚温度宜在5℃以上。因为水的比热是砂、石骨料的5倍左右，所以冬期拌制混凝土时应先采用加热水的方法，但加热温度不得超过有关规定。水的加热方法有三种：用锅烧水、用蒸汽加热水、用电极加热水。

（2）骨料要求提前清洗和储备，做到骨料清洁，无冻块和冰雪。冬期骨料所用储备场地应选择地势较高不积水的地方。冬期施工拌制混凝土的砂、石温度要符合热工计算需要的温度。骨料加热的方法有将骨料放在铁板上面，铁板以下燃烧直接加热；或者通过蒸汽管、电热线加热等。但不得用火焰直接加热骨料。加热的方法可因地制宜，但以蒸汽加热法为宜。其优点是加热温度均匀，热效率高；缺点是骨料中的含水量增加。

（3）原材料不论用何种方法加热，在设计加热设备时，必须先求出每天的最大用料量和要求达到的温度，根据原材料的初温和比热求出需要的总热量。

（4）钢筋冷拉可在负温下进行，但温度不得低于－20℃。如采用控制应力方法时，冷拉控制应力较常温下提高 30N/mm^2；采用冷拉率控制方法时，冷拉率与常温相同。钢筋的焊接可在室内进行。如必须在室外焊接，其最低温度不低于－20℃，且应有防雪和防风措施。钢焊接的接头严禁立即碰到冰雪，避免造成冷脆现象。

2. 混凝土的搅拌、运输和浇筑

（1）混凝土不宜露天搅拌，应尽量搭设暖棚，优先选用大容量的搅拌机，以减少混凝土的热量损失。搅拌前，用热水或蒸汽冲洗搅拌机。混凝土的拌和时间比常温规定时间延长 50%。由于水泥和 80℃左右的水拌和会发生骤凝现象，所以材料投放时，应先将水和砂石投入伴和，然后加入水泥。若能保证热水和水泥不直接接触，水可以加热到 100℃。

（2）混凝土的运输时间和距离应保证混凝土不离析、不丧失塑性。采取的措施主要为减少运输时间和距离，使用大容积的运输工具，以及适当的保温。

（3）混凝土在浇筑前，应清除模板和钢筋上的积雪和污垢，尽量加快混凝土的浇筑速度，防止热量散失过多。混凝土拌和物的出机温度不宜低于 10℃，入模温度不得低于 5℃。采用加热养护时，混凝土养护前的温度不低于 2℃。

（4）在施工操作上要加强混凝土的振捣，尽可能提高混凝土的密实程度。冬期振捣混凝土要采用机械振捣，振捣时间应比常温时有所增加。

（5）加热养护整体式结构时，施工缝的位置应设置在温度应力较小处。加热温度超过 40℃时，由于温度高，势必在结构内部产生温度应力。因此，在施工之前应征求设计单位的意见，在跨内适当设置施工缝。在水泥终凝后立即用 3～5 个大气压的气流吹除施工缝结合面的水泥膜、污水和松动石子。继续浇筑时，为使新旧混凝土牢固结合，不产生裂缝，要对旧混凝土表面进行加热，使其温度和新浇筑混凝土入模温度相同。

（6）为了保证新浇筑混凝土与钢筋的可靠粘结，当气温在－15℃以下时，对于直径大于 25mm 的钢筋和预埋件可喷热风加热至 5℃，并清除钢筋上的污土和锈渣。

（7）冬期不得在强冻胀性地基上浇筑混凝土。这种土冻胀变形大，如果地基土遭冻，必然引起混凝土的冻害及变形。在弱冻胀性地基上浇筑时，地基上应进行保温，以免遭冻。

混凝土冬期施工常用的施工方法有蓄热法、外加剂和早强水泥法、外部加热法以及综合蓄热法。在选择施工方法时，要根据工程特点，首先保证混凝土尽快达到临界强度，避免遭受冻害；其次，承重结构的混凝土要迅速达到出模强度，保证模板周转。

1）蓄热法。蓄热法就是利用对混凝土组成材料（水、砂、石）预加的热量和水泥水化热，再加以适当的覆盖保温，从而保证混凝土能够在正温下达到规范要求的临界强度。

用蓄热法施工时，最好使用活性高、水化热大的普通硅酸盐水泥和硅酸盐水泥。当室外最低温度不低于－15℃时，地面以下工程或表面系数（结构冷却的表面积与其全部结构表面积之比）不大于－15 的结构，应优先采用蓄热法养护。蓄热法适用于气温不太寒冷的地区或是初冬和冬末季节。

当符合下列情况时，也可优先考虑蓄热法。

a. 混凝土拆模时所需强度较小。

b. 室外温度高，风力小。

c. 水泥强度等级高，水泥发热量大的结构。

由于蓄热法施工简单，冬期施工费用低廉，较易保证质量。蓄热法施工前应进行热工计算。

2）综合蓄热法。综合蓄热法是在蓄热保温的基础上，充分利用水泥的水化热和掺加相应的外加剂或者进行短时加热等综合措施，创造加速混凝土硬化的条件，使混凝土的浇筑温度在降低到冰点温度之前尽快达到受冻前的临界强度。

综合蓄热法一般分为低蓄热养护和高蓄热养护两种。低蓄热养护过程主要以使用早强水泥或掺加负温外加剂等冷操作方法为主，使混凝土在缓慢冷却至冰点前达到允许受冻的临界强度。这两种方法的选择取决于施工和气温条件。一般日平均气温不低于－15℃、表面系数为6～12、且选用高效保温材料时，宜采用低蓄热养护；当日平均气温低于－15℃、表面系数大于13时，宜用短时加热的高蓄热养护。

3）采用外加剂和早强水泥方法。掺外加剂法是指在冬期施工的混凝土中加入一定剂量的外加剂，以降低混凝土中的液相冰点，保证水泥在负温环境下能继续水化，从而使混凝土在负温下能达到抗冻害的临界强度。掺外加剂法常与蓄热法一起应用，以充分利用混凝土的初始热量及水泥在水化过程中所释放出来的热量，加快混凝土强度的增长。

4.4.2 雨期施工

(1) 模板隔离层在涂刷前要及时掌握天气预报，以防隔离层被雨水冲掉。

(2) 遇到大雨应停止浇筑混凝土，已浇部位应加以覆盖。现浇混凝土应根据结构情况，多考虑几道施工缝的留设位置。

(3) 雨期施工时，应加强对混凝土粗细骨料含水量的测定，及时调整用水量。

(4) 大面积的混凝土浇筑前，要了解2～3d的天气预报，尽量避开大雨。混凝土浇筑现场要预备大量防雨材料，以备浇筑时突然遇雨进行覆盖。

(5) 模板支撑下回填要夯实，并加好垫板，雨后及时检查有无下沉。

(6) 构件堆放地点要平整坚实，周围要做好排水工作，严禁构件堆放区积水、浸泡，防止泥土沾到预埋件上。

(7) 塔式起重机路基必须高出自然地面15cm，严禁雨水浸泡路基。

(8) 雨后吊装时，要先做试吊，将构件吊至1m左右，往返上下数次稳定后再进行吊装工作。

课题4.5 安全施工措施

4.5.1 模板工程安全作业

1. 模板工程的一般要求

(1) 模板工程的施工方案必须经过上一级技术部门批准。

(2) 模板施工前现场负责人要认真审查施工组织与设计中关于模板的设计资料，模板设计的主要内容如下：

1）绘制模板设计图，包括细部构造大样图和节点大样，注明所选材料的规格、尺寸和连接方法，绘制支撑系统的平面图和立面图，并注明间距及剪刀撑的设置。

2）根据施工条件确定荷载，并按所有可能产生的荷载中最不利组合验算模板整体结构和支撑系统的强度、刚度和稳定性，并有相应的计算书。

3）制定模板的制作、安装和拆除等施工程序和方法。应根据混凝土输送方法（泵送混凝土、人力挑送混凝土、在浇灌运输道上用手推翻斗车运送混凝土）有针对性地制定模板工程的安全措施。

(3) 模板施工前的准备工作如下：

1）模板施工前，现场施工负责人应认真向有关工作人员进行安全交底。

2）模板构件进场后，应认真检查构件和材料是否符合设计要求。

3）做好模板垂直运输的安全施工准备工作，排除模板施工中现场的不安全因素。

(4) 支撑模板立柱宜采用钢材，材料的材质应符合有关的专门规定。当采用木材时，其树种可根据各地实际情况选用，立杆的有效尾径不得小于8cm，立杆要直顺，接头数量不得超过30%，且不应集中。

2. 模板的安装

(1) 基础及地下工程模板的安装，应先检查基坑土壁边坡的稳定情况，发现有塌方的危险时，必须采取加固安全措施后，才能开始作业。

(2) 混凝土柱模板支模时，四周必须设牢固支撑或用钢筋、钢丝绳拉结牢固，避免柱模整体歪斜甚至倾倒。

(3) 混凝土墙模板安装时，应从内、外墙角开始，向相互垂直的两个方向拼装，连接模板的U形卡要正反交替安装，同一道墙（梁）的两侧模板应同时组合，以便确保模板安装时的稳定。

(4) 单梁或整体楼盖支模应搭设牢固的操作平台，设防身栏。

(5) 支圈梁模板需有操作平台，不允许在墙上操作。支阳台模板的操作地点要设护身栏、安全网。底层阳台支模立柱支撑在散水回填土上，一定要夯实并垫垫板，否则雨季下沉、冬季冻胀都可能造成事故。

(6) 模板支撑不能固定在脚手架或门窗上，避免发生倒塌或模板位移。

(7) 当竖向模板和支架的立柱部分安装在基土上时应加设垫板，且基土必须坚实并有排水措施。对湿陷性黄土，还应有防水措施；对冻胀性土，必须有防冻融措施。

(8) 当极少数立柱长度不足时，应采用相同材料加固接长，不得采用垫砖增高的方法。

(9) 当支柱高度小于4m时，应设上下两道水平撑和垂直剪刀撑。以后支柱每增高2m再增加一道水平撑，水平撑之间还需增加一道剪刀撑。

(10) 当楼层高度超过10m时，模板的支柱应选用长料，同一支柱的连接接头不宜超过2个。

(11) 主梁及大跨度梁的立杆应由底到顶整体设置剪刀撑，与地面成45°～60°夹角。设置间距不大于5m，若跨度大于5m时，应连接设置。

(12) 各排立柱应用水平杆纵横拉接，每高 2m 拉接一次，使各排立柱杆形成一个整体，剪刀撑、水平杆的设置应符合设计要求。

(13) 大模板立放易倾倒，应采取支撑、围系、绑箍等防倾倒措施，视具体情况而定。长期存放的大模板，应用拉杆连接绑牢。存放在楼层时，须在大模板横梁上挂钢丝绳或用花篮螺栓钩在楼板吊钩或墙体钢筋上。没有支撑或自稳角不足的大模板，要存放在专用的堆放架上或卧倒平放，不应靠在其他模板或构件上。

(14) 2m 以上高处支模或拆模要搭设脚手架，满铺架板，使操作人员有可靠的立足点，并应按高处作业、悬空和临边作业的要求采取防护措施。不准站在拉杆、支撑杆上操作，也不准在梁底模上行走操作。

(15) 走道垫板应铺设平稳，垫板两端应用镀锌铁丝扎紧，或用压条扣紧，使垫板牢固不松动。

(16) 作业面孔洞及临边必须设置牢固的盖板、防护栏杆、安全网或其他坠落的防护设施，具体要求应符合《建筑施工高处作业安全技术规范》(JGJ 80—1991) 的有关规定。

(17) 模板安全时，应先内后外，单面模板就位后，用工具将其支撑牢固。双面板就位后，用拉杆和螺栓固定，未就位和未固定前不得摘钩。

(18) 里外角膜和临时悬挂的面板与大模板必须连接牢固，防止脱开和断裂坠落。

(19) 支模应按规定的作业程序进行，模板未固定前不得进行下一道工序。严禁在连接件和支撑件上攀登上下，并严禁在上下同一垂直面安装、拆模板。

(20) 支设高度在 3m 以上的柱模板，四周应设斜撑，并应设立操作平台，低于 3m 的可用马凳操作。

(21) 支设悬挑型式的模板时，应有稳定的立足点。支设临空构建物模板时，应搭设支架。模板上有预留洞时，应在安装后将洞盖没。混凝土板上拆模后形成的临边或洞口，应按规定进行防护。

(22) 在架空输电线路下面安装和拆除组合钢模板时，吊机起重臂、吊物、钢丝绳、外脚手架和操作人员等与架空线路的最小安全距离应符合有关规范的要求。当不能满足最小安全距离要求时，要停电作业；不能停电时，应有隔离防护措施。

(23) 楼层高度超过 4m 或 2 层及 2 层以上的建筑物，安装和拆除模板时，周围应设安全网或搭设脚手架和加设防护栏杆。在临街及交通要道地区，尚应设警示牌，并设专人维持安全，防止伤及行人。

(24) 现浇多层房屋和构筑物，应采取分层分段支模方法，并应符合下列要求：

1) 下层楼板混凝土强度达到 1.2MPa 以后，才能上料具。料具要分散堆放，不得过分集中。

2) 下层楼板结构的强度要达到能承受上层模板、支撑系统和新浇筑混凝土的重量时，方可进行上层模板支撑，浇筑混凝土。否则，下层楼板结构的支撑系统不能拆除，同时上层支架的立柱应对准下层支架的立柱，并铺设木垫板。

3) 如采用悬吊模板、桁架支模方法，其支撑结构必须要有足够的强度和刚度。

(25) 烟囱、水塔及其他高大特殊的构筑物模板工程，要进行专门设计，制订专项安全技术措施，并经主管安全技术部门审批。

3. 模板的使用

（1）浇灌楼层梁、柱混凝土，一般应设浇灌运输道。整体现浇楼面支底模后，浇捣楼面混凝土，不得在底模上用手推车或人力运输混凝土，应在底模上设置混凝土的走道垫板，防止底模松动。

（2）操作人员上下通行时，不许攀登模板或脚手架，不许在墙顶、独立梁及其他狭窄而无防护栏的模板面上行走。

（3）堆放在模板上的建筑材料要均匀，如集中堆放使荷载集中，则会导致模板变形，影响构件质量。

（4）模板工程作业高度在2m及2m以上时，应根据高空作业安全技术规范的要求进行操作和防护，在4m以上或2层及2层以上周围应设安全网和防护栏杆。

（5）各工种进行上下立体交叉作业时，不得在同一垂直方向上操作。下层作业的位置，必须处于以上层高度确定的可能坠落范围半径外。不符合以上条件时，应设置安全防护隔离层。

（6）模板工程应逐层按模板分项工程质量检验评定表和施工组织设计有关内容检查验收，班、组长和项目经理部施工负责人均应签字，手续齐全。验收内容包括模板分项工程质量检验评定表的保证项目、一般项目和允许偏差项目以及施工组织设计的有关内容。

（7）冬期施工，应事先清除操作地点和人行交通的冰雪；雨期施工，对高耸结构的模板作业应安装避雷设施；5级以上大风天气，不宜进行大块模板的拼装和吊装作业。

（8）遇6级以上大风时，应暂停室外的高空作业。

4. 模板的拆除

（1）模板拆模时要确保梁、柱边角的完整，施工班组长应向项目经理部施工负责人报告，经同意后再拆除。

（2）工作前，应检查所使用的工具是否牢固，扳手等工具必须用绳链系挂在身上，工作时思想要集中，防止钉子扎脚和从空中滑落。

（3）现浇或预制梁、板、柱混凝土模板拆除前，应有7d和28d龄期强度报告，达到强度要求后再拆除模板。

（4）各类模板拆除的顺序和方法应根据模板设计的规定进行，如无具体规定，应按先支的后拆，先拆非承重的模板，后拆承重的模板和支架的顺序进行拆除。模板拆除应按区域逐块进行，不得大面积撬落定型钢模板。拆除薄壳模板从结构中心向四周均匀放松，向周边对称进行。

（5）大模板拆除前，要用起重机垂直吊牢，然后再进行拆除。

（6）拆除模板一般采用长撬杠，严禁操作人员站在正拆除的模板下。在拆除楼板模板时，要注意防止整块模板掉下，尤其是定型模板为平台模板时，更要注意防止模板突然全部掉下伤人。

（7）严禁站在悬臂结构上面敲拆底模。严禁在同一垂直平面上操作。

（8）拆除较大跨度梁下支柱时，应先从跨中开始，分别向两端拆除。拆除多层楼板支柱时，应确认下部支柱不需要传递上部施工荷载的情况下方可拆除。

（9）当水平支撑超过两道以上时，应先拆除两道以上水平支撑，最下一道大横杆与立杆应同时拆除。

（10）拆模高处作业，应配置登高用具或搭设支架，必要时应戴安全带。

（11）拆模时必须设置警戒区域，并派人监护。拆模必须拆除干净彻底，不得留有悬空模板。

（12）拆模间歇时，应将已活动的模板、牵杠、支撑等运走或妥善堆放，防止因踏空、扶空而坠落。

（13）在混凝土墙体、平板上有预留洞时，应在模板拆除后，随即在墙洞上做好安全护栏，或将板的洞盖严。

（14）拆下的模板不准随意向下抛掷，应及时清理。临时堆放处离楼层边沿不应小于1m，堆放高度不得超过1m，楼层边口、通道、脚手架边缘严禁堆放任何拆下物件。

（15）拆模后模板或木方上的钉子应及时拔除或敲平，防止钉子扎脚。

（16）模板拆除后，在清扫和涂刷隔离剂时，模板要临时固定好，板面之间应留出50～60cm宽的人行通道，模板上方要用拉杆固定。

（17）各种模板若露天存放，其下应垫高30cm以上，防止受潮。不论存放在室内或室外，应按不同的规格堆码整齐，用麻绳或镀锌铁丝系稳。模板堆放不得过高，以免倾倒。

（18）木模板堆放、安装场地附近严禁烟火，须在附近进行电、气焊时，应有可靠的防火措施。

4.5.2 钢筋工程安全作业

4.5.2.1 钢筋制作安装安全要求

（1）钢筋加工机械应保证安全装置齐全有效。钢筋加工机械的安装必须坚实稳固，保持水平位置。固定式机械应有可靠的基础，移动式机械作业时应楔紧行走轮。

（2）钢筋加工场地应由专人看管，各种加工机械在作业人员下班后拉闸断电，非钢筋加工制作人员不得擅自进入钢筋加工场地。外作业应设置机棚，机旁应有堆放原料、半成品的场地。

（3）钢筋在运输和储存时，必须保留标牌，并按批分别堆放整齐，避免锈蚀和污染。钢筋堆放要分散、稳当、防止倾倒和塌落。

（4）现场人工断料所用工具必须牢固，掌錾子和打锤要站成斜角，注意扔锤区域内的人和物体。切断小于30cm的短钢筋，应用钳子夹牢，禁止用手把扶，并在外侧设置防护箱笼罩或朝向无人区。

（5）钢筋冷拉时，冷拉卷扬机应设置防护挡板，没有挡板时，应将卷扬机与冷拉方向成90°，并且应用封闭式导向滑轮。冷拉线两端必须装置防护设施。冷拉时严禁在冷拉线两端站人或跨越、触动正在冷拉的钢筋。冷拉卷扬机前应设置防护挡板，没有挡板时，应将卷扬机与冷拉方向成90°，并采用封闭式导向滑轮，操作时要站在防护挡板后，冷拉场地不准站人和通行。冷拉钢筋要上好夹具，人员离开后再发开车信号。发现滑动或其他问题时，要先行停车，放松钢筋后，才能重新进行操作。

（6）对从事钢筋挤压连接施工的各有关人员应经常进行安全教育，防止发生人身和设备安全事故。

(7) 在高处进行挤压操作，必须遵守国家现行标准《建筑施工高处作业安全技术规范》的规定。

(8) 多人合运钢筋，起、落、转、停动作要一致，人工上下传送不得在同一直线上。

(9) 起吊钢筋骨架时，下方禁止站人，待骨架降落至距安装标高1m以内放准靠近，就位支撑好后方可摘钩。吊运短钢筋应使用吊笼，吊运超长钢筋应加横担，捆绑钢筋应使用钢丝绳千斤头，双条绑扎，禁止用单条千斤头或绳索绑吊。钢筋吊运时，不要靠近和碰撞电线。并注意与裸体电线的安全距离（1kV以下不小于4m，1～10kV不小于6m）。

(10) 绑扎基础钢筋时，应按施工设计规定摆放钢筋支架或用马凳架起上部钢筋，不得任意减少支架或马凳。

(11) 绑扎立柱、墙体钢筋，不得站在钢筋骨架上和攀登骨架。柱筋在4m以内，重量不大时，可在地面或楼面上绑扎，整体竖起；柱筋在4m以上，应搭设工作台。柱梁骨架应用临时支撑拉牢，以防倾倒。

(12) 绑扎高层建筑的圈梁、挑檐、外墙、边柱钢筋时，应搭设外架或安全网。绑扎时挂好安全带。

(13) 钢筋焊接必须注意以下要求：

1) 操作前应首先检查焊机和工具，如焊钳和焊接电缆的绝缘、焊机外壳保护接地和焊机的各接线点等，确认安全合格后方可作业。

2) 焊工必须穿戴防护衣具。电弧焊焊工要戴防护面罩。焊工应立站在干燥木板或其他绝缘垫上。

3) 室内电弧焊时，应有排气通风装置。焊工操作地点相互之间应设挡板，以防弧光刺伤眼睛。

4) 焊接时二次线必须双线到位，严禁借用金属管道、金属脚手架、轨道及结构钢筋作为回路地线。

5) 焊接过程中，如焊机发生不正常响声，变压器绝缘电阻过小导线破裂、漏电等，均应立即停机进行检修。

6) 大量焊接时，焊接变压器不得超负荷，变压器升温不得超过60℃，为此，要特别注意遵守焊机暂载率规定，以免过分发热而损坏。

7) 电焊作业现场周围10m范围内不得堆放易燃易爆物品。

(14) 夜间施工灯光要充足，不准把灯具挂在竖起的钢筋上或其他金属构件上，导线应架空。

(15) 雨、雪、风力6级以上（含6级）天气不得露天作业。雨雪后应清除积水、积雪后方可作业。

4.5.2.2　钢筋机械安全技术要求

1. 切断机

(1) 机械运转正常，方准断料。断料时，手与刀口距离不得少于15cm。动刀片前进时禁止送料。

(2) 切断钢筋禁止超过机械的负载能力。切断低合金钢等特种钢筋时，应用高硬度刀片。

(3) 切长钢筋应有专人挟住，操作时动作要一致，不得任意拖拉。切短钢筋用套管或钳子夹料，不得用手直接送料。

(4) 切断机旁应设放料台，机械运转中严禁用手直接清除刀口附近的短头和杂物。在钢筋摆动范围和刀口附近，非操作人员不得停留。

2. 调直机

(1) 机械上不准堆放物件，以防机械振动落入机体。

(2) 钢筋装入压滚，手与滚筒应保持一定距离。机器运转中不得调整滚筒。严禁不戴手套操作。

(3) 钢筋调直到末端时，人员必须躲开，以防甩动伤人。

3. 弯曲机

(1) 钢筋要贴紧挡板，注意放入插头的位置和回转方向，不得开错。

(2) 弯曲长钢筋，应有专人扶住，并站在钢筋弯曲方向的外面，互相配合，不得拖拉。

(3) 调头弯曲，防止碰撞人和物，更换插头、加油和清理必须停机后进行。

4. 冷拔丝机

(1) 先用压头机将钢筋头部压小，站在滚筒的一侧操作，与工作台应保持50cm。禁止用手直接接触钢筋和滚筒。

(2) 钢筋的末端将通过冷拔的模子时，应立即踩脚闸分开离合器，同时用工具压住钢筋端头防止回弹。

(3) 冷拔过程中，注意放线架、压辘架和滚筒三者之间的运行情况，发现故障应即停机修理。

5. 点焊、对焊机（包括墩头机）

(1) 焊机应设在干燥的地方，平稳牢固，要有可靠的接地装置，导线绝缘良好。

(2) 焊接前，应根据钢筋截面调整电压，发现焊头漏电，应立即更换，禁止使用。

(3) 操作时应戴防护眼镜和手套，并站在橡胶板或木板上。工作棚要用防火材料搭设。棚内严禁堆放易燃、易爆物品，并备有灭火器材。

(4) 对焊机断路器的接触点、电板（铜头）要定期检查修理。冷却水管保持畅通，不得漏水和超过规定温度。

4.5.3 混凝土工程安全作业

4.5.3.1 混凝土安全生产的准备工作

混凝土的施工准备工作主要是模板、钢筋检查、材料、机具、运输道路准备。安全生产准备工作主要是对各种安全设施认真检查，检查是否安全可靠及有无隐患，尤其是对模板支撑、脚手架、操作台、架设运输道路及指挥、信号联络等进行检查。对于重要的施工部件其安全要求应详细交底。

4.5.3.2 混凝土搅拌

(1) 机械操作人员必须经过安全技术培训，经考试合格，持有“安全作业证”者才准独立操作。必须检查机械，并经试车，确定机械运转正常后，方能正式作业。搅拌机必须安置在坚实的地方用支架或支脚筒架稳，不准用轮胎代替支撑。

（2）起吊爬斗以及爬斗进入料仓前，必须发出信号示警。进料斗升起时严禁人员在料斗下面通过或停留，机械运转过程中严禁将工具伸入拌和筒内，工作完毕后料斗用挂钩挂牢固。搅拌机开动前应检查离合器、制动器、齿轮、钢丝绳等是否良好，滚筒内不得有异物。

（3）搅拌站内必须按规定设置良好的通风与防尘设备，空气中的粉尘含量不超过国家规定的标准。

（4）清理爬斗坑时必须停机，固定好爬斗，锁好开关箱，再进行清理。

4.5.3.3　混凝土运输

（1）司机应遵守机械水平运输交通规定，控制好车辆。用井架、龙门架运输时，车把不得超出吊盘之外，车轮前后要挡牢，稳起稳落。用塔吊运送混凝土时，小车必须焊有牢固的吊环，吊点不得少于4个并保持车身平衡，使用专用吊斗时吊环应牢固可靠，吊索钢筋绳应符合起重机械安全规程要求。操纵皮带运输机时，必须正确使用防护用品，禁止一切人员在输送机上行走和跨越；机械发生事故时，应立即停车检修，查明情况。

（2）混凝土泵送设备距离机坑不得小于2m；设备的停车制动和锁紧制动应同时使用；泵送系统工作时，不得打开任何输送管道和液压管道。用输送泵输送混凝土时，管道接头、安全阀必须完好，管架必须牢固，输送前必须试送，检修时必须卸压。

（3）使用手推车运混凝土时，其运输通道应合理布置，使浇灌地点形成回路，避免车辆拥挤阻塞造成事故，运输通道应搭设平坦牢固，遇钢筋过密时可用马凳支撑支设，马凳间距一般不超过2m。在架子上推车运送混凝土时，两车之间必须保持一定距离，并右道通行。车道板单车行走宽度不小于1.4m，双车来回行走宽度不小于2.8m。在运料时，前后应保持一定车距，不准奔走、抢道或超车。到终点卸料时，双手应扶牢车柄倒料，严禁双手脱把，防止翻车伤人。

4.5.3.4　混凝土现浇作业安全技术

（1）施工人员应严格遵守混凝土作业安全操作规程，振捣设备安全可靠，以防发生触电事故。

（2）浇筑混凝土若使用溜槽时，溜槽必须牢固，若使用串筒时，串筒节间应连接牢靠。在操作部位应设护身栏杆，严禁直接站在溜槽帮上操作。

（3）预应力灌浆，应严格按照规定压力进行，输浆管应畅通，阀门接头应严格牢固。

（4）浇筑预应力框架、梁、柱、雨篷、阳台的混凝土时，应搭设操作平台，并有安全防护措施，严禁站在模板或支撑上操作。

4.5.3.5　混凝土机械的安全规定

1. 混凝土搅拌机的安全规定

（1）混凝土搅拌机进料时，严禁将头或手伸入料斗与机架之间察看或探摸进料情况，运转中不得用手或工具等物伸入搅拌筒内扒料、出料。

（2）搅拌机料斗升起时，严禁在料斗下方工作或穿行。料坑底部要设料斗枕垫，清理料坑时必须将料斗用链条扣牢。

（3）向搅拌筒内加料应在运转中进行；添加新料必须先将搅拌机内原有的混凝土全部卸出来才能进行，不得中途停机或在满载时启动搅拌机，反转出料除外。

(4) 搅拌机作业中，如发生故障不能继续运转时，应立即切断电源，将筒内的混凝土清除干净，然后进行检修。

2. 混凝土泵送设备作业的安全要求

(1) 混凝土泵支腿应全部伸出并支固，未支固前不得启动布料杆。布料杆升离支架后方可回转。布料杆伸出应按顺序进行。严禁用布料杆起吊或拖拉物件。

(2) 当布料杆处于全伸状态时，严禁移动车身。作业中需要移动时，应将上段布料杆折叠固定，移动速度不超过10km/h。布料杆不得使用超过规定直径的配管，装接的软管应系防脱安全绳（带）。

(3) 应随时监视混凝土泵各种工作仪表和指示灯，发现不正常应及时调整或处理。如出现输送管道堵塞时，应进行逆向运转使混凝土返回料斗，必要时应拆管排除堵塞。

(4) 泵送工作应连续作业，必须暂停时，应每隔5～10min（冬期3～5min）泵送一次。若停止较长时间后泵送时，应逆向运转一至二个行程，然后顺向泵送。泵送时料斗内应保持一定量的混凝土，不得吸空。

(5) 应保持储满清水，发现水质混浊并有较多砂粒时应及时检查处理。

(6) 泵送系统受压力时，不得开启任何输送管道和液压管道。液压系统的安全阀不得任意调整，蓄能器只能充入氮气。

3. 混凝土振捣器的使用规定

(1) 混凝土振捣器使用前应检查各部件是否连接牢固，旋转方向是否正确。

(2) 振捣器不得放在初凝的混凝土、地板、脚手架、道路和干硬的地面上进行试振，维修或作业间断时，应切断电源。

(3) 插入式振捣器软轴的弯曲半径不得小于50cm，并不多于两个弯，操作时振动棒自然垂直地沉入混凝土，不得用力硬插、斜推或使钢筋夹住棒头。

(4) 振捣器应保持清洁，不得有混凝土粘结在电动机外壳上妨碍散热。

(5) 作业转移时，电动机的导线应保持有足够的长度和松度。严禁用电源线拖拉振捣器。

(6) 用绳拉平板振捣器时，绳应干燥绝缘，移动或转向时不得用脚踢电动机。

(7) 平板振捣器的振捣器与平板应连接牢固，电源线必须固定在平板上，电器开关应装在手把上。

(8) 在一个构件上同时使用几台附着式振捣器工作时，所有振捣器的频率必须相同。

(9) 操作人员必须穿戴绝缘手套。

(10) 作业后，必须做好清洗、保养工作。振捣器要放在干燥处。

复习思考题

1. 定型组合钢模板由哪几部分组成？
2. 模板安装的程序是怎样的？包括哪些内容？
3. 模板在安装过程中，应注意哪些事项？
4. 模板拆除时要注意哪些内容？

5. 拆模应注意哪些内容？

6. 钢筋下料长度应考虑哪些内容？

7. 钢筋为什么要调直？钢筋调直应符合哪些要求？机械调直可采用哪些机械？

8. 钢筋切断有哪几种方法？

9. 钢筋弯曲成型有几种方法？

10. 钢筋的接头连接分为几类？

11. 钢筋焊接有几种形式？

12. 钢筋的冷加工有哪几种形式？钢筋机械冷拉的方式有哪几种？

13. 钢筋的安设方法有哪几种？

14. 钢筋的搭接有哪些要求？

15. 钢筋的现场绑扎的基本程序有哪些？

16. 钢筋安装质量控制的基本内容有哪些？

17. 混凝土工程施工缝的处理要求有哪些？

18. 混凝土施工缝的处理方法有哪些？

19. 混凝土浇筑前应对模板、钢筋及预埋件进行哪些检查？

20. 搅拌机使用前的检查项目有哪些？

21. 普通混凝土投料要求有哪些？

22. 混凝土搅拌质量如何进行外观检查？

23. 混凝土料在运输过程中应满足哪些基本要求？

24. 混凝土的水平运输方式有哪些？

25. 混凝土的垂直运输方式有哪些？

26. 铺料方法有哪些？

27. 如何使用振捣器平仓？

28. 振捣器使用前的检查项目有哪些？

29. 振捣器如何进行操作？

30. 混凝土浇筑后为何要进行养护？

31. 钢筋配料计算。一钢筋混凝土梁，高500mm，宽250mm，长4800mm，保护层厚度为25mm，梁内钢筋的规格及形状如图4.65所示。试计算每根钢筋的下料长度。

32. 已知C20混凝土的试验室配合比为1∶2.52∶4.24，水灰比为0.50，经测定砂的含水率为2.5%，石子的含水率为1%，每$1m^3$混凝土的水泥用量340kg，则施工配合比为多少？工地采用JZ350型搅拌机拌和混凝土，出料容量为$0.35m^3$，则每搅拌一次的装料数量为多少？

33. 3个建筑工地生产的混凝土，实际平均强度均为24.0MPa，设计要求的强度等级均为C20，3个工地的强度变异系数C_v值分别为0.103、0.155和0.251。试求：

（1）3个工地生产的混凝土强度保证率P分别是多少？

（2）并比较3个工地施工质量控制水平。

34. 某工程设计要求的混凝土强度等级为C30，要求强度保证率P=95%。试求：

（1）当混凝土强度标准差σ=5.5MPa时，混凝土的配制强度应为多少？

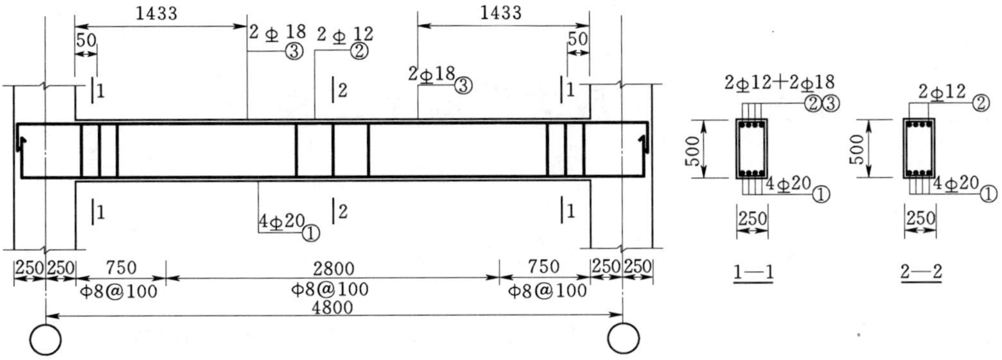

图 4.65 钢筋的规格及形状（单位：mm）

（2）若提高施工管理水平，σ 降为 3.0MPa 时，混凝土的配制强度为多少？

（3）若采用普通硅酸盐水泥 42.5 和卵石配制混凝土，用水量为 160kg/m^3，水泥富余系数 $K_c=1.10$。混凝土强度标准值从 5.5MPa 降到 3.0MPa，每立方米混凝土可节约水泥多少？

35. 某高层建筑承台板长宽高分别为 60m×15m×1m，混凝土强度等级 C30，用 42.5 普通硅酸盐水泥，水泥用量为 386kg/m^3，试验室配合比为 1∶2.18∶3.82，水灰比为 0.40，若现场砂的含水率为 1.5%，石子的含水率为 1%，试确定各种材料的用量。

36. 一高层建筑基础底板长宽高分别为 60m×20m×2.5m，要求连续浇筑混凝土，施工条件为现场混凝土最大供应量为 60m^3/h，若混凝土运输时间为 1.5h，掺用缓凝剂后混凝土初凝时间为 4.5h，若每浇筑层厚度 300mm，试确定：

（1）混凝土浇筑方案（若采用斜面分层方案，要求斜面坡度不小于 1∶6）。

（2）求每小时混凝土的浇筑量。

（3）求完成浇筑任务所需的时间。

单元 5　预应力混凝土工程施工

课题 5.1　先 张 法 施 工

先张法是在浇筑混凝土之前，先张拉预应力钢筋，并将预应力筋临时固定在台座或钢模上，待混凝土达到一定强度（一般不低于混凝土设计强度标准值的 75%），混凝土与预应力筋具有一定的粘结力时，放松预应力筋，混凝土在预应力筋的反弹力作用下使构件受拉区的混凝土承受顶压应力。预应力筋的张拉力，主要是由预应力筋与混凝土之间的粘结力传递给混凝土。图 5.1 为预应力混凝土构件先张法（台座）生产示意图。

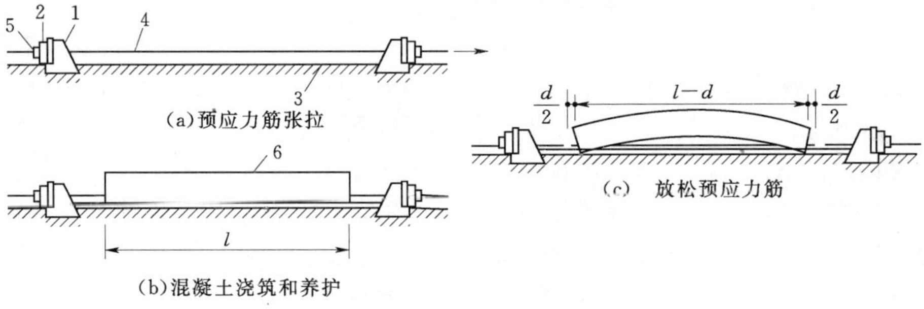

图 5.1　先张法生产示意图

1—台座；2—横梁；3—台面；4—预应力筋；5—夹具；6—构件

先张法生产可采用台座法和机组流水法。台座法是构件在台座上生产，即预应力筋的张拉、固定、混凝土浇筑、养护和预应力筋的放松等工序均在台座上进行。机组流水法是利用钢模板作为固定预应力筋的承力架，构件连同模板通过固定的机组，按流水方式完成其生产过程。先张法适用于生产定型的中小型构件，如空心板、屋面板、吊车梁、檩条等。先张法施工中常用的预应力筋有钢丝和钢筋两类。因此，对混凝土握裹力有严格要求，在混凝土构件制作、养护时要保证混凝土质量。

5.1.1　先张法的施工设备

5.1.1.1　张拉台座

台座是先张法施工张拉和临时固定预应力筋的支撑结构，它承受预应力筋的全部张拉力，要求台座必须具有足够的强度、刚度和稳定性，同时要满足生产工艺要求。台座按构造形式分为墩式台座和槽式台座。

1. 墩式台座

墩式台座由承力台墩、台面和横梁组成，如图 5.2 所示。目前常用现浇钢筋混凝土制成的由承力台墩与台面共同受力的台座，可以用于永久性的预制厂制作中小型预应力混凝土构件。

承力台墩是墩式台座的主要受力结构，依靠其自重和土压力平衡张拉力产生的倾覆力矩，依靠土的反力和摩阻力平衡张力产生的水平位移。因此，承力墩结构造型大，埋设深度深，投资较大。为了改善承力墩的受力状况，提高台座承受张拉力的能力，可采用与台面共同工作的承力墩，从而减小台墩自重和埋深。台面是预应力混凝土构件成型的胎模，它是由素土夯实后铺碎砖垫层，再浇筑 50～80mm 厚的 C15～C20 混凝土面层组成的。台面要求平整、光滑，沿其纵向留设 0.3%的排水坡度，每隔 10～20m 设置宽为 30～50mm 的温度缝。横梁是锚固夹具，临时固定预应力筋的支点，也是张拉机械张抗预应力筋的支座，常采用型钢或由钢筋混凝土制作而成。横梁挠度要求小于 2mm，并不得产生翘曲。

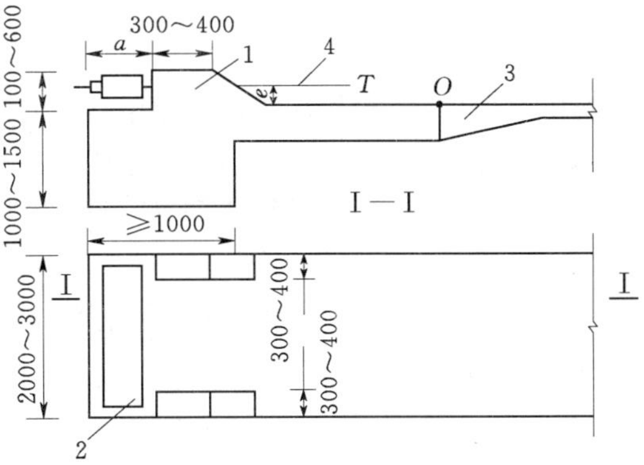

图 5.2　墩式台座（单位：mm）

1—承力台墩；2—横梁；3—台面；4—预应力筋

台座稍有变形，滑移或倾角，均会引起较大的应力损失。台座设计时，应进行稳定性和强度验算。稳定性验算包括台座的抗倾覆验算和抗滑移验算。

2. 槽式台座

槽式台座是由端柱，传力柱和上、下横梁及砖墙组成的，如图 5.3 所示，端柱和传力柱是槽式台座的主要受力结构，采用钢筋混凝土结构。

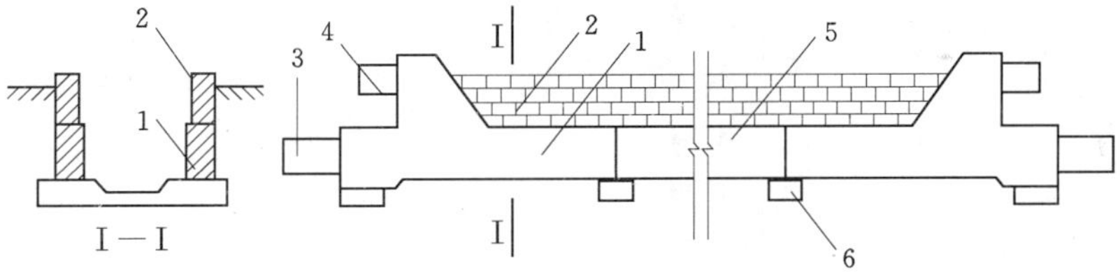

图 5.3　槽式台座

1—钢筋混凝土端柱；2—砖墙；3—下横梁；4—上横梁；5—传力柱；6—柱垫

5.1.1.2　夹具

夹具是对预应力筋进行张拉和临时固定的工具，预应力筋夹具和连接器应具有可靠的锚固性能、足够的承载能力和良好的适用性，构造简单，施工方便，成本低。根据夹具的工作特点和用途分为张拉夹具和锚固夹具。

1. 夹具的要求

预应力夹具应当具有良好的自锚性能和松锚性能，应能多次重复使用。需敲击才能松开的夹具必须保证其对预应力筋的锚固没有影响，且对操作人员的安全不造成危险。当夹具达到实际的极限拉力时，全部零件不应出现肉眼可见的裂缝和破坏。

夹具（包括锚具和连接器）进场时，除应按出厂合格证和质量证明书核查其锚固性能类别、型号、规格及数量外，还应按规定进行外观检查、硬度检验和静载锚固性能试验验收。

2. 锚固夹具

锚固夹具是将预应力筋临时固定在台座横梁上的工具。常用的锚固夹具有：

(1) 钢质锥形锚具。GE钢质锥形锚具（又叫弗氏锚），由锚塞和锚圈组成。可锚固标准强度为1570MPa的$\phi5$高强度钢丝束。配用YDC1000型穿心式千斤顶张拉、顶压锚固。

(2) 钢质锥形夹具。钢质锥形夹具主要用来锚固直径为3～5mm的单根钢丝夹具，如图5.4所示。

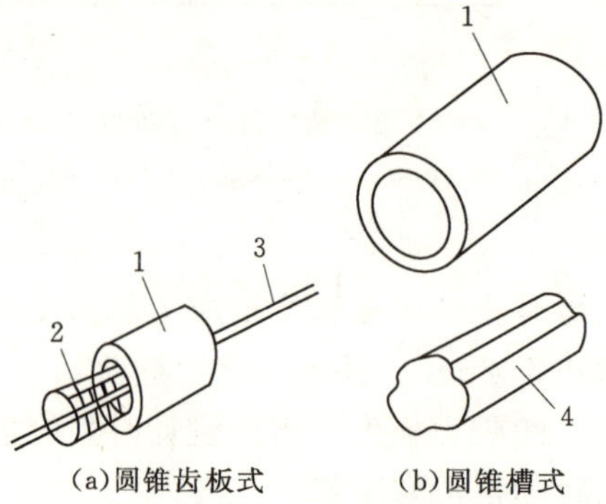

图5.4 钢质锥形夹具

1—套筒；2—齿板；3—钢丝；4—锥塞

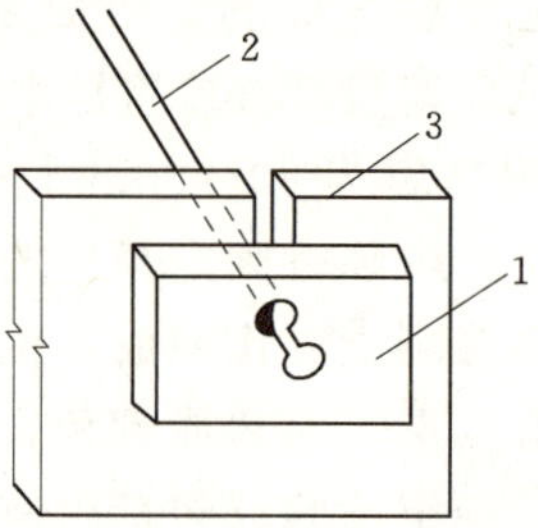

图5.5 固定端镦头夹具

1—垫片；2—镦头钢丝；3—承力板

(3) 镦头夹具。镦头夹具适用于预应力钢丝固定端的锚固，是将钢丝端部冷镦或热镦形成镦粗头，通过承力板锚固，如图5.5所示。

3. 张拉夹具

张拉夹具是将预应力筋与张拉机械连接起来进行预应力张拉的工具，常用的张拉夹具有月牙形夹具、偏心式夹具和楔形夹具等，如图5.6所示。

5.1.1.3 张拉设备

张拉设备要求工作可靠，能准确控制应力，能以稳定的速率加大拉力。在先张法中常用的张拉设备有油压千斤顶、卷扬机、电动螺杆张拉机等。

1. 油压千斤顶

油压千斤顶可张拉单根或多根成组的预应力筋。张拉过程可直接从油压表读取张拉力值。成组张拉时，由于拉力较大，一般用油压千斤顶张拉，图5.7为油压千斤顶成组张拉装置。

2. 卷扬机

在长线台座上张拉钢筋时，由于一般千斤顶的行程不能满足长台座要求，小直径钢筋可采用卷扬机张拉预应力筋，用杠杆或弹簧测力。弹簧测力时宜设行程开关，当张拉到规定的应力时，能自行停机，如图5.8所示。

3. 电动螺杆张拉机

电动螺杆张拉机由螺杆、电动机、变速箱、测力计及顶杆等组成。可单根张拉预应力

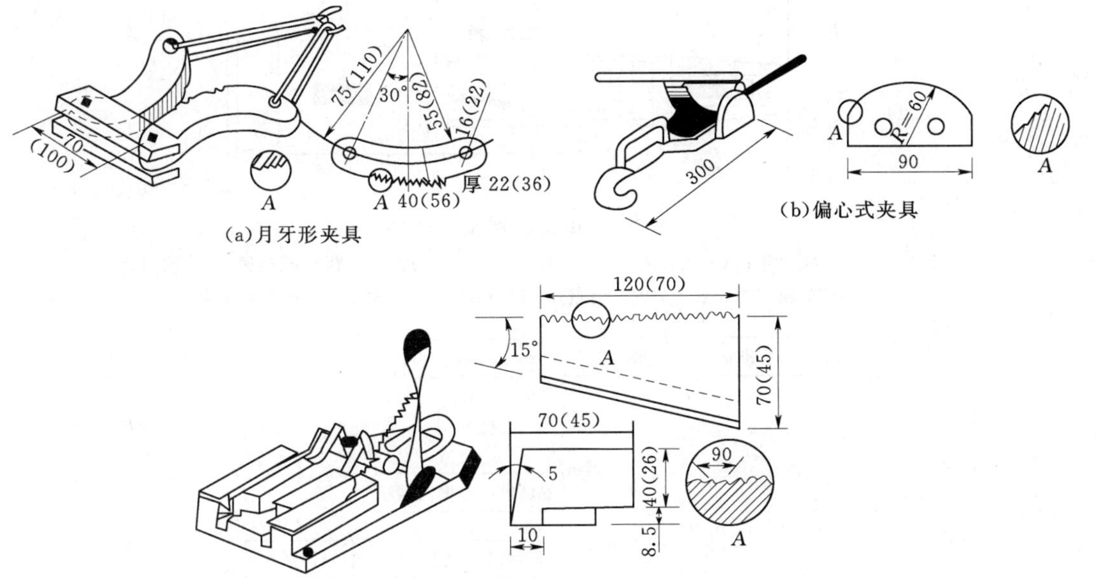

(a)月牙形夹具　(b)偏心式夹具　(c)楔形夹具

图 5.6　张拉夹具（单位：mm）

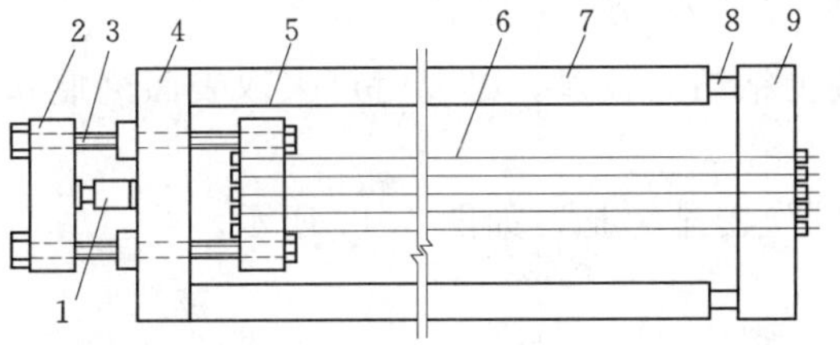

图 5.7　油压千斤顶成组张拉装置图

1—油压千斤顶；2、5—拉力架横梁；3—大螺纹杆；4、9—前、后横梁；6—预应力筋；7—台座；8—放张装置

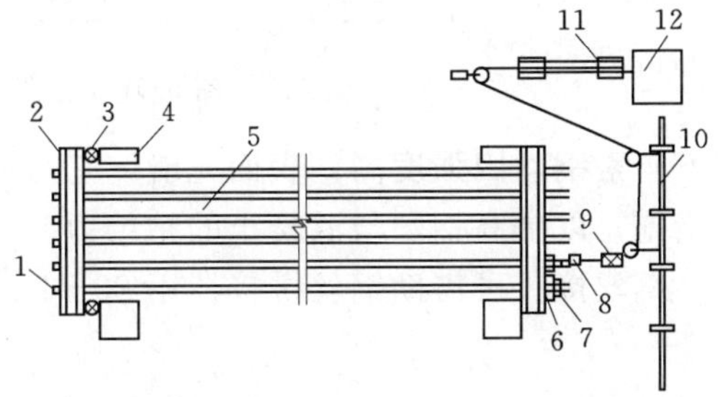

图 5.8　用卷扬机张拉预应力筋

1—镦头；2—横梁；3—放松装置；4—台座；5—钢筋；6—垫块；7—销片夹具；8—张拉夹具；9 弹簧测力计；10—固定梁；11—滑轮组；12—卷扬机

钢丝或钢筋。张拉时顶杆支于台座横梁上，用张拉夹具夹紧钢筋后开动电动机，由皮带、齿轮传动系统使螺杆作直线运动，从而张拉钢筋。这种张拉的特点是运行稳定，螺杆有自锁性能，故电动螺杆张拉机恒载性能好，速度快，张拉行程大，如图 5.9 所示。

5.1.2　先张法的施工工艺

先张法施工工艺流程如图 5.10 所示。

1. 预应力筋的铺设与张拉

(1) 预应力筋的材料要求。

预应力筋铺设前先做好台面的隔离层，隔离剂应选用非油质类模板隔离剂。不得使预应力筋受污，以免影响预应力筋与混凝土的粘结。

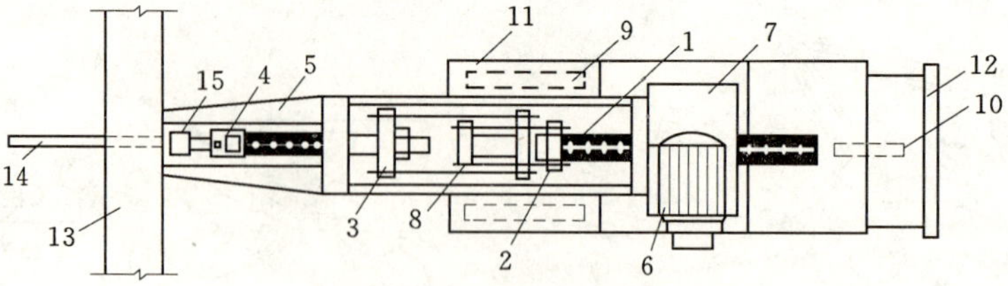

图 5.9　电动螺杆张拉机

1—螺杆；2、3—拉力架；4—张拉夹具；5—顶杆；6—电动机；7—齿轮减速箱；8—测力计；9、10—车轮；11—底盘；12—手把；13—横梁；14—钢筋；15—锚固夹具

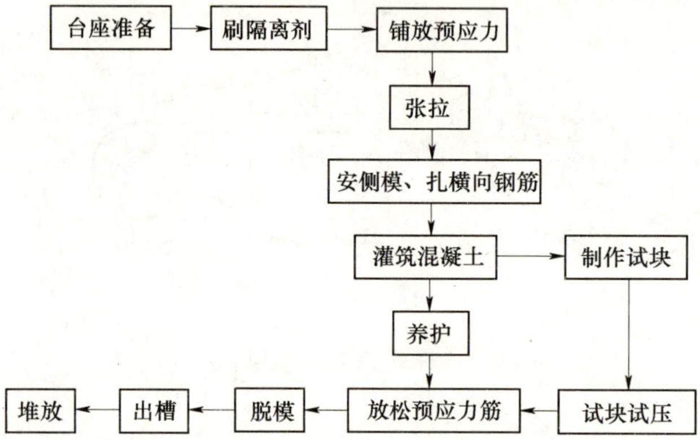

图 5.10　先张法施工工艺流程简图

碳素钢丝因强度高，表面光滑，它与混凝土粘结力较差，必要时可采取表面刻痕和压波措施，以提高钢丝与混凝土的粘结力。

钢丝接长可借助钢丝拼接器用 20～22 号铁丝密排绑扎，如图 5.11 所示。

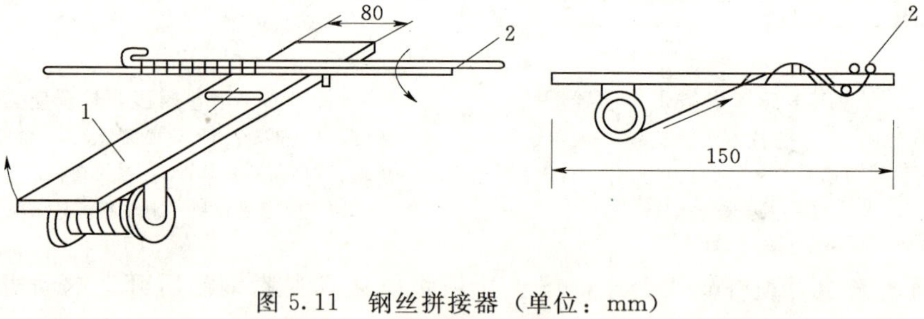

图 5.11　钢丝拼接器（单位：mm）

1—拼接器；2—钢丝

（2）预应力筋张拉应力的确定。

预应力筋的张拉控制应力应符合设计要求。施工如采用超张拉，可比设计要求提高 5%，但其最大张拉控制应力不得超过表 5.1 的规定。

（3）预应力筋张拉力的计算。

预应力筋张拉力 p 按下式计算：

$$p=(1+m)\sigma_{con}A_p \tag{5.1}$$

式中　m——超张拉百分率，%；

σ_{con}——张拉控制应力；

A_p——预应力筋截面面积。

表 5.1 **最大张拉控制应力值（σ_{con}）**

钢 筋 种 类	张 拉 方 法	
	先张法	后张法
消除应力钢丝、刻痕钢丝、钢绞线	$0.80f_{ptk}$	$0.80f_{ptk}$
热处理钢筋	$0.75f_{ptk}$	$0.70f_{ptk}$
冷拉钢筋	$0.95f_{pyk}$	$0.90f_{pyk}$

注 f_{ptk}为预应力筋极限抗拉强度标准值；f_{pyk}为预应力筋屈服强度标准值。

（4）张拉的程序。

预应力筋的张拉程序可按下列程序之一进行：$0 \rightarrow 103\%\sigma_{con}$ 或 $0 \rightarrow 105\%\sigma_{con} \xrightarrow{\text{持荷 2min}} \sigma_{con}$

第一种张拉程序中，超张拉3%是为了弥补预应力筋的松弛损失，这种张拉程序施工简便，一般多采用。

（5）预应力筋伸长值与应力的测定。

预应力筋张拉后，一般应校核预应力筋的伸长值。如实际伸长值与计算伸长值的偏差超过±6%时，应暂停张拉。查明原因并采取措施予以调整后，方可继续张拉。预应力筋的实际伸长值宜在初应力约为$10\%\sigma_{con}$时开始测量，但必须加上初应力以下的推算伸长值。

预应力筋的位量不允许有过大偏差，对设计位置的偏差不得大于5mm，也不得大于构件截面最短边长的4%。

（6）张拉伸长值的校核。

预应力筋伸长值的取值范围为：$\Delta L(1-6\%)\sim\Delta L(1+6\%)$。

2. 混凝土浇筑与养护

预应力筋张拉完毕后即应浇筑混凝土。混凝土的浇筑应一次完成，不允许留设施工缝。预应力混凝土构件混凝土的强度等级一般不低于C30；当采用碳素钢丝、钢绞线、热处理钢筋做预应力筋时，混凝土的强度等级不宜低于C40。

构件应避开台面的温度缝，当不可能避开时，在温度缝上可先铺薄钢板或垫油毡，然后再灌混凝土，浇筑时，振捣器不得碰撞预应力钢筋。混凝土未达到一定强度前也不允许碰撞和踩动预应力筋，以保证预应力筋与混凝土有良好的粘结力。

采用平卧叠浇法制作预应力混凝土构件时，其下层构件混凝土的强度需达到8～10MPa后，方可浇筑上层构件混凝土，并应有隔离措施。

预应力混凝土可采用自然养护和蒸汽湿热养护。但应注意采取正确的养护制度，在台座上用蒸汽养护时，温度升高后预应力筋膨胀而台座的长度并无变化，因而引起预应力筋应力减小。在这种情况下混凝土逐渐硬结，则在混凝土硬化前预应力筋由于温度升高而引起的应力降低将无法恢复，这就是温差引起的预应力损失。因此，为了减少这种温差应力损失，应保证混凝土在达到一定强度（$100N/mm^2$）之前，将温度升高限制在一定范围内（一般不超过20℃），故在台座上采用蒸汽养护时，其最高容许温度应根据设计要求的容许温差（张拉钢筋时的温度与台座温度的差）经计算确定。当混凝土强度养护至7.5MPa（配粗钢筋）或10MPa（钢丝、钢绞线配筋）以上时，则可不受设计要求的温差限制，按一般构件的蒸汽养护规定进行。这种养护方法又称为二次升温养护法。在采用机组流水法用钢模制作顶应力构件、蒸汽养护时，由于钢模和预应力筋同样伸缩，所以不存在因温差而引起的预应力损失，可以采用一般加热养护制度。

3. 预应力筋的放张

(1) 放张方法。

配筋不多的中小型构件，钢丝可用砂轮锯或切断机等方法放张。配筋多的混凝土构件，钢丝应同时放张。如逐根放张，最后几根钢丝将由于承受过大的拉力而突然断裂，且构件端部容易开裂。

消除应力钢丝、钢绞线、热处理钢筋不得用电弧切割，宜用砂轮锯或切断机切断。预应力钢筋数量较多时，可用千斤顶、砂箱、楔块等装置，如图5.12～图5.14所示。

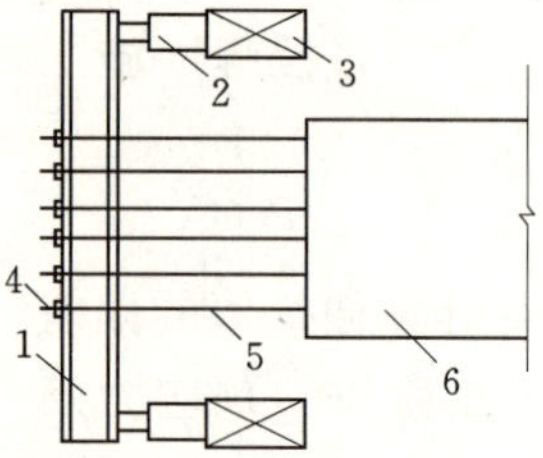

图5.12 千斤顶放张装置图

1—横梁；2—千斤顶；3—承力架；4—夹具；5—钢丝；6—构件

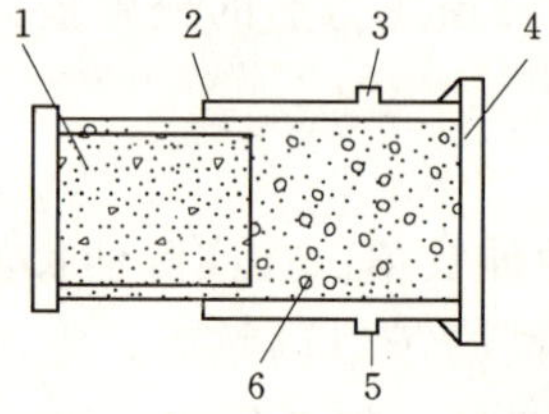

图5.13 砂箱法放张装置图

1—活塞；2—钢套箱；3—进砂口；4—钢套箱底板；5—出砂口；6—砂子

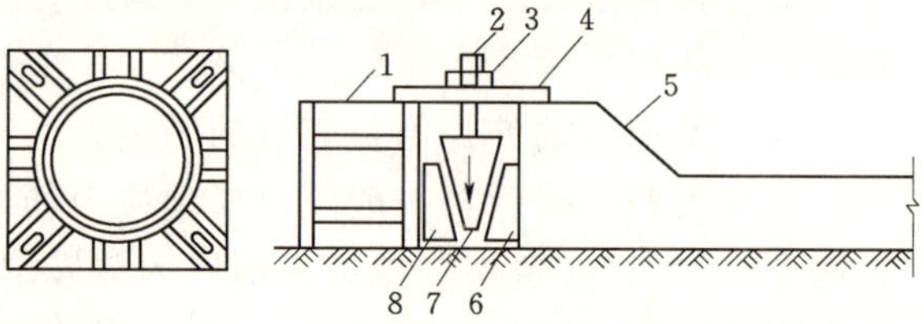

图5.14 楔块法放张

1—横梁；2—螺杆；3—螺母；4—承力板；5—台座；6、8—钢块；7—钢楔块

(2) 放张顺序。

预应力筋的放张顺序，应满足设计要求，如设计无要求时应满足下列规定：

1) 对轴心受预压构件（如压杆、桩等）所有预应力筋应同时放张。

2) 对偏心受预压构件（如梁等）先同时放张预压力较小区域的预应力筋，再同时放张预压力较大区域的预应力筋。

3) 如不能按上述规定放张时，应分阶段、对称、相互交错的放张，以防止在放张过程中构件发生翘曲、裂纹及预应力筋断裂等现象。

4) 对配筋不多的中小型预应力混凝土构件，钢丝可用剪切、锯割等方法放张，配筋多的预应力混凝土构件，钢丝应同时放张。

5) 预应力筋为钢筋时，若数量较少可逐根加热熔断放张，数量较多且张拉力较大时，应同时放张。

课题5.2 后张法施工

后张法是先制作构件，在放置预应力钢筋的部位预先留有孔道，待构件混凝土强度达到设计规定的数值后，并用张拉机具夹持预应力筋将其张拉至设计规定的控制预应力，并借助锚具在构件端部将预应力筋锚固，最后进行孔道灌浆（或不灌浆）。预应力筋的张拉力主要是靠构件端部的锚具传递至混凝土，使混凝土产生预压应力。图5.15为预应力混凝土后张法生产示意图。

在后张法施工中，锚具永久性地留在构件上，成为预应力构件的一个组成部分，不能重复使用。因此，在后张法施工中，必须有与不同预应力筋配套的锚具和张拉机具。

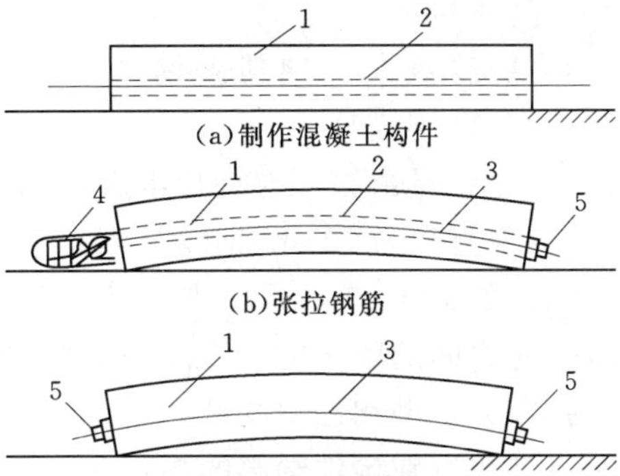

图5.15　后张法施工示意
1—钢筋混凝土构件；2—预留孔道；3—预应力筋；4—千斤顶；5—锚具

5.2.1　后张法的施工设备

5.2.1.1　对锚具的要求

锚具是预应力筋张拉和永久固定在预应力混凝土构件上的传递预应力的工具，应该锚固可靠，使用方便，有足够的强度、刚度。按锚固性能不同，可分为Ⅰ类锚具和Ⅱ类锚具。Ⅰ类锚具适用于承受动载、静载的预应力混凝土结构；Ⅱ类锚具仅适用于有粘结预应力混凝土结构，且锚具只能处于预应力筋应力变化不大的部位。

锚具的静载锚固性能，应由预应力锚具组装件静载试验测定的锚具效率系数 η_a 和达到实测极限拉力时的总应变 ε_{apu} 确定，其值应符合表5.2规定。

表5.2　锚具效率系数与总应变

锚　具　类　型	锚具效率系数 η_a	实测极限拉力时的总应变 ε_{apu}（%）
Ⅰ	≥0.95	≥2.0
Ⅱ	≥0.90	≥1.7

锚具效率系数 η_a 按下式计算：

$$\eta_a=\frac{F_{apu}}{\eta_p F_{apu}^c} \tag{5.2}$$

式中　F_{apu}——预应力筋锚具组装件的实测极限拉力，kN；

F_{apu}^c——预应力筋锚具组装件中各根预应力钢材计算极限拉力之和，kN；

η_p——预应力筋的效率系数。

对于重要预应力混凝土结构工程使用的锚具，预应力筋的效率系数 η_p 应按国家现行标准《预应力筋用锚具、夹具和连接器应用技术规程》（JGJ 85—2010）的规定进行计算。

对于一般预应力混凝土结构工程使用的锚具，当预应力筋为钢丝、钢绞线或热处理钢筋时，预应力筋的效率系数 η_p 取0.97。

5.2.1.2　锚具的种类

后张法所用锚具根据其锚固原理和构造型式不同，分为螺杆锚具、夹片锚具、锥销式锚具和镦头锚具4种体系；在预应力筋张拉过程中，根据锚具所在位置与作用不同，又可分为张拉端锚具和固定端锚具。预应力筋的种类有热处理钢筋束、消除应力钢丝束和钢绞线束。因此按锚具锚固钢筋或钢丝的数量，可分为钢绞线束锚具和钢筋束锚具、钢丝束锚具及单根粗钢筋锚具。

钢绞线束和钢筋束目前使用的锚具有JM型、XM型、QM型、KT—Z型和镦头锚具等。

1. 钢绞线束、钢筋束锚具

(1) JM型锚具。

JM型锚具由锚环与夹片组成，用于锚固3～6根直径为12mm的光圆或变形钢筋束和5～6根直径为12mm钢绞线束。它可以作为张拉端或固定端锚具，也可作重复使用的工具锚。如图5.16所示，夹片呈扇形，靠两侧的半圆槽锚固预应力钢筋。为增加夹片与预应力筋之间的摩擦力，在半圆槽内刻有截面为梯形的齿痕，夹片背面的坡度与锚环一致。锚环分甲型和乙型两种，甲型锚环为一个具有锥形内孔的圆柱体，外形比较简单，使用时直接放置在构件端部的垫板上。乙型锚环在圆柱体外部增添正方形肋板，使用时锚环预埋在构件端部不另设垫板。锚环和夹片均用45号钢制造，甲型锚环和夹片必须经过热处理，乙型锚环可不必进行热处理。

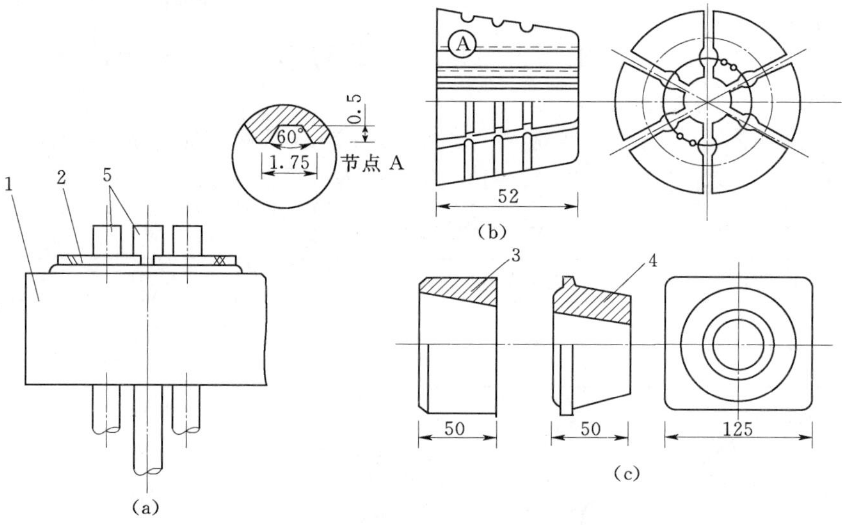

图5.16　JM12型锚具（单位：mm）

1—锚环；2—夹片；3—圆锚环；4—方锚环；5—预应力钢丝束

(2) XM型锚具。

XM型锚具属新型大吨位群锚体系锚具。由锚环和夹片组成，对钢绞线束和钢丝束能形成可靠的锚固。3个夹片1组夹持1根预应力筋形成1个锚固单元。由1个锚固单元组成的锚具称单孔锚具，由2个或2个以上的锚固单元组成的锚具称为多孔锚具，如图5.17所示。

XM型锚具的夹片为斜开缝，以确保夹片能夹紧钢绞线或钢丝束中每一根外围钢丝，形成可靠的锚固，夹片开缝宽度一般平均为1.5mm。

XM型锚具既可作为工作锚，又可兼作工具锚。

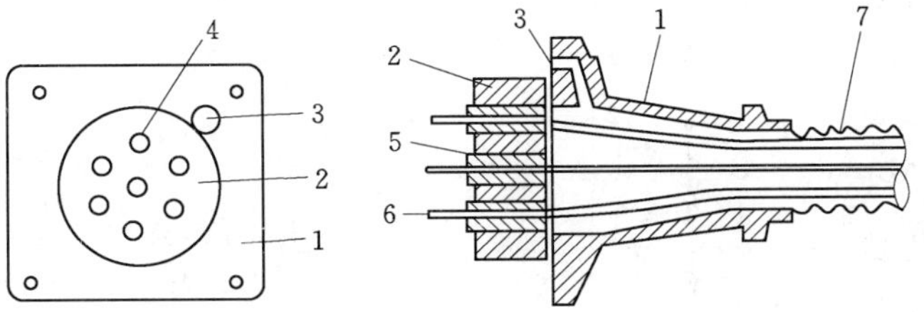

图 5.17　XM 型锚具

1—喇叭管；2—锚环；3—灌浆孔；4—圆锥孔；5—夹片；6—钢绞线；7—波纹管

（3）QM 型锚具。

QM 型锚具与 XM 型锚具相似。它也是由锚板和夹片组成。但锚孔是直的，锚板顶面是平的，夹片垂直开缝。此外，备有配套喇叭形铸铁垫板与弹簧圈等。这种锚具适用于锚固 4～31 根Φ12 和 3～9 根Φ15 钢绞线束，如图 5.18 所示。

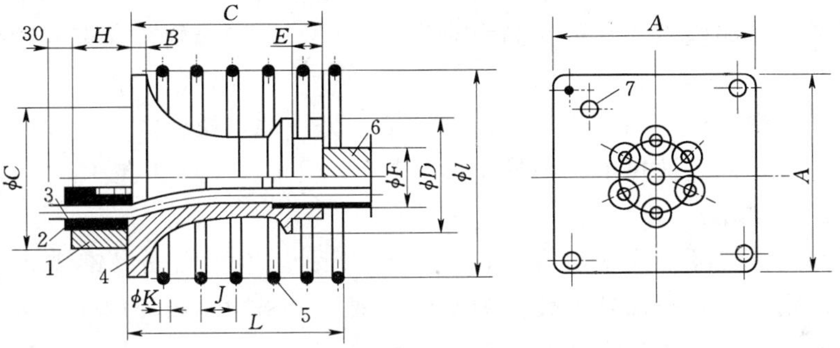

图 5.18　QM 型锚具及配件

1—锚板；2—夹片；3—钢绞线；4—喇叭形铸铁垫板；5—弹簧圈；6—预留孔道用的波纹管；7—灌浆孔

（4）KT—Z 型锚。

KT—Z 型锚具由锚环和锚塞组成。如图 5.19 所示，分为 A 型和 B 型两种，当预应力筋的最大张拉力超过 450kN 时采用 A 型，不超过 450kN 时，采用 B 型。KT—Z 型锚具适用于锚固 3～6 根直径为 12mm 的钢筋束或钢绞线束。该锚具为半埋式，使用时先将锚环小头嵌入承压钢板中，并用断续焊缝焊牢，然后共同预埋在构件端部。预应力筋的锚固需借千斤顶将锚塞顶入锚环，其顶压力为预应力筋张拉力的 50%～60%。使用 KT—Z 型锚具时，预应力筋在锚环小口处形成弯折，因而产生摩擦损失。预应力筋的损失值为：钢筋束约 4%σ_{con}，钢绞线约 2%σ_{con}。

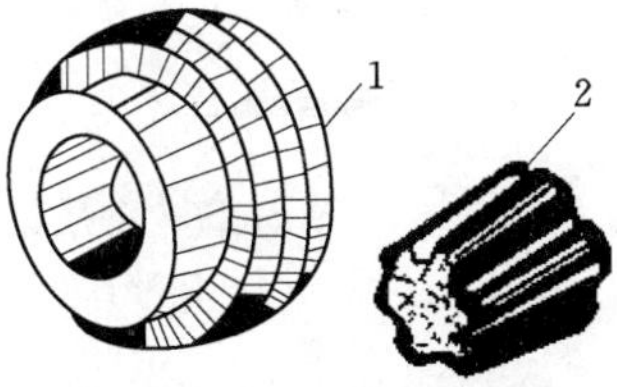

图 5.19　KT—Z 型锚具图

1—锚环；2—锚塞

（5）镦头锚具。

镦头锚用于固定端，如图 5.20 所示，它由锚固板和带镦头的预应力筋组成。

2. 钢丝束锚具

钢丝束所用锚具目前国内常用的有钢丝束镦头锚具、钢质锥形锚具、锥形螺杆锚具、XM 型锚具和 QM 型锚具。此处仅介绍前 3 种。

（1）钢丝束镦头锚具。

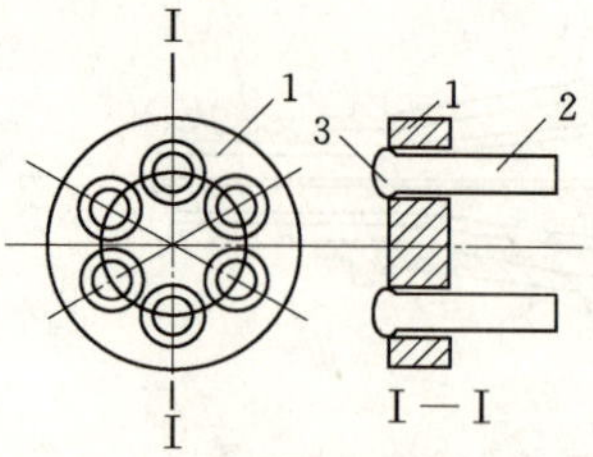

图 5.20　固定端用镦头锚具

1—锚固板；2—预应力筋；3—镦头

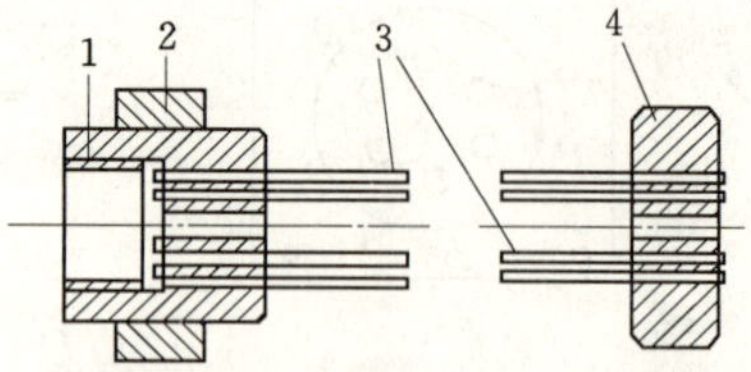

图 5.21　钢丝束镦头锚具

1—A 型锚环；2—螺母；3—钢丝束；4—锚板

钢丝束镦头锚具用于锚固 12～54 根Φ^s5 碳素钢丝束，分 DM5A 型和 DM5B 型两种。A 型用于张拉端，由锚环和螺母组成，B 型用于固定端，仅有一块锚板，如图 5.21 所示。

锚环的内外壁均有丝扣，内丝扣用于连接张拉螺杆，外丝扣用于拧紧螺母锚固钢丝束。锚环和锚板四周钻孔，以固定镦头的钢丝。孔数和间距由钢丝根数确定。钢丝可用液压冷镦器进行镦头。钢丝束一端可在制束时将头镦好，另一端则待穿束后镦头，但构件孔道端部要设置扩孔。

张拉时，张拉螺丝杆一端与锚环内丝扣连接，另一端与拉杆式千斤顶的拉头连接，当张拉到控制应力时，锚环被拉出，则拧紧锚环外丝扣上的螺母加以锚固。

（2）钢质锥形锚具。

钢质锥形锚具由锚环和锚塞组成，如图 5.22 所示。用于锚固以锥锚式双作用千斤顶张拉的钢丝束。钢丝分布在锚环锥孔内侧，由锚塞塞紧锚固。锚环内孔的锥度应与锚塞的锥度一致。锚塞上刻有细齿槽，夹紧钢丝防止滑移。

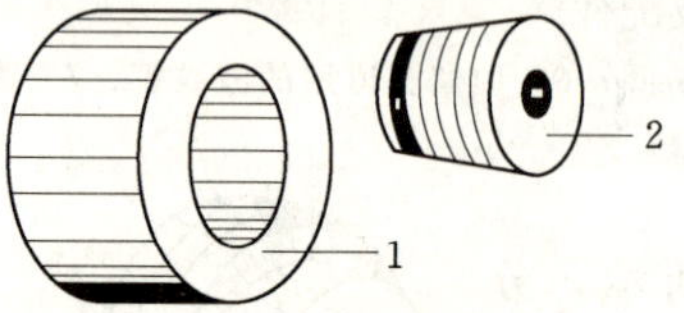

图 5.22　钢质锥形锚具

1—锚环；2—锚塞

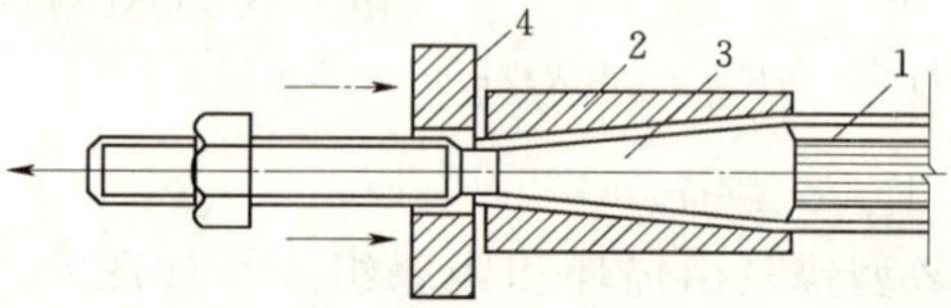

图 5.23　锥形螺杆锚具

1—钢丝；2—套筒；3—锥形螺杆；4—垫板

锥形锚具的缺点是当钢丝直径误差较大时，易产生单根滑丝现象，且很难补救。如用加大顶锚力的办法来防止滑丝，又易使钢丝被咬伤。此外，钢丝锚固时呈辐射状态，弯折处受力较大，在国外已少采用。

（3）锥形螺杆锚具。

锥形螺杆锚具适用于锚固 14～28 根$\Phi5$ 组成的钢丝束。由锥形螺杆、套筒、螺母、垫板组成，如图 5.23 所示。

3. 单根粗钢筋锚具

（1）螺丝端杆锚具。

螺丝端杆锚具由螺丝端杆、垫板和螺母组成，适用于锚固直径不大于 36mm 的热处理钢筋，如图 5.24（a）所示。

螺丝端杆可用同类的热处理钢筋或45号热处理钢制作。制作时，先粗加工至接近设计尺寸，再进行热处理，然后精加工至设计尺寸。热处理后不能有裂纹和伤痕。螺丝端杆锚具与预应力筋对焊，用张拉设备张拉螺丝端杆，然后用螺母锚固。

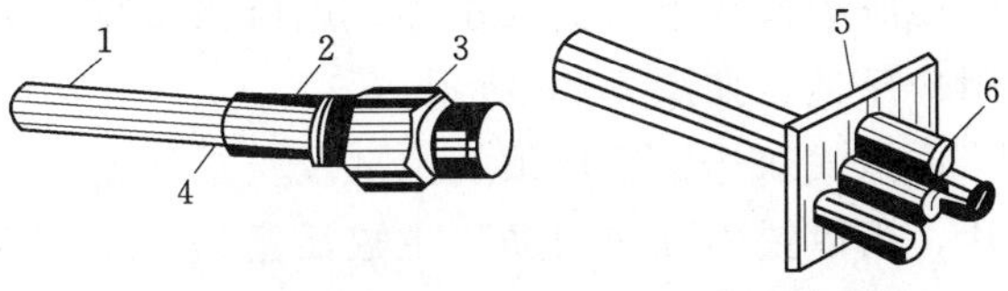

(a) 螺丝端杆锚具　(b) 帮条锚具

图5.24 单根筋锚具

1—钢筋；2—螺丝端杆；3—螺母；4—焊接接头；5—衬板；6—帮条

(2) 帮条锚具。

它由1块方形衬板与3根帮条组成，如图5.24 (b) 所示。衬板采用普通低碳钢板，帮条采用与预应力筋同类型的钢筋。帮条锚具一般用在单根粗钢筋作预应力筋的固定端。

5.2.1.3 张拉设备

后张法张拉设备主要有千斤顶和高压油泵。千斤顶主要包括：拉杆式千斤顶、锥锚式千斤顶和穿心式千斤顶。

(1) 拉杆式千斤顶（YL型）。

拉杆式千斤顶主要用于张拉带有螺丝端杆锚具的粗钢筋、锥形螺杆锚具钢丝束及镦头锚具钢丝束。

拉杆式千斤顶构造如图5.25所示，由主缸（1）、主缸活塞（2）、副缸（4）、副缸活塞（5）、连接器（7）、顶杆（8）和拉杆（9）等组成。张拉预应力筋时，首先使连接器（7）与预应力筋（11）的螺丝端杆（14）连接，并使顶杆（8）支承在构件端部的预埋钢板（13）上。当高压油泵的油液从主缸油嘴（3）进入主缸时，推动主缸活塞向左移动，带动拉杆（9）和连接在拉杆末端的螺丝端杆，预应力筋即被拉伸，当达到张拉力后，拧紧预应力筋端部的螺母（10），使预应力筋锚固在构件端部。锚固完毕后，改用副油嘴（6）进油，推动副缸活塞和拉杆向右移动，回到开始张拉时的位置，与此同时，主缸（1）的高压油也回到油泵中。目前工地上常用的为600kN拉杆式千斤顶。

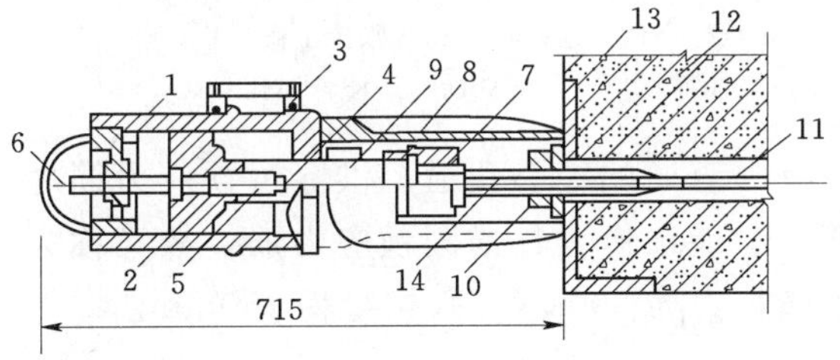

图5.25 拉杆式千斤顶构造示意图

1—主缸；2—主缸活塞；3—主缸油嘴；4—副缸；5—副缸活塞；6—副缸油嘴；7—连接器；8—顶杆；9—拉杆；10—螺帽；11—预应力筋；12—混凝土构件；13—预埋钢板；14—螺丝端杆

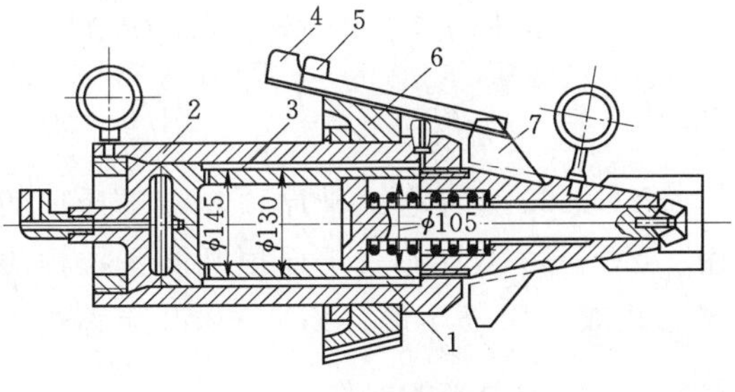

图5.26 YZ85锥锚式千斤顶

1—副缸；2—主缸；3—退楔缸；4—楔块（退出时位置）；5—楔块（张拉时位置）；6—锥形卡环；7—退楔翼片

(2) 锥锚式千斤顶（YZ型）。

锥锚式千斤顶主要适用于张拉KT—Z型锚具锚固的钢筋束或钢绞线束和使用锥形锚

具的预应力钢丝束。其张拉油缸用以张拉预应力筋，顶压油缸用以顶压锥塞，因此又称双作用千斤顶，如图 5.26 所示。

锥锚式双作用千斤顶的主缸及主缸活塞用于张拉预应力筋，主缸前端缸体上有卡环和销片，用以锚固预应力筋，主缸活塞为一中空筒状活塞，中空部分设有拉力弹簧。副缸和副缸活塞用于顶压锚塞，将预应力筋锚固在构件的端部，设有复位弹簧。

锥锚式双作用千斤顶张拉力为 300kN 和 600kN，最大张拉力 850N，张拉行程 250mm。顶压行程 60mm。

(3) 穿心式千斤顶（YC 型）。

穿心式千斤顶适用性很强，适用于张拉各种型式的预应力筋，它适用于张拉 JM12 型、QM 型、XM 型的预应力钢丝束，钢筋束和钢绞线束。配置撑脚和拉杆等附件后，又可作为拉杆式千斤顶使用。根据张拉力和构造不同，有 YC—60、YC20D、YCD120、YCD200 和无顶压机构的 YCQ 型千斤顶。YC—60 型是目前我国预应力混凝土构件施工中应用最为广泛的张拉机械。YC—60 型穿心式千斤顶加装撑脚，张拉杆和连接器后，就可以张拉以螺丝端杆锚具为张拉锚具的单根粗钢筋，张拉以锥形螺杆锚具和 DM5A 型镦头锚具为张拉锚具的钢丝束。现以 YC—60 型千斤顶为例，说明其构造及工作原理，如图 5.27 所示。

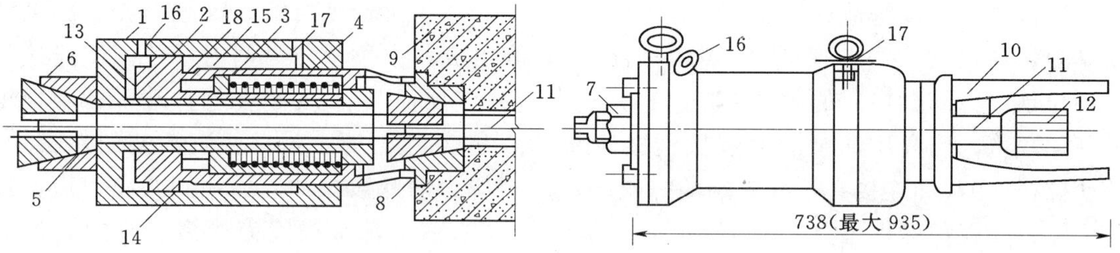

(a)构造与工作原理简图　　(b)加撑脚后的外貌图

图 5.27　YC—60 型穿心式千斤顶的构造及工作示意图

1—张拉油缸；2—顶压油缸（即张拉活塞）；3—顶压活塞；4—弹簧；5—预应力筋；6—工具式锚具；7—螺帽；8—锚环；9—混凝土构件；10—撑脚；11—张拉杆；12—连接器；13—张拉工作油室；14—顶压工作油室；15—张拉回程油室；16—张拉缸油嘴；17—顶压缸油嘴；18—油孔

YC—60 型穿心式千斤顶，沿千斤顶的轴线有一直通的穿心孔道，供穿过预应力筋之用。YC—60 型穿心式千斤顶既能张拉预应力筋，又能顶压锚具锚固预应力筋，故又称为穿心式双作用千斤顶。YC—60 型穿心式千斤顶张拉力为 600kN，张拉行程 150mm。

5.2.2　预应力筋的制作

1. 钢筋束及钢绞线束制作

为了保证构件孔道穿入筋和张拉时不发生扭结，应对预应力筋进行编束。编束时把预应力筋理顺后，用 18～22 号铁丝，每隔 1m 左右绑扎一道，形成束状。

钢绞线下料宜用砂轮切割机切割，不得采用电弧切割。

钢绞线编束宜用 20 号铁丝绑扎，间距 2～3m。编束时应先将钢绞线理顺，并尽量使各根钢绞线松紧一致。如钢绞线单根穿人孔道，则不编束。

钢绞线下料长度：采用夹片锚具，以穿心式千斤顶在构件上张拉时，钢绞线的下料长度 L 按式（5.3）、式（5.4）计算，计算简图如图 5.28 所示。

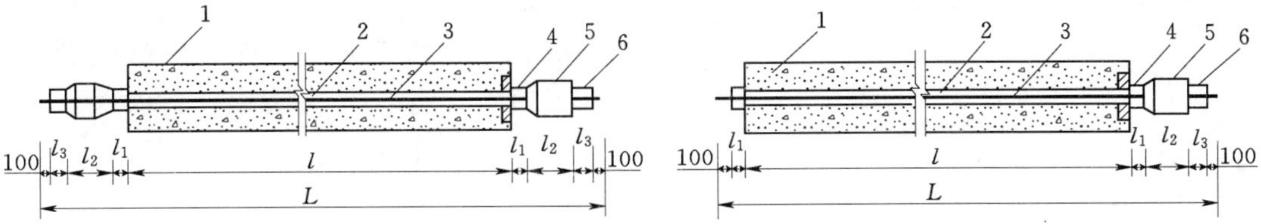

(a)两端张拉　　(b)一端张拉

图 5.28　钢筋束、钢绞线束下料长度计算简图

1—混凝土构件；2—孔道；3—钢绞线；4—夹片式工作锚；5—穿心式千斤顶；6—夹片式工具锚

（1）两端张拉。

$$L=l+2(l_1+l_2+l_3+100) \tag{5.3}$$

（2）一端张拉。

$$L=l+2(l_1+100)+l_2+l_3 \tag{5.4}$$

式中　L——构件的孔道长度；

l_1——夹片式工作锚厚度；

l_2——穿心式千斤顶长度；

l_3——夹片式工具锚厚度。

2. 钢丝束制作

钢丝束制作随锚具的不同而异，一般需经调直、下料、编束和安装锚具等工序。

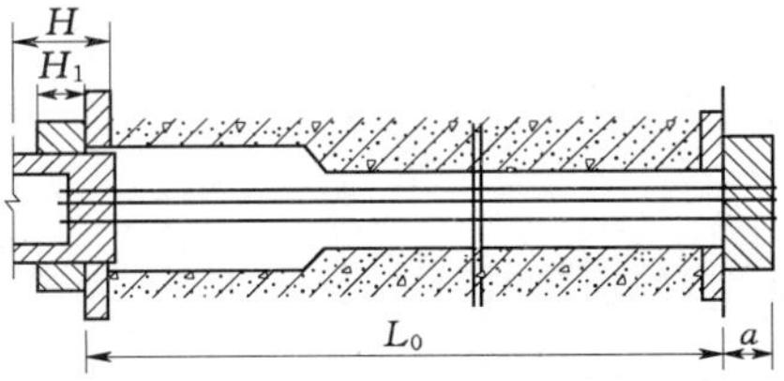

图 5.29　用镦头锚具时钢丝下料长度计算简图

当采用镦头锚具，一端张拉时，应考虑钢丝束张拉锚固后螺母位于锚环中部，钢丝下料长度 L 按式（5.5）计算，计算简图如图 5.29 所示。

$$L=L_0+2a+2b-0.5(H-H_1)-\Delta L-C \tag{5.5}$$

式中　L_0——孔道长度；

a——锚板厚度；

b——钢丝镦头团量，取钢丝直径 2 倍；

H——锚环高度；

H_1——螺母高度；

ΔL——张拉时钢丝伸长值；

C——混凝土弹性压缩（很小时可略不计）。

为了保证钢丝不发生扭结，必须进行编束。编束前应对钢丝直径进行测量，直径相对误差不得超过 0.1mm，以保证成束钢丝与锚具可靠连接。采用锥形螺杆锚具时，编束工作应在平整的场地上进行。把钢丝理顺放平，每隔 1m 用 22 号铁丝将钢丝编成帘子状，然后每隔 1m 放置 1 个螺旋衬圈，再将编好的钢丝帘绕衬圈围成圆束，用铁丝绑扎牢固，如图 5.30 所示。

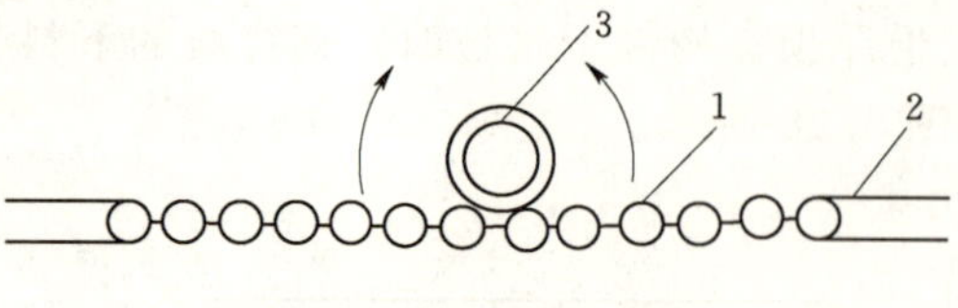

图 5.30　钢丝束的编束

1—钢丝；2—铁丝；3—衬圈

当采用镦头锚具时，根据钢丝分圈布置的特点，编束时首先将内圈和外圈钢丝分别用铁丝顺序编扎，然后将内圈钢丝放在外圈钢丝内扎牢。编束好后，先在一端安装锚环并完成镦头工作，另一端钢丝的镦头，待钢丝束穿过孔道安装上锚板后再进行。

3. 单根预应力筋制作

单根粗预应力钢筋一般采用热处理钢筋，其制作工序包括配料、对焊、冷拉等工序。为保证质量，宜采用控制应力的方法进行冷拉；钢筋配料时应根据钢筋的品种测定冷拉率，如果在一批钢筋中冷拉率变化较大时，应尽可能把冷拉率相近的钢筋对焊在一起进行冷拉，以保证钢筋冷拉力的均匀性。

钢筋对焊接长在钢筋冷拉之前进行。钢筋的下料长度由计算确定。

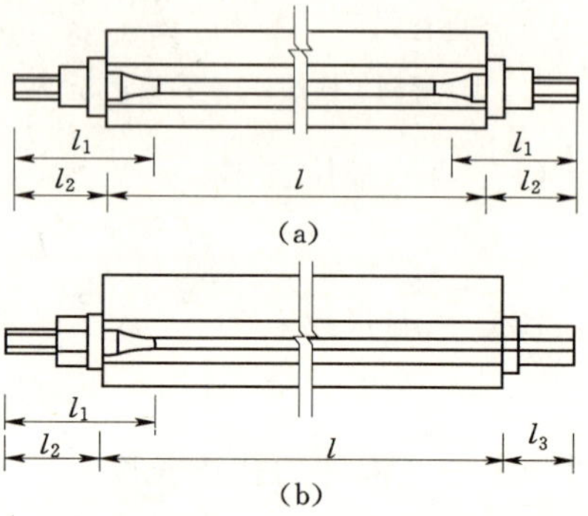

图 5.31　单根预应力筋下料长度计算图

（1）当构件两端均采用螺丝端杆锚具时，如图 5.31（a）所示，预应力筋下料长度为

$$L=\frac{l+2l_2-2l_1}{1+\gamma-\delta}+n\Delta \tag{5.6}$$

（2）当一端采用螺丝端杆锚具，另一端采用帮条锚具或镦头锚具时，如图 5.31（b）所示，预应力筋下料长度为

$$L=\frac{l+l_2+l_3-l_1}{1+\gamma-\delta}+n\Delta \tag{5.7}$$

张拉端
$$l_2=2H+h+5\text{mm} \tag{5.8}$$

锚固端
$$l_2=H+h+10\text{mm} \tag{5.9}$$

式中　l——构件的孔道长度；

l_1——螺丝端杆长度，一般为 320mm；

l_2——螺丝端杆伸出构件外的长度，一般为 120～150mm 或按式（5.8）、式（5.9）计算；

l_3——帮条或镦头锚具所需钢筋长度；

γ——预应力筋的冷拉率（由试验定）；

δ——预应力筋的冷拉回弹率一般为 0.4%～0.6%；

n——对焊接头数量；

Δ——每个对焊接头的压缩量，取一个钢筋直径；

H——螺母高度；

h——垫板厚度。

5.2.3　后张法的施工工艺

后张法施工工艺与预应力施工有关的主要是孔道留设、预应力筋张拉和孔道灌浆 3 部分，图 5.32 为后张法工艺流程图。

5.2.3.1 孔道留设

孔道留设是后张法预应力混凝土构件制作中的关键工序之一，也是施工过程检验验收的重要环节，主要为穿预应力钢筋（束）及张拉锚固后灌浆用。

孔道留设的方法有钢管抽芯法、胶管抽芯法、橡胶抽拔棒法和预埋管法（主要采用波纹管）等。预应力的孔道形式一般有直线、曲线和折线三种。钢管抽芯法只用于直线孔道的成型，胶管抽芯法和预埋波纹管法则可以适用于直线、曲线和折线的孔道。

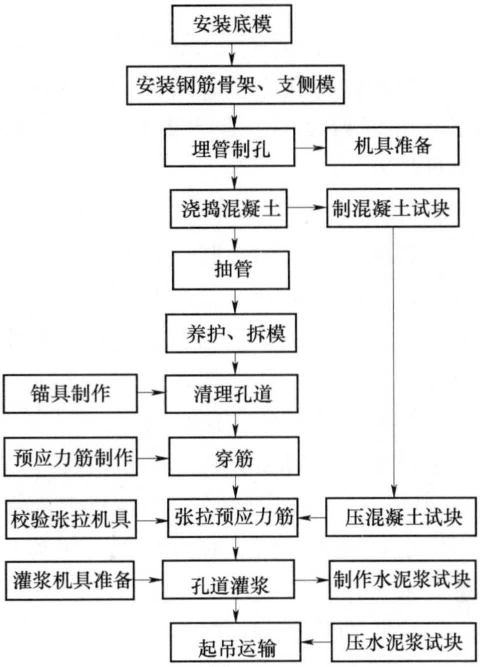

图 5.32 预应力后张法施工工艺

1. 钢管抽芯法

钢管抽芯法适用于留设直线孔道。钢管抽芯法是预先将钢管敷设在模板的孔道位置上，在混凝土浇筑和养护过程中，每隔一定时间要慢慢转动钢管一次，以防止混凝土与钢管粘结。待混凝土初凝后、终凝前抽出钢管即在构件中形成孔道。为保证预留孔道质量，施工中应注意以下几点。

（1）选用的钢管要平直，表面光滑，安放位置准确。钢管不直，在转动及拔管时易将混凝土管壁挤裂。钢管预埋前应除锈、刷油，以便抽管。钢管的位置固定一般用钢筋井字架，井字架间距一般为 1～2m 左右。在灌筑混凝土时，应防止振动器直接接触钢管，避免产生位移。

（2）钢管每根长度最好不超过 15m，以便旋转和抽管。钢管两端应各伸出构件 500mm 左右。较长构件可用两根钢管接长，两根钢管接头处可用不厚于 0.5mm 厚铁皮做成的套管连接，如图 5.33 所示。套管内表面要与钢管外表面紧密结合，以防漏浆堵塞孔道。

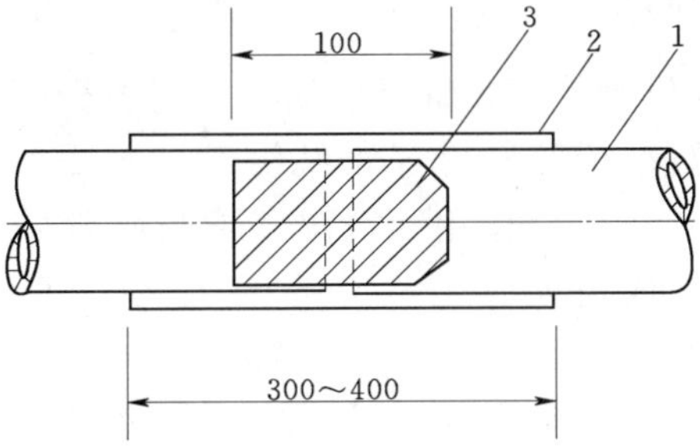

图 5.33 钢管连接方法（单位：mm）
1—钢管；2—白铁皮套管；3—硬木塞

（3）恰当准确地掌握抽管时间。抽管时间与水泥品种、气温和养护条件有关。抽管宜在混凝土初凝后、终凝以前进行，以用手指按压混凝土表面不显指纹时为宜。常温下抽管时间约在混凝土浇筑后 3～6h。抽管时间过早，会造成坍孔事故；抽管时间太晚，混凝土与钢管粘结牢固，抽管困难，甚至抽不出来。钢管抽芯法应当派人在混凝土浇筑过程及浇筑后每隔一定时间慢慢转动钢管，防止它与混凝土粘住。

（4）抽管顺序和方法。抽管顺序宜先上后下进行。抽管方法可分为人工或卷扬机抽管，抽管时必须速度均匀，边抽边转，并与孔道保持在一条直线上。抽管后，应及时检查孔道情况，并做好孔道清理工作，以免增加以后穿筋的困难。

(5) 灌浆孔和排气孔的留设。留设预留孔道的同时，方便构件孔道灌浆，按照设计规定，每个构件与孔道垂直的方向应留设若干个灌浆孔和排气孔。一般在构件两端和中间每隔12m左右留设一个直径20mm的灌浆孔，可用木塞或白铁皮管成孔。在构件两端各留一个排气孔。

2. 胶管抽芯法

胶管抽芯法利用的胶管包括：5～7层的夹布胶管和供预应力混凝土专用的钢丝网橡皮管两种。前者必须在管内充气或充水后才能使用。后者质硬且有一定弹性预留孔道时与钢管一样使用。将胶管预先敷设在模板中的孔道位置上，胶管直线段每间隔1.0m设置一固定胶管用的钢筋井字架，曲线段不大于0.5m，并与钢筋骨架绑扎牢。下面介绍常用的夹布胶管留设孔道的方法。

采用夹布胶管预留孔道时，混凝土浇筑前夹布胶营内充入压缩空气或压力水，工作压力为500～800kPa，此时胶管直径可增大约3mm左右。待混凝土初凝后，放出压缩空气或压力水，使管径缩小并与混凝土脱离开，抽出夹布胶管，便可形成孔道。为了保证留设孔道质量，使用时应注意以下几个问题。

(1) 胶管铺设后，应注意不要让钢筋等硬物刺穿胶管，胶管应当有良好的密封性，不能漏水、漏气。夹布胶管内充入压缩空气或压力水前，胶管两端应有密封装置（见图5.34）。密封的方法是将胶管一端外表面削去1～3层胶皮及帆布，然后将外表面带有粗丝扣的钢管（钢管一端用铁板密封焊牢）插入胶管端头孔内，再用20号铁丝与胶管外表面密缠牢固。铅丝头用锡焊牢。胶管另一端接上阀门，其方法与密封端基本相同。

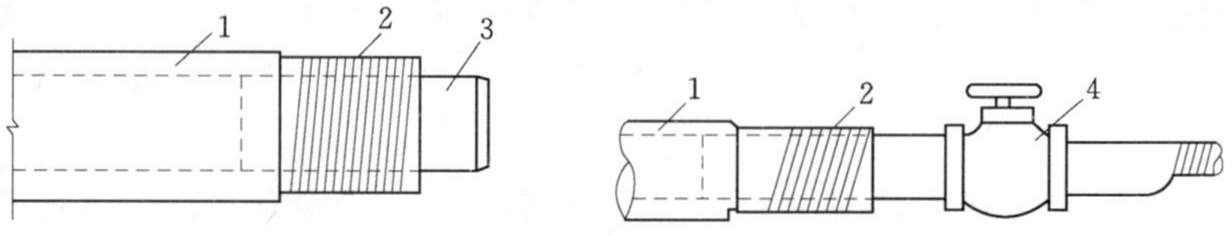

(a)胶管封头　　(b)胶管与阀门连接

图5.34　胶管密封装置

1—胶管；2—铁丝密缠；3—钢管堵头；4—阀门

(2) 胶管接头处理方法，如图5.35所示。1mm厚钢管用无缝钢管制成，其内径等于或略小于胶管外径，以便于打入硬木塞后起到密封作用。铁皮套管与胶管外径相等或稍大（在0.5mm左右），以防止在振捣混凝土时胶管受振外移。

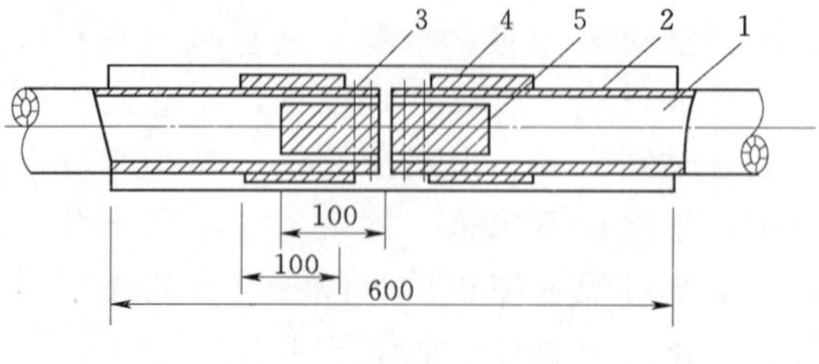

图5.35　胶管接头（单位：mm）

1—胶管；2—白铁皮套管；3—钉子；4—1mm厚的钢管；5—硬木塞

(3) 抽管时间和顺序。抽管时间比钢管略迟。一般可参照气温和浇筑后的小时数的乘积达200℃·h左右。胶管抽芯法预留孔道，混凝土浇筑后不需要旋转胶管，抽管顺序一般为先上后下，先曲后直。

采用钢丝网胶管预留孔道时，预留孔道的方法和钢管相同。由于钢丝网胶管质地坚硬，并具有一定的弹性，抽管时在拉力作用下管径缩小，与混凝土脱离开，即可将钢丝网胶管抽出。

胶管抽芯法的灌浆孔和排气孔的留设方法同钢管抽芯法。

3. 预埋波纹管法

预埋波纹管法就是利用与孔道直径相同的金属波纹管埋入混凝土构件中，无需抽出，波纹管一般是由薄钢带（0.3mm 厚）经压波后卷成黑铁皮管、薄钢管或镀锌双波纹金属软管。它具有重量轻、刚度好、弯折方便、连接简单、摩阻系数小，预埋管法因省去抽管工序，且孔道留设的位置，形状也易保证，具有与混凝土粘结良好等优点，可作成各种形状的孔道，故目前应用较为普遍，是用于后张预应力筋孔道成型的理想材料。

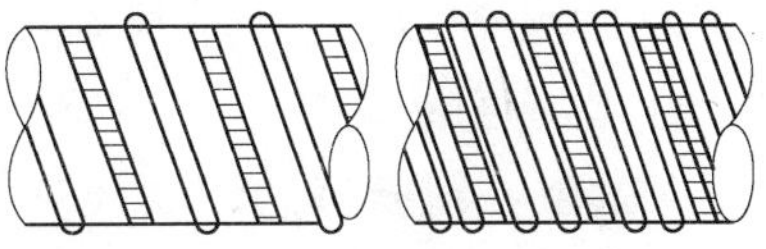

(a)单波纹　(b)双波纹

图 5.36 波纹管外形

金属波纹管每根长 4～6m，也可根据需要现场制作，长度不限。波纹管在 1kN 径向力作用下不变形，使用前应作灌水试验，检查有无渗漏现象。波纹管外形按照每两个相邻的折叠咬口之间凸出部（波纹）的数量，分为单波纹和双波纹，如图 5.36 所示。

波纹管内径为 40～100mm，每 5mm 递增。波纹管高度，单波为 2.5mm，双波为 3.5mm。波纹管长度可根据运输要求或孔道长度进行卷制。波纹管用量大时，生产厂家可带卷管机到现场生产，管长不限。

安装前应事先按设计图纸中预应力的曲线坐标，以波纹管底边为准，在一侧侧模上弹出曲线来，定出波纹管的位置；也可以梁模板为基准，按预应力筋曲线上各点坐标，在垫好底筋保护层垫块的箍筋胶上做标志定出波纹管的曲线位置。波纹管的固定，可用钢筋支架或井字架，按间距 50～100cm 焊在钢筋上，曲线孔道时应加密，并用铁丝绑扎牢，以防止浇筑混凝土时管子上浮（先穿入预应力筋的情况稍好），造成质量事故。

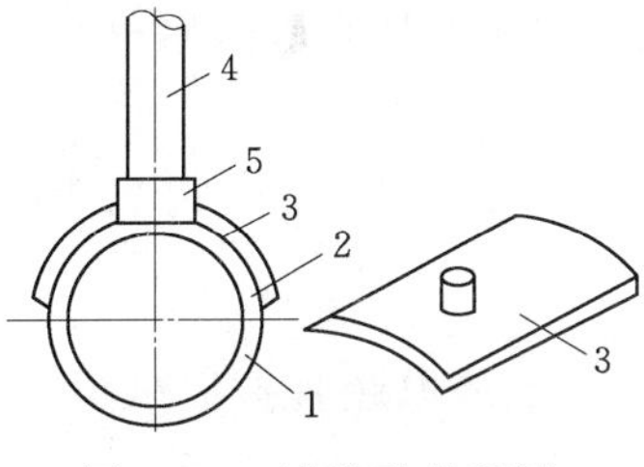

图 5.37 灌浆孔的留设

1—波纹管；2—海绵垫片；3—塑料弧形压板；4—增强塑料管；5—铁丝绑扎

灌浆孔与波纹管的连接，如图 5.37 所示。其做法是在波纹管上开洞，其上覆盖海绵垫片与带嘴的塑料弧形压板，并用铁丝扎牢，再用增强塑料管插在嘴上，并将其引出梁顶面 400～500mm。在构件两端及管中应设置灌浆孔，其间距不宜大于 12m（预埋波纹管时灌浆孔间距不宜大于 30m）。曲线孔道的曲线波峰位置，宜设置泌水管。

5.2.3.2 预应力筋张拉

用后张法张拉预应力筋时，混凝土强度应符合设计要求，如设计无规定时，不应低于设计强度等级的 75%。张拉过程中应尽量减少预应力损失，保持预应力的均衡，减少偏心。

1. 穿筋

成束的预应力筋将一头对齐，按顺序编号套在穿束器上，如图 5.38 所示。

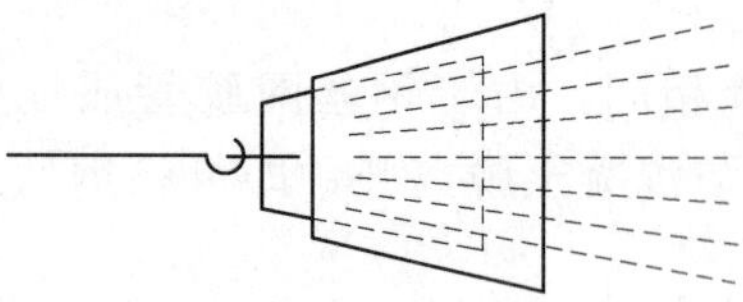

图 5.38　穿束器

预应力筋穿束根据穿束与浇筑混凝土之间的先后关系，可分为先穿束和后穿束两种。

(1) 先穿束法。

该法穿束省力，但穿束占用工期，束的自重引起的波纹管摆动会增大摩擦损失，束端保护不当易生锈。按穿束与预埋波纹管之间的配合，又可分为以下三种情况：

1) 先穿束后装管。将预应力筋先穿入钢筋骨架内，然后将螺旋管逐节从两端套入并连接。

2) 先装管后穿束。将螺旋管先安装就位，然后将预应力筋穿入。

3) 二者组装后放入。在梁外侧的脚手架上将预应力筋与套管组装后，从钢筋骨架顶部放入就位，箍筋应先做成开口箍，再封闭。

(2) 后穿束法。

该法可在混凝土养护期内进行，不占工期，便于用通孔器或高压水通孔，穿束后即行张拉，易于防锈，但穿束较为费力。

2. 张拉控制应力与张拉程序

张拉控制应力越高，建立的预应力值就越大，构件抗裂性越好。但是张拉控制应力过高，构件使用过程经常处于高应力状态，构件出现裂缝的荷载与破坏荷载很接近，往往构件破坏前没有明显预兆，而且当控制应力过高，构件混凝土预压应力过大而导致混凝土的徐变应力损失增加。因此控制应力应符合设计规定。在施工中预压力筋需要超张拉时，可比设计要求提高 3%～5%，但其最大张拉控制应力不得超过表 5.1 的规定。

预应力筋的张拉程序，主要根据构件类型、张锚体系、松弛损失取值等因素来确定。为了减少预应力筋的松弛损失，预应力筋的张拉程序为：

(1) 用超张拉方法减少预应力筋的松弛损失时，预应力筋的张拉程序宜为：$0 \rightarrow 105\%\sigma_{con} \xrightarrow{\text{持荷 2min}} \sigma_{con}$。

(2) 如果预应力筋张拉吨位不大，根数很多，而设计中又要求采取超张拉以减少应力松弛损失时，其张拉程序可为：$0 \rightarrow 103\%\sigma_{con}$。

以上各种张拉操作程序，均可分级加载。对曲线预应力束，一般以 $0.2 \sim 0.25\sigma_{con}$ 为伸长测量起点，分 3 级加载（$0.2\sigma_{con}$，$0.6\sigma_{con}$ 及 $1.0\sigma_{con}$）或 4 级加载（$0.25\sigma_{con}$，$0.50\sigma_{con}$，$0.75\sigma_{con}$ 及 $1.0\sigma_{con}$），每级加载均应量测张拉伸长值。

当预应力筋长度较大，千斤顶张拉行程不够时，应采取分级张拉、分级锚固。第 2 级初始油压为第 1 级最终油压。预应力筋张拉到规定油压后，持荷复验伸长值，合格后进行锚固。

3. 张拉顺序

张拉顺序应符合设计要求。图 5.39 为预应力混凝土屋架下弦杆与吊车梁的预应力筋张拉顺序。

(1) 对配有多根预应力筋的预应力混凝土构件，由于不可能同时一次张拉完预应力

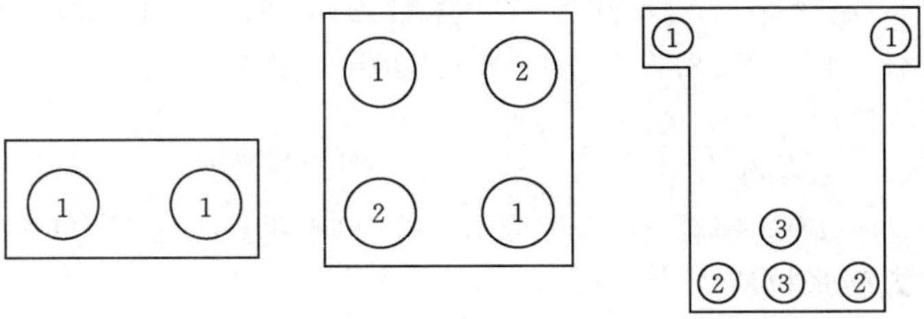

(a) 屋架下弦杆　　(b) 吊车梁

图 5.39 预应力筋的张拉顺序

筋，应分批、对称的进行张拉。对称张拉是为了避免张拉时构件截面呈现过大的偏心受压状态。分批张拉时，后批张拉的作用力使混凝土再次产生弹性压缩，导致先批预应力筋应力下降。此应力损失可按下式计算后加到先批预应力筋的张拉应力中去。分批张拉的损失也可以采取对先批预应力筋逐根复位补足的办法处理。

$$\Delta\sigma=\frac{E_s(\sigma_{con}-\sigma_1)A_p}{E_cA_n} \tag{5.10}$$

式中 $\Delta\sigma$——先批张拉钢筋应增加的应力；

E_s——预应力筋弹性模量，kN/mm^2；

σ_{con}——张拉控制应力；

σ_1——后批张拉预应力筋的第一批预应力损失（包括锚具变形后和摩擦损失），kN/mm^2；

E_c——混凝土弹性模量，kN/mm^2；

A_p——后批张拉的预应力筋截面积，mm^2；

A_n——构件混凝土净截面积（包括构造钢筋折算面积），mm^2。

(2) 对平卧叠浇的预应力混凝土构件，上层构件的重量产生的水平摩阻力会阻止下层构件在预应力筋张拉时混凝土弹性压缩的自由变形，待上层构件起吊后，由于摩阻力影响消失会增加混凝土弹性压缩的变形，从而引起预应力损失。该损失值随构件型式、隔离剂和张拉方式而不同，其变化差异较大。目前尚未掌握其变化规律，为便于施工，在工程实践中可采取逐层加大超张拉的办法来弥补该预应力损失，但是底层的预应力混凝土构件的预应力筋的张拉力不得超过顶层的预应力筋的张拉力，具体规定是：

预应力筋为钢丝、钢绞线、热处理钢筋，预应力损失应小于5%，其最大超张拉力应小于抗拉强度的75%；预应力筋为冷拉热轧钢筋，预应力损失应小于9%，其最大超张拉力应小于标准强度的95%。

【例 5.1】 某屋架下弦截面积尺寸为240mm×220mm，有4根预应力筋；预应力筋采用HRB335级钢筋，直径为25mm，张拉控制应力 $\sigma_{con}=0.85f_{pyk}=0.85\times500=425$ (N/mm^2)。采用 $0\rightarrow1.03\sigma_{con}$ 张拉程序，沿对角线分两批对称张拉，屋架下弦杆构造配筋为4Φ10，孔道直径为 D 为48mm，试计算第一批预应力筋张拉应力增加值 $\Delta\sigma$。

解： 采用2台YL60千斤顶，考虑到第二批张拉对第一批预应力筋的影响，则第一批预应力筋张拉应力应增加 $\Delta\sigma$。其中，$E_s=180000$ (N/mm^2)，$E_c=32500$ (N/mm^2)，

$\sigma_{con}=425$（N/mm²），$\sigma_1=28$（N/mm²）（计算略去），$A_p=491\times2=982$（mm²），$A_n=240\times220-4\times\pi\times48^2/4+4\times78.5\times200000/32500=47498$（mm²）。

$$\Delta\sigma=\frac{[E_s(\sigma_{con}-\sigma_1)A_p]}{E_cA_n}$$
$$=180000\times(425-28)\times982/(32500\times47498)=45.4(\text{N/mm}^2)$$

则第一批预应力筋张拉应力为

$$(425+45.4)\times1.03=485>0.9f_{pyk}=450(\text{N/mm}^2)$$

上述计算表明，分批张拉的影响若补加到先批预应力筋张拉应力中，将使张拉应力过大，超过了规范规定，故采取重复张拉补足的办法。

【例5.2】 应用［例5.1］中，若 $\Delta\sigma=12$（N/mm²），试计算第一批、第二批预应力筋的张拉力及油压表读数。

解： 当采用超张拉 $\Delta\sigma$ 时钢筋的应力为

$$1.03\times(425+12)=450\text{N/mm}^2=0.9f_{pyk}$$

故第一批筋可超张拉 $\Delta\sigma$。

第一批的张拉力为

$$N=1.03\times(425+12)\times491=221(\text{kN})$$

油压表读数为

$$P=\frac{221000}{16200}=13.64(\text{N/mm}^2)(\text{活塞面积 }16200\text{mm}^2)$$

第二批筋的张拉力为

$$N=1.03\times425\times491=214.9(\text{kN})$$

油压表读数为

$$P=\frac{214900}{16200}=13.3(\text{N/mm}^2)$$

4. 叠层构件的张拉

对叠浇生产的预应力混凝土构件，上层构件产生的水平摩阻力会阻止下层构件预应力筋张拉时混凝土弹性压缩的自由变形，当上层构件吊起后，由于摩阻力影响消失，将增加混凝土弹性压缩变形，因而引起预应力损失。该损失值与构件形式、隔离层和张拉方式有关。为了减少和弥补该项预应力损失，可自上而下逐层加大张拉力，底层张拉力与顶层张拉力之比不大于5%（钢丝、钢绞线、热处理钢筋），且不得超过表5.1规定。

为了使逐层加大的张拉力符合实际情况，最好在正式张拉前对某叠层第一层、第二层构件的张拉压缩量进行实测，然后按下式计算各层应增加的张拉力。

$$\Delta N=(n-1)\frac{\Delta_1-\Delta_2}{L}E_sA_p \tag{5.11}$$

式中 ΔN——层间摩阻力；

n——构件所在层数（自上而下计）；

Δ_1——第一层构件张拉压缩值；

Δ_2——第二层构件张拉压缩值；

L——构件长度；

E_s——预应力筋弹性模量；

A_p——预应力筋截面面积。

【例 5.3】 应用［例5.2］中的预应力屋架下弦孔道长度为23800mm，4榀屋架叠加生产，经实测第一榀屋架压缩变形值为12mm，第二榀屋架压缩变形值为11mm，计算摩阻力ΔN。

解： 层间摩阻力ΔN为

$$\Delta N=(n-1)\frac{\Delta_1-\Delta_2}{L}E_sA_p=(2-1)\times\frac{12-11}{23800}\times180000\times982=7427(\text{N})$$

则第二榀屋架张拉应力为

$$\sigma_{con}+\frac{7427}{982}=0.85\times500+7.6=433(\text{N/mm}^2)$$

第三榀屋架张拉应力为

$$433+7.6=440.6(\text{N/mm}^2)$$

第四榀屋架张拉应力为

$$440.6+7.6=448.2(\text{N/mm}^2)$$

上面各榀屋架预应力的张拉力都满足不超过$0.90f_{pyk}$（450N/mm^2）的要求。

5. 张拉方法和张拉端设置的要求

为了减少预应力筋与预留孔壁摩擦引起的预应力损失，对于抽芯成形孔道、曲线预应力筋和长度大于24m的直线预应力筋应在两端张拉；对长度不大于24m的直线预应力筋可在一端张拉。预埋波纹管孔道，对于曲线预应力筋和长度大于30m的直线预应力筋宜在两端张拉；对于不大于30m的直线预应力筋可在一端张拉。当同一截面中有多根一端张拉的预应力筋时，张拉端宜分别设在构件的两端，以免构件受力不均匀。安装张拉设备时，对于直线预应力筋应使张拉力的作用线与孔道中心线重合；对于曲线预应力筋应使张拉力的作用线与孔道中心线末端的切线方向重合。

6. 预应力值的校核和伸长值的测定

为了了解预应力值建立的可靠性，需对预应力筋的应力及损失进行检验和测定，以便张拉时补足和调整预应力值。检验应力损失最方便的办法是：在预应力筋张拉24h后孔道灌浆前重拉一次，测读前后两次应力值之差，即为钢筋预应力损失（并非应力损失全部，但已完成很大部分）。预应力筋张拉锚固后，实际预应力值与工程设计规定检验值的相对容许偏差为±5%。

在测定预应力筋伸长值时，须先建立$10\%\sigma_{con}$的初应力，预应力筋的伸长值也应从建立初应力后开始测量，但须加上初应力的推算伸长值，推算伸长值可根据预应力弹性变形呈直线变化的规律求得。例如，某筋应力自$0.2\sigma_{con}$增至$0.3\sigma_{con}$时，其变形为4mm，即应力每增加$0.1\sigma_{con}$变形增加4mm，故该筋初应力$10\%\sigma_{con}$时的伸长值为4mm。对后张法尚应扣除混凝土构件在张拉过程中的弹性压缩值。预应力筋在张拉时，通过伸长值的校核，可以综合反映出张拉应力是否满足，孔道摩阻损失是否偏大，以及预应力筋是否有异常现象等。如实际伸长值与计算伸长值的偏差超过±6%时，应暂停张拉，分析原因后采取措施。

5.2.3.3　孔道灌浆

孔道灌浆是后张法预应力工艺的重要环节，预应力筋张拉完毕后应立即进行孔道灌浆。灌浆的目的是为了防止钢筋锈蚀，增加结构的整体性和耐久性，提高结构抗裂性和承载能力。

灌浆用的水泥浆应有足够强度和粘结力，且应有较好的流动性，较小的干缩性和泌水性，水泥强度等级一般应不低于 42.5 之间，水灰比控制在 0.4～0.45，搅拌后 3h 泌水率宜控制在 2%，最大不得超过 3%，水泥浆的稠度控制在 14～18s。对孔隙较大的孔道，可采用砂浆灌浆。

为了增加孔道灌浆的密实性，减少水泥浆收缩，可掺 0.05%～0.1%的脱脂铝粉或其他类型的膨胀剂。在水泥浆或砂浆内可以掺入对预应力筋无腐蚀作用的外加剂，如掺入占水泥重量 0.25%的木质素磺酸钙，或掺入占水泥重量 0.05%的铝粉。不掺外加剂时，可用二次灌浆法。

灌浆前，用压力水冲洗和湿润孔道。用电动或手动灰浆泵进行灌浆。灌浆工作应连续进行，不得中断。并应防止空气压入孔道而影响灌浆质量。灌浆压力宜控制在 0.3～0.5MPa。灌浆顺序应先下后上，以避免上层孔道漏浆时把下层孔道堵塞。孔道末端应设置排气孔，灌浆时待排气孔益出浓浆后，才能将排气孔堵住继续加压到 0.5～0.6MPa，并稳定 2min，关闭控制闸，保持孔道内压力。每条孔道应一次灌成，中途不应停顿，否则将已压的水泥浆冲洗干净，从头开始灌浆。

灌浆后，切割外露部分预应力钢绞线（留 30～50mm 左右）并将其分散，锚具应采用混凝土封头保护。封头混凝土尺寸应大于预埋钢板，厚度不大于 100mm，封头内应配钢筋网片，细石混凝土强度等级为 C30～C40。

孔道灌浆后，当灰浆强度达到 15N/mm^2 时，方能移动构件，灰浆强度达到 100%设计强度时，才允许吊装。

课题 5.3　无粘结预应力混凝土施工

在后张法预应力混凝土构件中，预应力筋分为有粘结和无粘结两种。有粘结的预应力是后张法的常规做法，张拉后通过灌浆使预应力筋与混凝土粘结。无粘结预应力是近几年发展起来的新技术，其做法是在预应力筋表面覆裹一层涂塑层或刷涂油脂并包塑料带（管）后，如同普通钢筋一样先铺设在支好的模板内，再浇筑混凝土，待混凝土达到规定的强度后，用张拉机具进行张拉，当张拉达到设计的应力后，两端再用特制的锚具锚固。预应力筋张拉力完全靠构件两端的锚具传递给构件。它属于后张法施工。

这种预应力工艺优点是借助两端的锚具传递预应力，无需留孔灌浆，施工简便，利于提高结构的整体刚度和使用功能，减少材料用量，摩擦损失小，预应力筋易弯成多跨曲线形状等，但对锚具锚固能力要求较高。无粘结预应力适用于大柱网整体现浇楼盖结构，尤其在双向连续平板和密肋楼板中使用最为合理经济。目前无粘结预应力混凝土平板结构的跨度，单向板可达 9～10m，双向板为 9m×9m，密肋板为 12m，现浇梁跨度可达 27m。

5.3.1　无粘结预应力筋的制作

5.3.1.1　无粘结筋预应力筋的组成及要求

无粘结预应力筋主要有无粘结筋、涂料层、外包层三部分组成，如图 5.40 所示。

1. 无粘结筋

无粘结筋宜采用柔性较好的预应力筋制作，选用 $7\Phi^{s}4$ 或 $7\Phi^{s}5$ 钢绞线。无粘结预应力筋所用钢材主要有消除应力钢丝和钢绞线。钢丝和钢绞线不得有死弯，有死弯时必须切断，每根钢丝必须通长，严禁有接点。预应力筋的下料长度计算，应考虑构件长度、千斤顶长度、镦头的预留量、弹性回弹值、张拉伸长值、钢材品种和施工方法等因素。具体计算方法与有粘结预应力筋计算方法基本相同。

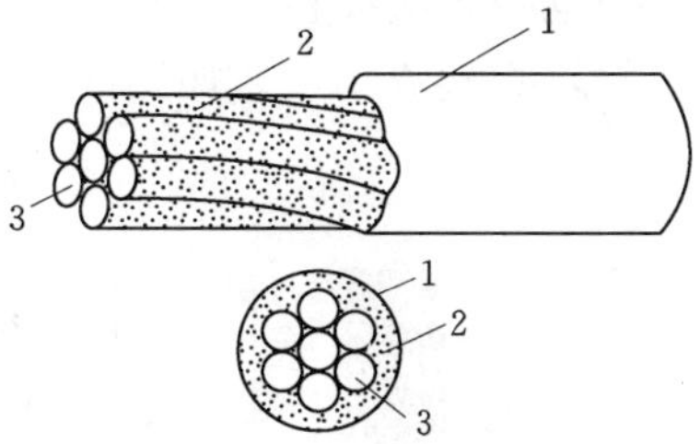

图 5.40　无粘结预应力筋
1—塑料外包层；2—防腐润滑脂；
3—钢绞线（或碳素钢丝束）

预应力筋下料时，宜采用砂轮锯或切断机切断，不得采用电弧切割。钢丝束的钢丝下料应采用等长下料。钢绞线下料时，应在切口两侧用 20 号或 22 号钢丝预先绑扎牢固，以免切割后松散。

2. 涂料层

无粘结筋的涂料层常采用防腐油脂或防腐沥青制作。涂料层的作用是使无粘结筋与混凝土隔离，减少张拉时的摩擦损失，防止预应力筋腐蚀等。因此，涂料应有较好的化学稳定性和韧性，要求涂料性能应满足在－20～＋70℃温度范围内不流淌、无开裂、不变脆、能较好地粘附在钢筋上并有一定韧性；使用期内化学稳定性高；润滑性能好，摩擦阻力小；不透水、不吸湿，防腐性能好。

3. 外包层

无粘结筋的外包层主要由高压聚乙烯塑料带或塑料管制作。外包层的作用是使无粘结筋在运输、储存、铺设和浇筑混凝土等过程中不会发生不可修复的破坏，因此要求外包层应满足在－20～＋70℃温度范围内，低温不脆化，高温化学稳定性好；必须具有足够的韧性，抗破损性强；对周围材料无侵蚀作用；防水性强。塑料使用前必须烘干或晒干，避免在成型过程中由于气泡引起塑料表面开裂。

制作单根无粘结筋时，防腐油脂之间有一定的间隙，使预应力筋能在塑料套管中任意滑动，其塑料外包层应用塑料注塑机注塑成型，防腐油脂应填充饱满，外包层应松紧适度。成束无粘结预应力筋可用防腐沥青或防腐油脂作涂料层。当使用防腐沥青时，应用密缠塑料带作外包层，塑料带各圈之间的搭接宽度不应小于带宽的 1/2，缠绕层数不小于四层。要求防腐油脂涂料层无粘结筋的张拉摩擦系数不应大于 0.12；防腐沥青涂料层无粘结筋的张拉摩擦系数不应大于 0.25。

5.3.1.2　无粘结预应力筋的锚具

无粘结预应力筋的锚具性能应符合Ⅰ类锚具的规定。我国主要采用高强钢丝和钢绞线作为无粘结预应力钢筋，高强钢丝主要用镦头锚具，钢绞线可采用 XM、QM 锚具。

5.3.1.3　无粘结预应力筋的制作

一般采用挤压涂层工艺和涂包成型工艺两种。

1. 挤压涂层工艺

无粘结筋通过涂油装置涂油，涂油无粘结筋通过塑料挤压机涂刷聚乙烯或聚丙烯塑料薄膜，再经冷却即成塑料套管。这种挤压涂层工艺的特点是效率高、质量好、设备性能稳定，与电线、电缆包裹塑料套管的工艺相似。适用于大规模生产的单根钢绞线和 7 根钢丝束。挤压涂塑流水工艺如图 5.41 所示。

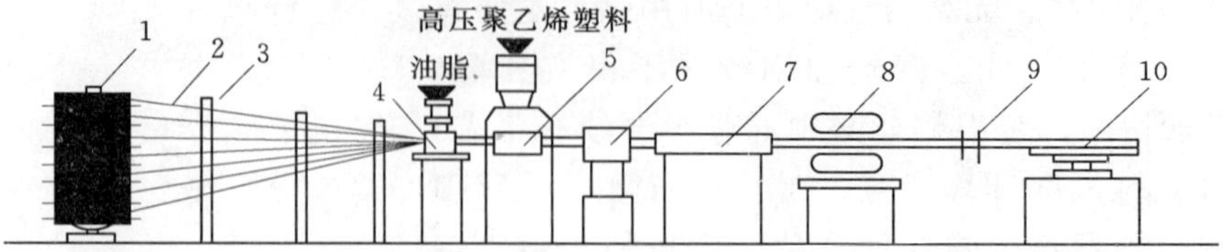

图 5.41　挤压涂层工艺流水线图

1—放线盘；2—钢丝；3—梳子板；4—给油装置；5—塑料挤压机机头；6—风冷装置；7—水冷装置；8—牵引机；9—定位支架；10—收线盘

2. 涂包成型工艺

涂包成型工艺是无粘结筋经过涂料槽涂刷涂料后，再通过归束滚轮成束并进行补充涂刷，涂料厚度一般为 2mm，可以采用手工操作完成内涂刷防腐沥青或防腐油脂，外包塑料布。涂好涂料的无粘结筋随即通过绕布转筒自动地交叉缠绕两层塑料布，当达到需要的长度后进行切割，成为一根完整的无粘结预应力筋。也可以在缠纸机上连续作业，完成编束、涂油、镦头、缠塑料布和切断等工序。缠纸机的工作示意图如图 5.42 所示。这种涂包成型工艺的特点是质量好，适应性较强。

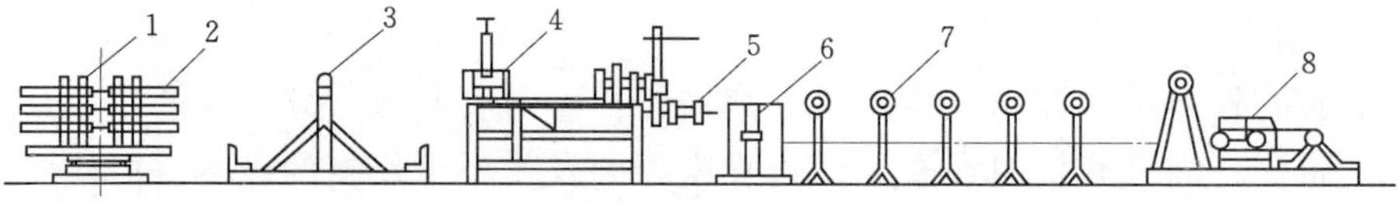

图 5.42　无粘结预应力筋缠纸工艺流程图

1—放线盘；2—盘圆钢丝；3—梳子扳；4—油枪；5—塑料布卷；6—切断机；7—滚道台；8—牵引装置

无粘结预应力筋制作时，钢丝放在放线盘上，穿过梳子板汇成钢丝束，通过油枪均匀涂油后穿入锚环用冷镦机冷镦锚头，带有锚环的成束钢丝用牵引机向前牵引，同时开动装有塑料条的缠纸转盘，钢丝束一边前进一边进行缠绕塑料布条工作。当钢丝束达到需要长度后进行切割，成为完整的无粘结预应力筋。

5.3.2　无粘结预应力筋的布置

在单向连续梁板中，无粘结筋的铺设如同普通钢筋一样铺设在设计位置上。在双向配筋的连续平板中，无粘结筋一般需要配置成两个方向的悬垂曲线，两个方向的无粘结筋互相穿插，施工操作较为困难，因此必须事先编出无粘结筋的铺设顺序。其方法是将各向无粘结筋各搭接点的标高标出，对各搭接点相应的两个标高分别进行比较，若一个方向某一无粘结筋的各点标高均分别低于与其相交的各筋相应点标高时，则此筋可先放置。按此规律编出全部无粘结筋的铺设顺序。即先铺设标高低的无粘结筋，再铺设标高较高的无粘结筋，并应尽量避免两个方向的无粘结筋相互穿插编结。

无粘结预应力筋应严格按设计要求的曲线形状就位固定牢固。无粘结预应力筋的铺设通常是在底部钢筋铺设后进行。水电管线一般宜在无粘结筋铺设后进行，无粘结预应力筋应铺放在电线管下面，且不得将无粘结筋的竖向位置抬高或压低。支座处负弯矩钢筋通常是在最后铺设。

5.3.3　无粘结预应力混凝土结构施工

无粘结预应力在施工中，主要问题是无粘结预应力筋的铺设、张拉和端部锚头处理。无粘结筋在使用前应逐根检查外包层的完好程度，对有轻微破损者可包塑料带补好，对破损严重者应予以报废。

5.3.3.1　无粘结预应力筋的铺设

无粘结预应力筋一般由 7 根 ϕ5 高强度钢丝组成，通过专用设备，涂包防锈油脂，再套上塑料套管。

制作工艺：编束放盘→涂上涂料层→覆裹塑料套→冷却→调直→成型。

无粘结筋应严格按设计要求的曲线形状就位并固定牢靠。无粘结筋控制点的安装偏差：矢高方向±5mm，水平方向±30mm。

无粘结筋的垂直位置宜用支撑钢筋或钢筋马凳控制，其间距为 1～2m。无粘结筋的水平位置应保持顺直。

在双向连续平板中，各无粘结筋曲线高度的控制点用铁马凳垫好并扎牢。在支座部位，无粘结筋可直接绑扎在梁或墙的顶部钢筋上；在跨中部位，无粘结筋可直接绑扎在板的底部钢筋上。

5.3.3.2　无粘结预应力筋的张拉

由于无粘结预应力筋一般为曲线配筋，当预应力筋的长度小于 25m 时宜采用一端张拉；若长度大于 25m 时宜两端张拉；长度超过 50m 时宜采取分段张拉。

预应力筋的张拉程序宜采用 0→103%σ_{con}，以减少无粘结预应力筋的松弛应力损失。

无粘结筋的张拉顺序应与预应力筋的铺设顺序一致，先铺设的先张拉，后铺设的后张拉。

预应力平板结构中，预应力筋往往很长，如何减少其摩阻损失值是一个重要的问题。影响摩阻损失值的主要因素是润滑介质、外包层和预应力筋截面形式。其中润滑介质和外包层的摩阻损失值，对于一定的预应力束为定值，相对稳定。而截面形式则影响较大，不同截面形式其离散性不同，但如能保证截面形状在全长内一致，则其摩阻损失值就能在很小范围内波动。否则，因局部阻塞就可能导致其损失值无法测定。摩阻损失值可用标准测力计或传感器等测力装置进行测定。施工时，为降低摩阻损失值，可用标准测力计或传感器等测力装置进行测定。在施工时，为降低摩阻损失值，宜采用多次重复张拉工艺。成束无粘结筋正式张拉前，一般宜先用千斤顶往复抽动 1～2 次以降低张拉摩擦损失。无粘结筋的张拉过程中，当有个别钢丝发生滑脱或断裂时，可相应降低张拉力，但滑脱或断裂的数量不应超过结构同一截面无粘结预应力筋总量的 2%。

预应力筋张拉长值应按设计要求进行控制。

5.3.3.3　无粘结预应力筋的端部锚头处理

1. 张拉端部处理

预应力筋端部处理取决于无粘结筋和锚具种类。

锚具的位置，通常在混凝土的端面缩进一定的距离，前面做成一个凹槽，待预应力筋张拉锚固后，将外伸在锚具外的钢绞线切割到规定的长度，即要求露出夹片锚具外长度不小于 30mm，然后在槽内壁涂以环氧树脂类粘结剂，以加强新老材料间的粘结，再用后浇膨胀混凝土、低收缩防水砂浆或环氧砂浆密封。

在对凹槽填砂浆或混凝土前，应预先对无粘结筋端部和锚具夹持部分进行防潮、防腐封闭处理。

无粘结预应力筋采用钢丝束镦头锚具时，其张拉端头处理如图 5.43 所示，为方便钢丝束张拉时锚环能从混凝土中拉出，设置了塑料套管，软塑料管是用于保护无粘结钢丝末端因穿锚筒内产生空隙，必须用油枪通过锚环的注油孔向套筒内注满防腐油脂，灌油后将外露锚具封闭好，避免长期与大气接触造成锈蚀。

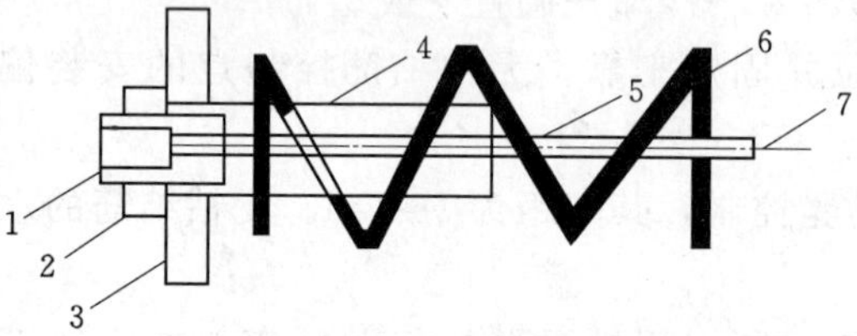

图 5.43　镦头锚固系统张拉端图

1—锚环；2—螺母；3—承衬板；4—塑料套筒；5—软塑料管；6—螺旋筋；7—无粘结筋

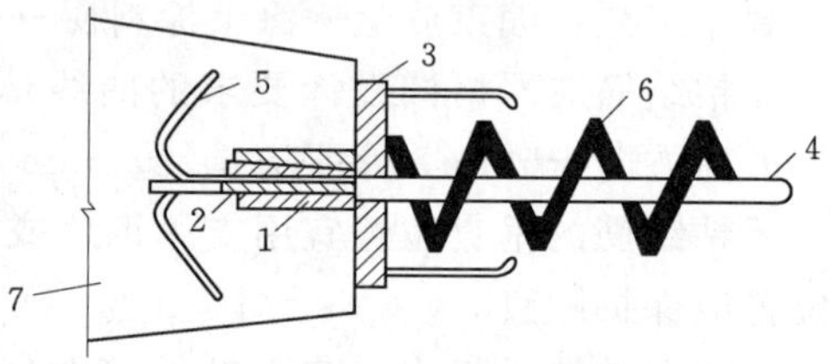

图 5.44　夹片式锚具张拉端处理

1—锚环；2—夹片；3—埋件（承压板）；4—无粘结筋；5—散开打弯的钢绞线；6—螺旋筋；7—后浇混凝土

采用无粘结钢绞线夹片锚具时，张拉端头构造简单，无须另加设施。张拉端头钢绞线预留长度不小于 150mm，多余割掉，然后在锚具及承压板表面涂防水涂料，再进行封闭。无粘结筋端部锚头的防腐处理应特别重视。采用 XM 型夹片式锚具的钢绞线，张拉端头构造简单，无须另加设施，锚固区可以用后浇的钢筋混凝土圈梁封闭，端头钢绞线预留长度不小于 150mm，多余部分切断并将锚具外伸的钢绞线散开打弯，埋在圈梁混凝土内加强锚固，如图 5.44 所示。

2. 固定端处理

无粘结筋的固定端可设置在构件内。当采用无粘结钢丝束时固定端可采用扩大的镦头锚板，并用螺旋筋加强，如图 5.45（a）所示。施工中如端头无粘结构配筋时，需要配置构造钢筋，使固定端板与混凝土之间有可靠锚固性能。当采用无粘结钢绞线时，锚固端可采用压花成型，如图 5.45（b）所示，埋置在设计部位。这种做法的关键是张拉前锚固端

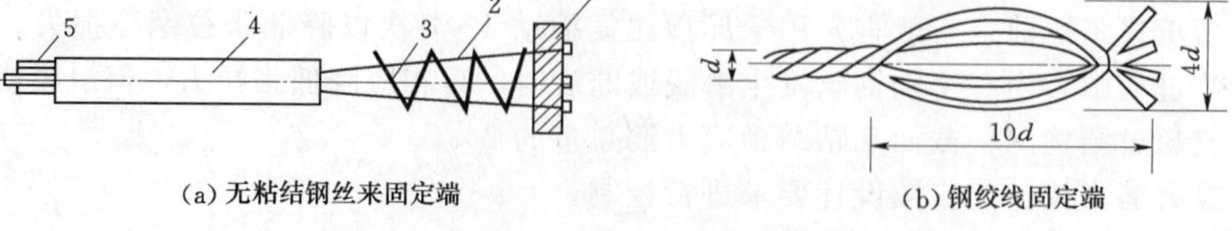

(a) 无粘结钢丝来固定端　　(b) 钢绞线固定端

图 5.45　无粘结筋固定端详图

1—锚板；2—钢丝；3—螺旋筋；4—软塑料管；5—无粘结钢丝束

的混凝土强度等级必须达到设计强度（不小于 C30）才能形成可靠的粘结式锚头。

课题 5.4 安 全 施 工 措 施

预应力混凝土工程施工的安全施工措施包括：

（1）施工前应当进行技术交底。

（2）预应力施工所用张拉设备仪表应由专人负责使用与管理，并定期进行维护与检验，设备的测定期不超过半年，否则必须及时重新测定。施工时，根据预应力筋种类、张拉吨位等合理选择张拉设备，预应力筋的张拉力不应大于设备额定张拉力，严禁在负荷时拆换油管或压力表，油管连接牢固，防止高压油喷出伤人。安装电源时，机壳必须接地，经检查绝缘可靠后，才可试运转，施工时应当注意用电安全。

（3）先张法施工时张拉机具与预应力筋应在一条直线上；顶紧锚塞，用力不要过猛，以防钢丝折断。台座法生产，对于张拉台座和横梁应当进行安全性验算，在张拉后及绑扎钢筋、浇注混凝土的过程应严禁踩踏预应力筋，防止预应力筋断裂伤人，其两端应设有防护设施，并在张拉预应力筋时，沿台座长度方向每隔 4～5m 设置一个防护架，两端严禁站人，更不准进入台座。

（4）预应力钢绞线在切割下料时，注意将成捆原料加设安全防护架，防止扭曲的预应力筋伤人。

（5）张拉过程中，锚具前面严禁站人，并应当设挡板，防止预应力筋断裂后夹片飞出伤人。

（6）后张法施工中，张拉预应力筋时，任何人不得站在预应力筋两端，同时在千斤顶后面设立防护装置。操作千斤顶的人员应严格遵守操作规程，应站在千斤顶侧面工作。在油泵开动过程，不得擅自离开岗位，如需离开，应将油阀全部松开或切断电路。

（7）张拉和回顶时，严格控制千斤顶的油缸不超过规定行程，防止损坏千斤顶。千斤顶操作人员严格遵守操作规程，并应站在千斤顶的侧面。

（8）电热张拉时，两端必须设置安全防护措施；操作人员必须穿胶鞋，带绝缘手套，操作时应站在构件的侧面；发生碰火现象，应立即断电检查。

复习思考题

1. 什么是先张法？什么是后张法？试比较它们的异同点。
2. 先张法所用夹具有何要求？
3. 先张法长线台座由哪几部分组成？各起什么作用？
4. 先张法的张拉程序如何？
5. 先张法的张拉设备有哪些？
6. 预应力筋放张的条件是什么？对预应力筋放张有何要求？
7. 后张法常用的锚具有哪些？对锚具有何要求？
8. 后张法孔道留设方法有哪几种？各适用于什么情况？

9. 后张法张拉设备有哪些？

10. 后张法的张拉顺序是如何确定的？

11. 预应力筋伸长值是如何校核的？

12. 预应力筋张拉与钢筋冷拉有何区别？

13. 孔道灌浆的作用是什么？对灌浆材料有何要求？

14. 有粘结预应力与无粘结预应力施工工艺有何区别？

15. 如何制作无粘结预应力筋？

16. 预应力吊车梁，孔道尺寸为 6m，采用热处理钢筋束，6 根直径为 6mm 的热处理钢筋束，采用 YC60 型千斤顶张拉，一端张拉，张拉程序为 $0 \rightarrow 1.03\sigma_{con}$，拉控制应力为 $0.70f_{pyk}$（$f_{pyk}=1400N/mm^2$），试计算钢筋的下料长度和最大张拉力。

17. 某预应力混凝土屋架，孔道长度为 23.80mm，3 榀屋架叠层生产，下弦截面尺寸为 220mm×240mm，张拉实测第一榀屋架压缩变形为 15mm，第二榀层架压缩变形为 14mm，试计算其摩擦阻力。

单元6　混凝土结构安装工程施工

课题6.1　索具与起重机械

6.1.1　索具设备

6.1.1.1　钢丝绳

钢丝绳是吊装作业中最常用的绳索，它具有强度高、韧性好、耐磨性好、能承受冲击荷载等优点。同时，磨损后表面产生毛刺，容易发现，易于检查，便于防止发生事故。

1. 钢丝绳的构造与种类

结构吊装中常用的钢丝绳是由直径相同的光面钢丝捻成钢丝股，再由6股钢丝股围绕1股绳芯捻成。

2. 钢丝绳的容许拉力计算

钢丝绳容许拉力按下列公式计算：

$$[F_g]=\frac{\alpha F_g}{K} \tag{6.1}$$

式中　$[F_g]$——钢丝绳的容许拉力，kN；

F_g——钢丝绳的破断拉力总和，kN；

α——换算系数；

K——钢丝绳的安全系数。

3. 钢丝绳的安全检查及报废标准

钢丝绳使用一定时间后，就会产生不同程度的磨损、断丝和腐蚀等现象，这将降低其承载能力。经检查有下列情况之一者，就予以报废：钢丝绳整股破断；使用时断丝数目增加很快；钢丝绳在一个节距内断丝、锈蚀或磨损的数量超过一定数值等情况，应予以报废。

4. 钢丝绳使用注意事项

钢丝绳穿过滑轮时，滑轮槽的直径应比钢丝绳子的直径大1～2.5mm。滑轮的直径不得小于钢丝绳直径的10～12倍，以减小钢丝绳的弯曲应力；应定期对钢丝绳加润滑油；存放在仓库里的钢丝绳应成卷排列，避免重叠堆置，库中应保持干燥，以防钢丝绳锈蚀；在使用中，如绳股间有大量的油挤出，表明钢丝绳的荷载已相当大，这时必须勤加检查，以防发生事故。

6.1.1.2　吊装工具

吊装工具是结构安装工程中不可缺少绑扎、固定、吊升的工具。吊装工具包括卡环、吊索、横吊梁、滑轮组、倒链、卷扬机等。

1. 卡环（卸甲、卸扣）

卡环（又称卸甲或卸扣）用于吊索之间或吊索和构件吊环之间的连接，由弯环和销子两部分组成，如图 6.1 所示。

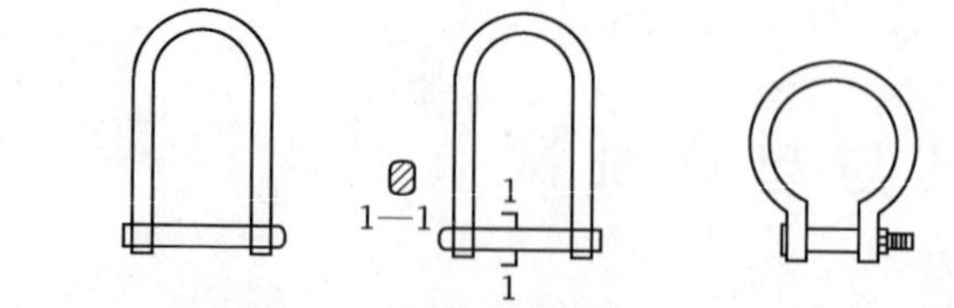

(a)螺栓式卡环(D形)　(b)椭圆销活络卡环(D形)　(c)弓形卡环

图 6.1　卡环

卡环按弯环形式分为 D 形卡环和弓形卡环两种形式；按销子和弯环的连接形式分为螺栓式卡环和活络式卡环两种。螺栓式卡环的销子和弯钩采用螺纹连接，而活络卡环的销子端头和弯环孔眼无螺纹，可直接抽出，销子的截面有圆形和椭圆形。

2. 吊索

吊索也称千斤绳、绳套。根据形式不同分为环状吊索（又称万能吊索或闭式吊索）和开式吊索。吊索又可分为 8 股吊索和轻便吊索，如图 6.2 所示。

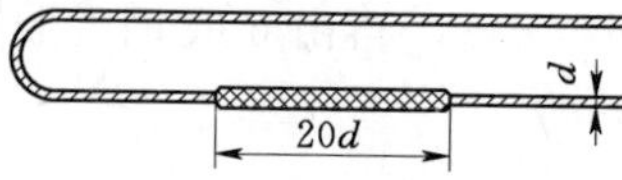

(a)环状吊索

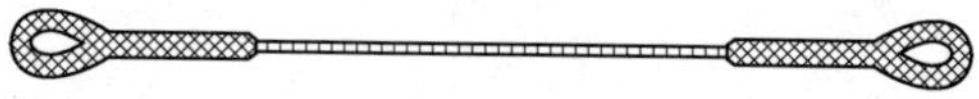

(b)8 股头吊索

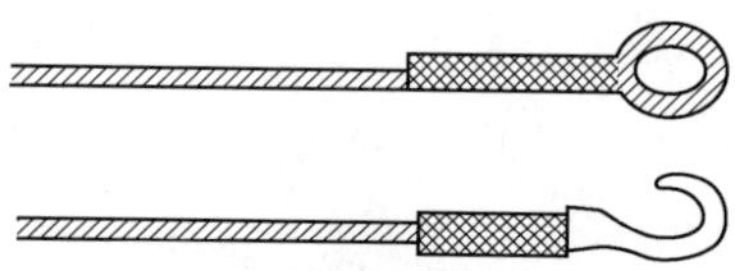

(c)轻便索套

图 6.2　吊索

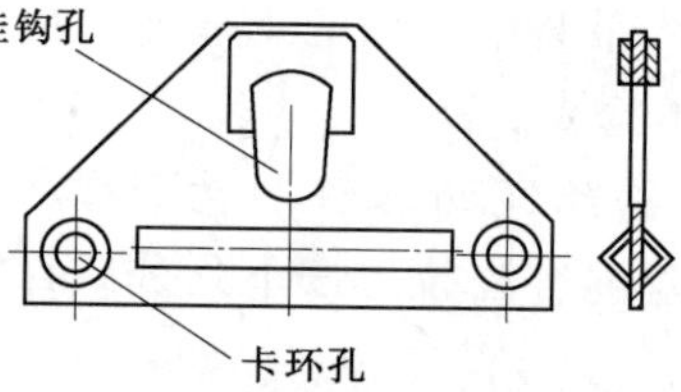

图 6.3　钢板横吊梁

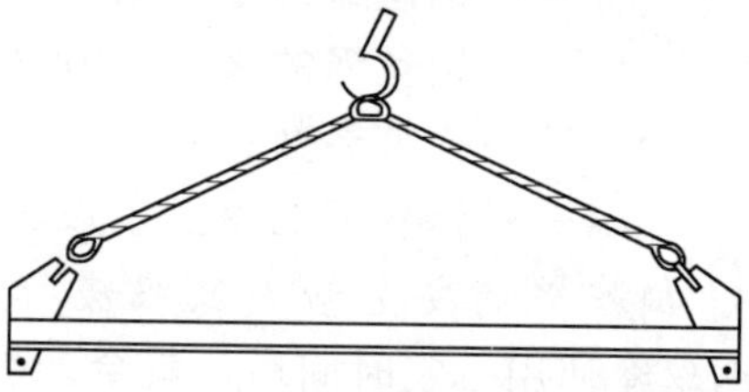

图 6.4　钢管横吊梁

3. 横吊梁（铁扁担、平衡梁）

为了承受吊索对构件轴向压力和减小起吊高度，可采用横吊梁。常用的横吊梁有滑轮横吊梁、钢板横吊梁（见图 6.3）、钢管横吊梁（见图 6.4）等。

4. 滑轮与滑轮组

滑轮又名葫芦，可以省力，也可以改变用力的方向。滑轮按其滑轮的多少，可分为单门、双门和多门等；按使用方式不同，可分为定滑轮和动滑轮两种，如图 6.5 所示。

定滑轮可改变力的方向，但不能省力；动滑轮可以省力，但不能改变力的方向。滑轮的容许荷载根据滑轮轴的直径确定，使用时不能超载。

滑轮组是由一定数量的定滑轮和动滑轮及绕过的绳索组成的。它即可以改变力的方向又可以达到省力的目的。

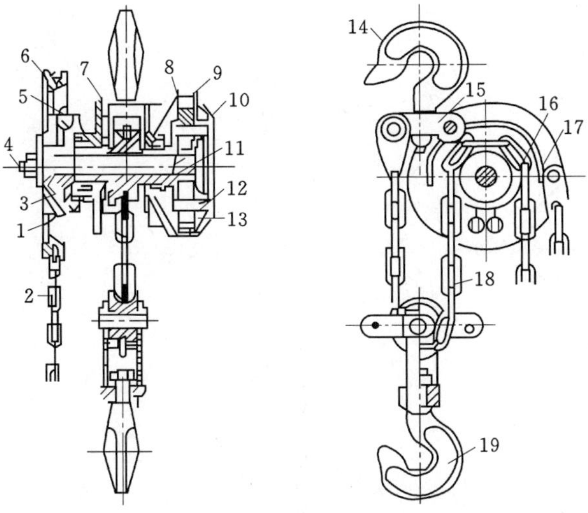

图 6.5 齿轮式链条滑轮

1—摩擦垫圈；2—手链；3—圆盘；4—链轮轴；5—棘轮圈；6—牵引链轮；7—夹板；8—传动轮；9—齿圈；10—驱动装置；11—齿轮；12—轴心；13—行星齿轮；14—挂钩；15—横梁；16—起重星轮；17—保险簧；18—承重链条；19—吊钩

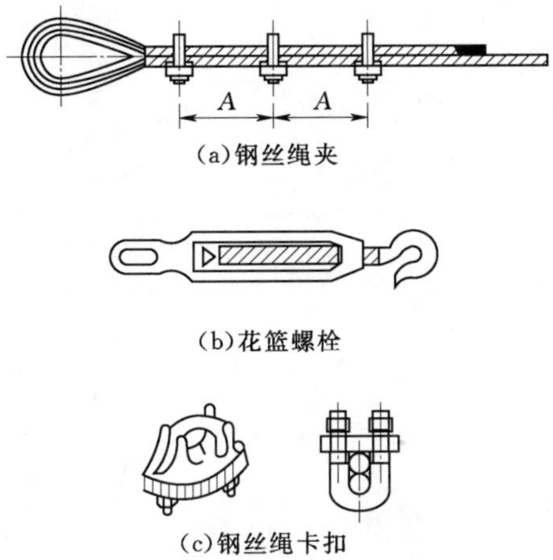

图 6.6 钢丝绳链接辅件

5. 其他辅件

主要有钢丝绳夹和钢丝绳卡扣。它主要是用来固定或连接钢丝绳端。钢丝绳夹的构造尺寸按《钢丝绳夹》（GB 5976—86）标准，如图 6.6 所示。

6.1.2 桅杆式起重机

建筑工程中常用的桅杆式起重机有独脚拔杆、人字拔杆、悬臂拔杆和牵缆式起重机等。桅杆式起重机制作简单，装拆方便，起重量较大，受地形限制小，能用于其他起重机械不能安装的一些特殊工程和设备；但这类机械的服务半径小，移动困难，需要较多的缆风绳，如图 6.7 所示。

6.1.3 自行式起重机

在结构安装工程中主要采用的自行杆式起重机有：履带式起重机、汽车式起重机和轮胎式起重机等。

6.1.3.1 履带式起重机

1. 构造及分类

履带式起重机是在行走的履带底盘上装有起重装置，它由动力装置、传动机构、回转机构、行走机构、操作系统以及工作机构（起重杆、起重滑轮组、卷扬机）等组成，如图 6.8 所示。履带式起重机稳定性差，行驶速度慢，且易损坏路面，转移时多用平板拖车装运。

2. 常用型号及性能

目前在结构安装工程中常用的履带式起重机，主要是以国产的 W_1-50、W_1-100 和 W_1-200 等型号。

起重机的起重量（Q）、起升高度（H）、工作幅度（R）这三个参数之间存在着相互

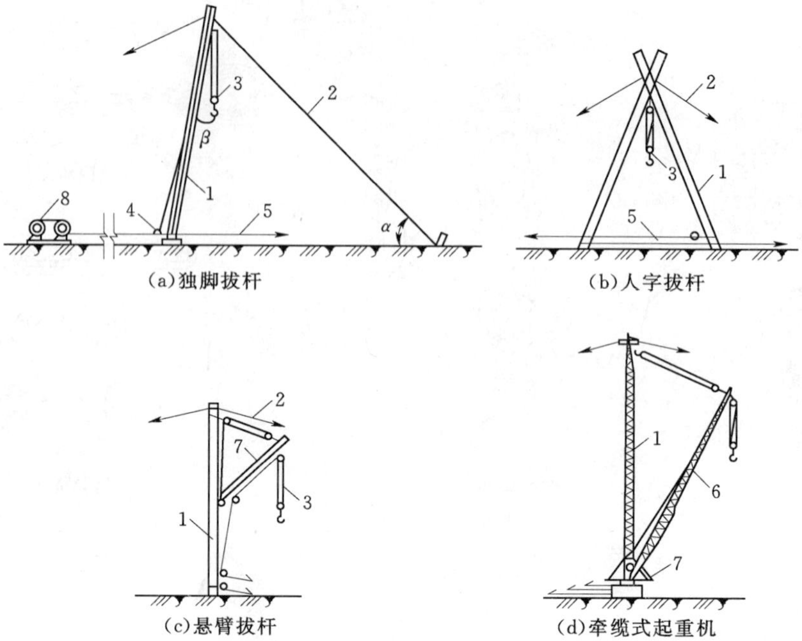

图 6.7　桅杆式起重机

1—拔杆；2—缆风绳；3—起重滑轮组；4—导向装置；5—拉索；6—起重臂；7—回转盘；8—卷扬机

制约的关系，起重臂的长度（L）及其仰角（α）有关。每一种型号的起重机都有几种臂长（L）。当臂长（L）一定时，随起重机仰角（α）的增大，起重量（Q）增大，起重半径（R）减少，起重高度（H）增大。当起重臂仰角（α）一定时，随着起重臂的臂长（L）的增加，起重量（Q）减少，起重半径（R）增大，起重高度（H）增大。其数值的变化取决于起重臂仰角的大小和起重臂长度。

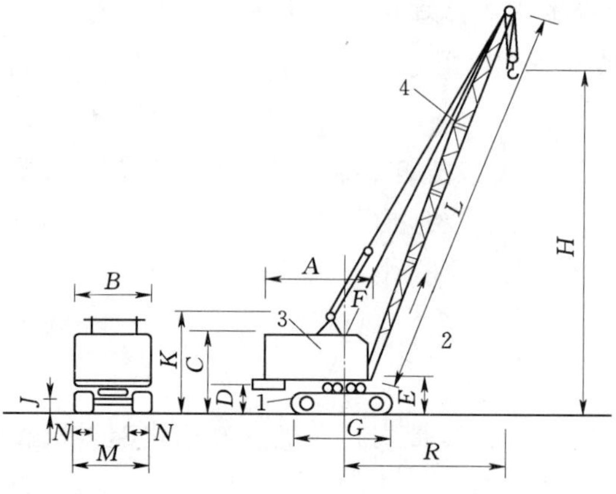

图 6.8　履带式起重机

1—行走装置；2—回转机构；3—机身；4—起重臂

3. 稳定性验算

使用履带式起重机进行超负载吊装或接长起重臂时，必须对起重机进行稳定性验算，以保证起重机在吊装中不至于发生倾覆事故，确保安全生产。根据验算结果，采取增加配重等措施后，才能进行吊装。

履带式起重机稳定性应是起重机处以最不利的情况，即车身旋转 90°起吊重物时，进行验算，如图 6.9 所示。

$$K_2=\frac{\text{稳定力矩}}{\text{倾覆力矩}}\geqslant 1.4 \tag{6.2}$$

对 A 点取力矩可得：

$$K_2=\frac{G_1 l_1+G_2 l_2+G_0 l_0-G_3 l_3}{(Q+q)(R-l_2)}\geqslant 1.4 \tag{6.3}$$

式中　G_0——平衡重所受的重力，N；

G_1——起重机机身可转动部分所受重力（地面倾斜的影响忽略不计，下同），N；

G_2——起重机机身不转动部分所受重力，N；

G_3——起重臂所受重力，N；

Q——吊装荷载（包括构件和索具），N；

q——起重滑轮组所受重力，N；

l_0——G_0 重心至 A 点的距离，N；

l_1——G_1 重心至 A 点的距离，m；

l_2——G_2 重心至 A 点的距离，m；

l_3——G_3 重心至 A 点的距离，m；

R——起重机的工作幅度，m。

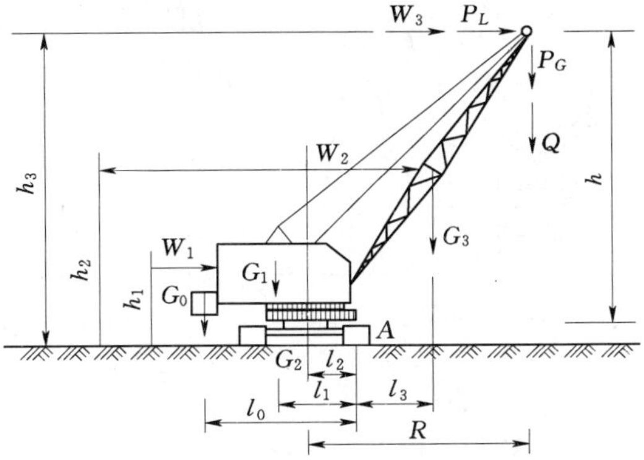

图 6.9　履带式起重机稳定性验算

6.1.3.2　汽车式起重机

汽车式起重机是装在通用载重汽车底盘或是专用载重汽车底盘上的一种起重机，其行驶的驾驶室与起重的操纵室是分开的，也是一种自行式起重机，车身回转 360°，构造与履带式起重机基本相同，如图 6.10 所示。它的特点是机动灵活，行驶速度快，能快速转移到新的施工现场并迅速投入工作，对路面破坏性小，对路面要求也不十分高。特别适合于中小型单层工业厂房结构吊装中。

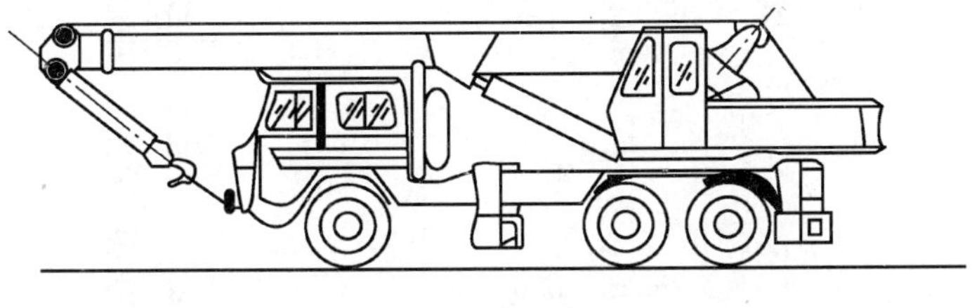

图 6.10　汽车式起重机

汽车式起重机吊装时稳定性差，所以起重机设有可伸缩的支腿，起重时支腿落地，以增加机身的稳定，并起到保护轮胎的作用，这种起重机不能负重行驶。

汽车式起重机按起重量大小分为轻型、中型和重型三种。起重量在 20t 以内的为轻型，20～50t 为中型，50t 及以上的为重型。按传动装置形式分为机械传动、电力传动、液压传动三种。

6.1.3.3　轮胎式起重机

轮胎式起重机是一种把起重机构安装在由专用加重型轮胎和轮轴组成的特制底盘上的一种全回转式起重机，构造与履带式起重机基本相同，但其横向尺寸较大，故横向稳定性好，并能在容许载荷下负荷行走。为了保证吊装作业时机身的稳定性，起重机设有 4 个可伸缩支腿，如图 6.11 所示。轮胎式起重机与汽车式起重机有许多相似之处，主要差别是

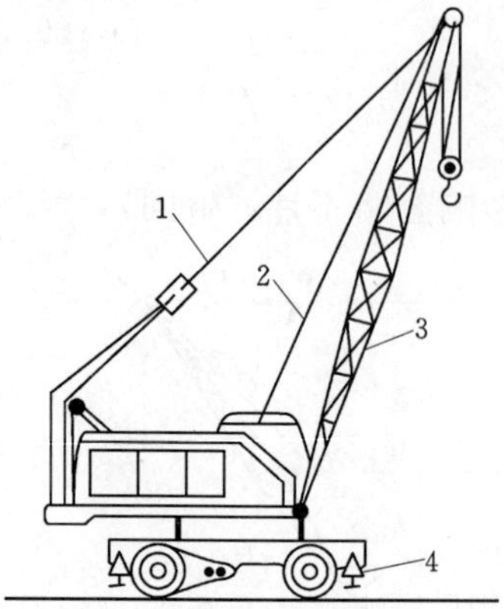

图 6.11　轮胎式起重机
1—起重杆；2—起重索；
3—变幅索；4—支腿

行驶速度慢，所以不宜做长距离的行驶，适宜于作业地点相对固定而作业量较大的结构安装工程。

6.1.4　塔式起重机

塔式起重机（简称塔吊），它的起重臂安装在塔身上部，具有较大的起重高度和工作幅度，工作速度快，生产效率高，广泛用于多层和高层的工业与民用建筑施工中。

塔式起重机按照性能可分为轨道式、爬升式和附着式三种。

1. 轨道式塔式起重机

轨道式塔式起重机是一种在轨道上行驶的自行式塔式起重机，其中，有的只能在直线轨道上行驶，有的可沿“L”形或“U”形轨道行驶。作业范围在 2 倍幅度的宽度和行走线长度的矩形面积内，并可负荷行驶，如图 6.12 所示。

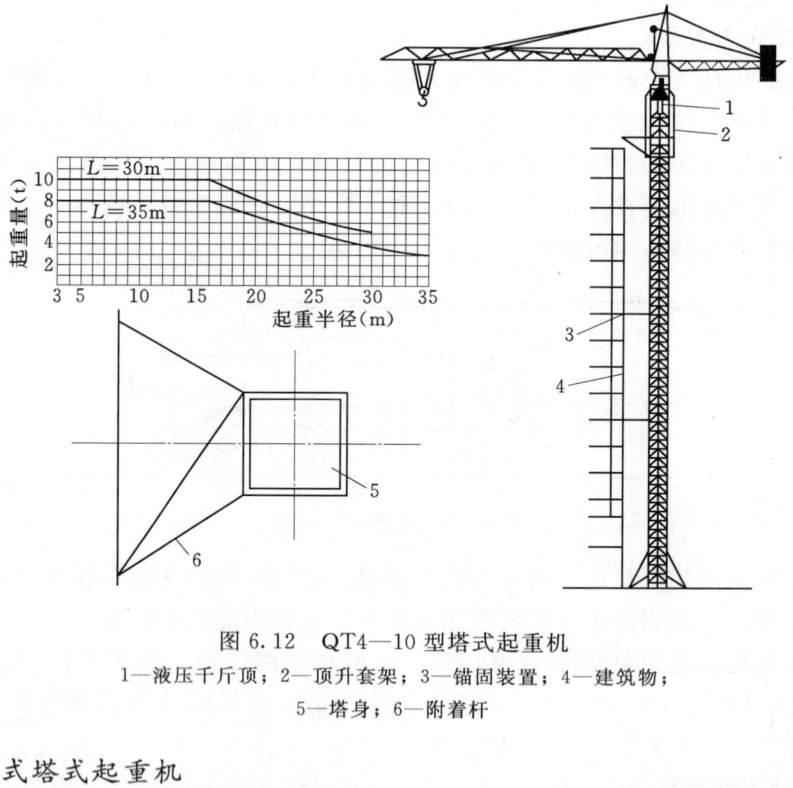

图 6.12　QT4—10 型塔式起重机
1—液压千斤顶；2—顶升套架；3—锚固装置；4—建筑物；
5—塔身；6—附着杆

2. 爬升式塔式起重机

爬升式塔式起重机是自升式塔式起重机的一种，它由底座、套架、塔身、塔顶、行车式起重臂、平衡臂等部分组成。爬升式塔式起重机安装在高层装配式结构的框架梁或电梯间结构上，使塔身沿建筑物向上爬升，每安装 1～2 层楼的构件需向上爬升一次，如图 6.13所示。

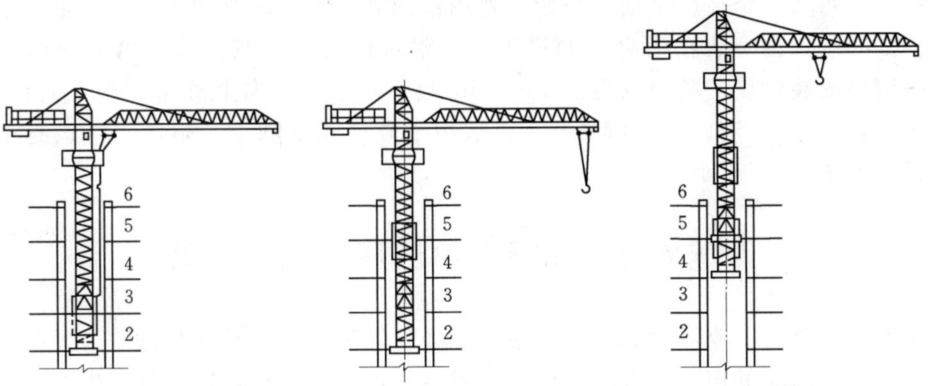

图 6.13　爬升式起重机及爬升过程示意图

3. 附着式塔式起重机

附着式塔式起重机是固定在建筑物近旁钢筋混凝土基础上的自升式塔式起重机，如图6.14所示。随建筑物的升高，利用液压自升系统逐步将塔顶顶升、塔身接高。为了保证

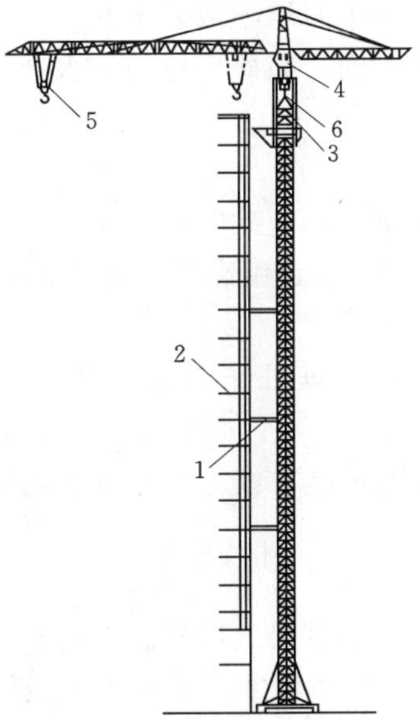

图 6.14　附着式塔式起重机

1—撑杆；2—建筑物；3—标准节；4—操纵室；5—起重小车；6—顶升套架

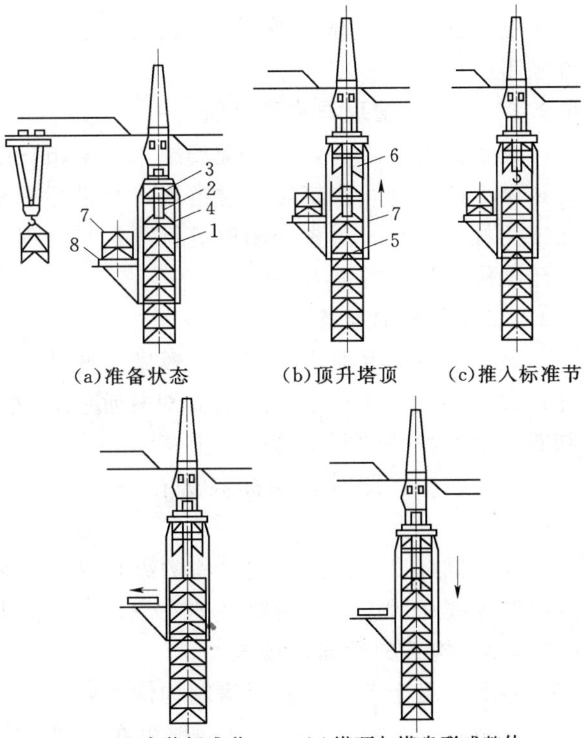

图 6.15　附着式塔式起重机顶升接高过程

1—顶升套架；2—液压千斤顶；3—支撑座；4—顶升横梁；5—定位销；6—过渡节；7—标准节；8—摆渡小车

塔身的稳定，每隔一定高度将塔身与建筑物用锚固装置水平连接起来，使起重机依附在建筑物上。锚固装置由套装在塔身上的锚固环、附着杆及固定在建筑结构上的锚固支座构成。第一道锚固装置设于塔身高度的30～50m处，自第一道向上每隔20m左右设置一道，一般锚固装置设3～4道。这种塔身起重机适用于高层建筑施工。附着式塔式起重机顶升接高过程，如图6.15所示。

课题 6.2　混凝土单层厂房构件吊装

钢筋混凝土单层工业厂房除基础在施工现场就地浇筑外，其他构件均为预制构件，对于重量大、不便运输的构件在现场制作，而对于中小型构件在预制厂制作生产；在现场制作的构件主要有柱子、屋架、吊车梁等，而连系梁、屋面结构（屋面板、天窗架、天沟板）、基础梁等都集中在预制厂制作，运到施工现场安装。

6.2.1　准备工作

在结构安装中准备工作在建筑施工中占有相当重要的地位。它不仅影响到施工进度与安装质量，而且对文明施工、组织施工有节奏、连续地进行起到相当大的作用。

钢筋混凝土单层工业厂房构件安装前的准备工作包括：场地清理与道路修筑，基础的准备，构件的运输与堆放，构件的检查与清理，构件的弹线与编号及机具、吊具的准备等。

6.2.1.1　场地清理与道路修筑

起重机进场之前，根据现场施工平面布置图，在场地上标出起重机开行路线，清理开行道路上的杂物，修筑好临时道路，并进行平整压实。对于回填土或软地基上，用碎石夯实或用枕木铺垫。对整个场地进行平整与清理，挖设排水沟，做好场地的排水准备，以利于雨期施工排水的需要。

6.2.1.2　基础的准备

装配式钢筋混凝土柱基础一般做成杯形基础，在浇筑杯形基础时，应保证定位轴线及杯口尺寸准确。在柱吊装之前要对杯底标高进行抄平；抄平后用高等级水泥砂浆或C20细石混凝土找平到所需的标高上。

杯底抄平，即对杯底标高进行一次检查和调整，以保证柱子吊装后各柱顶面标高一致。

在基础杯口顶面弹出建筑物的纵、横定位轴线和柱的吊装准线，杯口顶面的轴线与柱的吊装准线相对应，作为对柱的对位、校正依据。

6.2.1.3　构件的运输与堆放

钢筋混凝土单层工业厂房制构件主要有柱、吊车梁、连系梁、屋架、天窗架、屋面板等。重量在50kN以下的构件一般可在预制厂生产制作；一些尺寸及重量大、运输不便的构件如柱、屋架可在现场制作。

1. 构件的运输

不仅要提高运输的效率，又要注意构件在运输过程中不损坏、不变形，并且要为吊装作业创造有利的条件。

长度在 6m 以内的柱子一般用汽车运输；较长的柱子用拖车运输，且采用 2 点或 3 点支承运输；在运输车上应侧放，并采取稳定措施防止倾倒。屋架一般跨度大、厚度小，重量不大，侧向刚度差，易发生平面外变形。钢筋混凝土折线形屋架一般均在现场制作。

2. 构件的堆放

构件堆放在坚实平整的地基上，位置尽可能布置在起重机工作幅度范围以内。构件应按工程名称、构件型号、吊装顺序分别堆放，并考虑构件吊装的先后顺序和施工进度的要求，以免出现先吊的构件被压，影响施工进度和出现二次搬运。

预制构件运输到现场后，大型构件如柱子、屋架等应按施工组织设计构件平面布置图就位；小型构件如屋面板、连系梁等可在规定的适当位置堆放，垫木在一条垂直线上，一般连系梁可叠放 2～3 层，屋面板 6～8 层。场地狭小时，小构件也可考虑随运随吊的方法。

6.2.1.4　构件检查与清理

预制构件在生产和运输过程中，可能会出现外形尺寸方面的误差，以及构件表面产生缺陷，构件的损伤、变形、裂纹等问题。因此，对构件必须进行检查与清理，以保证吊装质量。其检查内容包括：

1. 强度检查

构件混凝土强度是否达到了吊装的强度要求，构件在吊装时，必须要求普通混凝土构件强度至少达到设计强度的 70%；跨度较大的梁和屋架混凝土强度达到设计强度的 100%；对预应力混凝土构件中的孔道灌浆的水泥浆强度也不能低于 15MPa。

2. 构件相关尺寸检查

检查柱子的总长度柱脚底面的平整度及截面尺寸，各部位预埋件的位置及尺寸，柱底到牛腿面的长度等，均要详细记录。

检查屋架的总长度、侧向弯曲、连接屋面板、天窗架、支撑等构件的预埋铁件的数量与位置。

检查吊车梁总长度、高度、侧向弯曲、各埋铁件的数量与位置等。

检查吊环的位置是否正确，吊环有无变形和损伤，吊环的孔洞能否穿过钢丝索和卡环。

3. 构件表面质量检查

主要检查构件表面有无损伤、缺陷、变形及裂纹。另外，还应检查预埋件上是否有被水泥浆覆盖的现象或有污物，如发现及时清除，以免影响构件拼装（焊接等）和拼装质量。

4. 与设计要求核对

检查装配式钢筋混凝土构件的型号、规格与数量是否满足满足设计要求。

6.2.1.5　构件的弹线

构件的弹线：构件在吊装之前要在构件表面弹出吊装准线，此准线即为弹线，作为构件对位、校正的依据。

对于形状复杂的构件要标出它的重心及绑扎点的位置。构件的弹线一般在施工现场进行，主要包括柱子、屋架、吊车梁及屋面结构。

1. 柱子

应在柱身的 3 个面上弹吊装准线。对于矩形截面柱，可按几何中线弹吊装准线；对于工字型截面柱，为便于观测及避免视差，则应在靠柱边翼缘上弹一条与中心线平行的线，该线应与基础杯口面上的定位轴线相吻合。另外，在柱顶要弹出截面中心线，在牛腿面上要弹出吊车梁的吊装准线。

2. 屋架

在屋架上弦顶面应弹出几何中心线，并从跨度的中央向两端分别弹出天窗架、屋面板或檩条的吊装准线。在屋架的两个端头应弹出屋架纵横吊装准线。

3. 梁

在梁的两端及顶面应弹出几何中心线，作为梁的吊装准线。

6.2.1.6　其他机具的准备

结构吊装工程除需要的大型起重机械外，还要准备好钢丝绳、吊具、吊索、起重滑轮组等；配备电焊机、电焊条；为配合高空作业，保证施工安全，便于人员上下及解开吊索，准备好轻便的竹梯或挂梯；为临时固定柱和调整构件的标高，准备好各种规格的木楔、铁楔或铁垫片。

6.2.2　柱子安装

单层工业厂房制的柱子类型很多，重量和长度不一。装配式钢筋混凝土柱的截面形式有矩形、工字形、管形、双肢形等，但吊装工艺相同。

柱子安装的施工过程包括：绑扎→吊升→对位与临时固定→校正→最后固定等工序。

6.2.2.1　绑扎

柱的绑扎方法应由柱的形状、几何尺寸、重量、配筋部位、吊装方法，以及所采用的吊具和起重机性能等情况确定。绑扎应牢固可靠、易绑易拆，自重在 13t 以下的中、小型柱，大多绑扎一点；重型或配筋少、细长的柱，则需绑扎 2 点、甚至 3 点。有牛腿的柱，一点绑扎的位置常选在牛腿以下；如柱上部较长，也可绑在牛腿以上。工字形截面柱的绑扎点应选在矩形截面处（实心处），否则，应在绑扎的位置用方木加固翼缘。双肢柱的绑扎点应选在平腹杆处。绑扎柱子用的吊具有铁扁担、吊索（千斤绳）、卡环（卸甲）等。为在高空中脱钩方便，尽量采用活络式卡环。为避免起吊时吊索磨损构件表面，在吊索与构件之间用麻袋或木板铺垫。

柱子在现场制作时，一般是平卧（大面向上）浇筑，在支模、浇混凝土前，就要确定绑扎方法，在绑扎点埋吊环、留孔洞或底模悬空，以便绑扎钢丝绳。

1. 斜吊绑扎法

当柱子的宽面抗弯强度能满足吊装要求时，可采用斜吊绑扎法。柱吊起后呈倾斜状态，由于吊索歪在柱的一边，起重钩可低于柱顶，这样起重臂可以短些。另外，柱子在现场是大面向上浇筑，直接把柱子在平卧的状态下从底模上吊起，不需翻身，也不用横吊梁。但这种绑扎方法，因柱身倾斜，就位时对正底线比较困难，如图 6.16 所示。

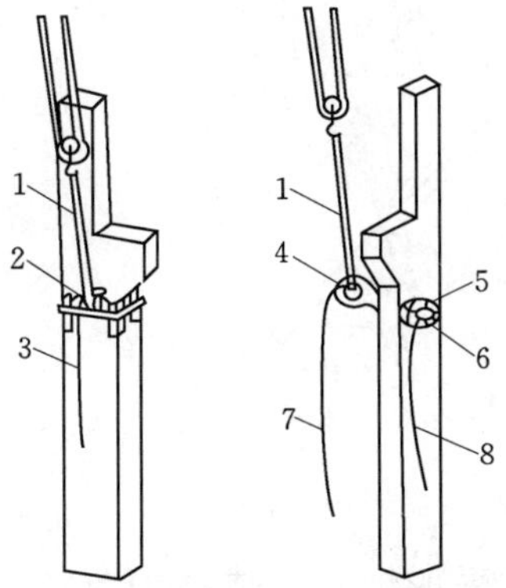

(a)采用活络卡环　(b)采用柱销

图 6.16　斜吊绑扎法

1—吊索；2—活络卡环；3—活络卡环插销拉绳；
4—柱销；5—垫圈；6—插销；
7—柱销拉绳；8—插销拉绳

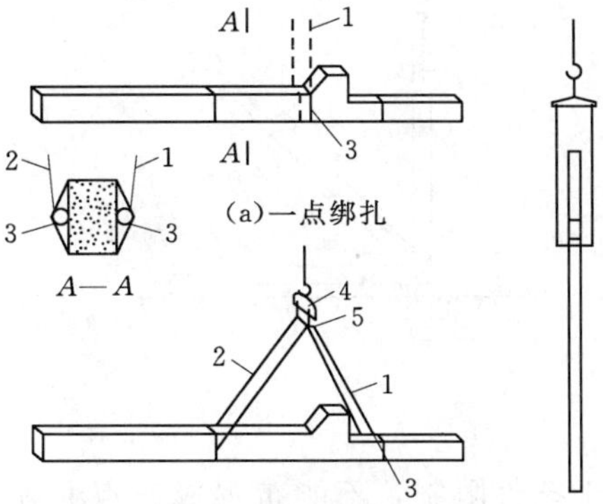

(b)两点绑扎

图 6.17　直吊绑扎法

1—第一支吊索；2—第二支吊索；3—活络卡环；
4—铁扁担；5—滑车

2. *直吊绑扎法*

当柱子的宽面抗弯强度不能满足吊装要求时，应采用直吊绑扎法。即吊装前先将柱子翻身，再经绑扎进行起吊，这种绑扎法是用吊索绑牢柱身，从柱子宽面两侧分别扎住卡环，再与横吊梁相连，柱吊直后，横吊梁必须超过柱顶，柱身呈直立状态，所以需要较长的起重臂。如图 6.17 所示。

3. *两点绑扎法*

当柱身较长，一点绑扎抗弯强度不能满足时，可用两点绑扎起吊，如图 6.18 所示。确定柱绑扎点的位置时，应使两根吊索的合力作用线高于柱子的重心。即下绑扎点至柱重心的距离小于上绑扎点至柱重心的距离。这样柱子在起吊过程中，柱身可自行转为直立状态。

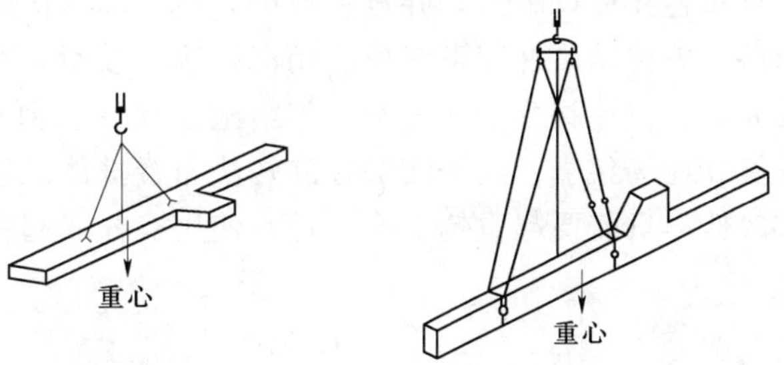

(a)斜吊绑扎法　(b)直吊绑扎法

图 6.18　两点绑扎法

6.2.2.2　吊升

柱子的吊升方法是根据柱子的重量、长度、起重机的性能和现场施工条件而定。对于重型柱子有时采用两台起重机起吊。用单机吊装时，基本上可用旋转法和滑行法两种吊升方法。

1. *旋转法*

起重机边升钩、边回转起重杆，直到将柱子转为直立状态，使柱子绕柱脚旋转吊起插入杯口中。为了在吊升过程中保持一定的工作幅度，起重杆不起伏。这样在预制或堆放柱子时，应使柱子的绑扎点、柱脚中心线、杯口中心线三点共弧，柱脚布置在杯口附近，如图 6.19 所示。

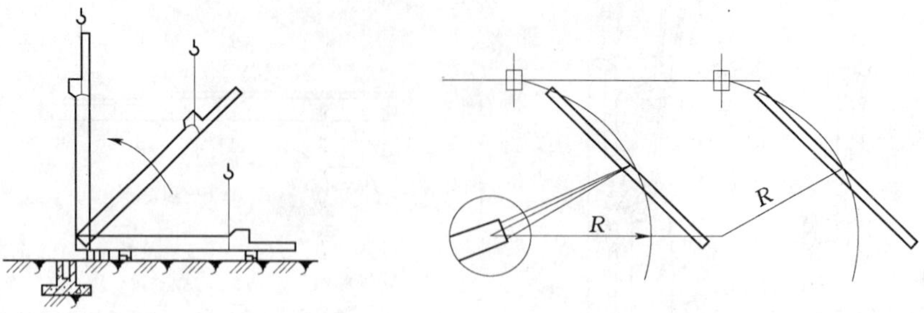

图 6.19 旋转法

由于条件限制，不能布置成三点共弧时，也可采取绑扎点或柱脚与杯口中心两点共弧。采用这样布置法时，在吊升过程中要改变工作幅度，起重杆要起伏、工效较低，且不够安全。

用旋转法吊升时，柱在吊装过程中所受的振动较小，生产率较高，但对起重机的机动性要求较高，构件在现场布置要求也高，通常使用自行式起重机吊装柱时，宜采用旋转法。

2. 滑行法

柱子在吊升时，起重机只升吊钩，起重杆不转动，使柱脚沿地面滑行逐渐成直立状态，然后起重杆转动使柱插入杯口中，如图 6.20 所示。这样柱子靠杯基成纵向布置，绑扎点布置在杯口附近，并与杯口中心位于起重机同一工作幅度的圆上，以便将柱子吊离地面后，稍转动吊杆即可就位。用滑行法吊装时，柱在滑行过程中受到震动，对构件不利。因此，宜在柱脚处采取加滑橇等措施以减少柱脚与地面的磨擦。滑行法适用于柱子较重、较长、现场狭窄、柱子无法按旋转法布置排放的情况下。但滑行法对起重机械的机动性要求较低，只需要起重钩上升，通常使用桅杆式起重机吊装柱时，宜采用滑行法。

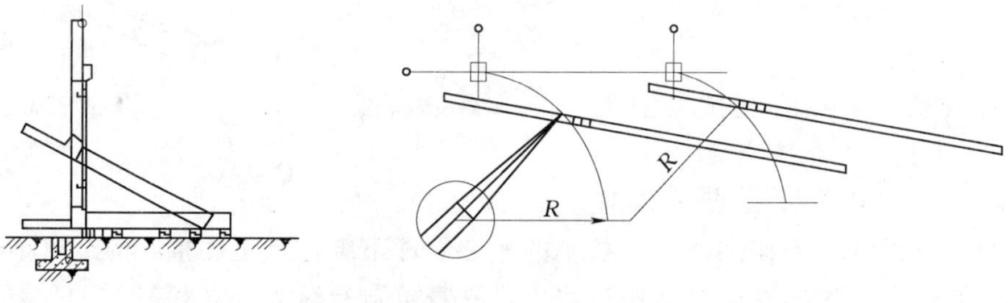

图 6.20 滑行法

6.2.2.3 对位与临时固定

柱脚插入杯口后，并不立即落至杯底，而是停在离杯底 30～50mm 处进行对位。对位的方法是用 8 块楔块从柱的四边放入杯口，并用撬棍撬动柱脚，使柱的吊装准线对准杯口顶面上的吊装准线，并使柱基本保持垂直。对位后，略打紧楔块，放松吊钩，柱沉至杯底。经复查吊装准线的对准情况，随即将四面的楔块打紧，将柱临时固定，起重机脱钩。当柱身与杯口间隙太大时，应选择较大规格的楔块，而不能用几个楔块叠合使用。

临时固定柱的楔块，可用硬木或铸铁制作，铸铁楔块可以重复使用，且易拔出。

当柱较高，基础的杯口深度与柱长之比小于 1/20，或柱具有较大的悬臂（或牛腿）

时，仅靠柱脚处的楔块将不能保证柱临时固定的稳定，这时则应采取增设缆风绳或加斜撑等措施来加强柱临时固定的稳定。

6.2.2.4 校正

如果柱的吊装就位不够准确，就会影响到与柱相连接的吊车梁、屋架等构件后续吊装的准确性。柱的校正包括垂直度、平面位置和标高等工作。其中柱的标高校正是在杯形基础抄平时就已完成。而柱的垂直度、平面位置的校正是在柱对位时进行。具体方法如图 6.21、图 6.22 所示。

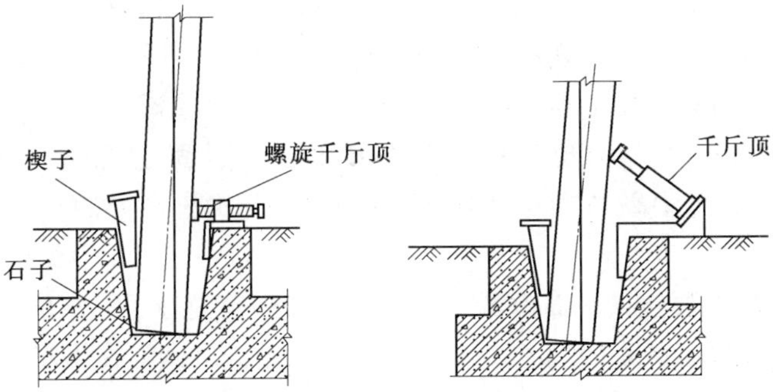

(a)螺旋千斤顶　　(b)千斤顶斜顶法

图 6.21 千斤顶校正法

柱的垂直偏差的检查方法是用两架经纬仪从柱相邻的两边去检查柱吊装准线的垂直度。

6.2.2.5 最后固定

柱校正后应立即进行最后固定，最后固定的方法是在柱与杯口的空隙内浇筑细石混凝土，所用细石混凝土的强度等级应比构件混凝土强度等级提高一级。

在浇筑细石混凝土前，应将杯口空隙内杂质等清理干净，并用水湿润柱和杯口壁，然后浇筑细石混凝土。混凝土浇筑工作一般分两次进行。

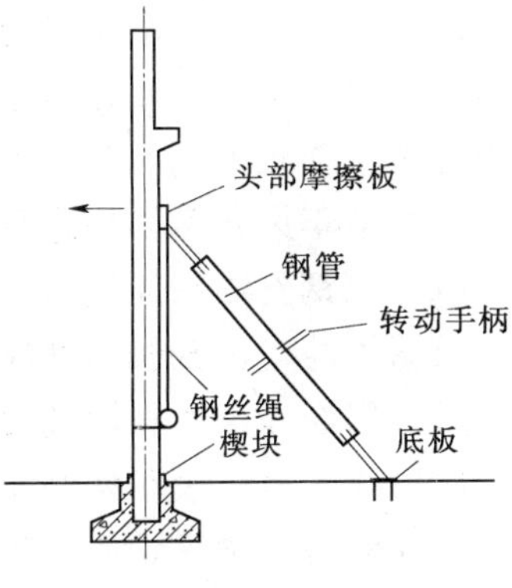

图 6.22 撑杆校正法

第一次浇筑混凝土至楔块的底面，待混凝土强度达设计强度的 25%后拔出楔块。再进行一次柱的平面位置、垂直度的复查。无误后，第二次浇筑混凝土至杯口的顶面。在捣实混凝土时不要碰到楔块，以免影响柱子的垂直度或变位。

6.2.3 吊车梁吊装

吊车梁的类型通常有 T 形、鱼腹式和组合式等几种。当跨度为 12m 时，亦可采用横吊梁吊升，一般为单机起吊，特重的也可用双机抬吊。

吊车梁安装的施工过程包括：绑扎→吊升→对位、临时固定→校正→最后固定等工序。

1. 绑扎、吊升、对位、临时固定

吊车梁的吊装必须在基础杯口二次浇筑混凝土强度达到设计强度的 70%以上才能进

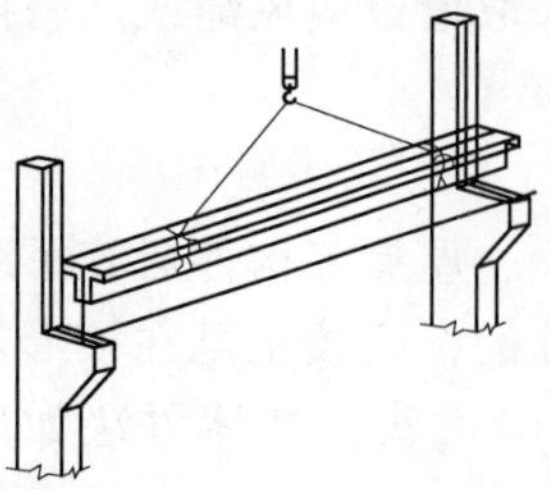

图 6.23 吊车梁吊装

行。吊车梁起吊后应基本保持水平。因此，吊车梁绑扎时两根吊索要等长，其绑扎点对称的设在梁的两端，吊钩应对准梁的重心，如图 6.23 所示。吊车梁两端绑扎溜绳以控制梁的转动，防止碰撞其他构件。

当吊车梁吊升超过牛腿标高 300mm 左右时，即可停止升钩，然后缓缓下降进行就位。

吊车梁就位时，应使吊车梁的端部的中心线基本上对准牛腿上安装吊车梁的安装准线，在对位过程中，纵轴方向上不宜用撬杠拨正吊车梁，因为柱子在纵轴线方向上的刚度较差，撬动过度会使柱子发生弯曲而产生偏移。假若在横轴线上未对准，应将吊车梁吊起，再重新对位。

吊车梁本身的稳定性好，对位后一般不需要采取临时固定措施，仅用垫铁垫平即可，起重机即可松钩移走。当梁高与梁宽之比超过 4 时，用铁丝将梁捆在柱上，以防倾倒。

2. 校正

吊车梁的校正工作主要包括平面位置、垂直度和标高等内容。标高的校正已经在杯形基础的杯底抄平时完成，如果有微小的偏差，可在铺轨时，用铁屑砂浆在吊车梁顶面找平即可。

吊车梁的校正工作要在一个车间或伸缩缝区段内全部结构安装完毕，并固定后进行。因为安装屋架、支撑等构件时可能引起柱子变位，影响吊车梁的准确位置。

吊车梁垂直度与平面位置的校正应同时进行。吊车梁的垂直度测量一般用尺寸锤、靠尺，线锤检查。T 形吊车梁测其两端垂直度，鱼腹式吊车梁测其跨中两侧垂直度，吊车梁平面位置的校正，主要是检查各吊车梁是否在同一纵轴线上，以及两列吊车梁的纵轴线之间的跨距。跨距为 6m 长、5t 以内的吊车梁可用拉钢丝法或仪器放线法校正；跨距为 12m 长、重型吊车梁通常采用边吊边校正的方法。

(1) 拉钢丝法（通线法)。

根据柱的定位轴线，在车间的两端地面定出吊车梁定位轴线位置，打下木桩，并设置经纬仪；用经纬仪先将两端的 4 根吊车梁位置校正准确，用钢尺检查两列吊车梁之间的跨距；然后在 4 根已校正好的吊车梁端部设置支架，高约 200mm。根据吊车梁的轴线拉钢丝线，判断吊车梁纵轴线与钢丝线是否一致，若不一致，根据钢丝线逐根拨正吊车梁的吊装中心线，拨正吊车梁可用撬杠或其他工具，如图 6.24 所示。

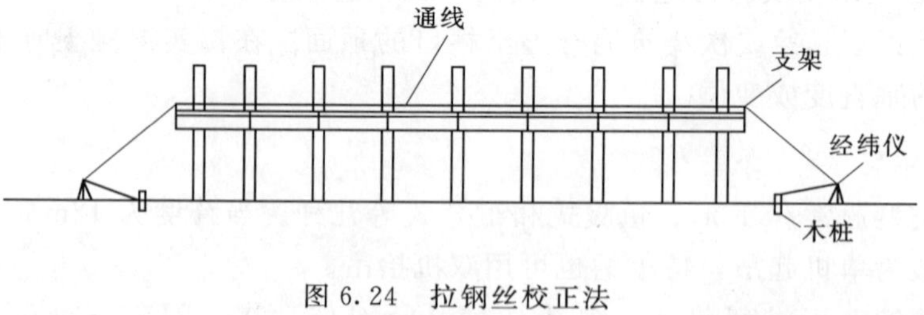

图 6.24 拉钢丝校正法

(2) 仪器放线法。

用经纬仪在各个柱侧面放一条与吊车梁中线距离相等的校正基线。校正基准线至吊车梁中线距离由放线者自行决定。校正时，凡是吊车梁中线与其柱侧基线的距离不等者，用撬杠拨正即可。

3. 最后固定

在吊车梁校正完毕后，用连接钢板将吊车梁与柱侧面、吊车梁顶面的预埋铁件相焊接，并在接头处支模，浇筑细石混凝土。

6.2.4　屋架安装

钢筋混凝土屋架有预应力折线形屋架、三角形屋架、多腹杆折线形屋架、组合屋架等。中小型单层工业厂房屋架的跨度一般为 12～24m，重量约 3～10t，屋架的制作一般在施工现场采取平卧叠浇，以 3～4 榀为一叠。

屋架安装的特点是安装高度较高，屋架的跨度较大，但厚度较薄。吊升过程中容易产生平面外变形，甚至产生裂缝。因此，需要进行有关的吊装验算，采取必要的加固措施后，方可进行。

屋架安装的施工过程包括：绑扎→翻身扶直、就位→吊升→对位、临时固定→校正→最后固定等工序。

6.2.4.1　绑扎

屋架的绑扎点应根据跨度和不同类型进行选择，绑扎点应在节点上或靠近节点处，对称于屋架的重心，吊点的数目应满足设计要求，以免吊装过程中构件产生裂缝。翻身扶直时，吊索与水平线的夹角不宜小于 60°，吊升时不宜小于 45°，以免屋架产生过大的横向压力，必要时应采用横吊梁。屋架的绑扎方法应根据屋架的跨度、安装高度和起重机的吊杆长度确定。当屋架的跨度 L 不大于 18m，采用 2 点绑扎起吊；当屋架的跨度 L 为 18～30m 时，采用 4 点绑扎起吊；当屋架的跨度 L 大于 30m，除采用 4 点绑扎外，应加横吊梁，以减少吊索高度，如图 6.25 所示。对于三角形组合屋架，由于整体性和侧向刚度较差，且下弦为圆钢或角钢，必须用铁扁担绑扎；对于钢屋架，侧向刚度很差，均应绑扎几道杉木杆，作为临时加固措施。

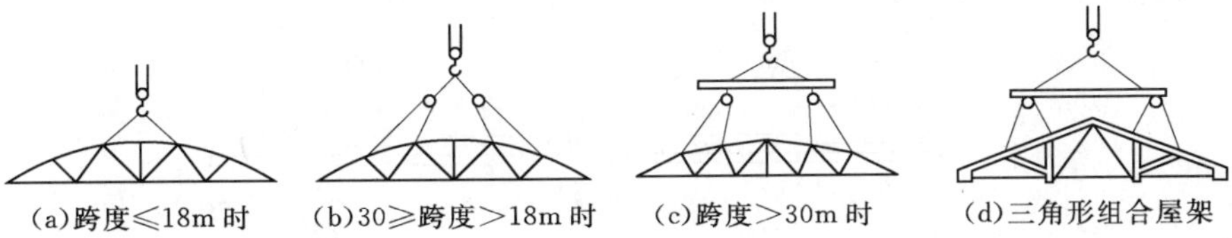

图 6.25　屋架的绑扎方法

6.2.4.2　翻身扶直、就位

由于屋架在现场制时均为平卧叠浇布置在跨内。因此，在安装前先要翻身扶直，并将其吊运至预定的地点就位。

屋架是一个平面受力构件，侧向刚度较差。扶直时由于自重的影响改变了杆件受力性质，特别是上弦杆极易扭曲造成屋架损伤。因此，扶直时应注意以下问题：扶直屋架时，起重机的吊钩应对准屋架的中心，吊索左右对称，吊钩对准屋架下弦中点，防止屋架摆动；数榀叠浇生产跨度 18m 以上的屋架，为防止屋架扶直过程中突然下滑造成损伤，应在屋架两端搭设枕木垛，其高度与下一榀屋架上平面齐平；屋架在一起叠浇时，叠浇的屋架之间有粘结应力存在，应用凿、撬棍、倒链消除粘结后再行扶直；凡屋架高度超过

1.7m，应在表面加绑木、竹或钢管横杆，用以加强屋架的平面刚度；如扶直屋架时采用的绑扎点或绑扎方法与设计不同时，应按实用的绑扎方法验算屋架的扶直应力。

扶直屋架时由于起重机与屋架相对位置不同，可分为正向扶直与反向扶直。

1．正向扶直

起重机位于屋架下弦一边，首先以吊钩对准屋架中心收紧吊钩，接着起重机升钩，并降低起重臂，使屋架以下弦为轴缓转为直立状态，如图6.26所示。

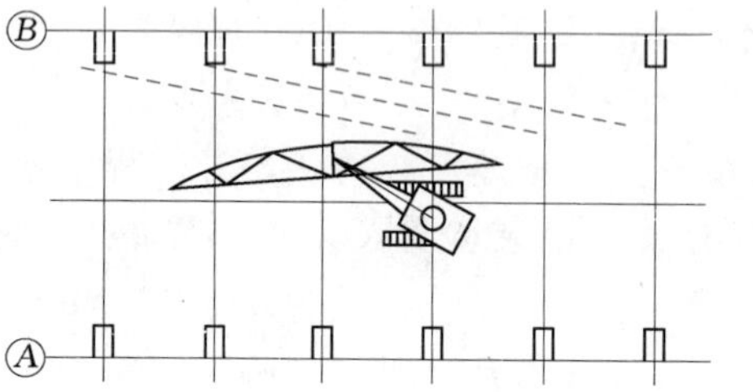

图6.26　正向扶直

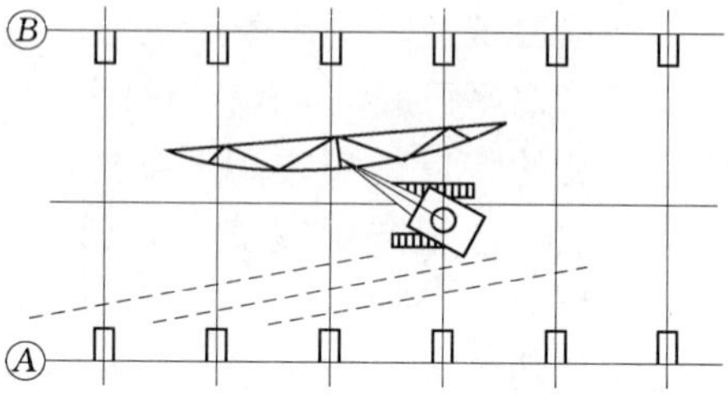

图6.27　反向扶直

2．反向扶直

起重机位于屋架上弦一边，首先以吊钩对准屋架中心收紧吊钩，然后略提升起重臂，使屋架脱模。接着起重机升钩，并升起重臂使屋架以下弦为轴缓转为直立状态，如图6.27所示。

正向扶直与反向扶直中最大不同点就是在扶直过程中，起重臂一升一降，而升臂比降臂易于操作且较安全，所以应尽量采用正向扶直。

3．就位

屋架扶直后应立即进行就位，就位位置与起重机的性能和安装方法有关，应力求少占地，便于吊装，且应考虑吊装顺序、两头朝向等问题，一般是靠柱斜放，在布置构件平面图时应确定就位范围，如图6.28所示。

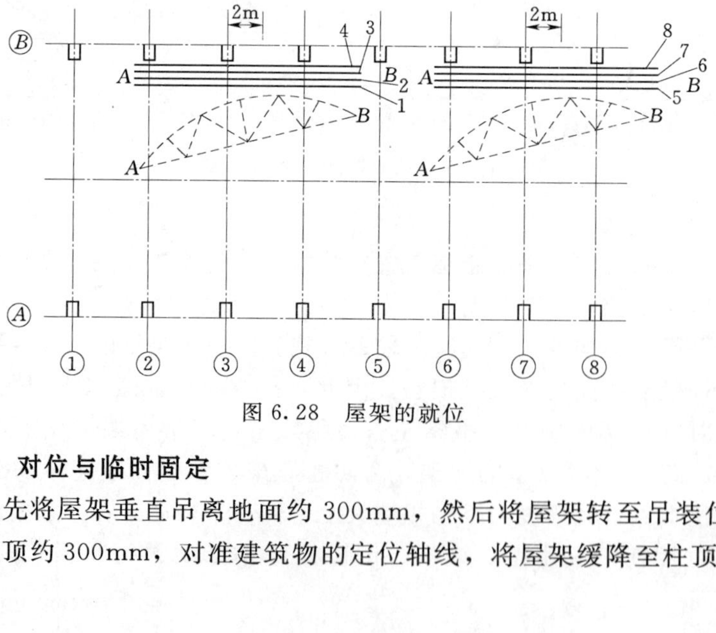

图6.28　屋架的就位

6.2.4.3　吊升、对位与临时固定

屋架吊升是先将屋架垂直吊离地面约300mm，然后将屋架转至吊装位置下方，再将屋架提升超过柱顶约300mm，对准建筑物的定位轴线，将屋架缓降至柱顶进行对位。

屋架对位后，立即进行临时固定。临时固定稳妥后，起重机才可摘钩离去。

第一榀屋架的临时固定必须十分可靠。因为这时它只是单片结构，并且每二榀屋架临时固定还要以第一榀屋架作为支撑。第一榀屋架临时固定方法，通常是用四根缆风绳从两侧将屋架拉牢，也可将屋架与抗风柱相连接作为临时固定。

第二榀屋架的临时固定是用屋架校正器撑牢在第一榀屋架上，以后各榀屋架的临时固定都是用屋架校正器撑牢在前一榀屋架上。每榀屋架至少用两根校正器，如图 6.29 所示。

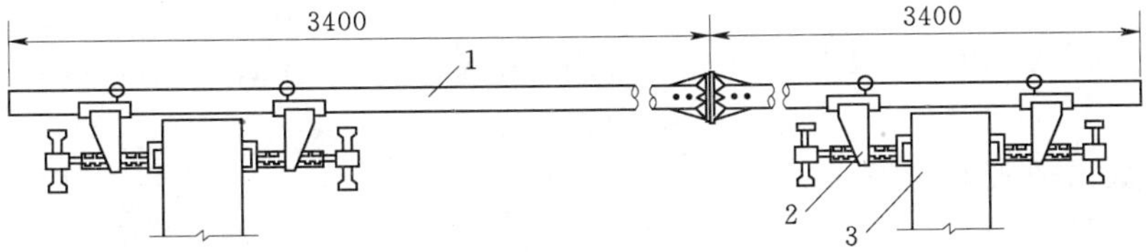

图 6.29 屋架校正器（单位：mm）
1—钢管；2—撑脚；3—屋架上弦

6.2.4.4 校正、最后固定

屋架的偏差校正主要是竖向偏差，用线锤和经纬仪检查；用屋架校正器纠正。屋架校至垂直后，立即用电焊固定。焊接时，先焊接屋架两端成对角线的两侧边，再焊另外两边，避免两端同侧施焊，因焊接变形引起的屋架偏差。

6.2.5 屋面板安装

钢筋混凝土单层工业厂房屋面结构所用的屋面板一般为预应力大型屋面板，可单独安装。屋面板均埋有吊环，用吊索钩住吊环即可安装。为充分发挥起重机效率，一般采用一次多块。屋面板的安装顺序，应自两边檐口左右对称地逐块铺向屋脊，避免屋架受荷载不均匀；屋面板对位后，应用电焊固定，每块板至少焊三点，最后一块只能焊两点。

6.2.6 钢筋混凝土单层厂房结构安装方案

钢筋混凝土单层工业厂房结构的一般特点是平面尺寸大，承重结构的跨度与柱距大，构件类型少、重量大，厂房内还有各种设备基础等。因此，在拟定结构安装方案时，应着重解决起重机的选择、结构吊装方法、起重机开行路线、停机位置的确定及构件在现场的平面布置与运输堆放等问题。

6.2.6.1 起重机的选择

1. 起重机类型的选择

钢筋混凝土单层工业厂房结构安装起重机的类型选择主要根据厂房的外形尺寸（跨度、柱距）、构件尺寸与自重、吊装高度，以及施工现场条件和当地现有的起重设备等确定。

对于一般中小型厂房，由于平面尺寸不大，构件重量较轻，起升高度较小，厂房内设备为后安装，采用自行杆式起重机是较合理的，其中选择履带式起重机、汽车式起重机最为普遍；当厂房结构高度和长度较大时，选用塔式起重机吊装屋盖结构；对于大跨度的重型厂房，因厂房的跨度和高度都大，构件尺寸和重量亦很大，往往需要同时考虑设备安装与结构吊装问题，多选用大型自行式起重机、重型塔式起重机、大型牵缆桅杆式起重机；

在缺乏自行杆式起重机的地方，或是厂房面积较小、构件较轻，可采用桅杆式起重机，如独脚拔杆、人字拔杆等；对于重型构件，当1台起重机无法满足吊装要求时，也可用2台或3台起重机进行吊装。

2. 起重机型号及起重臂长度的选择

起重机类型确定之后，还要进一步选择起重机的型号及起重臂长度，选择起重机的3个重要：参数起重量Q、起重高度H、工作幅度R，应满足结构吊装要求。

（1）起重量Q。

所选起重机的起重量必须不小于所吊装构件的重量与索具之和，即

$$Q \geqslant Q_1 + Q_2 \tag{6.4}$$

式中 Q——起重机的起重量，kN；

Q_1——构件的重量，kN；

Q_2——吊具及的重量，kN。

（2）起升高度H。

所选起重机的起升高度，必须满足吊装构件安装高度的要求，如图6.30所示。

$$H \geqslant h_1 + h_2 + h_3 + h_4 \tag{6.5}$$

式中 H——起重机起重高度，m，从停机面算起至吊钩的距离；

h_1——吊装支座表面高度，m，从停机面算起；

h_2——吊装间隙，m，视工作情况而定，一般不小于0.3m；

h_3——绑扎点至构件吊起后底面的距离，m；

h_4——索具高度，m，自绑扎点至吊钩钩口高度，视情况而定。

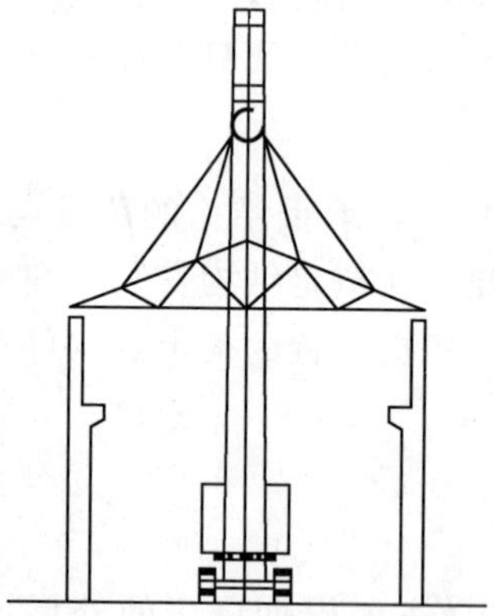

图6.30 起升高度的计算简图

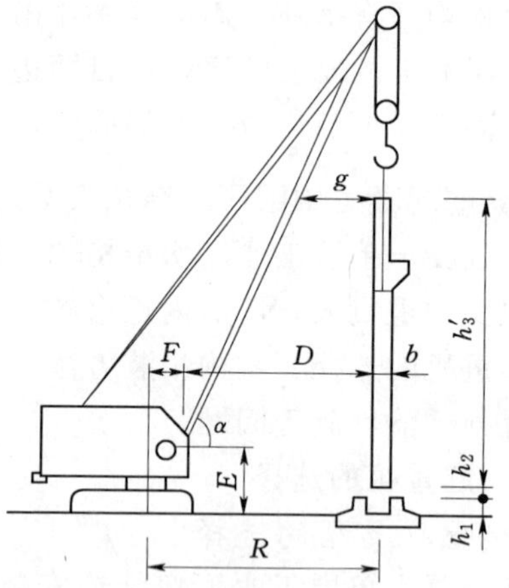

图6.31 工作幅度计算简图

（3）工作幅度（回转半径）R。

安装构件所需的最小工作幅度和起重机型号及所吊构件的横向尺寸有关，一般是根据所需的$Q_{\min}$、$H_{\min}$值初步选定起重机的型号，再按式（6.6）进行计算，计算简图如图6.31所示。

$$R_{\min} = F + D + \frac{1}{2}b \tag{6.6}$$

式中　R_{min}——起重机最小起重半径，m；

F——起重臂底铰至回转中心的距离，m；

D——起重臂底铰距所吊构件边缘距离，m；

b——构件高度。

$$D=g+(h_1+h_2+h_3'-E)\text{ctan}\alpha \tag{6.7}$$

式中　g——构件上口边缘起重杆之间的水平空隙，m，不小于 500mm；

E——起重臂底铰距地面的距离，m；

α——起重杆的倾角；

h_3'——所吊构件高度，m；

h_1、h_2——符号意义同前。

起重机工作幅度的确定通常考虑这几个因素：当起重机可以不受限制地开到构件安装位置附近安装时，对工作幅度无要求，在计算起重量和起升高度后，便可查阅起重机起重表或性能曲线来选择起重机型号及起重臂长，并可查得在此起重高度下相应的工作幅度，作为确定起重机开行路线及停机位置时参考；当起重机不能直接开到构件安装位置附近去安装构件时，应根据起重量、起升高度和工作幅度三个参数，查起重机性能表或性能曲线来选择起重机型号及起重臂长。

(4) 最小臂长的确定。当起重机的起重臂需跨过已安装好的结构去安装构件时，如跨过屋架安装屋面板，为了不触碰屋架，需求出起重机的最小臂长。决定最小臂长的方法有数解法［见图 6.32 (a)］和图解法［见图 6.32 (b)］。

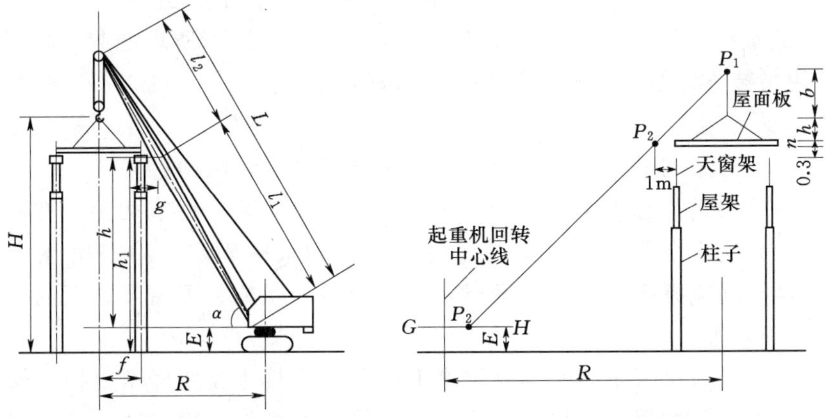

图 6.32　最小杆长的计算方法

1) 数解法。

$$L=L_1+L_2=\frac{h}{\sin\alpha}+\frac{f+g}{\cos\alpha} \tag{6.8}$$

其中

$$h=h_1-E$$

式中　L——起重机臂长，m；

f——起重机吊钩跨过已安装结构的距离，m；

h——起重臂底铰至构件吊装支座的高度，m；

h_1——停机面至构件吊装支座的高度，m；

g——起重臂轴线与已吊装屋架间的水平距离，至少取 1m。

式（6.8）的仰角为变量，欲求最小杆长时的 α 值，可对式（6.8）求导，

令

$$\frac{\mathrm{d}l}{\mathrm{d}\alpha}=0$$

$$\alpha=\arctan\left(\frac{h}{f+g}\right)^{\frac{1}{3}} \tag{6.9}$$

求出 α 之后代入式（6.8），即得起重机最小杆长的理论值，再根据所选起重机的实际杆长加以确定。

工作幅度为

$$R=F+L\cos\alpha \tag{6.10}$$

$$H=l\sin\alpha+E-d \tag{6.11}$$

式中　d——起重杆顶至吊钩中心的距离，取 2～3.5m 安全高度。

按计算出的 R 值及已选定的起重杆长 L，查起重机性能表，复核起重量 Q 得起升高度 H，如果能满足构件的吊装要求，即可根据 R 值确起重机吊装屋面板时的停机位置。

2）图解法。首先按比例（一般不小于 1：200）绘出构件的安装标高和实际地面线；然后由 $H+d$ 定出 P_1 点的位置，由 g 值定出 P_2 位置，g 值为起重臂轴线与已吊装屋架间的水平距离，至少取 1m。连接 P_1P_2 并延长到起重机回转中心至停机面的高度相交处于 P_3，此点即为起重臂底铰的位置，测量出 P_1P_3 的长度，即为所求的起重机最小杆长。

6.2.6.2　结构吊装方法及起重机开行路线、停机位置

1. 结构吊装方法

单层工业厂房的结构吊装方法有分件吊装法与综合吊装法两种。

（1）分件吊装法是指起重机在车间内每开行一次仅吊装一种或两种同类构件。起重机的第一次开行吊装完全部柱子，并对柱子进行校正和最后固定；第二次开行，吊装吊车梁、连系梁的及柱间支撑等；第三次开行，分节间吊装屋架、天窗架、屋面板及屋面构件（如檩条、天沟板）等。

分件吊装法特点：每次吊装基本是同类型构件，索具不需要经常更换，操作程序基本相同，速度快；能充分发挥起重机的工作能力；构件的校正、固定有足够的时间；构件可分批进场，供应较简单，现场平面布置较容易。其主要缺点是起重机行走频繁，开行路线长；不能按节间及早为下道工序创造工作面；层面板吊装往往另需辅助起重设备。

（2）综合吊装法是指起重机在车间内的一次开行中，分节间吊装完所有各种类型的构件。通常起重机开始吊装 4～6 根柱子，立即进行校正和固定，接着吊装吊车梁、连系梁，屋架、屋面板等构件。

综合吊装法特点：开行路线较短，停机位置较小；构件供应平面布置复杂；校正也困难，平面位置很难保证；同时吊装多种构件，经常更换索具；起重机生产效率低；很少应用。

2. 起重机的开行路线及停机位置

起重机的开行路线与起重机的停机位置、起重机的性能、构件的尺寸及重量、构件的平面布置、构件的供应方式、吊装方法等因素有关。

(1) 当吊装屋架、层面板等屋面构件时，起重机大多沿跨中开行。

(2) 当吊装柱时，则视跨度、柱距的大小、柱的尺寸、重量及起重机性能沿跨中或跨边开行；若柱子布置在跨内，起重机在跨内开行，每个停机位置可吊装 1～4 根柱子。

1) 当 $R \geqslant \frac{L}{2}$ 时，起重机可沿跨中开行，每个停机位置可吊装两根柱，如图 6.33 (a) 所示。

2) 当 $R \geqslant \sqrt{\left(\frac{L}{2}\right)^2+\left(\frac{b}{2}\right)^2}$，起重机可沿跨中开行，每个停机位置可吊装四根柱，如图 6.33 (b) 所示。

3) 当 $R < \frac{L}{2}$，起重机可沿跨边开行，每个停机位置吊装一根柱，如图 6.33 (c) 所示。

4) 当 $R \geqslant \sqrt{a^2+\left(\frac{b}{2}\right)^2}$，起重机可沿跨边开行，每个停机位置则可吊装两根柱，如图 6.33 (d) 所示。

式中 R——起重机工作幅度，m；

L——厂房跨度，m；

b——柱间距，m；

a——起重机开行路线的跨边距离。

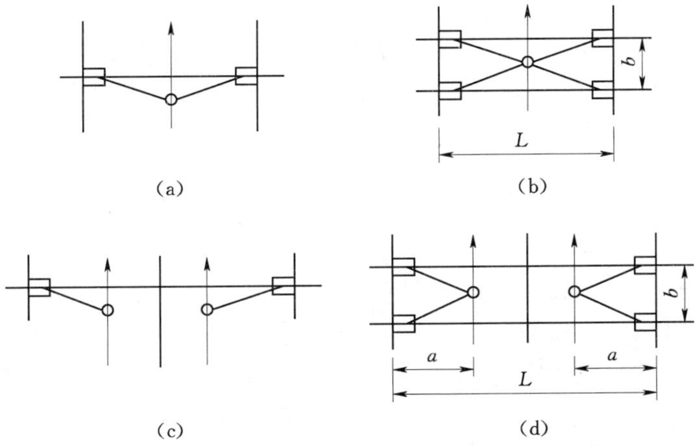

图 6.33 起重机吊装柱时的开行路线及停机位置

(3) 当柱布置在跨外时，则起重机一般沿跨外沿边开行，停机位置与跨边开行相似。

(4) 当单层厂房面积大，为加速工程进度，可将建筑物划分为若干段，选用多台起重机同时施工，每台起重机可以独立作业，负责完成一个区段的全部吊装工作，组成流水施工。

(5) 当建筑具有多跨并列，且有纵跨时，可先吊装各纵向跨，然后吊装横向跨，以保证在各纵向跨吊装时运输机械畅通。若纵向跨有高低跨，则应先吊装高跨，然后逐步向两边吊装。

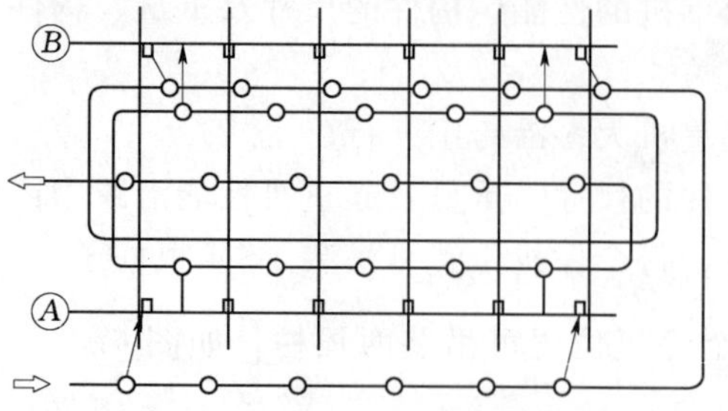

图 6.34　起重机开行路线及停机位置

对于单跨车间，采用分件吊装法时，起重机开行路线及停机位置图如图 6.34 所示。起重机沿跨外从 A 轴开行，吊装 A 列柱，再从 B 轴沿跨内开行，吊装 B 列柱，然后再转到 A 轴一侧扶直屋架并将其就位，再转到 B 轴一侧扶直屋架并将其就位，再转到 B 轴安装 B 连系梁、吊车梁等。随后再转到 A 轴安装 A 轴连系梁、吊车梁等构件，最后再转到跨中安装屋面结构（屋面板、天窗架、天沟板）等。

6.2.6.3　构件的平面布置与运输堆放

构件的平面布置时应注意下列问题：每跨构件尽可能布置在本跨内。有困难时，才考虑布置在跨外便于吊装的地方；构件的布置方式应满足吊装工艺要求，尽可能布置在起重机工作幅度内，尽量减少起重机负重行走的距离及起伏起重臂的次数；构件的布置应“重近轻远”。首先考虑重型构件的布置；构件的布置方式应便于支模及混凝土的浇筑工作，对预应力混凝土构件应留出抽管及穿筋场所。

构件的平面布置可分为预制阶段与吊装阶段的构件排放布置两种。

1. 预制阶段的构件平面布置

目前在现场预制的构件主要是柱和屋架，其他构件均在预制构件厂或场外制作。

(1) 柱的布置。

柱预制时，应按以后吊装阶段的排放要求进行布置，布置方式有斜向布置（见图 6.35）和纵向布置（见图 6.36）两种。采用旋转法吊装时，一般按斜向布置；采用滑行法吊装时，可纵向布置，也可斜向布置。

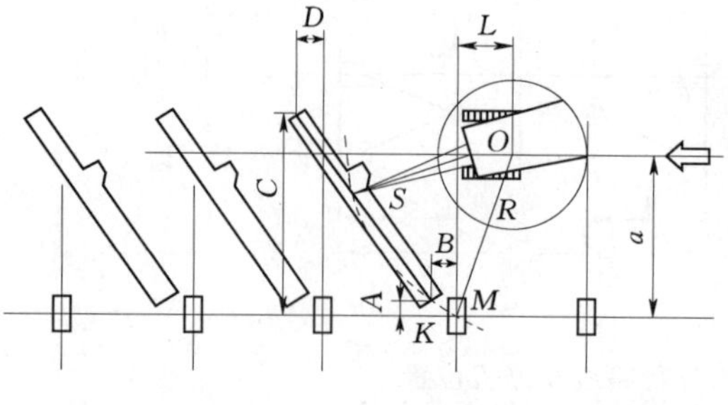

图 6.35　柱的斜向布置（旋转法吊装）

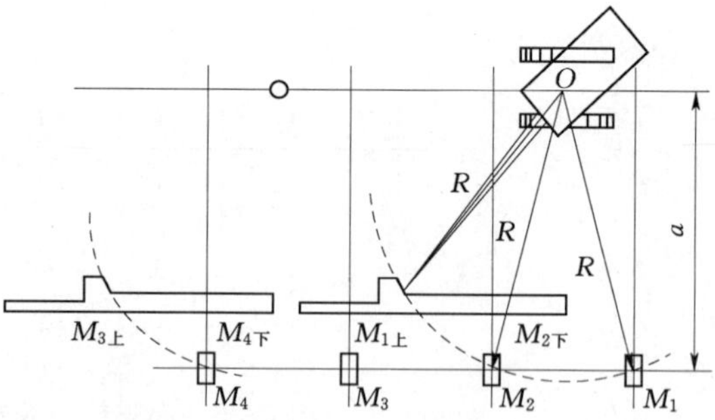

图 6.36　柱的纵向布置（滑行法吊装）

(2) 屋架的布置。

屋架一般在现场制作安装，在跨内平卧叠浇，以 3～4 榀为一叠。屋架叠浇时其布置方式有正面斜向布置、正反斜向布置和正反纵向布置三种。因正面斜向布置使屋架扶直方便，故应优先选用斜向布置，只有在场地受限制时，才考虑采用其他两种形式。若为预应力混凝土屋架，在屋架一端或两端需留出抽管及穿筋必需的长度；若需为钢管做留孔，一端抽管时需留出的长度为屋架全长另加抽管时所需工作场地（3m）；若用胶管做预留孔，则屋架两端的预留长度可以减少；屋架之间的间隙可取 1m 左右以便支模及浇混凝土；屋架之间的搭接长度视场地在大小而定；布置屋架的位置还应考虑到屋架的扶直排放要求及屋架扶直的先后次序，先扶直者放在上层；对屋架两端头的朝向也要注意，要符合屋架吊装时对朝向的要求，如图 6.37 所示。

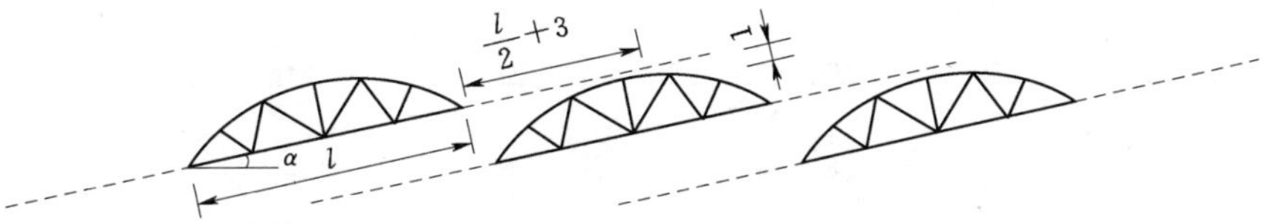

(a)正面斜向布置

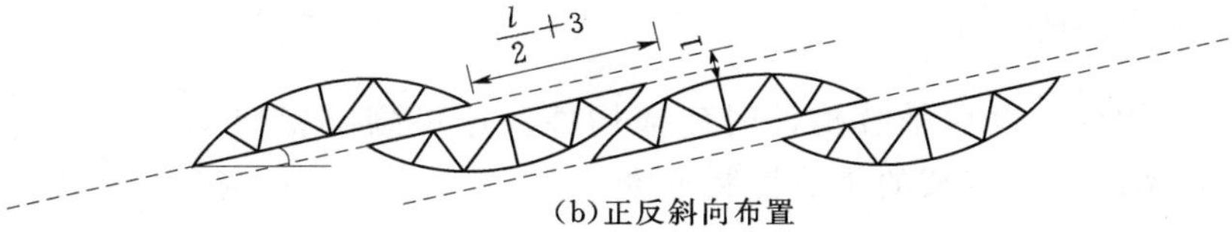

(b)正反斜向布置

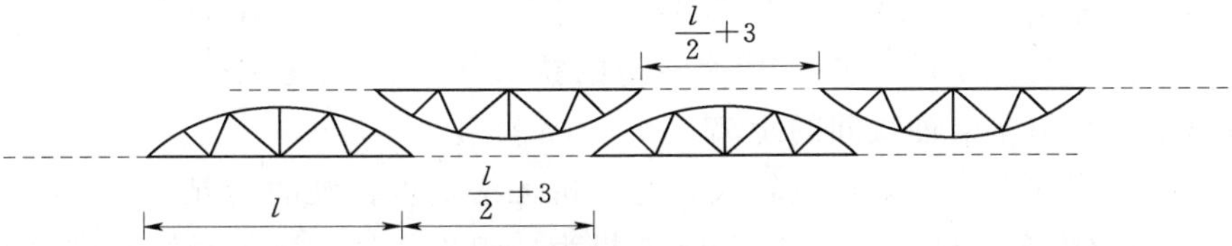

(c)正反纵向布置

图 6.37　屋架预制时的布置方式（单位：m）

（3）吊车梁的布置。

当吊车梁安排在现场制作时，可靠近柱基顺纵向轴线略作倾斜布置，也可插在柱子空挡中制。

2. 吊装阶段构件的排放布置及运输堆放

吊装阶段的排放布置一般是指柱已吊装完毕，其他构件的排放布置，如屋架的扶直排放，吊车梁和屋面板的运输排放等。

（1）屋架的扶直排放。屋架扶直后应随即排放，按排放位置不同分为同侧排放、异侧排放。屋架排放方式常用的有两种：靠柱边斜向排放、靠柱边成组纵向排放。

1）靠柱边斜向排放。屋架的斜向排放，按以下方法确定。如图 6.38 所示，在安装屋架时，起重机大都沿跨中开行，起重机停机位置的确定是以屋架轴线中心 M 为圆心，所选起重机安装屋架的工作幅度 R 为半径画弧，与开行路线相交于 O_1、O_2、O_3、…，即为停机位置。

屋架靠柱边斜向排放，但距柱边净距不小于 200mm，并可利用柱作为屋架的临时支撑。这样便定出屋架排放的外边线 $P—P$；起重机在安装屋架和屋面板时，机身需要回转，若起重机机身尾部至回转中心距离为 A，则在距起重机开行路线 $A+0.5$m 范围内不

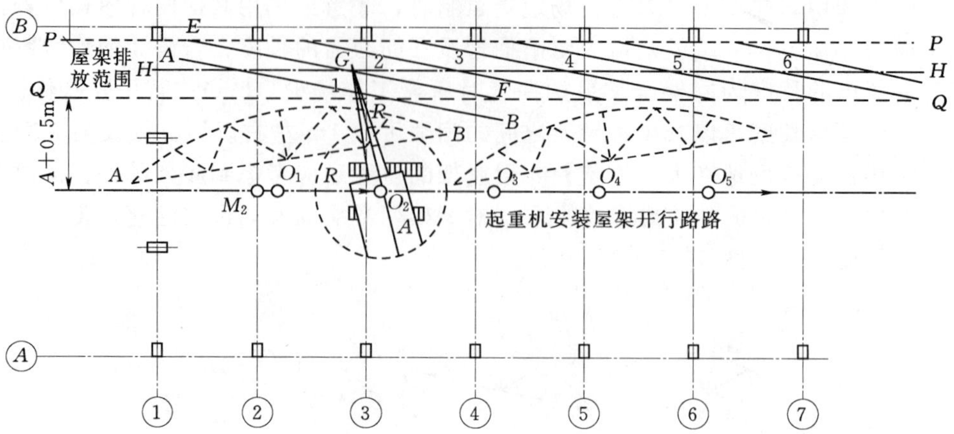

图 6.38　屋架斜向排放位置（单位：m）

注：虚线表示屋架预制时的位置。

宜布置屋架及其他构件，以免吊装构件时碰撞构件。这可画出屋架排放的内边线 $Q—Q$，$P—P$ 和 $Q—Q$ 两条线即为屋架的排放控制范围。在 $Q—Q$，$P—P$ 两条控制线中间，即是屋架中点 $H—H$ 线，以停机点 O_1 为圆心，以起重机的工作幅度 R 为半径画弧交于 $H—H$ 线上 G 点，G 点则是屋架的中点。其他屋架的扶直排放位置均平行于此屋架，相邻两屋架中点的间距为此两屋架轴线间的距离。

此种排放形式常用于屋架重量较大，起重机无法负重行驶的情况。

2）靠柱边成组纵向排放。一般以 4～5 榀为一组先靠柱边顺轴线纵向排放（就位）屋架与柱，屋架与屋架之间的净距不小于 200mm，相互之间用铁丝及支撑拉紧撑牢，每组之间留 3m 作为通路。

此种排放形式常用于屋架重量较小，起重机可负重行驶的情况。

（2）吊车梁、车系梁、屋面板的运输、堆放与排放。

1）吊车梁、连系梁的排放位置，一般在其吊装位置的柱列附近跨内、跨外均可，有时也可从运输车辆上直接吊到牛腿上。

2）屋面板的排放位置可布置在跨内或跨外，根据起重机吊装屋面板时所需的工作幅度。当屋面板在跨内排放时，大约应向后退 3～4 个节间开始排放；若在跨外排放时，应向后退 1～2 个节间开始排放。屋面板的叠放高度一般为 6～8 层。

3）若吊车梁、屋面板等构件在吊装时已集中堆放在吊装现场附近，也可不用排放，而采用随吊随运的办法。

复习思考题

1. 起重机械的种类有哪些？

2. 桅杆式起重机的组成有哪些？主要包括哪些类型？独脚拔杆的固定方法有哪些？有什么要求？

3. 塔式起重机的主要包括哪些类型?

4. 单层工业厂房构件安装工艺中构件的检查与清理工作包括哪些内容?什么是构件的弹线?

5. 柱子的安装施工工艺包括哪些内容?绑扎柱子的方法有几种?有什么要求?

6. 柱子的吊升方法根据何种情况而定?有几种吊升方法?各自的特点是什么?

7. 柱子的校正工作包括哪些内容?柱子的最后固定施工方法是什么?

8. 吊车梁的吊装工艺是什么?在什么阶段完成吊车梁的校正工作?

9. 屋架的安装特点及施工工艺是什么?屋架扶直有几种?正向扶直与反向扶直的不同点是什么?

10. 结构吊装方法有哪些?各自的特点是什么?

11. 起重机的开行路线与什么因素有关?在吊装柱时如何确定?

12. 构件的平面布置应注意哪些问题?柱子有几种布置形式?旋转法布置柱子时如何确定?

单元7 钢结构工程施工

课题7.1 钢结构加工机具

7.1.1 测量、画线工具

（1）钢卷尺。常用的有长度为1m、2m的小钢卷尺，长度为5m、10m、15m、20m、30m的大钢卷尺，钢尺的误差为0.5mm。

（2）直角尺。直角尺用于测量两个平面是否垂直和画较短的垂直线。

（3）卡钳。卡钳有内卡钳、外卡钳两种，如图7.1所示。内卡钳用于测量孔内径或槽道大小，外卡钳用于量零件的厚度和圆柱形零件的外径等。内、外卡钳均属间接量具，需用尺确定数值，因此在使用卡钳时应注意铆钉的紧固，不能松动，以免造成测量错误。

（4）画针。画针一般由中碳钢锻制而成，用于较精确零件画线，如图7.2所示。

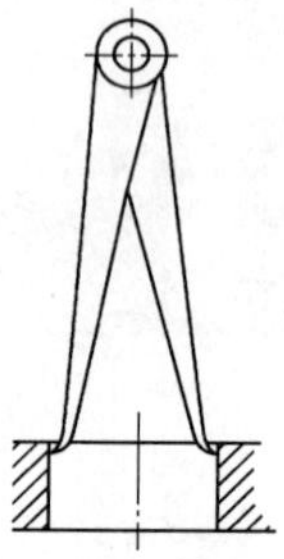

(a)内卡钳　　(b)外卡钳

图7.1　卡钳

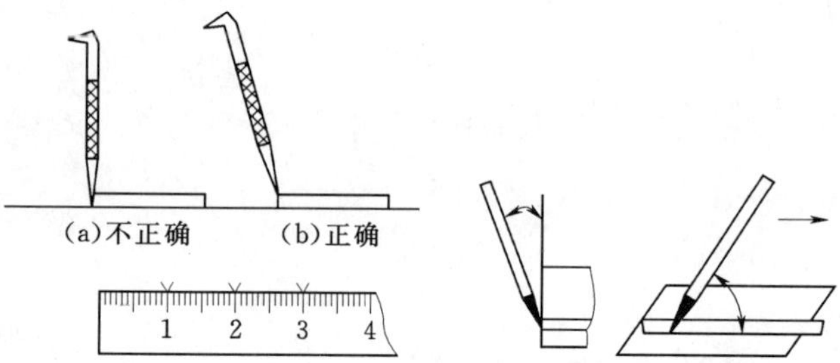

(c)表示正确用尺画线方向　　(d)画线时应倾斜角度

图7.2　画针示意图

（5）画规及地规。画规是画圆弧和圆的工具，如图7.3（a）所示。制造画规时为保证规尖的硬度，应将规尖进行淬火处理。地规由两个地规体和一条规杆组成，用于画较大圆弧，如图7.3（b）所示。

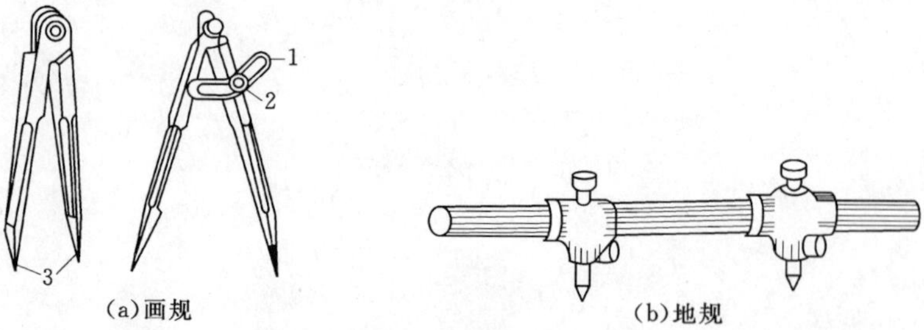

(a)画规　　(b)地规

图7.3　画规示意图

1—弧片；2—制动螺栓；3—淬火处

（6）样冲。样冲多用高碳钢制成，其尖端磨成 60°角，并需淬火。样冲是用来在零件上冲打标记的工具，如图 7.4 所示。

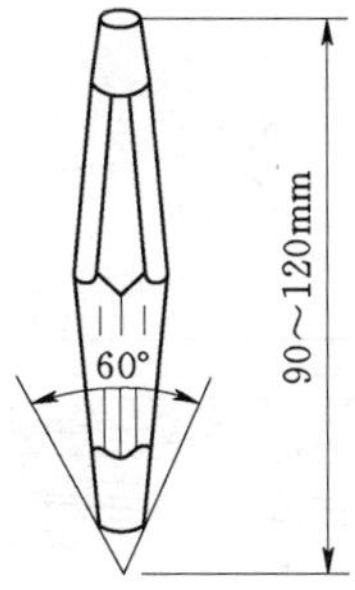

图 7.4　样冲

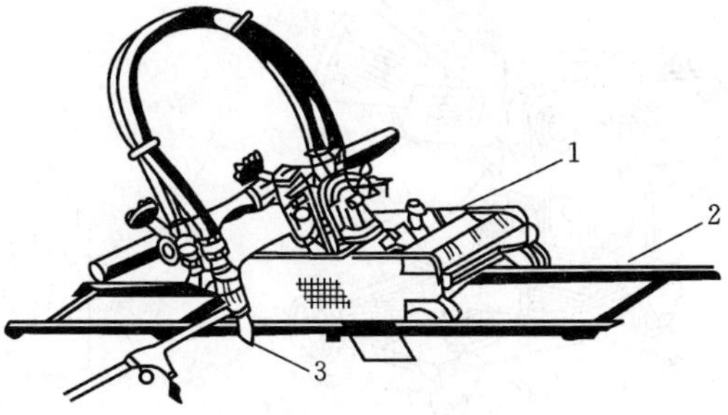

图 7.5　半自动切割机

1—气割小车；2—轨道；3—切割嘴

7.1.2　切割、切削机具

（1）半自动切割机。图 7.5 为半自动切割机的一种，它由可调速的电动机拖动，沿着轨道直线运行，或做圆运动，这样切割嘴就可以割出直线或圆弧。

（2）风动砂轮机。风动砂轮机以压缩空气为动力，携带方便，使用安全可靠，因而得到广泛的应用。风动砂轮机的外形如图 7.6 所示。

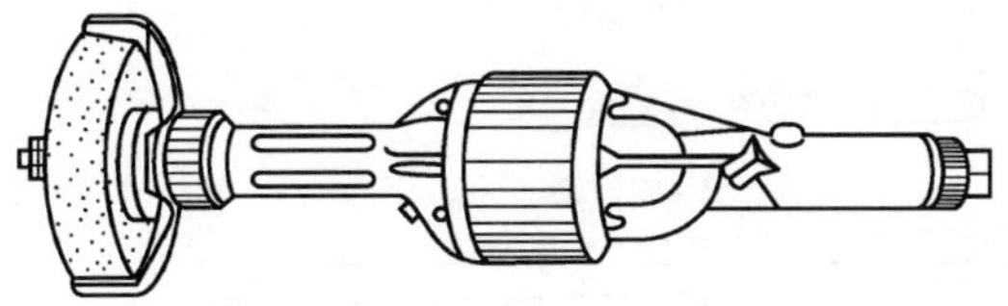

图 7.6　风动砂轮机

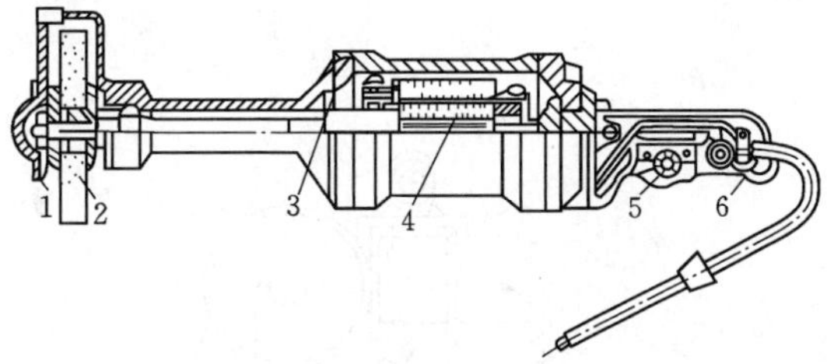

图 7.7　手提式电动砂轮机

1—罩壳；2—砂轮；3—长端盖；4—电动机；5—开关；6—手把

（3）电动砂轮机。电动砂轮机由罩壳、砂轮、长端盖、电动机、开关和手把组成，如图 7.7 所示。

（4）风铲。风铲属风动冲击工具，其具有结构简单、效率高、体积小、重量轻等特点，如图 7.8 所示。

（5）砂轮锯。它是由切割动力头、可转夹钳、中心调整机构及底座等部分组成，如图 7.9 所示。

（6）龙门剪板机。龙门剪板机是板材剪切中应用较广的剪板机，其具有剪切速度快、精度高、使用方便等特点。为防止剪切时钢板移动，床面有压料及栅料装置；为控制剪料的尺寸，前后设有可调节的定位挡板等装置，如图 7.10 所示。

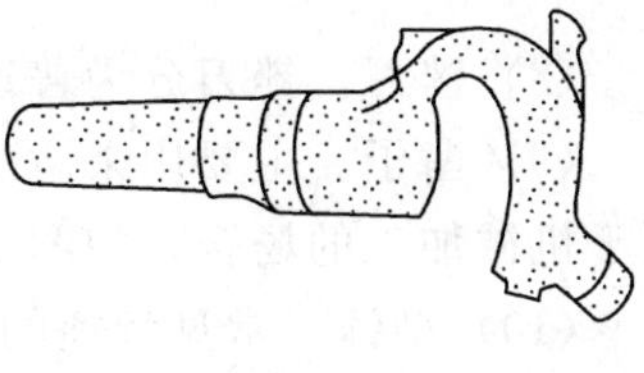

图 7.8　风铲

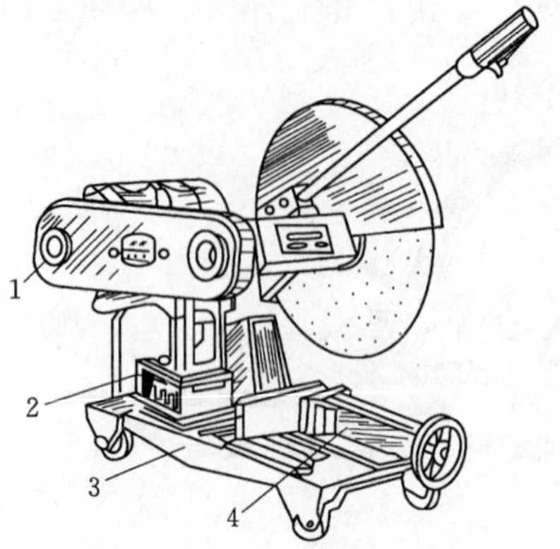

图 7.9 砂轮锯

1—切割动力头；2—中心调整机构；
3—底座；4—可转夹钳

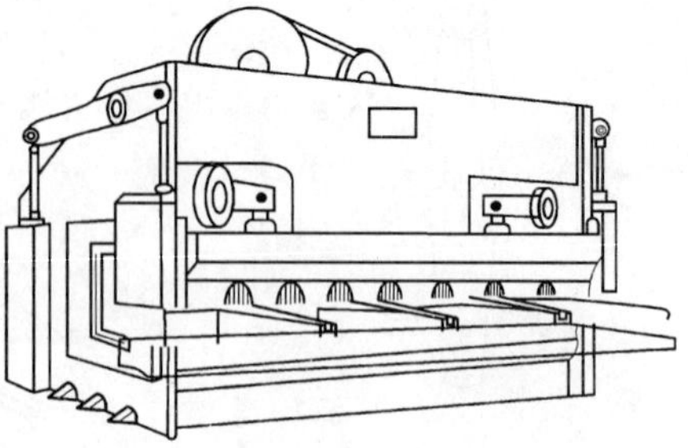

图 7.10 龙门剪板机

(7) 联合冲剪机。联合冲剪机集冲压、剪切、剪断等功能于一体。QA34—25 型联合冲剪机的外形示意图，如图 7.11 所示。型钢剪切头配合相应模具，可以剪断各种型钢；冲头部位配合相应模具，可以完成冲孔、落料等冲压工序；剪切部位可直接剪断扁钢和条状板材料。

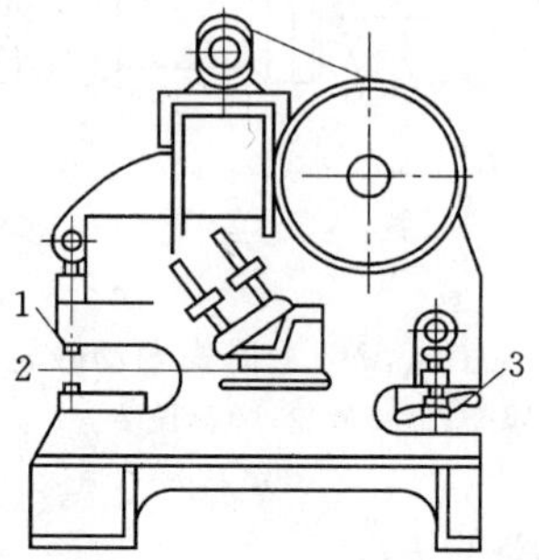

图 7.11 QA34—25 型联合冲剪机

1—型钢剪切头；2—冲头；3—剪切刃

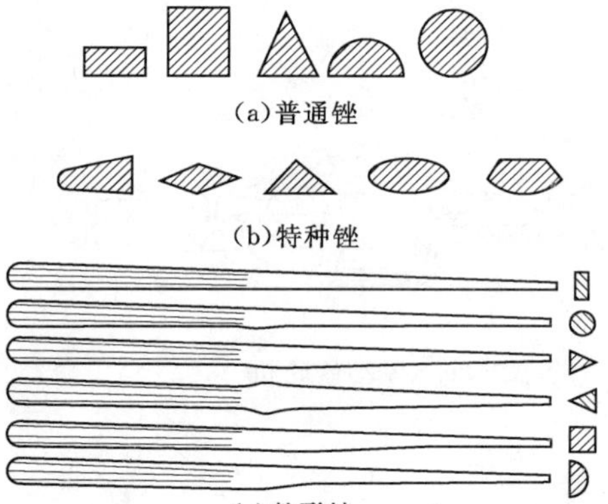

图 7.12 锉刀种类

(8) 锉刀。锉刀分为普通锉、特种锉和整形锉 3 种，如图 7.12 所示。

(9) 凿子。主要用来凿削削除毛坯件表面多余的金属、毛刺、分割材料，切坡口及不便于机械加工的场合，如图 7.13 所示。

(10) 型锤。常见型锤的形状如图 7.14 所示。

7.1.3 其他机具

其他机具主要包括钢尺、游标卡尺、手锯、锤、自动气体切割机、等离子切割机、铣边机、矫正机、数据冲床、冲剪机等。

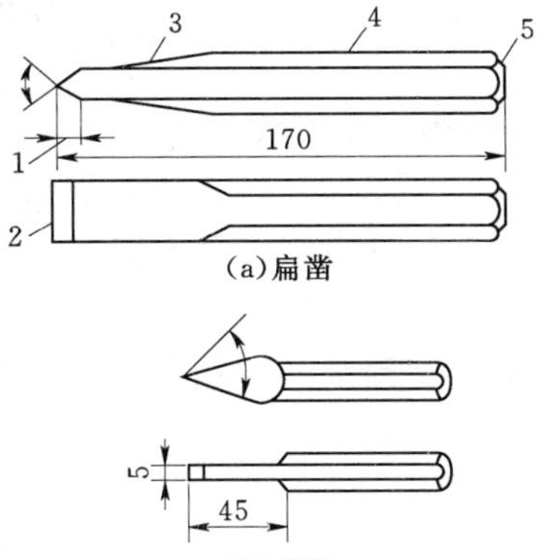

(a)扁凿

(b)狭凿

图 7.13 凿子

1—切削部分；2—切削刀；3—斜面；4—柄；5—头

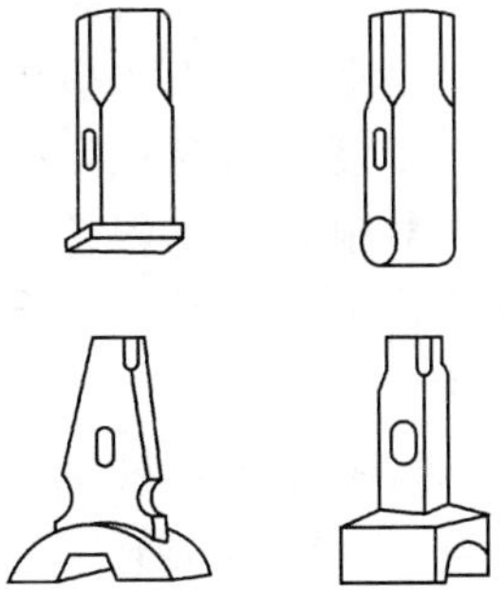
图 7.14 几种常见型锤

课题 7.2 钢结构制作

7.2.1 放样和号料

1. 放样工作内容

放样是钢结构制作工艺中的第一道工序，只有放样尺寸准确，才能避免以后各道加工工序的积累误差，才能保证整个工程的质量。

放样的内容包括核对图样的安装尺寸和孔距；以 1∶1 的大样放出节点；核对各部分的尺寸；制作样板和样杆作为下料、弯制、铣、刨、制孔等加工的依据。

放样时以 1∶1 的比例在放样台上利用几何作图方法弹出大样。放样检查无误后，用铁皮或塑料板制作样板，用木杆、钢皮或扁铁制作样杆。样板、样杆上应注明工号、图号、零件号、数量及加工边、坡口部位、弯折线和弯折方向、孔径和滚圆半径等。然后用样板、样杆进行号料，如图 7.15 所示。样板、样杆应妥善保存，直至下料结束以后。

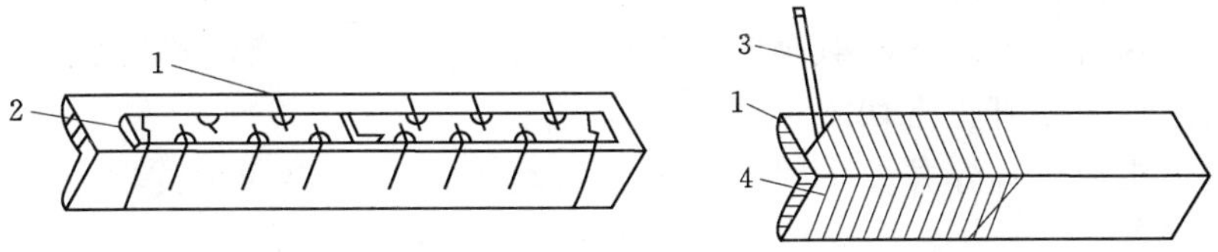

(a)样杆号孔

(b)样板号料

图 7.15 样板号料

1—角钢；2—样杆；3—画针；4—样板

2. 号料工作的内容

号料的工作内容包括检查核对材料，在材料上画出切割、铣、刨、弯曲、钻孔等加工位置，打冲孔，标出零件编号等。

钢材如有较大弯曲等问题时应先矫正，根据配料表和样板进行套裁，尽可能节约材料。当工艺有规定时，应按规定的方向进行取料，号料应有利于切割和保证零件质量。

3. 放样和号料用工具

放样和号料用工具及设备有：画针、冲子、手锤、粉线、弯尺、直尺、钢卷尺、大钢卷尺、剪子、小型剪板机、折弯机。

用作计量长度的钢盘尺，必须经授权的计量单位计量，且附有偏差卡片，使用时按偏差卡片的记录数值核对其误差数。

结构制作、安装、验收及土建施工用的量具，必须用同一标准进行鉴定，且应具有相同的精度要求。

4. 放样号料应注意的问题

(1) 放样时，铣、刨的工作要考虑加工余量，焊接构件要按工艺要求放出焊接收缩量，高层钢结构的框架柱尚应预留弹性压缩量。

(2) 号料时要根据切割方法留出适当的切割余量。

(3) 如果图样要求桁架起拱，放样时上、下弦应同时起拱，起拱后垂直杆的方向仍然垂直于水平线，而不与下弧杆垂直。

(4) 样板、号料的容许偏差满足要求。

7.2.2 切割

钢材下料切割方法有剪切、冲切、锯切、气割等。施工中采用哪种方法应该根据具体要求和实际条件选用。切割后钢材不得有分层，断面上不得有裂纹，应清除切口处的毛刺、溶渣和飞溅物。气割和机械剪切的容许偏差应符合规定。

1. 气割

氧割或气割是以氧气与燃料燃烧时产生的高温来熔化钢材，并借喷射压力将溶渣吹去，造成割缝，达到切割金属的目的。但熔点高于火焰温度或难于氧化的材料，则不宜采用气割。氧与各种燃料燃烧时的火焰温度在2000～3200℃。气割能切割各种厚度的钢材，设备灵活、费用经济、切割精度也高，是目前广泛使用的切割方法。气割按切割设备分类可分为手工气割、半自动气割、仿型气割、多头气割、数控气割和光电跟踪气割。手工气割操作要点。

(1) 首先点燃割炬，随即调整火焰。

(2) 开始切割时，打开切割氧阀门，观察切割氧流线的形状，若为笔直而清晰的圆柱体，并有适当的长度即可正常切割。

(3) 发现嘴头产生鸣爆并发生回火现象，可能因嘴头过热或堵住，或乙炔供应不及，此时需马上处理。

(4) 临近终点时，嘴头应向前进的反方向倾斜，以利于钢板的下部提前割透，使收尾时割缝整齐。

(5) 当切割结束时应迅速关闭切割氧气阀门，并将割炬抬起，再关闭乙炔阀门，最后关闭预热氧阀门。

2. 机械切割

(1) 带锯机床。带锯机床适用于切断型钢及型钢构件，其效率高，切割精度高。

(2) 砂轮锯。砂轮锯适用于切割薄壁型钢及小型钢管，其切口光滑、生刺较薄、易清除，噪声大、粉尘多。

(3) 无齿锯。无齿锯是依靠高速摩擦而使工件熔化，形成切口，适用于精度要求较低的构件。其切割速度快，噪声大。

(4) 剪板机、型钢冲剪机。此法适用于薄钢板、压型钢板等，其具有切割速度快、切口整齐、效率高等特点，剪刀必须锋利，剪切时调整刀片间隙。

3. 等离子切割

等离子切割适用于不锈钢、铝、铜及其合金等，在一些尖端技术上应用广泛。其具有切割温度高、冲刷力大、切割边质量好、变形小、可以切割任何高熔点金属等特点。

7.2.3　矫正和成型

7.2.3.1　矫正

在钢结构制作过程中，由于原材料变形、切割变形、焊接变形、运输变形等对构件的制作及安装造成影响。矫正是造成新的变形，去抵消已经发生的变形。型钢的矫正分机械矫正、手工矫正、火焰矫正等。

型钢机械矫正是在矫正机上进行，在使用时要根据矫正机的技术性能和实际使用情况进行选择。手工矫正多数用在小规格的各种型钢上，依靠锤击力进行矫正。火焰矫正法是在构件局部用火焰加热，利用金属热胀冷缩的物理性能，冷却时产生很大的冷缩应力来矫正变形。

型钢矫正前首先要确定弯曲点的位置，这是矫正工作不可缺少的步骤。目测法是目前常用的找弯方法，确定型钢的弯曲点时应注意型钢自重下沉产生的弯曲影响，对于较长的型钢要放在水平面上，用拉线法测量。型钢矫正后的容许偏差见表 7.1。

表 7.1　钢材矫正的容许偏差

项次	偏差名称		示意图	容许偏差
1	钢板、扁钢的局部挠曲矢高 f		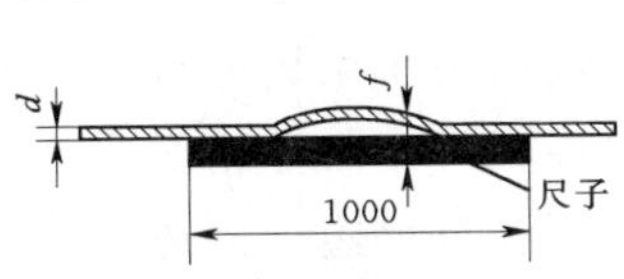	在 1m 范围内 $d>14$，$f\leqslant1.0$，$d\leqslant14$，$f\leqslant1.5$
2	角钢、工字钢、槽钢挠曲矢高 f			长度的 1/1000，但不大于 5mm
3	角钢肢的垂直度 D		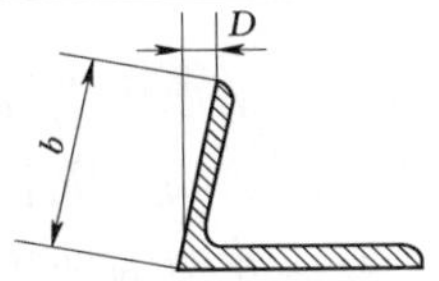	$D\leqslant b/100$，但双肢铆接连接时角钢的角度不得大于 90°
4	翼缘对腹板的垂直度 D	槽钢	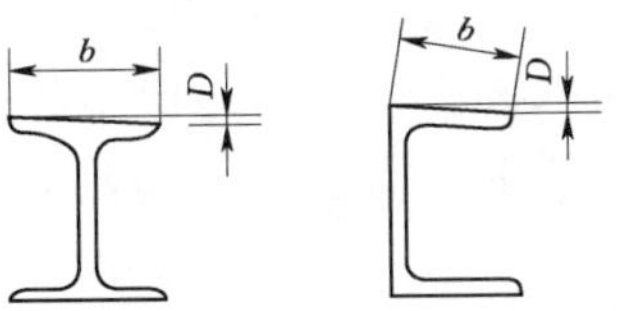	$D\leqslant b/80$（槽钢）
		工字钢 H 形钢		$D\leqslant b/100$，且不大于 2.0（工字钢、H 形钢）

7.2.3.2　弯曲成型

型钢冷弯曲的工艺方法有滚圆机滚弯、压力机压弯、还有顶弯、拉弯等，先按型材的截面形状、材质规格及弯曲半径制作相应的胎模，经试弯符合要求方准加工。钢结构零件、部件在冷矫正和冷弯曲时，最小曲率半径和最大弯曲矢高应符合验收规范要求。

1. 钢板卷曲

钢板卷曲通过旋转辊轴对板料连接三点进行弯曲形成的。当制件曲率半径较大时，可在常温状态下卷曲；如曲率半径较小或钢板较厚时，需对钢板加热后进行。钢板卷曲按其卷曲类型可分为单曲率卷制（见图7.16）和双曲率卷制。单曲率卷制包括对圆柱面、圆锥面和任意柱面的卷制，操作简便，较常用。双曲率卷制可实现球面、双曲面的卷制，制作工艺较复杂。钢板卷曲工艺包括预弯、对中和卷曲三个过程。

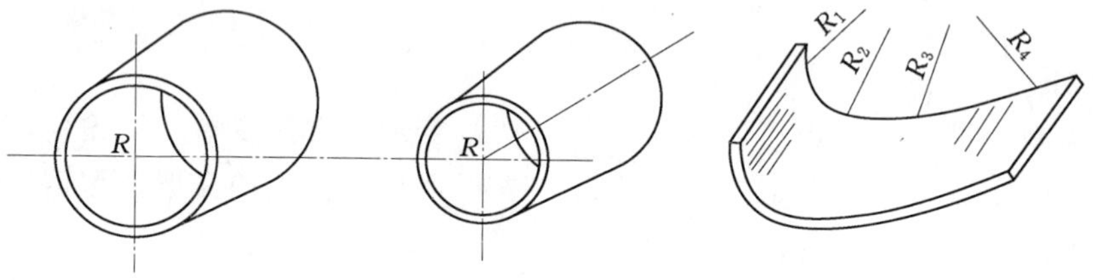

(a)圆柱面卷曲　(b)圆锥面卷曲　(c)任意柱面卷曲

图7.16 单曲率制钢板的卷曲

2. 型材弯曲

型材弯曲包括型钢的弯曲和钢管的弯曲。

3. 边缘加工

在钢结构制造中，经过剪切或气割的钢板边缘，其内部结构会发生硬化和变态。为了保证桥梁或重型吊车梁等重型构件的质量，需要对边缘进行加工，其刨切量不应小于2mm。此外，为了保证焊缝质量，考虑到装配的准确性，要将钢板边缘刨成或铲成坡口，往往还要将边缘刨直或镜平。

一般需要做边缘加工的部位包括吊车梁翼缘板、支座支撑面等具有工艺性要求的加工面，设计图样中有技术要求的焊接坡口；尺寸精度要求严格的加劲板、隔板、腹板及有孔眼的节点板等。常用的边缘加工方法有铲边、刨边、镜力和电气刨边四种。

7.2.4 边缘加工

钢吊车梁翼缘板的边缘、钢柱脚和肩梁承压支撑面以及其他图样要求的加工面，焊接对接口、坡口的边缘，尺寸要求严格的加筋肋、隔板、腹板和有孔眼的节点板，以及由于切割方法产生硬化等缺陷的边缘。一般需要边缘加工，采用精密切割就可代替刨铣加工。

常用的边缘加工方法有铲边、刨边、铣边、切割等。对加工质量要求不高并且工作量不大的采用铲边，有手工铲边和机械铲边。刨边使用的是刨边机，由刨刀来切削板材的边缘。铣边机比刨边机工效高、能耗少、质量优。切割有碳弧气刨、半自动与自动气割机、坡口机等方法。

7.2.5 制孔

高强度螺栓的采用，使孔加工在钢结构制造中占有很大比重，在精度上要求也越来越高。

1. 制孔的质量

(1) 精制螺栓孔。精制螺栓孔（A、B级螺栓孔—Ⅰ类孔）的直径应与螺栓公称直径相等，孔应具有 H12 的精度，孔壁表面粗糙度 $R_a \leqslant 12.5\mu m$。其孔径容许偏差应符合规定。

(2) 普通螺栓孔。普通螺栓孔（C级螺栓孔—Ⅱ类孔）包括高强度螺栓（大六角头螺栓、扭剪型螺栓等）、普通螺钉孔、半圆头铆钉等的孔。其孔直径应比螺栓杆、钉杆的公称直径大 1.0～3.0mm，孔壁粗糙度 $R_a \leqslant 25\mu m$。孔的容许偏差应符合要求。

(3) 孔距。螺栓孔孔距的容许偏差应符合规定。如果超过偏差，应采用与母材材质相匹配的焊条补焊后重新制孔。

2. 制孔的方法

常用的制孔方法有钻孔和冲孔两种方法。钻孔是钢结构制作中普遍采用的方法。冲孔是冲孔设备靠冲裁力产生的孔，孔壁质量最差，在钢结构制作中已较少采用。

钻孔有人工钻孔和机床钻孔。人工钻孔多用于钻直径较小、料较薄的孔；机床钻孔施钻方便快捷，精度高。钻孔前先选钻头，再根据钻孔的位置和尺寸情况选择相应钻孔设备。

除了钻孔之外，还有扩孔、锪孔、铰孔等。扩孔是将已有孔眼扩大到需要的直径，锪孔是将已钻好的孔上表面加工成一定形状的孔，铰孔是将已经粗加工的孔进行精加工以提高孔的光洁度和精度。

7.2.6 组装

组装亦称装配、组拼，是把加工好的零件按照施工图的要求拼装成单个构件。钢构件的大小应根据运输道路、现场条件、运输和安装单位的机械设备能力与结构受力的允许条件等来确定。

1. 一般要求

(1) 钢构件组装应在平台上进行，平台应测平。用于装配的组装架及胎模要牢固地固定在平台上。

(2) 组装工作开始前要编制组装顺序表，组拼时严格按照顺序表所规定的顺序进行。

(3) 组装时，要根据零件加工编号，严格检验核对其材质、外形尺寸，毛刺飞边要清除干净，对称零件要注意方向，避免错装。

(4) 对于尺寸较大、形状较复杂的构件，应先分成几个部分组装成简单组件，再逐渐拼成整个构件，并注意先组装内部组件，再组装外部组件。

(5) 组装好的构件或结构单元，应按图样的规定对构件进行编号，并标注构件的重量、重心位置、定位中心线、标高基准线等。构件编号位置要在明显易查处，大构件要在三个面上都编号。

2. 焊接连接的构件组装

(1) 根据图纸尺寸，在平台上画出构件的位置线，焊上组装架及胎模夹具。组装架离平台面不小于 50mm，并用卡兰、左右螺旋丝杠或梯形螺纹，作为夹紧调整零件的工具。

(2) 每个构件的主要零件位置调整好并检查合格后，把全部零件组装上并进行点焊，使之定形。在零件定位前，要留出焊缝收缩量及变形量。高层建筑钢结构的柱子，两端除增加焊接收缩量的长度之外，还必须增加构件安装后荷载压缩变形量，并留好构件端头和支撑点铣平的加工余量。

(3) 为了减少焊接变形，应该选择合理的焊接顺序。如对称法、分段逆向焊接法、跳焊法等。在保证焊缝质量的前提下，采用适量的电流，快速施焊，以减小热影响区和温度差，减小焊接变形和焊接应力。

7.2.7 表面处理

1. 高强度螺栓摩擦面的处理

采用高强度螺栓连接时，应对构件摩擦面进行加工处理。摩擦面处理后的抗滑移系数必须符合设计文件的要求。

摩擦面的处理方法一般有喷砂、酸洗、砂轮打磨等几种，其中喷砂处理过的摩擦面的抗滑移系数值较高，离散率较小。处理好的摩擦面严禁有飞边、毛刺、焊疤和污损等，不得涂油漆，在运输过程中防止摩擦面损伤。

构件出厂前应按批做试件检验抗滑移系数，试件的处理方法应与构件相同，检验的最小数值应符合设计要求，并附3组试件供安装时复验抗滑移系数。

2. 构件成品的防腐涂装

钢结构构件在加工验收合格后，应进行防腐涂料涂装。但构件焊缝连接处、高强度螺栓摩擦面处不能作防腐涂装，应在现场安装完后，再补刷防腐涂料。

7.2.8 构件成品验收

钢结构构件制作完成后，应根据《钢结构工程施工质量验收规范》（GB 50205—2001）及其他相关规范、规程的规定进行成品验收。钢结构构件加工制作质量验收，可按相应的钢结构制作工程或钢结构安装工程检验批的划分原则划分为一个或若干个检验批进行。

构件出厂时，应提交产品质量证明（构件合格证）和下列技术文件：

(1) 钢结构施工详图，设计更改文件，制作过程中的技术协商文件。

(2) 钢材、焊接材料及高强度螺栓的质量证明书，以及必要的实验报告。

(3) 钢零件及钢部件加工质量检验记录。

(4) 高强度螺栓连接质量检验记录，包括构件摩擦面处抗滑移系数的试验报告。

(5) 焊接质量检验记录。

(6) 构件组装质量检验记录。

课题7.3 钢结构连接

7.3.1 焊接施工

1. 焊接方法选择

焊接是钢结构使用最主要的连接方法之一。焊接的方法很多，一般常用的是电弧焊。利用电弧作为热源的熔焊方法，称为电弧焊。可分为手工电弧焊、埋弧自动焊和气体保护焊等三种。手工自动焊的最大优点是设备简单，应用灵活、方便，适用面广，可焊接各种焊接位置和直缝、环缝及各种曲线焊缝，尤其适用于操作不变的场合和短小焊缝的焊接；埋弧自动焊具有生产率高、焊缝质量好、劳动条件好等特点；气体保护焊具有保护效果好、电弧稳定、热量集中等特点。焊接的类型、特点和适用范围见表 7.2。

表 7.2 钢 结 构 电 弧 焊

焊接的类型		特 点	适用范围
手工电弧焊	交流焊机	利用焊条与焊件之间产生的电弧热焊接，设备简单，操作灵活，可进行各种位置的焊接，是建筑工地应用最广泛的焊接方法	焊接普通钢结构
	直流焊机	焊接技术与交流焊机相同，成本比交流焊机高，但焊接时电弧稳定	焊接要求较高的钢结构
埋弧自动焊	埋弧自动焊	利用埋在焊剂层下的电弧热焊接，效率高，质量好，操作技术要求低，劳动条件好，是大型构件制作中应用最广的高效焊接方法	焊接长度较大的对接、贴角焊缝，一般是有规律的直焊缝
	半自动焊	与埋弧自动焊基本相同，操作灵活，但使用不够方便	焊接较短的或弯曲的对接、贴角焊缝
气体保护焊	CO_2 气体保护焊	用 CO_2 保护的实心焊丝或药芯焊接，设备简单，操作简便，焊接效率高，质量好	用于构件长焊缝的自动焊
	熔化极气体保护焊	采用可熔化的焊丝与被焊工件之间的电弧作为热源来熔化焊丝与母材金属，可以提高电弧稳定性和焊接效率	应用于碳钢和某些低合金钢的焊接

2. 焊接工艺要点

(1) 焊接工艺设计。确定焊接方式、焊接参数及焊条、焊丝、焊剂的规格、型号等。

(2) 焊条烘烤。焊条和粉芯焊丝使用前必须按质量要求进行烘焙，低氢型焊条经过烘焙后，应放在保温箱内随用随取。

(3) 定位点焊。焊接结构在拼接、组装时要确定零件的准确位置，要先进行定位点焊。定位点焊的长度、厚度应由计算确定。电流要比正式焊接提高 10%～15%，定位点焊的位置应尽量避开构件的端部、边角等应力集中的地方。

(4) 焊前预热。预热可降低热影响区冷却速度，防止焊接延迟裂纹的产生。预热区在焊缝两侧，每侧宽度均应大于焊件厚度的 1.5 倍以上，且不应小于 100mm。

(5) 焊接顺序确定。一般从焊件的中心开始向四周扩展；先焊收缩量大的焊缝，后焊收缩小的焊缝；尽量对称施焊；焊缝相交时，先焊纵向焊缝，待冷却至常温后，再焊横向焊缝；钢板较厚时分层施焊。

(6) 焊后热处理。焊后热处理主要是对焊缝进行脱氢处理，以防止冷裂纹的产生。后热处理应在焊后立即进行，保温时间应根据板厚按每 25mm 板厚 1h 确定。预热及后热均可采用散发式火焰枪进行。

7.3.2 高强度螺栓连接施工

高强度螺栓连接是目前与焊接并举的钢结构主要连接方法之一。其特点是施工方便、可拆可换、传力均匀、接头刚性好，承载能力大，疲劳强度高，螺母不易松动，结构安全可靠。高强度螺栓从外形上可分为大六角头高强度螺栓（即扭矩形高强度螺栓）和扭剪型高强度螺栓两种。高强度螺栓和与之配套的螺母、垫圈总称为高强度螺栓连接副。

7.3.2.1　一般要求

（1）高强度螺栓使用前，应按有关规定对高强度螺栓的各项性能进行检验。运输过程中应轻装轻卸，防止损坏。当包装破损，螺栓有污染等异常现象时，应用煤油清洗，并按高强度螺栓验收规程进行复验，经复验扭矩系数合格后方能使用。

（2）工地储存高强度螺栓时，应放在干燥、通风、防雨、防潮的仓库内，并不得沾染脏物。

（3）安装时，应按当天需用量领取，当天没有用完的螺栓，必须装回容器内，妥善保管，不得乱扔、乱放。

（4）安装高强度螺栓时，接头摩擦面上不允许有毛刺、铁屑、油污、焊接飞溅物。摩擦面应干燥，没有结露、积霜、积雪，并不得在雨天进行安装。

（5）使用定扭矩扳子紧固高强度螺栓时，每天都应对定扭矩扳子进行校核，合格后方能使用。

7.3.2.2　安装工艺

（1）一个接头上的高强度螺栓连接，应从螺栓群中部开始安装，向四周扩展，逐个拧紧。对于扭矩型高强度螺栓的初拧、复拧、终拧，每完成一次应涂上相应的颜色或标记，以防漏拧。

（2）接头如有高强度螺栓连接又有焊接连接时，宜按先栓后焊的方式施工，先终拧完高强度螺栓再焊接焊缝。

（3）高强度螺栓应自由穿入螺栓孔内，当板层发生错孔时，允许用铰刀扩孔。扩孔时，铁屑不得掉入板层间。扩孔数量不得超过一个接头螺栓的1/3，扩孔后的孔径不应大于1.2d（d为螺栓直径）。严禁使用气割进行高强度螺栓孔的扩孔。

（4）一个接头多个高强度螺栓穿入方向应一致。垫圈有倒角的一侧应朝向螺栓头和螺母，螺母有圆台的一面应朝向垫圈，螺母和垫圈不应装反。

（5）高强度螺栓连接副在终拧以后，螺栓丝扣外露应为2～3扣，其中允许有10%的螺栓丝扣外露1扣或4扣。

7.3.2.3　紧固方法

1. 大六角头高强度螺栓连接副紧固

大六角头高强度螺栓连接副一般采用扭矩法和转角法紧固。

（1）扭矩法。使用可直接显示扭矩值的专用扳手，分初拧和终拧两次拧紧。初拧扭矩为终拧扭矩的60%～80%，其目的是通过初拧，使接头各层钢板达到充分密贴，终拧扭矩把螺栓拧紧。

（2）转角法。根据构件紧密接触后，螺母的旋转角度与螺栓的预拉力成正比的关系确定的一种方法。操作时分初拧和终拧两次施拧。初拧可用短扳手施拧，使构件靠拢，并作标记。终拧用长扳手将螺母从标记位置拧至规定的终拧位置。转动角度的大小在施工前由试验确定。

2. 扭剪型高强度螺栓紧固

扭剪型高强度螺栓有一特制尾部，采用带有两个套筒的专用电动扳手紧固。紧固时用专用扳手的两个套筒分别套住螺母和螺栓尾部的梅花头，接通电源后，两个套筒按反向旋转，拧断尾部后即达相应的扭矩值。一般用定扭矩扳手初拧，用专用电动扳手终拧。

课题 7.4 钢结构安装

7.4.1 钢结构工程安装一般要求

钢结构安装前应进行图纸会审，对施工的场地条件、钢构件核查等相关作业条件进行准备布置，以便于钢结构施工安装工作的顺利开展。

钢结构安装施工中除了起重设备外，还需采用用于校正构件安装偏差的千斤顶、用于垂直起吊的卷扬机、用于固定缆风绳的地锚、用于起吊轻型构件的倒链等索具设备。

7.4.1.1 钢结构工程安装方法

钢结构工程安装方法有分件安装法、节间安装法和综合安装法。

1. 分件安装法

分件安装法是指起重机在节间内每开行一次仅安装一种或两种构件。如起重机第一次开行中先吊装全部柱子，并进行校正和最后固定。然后依次吊装地梁、柱间支撑、墙梁、吊车梁、托架（托梁）、屋架、天窗架、屋面支撑和墙板等构件，直至整个建筑物吊装完成。有时屋面板的吊装也可在屋面上单独用桅杆或层面小吊车来进行。

分件安装法的优点是起重机在每次开行中仅吊装一类构件，吊装内容单一，准备工作简单，校正方便，吊装效率高；有充分时间进行校正；构件可分类在现场按顺序预制、排放，场外构件可按先后顺序组织供应；构件预制吊装、运输、排放条件好，易于布置；可选用起重量较小的起重机械，可利用改变起重臂杆长度的方法分别满足各类构件吊装重量和起升高度的要求。缺点是起重机开行频繁，机械台班费用增加；起重机开行路线长；起重臂长度改变需一定的时间；不能按节间吊装，不能为后续工程及早提供工作面，阻碍了工序的穿插；相对的吊装工期较长；屋面板吊装有时需要有辅助机械设备。

分件吊装法适用于一般中小型厂房的吊装。

2. 节间安装法

节间安装法是指起重机在厂房内一次开行中，分节间依次安装所有各类型构件，即先吊装一个节间柱子，并立即加以校正和最后固定，然后接着吊装地梁、柱间支撑、墙梁（连续梁）、吊车梁、走道板、柱头系统、托架（托梁）、屋架、天窗架、屋面支撑系统、屋面板和墙板等构件。一个（或几个）节间的全部构件吊装完毕后，起重机行进至下一个（或几个）节间，再进行下一个（或几个）节间全部构件吊装，直至吊装完成。

节间安装法的优点是起重机开行路线短，起重机停机点少，停机一次可以完成一个（或几个）节间全部构件安装工作，可为后期工程及早提供工作面，可组织交叉平行流水作业，缩短工期；构件制作和吊装误差能及时发现并纠正；吊装完一节间，校正固定一节间，结构整体稳定性好，有利于保证工程质量。缺点是需用起重量大的起重机同时吊各类构件，不能充分发挥起重机效率，无法组织单一构件连续作业；各类构件需交叉配合，场地构件堆放拥挤，吊具、索具更换频繁，准备工作复杂；校正工作零碎，困难；柱子固定时间较长，难以组织连续作业，使吊装时间延长，降低吊装效率；操作面窄，易发生安全事故。

节间安装法适用于采用回转式桅杆进行吊装，有特殊要求的结构（如门式框架）或由于某种原因需要局部特殊施工（如急需施工地下设施）的结构。

3. 综合安装法

综合安装法是将全部或一个区段的柱头以下部分的构件用分件吊装法吊装，即柱子吊装完毕并校正固定，再按顺序吊装地梁、柱间支撑、吊车梁、走道板、墙梁、托架（托梁），接着按节间综合吊装屋架、天窗架、屋面支撑系统和屋面板等屋面结构构件。整个吊装过程可按三次流水进行，根据结构特性有时也可采用两次流水，即先吊装柱子，然后分节间吊装其他构件。吊装时通常采用两台起重机，一台起重量大的起重机用来吊装柱子、吊车梁、托架和屋面结构系统等，另一台用来吊装柱间支撑、走道板、地梁、墙梁等构件并承担构件卸车和就位排放工作。

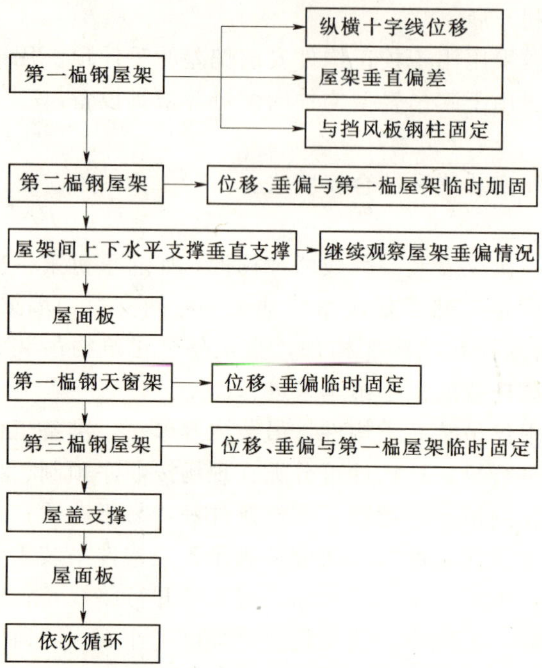

图7.17　平面构件吊装顺序工艺流程图

综合安装法结合了分件安装法和节间安装法的优点，能最大限度地发挥起重机的能力和效率，缩短工期，是广泛采用的一种安装方法。

7.4.1.2　钢结构工程安装工艺顺序及流水段划分

吊装顺序是先吊装竖向构件，后吊装平面构件。竖向构件吊装顺序为柱—连系梁—柱间支撑—吊车梁—托架等；单种构件吊装流水作业，既保证体系纵列形成排架，稳定性好，又能提高生产效率；平面构件吊装顺序主要以形成空间结构稳定体系为原则，工艺流程如图7.17所示。

平面流水段的划分应考虑钢结构在安装过程中的对称性和稳定性；立面流水以一节钢柱为单元。每个单元以主梁或钢支撑安装成框架为原则，其次是其他构件的安装。可以采用由一端向另一端进行的吊装顺序，既有利于安装期间结构的稳定，又有利于设备安装单位的进场施工。

履带式起重机跨内开行以综合吊装法吊装两层装配式框架结构的顺序，如图7.18所示。起重机Ⅰ先安装CD跨间第1～2节间柱1～4、梁5～8形成框架后，再吊装楼板9，接着吊装第二层梁10～13和楼板14，完成后起重机后退，依次同次吊装第2～3节，第3～4节间各层构件；起重机Ⅱ安装AB、BC跨柱、梁和楼板，顺序与起重机Ⅰ相同。

塔式起重机跨外开行采用分层分段流水吊装四层框架顺序，划分为四个吊装段进行，

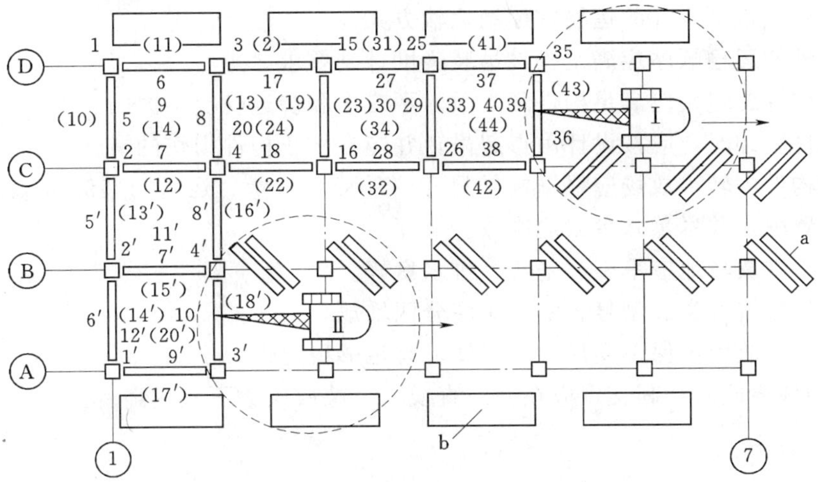

图 7.18　履带式起重机跨内综合吊装法

a—柱预制、堆放场地；b—梁板堆放场地；1～44—起重机Ⅰ的吊装顺序；

1′～20′—起重机Ⅱ的吊装顺序

注：带（ ）的为第 2 层梁板吊装顺序

如图 7.19 所示。起重机先吊装第Ⅰ吊装段的第一层柱 1～14，再吊装梁 15～28，形成框架。接着吊装第Ⅱ吊装段的柱、梁。接着吊装第Ⅰ、Ⅱ吊装段的楼板。接着进行第Ⅲ、Ⅳ吊装段吊装，顺序同前。第一施工层全部吊装完成后，接着进行上层吊装。

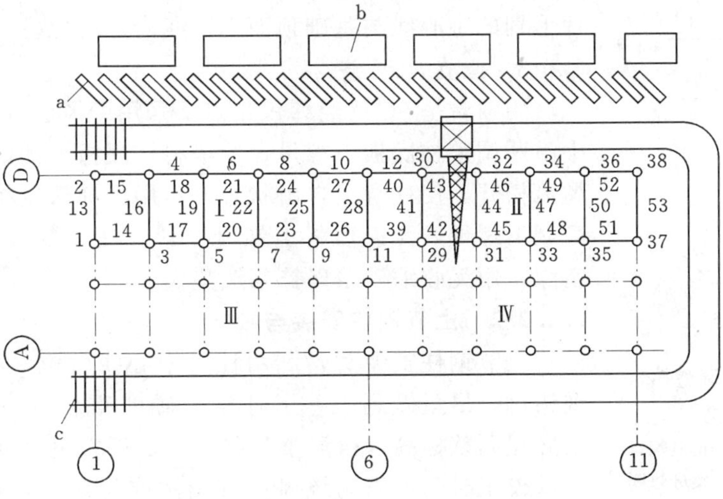

图 7.19　塔式起重机跨外分件吊装法

a—柱预制、堆放场地；b—梁板堆放场地；c—塔式起重机轨道

Ⅰ～Ⅳ—吊装段编号；1～53—构件吊装顺序

7.4.1.3　钢构件的运输和摆放

（1）钢构件的运输可采用公路、铁路或海路运输。运输构件时，应根据构件的长度、重量断面形状、运输形式的要求选用合理运输方式。

(2) 大型或重型构件的运输宜编制运输方案。

(3) 构件的运输顺序应满足构件吊装进度计划要求。

(4) 钢构件的包装应满足构件不失散、不变形和装运稳定牢固的要求。

(5) 构件装卸时，应按设计吊点起吊，并应有防止构件损伤的措施。

(6) 钢构件中转堆放场应根据构件尺寸、外形、重量、运输与装卸机械、场地条件，绘制平面布置图，并尽量减少搬运次数。

(7) 构件堆放场地应平整、坚实、排水良好。

(8) 构件应按种类、型号、安装顺序分区堆放。

(9) 构件堆放应确保不变形、不损坏、有足够稳定性。

(10) 构件叠放时，其支点应在同一直线上，叠放层数不宜过高。

7.4.2 钢柱安装

7.4.2.1 首节钢柱的安装与校正

安装前，应对建筑物的定位轴线、首节柱的安装位置、基础的标高和基础混凝土强度进行复检，合格后才能进行安装。

1. 柱顶标高调整

根据钢柱实际长度和柱底平整度，利用柱子底板下地脚螺栓上的调整螺母调整柱底标高，以精确控制柱顶标高如图7.20所示。

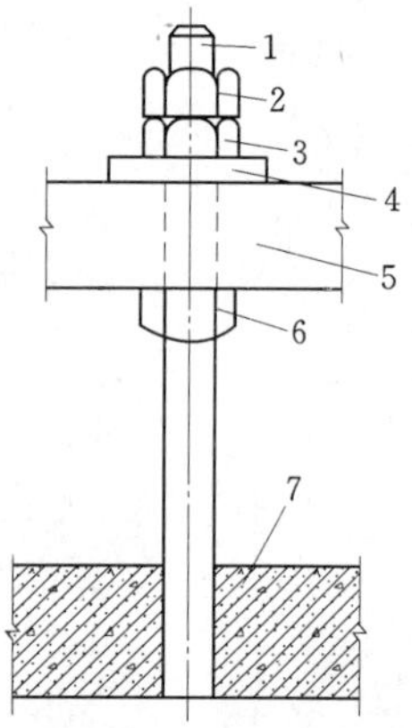

图7.20 采用调整螺母控制标高

1—地脚螺栓；2—止退螺母；3—紧固螺母；4—螺母垫圈；5—柱子底板；6—调整螺母；7—钢筋混凝土基础

2. 纵横十字线对正

首节钢柱在起重机吊钩不脱钩的情况下，利用制作时在钢柱上划的中心线与基础顶面十字线对正就位。

3. 垂直度调整

用两台呈90°的经纬仪投点，采用缆风法校正。在校正过程中不断调整柱底板下螺母，校毕将柱底板上面的两个螺母拧上，缆风松开，使柱身呈自由状态，再用经纬仪复核。如有小偏差，微调下螺母，无误后将上螺母拧紧。柱底板与基础面间预留的空隙，用无收缩砂浆以捻浆法垫实。

7.4.2.2 上节钢柱安装与校正

上节钢柱安装时，利用柱身中心线就位，为使上下柱不出现错口，尽量做到上、下柱定位轴线重合。上节钢柱就位后，按照先调整标高，再调整位移，最后调整垂直度的顺序校正。

校正时，可采用缆风法校正法或无缆风校正法。目前多采用无缆风校正法如图7.21所示，即利用塔吊、钢楔、垫板、撬棍以及千斤顶等工具，在钢柱呈自由状态下进行校正。此法施工简单、校正速度快、易于吊装就位和确保安装精度。为适应无缆风校正法，应特别注意钢柱节点临时连接耳板的构造。上下耳板的间隙宜为15～20mm，以便于插入钢楔。

1. 标高调整

钢柱一般采用相对标高安装，设计标高复核的方法。钢柱吊装就位后，合上连接板，

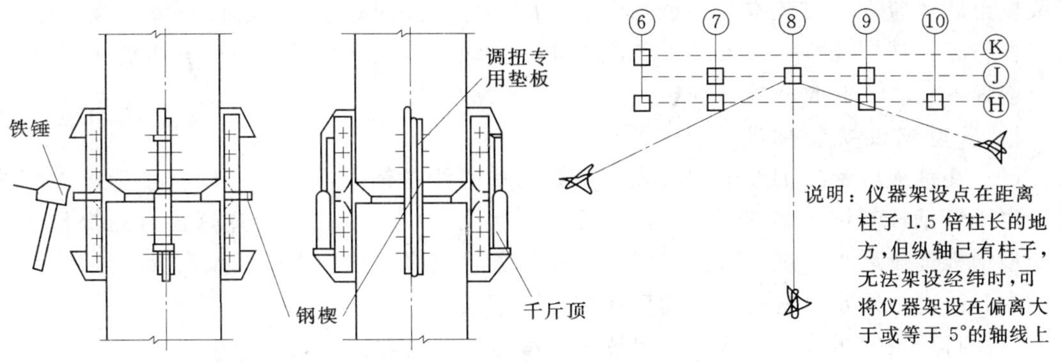

图 7.21 无缆风校正法示意图

穿入大六角高强度螺栓，但不夹紧，通过吊钩起落与撬棍拨动调节上下柱之间间隙。量取上柱柱根标高线与下柱柱头标高线之间的距离，符合要求后在上下耳板间隙中打入钢楔限制钢柱下落。正常情况下，标高偏差调整至零。若钢柱制造误差超过 5mm，则应分次调整。

2. 位移调整

钢柱定位轴线应从地面控制轴线直接引上，不得从下层柱的轴线引上。钢柱轴线偏移时，可在上柱和下柱耳板的不同侧面夹入一定厚度的垫板加以调整，然后微微夹紧柱头临时接头的连接板。钢柱的位移每次只能调整 3mm，若偏差过大只能分次调整。起重机至此可松吊钩。校正位移时应注意防止钢柱扭转。

3. 垂直度调整

用两台经纬仪在相互垂直的位置投点，进行垂直度观测。调整时，在钢柱偏斜方向的同侧锤击钢楔或微微顶升千斤顶，在保证单节柱垂直度符合要求的前提下，将柱顶偏轴线位移校正至零，然后拧紧上下柱临时接头的大六角高强度螺栓至额定扭矩。

注意：为达到调整标高和垂直度的目的，临时接头上的螺栓孔应比螺栓直径大 4.0mm。由于钢柱制造容许误差一般为－1～＋5mm，螺栓孔扩大后能有足够的余量将钢柱校正准确。

7.4.2.3 钢梁的安装与校正

（1）钢梁安装时，同一列柱，应先从中间跨开始对称地向两端扩展；同一跨钢梁，应先安上层梁再安中下层梁。

（2）在安装和校正柱与柱之间的主梁时，可先把柱子撑开，跟踪测量、校正，预留接头焊接收缩量，柱产生的内力在焊接完毕焊缝收缩后也就消失了。

（3）一节柱的各层梁安装好后，应先焊上层主梁后焊下层主梁，以使框架稳固，便于施工。一节柱（三层）的竖向焊接顺序是：上层主梁→下层主梁→中层主梁→上柱与下柱焊接。

每天安装的构件，应形成空间稳定体系，确保安装质量和结构安全。

7.4.3 楼层压型钢板安装

多高层钢结构楼板，一般多采用压型钢板与混凝土叠合层组合而成。一节柱的各层梁安装校正后，应立即安装本节柱范围内的各层楼梯，并铺好各层楼面的压型钢板，进行叠合楼板施工。楼层压型钢板安装工艺流程是：弹线→清板→吊运→布板→切割→压合→侧焊→端焊→封堵→验收→栓钉焊接。

1. 压型钢板安装铺设

(1) 在铺板区弹出钢梁的中心线。主梁的中心线是铺设压型钢板固定位置的控制线，并决定压型钢板与钢梁熔透焊接的焊点位置；次梁的中心线决定熔透焊栓钉的焊接位置。因压型钢板铺设后难以观察次梁翼缘的具体位置，故将次梁的中心线及次梁翼缘反弹在主梁的中心线上，固定栓钉时再将其反弹在压型钢板上。

(2) 将压型钢板分层分区按料单清理、编号，并运至施工指定部位。

(3) 用专用软吊索吊运。吊运时，应保证压型钢板板材整体不变形、局部不卷边。

(4) 按设计要求铺设。压型钢板铺设应平整、顺直、波纹对正，设置位置正确；压型钢板与钢梁的锚固支承长度应符合设计要求，且不应小于50mm。

(5) 采用等离子切割机或剪板钳裁剪边角。裁减放线时，富余量应控制在5mm范围内。

(6) 压型钢板固定。压型钢板与压型钢板侧板间连接采用咬口钳压合，使单片压型钢板间连成整板；然后用点焊将整板侧边及两端头与钢梁固定，最后采用栓钉固定。为了浇筑混凝土时不漏浆，端部肋作封端处理。

2. 栓钉焊接

为使组合楼板与钢梁有效地共同工作，抵抗叠合面间的水平剪力作用，通常采用栓钉穿过压型钢板焊于钢梁上。栓钉焊接的材料与设备有栓钉、焊接瓷环和栓钉焊机。

焊接时，先将焊接用的电源及制动器接上，把栓钉插入焊枪的长口，焊钉下端置入母材上面的瓷环内。按焊枪电钮，栓钉被提升，在瓷环内产生电弧，在电弧发生后规定的时间内，用适当的速度将栓钉插入母材的融池内。焊完后，立即除去瓷环，并在焊缝的周围去掉卷边，检查焊钉焊接部位。栓钉焊接工序如图7.22所示。

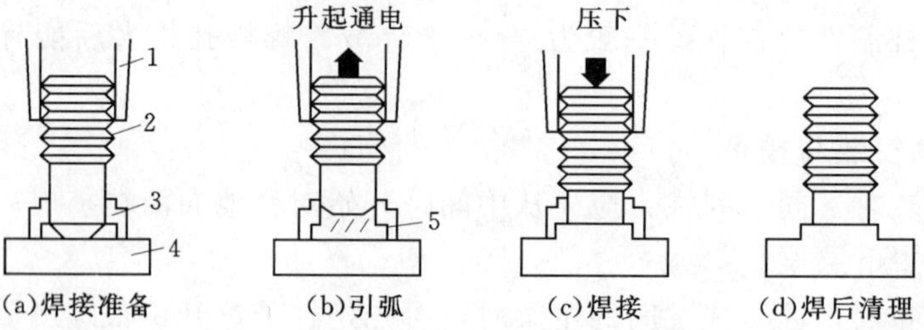

图7.22　栓钉焊接工序

1—焊枪；2—栓钉；3—瓷环；4—母材；5—电弧

栓钉焊接质量检查：

(1) 外观检查栓钉根部焊脚应均匀，焊脚立面的局部未熔合或不足360°焊脚时应进行修补。

(2) 弯曲试验检查栓钉焊接后应进行弯曲试验检查，可用锤击使栓钉从原来轴线弯曲30°或采用特制的导管将栓钉弯成30°，若焊缝及热影响区没有肉眼可见的裂纹，即为合格。

压型钢板及栓钉安装完毕后，即可绑扎钢筋，浇筑混凝土。

7.4.4 轻型门式刚架结构工程

门式刚架结构是大跨度建筑常用的结构形式之一。轻型门式刚架结构是指主要承重结构采用实腹门式刚架，具有轻型屋盖和轻型外墙的单层房屋钢结构。

1. 刚架柱的安装

轻型门式刚架钢柱的安装顺序是：吊装单根钢柱→柱标高调整→纵横十字线位移→垂直度校正。

刚架柱一般采用一点起吊，吊耳放在柱顶处。为防止钢柱变形，也可两点或三点起吊。对于大跨轻型门式刚架变截面H形钢柱，由于柱根小、柱顶大，头重脚轻，且重心是偏心的，因此安装固定后，为防止倾倒必要时需加临时支撑。

2. 刚架斜梁的拼接与安装

轻型门式刚架斜梁的特点是跨度大（构件长）、侧向刚度小，为确保安装质量和安全施工，提高生产效率，减小劳动强度，应根据场地和起重设备条件，最大限度地将扩大拼装工作在地面完成。

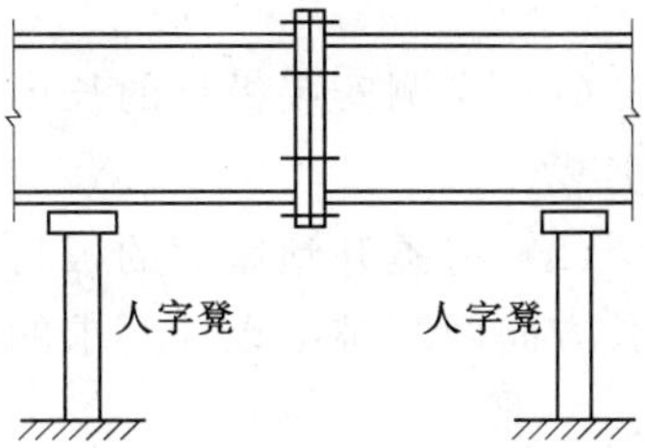

图7.23 斜梁拼接示意

刚架斜梁一般采用立放拼接，拼装程序是：将要拼接的单元放在拼装平台上→找平→拉通线→安装普通螺栓定位→安装高强度螺栓→复核尺寸，如图7.23所示。

斜梁的安装顺序是先从靠近山墙的有柱间支撑的两榀刚架开始，刚架安装完毕后将其间的檩条、支撑、隅撑等全部装好，并检查其垂直度；然后以这两榀刚架为起点，向建筑物另一端顺序安装。除最初安装的两榀刚架外，所有其余刚架间的檩条、墙梁和檐檩的螺栓均应在校准后再拧紧。

斜梁的起吊应选好吊点，大跨度斜梁的吊点须经计算确定。斜梁可选用单机两点、三点或四点起吊，或用铁扁担以减小索具对斜梁产生的压力。对于侧向刚度小、腹板宽厚比大的斜梁，为防止构件扭曲和损坏，应采取多点起吊及双机抬升。图7.24为某工程72m长刚架主梁的吊装示意图。

3. 檩条和墙梁的安装

轻型门式刚架结构的檩条和墙梁，一般采用卷边槽形、Z形冷弯薄壁型钢或高频焊接轻型H形钢。檩条和墙梁通常与焊于刚架斜梁和柱上的角钢支托连接。檩条和墙梁端部与支托的连接螺栓不应少于两个。

4. 彩板围护结构安装

轻型门式刚架结构中，目前主要采用彩色钢板夹芯板（亦称彩钢保温板）作围护结构。彩板夹芯板按功能不同分为屋面夹芯板和墙面夹芯板。屋面板和墙面板的边缘部位，要设置彩板配件用来防风雨和装饰建筑外形。屋面配件有屋脊件、封檐件、山墙封边件、高低跨泛水件、天窗泛水件、屋面洞口泛水件等；墙面配件有转角件、板底泛水件、板顶封边件、门窗洞口包边件等。板材安装方法如下：

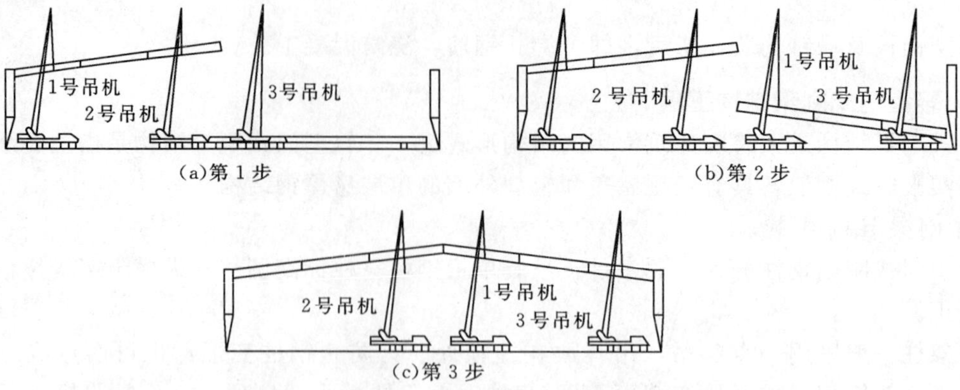

图 7.24 刚架梁吊装示意图

(1) 实测安装板材的长度，按实测长度核对对应板号的板材长度，必要时对该板材进行剪裁。

(2) 将提升到屋面的板材按排板起始线放置，并使板材的宽度标志线对准起始线；在板长方向两端排出设计要求的构造长度，如图 7.25 所示。

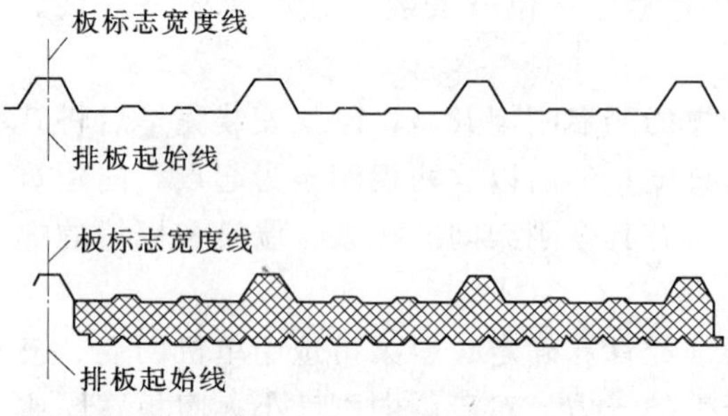

图 7.25 板材安装示意

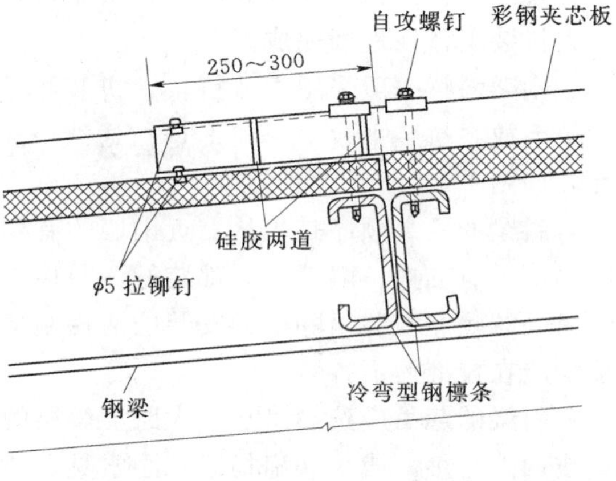

图 7.26 屋面板纵向连接节点（单位：mm）

(3) 用紧固件紧固板材两端，然后安装第二块板。其安装顺序为先自左（右）至右（左），后自上而下。

(4) 安装到下一放线标志点处时，复查本标志段内板材安装的偏差，满足要求后进行全面紧固。紧固自攻螺丝时应掌握紧固的程度，过度会使密封垫圈上翻，甚至使板面下凹、积水；紧固不够会使密封不到位而出现漏雨。

(5) 安装完后的屋面应及时检查有无遗漏紧固点。

(6) 屋面板的纵、横向搭接，应按设计要求铺设密封条和密封胶，并在搭接处用自攻螺丝或带密封胶的拉铆钉连接，紧固件应设在密封条处。纵向搭接（板短边之间的搭接）时，可将夹芯板的底板在搭接处切掉搭接长度，并除去板内的芯材。屋面板纵、横向连接节点构造如图 7.26、图 7.27 所示。

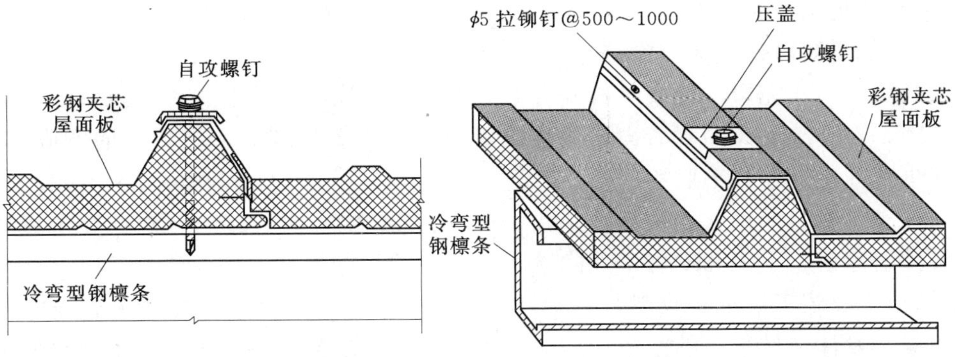

(a)屋面板横向连接节点构造　　(b)屋面板横向连接节点透视图

图 7.27　屋面板横向搭接节点

(7) 墙面板安装。夹芯板用于墙面时多为平板，一般采用横向布置，节点构造如图 7.28 所示。墙面板底部表面应低于室内地坪 30～50mm，且应在底表面抹灰找平后安装，如图 7.29 所示。

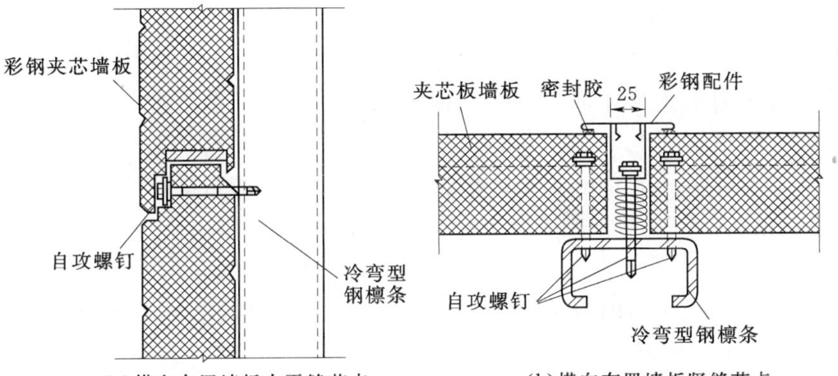

(a)横向布置墙板水平缝节点　　(b)横向布置墙板竖缝节点

图 7.28　横向布置墙板水平缝与竖缝节点（单位：mm）

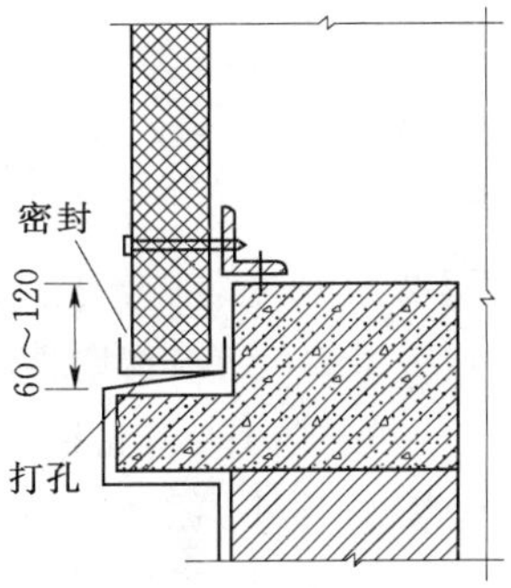

图 7.29　墙面基底构造（单位：mm）

课题 7.5　钢 结 构 涂 装

钢结构在常温大气环境中安装、使用，易被空气中水分、氧和其他污染物腐蚀。钢结构的腐蚀不仅造成经济损失，还直接影响到结构安全。另外，钢材由于其导热快，比热小，虽是一种不燃烧材料，但极不耐火。未加防火处理的钢结构构件在火灾温度下，温度上升很快，只需十几分钟，钢材温度就可达 540℃以上，此时钢材的力学性能如屈服点、抗拉强度、弹性模量及载荷能力等都将急剧下降；达到 600℃时，强度则几乎为零，钢构件不可避免地扭曲变形，最终导致整个结构的垮塌毁坏。

因此，根据钢结构所处的环境及工作性能采取相应的防腐与防火措施，是钢结构设计与施工的重要内容。目前国内外主要采用涂料涂装的方法进行钢结构的防腐与防火。

7.5.1 钢结构防腐涂装工程

7.5.1.1 钢材表面除锈等级与除锈方法

钢结构构件制作完毕，经质量检验合格后应进行防腐涂料涂装。涂装前钢材表面应进行除锈处理，以提高底漆的附着力，保证涂层质量。除锈处理后，钢材表面不应有焊渣、焊疤、灰尘、油污、水和毛刺等。

国家标准《涂装前钢材表面锈蚀等级和除锈等级》（GB 8923—1988）将除锈等级分成喷射或抛射除锈、手工和动力工具除锈、火焰除锈三种类型。

《钢结构工程施工质量验收规范》（GB 50205—2001）规定，钢材表面的除锈方法和除锈等级应与设计文件采用的涂料相适应。当设计无要求时，钢材表面除锈等级应符合的规定见表7.3。

表7.3 各种底漆或防锈漆要求最低的除锈等级

涂料品种	除锈等级
油性酚醛、醇酸等底漆或防锈漆	St2
高氯化聚乙烯、氯化橡胶、氯磺化聚乙烯、环氧树脂、聚氨酯等底漆或防锈漆	Sa2
无机富锌、有机硅、过氧乙烯等底漆	Sa2 $\frac{1}{2}$

目前国内各大中型钢结构加工企业一般都具备喷、抛射除锈的能力，所以应将喷、抛射除锈作为首选的除锈方法，而手工和电动工具除锈仅作为喷射除锈的补充手段。随着科学技术的不断发展，不少喷、抛射除锈设备已采用微机控制，具有较高的自动化水平，并配有效除尘器，消除粉尘污染。

7.5.1.2 钢结构防腐涂料

钢结构防腐涂料是一种含油或不含油的胶体溶液，涂敷在钢材表面，结成一层薄膜，使钢材与外界腐蚀介质隔绝。涂料分底漆和面漆两种。

底漆是直接涂在钢材表面上的漆。含粉料多，基料少，成膜粗糙，与钢材表面粘结力强，与面漆结合性好。

面漆是涂在底漆上的漆。含粉料少，基料多，成膜后有光泽，主要功能是保护下层底漆。面漆对大气和湿气有高度的不渗透性，并能抵抗有腐蚀介质、阳光紫外线所引起风化分解。

钢结构的防腐涂层，可由几层不同的涂料组合而成。涂料的层数和总厚度是根据使用条件来确定的，一般室内钢结构要求涂层总厚度为125μm，即底漆和面漆各两道。高层建筑钢结构一般处在室内环境中，而且要喷涂防火涂层，所以通常只刷两道防锈底漆。

7.5.1.3 防腐涂装方法

钢结构防腐涂装，常用的施工方法有刷涂法和喷涂法两种。

1. 刷涂法

应用较广泛，适宜于油性基料刷涂。因为油性基料虽干燥得慢，但渗透性大，流平性好，不论面积大小，刷起来都会平滑流畅。一些形状复杂的构件，使用刷涂法也比较方便。

2. 喷涂法

施工工效高，适合于大面积施工，对于快干和挥发性强的涂料尤为适合。喷涂的漆膜较薄，为了达到设计要求的厚度，有时需要增加喷涂的次数。喷涂施工比刷涂施工涂料损耗大，一般要增加20%左右。

7.5.2 钢结构防火涂装工程

钢结构防火涂料能够起到防火作用，主要有三个方面的原因：一是涂层对钢材起屏蔽作用，隔离了火焰，使钢构件不至于直接暴露在火焰或高温之中；二是涂层吸热后，部分物质分解出水蒸气或其他不燃气体，起到消耗热量，降低火焰温度和燃烧速度，稀释氧气的作用；三是涂层本身多孔轻质或受热膨胀后形成炭化泡沫层，热导率均在0.233W/(m·K)以下，阻止了热量迅速向钢材传递，推迟了钢材受热温升到极限温度的时间，从而提高了钢结构的耐火极限。

7.5.2.1 厚涂型防火涂料涂装

1. 施工方法与机具

厚涂型防火涂料一般采用喷涂施工。机具可为压送式喷涂机或挤压泵，配能自动调压的0.6～0.9m^3/min的空压机，喷枪口径为6～12mm，空气压力为0.4～0.6MPa。局部修补可采用抹灰刀等工具手工抹涂。

2. 涂料的搅拌与配置

(1) 由工厂制造好的单组分湿涂料，现场应采用便携式搅拌器搅拌均匀。

(2) 由工厂提供的干粉料，现场加水或用其他稀释剂调配，应按涂料说明书规定配比混合搅拌，边配边用。

(3) 由工厂提供的双组分涂料，按配制涂料说明规定的配比混合搅拌，边配边用。特别是化学固化干燥的涂料，配制的涂料必须在规定的时间内用完。

(4) 搅拌和调配涂料，使稠度适宜，即能在输送管道中畅通流动，喷涂后不会流淌和下坠。

3. 施工操作

(1) 喷涂应分2～5次完成，第一次喷涂以基本盖住钢材表面即可，以后每次喷涂厚度为5～10mm，一般以7mm左右为宜。通常情况下，每天喷涂一遍即可。

(2) 喷涂时，应注意移动速度，不能在同一位置久留，以免造成涂料堆积流淌；配料及向挤压泵加料应连续进行，不得停顿。

(3) 施工工程中，应采用测厚针检测涂层厚度，直到符合设计规定的厚度，方可停止喷涂。

(4) 喷涂后的涂层要适当维修，对明显的乳突，应采用抹灰刀等工具剔除，以确保涂层表面均匀。

7.5.2.2 薄涂型防火涂料涂装

1. 施工方法与机具

(1) 喷涂底层、主涂层涂料宜采用重力（或喷斗）式喷枪，配能自动调压的0.6～0.9m^3/min的空压机。喷嘴直径为4～6mm，空气压力为0.4～0.6MPa。

(2) 面层装饰涂料，一般采用喷涂施工，也可以采用刷涂或滚涂的方法。喷涂时，应将喷涂底层的喷嘴直径换为1～2mm，空气压力调为0.4MPa。

(3) 局部修补或小面积施工，可采用抹灰刀等工具手工抹涂。

2. 施工操作

(1) 底层及主涂层一般应喷2～3遍，每遍间隔4～24h，待前遍基本干燥后再喷后一遍。头遍喷涂以盖住基底面70%即可，二、三遍喷涂每遍厚度不超过2.5mm为宜。施工工程中应采用测厚针检测涂层厚度，确保各部位涂层达到设计规定的厚度。

(2) 面层涂料一般涂饰1～2遍。若第一遍从左至右喷涂，第二遍则应从右至左喷涂，以确保全部覆盖住下部主涂层。

课题7.6　安全施工措施

7.6.1　钢零件及钢部件加工

(1) 一切机械、砂轮、电动工具、气电焊等设备都必须设有安全防护装置。

(2) 机械和工作台等设备的布置应便于安全操作，通道宽度不得小于1m。

(3) 对电气设备和电动工具，必须保证绝缘良好，露天电气开关要设防雨箱并加锁。

(4) 凡是受力构件用电焊点固后，在焊接时不准在点焊处起弧，以防熔化塌落。

(5) 焊接、切割、气刨前，应清除现场的易燃易爆物品。离开操作现场前，应切断电源，锁好闸箱。

(6) 焊接、切割锰钢、合金钢、有色金属部件时，应采取防毒措施。接触焊件，必要时应用橡胶绝缘板或干燥的木板隔离，并隔离容器内的照明灯具。

(7) 在现场进行射线探伤时，周围应设警戒区，并挂"危险"标志牌。

(8) 构件就位时应用撬棍拨正，不得用手板或站在不稳固的构件上操作，严禁在构件下面操作。

(9) 用尖头扳子拨正配合螺栓孔时，必须插入一定深度方能撬动构件，如发现螺栓孔不符合要求时，不得用手指塞入检查。

(10) 用撬棍拨正物体时，必须手压撬杠，禁止骑在撬杠上，不得将撬杠放在肋下，以免回弹伤人。在高空使用撬杠不能向下使劲过猛。

(11) 保证电气设备绝缘良好。在使用电气设备时，首先应检查是否有保护接地，接好保护接地后再进行操作。另外，电线的外皮、电焊钳的手柄，以及一些电动工具都要保证良好的绝缘。

(12) 带电体与地面、带电体之间，带电体与其他设备和设施之间均需要保持一定的安全距离。如常用的开关设备的安装高度应为1.3～1.5m；起重吊装的索具、重物等与导线的距离不得小于1.5m（电压在4kV及其以下）。

(13) 工地或车间的用电设备一定要按要求设置熔断器、断路器、漏电开关等器件。如熔断器的熔丝熔断后，必须查明原因，由电工更换，不得随意加大熔丝断面或用铜丝代替。

(14) 推拉闸刀开关时，一般应戴好干燥的皮手套，头不要偏斜，以防推拉开关时被电火花灼伤。

(15) 手持电动工具，必须加装漏电开关，在金属容器内施工必须采用安全低电压。

(16) 使用电气设备时操作人员必须穿胶底鞋和戴胶皮手套，以防触电。

(17) 工作中，当有人触电时，不要赤手接触触电者，应该迅速切断电源，然后立即组织抢救。

(18) 一切材料、构件的堆放必须平整稳固，应放在不妨碍交通和吊装安全的地方，边角余料应及时清除。

7.6.2 钢结构焊接工程

(1) 必须在易燃易爆气体或液体扩散区施焊时，应经有关部门检试许可后，方可施焊。

(2) 电焊机要设单独的开关，开关应放在防雨的闸箱内，拉合闸时应戴手套侧向操作。

(3) 焊接预热工件时，应有石棉布或挡板等隔热措施。

(4) 焊钳与把线必须绝缘良好，连接牢固，更换焊条应戴手套。在潮湿地点工作，应站在绝缘胶板或木板上。

(5) 把线、地线禁止与钢丝绳接触，更不得用钢丝绳或机电设备代替零线。所有地线接头，必须连接牢固。

(6) 更换场地移动把线时，应切断电源，并不得手持把线爬梯登高。

(7) 多台焊机在一起集中施焊时，焊接平台或焊件必须接地，并应有隔光板。

(8) 施焊场地周围应清除易燃易爆物品，或进行覆盖、隔离。

(9) 清除焊渣、采用电弧气刨清根时，应戴防护眼镜或面罩，防止铁渣飞溅伤人。

(10) 工作结束后，应切断焊机电源，并检查操作地点，确认无起火危险后，方可离开。

(11) 雷雨时，应停止露天焊接工作。

7.6.3 钢构件预拼装工程

(1) 每台提升油缸上装有液压锁，以防油管破裂，重物下坠。

(2) 液压和电控系统采用连锁设计，以免提升系统由于误操作造成事故。

(3) 控制系统具有异常自动停机、断电保护等功能。

(4) 钢绞线在安装时，地面应划分安全区，以避免重物坠落，造成人员伤亡。

(5) 在正式施工时，也应划定安全区，高空要有安全操作通道，并设有扶梯、栏杆。

(6) 在提升过程中，应指定专人观察地锚、安全锚、油缸、钢绞线等的工作情况；若有异常，直接报告控制中心。

(7) 提升过程中，未经许可不得擅自进入施工现场。

(8) 雨天或 5 级风以上停止提升。

(9) 施工过程中，要密切观察网架结构的变形情况。

7.6.4 钢结构安装工程

1. 防止高空坠落

(1) 吊装人员应戴安全帽，高空作业人员应系好安全带，穿防滑鞋，带工具袋。

（2）吊装工作区应有明显标志，并设专人警戒，与吊装无关人员严禁入内。起重机工作时，起重臂杆旋转半径范围内严禁站人。

（3）运输吊装构件时，严禁在被运输、吊装的构件上站人指挥和放置材料、工具。

（4）高空作业施工人员应站在操作平台或轻便梯子上工作。吊装屋架应在上弦设临时安全防护栏杆或采取其他安全措施。

（5）登高用梯子、吊篮、临时操作台应绑扎牢靠，梯子与地面夹角以60°～70°为宜，操作台跳板应铺平绑扎，严禁出现挑头板。

2. 防物体落下伤人

（1）高空往地面运输物件时，应用绳捆好吊下。吊装时，不得在构件上堆放或悬挂零星物件。零星材料和物件必须用吊笼或钢丝绳、保险绳捆扎牢固，才能吊运和传递，不得随意抛掷材料物件、工具，防止滑脱伤人或意外事故。

（2）构件绑扎必须绑牢固，起吊点应通过构件的重心位置，吊升时应平稳，避免振动或摆动。

（3）起吊构件时，速度不应太快，不得在高空停留过久，严禁猛升猛降，以防构件脱落。

（4）构件就位后临时固定前，不得松钩、解开吊装索具。构件固定后，应检查连接牢固和稳定情况，当连接确实安全可靠，方可拆除临时固定工具和进行下步吊装。

（5）风雪天、霜雾天和雨期吊装，高空作业应采取必要的防滑措施，如在脚手架、走道、屋面铺麻袋或草垫，夜间作业应有充分照明。

3. 防止起重机倾翻

（1）起重机行驶的道路必须平整、坚实、可靠，停放地点必须平坦。

（2）吊装时，应有专人负责统一指挥，指挥人员应选择恰当地点，并能清楚看到吊装的全过程。起重机驾驶人员必须熟悉信号，并按指挥人员的各种信号进行操作，并不得擅自离开工作岗位，遵守现场秩序，服从命令听指挥。指挥信号应事先统一规定，发出的信号要鲜明、准确。

（3）起重机停止工作时，应刹住回转和行走机构，关闭和锁好司机室门。吊钩上不得悬挂构件，并升到高处，以免摆动伤人和造成吊车失稳。

（4）当风力为6级及6级以上和吊装作业时，禁止露天进行桅杆组立或拆除。

4. 防止吊装结构失稳

（1）构件吊装应按规定的吊装工艺和程序进行，未经计算和可靠的技术措施，不得随意改变或颠倒工艺程序安装结构构件。

（2）构件吊装就位，应经初校和临时固定或连接可靠后方可卸钩，最后固定后才能拆除临时固定工具。高宽比很大的单个构件，未经临时或最后固定组成一稳定单元体系前，应设溜绳或斜撑拉（撑）固。

（3）构件固定后不得随意撬动或移动位置，如需重校时，必须回钩。

（4）多层结构吊装或分节柱吊装，应吊装完一层节，灌浆固定后，方可安装上层或上一节柱。

7.6.5 压型金属板工程

（1）压型钢板施工时两端要同时拿起，轻拿轻放，避免滑动或翘头，施工剪切下来的料头要放置稳妥，随时收集，避免坠落。非施工人员禁止进入施工楼层，避免焊接弧光灼伤眼睛或晃眼造成摔伤，焊接辅助施工人员应戴墨镜配合施工。

（2）施工时下一楼层应有专人监控，防止其他人员进入施工区和焊接火花坠落造成失火。

（3）施工中工人不可聚集，以免集中荷载过大，造成板面损坏。

（4）施工的工人不得在屋面奔跑、打闹、抽烟和乱扔垃圾。

（5）当天吊至屋面上的板材应安装完毕，如果有未安装完的板材应作临时固定，以免被风刮下，造成事故。

（6）现场切割过程中，切割机械的底面不宜与彩板面直接接触，最好垫以薄三合板材。

（7）吊装中不要将彩板与脚手架、柱子、砖墙等碰撞和摩擦。

（8）早上屋面常有露水，坡屋面上彩板面湿滑，应特别注意防滑措施。

（9）不得将其他材料散落在屋面上或污染板材。

（10）在屋面上施工的工人应穿胶底不带钉子的鞋。

（11）操作工人携带的工具等应放在工具袋中，如放在屋面上应放在专用的布或其他片材上。

（12）用密封胶封堵缝时，应将附着面擦干净，以便密封胶在彩板上有良好的结合面。

（13）电动工具的连接插座应加防雨措施，避免造成事故。

（14）板面铁屑清理。板面在切割和钻孔中会产生铁屑，这些铁屑必须及时清除，不可过夜。因为铁屑在潮湿空气条件下或雨天中会立即锈蚀，在彩板面上形成一片片红色的锈斑，附着于彩板面上，现场很难清除。此外，其他切除的彩板上，铝合金拉铆钉上拉断的铁杆等也应及时清理。

7.6.6 钢结构涂装工程

（1）配制使用乙醇、苯、丙酮等易燃材料的施工现场，应严禁烟火和使用电炉等明火设备，并应配置消防器材。

（2）配制硫酸溶液时，应将硫酸注入水中，严禁将水注入酸中；配制硫酸乙酯时，应将硫酸慢慢注入酒精中，并充分搅拌，温度不得超过60℃，以防酸液飞溅伤人。

（3）防腐涂料的溶剂，容易挥发出易燃易爆的蒸汽，当达到一定浓度后，遇火易引起燃烧或爆炸，施工时应加强通风，降低积聚浓度。

（4）涂料施工过程中要求涂料施工场地要有良好的通风，如在通风条件不好的环境涂漆时，必须安装通风设备。

（5）使用机械除锈工具（如钢丝刷、粗挫、风动或电动除锈工具）清除锈层、工业粉尘、旧漆膜时，以避免眼睛被沾污或受伤，要戴上防护眼镜，并戴上防尘口罩，以防呼吸道被感染。

（6）在喷涂硝基漆或其他挥发性、易燃性较大的涂料时，严禁使用明火，严格遵守防火规则，以免失火或引起爆炸。

(7) 高空作业时要系好安全带，双层作业时要戴安全帽；要仔细检查跳板、脚手杆子、吊篮、云梯、绳索、安全网等施工用具有无损坏、捆扎是否牢固，有无腐蚀或搭接是否良好等；每次使用之前均应在平地上做起重试验，以防造成事故。

(8) 施工场所的电线，要按防爆等级的规定安装；电动机的启动装置与配电设备应该是防爆式的，要防止漆雾飞溅在照明灯泡上。

(9) 不允许把盛装涂料、溶剂或用剩的漆罐开口放置。浸染涂料或溶剂的破布及废棉纱等物必须及时清除；涂漆环境或配料房要保持清洁，出入畅通。

(10) 在涂装对人体有害的漆料（如红丹的铅中毒、天然大漆的漆毒、挥发型漆的溶剂中毒等）时，需要戴上防毒口罩、封闭式眼罩等保护用品。

(11) 因操作不小心，涂料溅到皮肤上时，可用木屑加肥皂擦洗；最好不用汽油或强溶剂擦洗，以免引起皮肤发炎。

(12) 操作人员涂漆施工时，如感觉头疼、心悸或恶心，应立即离开施工现场，到通风良好、空气新鲜的地方，如仍感到不适，应速去医院检查治疗。

复习思考题

1. 钢结构加工机具有哪些？
2. 什么叫放样、画线？零件加工主要有哪些工序？
3. 钢构件组装的一般要求是什么？
4. 钢结构焊接的类型主要有哪些？简述钢结构焊接的工艺要点。
5. 高强度螺栓有主要有哪两种类型？简述高强度螺栓连接的安装工艺和紧固方法。
6. 简述多层及高层钢结构安装施工流水段的划分原则及构件安装顺序。
7. 多层及高层钢结构构件是如何进行吊点设置与起吊的？
8. 简述多层及高层钢结构构件安装与校正方法。
9. 简述多层及高层钢结构工程楼层压型钢板安装工序。
10. 简述门式刚架结构的安装工艺流程。
11. 简述彩板围护结构屋面板的安装工序。
12. 钢材表面除锈等级分为哪三种类型？防腐涂装主要采用哪两种施工方法？
13. 钢结构防火涂料按涂层的厚度分为哪两类？主要施工方法是什么？

单元 8　屋面与防水工程施工

课题 8.1　卷材防水屋面施工

8.1.1　卷材防水屋面构造

卷材防水屋面是用胶粘剂将卷材逐层粘结铺设而成的防水屋面，卷材防水层屋面属柔性防水屋面，其构造如图 8.1 所示。

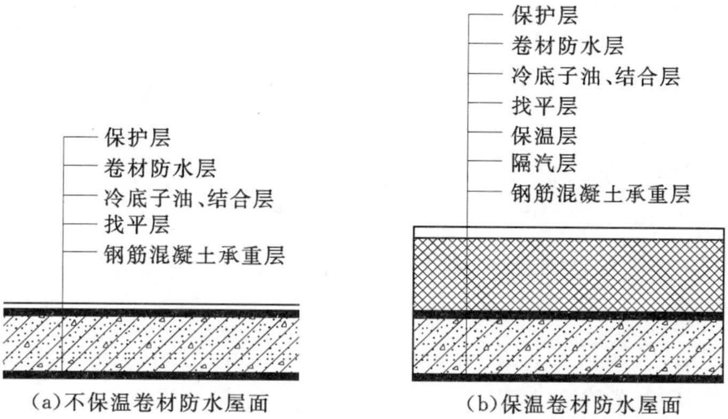

图 8.1　卷材防水屋面构造示意图

8.1.2　施工条件

沥青防水卷材、高聚物改性沥青防水卷材、合成高分子防水卷材外观质量、规格、物理性能及胶粘剂、胶粘带的质量均应符合《屋面工程技术规范》(GB 50345—2012) 的要求。

1. 基层条件

基层质量好坏将直接影响防水层的质量，是防水层质量的基础。基层的质量包括结构层和找平层的刚度、平整度、强度、表面完整程度及基层含水率等。

结构刚度对屋面防水层的影响很大，因此屋面结构宜采用现浇板。如采用装配式混凝土板时，应采用细石混凝土灌缝，其强度等级不得小于 C20。当屋面板板缝宽度大于 40mm 或上宽下窄时，板缝内应设置构造钢筋，以提高结构板的刚度，减少结构变形对防水层的不利影响。

找平层是防水层的依附层，其质量好坏将直接影响到防水层的质量，所以要求找平层必须做到“五要、四不、三做到”。

“五要”：一要坡度准确、排水流畅；二要表面平整；三要坚固；四要干净；五要干燥。“四不”：一是表面不起砂；二是表面不起皮；三是表面不酥松；四是不开裂。“三做到”：一要做到混凝土或砂浆配比准确；二要做到表面二次压光；三要做到充分养护。

当屋面保温层、找平层因施工时含水率过大或遇雨水浸泡不能及时干燥，而又要立即铺设柔性防水层时，必须将屋面做成排汽屋面，以避免因防水层下部水分汽化造成防水层起鼓破坏，避免因保温层含水率过高造成保温性能降低。如果采用低吸水率（小于6%）的保温材料时，就可以不必做排汽屋面。

2. 防水层必须由专业施工队伍及作业人员进行施工

承接屋面工程防水层施工的专业队伍应有防水工程施工的专项资质，具有防水工程施工的专业技术、设备、人员等能力。作业员应事先进行培训，持证上岗，未经培训取得上岗证的人员不得随意操作。施工人员如遇新材料、新工艺、新技术，还必须事先进行培训学习，大面积操作前由有经验的技工进行操作示范，掌握施工方法和要领，绝不可任意施工。防水工程施工前，应根据施工方案要求确定并配齐施工操作人员。

3. 屋面工程施工前应进行图样会审，编制屋面工程施工方案

（1）图样会审是施工人员学习图样、领会设计意图的重要环节。通过图样会审要达到以下几个目的：

1）掌握设计构造、设防要求、层次和节点处理方法，防水层的类别、采用的防水材料及性能指标要求。

2）领会设计意图，结合防水工程的实际情况，进行分析研究，提出对策，对防水设计中不明确的地方提出问题，与设计人员共同协商解决的方法。

3）根据防水构造设计和节点处理方法，确定施工程序和施工方法，为编制施工方案提供条件。

（2）施工人员在掌握了设计意图和设防构造后，应编制详细的施工方案来指导防水工程的施工活动，施工方案应包括以下内容：

1）工程概况。包括整个工程简况、屋面防水等级、防水层构造层次、设防要求、建筑类型和结构特点、防水层合理使用年限等。

2）质量目标。屋面防水工程施工的具体质量目标、质量保证体系、工序质量的预控标准、质量验收的方法与记录、施工记录和归档资料的内容和要求等。

3）施工组织与管理。确定屋面防水工程施工的组织者和负责人，负责施工操作的班组人员，屋面防水工程施工技术交底的内容、工序检验的步骤和要求，现场材料堆放、运输等的要求。

4）防水材料的使用。防水材料的类型、名称、品种、特点和性能指标，质量要求和抽样复验要求，施工注意事项，运输储存的有关规定等。

5）施工操作技术。包括屋面工程的施工顺序、施工准备工作内容、基层要求、节点增强处理方法、防水材料施工工艺、操作方法和技术要求，防水层施工的环境和气候条件、成品保护的方法等。

6）安全注意事项。根据工程特点明确防水工程施工中的各种安全注意事项，如防水要求、高空作业要求、劳动保护和防护措施等。

4. 材料要求

材料是保证工程质量的基础。屋面工程所采用的防水和保温隔热材料应有产品合格证书和性能检测报告，所用材料的品种、规格、性能等应符合现行国家产品标准和设计要

求。材料进场后，应检查材料的品种、规格是否正确，材料的包装和商标是否完整，产品质量保证书是否齐全，并按规范规定的项目和性能指标要求抽样复验，并提出试验报告；不合格的材料不得在屋面工程中使用。

材料进场后应有专门的房间存放，应保证通风、干燥，防止日光直接照射，避免碰撞、受潮，远离火源，储存温度不应低于0℃。材料的包装上应有明显的标志，标明材料名称、规格、生产厂家、生产日期和产品有效期，不同品种、规格的防水材料应分别堆放，以免搞混。当材料存放时间超过储存期时，应将材料重新进行检验，合格后方可用于屋面工程。

5. 环境和气候条件

屋面工程施工基本上是露天进行，因此气候影响极大。施工期的雨、雪、霜、雾，以及高温、低温、大风等天气情况，对防水层的质量都会造成不同程度的影响，所以屋面工程施工期间，必须掌握天气情况和气象预报，以保证施工的顺利进行和屋面工程的施工质量。规范规定屋面的保温层和防水层严禁在雨天、雪天或5级风及其以上时施工。施工的环境气温宜符合的要求见表8.1。

表 8.1　屋面保温层和防水层施工环境气温

项　目	施工环境气温
粘结保温层	热沥青不低于－10℃；水泥砂浆不低于5℃
沥青防水卷材	不低于5℃
高聚物改性沥青防水卷材	冷粘法不低于5℃；热熔法不低于－10℃
合成高分子防水卷材	冷粘法不低于5℃；热风焊接法不低于－10℃
高聚物改性沥青防水涂料	溶剂型不低于－5℃；水溶型不低于5℃
合成高分子防水涂料	溶剂型不低于－5℃；水溶型不低于5℃
刚性防水层	不低于5℃

雨、雪天气或预计在防水层施工期内有雨、雪时，就不应该进行防水层施工，以免雨、雪破坏已施工的防水层，失去防水效果。如施工时遇雨、雪，则必须立即做好保护措施，将已完成的水层周边用密封材料封固，防止雨水侵入。

霜、雾天或大气湿度过大时，会使基层的含水率增大，必须待霜、雾退去和基层晒干后施工，否则会造成防水层与基层粘结不良或起鼓现象。

当5级风及其以上时，防水层均不得施工，因为大风易将尘土或砂粒刮到基层上面，不但影响粘结，而且还容易刺破防水层。

大气温度对防水层施工质量影响也很大，由于防水材料种类多，性能差异大，工艺不同，对气温要求略有不同。气温过低，会影响卷材与基层的粘结力，挥发固化型涂料会延长固化时间，同时易遭冻结而失去防水作用。气温太高，施工操作不便，防水涂料的溶剂或水分蒸发过快，涂膜易产生收缩而出现裂缝，故气温太高时也不宜施工。

8.1.3　防水层施工工艺

8.1.3.1　卷材的搭接方向与搭接宽度

1. 卷材的搭接方向

卷材铺贴坡度较大或受震动时卷材易下滑，尤其是含沥青（温感性大）的卷材，高温时软化下滑是常有发生的。对于高分子卷材铺贴方向要求不严格，为便于施工，一般顺屋脊方向铺贴，搭接方向应顺流水方向，不得逆流水方向，避免流水冲刷接缝，使接缝损坏。垂直屋脊方向铺卷材时，应顺大风方向。当卷材叠层铺设时，上下层不得相互垂直铺贴，以免在搭接缝垂直交叉处形成挡水条。卷材铺贴搭接方向见表8.2。

表8.2　　卷材铺贴搭接方向

屋面坡度	铺贴方向和要求
大于3∶100	卷材宜平行屋脊方向，即顺平面长向为宜
3∶100～3∶20	卷材可平行或垂直屋脊方向铺贴
大于3∶20或受震动	沥青卷材应垂直屋脊铺，改性沥青卷材宜垂直屋脊铺；高分子卷材可平行或垂直屋脊铺
大于1∶4	应垂直屋脊铺，并应采取固定措施，固定点还应密封

2. 卷材的搭接宽度

应综合考虑长边、短边和不同的铺贴工艺以及不同的卷材类别，同时根据习惯做法和参考国外的规范而定，这里当然考虑了较大的保险系数，使接缝防水质量得到保证，不允许开裂渗漏，卷材搭接宽度见表8.3。

表8.3　　卷材搭接宽度　　单位：mm

卷材种类 \ 铺贴方法		短边搭接		长边搭接	
		满粘法	空铺、点粘、条粘法	满粘法	空铺、点粘、条粘法
沥青防水卷材		100	150	70	100
高聚物改性沥青防水卷材		80	100	80	100
合成高分子防水卷材	胶粘剂	80	100	80	100
	胶粘带	50	60	50	60
	单焊缝	60（有效焊接宽度不小于25）			
	双焊缝	80（有效焊接宽度10×2空腔宽）			

8.1.3.2　卷材冷粘法施工工艺

冷粘法施工是指在常温下采用胶粘剂等材料进行卷材与基层、卷材与卷材间粘结的施工方法。一般合成高分子卷材采用胶粘剂、胶粘带粘贴施工，聚合物改性沥青采用冷玛𤧛脂粘贴施工。卷材采用自粘胶铺贴施工也属该施工工艺。该工艺在常温下作业，不需要加热或明火，施工方便、安全，但要求基层干燥，胶粘剂的溶剂（或水分）充分挥发，否则不能保证粘结质量。

冷粘贴施工，选择的胶粘剂应与卷材配套、相容且粘结性能满足设计要求。

1. 涂刷胶粘剂

底面和基层表面均应涂胶粘剂。卷材表面涂刷基层胶粘剂时，先将卷材展开摊铺在旁边平整干净的基层上，用长柄滚刷蘸胶粘剂，均匀涂刷在卷材的背面，不得涂刷得太薄而露底，也不能涂刷过多而产生聚胶。还应注意在搭接缝部位不得涂刷胶粘剂，此部位留作涂刷接缝胶粘剂，留置宽度即卷材搭接宽度。

涂刷基层胶粘剂的重点和难点与基层处理剂相同，即阴阳角、平立面转角处、卷材收头处、排水口、伸出屋面管道根部等节点部位。这些部位有增强层时应用接缝胶粘剂，涂刷工具宜用油漆刷。涂刷时，切忌在一处来回涂滚，以免将底胶“咬起”，形成凝胶而影响质量。应按规定的位置和面积涂刷胶粘剂。

2. 卷材的铺贴

各种胶粘剂的性能和施工环境不同，有的可以在涂刷后立即粘贴卷材，有的得待溶剂挥发一部分后才能粘贴卷材，尤以后者居多，因此要控制好胶粘剂涂刷与卷材铺贴的间隔时间。一般要求基层及卷材上涂刷的胶粘剂达到表干程度，其间隔时间与胶粘剂性能及气温、湿度、风力等因素有关，通常为 10～30min，施工时可凭经验确定，用指触不粘手时即可开始粘贴卷材。间隔时间的控制是冷粘贴施工的难点，这对粘结力和粘结的可靠性影响很大。

卷材铺贴时应对准已弹好的粉线，并且在铺贴好的卷材上弹出搭接宽度线，以便第二幅卷材铺贴时，能以此为准进行铺贴。

平面上铺贴卷材时，一般可采用以下两种方法进行。一种是抬铺法，在涂布好胶粘剂的卷材两端各安排一个工人，拉直卷材，中间根据卷材的长度安排 1 人或 4 人，同时将卷材沿长向对折，使涂布胶粘剂的一面向外，抬起卷材，将一边对准搭接缝处的粉线，再翻开上半部卷材铺在基层上，同时拉开卷材使之平服。操作过程中，对折、抬起卷材、对粉线、翻平卷材等工序，几人均应同时进行。

另一种是滚铺法，将涂完胶粘剂并达到要求干燥度的卷材用 ϕ50～100mm 的塑料管或用装运卷材的纸筒芯重新成卷，使涂布胶粘剂的一面朝外，成卷时两端要平整，不应出现笋状，以保证铺贴时能对齐粉线，并要注意防止砂子、灰尘等杂物粘在卷材表面。成卷后用一根长为 1500mm，直径为 ϕ30 的钢管穿入中心的塑料管或纸筒芯内，由两人分别持钢管两端，抬起卷材的端头，对准粉线，固定在已铺好的卷材顶端搭接部位或基层面上，抬卷材两人同时匀速向前展开卷材，并随时注意将卷材边缘对准粉线，并应使卷材铺贴平整，直到铺完一幅卷材。

每铺完一幅卷材，应立即用干净而松软的长柄压辊滚压（一般重 30～40kg），使其粘贴牢固。滚压应从中间向两侧边移动，做到排气彻底。

平面立面交接处应先粘贴好平面，经过转角，由下向上粘贴卷材，粘贴时切勿拉紧，要轻轻沿转角压紧压实，再往上粘贴，同时排出空气，最后用手持压辊滚压密实，滚压时要从上往下进行。

3. 搭接缝的粘贴

卷材铺好压粘后，应将搭接部位的结合面清除干净，可用棉纱沾少量汽油擦洗。然后采用油漆刷均匀涂刷接缝胶粘剂，不得出现露底、堆积现象。涂胶量可按产品说明控制，待胶粘剂表面干燥后（指触不黏）即可进行粘合。粘合时应从一端开始，边压合边驱除空气，不许有气泡和皱折现象，然后用手持压辊顺边认真仔细辊压一遍，使其粘结牢固。三层重叠处最不易压严，要用密封材料预先加以填封，否则将会成为渗水通道。

搭接缝全部粘贴后，缝口要用密封材料封严，密封时用刮刀沿缝刮涂，不能留有缺口，密封宽度不应小于 10mm。

8.1.3.3 卷材热粘贴施工工艺

热粘贴是指采用热玛琋脂或采用火焰加热熔化热熔防水卷材底层的热熔胶进行粘结的施工方法。常用的有SBS或APP（APAO）改性沥青热熔卷材，热玛琋脂或热熔改性沥青粘结胶粘贴的沥青卷材或改性沥青卷材。这种工艺主要针对以沥青为主要成分的卷材和胶粘剂，它采取科学有效的加热方法，对热源作了有效的控制，为以沥青为主的防水材料的应用创造了广阔的天地。同时取得良好的防水效果。

厚度小于3mm的卷材严禁采用热熔法施工，因为小于3mm的卷材在加热热熔底胶时极易烧坏胎体或烧穿卷材。大于3mm的卷材在采用火焰加热器加热卷材时既不得过分加热，以免烧穿卷材或使底胶焦化，也不能加热不充分，以免卷材不能很好与基层粘牢。所以必须加热均匀，来回摆动火焰，使沥青呈光亮即止。热熔卷材铺贴常采取滚铺法，即边加热卷材边立即滚推卷材铺贴于基层，并用刮板用力推刮排出卷材下的空气，使卷材铺平，不皱折，不起泡，与基层粘贴牢固。推刮或辊压时，以卷材两边接缝处溢出沥青热熔胶为最适宜，并将溢出的热熔胶回刮封边。铺贴卷材亦应弹好标线，铺贴应顺直，搭接尺寸准确。

热玛琋脂或热熔改性沥青粘结胶加热的温度应符合规定，沥青玛琋脂加热温度不应高于240℃，使用温度不低于190℃，而热熔改性沥青粘结胶只要加热熔化就可以施工，温度不超过90℃。粘结层厚度，沥青玛琋脂为1～1.5mm，作为面层时可以厚些，可达1.5～2mm。而改性沥青粘结胶常作为涂膜层兼做胶粘剂，厚度由设计决定。施工时涂刮必须均匀，不得过厚而堆积。热熔卷材可采用满粘法或条粘法铺贴。

1. 滚铺法

滚铺法是一种不展开卷材而边加热烘烤边滚动卷材铺贴的方法。滚铺法的步骤如下。

（1）起始端卷材的铺贴。将卷材置于起始位置，对好长、短方向搭接缝，滚展卷材1000mm左右，掀开已展开的部分，开启喷枪点火，喷枪头与卷材保持50～100mm距离，与基层呈30°～45°，将火焰对准卷材与基层交接处，同时加热卷材底面热熔胶面和基层，至热熔胶层出现黑色光泽、发亮至稍有微泡出现，慢慢放下卷材平铺于基层，然后进行排气辊压，使卷材与基层粘结牢固。当起始端铺贴至剩下300mm左右长度时，将其翻放在隔热板上，用火焰加热余下起始端基层后，再加热卷材起始端余下部分，然后将其粘贴于基层。

（2）滚铺。卷材起始端铺贴完成后即可进行大面积滚铺。持枪人位于卷材滚铺的前方，按上述方法同时加热卷材和基层，条粘时只需加热两侧边，加热宽度各为150mm左右。推滚卷材人蹲在已铺好的卷材起始端上面，等卷材充分加热后缓缓推压卷材，并随时注意卷材的平整顺直和搭接缝宽度。其后紧跟一人用棉纱团等从中间向两边抹压卷材，赶出气泡，并用刮刀将溢出的热熔胶刮压接边缝。另一个用压辊压实卷材，使之与基层粘贴密实。

2. 展铺法

展铺法是先将卷材平铺于基层，再沿边掀起卷材予以加热粘贴。此方法主要适用于条粘法铺贴卷材，其施工方法如下。

（1）先将卷材展铺在基层上，对好搭接缝，按滚铺法的要求先铺贴好起始端卷材。

(2) 拉直整幅卷材，使其无皱折、无波纹，能平坦地与基层相贴，并对准长边搭接缝，然后对末端做临时固定，防止卷材回缩，可采用站人等方法。

(3) 由起始端开始熔贴卷材，掀起卷材边缘约 200mm 高，将喷枪头伸入侧边卷材底下，加热卷材边宽约 200mm 的底面热熔胶和基层，边加热边向后退。然后另一人用棉纱团等由卷材中间向两边赶出气泡，并抹压平整。再由紧随的操作人员持辊压实两侧边卷材，并用刮刀将溢出的热熔胶刮压平整。

(4) 铺贴到距末端 1000mm 左右长度时，撤去临时固定，按前述滚压法铺贴末端卷材。

3. 搭接缝施工

热熔卷材表面一般有一层防粘隔离纸，因此在热熔粘结接缝之前，应先将下层卷材表面的隔离纸烧掉，以利搭接牢固严密。

操作时，由持枪人手持烫板（隔火板）柄，将烫板沿搭接粉线后退，喷枪火焰随烫板移动，喷枪应离开卷材 50～100mm，贴近烫板。移动速度要控制合适，以刚好熔去隔离纸为宜。烫板和喷枪要密切配合，以免烧损卷材。排气和辊压方法与前述相同。

当整个防水层熔贴完毕后，所有搭接缝应用密封材料涂封严密。

8.1.3.4　铺贴自粘卷材施工工艺

自粘贴卷材施工是指自粘型卷材的铺贴方法。自粘型卷材在工厂生产时，在其底面涂有一层压敏胶，胶粘剂表面敷有一层隔离纸。施工时只要剥去隔离纸，即可直接铺贴。自粘型卷材通常为高聚物改性沥青卷材，施工一般可采用满粘法和条粘法进行铺贴，采用条粘法时，需与基层脱离的部位可在基层上刷一层石灰水或加铺一层撕下的隔离纸。铺贴时为增加粘结强度，基层表面也应涂刷基层处理剂；干燥后应及时铺贴卷材，可采用滚铺法或抬铺法进行。

1. 滚铺法

当铺贴面积大、隔离纸容易掀剥时，采用滚铺法，即掀剥隔离纸与铺贴卷材同时进行。施工时不需打开整卷卷材，用一根钢管插入成筒卷材中心的纸芯筒，然后由两人各持钢管一端抬至待铺位置的起始端，并将卷材向前展出 500mm，由另一人掀剥此部分卷材的隔离纸，并将其卷到已用过的包装纸芯筒上。将已剥去隔离纸的卷材对准已弹好的粉线轻轻摆铺，再加以压实。起始端铺贴完成后，一人缓缓掀剥隔离纸卷入上述纸芯筒上，并向前移动，抬着卷材的两人同时沿基准粉线向前滚铺卷材。注意抬卷材两人的移动速度要相同、协调。滚铺时，对高聚物改性沥青卷材要稍紧一些，不能太松弛；而对合成高分子卷材则要尽量保持其自然松弛状态，但不能有皱折。

铺完一幅卷材后，用长柄滚刷，由起始端开始，彻底排除卷材下面的空气。然后再用大压辊或手持式轻便压辊将卷材压实，粘贴牢固。

2. 抬铺法

抬铺法是先将待铺卷材剪好，反铺于基层上，并剥去卷材全部隔离纸后再铺贴卷材的方法。适合于较复杂的铺贴部位，或隔离纸不易掀剥的场合。施工时按下述方法进行：

根据基层形状裁剪卷材。裁剪时，将卷材铺展在待铺部位，实测基层尺寸（考虑搭接宽度）裁剪卷材。然后将剪好的卷材认真仔细地剥除隔离纸，用力要适度，已剥开的隔离纸与卷材宜成锐角，这样不易拉断隔离纸。如出现小片隔离纸粘连在卷材上时，可用小刀仔细挑出，实在无法剥离时，应用密封材料加以涂盖。全部隔离纸剥离完毕后，将卷材带胶面朝外，沿长向对折卷材。然后抬起并翻转卷材，使搭接边转向搭接粉线。当卷材较长时，在中间安排数人配合，一起将卷材抬到待铺位置，使搭接边对准粉线，从短边搭接缝开始沿长向铺放好搭接缝侧的半幅卷材，然后再铺放另半幅。在铺放过程中，各操作人员要默契配合，铺贴的松紧与滚铺法相同。铺放完毕后再进行排气、辊压。

3. 立面和大坡面的铺贴

由于自粘型卷材与基层的粘结力相对较低，在立面或大坡面上，卷材容易产生下滑现象，因此在立面或大坡面上粘贴施工时，宜用手持式汽油喷灯将卷材底面的胶粘剂适当加热后再进行粘贴、排气和辊压。

4. 搭接缝粘贴

自粘型卷材上表面常带有防粘层（聚乙烯膜或其他材料），在铺贴卷材前，应将相邻卷材待搭接部位上表面的防粘层先熔化掉，使搭接缝能粘结牢固。操作时，用手持汽油喷灯沿搭接粉线进行。

粘结搭接缝时，应掀开搭接部位卷材，宜用扁头热风枪加热卷材底面胶粘剂，加热后随即粘贴、排气、辊压，溢出的自粘胶随即刮平封口。

搭接缝粘贴密实后，所有接缝口均用密封材料封严，宽度不应小于10mm。

8.1.3.5　卷材热风焊接施工工艺

热风焊接施工是指采用热空气加热热塑性卷材的粘合面进行卷材与卷材接缝粘结的施工方法，卷材与基层间可采用空铺、机械固定、胶粘剂粘结等方法。热风焊接主要适用于树脂型（塑料）卷材。焊接工艺结合机械固定使防水设防更有效。目前采用焊接工艺的材料有PVC卷材、高密度和低密度聚乙烯卷材。这类卷材热收缩值较高，最适宜有埋置的防水层，宜采用机械固定，点粘或条粘工艺。它强度大，耐穿刺好，焊接后整体性好。

热风焊接卷材在施工时，首先应将卷材在基层上铺平顺直，切忌扭曲、皱折，并保持卷材清洁，尤其在搭接处，要求干燥、干净，更不能有油污、泥浆等，否则会严重影响焊接效果，造成接缝渗漏。如果采取机械固定的，应先行用射钉固定，若用胶粘结的，也需要先行粘结，留准搭接宽度。焊接时应先焊长边，后焊短边，否则一旦有微小偏差，长边很难调整。

热风焊接卷材防水施工工艺的关键是接缝焊接，焊接的参数是加热温度和时间，而加热的温度和时间与施工时的气候（如温度、湿度、风力等）有关。优良的焊接质量依赖于经培训而真正熟练掌握加热温度、时间的工人。否则，温度低或加热时间过短，会形成假焊，焊接不牢。温度过高或加热时间过长，会烧焦或损害卷材本身。当然漏焊、跳焊更是不允许的。

8.1.4　保护层施工

规范规定“卷材屋面应有保护层”，因为防水层不但要起到防水作用，而且还要抵御大自然的雨水冲刷、紫外线、臭氧、酸雨的损害，温差变化的影响以及外力的损坏。这些都会对防水层造成损害，致使缩短防水层的使用寿命，使防水层提前老化或失去防水功能。因此防水层应加保护层，以延缓防水层的使用寿命。这在功能上是合理的，在经济上是合算的。一般地，增加保护层后，防水层的寿命至少延长一倍以上，如果做成倒置式屋面，寿命延长更多。目前，根据防水材料和屋面功能选取保护层类型。

1. 浅色涂层的施工

浅色涂层可在防水层上涂刷，涂刷面除干净外，还应干燥，涂膜应完全固化，刚性层应硬化干燥。涂刷时应均匀，不露底，不堆积，一般应涂刷两遍以上。

2. 金属反射膜粘铺

金属反射膜一般在工厂生产时敷于热熔改性沥青卷材表面，也可以用粘结剂粘贴于涂膜表面。现场粘铺于涂膜表面时，应两人滚铺，从膜下排出空气立即辊压粘牢。

3. 蛭石、云母粉、粒料（砂、石片）撒布

这些粒料如用于热熔改性沥青卷材表面时，是在工厂生产时粘附。现场粘铺防水层表面的施工方法：在涂刷最后一遍热玛琋脂或涂料时，立即均匀撒铺粒料并轻轻地辊压一遍，待完全冷却或干燥固化后，再将上面未粘牢的粒料扫去。

4. 纤维毡、塑料网格布的施工

纤维毡一般在四周用压条钉压固定于基层，中间可采取点粘固定，塑料网格布在四周也应固定，中间均需咬口连接。

5. 卵石、块体铺设

在铺设前应先点粘铺贴一层聚酯毡。卵石的大小要符合设计要求，并应全部密布铺满防水层。块体有各式各样的混凝土制品，如方砖、六角形、多边形，只要铺摆就可以。对于上人屋面，则要求座砂、座浆铺砌，块体施工时，应铺平垫稳，缝隙均匀一致。

6. 水泥砂浆、聚合物水泥砂浆或干粉砂浆铺抹

铺抹砂浆也应按设计要求。如需隔离层，则应先铺一层无纺布，再按设计要求铺抹砂浆，抹平压光；并按设计分格，也可以在硬化后用锯切割，但必须注意不可伤及防水层，锯割深度为砂浆厚度的 1/3～1/2。

7. 混凝土、钢筋混凝土施工

混凝土、钢筋混凝土保护层施工前应在防水层上作隔离层，隔离层可采用低标号砂浆（石灰黏土砂浆）、油毡、聚酯毡、无纺布等；隔离层应铺平，然后铺放绑扎配筋，支好分格缝模板，浇筑细石混凝土，也可以全部浇筑硬化后用锯切割混凝土缝，但缝中应填嵌密封材料。

8.1.5 质量要求

1. 找平层的质量要求

保证找平层施工质量的基础是材料本身的质量和排水坡度。施工过程要保护找平层表面的二次压光质量，并充分进行养护，检查它表面平整度、有无起皮、起砂现象、转角圆弧是否正确、分格缝设置是否按设计要求等，见表 8.4。

2. 保温层质量要求

对保温层的质量要求首先是保温材料质量要合格，应符合设计要求，尤其是含水率要符合设计要求，这是主控项目。低吸水率的保温材料只要检查原材料是否合格就可以；吸水率高的保温材料施工后，还应检查完工后防水层的含水率，目前尚无现场直接测量含水率的仪器，所以必须挖取现场施工完成的保温层烘干检测。除此之外，还应检验保温层厚

度是否符合设计要求和规范的要求。倒置式屋面采用卵石保护层时还要检验卵石铺摊均匀程度，见表8.5。

表8.4　找平层施工质量检验项目、要求和检验方法

检验项目		要求	检验方法
主控项目	找平层的材料质量及配合比	必须符合设计要求	检查出厂合格证、质量检验报告和计量措施
	屋面（含天沟、檐沟）找平层的排水坡度	必须符合设计要求	用水平仪（水平尺）、拉线和尺检查
一般项目	水泥砂浆、细石混凝土找平层，沥青砂浆找平层	不得有酥松、起砂、起皮现象	观察检查
		不得有拌和不匀、蜂窝现象	观察检查
	找平层与突出屋面结构的连接处和基层的转角处	均应做成圆弧形，且整齐平顺	观察和尺量检查
	找平层分格缝的位置和间距	必须符合设计要求和规范要求	观察和尺量检查
	找平层的表面平整度	允许偏差5mm	用2m靠尺和楔形塞尺检查

表8.5　保温层质量检验

检验项目		要求	检验方法
主控项目	保温材料的堆积密度或表观密度以及导热系数、板材的强度、厚度、吸水率	必须符合设计要求	检查出厂合格证、质量检验报告和现场抽样复验报告
	保温层的含水率	必须符合设计要求	检验现场抽样报告
一般项目	保温层的铺设	松散保温材料：分层铺设、压实适当、表面平整、找坡正确； 板状保温材料：铺平垫稳、拼缝严密、找坡正确； 整体现浇保温层：拌和均匀、分层铺设、压实适当、表面平整、找坡正确	观察检查
	保温层的厚度容许偏差	松散保温材料和整体现浇保温层为−5%～+10%； 板状保温材料为±5%，且不大于4mm	用钢针插入和尺量检查
	倒置式屋面保温层采用卵石铺压	卵石应均匀分布，卵石的质（重）量应符合设计要求	观察检查和按堆积密度计算其质（重）量

3. 卷材防水层质量要求

卷材防水层的质量要求主要是施工质量和耐用年限内不得渗漏。所以材料质量必须符合设计要求，施工后不渗漏、不积水，极易产生渗漏的节点防水设防应严密，所以将它们列为主控项目。

此外，搭接、密封、基层粘结、铺设方向、搭接宽度，以及保护层需设置排汽通道等项目也应列为检验项目，见表8.6。

表 8.6 卷材防水层质量检验

检验项目		要求	检验方法
主控项目	卷材防水层所用卷材及其配套材料	必须符合设计要求	检查出厂合格证、质量检验报告和现场抽样复验报告
	卷材防水层	不得有渗漏或积水现象	雨后或淋水、蓄水试验
	卷材防水层在天沟、檐沟、泛水、变形缝和水落口等处细部做法	必须符合设计要求	观察检查和检查隐蔽工程验收记录
一般项目	卷材防水层的搭接缝	应粘（焊）结牢固、密封严密，并不得有皱折、翘边和鼓泡	观察检查
	防水层的收头	应与基层粘结并固定牢固、缝口封严，不得翘边	观察检查
	卷材防水层撒布材料和浅色涂料保护层	应铺撒或涂刷均匀，粘结牢固	观察检查
	卷材防水层的水泥砂浆或细石混凝土保护层与卷材防水层间	应设置隔离层	观察检查
	保护层的分格缝留置	应符合设计要求	观察检查
	卷材的铺设方向，卷材的搭接宽度容许偏差	铺设方向应正确； 搭接宽度的容许偏差为－10mm	观察和尺量检查
	排汽屋面的排汽道、排汽孔	应纵横贯通，不得堵塞； 排汽管应安装牢固，位置正确，封闭严密	观察和尺量检查

课题 8.2 涂膜防水屋面施工

涂膜防水屋面是在钢筋混凝土装配式结构的屋盖体系中，板缝采用油膏嵌缝，板面压光具有一定的防水能力，通过涂布一定厚度高聚物改性沥青、合成高分子材料，经常温交联固化形成具有一定弹性的胶状涂膜，达到防水的目的。

8.2.1 材料要求

防水涂料是一种流态或半流态物质，涂布在屋面基层表面，经溶剂或水分挥发，或各组分间的化学反应，形成有一定弹性和一定厚度的薄膜，使基层表面与水隔绝，起到防水密封作用。

（1）涂料有厚质涂料和薄质涂料之分。

（2）厚质涂料有石灰乳化沥青防水涂料、膨润土乳化沥青涂料、石棉沥青防水涂料、黏土乳化沥青涂料等。

（3）薄质涂料分三大类：沥青基橡胶防水涂料、化工副产品防水涂料、合成树脂防水涂料。

（4）同时又分为溶剂型和乳液型两种类型。

（5）溶剂型涂料是高分子材料溶解于溶剂中形成的溶液。

（6）乳液型涂料是以水作为分散介质，使高分子材料以极微小的颗粒稳定悬浮于水中形成的乳液，水分蒸发后成膜。

（7）涂膜防水屋面常用的胎体增强材料有玻璃纤维布、合成纤维薄毡、聚酯纤维无纺布等。

8.2.2　基层施工

基层的平整度是保证涂膜防水质量的重要条件。如果基层凹凸不平或局部隆起，在做涂膜防水层时，其厚薄就不均匀。基层凸起部分使防水层厚度减小；凹陷部分使防水层过厚，易产生皱纹。尤其是上人屋面或设有整体或块体保护层的屋面，在重量较大的压紧状态下，由于基层与保护层之间的错动，凹凸不平或有局部隆起的部位，防水层最容易引起破坏。

涂膜防水屋面结构层、找平层与卷材防水屋面基本相同。屋面的板缝施工应满足下列要求：

（1）清理板缝浮灰时，板缝必须干燥。

（2）非保温屋面的板缝上应预留凹槽，并嵌填密实材料。

（3）板缝应用细石混凝土浇捣密实。

（4）抹找平层时，分格缝与板端缝对齐、均匀顺直，并嵌填密封材料。

（5）涂层施工时，板端缝部位空铺的附加层各边距板缝边缘不得小于80mm。

8.2.3　涂膜防水层的施工工艺

1. 涂膜防水常规施工程序

施工准备工作→板缝处理及基层施工→基层检查及处理→涂刷基层处理剂→节点和特殊部位附加增强处理→涂布防水涂料、铺贴胎体增强材料→防水层清理与检查整修→保护层施工。

其中板缝处理及基层施工，基层检查处理是保证涂膜防水施工质量的基础，防水涂料的涂布和胎体增强材料的铺设是最主要和最关键的工序，这道工序的施工方法取决于涂料的性质和设计方法。

涂膜防水的施工与卷材防水层一样，也必须按照“先高后低、先远后近”的原则进行，即高低跨屋面，一般先涂布高跨屋面，后涂布低跨屋面。在相同高度的大面积屋面上，要合理划分施工段，施工段的交接处应尽量设在变形缝处，以便于操作和运输顺序的安排，在每段中要先涂布离上料点较远的部位，后涂布较近的部位。先涂布排水较集中的水落口、天沟、檐口，再往高处涂布至屋脊或天窗下。先作节点、附加层，然后再进行大面积涂布。一般涂布方向应顺屋脊方向，如有胎体增强材料时，涂布方向应与胎体增强材料的铺贴方向一致。

2. 防水涂料的涂布

根据防水涂料种类的不同，防水涂料可以采用涂刷、刮涂或机械喷涂的方法涂布。

涂布前，应根据屋面面积、涂膜固化时间和施工速度估算好一次涂布用量，确定配料量，保证在固化干燥前用完，这一规定对于双组分反应固化型涂料尤为重要。已固化的涂料不能与未固化的涂料混合使用，否则会降低防水涂膜的质量。涂布的遍数应按设计要求的厚度事先通过试验确定，以便控制每遍涂料的涂布厚度和总厚度。胎体增强材料上层的涂布不应少于两遍。

涂料涂布应分条或按顺序进行。分条进行时，每条的宽度应与胎体增强材料的宽度应一致，以免操作人员踩踏刚涂好的涂层。每次涂布前应仔细检查前遍涂层是否有缺陷，如气泡、露底、漏刷、胎体增强材料皱折、翘边、杂物混入等，如发现上述问题，应先进行修补，再涂布后遍涂层。立面部位涂层应在平面涂布前进行，而且应采用多次薄层涂布，尤其是流平性好的涂料，否则会产生流坠现象，使上部涂层变薄，下部涂层增厚，影响防水性能。

涂刷法是指采用滚刷或棕刷将涂料涂刷在基层上的施工方法；喷涂法是指采用带有一定压力的喷涂设备使从喷嘴中喷出的涂料雾化，涂布在基层表面的施工方法。这两种方法一般用于固含量较低的水乳型或溶剂型涂料，涂布时应控制好每遍涂层的厚度，即要控制好每遍涂层的用量和薄厚均匀程度。涂刷应采用蘸刷法，不得采用将涂料倒在屋面上，再用滚刷或棕刷涂刷的方法，以免涂料产生堆积现象。喷涂时应根据喷涂压力的大小，选用合适的喷嘴，使喷出的涂料成雾状均匀喷出，喷涂时应控制好喷嘴移动速度，保持匀速前进，使喷涂的涂层厚薄均匀。

刮涂法是指采用刮板将涂料涂布在基层上的施工方法，一般用于高固含量的双组分涂料的施工，由于刮涂法施工的涂层较厚，可以先将涂料倒在屋面上，然后用刮板将涂料刮开，刮涂时应注意控制涂层厚薄的均匀程度，最好采用带齿的刮板进行刮涂，以齿的高度来控制涂层的厚度。

3. 胎体增强材料的铺设

胎体增强材料的铺设方向与屋面坡度有关。屋面坡度小于 3∶20 时可平行屋脊铺设，屋面坡度大于 3∶20 时，为防止胎体增强材料下滑，应垂直屋脊铺设。铺设时由屋面最低标高处开始向上操作，使胎体增强材料搭接顺流水方向，避免呛水。

胎体增强材料搭接时，其长边搭接宽度不得小于 50mm，短边搭接宽度不得小于 70mm。采用两层胎体增强材料时，由于胎体增强材料的纵向和横向延伸率不同，因此上下层胎体应同方向铺设，使两层胎体材料有一致的延伸性。上下层的搭接缝还应错开，其间距不得小于 1/3 幅宽，以避免产生重缝。

胎体增强材料的铺设可采用湿铺法或干铺法施工，当涂料的渗透性较差或胎体增强材料比较密实时，宜采用湿铺法施工，以便涂料可以很好地浸润胎体增强材料。

铺贴好的胎体增强材料不得有皱折、翘边、空鼓等缺陷，也不得有露白现象。铺贴时切忌拉伸过紧、刮平时也不能用力过大，铺设后应严格检查表面是否有缺陷或搭接不足问题，否则应进行修补后才能进行下一道工序的施工。

4. 细部节点的附加增强处理

屋面细部节点，如天沟、檐沟、檐口、泛水、出屋面管道根部、阴阳角和防水层收头等部位均应加铺有胎体增强材料的附加层。一般先涂刷 1～2 遍涂料，铺贴裁剪好的胎体增强材料，使其贴实、平整，干燥后再涂刷一遍涂料。

8.2.4　涂膜防水层的质量要求

涂膜防水层的质量包括防水施工质量和涂膜防水层的成品质量，其质量检验应包括原辅材料、施工过程和成品等几个方面，其中原材料质量、防水层有无渗漏及涂膜防水层的细部做法是保证涂膜防水工程质量的重点，作为主控项目。涂膜防水层厚度、表观质量和保护层质量对涂膜防水层质量也有较大影响，作为一般项目。涂膜防水层质量检验的项目、要求和检验方法见表 8.7。

表 8.7　　涂膜防水层质量检验的项目、要求和检验方法

检验项目		要求	检验方法
主控项目	防水涂料和胎体增强材料的质量	符合设计要求	检查出厂合格证、质量检验报告和进场检验报告
	涂膜防水层	不得有渗漏和积水现象	雨后观察或淋水、蓄水试验
	涂膜防水层在檐口、檐沟、天沟、水落口、泛水、变形缝和伸出屋面管道的防水构造	符合设计要求	观察检查
	涂膜防水层的平均厚度	符合设计要求，且最小厚度不得小于设计厚度的 80%	针测法或取样量测
一般项目	涂膜防水层与基层结合	涂膜防水层与基层应粘结牢固，表面应平整，涂布应均匀，不得有流淌、皱折、起泡和露胎体等缺陷	观察检查
	涂膜防水层的收头	应用防水涂料多遍涂刷	观察检查
	铺贴胎体增强材料	应平整顺直，搭接尺寸应准确，应排除气泡，并应与涂料粘结牢固。胎体增强材料搭接宽度的容许偏差为－10mm	观察和尺量检查

进入施工现场的防水涂料和胎体增强材料应按规定进行抽样检验，见表 8.8，不合格的防水涂料严禁在建筑工程中使用。

表 8.8　　防水涂料现场抽样复验项目

材料名称	现场抽样数量	外观质量检验	物理性能检验
高聚物改性沥青防水涂料	每 10t 为一批，不足 10t 按一批抽样	包装完好无损，且标明涂料名称、生产日期、生产厂名、产品有效期，无沉淀、凝胶、分层	固含量、耐热度、低温柔性、不透水性、延性、延伸率或抗裂性
合成高分子防水涂料、聚合物水泥防水涂料	每 10t 为一批，不足 10t 按一批抽样	包装完好无损，且标明涂料名称、生产日期、生产厂名、产品有效期	固体含量、拉伸强度、断裂延伸率、低温柔性、不透水性
胎体增强材料	每 $3000m^2$ 为一批，不足 $3000m^2$ 按一批抽样	均匀、无团状、平整、无皱折	拉力、延伸率

课题 8.3　刚性防水屋面施工

刚性防水屋面是用细石混凝土、块体材料或补偿收缩混凝土等材料作屋面防水层，依靠防水混凝土的密实防水性能，并采取一定的构造措施，以达到防水的目的。

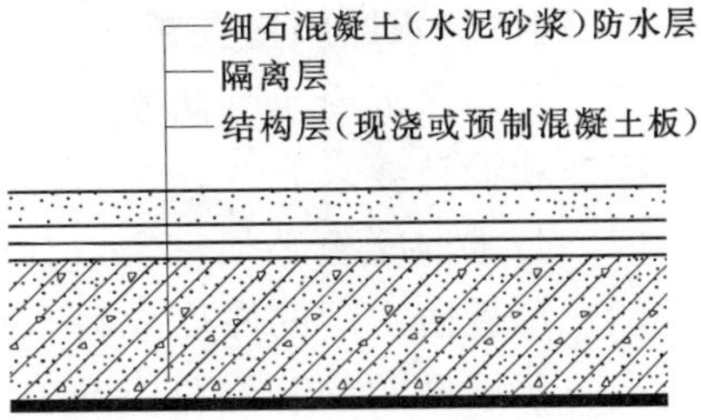

图 8.2　刚性防水屋面构造

8.3.1　构造要求

刚性屋面防水包括细石混凝土防水和水泥砂浆防水两种。细石混凝土防水一般做法是在屋面板上（现浇板）做一层隔离层（低强度等级砂浆、卷材、塑料薄膜等材料）浇一层 40mm 厚 C20 细石混凝土，混凝土中配置Φ 4@200mm 的双向钢筋，纵横方向每 6m 设分仓缝，油膏填缝。水泥砂浆防水一般做法是在现浇板上浇筑 20～30mm 厚 1：2 水泥砂浆掺入 2%的防水剂，然后抹面收浆压光而形成。刚性防水屋面构造如图 8.2 所示。

8.3.2　刚性防水层施工要求

1. 细石混凝土防水施工

基层检查，清理→做隔离层→扎钢筋→支分格缝模条→浇筑细石混凝土→表面压光→养护→取分格缝模条→分格缝清理→刷基层处理剂→嵌填密封材料。

(1) C20 细石混凝土灌板缝，洒水养护 2～3d。清扫屋面板，适当润湿，做隔离层（如 1：4 石灰砂浆 10～20mm 厚）。

(2) 刚性防水层应设置分格缝，纵横分格缝一般不大于 6m，分格面积不超过 36m²，分格缝内应嵌填密封材料，分格缝宽度为 5～30mm，上部做保护层。

分格条安装位置应准确，起条时不得损坏分格缝处的混凝土；当采用切割法施工时，分格缝的切割深度宜为防水层厚度的 3/4。

(3) 刚性防水层细石混凝土防水层的厚度不应小于 40mm，并铺设钢筋网片。直径 ϕ4～6，间距为 100～200mm 的双向钢筋网片；钢筋网片在分格缝处应断开，其位置以居中偏上，保护层不应小于 10mm。

(4) 混凝土水灰比不应大于 0.55，混凝土的水泥和掺合料用量不应小于 330kg/m³，砂率宜为 35%～40%，灰砂比宜为 1：2～1：2.5。一个分格缝内的混凝土必须一次浇完，采用平板振捣机振捣，泛浆后用铁抹子抹平。混凝土收水初凝后，应及时取出分格缝隔板。用铁抹子第二次压实抹光。混凝土终凝前，进行第三次压实抹光。

(5) 养护。待混凝土终凝后，立即进行养护。养时间不少于 14d。

2. 水泥砂浆防水施工

基层处理，湿润→涂刷素浆→抹底层防水砂浆→压实磋平→涂刷素浆→抹上道防水砂浆→收水二次压光→养护。

(1) 清除现浇板浮渣杂物，然后洒水湿润两遍。

（2）用素水泥浆刷置两遍。

（3）用 20～30mm 厚 1：2 水泥砂浆罩面压光两遍。

工程实践表明，防水工程施工质量好坏不仅直接影响到建筑物的耐久性，而且也影响到生产活动和人民生活。因此，在防水施工中，必须严格把好质量关。

8.3.3　刚性防水层质量要求

（1）除防水混凝土和防水砂浆的材料应符合标准规定外，外加剂及预埋件等均应符合有关标准和设计要求。

（2）防水混凝土必须密实，其强度和抗撞等级必须符合设计要求和有关标准规定。

（3）刚性防水层的厚度应符合设计要求，其表面应平整，不起砂，不出现裂缝；细石混凝土防水层内的钢筋位置应准确。分格缝做到平直，位置正确。

（4）防水层的平整度，用 2m 直尺检查，面层与直尺间的最大空隙不超过 5mm，空隙应平缓变化，每米长度内不多于一处。

防水工程完工后由质量监督部门进行核定，检验合格后验收。工程验收时应提供如下归档资料：①防水工程设计图、设计变更及工程洽商记录。②防水工程施工方案及技术交底书。③材料出厂质检证明及现场复测检验报告、政府主管部门的防水材料准用证等。④施工检验记录、淋水或蓄水记录、隐蔽工程验收记录、验评报告等。

课题 8.4　屋面保温工程施工

8.4.1　普通保温工程

8.4.1.1　保温材料及要求

保温材料既起到阻止冬季室内热量通过屋面散发到室外，同时也防止夏季室外热量（高温）传到室内，它起到保温和隔热的双重作用。

1. 材料分类

我国目前屋面保温层按形式可分为松散材料保温层、板状材料保温层和整体现浇保温层三种；按材料性质可分为有机保温材料和无机保温材料；按吸水率可分为高吸水率和低吸水率保温材料，见表 8.9。

表 8.9　保温材料分类

分类方法	类型	品种举例
按形状划分	松散材料	炉渣、膨胀珍珠岩、膨胀蛭石、岩棉
	板状材料	加气混凝土、泡沫混凝土、微孔硅酸钙、憎水珍珠岩、聚苯泡沫板、泡沫玻璃
	整体现浇材料	泡沫混凝土、水泥蛭石、水泥珍珠岩、硬泡聚氨酯
按材性划分	有机材料	聚苯乙烯泡沫板、硬泡聚氨酯
	无机材料	泡沫玻璃、加气混凝土、泡沫混凝土、蛭石、珍珠岩
按吸水率划分	高吸水率（>20%）	泡沫混凝土、加气混凝土、珍珠岩、憎水珍珠岩、微孔硅酸钙
	低吸水率（<6%）	泡沫玻璃、聚苯乙烯泡沫板、硬泡聚氨酯

2. 材料要求

材料的密度、导热系数等技术性能，必须符合设计要求和施工及验收规范的规定，应有试验资料。松散的保温材料应使用无机材料，如选用有机材料时，应先做好材料的防腐处理。

(1) 松散材料。炉渣或水渣，粒径一般为 5～40mm，不得含有石块、土块、重矿渣和未燃尽的煤块，堆积密度为 500～800kg/m^3，导热系数为 0.16～0.25W/(m·K)。膨胀蛭石粒径一般为 3～15mm，导热系数 0.14W/(m·K)。膨胀珍珠岩粒径小于 0.15mm 的含量不应大于 8%。

(2) 板状保温材料。产品应有出厂合格证，根据设计要求选用厚度、规格应一致，外形应整齐；密度、导热系数、强度应符合设计要求。

1) 泡沫混凝土板块。表观密度不大于 500kg/m^3，抗压强度应不低于 0.4MPa；

2) 加气混凝土板块。表观密度 500～600kg/m^3，抗压强度应不低于 0.2MPa；

3) 聚苯板。表观密度为不大于 45kg/m^3，抗压强度不低于 0.18MPa，导热系数为 0.043W/(m·K)。

3. 作业条件

(1) 铺设保温材料的基层（结构层）施工完以后，将预制构件的吊钩等进行处理，处理点应抹入水泥砂浆，经检查验收合格，方可铺设保温材料。

(2) 铺设隔气层的屋面应先将表面清扫干净，且要求干燥、平整，不得有松散、开裂、空鼓等缺陷；隔气层的构造做法必须符合设计要求和施工及验收规范的规定。

(3) 穿过结构的管根部位，应用细石混凝土填塞密实，以使管子固定。

(4) 板状保温材料运输、存放应注意保护，防止损坏和受潮。

8.4.1.2　操作工艺

工艺流程为：基层清理→弹线找坡→管根固定→隔气层施工→保温层铺设→抹找平层。

1. 基层清理

预制或现浇混凝土结构层表面，应将杂物、灰尘清理干净。

2. 弹线找坡

按设计坡度及流水方向找出屋面坡度走向，确定保温层的厚度范围。

3. 管根固定

在保温层施工前穿结构的管根，应用细石混凝土塞堵密实。

4. 隔气层施工

2～4 道工序完成后，设计有隔气层要求的屋面应按设计做隔气层，涂刷均匀无漏刷。

5. 保温层铺设

(1) 松散保温层铺设。

这是一种干做法施工的方法，材料多使用炉渣或水渣，粒径为 5～40mm。使用时必须过筛，控制含水率。铺设松散材料的结构表面应干燥、洁净，松散保温材料应分层铺设，适当压实。压实程度应根据设计要求的密度经试验确定。每步铺设厚度不宜大于 150mm，压实后的屋面保温层不得直接推车行走和堆积重物。松散膨胀蛭石保温层铺设时应使膨胀蛭石的层理平面与热流垂直。

（2）板块状保温层铺设。

1）干铺板块状保温层。直接铺设在结构层或隔气层上，分层铺设时上下两层板块缝应错开，表面两块相邻的板边厚度应一致。一般在块状保温层上用松散料做找坡。

2）粘结铺设板块状保温层。板块状保温材料用粘结材料平粘在屋面基层上，一般用低标号水泥、石灰混合砂浆；聚苯板材料应用沥青胶结料粘贴。

一般在施工板状保温层时，应立即做保护层。如遇两层铺设，板缝应错开，不要上下重缝。

（3）整体保温层。

1）水泥石灰炉渣保温层。施工前用石灰水将炉渣闷透，不得少于3d，闷制前应将炉渣或水渣过筛，粒径控制在5～40mm。最好用机械搅拌，一般配合比为水泥：石灰：炉渣为1：1：8，铺设时分层、滚压，控制虚铺厚度和设计要求的密度，保证保温性能。

2）沥青蛭石、沥青珍珠岩、现浇硬泡聚氨酯等整体现浇保温层。沥青蛭石和沥青珍珠岩要搅拌均匀一致，虚铺厚度和压实厚度均要先行试验。施工时表面要平整，压实程度要一致。硬泡聚氨酯现浇喷涂施工时，气温应在15～35℃，风速不要超过5m/s，相对湿度应小于85%，否则会影响硬泡聚氨酯质量。施工时还应注意配比准确，一般应作配比试验，使发泡均匀，表观密度保持在30～45kg/m^3。喷涂时，工人应进行培训，掌握喷枪的工人应使喷枪运行均匀，使发泡后表面平整，在完全发泡前应避免上人踩踏。发泡厚度容许误差在+10%～-5%之间。

硬泡聚氨酯保温层施工完成经检查合格后，应立即进行保护层施工，如为刚性砂浆或混凝土保护层，则应在保温层上铺聚酯毡等材料作为隔离层。

8.4.1.3　排汽屋面

当保温层材料采用吸水率低（ω<6%）的材料时，它们不会再吸水，保温性能就能得到保证。如果保温层采用吸水率大的材料，施工时如遇雨水或施工用水侵入，含水率较大时，则应使它干燥，但许多工程已施工找平层，一时无法干燥。为了避免因保温层含水率高而导致防水层起鼓，在屋面使用过程中应逐渐将水分蒸发（需几年或几十年时间），过去采取称为“排汽屋面”的技术措施，也有人称呼吸屋面（见图8.3、图8.4）。就是在保温层中设置纵横排汽道，在交叉处安放向上的排汽管，目的是当温度升高，水分蒸发，汽体沿排汽道、排汽管与大气连通，不会产生压力，潮气还可以从孔中排出。排汽屋面要求排汽道不得堵塞，取得了一定效果。所以在规范中规定如果保温层含水率过高（超过15%以上）时，不管设计时有否规定，施工时都必须作排气屋面处理。当然如果采用低吸水率保温材料，就可以不采取这种做法了。

8.4.2　倒置保温工程

倒置式屋面是把原屋面“防水层在上，保温层在下”的构造设置倒置过来，将憎水性或吸水率较低的保温材料放在防水层上，使防水层不易损伤，提高耐久性，并可防止屋面结构内部结露。具有节能保温隔热、延长防水层使用寿命、施工方便、劳动效率高、综合造价经济等特点。

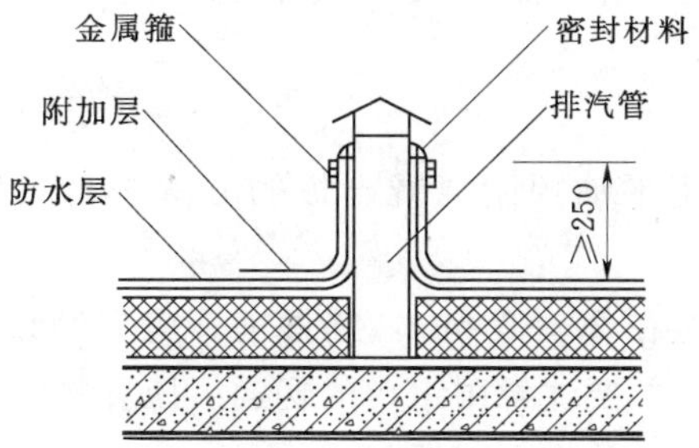

图 8.3 直立排汽出口构造

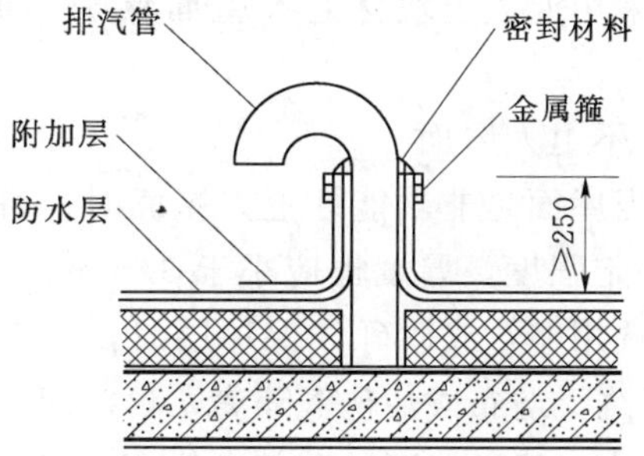

图 8.4 弯形排汽出口构造

8.4.2.1 材料

1. 保温材料

保温材料应选用高热绝缘系数、低吸水率的新型材料，如聚苯乙烯泡沫塑料、聚烯泡沫塑料、聚氨酯泡沫塑料、泡沫玻璃等，也可选用蓄热系数和热绝缘系数都较大的水泥聚苯乙烯复合板等保温材料。

2. 防水材料

倒置式保温防水屋面主防水层（保温层之下的防水层）应选用合成高分子防水材料和中高档高聚物改性沥青防水卷材，也可选用改性沥青涂料与卷材复合防水。不宜选用刚性防水材料和松散憎水性材料，如防水宝、拒水粉等。也不宜选用胎基易腐烂的防水材料和易腐烂的涂料加筋布等。

屋面工程所采用的防水材料应有材料质量证明文件，优先选用省部级推广和认可产品，确保其质量符合技术要求。材料进场后，施工单位应按规定取样复试，提交试验报告，严禁在工程使用不合格的材料。

8.4.2.2 施工工艺

1. 工艺流程

工艺流程为：基层清理检查、工具准备、材料检验→节点增强处理→防水层施工、检验→保温层铺设、检验→现场清理→保护层施工→验收。

2. 防水层施工

根据不同的材料，采用相应的施工工法和工艺施工、检验。

3. 保温层施工

保温材料可以直接干铺或用专用粘结剂粘贴，聚苯板不得选用溶剂型胶粘剂粘贴。保温材料接缝处可以是平缝也可以是企口缝，接缝处可以灌入密封材料以连成整体。块状保温材料的施工应采用斜缝排列，以利于排水。

当采用现喷硬泡聚氨酯保温材料时，要在成型的保温层面进行分格处理，以减少收缩开裂。大风天气和雨天不得施工，同时注意喷施人员的劳动保护。

4. 面层施工

（1）上人屋面。

1）采用 40～50mm 厚钢筋细石混凝土作面层时，应按刚性防水层的设计要求进行分格缝的节点处理。

2）采用混凝土块材上人屋面保护层时，应用水泥砂浆座浆平铺，板缝用砂浆勾缝处理。

（2）不上人屋面。

1）当屋面是非功能性上人屋面时，可采用平铺预制混凝土板的方法进行压埋，预制板要有一定强度，厚度也应小于30mm。

2）选用卵石或砂砾作保护层时，其直径应在20～60mm，铺埋前，应先铺设250g/m^{2}的聚酯纤维无纺布或油毡等隔离，再铺埋卵石，并要注意雨水口的畅通。压置物的质量应保证最大风力时保温板不被刮起和保证保温层在积水状态下不浮起。

3）聚苯乙烯保温层不能直接接受太阳照射，以防紫外线照射导致老化，还因避免与溶剂接触和在高温环境下（80℃以上）使用。

课题8.5　地下防水工程施工

8.5.1　地下工程刚性防水

8.5.1.1　地下工程防水方案与防水等级

刚性防水材料的防水层是通过在混凝土或水泥砂浆中加入膨胀剂、减水剂、防水剂等，使混凝土或水泥砂浆变得密实，阻止水分子渗透，达到防水的目的。这种防水方法成本低、施工较简单，当出现渗漏时，只需要修补渗漏裂缝。

目前，地下防水工程的方案主要有以下几种。

（1）采用防水混凝土结构。通过调整配合比或掺入外加剂等方法，来提高混凝土本身的密实度和抗渗性，使其成为具有一定的防水能力的整体式混凝土或钢筋混凝土结构。

（2）在地下结构表面另加防水层。如抹水泥砂浆防水层或贴涂料防水层等。

（3）采用防水加排水措施。排水方案通常可用盲沟排水、渗排水与内排法排水等方法把地下水排走，以达到防水的目的。

《地下防水工程质量验收规范》（GB 50208—2011）根据防水工程的重要性、使用功能和建筑物类别的不同，按围护结构允许渗漏水的程度，将地下工程防水等级分为4级，各级标准应符合的要求见表8.10。

表8.10　地下工程防水等级标准

防水等级	防　水　标　准
1级	不允许渗水，结构表面无湿渍
2级	不允许漏水，结构表面可有少量湿渍 房屋建筑地下工程。总湿渍面积不大于总防水面积（包括顶板、墙面、地面）的1‰；任意100m^{2}防水面积上的湿渍不超过2处，单个湿渍的最大面积不大于0.1m^2 其他地下工程。湿渍总面积不应大于总防水面积的2‰；任意100m^{2}防水面积上的湿渍不超过3处，单个湿渍的最大面积不大于0.2m^2；其中，隧道工程平均渗水量不大于0.05L/(m^2·d)，任意100m^{2}防水面积上的渗水量不大于0.15L/(m^2·d)

续表

防水等级	防水标准
3 级	有少量漏水点，不得有线流和漏泥砂； 任意 $100m^2$ 防水面积上的漏水或湿渍点数不超过 7 处，单个漏水点的最大漏水量不大于 2.5L/(m^2·d)，单个湿渍的最大面积不大于 $0.3m^2$
4 级	有漏水点，不得有线流和漏泥砂； 整个工程平均漏水量不大于 2L/(m^2·d)，任意 $100m^2$ 防水面积上的平均漏量不大于 4L/(m^2·d)

明挖法和暗挖法地下工程的防水设防应按表 8.11、表 8.12 选用。

表 8.11　　明挖法地下工程防水设防

工程部位	防水措施	防水等级			
	防水混凝土	1 级	2 级	3 级	4 级
主体结构	防水卷材	应选			宜选
	防水涂料	应选 1～2 种	应选 1 种	宜选 1 种	—
	塑料防水板				
	膨润土防水材料				
	防水砂浆				
	金属板				
施工缝	遇水膨胀止水条或止水带	应选 2 种	应选 1～2 种	宜选 1～2 种	宜选 1 种
	外贴式止水带				
	中埋式止水带				
	外抹防水砂浆				
	外涂防水涂料				
	水泥基渗透结晶型防水涂料				
	预埋注浆管				
后浇带	补偿收缩混凝土	应选			
	外贴式止水带	应选 2 种	应选 1～2 种	宜选 1～2 种	宜选 1 种
	预埋注浆管				
	遇水膨胀止水条				
变形缝、诱导缝	中埋式止水带	应选			
	外贴式止水带	应选 2 种	应选 1～2 种	宜选 1～2 种	宜选 2 种
	可卸式止水带				
	防水密封材料				
	外贴防水卷材				
	外涂防水涂料				

表 8.12　　暗挖法地下工程防水设防

<table>
<tr><td>工程部位</td><td>防 水 措 施</td><td colspan="4">防 水 等 级</td></tr>
<tr><td rowspan="7">衬砌结构</td><td>防水混凝土</td><td>1 级</td><td>2 级</td><td>3 级</td><td>4 级</td></tr>
<tr><td>防水卷材</td><td>必选</td><td>应选</td><td>宜选</td><td>宜选</td></tr>
<tr><td>防水涂料</td><td rowspan="11">应选 1～2 种</td><td rowspan="11">应选 1 种</td><td rowspan="11">宜选 1 种</td><td rowspan="11">宜选 1 种</td></tr>
<tr><td>塑料防水板</td></tr>
<tr><td>膨润土防水材料</td></tr>
<tr><td>防水砂浆</td></tr>
<tr><td>金属板</td></tr>
<tr><td rowspan="6">内衬砌
施工缝</td><td>遇水膨胀止水条或止水带</td></tr>
<tr><td>外贴式止水带</td></tr>
<tr><td>中埋式止水带</td></tr>
<tr><td>防水密封材料</td></tr>
<tr><td>水泥基渗透结晶型防水涂料</td></tr>
<tr><td>预埋注浆管</td></tr>
<tr><td rowspan="4">内衬砌变形
缝、诱导缝</td><td>外贴式止水带</td><td rowspan="4" colspan="4">应选</td></tr>
<tr><td>可卸式止水带</td></tr>
<tr><td>防水密封材料</td></tr>
<tr><td>中埋式止水带</td></tr>
</table>

8.5.1.2　刚性防水材料

1. 水泥

在不受侵蚀性介质和冻融作用的条件下，宜采用普通硅酸盐水泥、硅酸盐水泥、火山灰质硅酸盐水泥、粉煤灰硅酸盐水泥；若选用矿渣硅酸盐水泥，则必须掺用高效减水剂。在受硫酸盐侵蚀性介质作用的条件下，可采用火山灰质硅酸盐水泥、粉煤灰硅酸盐水泥，或抗硫酸盐硅酸盐水泥。在受冻融作用的条件下，应优先选用普通硅酸盐水泥，不宜采用火山灰质硅酸盐水泥和粉煤灰硅酸盐水泥。不得使用过期或受潮结块的水泥。

2. 外加剂

外加剂主要是通过吸附、分散、引气、催化，或与水泥的某种成分发生反应等物理、化学作用，改善混凝土内部组织结构，增加其密实性和抗渗性。应根据工程结构和施工工艺等具体要求，适宜地选用相应的外加剂。目前主要有引气剂、减水剂、三乙醇胺早强剂、氯化铁防水剂和 U 型混凝土膨胀剂等。

引气剂目前常用的有松香酸钠、松香热聚物等，常用于一般防水工程和寒冷地区对抗冻性、耐久性要求较高的防水工程中；常用的减水剂有亚甲基钠、次甲基甲基萘磺酸钠、木质素磺酸钙、糖蜜等，常用于一般防水工程及对施工工艺有特殊要求的防水工程，如用于泵送混凝土及捣固困难的薄壁型防水结构；三乙醇胺早强剂常用于工期紧，需要早强的防水工程；氯化铁防水剂常用于人防工程、水池、地下室等；常用的膨胀剂有 U 型混凝土膨胀剂，常用于要求抗渗、防裂的地下工程、砂浆防水层、砂浆防潮层等。

3. 其他材料

(1) 配筋。配置直径为4～6mm、间距为100～200mm的双向钢筋网片，可采用乙级冷拔低碳钢丝，性能符合标准要求。钢筋网片应在分格缝处断开，其保护层厚度不小于10mm。

(2) 聚丙烯抗裂纤维。聚丙烯抗裂纤维为短切聚丙烯纤维，纤维直径0.48μm，长度10～19mm，抗拉强度276MPa，掺入细石混凝土中，抵抗混凝土的收缩应力，减少细石混凝土的开裂。一般地，在细石混凝土中的掺量为0.7～1.2kg/m^3。

8.5.1.3 防水混凝土结构的施工

防水混凝土结构是指因本身的密实性而具有一定防水性能的整体式混凝土或钢筋混凝土结构。防水混凝土适用于防水等级为1～4级的地下整体式混凝土结构。

1. 防水混凝土的种类

防水混凝土一般分为普通防水混凝土、外加剂防水混凝土和膨胀剂或膨胀水泥防水混凝土三大类。外加剂防水混凝土又分为引气剂防水混凝土、减水剂防水混凝土、三乙醇胺防水混凝土、氯化铁防水混凝土。各种防水混凝土的技术要求、适用范围见表8.13。

表8.13　防水混凝土的技术要求和适用范围

种类		最大抗渗压力(MPa)	技术要求	适用范围
普通防水混凝土		＞3.0	水灰比0.5～0.6；坍落度30～50mm（掺外加剂或采用泵送时不受此限）；水泥用量≥320kg/m^3；灰砂比1∶2～1∶2.5；含砂率≥35%；粗骨料粒径≤40mm；细骨料为中砂或细砂	一般工业、民用及公共建筑的地下防水工程
外加剂防水混凝土	引气剂防水混凝土	＞2.2	含气量为3%～6%；水泥用量250～300kg/m^3；水灰比0.5～0.6；含砂率28%～35%；砂石级配、坍落度与普通混凝土相同	适用于北方高寒地区对抗冻要求较高的地下防水工程及一般的地下防水工程，不适用于抗压强度大于20MPa或耐磨性要求较高的地下防水工程
	减水剂防水混凝土	＞2.2	选用加气型减水剂。根据施工需要分别选用缓凝型、促凝型、普通型的减水剂	钢筋密集或薄壁型防水构筑物，对混凝土凝结时间和流动性有特殊要求的地下防水工程，如泵送混凝土等
	三乙醇胺防水混凝土	＞3.8	可单独掺用，也可与氯化钠复合掺用，也能与氯化钠、亚硝酸钠三种材料复合使用	工期紧迫、要求早强及抗渗性要求较高的地下防水工程
	氯化铁防水混凝土	＞3.8	氯化铁掺量一般为水泥的3%	水中结构、无筋少筋、厚大防水混凝土工程及一般地下防水工程，砂浆修补抹面工程，而薄壁结构不宜使用
明矾石膨胀剂防水混凝土		＞3.8	必须掺入国产32.5MPa以上的普通矿渣、火山灰和粉煤灰水泥共同使用，不得单独代替水泥；一般外掺量占水泥用量的20%	地下工程及其后浇缝

2．防水混凝土的施工

(1) 模板安装。

防水混凝土所有模板，除满足一般要求外，应特别注意模板拼缝严密不漏浆，构造应牢固稳定，固定模板的螺栓（或铁丝）不宜穿过防水混凝土结构。固定模板用的螺栓必须穿过混凝土结构时，可采用工具式螺栓、螺栓加堵头、螺栓上加焊方形止水环等做法。止水环尺寸及环数应符合设计规定。如设计无规定，则止水环应为 10cm×10cm 的方形止水环，且至少有一环。

1) 工具式螺栓做法。用工具式螺栓将防水螺栓固定并拉紧，以压紧固定模板。拆模时将工具式螺栓取下，再用嵌缝材料及聚合物水泥砂浆将螺栓凹槽封堵严密，如图 8.5 所示。

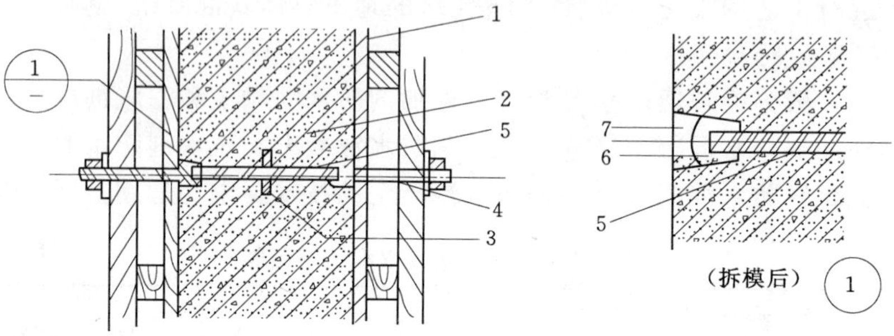

图 8.5　工具式螺栓的防水做法示意图

1—模板；2—结构混凝土；3—止水环；4—工具式螺栓；5—固定模板用螺栓；6—嵌缝材料；7—聚合物水泥砂浆

2) 螺栓加焊止水环做法。在对拉螺栓中部加焊止水环，止水环与螺栓必须满焊严密。拆模后应沿混凝土结构边缘将螺栓割断。此法将消耗所用螺栓，如图 8.6 所示。

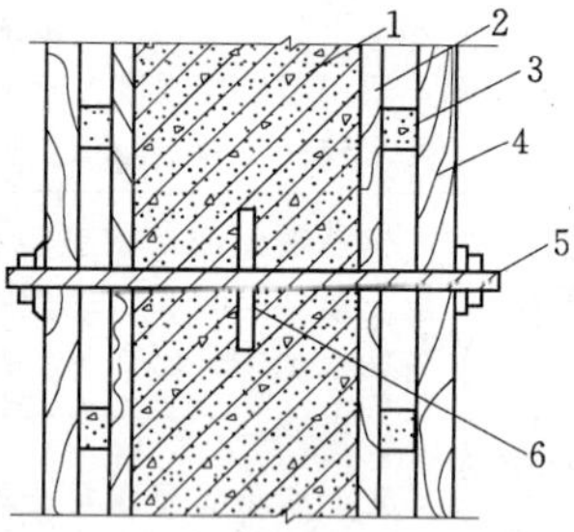

图 8.6　螺栓加焊止水环

1—围护结构；2—模板；3—小龙骨；4—大龙骨；5—螺栓；6—止水环

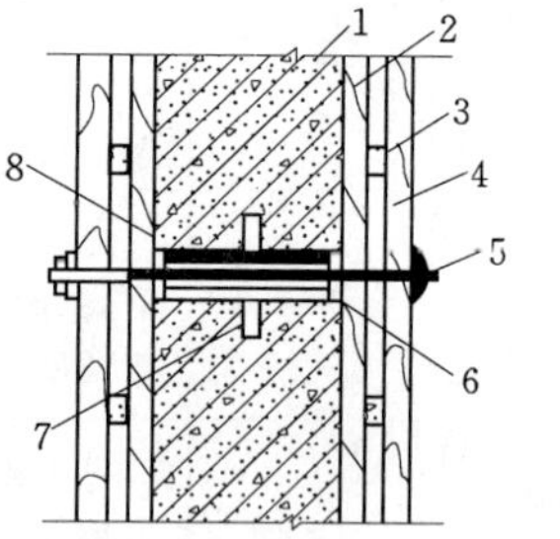

图 8.7　预埋套管加焊止水环

1—防水结构；2—模板；3—小龙骨；4—大龙骨；5—螺栓；6—垫木；7—止水环；8—预埋套管

3) 预埋套管加焊止水环做法。套管采用钢管，其长度等于墙厚（或其长度加上两端垫木的厚度之和等于墙厚），兼有撑头作用，以保持模板之间的设计尺寸。止水环在套管上满焊严密。支模时在预埋套管中穿入对拉螺栓拉紧固定模板。拆模后将螺栓抽出，套管内以膨胀水泥砂浆封堵密实。套管两端有垫木的，拆模时连同垫木一并拆除，除密实封堵套管外，还应将两端垫木留下的凹坑用同样方法封实，如图 8.7 所示。这种方法可用于抗渗要求一般的结构。

（2）钢筋施工。

做好钢筋绑扎前的除污、除锈工作。绑扎钢筋时，应按设计规定留足保护层，且迎水面钢筋保护层厚度不应小于 50mm。应以相同配合比的细石混凝土或水泥砂浆制成垫块，将钢筋垫起，以保证保护层厚度。严禁以垫铁或钢筋头垫钢筋，或将钢筋用铁钉及钢丝直接固定在模板上。钢筋应绑扎牢固，避免因碰撞、振动使绑扣松散、钢筋移位，造成露筋。钢筋及绑扎钢丝均不得接触模板。采用铁马凳架设钢筋时，在不便取掉铁马凳的情况下，应在铁马凳上加焊止水环。在钢筋密集的情况下，更应注意绑扎或焊接质量。并用自密实高性能混凝土浇筑。

（3）混凝土搅拌。

选定配合比时，其试配要求的抗渗水压应较其设计值提高 0.2MPa，并准确计算及称量每种用料，投入混凝土搅拌机。外加剂的掺入方法应遵从所选外加剂的使用要求。

防水混凝土必须采用机械搅拌。搅拌时间不应小于 120s。掺外加剂时，应根据外加剂的技术要求确定搅拌时间。

（4）混凝土运输。

运输过程中应采取措施防止混凝土拌和物产生离析，以及减少坍落度和含气量的损失，同时要防止漏浆。

防水混凝土拌和物在常温下应于 0.5h 以内运至现场；运送距离较远或气温较高时，可掺入缓凝型减水剂，缓凝时间宜为 6～8h。

防水混凝土拌和物在运输后如出现离析，则必须进行二次搅拌。当坍落度损失后不能满足施工要求时，应加入原水灰比的水泥浆或二次掺加减水剂进行搅拌，严禁直接加水搅拌。

（5）混凝土的浇筑和振捣。

在结构中若有密集管群，以及预埋件或钢筋稠密之处，不易使混凝土浇捣密实时，应选用免振捣的自密实高性能混凝土进行浇筑。

在浇筑大体积结构中，遇有预埋大管径套管或面积较大的金属板时，其下部的倒三角形区域不易浇捣密实而形成空隙，造成漏水，为此，可在管底或金属板上预先留置浇筑振捣孔，以利浇捣和排气，浇筑后再将孔补焊严密。

混凝土浇筑应分层，每层厚度不宜超过 30～40cm，相邻两层浇筑时间间隔不应超过 2h，夏季可适当缩短。混凝土在浇筑地点须检查坍落度，每工作班至少检查两次。普通防水混凝土坍落度不宜大于 50mm。

防水混凝土必须采用高频机械振捣，振捣时间宜为 10～30s，以混凝土泛浆和不冒气泡为准。要依次振捣密实，应避免漏振、欠振和超振。掺加引气剂或引气型减水剂时，应采用高频插入式振捣器振捣密实。

（6）混凝土的养护。

防水混凝土的养护对其抗渗性能影响极大，特别是早期湿润养护更为重要，一般在混凝土进入终凝（浇筑后 4～6h）即应覆盖，浇水湿润养护不少于 14d。防水混凝土不宜用电热法养护和蒸汽养护。

（7）模板的拆除。

由于防水混凝土要求较严。因此不宜过早拆模。拆模时混凝土的强度必须超过设计强度等级的70%，混凝土表面温度与环境之差不得低于15℃，以防止混凝土表面产生裂缝。拆模时应注意勿使模板和防水混凝土结构受损。

（8）防水混凝土结构的保护。

地下工程的结构部分拆模后，经检查合格后，应及时回填。回填前应将基坑清理干净，无杂物且无积水。回填土应分层夯实。地下工程周围800mm以内宜用灰土、黏土或粉质黏土回填；回填土中不得含有石块、碎砖、灰渣、有机杂物以及冻土。回填施工应均匀对称进行。回填后地面建筑周围应做宽度不小于800mm的散水，其坡度宜为1∶20，以防地面水侵入地下。

严禁在完工后的自防水结构上打洞。若结构表面有蜂窝麻面，应及时修补。修补时应先用水冲洗干净，涂刷一道水灰比为0.4的水泥浆，再用水灰比为0.5的1∶2.5水泥砂浆填实抹平。

8.5.1.4　水泥砂浆防水层的施工

水泥砂浆防水层可分为多层刚性防水层（或称普通水泥砂浆防水层）和刚性外加剂防水层（掺氯化铁防水剂、铝粉膨胀剂、减水剂等）两种，其构造做法如图8.8所示。

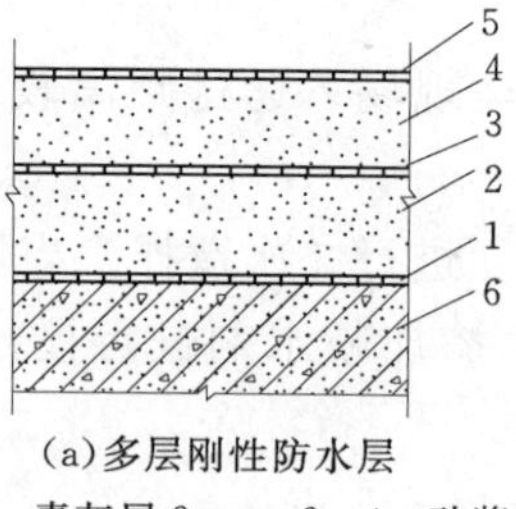

(a)多层刚性防水层

1、3—素灰层2mm；2、4—砂浆层45mm；5—水泥浆；6—结构基层

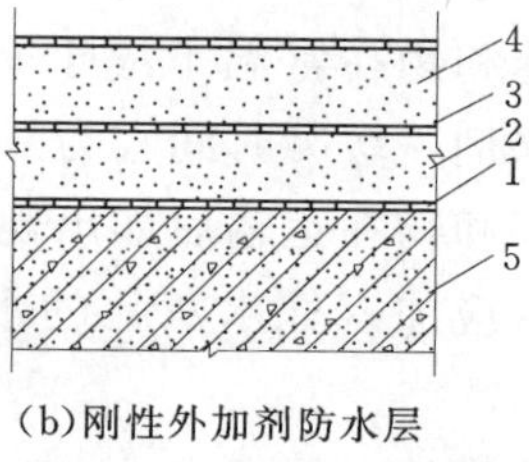

(b)刚性外加剂防水层

1、3—水泥浆一道；2—外加剂防水砂浆垫层；4—防水砂浆面层；5—结构基层

图8.8　水泥砂浆防水层构造做法

防水层做法分为外抹面防水（迎水面）和内抹面防水（背水面），防水层的施工程序一般是先抹顶板，再抹墙面，最后抹地面。

1. 基层处理

基层处理十分重要，是保证防水层与基层表面结合牢固，不空鼓和密实不透水的关键。基层处理包括清理、浇水、刷洗、补平等工序，使基层表面保持潮湿、清洁、平整、坚实、粗糙。

（1）混凝土基层的处理。

1）新建混凝土工程处理。拆除模板后，立即用钢丝刷将混凝土表面刷毛，并在抹面前浇水冲刷干净。

2）旧混凝土工程处理。补做防水层时需用钻子、剁斧、钢丝刷将表面凿毛，清理平整后再冲水，用棕刷刷洗干净。

3）混凝土基层表面凹凸不平、蜂窝孔洞的处理。超过1cm的棱角及凹凸不平处，应剔成慢坡形，并浇水清洗干净，用素灰和水泥砂浆分层找平，如图8.9所示。混凝土表面的蜂窝孔洞，应先将松散不牢的石子除掉，浇水冲洗干净，用素灰和水泥砂浆交替抹至与基层面相平，如图8.10所示。混凝土表面的蜂窝床面不深，石子粘结较牢固，只需用水冲洗干净后，用素灰打底，水泥砂浆压实找平，如图8.11所示。

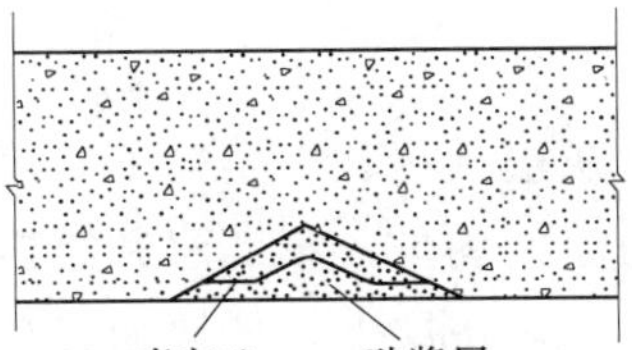

图8.9　基层凹凸不平的处理

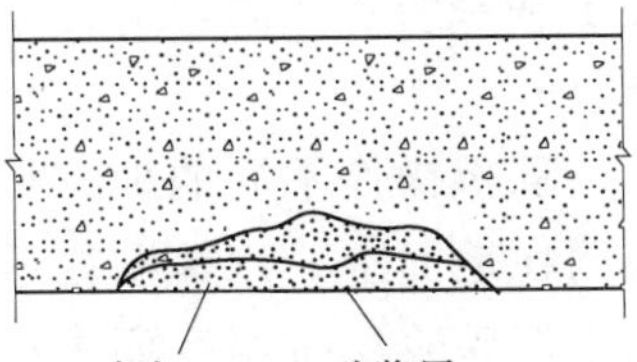

图8.10　蜂窝孔洞的处理

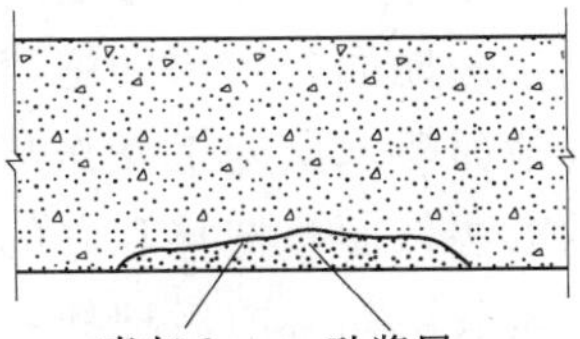

图8.11　麻面的处理图

4）混凝土结构的施工缝要沿缝剔成八字形凹槽，用水冲洗后，用素灰打底，水泥砂浆压实抹平，如图8.12所示。

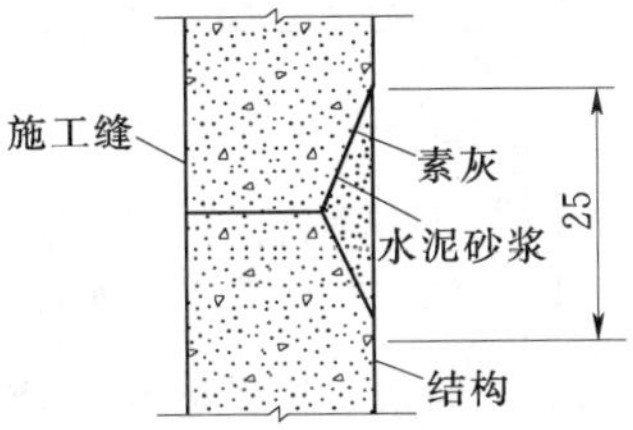

图8.12　混凝土结构施工缝的处理图

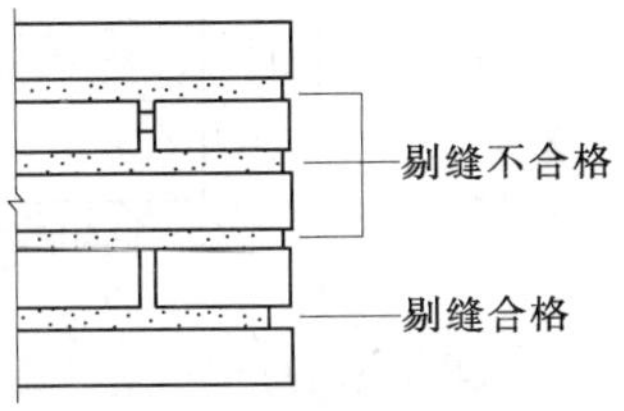

图8.13　砖砌体的剔缝

（2）砖砌体基层的处理。

对于新砌体，应将其表面残留的砂浆等污物清除干净，并浇水冲洗。对于旧砌体，要将其表面酥松表皮及砂浆等污物清理干净，至露出坚硬的砖面，并浇水冲洗。对于石灰砂浆或混合砂浆砌的砖砌体，应将缝剔深1cm，缝内呈直角如图8.13所示。

2. *施工方法*

（1）混凝土顶板与墙面防水层的施工操作。

第一层：素灰层，厚2mm。先抹一道1mm厚素灰，用铁抹子往返用力刮抹，使素灰填实基层表面的孔隙。随即在已刮抹过素灰的基层表面再抹一道厚1mm的素灰找平层，抹完后，用湿毛刷在素灰层表面按顺序涂刷一遍。

第二层：水泥砂浆层，厚4～5mm在素灰层初凝时抹第二层水泥砂浆层，要防止素灰层过软或过硬，过软将素灰层破坏；过硬粘结不良，要使水泥砂浆层薄薄压入素灰层厚度的1/4左右，抹完后，在水泥砂浆初凝时用扫帚按顺序向一个方向扫出横向条纹。

第三层：素灰层，厚2mm，在第二层水泥砂浆凝固并具有一定强度（常温下间隔一昼夜），适当浇水湿润，方可进行第三层操作，其方法同第一层操作。

第四层：水泥砂浆层，厚4～5mm。按照第二层的操作方法将水泥砂浆抹在第三层上，抹后在水泥砂浆凝固前水分蒸发过程中，分次用铁抹子压实，一般以抹压3～4次为宜，最后再压光。

第五层：第五层是在第四层水泥砂浆抹压两遍后，用毛刷均匀地将水泥浆刷在第四层表面，随第四层抹实压光。

(2) 砖墙面和拱顶防水层的施工操作。

第一层是刷水泥浆一道，厚度约为1mm，用毛刷往返涂刷均匀，涂刷后，可抹第二、三、四层等，其操作方法与混凝土基层防水相同。

(3) 地面防水层的施工操作。

地面防水层施工操作与墙面、顶板操作不同的地方是：素灰层（一、三层）不采用刮抹的方法，而是把拌和好的素灰倒在地面上，用棕刷往返用力涂刷均匀，第二层和第四层是在素灰层初凝前后把拌和好的水泥砂浆层按厚度要求均匀铺在素灰层上，按墙面、顶板操作要求抹压，各层厚度也均与墙面、顶板防水层相同。地面防水层在施工时要防止践踏，应由里向外顺序进行，如图8.14所示。

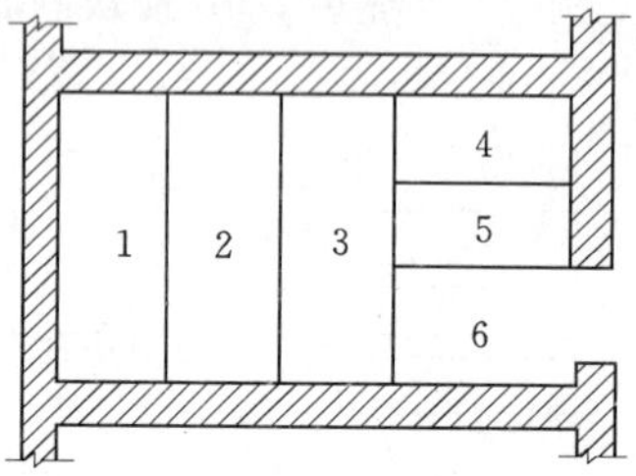

图8.14 地面防水层施工顺序

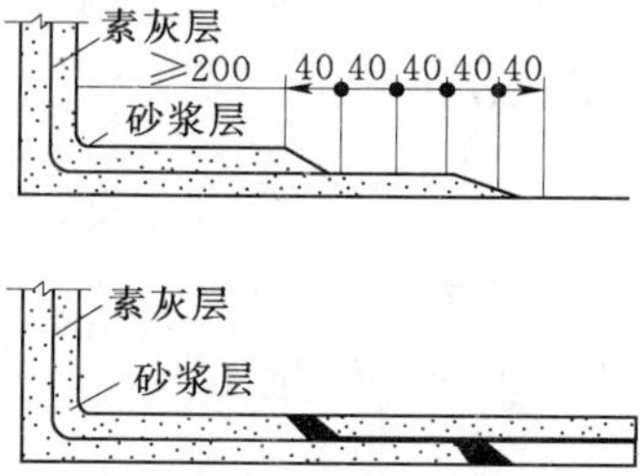

图8.15 防水层接槎处理（单位：mm）

(4) 特殊部位的施工操作。

结构阴阳角处的防水层均需抹成圆角，阴角直径5cm，阳角直径1cm。防水层的施工缝需留斜坡阶梯形槎，槎子的搭接要依照层次操作顺序层层搭接。留槎的位置一般留在地面上，亦可留在墙面上，所留的槎子均需离阴阳角20cm以上，如图8.15所示。

8.5.2 地下工程柔性防水

8.5.2.1 柔性防水材料

1. 防水卷材

按原材料性质分类的防水卷材主要有沥青防水卷材、高聚物改性沥青防水卷材和合成高分子防水卷材三大类。

2. 防水涂料

建筑防水涂料在常温下呈无定型液态，经喷涂、刮涂、滚涂或涂刷作业，能在基层表面固化，形成具有一定弹性的防水膜物质。常分为沥青防水涂料、高聚物改性沥青防水涂料和合成高分子防水涂料三大类。

3. 接缝密封材料

接缝密封材料是与防水层配套使用的一类防水材料，主要用于防水工程嵌填各种变形缝、分格缝、墙板板缝，密封细部构造及卷材搭接缝等部位。接缝密封材料分成改性沥青接缝材料和合成高分子接缝密封材料两种。

改性沥青接缝材料是以石油沥青为基料，掺加废橡胶或废塑料作填料制成的。因其综合性能较差，已逐渐被合成高分子类接缝密封材料所替代。

合成高分子接缝密封材料在我国最早研制的产品称塑料油膏，它是以聚氯乙烯树脂为基料，加入适量煤焦油做改性材料及添加剂配制而成。其半成品为聚氯乙烯胶泥，成品即塑料油膏。

在当前开发的产品中，品质较高的建筑密封材料有硅酮密封膏、聚硫密封膏、聚氨酯密封膏和丙烯酸酯密封膏。其中，聚氨酯密封膏是建筑防水接缝与密封材料的主要品种之一。

8.5.2.2 卷材防水施工

地下防水工程一般把卷材防水层设置在建筑结构的外侧迎水面上，称为外防水。这种防水层的铺贴法可以借助土压力压紧，并与结构一起抵抗有压地下水的渗透和侵蚀作用，防水效果良好，采用比较广泛。卷材防水层用于建筑物地下室，应铺设在结构主体底板垫层至墙体顶端的基面上，在外围形成封闭的防水层。

铺贴卷材的基层必须牢固、无松动现象；基层表面应平整干净；阴阳角处均应做成圆弧形或钝角。铺贴卷材前，应在基面上涂刷基层处理剂。当基层较潮湿时，应涂刷湿固化型胶粘剂或潮湿界面隔离剂。基层处理剂应与卷材和胶粘剂相容，基层处理剂可采用喷涂法或涂刷法施工。喷涂应均匀一致，不露底，待表面干燥后，再铺贴卷材。铺贴卷材时，每层的沥青胶要求涂布均匀，厚度一般为 1.5～2.5mm。外贴法铺贴卷材应先铺平面，后铺立面。平、立面交接处应交叉搭接；内贴法宜先铺垂直面，后铺水平面。铺贴垂直面时应先铺转角，后铺大面。墙面铺贴时应待冷底子油干燥后自下而上进行。

卷材接槎的搭接长度：高聚物改性沥青卷材为 150mm，合成高分子卷材为 100mm。当使用两层卷材时，上下两层和相邻两幅卷材的接缝应错开 1/3～1/2 幅宽，并不得互相垂直铺贴。在立面与平面的转角处，卷材的接缝应留在平面距立面不小于 600mm 处。在所有转角处均应铺贴附加层并仔细粘贴紧密。粘贴卷材时应展平压实。卷材与基层和各层卷材间必须粘贴紧密，搭接缝必须用沥青胶仔细封严。最后一层卷材贴好后，应在其表面均匀涂刷一层 1.0～1.5mm 的热沥青胶，以保护防水层。铺贴高聚物改性沥青卷材时应采用热熔法施工，在幅宽内卷材底表面均匀加热，不可过分加热或烧穿卷材。待卷材的粘结面材料加热呈熔融状态后，立即与基层或已粘贴好的卷材粘结牢固，但对厚度小于 3mm 的高聚物改性沥青防水卷材不能采用热熔法施工。铺贴合成高分子卷材要采用冷粘法施工，所使用的胶粘剂必须与卷材材性相容。

1. 外防外贴法

外防外贴法是将立面卷材防水层直接铺设在需防水结构的外墙外表面，施工程序如下：

(1) 先浇筑需防水结构的底面混凝土垫层；在垫层上砌筑永久性保护墙，墙下铺一层干油毡。墙的高度不小于需防水结构底板厚度再加 100mm。

(2) 在永久性保护墙上用石灰砂浆接砌临时保护墙，墙高为 300mm，并抹 1∶3 水泥砂浆找平层；在临时保护墙上抹石灰砂浆找平层并刷石灰浆。如用模板代替临时性保护墙，应在其上涂刷隔离剂。

(3) 待找平层基本干燥后，即可根据所选卷材的施工要求进行铺贴。

（4）在大面积铺贴卷材之前，应先在转角处粘贴一层卷材附加层，然后进行大面积铺贴，先铺平面、后铺立面。在垫层和永久性保护墙上应将卷材防水层空铺，而在临时保护墙（或模板）上应将卷材防水层临时贴附，并分层临时固定在其顶端。

（5）浇筑需防水结构的混凝土底板和墙体；在需防水结构外墙外表面抹找平层。

（6）主体结构完成后，铺贴立面卷材时，应先将接槎部位的各层卷材揭开，并将其表面清理干净，如卷材有局部损伤，应及时进行修补。高聚物改性沥青卷材接槎的搭接长度为 150mm，合成高分子卷材为 100mm。当使用两层卷材时，卷材应错槎接缝，上层卷材应盖过下层卷材。卷材的甩槎、接槎做法如图 8.16、图 8.17 所示。

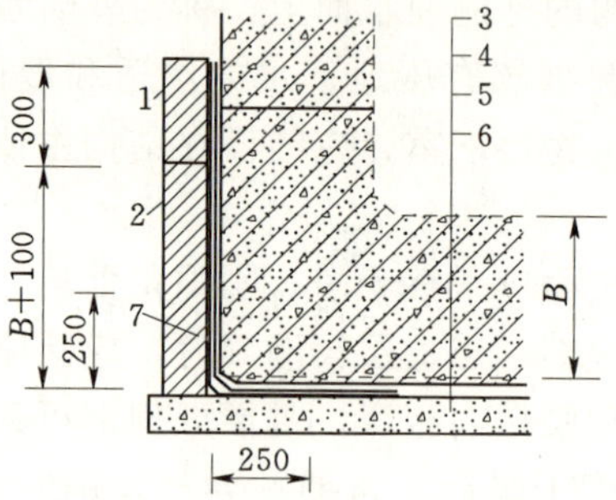

图 8.16　卷材防水层甩槎做法（单位：mm）

1—临时保护墙；2—永久保护墙；3—细石混凝土保护层；4—卷材防水层；5—水泥砂浆找平层；6—混凝土垫层；7—卷材加强层

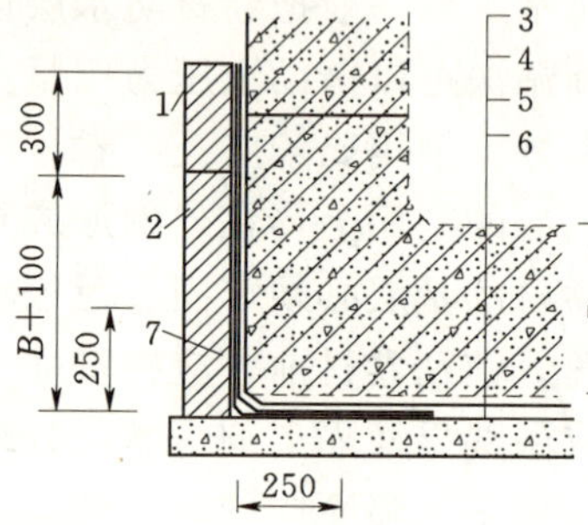

图 8.17　卷材防水层接槎做法（单位：mm）

1—结构墙体；2—卷材防水层；3—卷材保护层；4—卷材加强层；5—结构底板；6—密封材料；7—盖缝条

（7）待卷材防水层施工完毕，并经过检查验收合格后，应及时做好卷材防水层的保护结构。保护结构的几种做法如下。

1）砌筑永久保护墙。该墙在每隔 5～6m 及在转角处断开，断开的缝中填以卷材条或沥青麻丝；保护墙与卷材防水层之间的空隙应随砌随用砌筑砂浆填实，保护墙完工后方可回填土。注意在砌保护墙的过程中切勿损坏防水层。

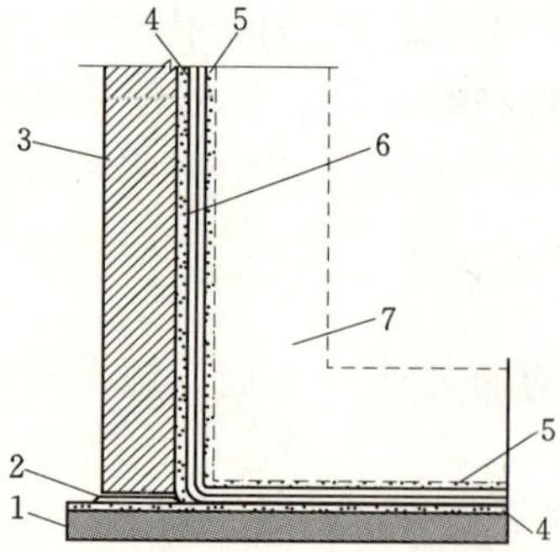

图 8.18　外防内贴法示意图

1—混凝土垫层；2—干铺油毡；3—永久性保护墙；4—找平层；5—保护层；6—卷材防水层；7—需防水的结构

2）抹水泥砂浆。在涂抹卷材防水层最后一道沥青胶结材料时，趁热撒上干净的热砂或散麻丝，冷却后随即抹一层 10～20mm 的 1∶3 水泥砂浆，水泥砂浆经养护达到强度后，即可回填土。

3）贴塑料板。在卷材防水层外侧直接用氯丁系胶粘固定 5～6mm 厚的聚乙烯泡沫塑料板，完工后即可回填土。亦可用聚醋酸乙烯乳液粘贴 40mm 厚的聚苯泡沫塑料板代替。

2. 外防内贴法

外防内贴法是浇筑混凝土垫层后，在垫层上将永久保护墙全部砌好，将卷材防水层铺贴在垫层和永久保护墙上，如图 8.18 所示，施工程序如下。

(1) 在已施工好的混凝土垫层上砌筑永久保护墙，保护墙全部砌好后，用1∶3水泥砂浆在垫层和永久保护墙上抹找平层。保护墙与垫层之间须干铺一层油毡。

(2) 找平层干燥后即涂刷冷底子油或基层处理剂，干燥后方可铺贴卷材防水层，铺贴时应先铺立面、后铺平面，先铺转角、后铺大面。在全部转角处应铺贴卷材附加层，附加层可为两层同类油毡或一层抗拉强度较高的卷材，并应仔细粘贴紧密。

(3) 卷材防水层铺完经验收合格后即应做好保护层。立面可抹水泥砂浆、贴塑料板，或用氯丁系胶粘剂粘铺石油沥青纸胎油毡；平面可抹水泥砂浆，或浇筑不小于50mm厚的细石混凝土。

(4) 施工需防水结构，将防水层压紧。如为混凝土结构，则永久保护墙可当一侧模板；结构顶板卷材防水层上的细石混凝土保护层厚度不应小于70mm，防水层如为单层卷材，则其与保护层之间应设置隔离层。

(5) 结构完工后，方可回填土。

8.5.2.3 涂膜防水施工

1. 涂膜施工工艺

(1) 涂膜施工的顺序。

涂膜施工的顺序是基层处理→涂刷底层卷材（聚氨酯底胶、增强涂布或增补涂布）→涂布第一道涂膜防水层（聚氨酯涂膜防水材料、增强涂布或增补涂布）→涂布第二道（或面层）涂膜防水层（聚氨酯涂膜防水材料）→稀撒石渣→铺抹水泥砂浆→粘贴保护层。

涂布顺序先垂直面、后水平面；先阴阳角及细部、后大面。每层涂抹方向应互相垂直。

(2) 涂布与增补涂布。

在阴阳角、排水口、管道周围、预埋件及设备根部、施工缝或开裂处等需要增强防水层抗渗性的部位，应做增强或增补涂布。

增强涂布或增补涂布可在粉刷底层卷材后进行；也可以在涂布第一道涂膜防水层以后进行。还有将增强涂布夹在每相邻两层涂膜之间的做法。

增强涂布的做法：在涂布增强膜中铺设玻璃纤维布，用板刷涂刮驱气泡，将玻璃纤维布紧密地粘贴在基层上，不得出现空鼓或皱折。这种做法一般为条形；增补涂布为块状，做法同增强涂布，但可做多层涂抹。

增强、增补涂布与基层卷材是组成涂膜防水层的最初涂层，对防水层的抗渗性能具有重要作用，因此涂布操作时要认真仔细，保证质量，不得有气孔、鼓泡、皱折、翘边，玻璃布应按设计规定搭接，且不得露出面层表面。

(3) 涂布第一道涂膜。

在前一道卷材固化干燥后，应先检查其上是否有残留气孔或气泡，如无即可涂布施工，如有则应用橡胶板刷将混合料用力压入气孔填实补平，然后再进行第一层涂膜施工。

涂布第一道聚氨酯防水材料，可用塑料板刷均匀涂刮，厚薄一致，厚度约为1.5mm。

平面或坡面施工后，在防水层未固化前不宜上人踩踏，涂抹施工过程中应留出施工退路，可以分区分片用后退法涂刷施工。

在施工温度低或混合液流动度低的情况下，涂层表面留有板刷或抹子涂后的刷纹，为此应预先在混合搅拌液内适当加入二甲苯稀释，用板刷涂抹后，再用滚刷滚涂均匀，涂膜表面即可平滑。

(4) 涂布第二道涂膜。

第一道涂膜固化后，即可在其上涂刮第二道涂膜，方法与第一道相同，但涂刮方向应于第一道施工垂直。涂布第二道涂膜与第一道的间隔时间应以第一道涂膜的固化程度（手感不粘）确定，一般不小于 24h，也不大于 72h。

当 24h 后涂膜仍发粘，而又需涂刷下一道时，可先涂一些涂膜防水材料即可以上人操作，不影响施工质量。

(5) 稀撒石渣。

在第二道涂膜固化之前，在其表面稀撒粒径约为 2mm 的石渣，涂膜固化后，这些石渣即牢固地粘结在涂膜表面，作用是增强涂膜与其保护层的粘结能力。

(6) 设置保护层。

最后一道涂膜固化干燥后，即可设置保护层。保护层可根据建筑要求设置相适宜的形式，立面、平面可在稀撒石渣上抹水泥砂浆，铺贴瓷砖、陶瓷锦砖；一般房间的立面可以铺抹水泥砂浆，平面可铺设缸砖或水泥方砖，也可抹水泥砂浆或浇筑混凝土；若用于地下室墙体外壁，可在稀撒石渣层上抹水泥砂浆保护层，然后回填土。

2. 涂膜防水层施工

(1) 外防外涂法施工。

外防外涂法施工是指涂料直接涂在地下室侧墙板上（迎水面），再在外侧做保护层，这种做法是在底板防水层完成后，接头处留在底板外侧；待侧墙板主体结构完成后，再涂抹外侧涂料，接头留在永久性保护墙上，如图 8.19 所示。

(2) 外防内涂法施工。

外防内涂法施工是指涂料涂在永久性保护墙上，涂料上做砂浆保护层，然后施工侧墙板主体结构。永久性保护墙加支撑后可作外模板，如图 8.20 所示。

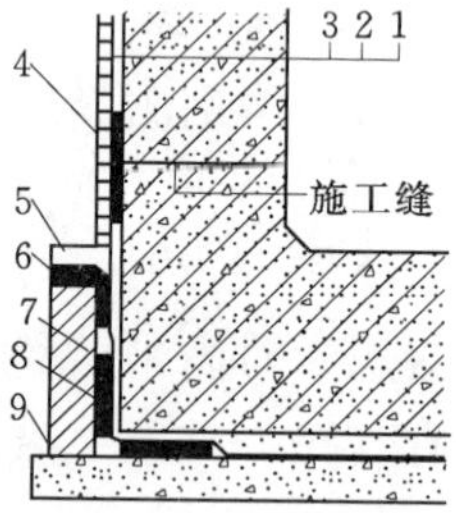

图 8.19　防水涂料外防外涂做法图

1—结构墙体；2—涂料防水层；3—涂料保护层；4、8—涂料防水加强层；5—涂料防水层搭接部位保护层；6—涂料防水层搭接部位；7—永久保护墙；9—混凝土垫层

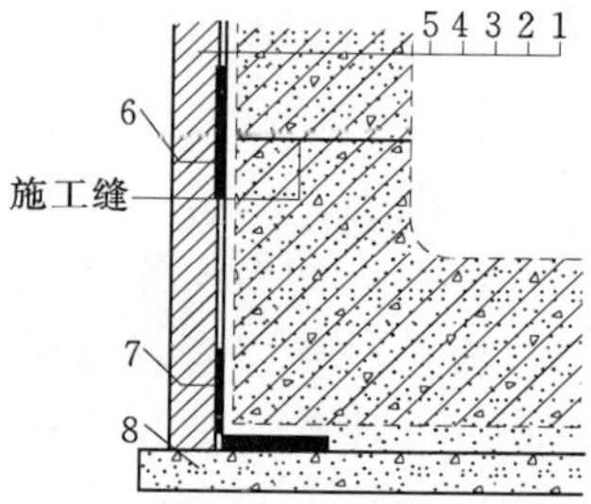

图 8.20　防水涂料外防内涂做法图

1—结构墙体；2—砂浆保护层；3—涂料防水层；4—砂浆找平层；5—保护墙；6—涂料防水加强层；7—涂料防水加强层；8—混凝土垫层

8.5.2.4　防水层的保护层施工

卷材防水层或沥青涂料防水层上的水泥砂浆或混凝土保护层，在立面上应在涂刷防水

层最后一层沥青胶结材料时，趁热粘上干净的热砂或散麻丝，待冷却后，随即铺抹一层10～20mm厚的1∶3水泥砂浆保护层；在平面上可铺设一层30～50mm厚的1∶3水泥砂浆或细石混凝土保护层。为压紧和保护外部防水层在建筑物使用过程中不受损伤，应在防水层上先铺抹水泥砂浆，再用砖或混凝土板块修筑保护墙，防水层与保护墙间的空隙应随时用砌筑砂浆填实。防水层保护墙应在转角处和每隔5～6m的地方断开，并在断开的缝中用卷材条或沥青麻丝填塞。

内部防水层一般采用混凝土或钢筋混凝土衬层压紧保护。顶板上外部的防水层可用整体浇筑的低标号混凝土或用砂浆砌筑的砖石、混凝土板块做成保护层。

防水层的保护层（保护墙）完工或防水混凝土结构模板拆除并经验收合格后，基坑应及时回填，回填土应符合设计要求，如设计无要求，宜采用黏性土或灰土，土中不得含有石块、碎砖、灰渣及有机杂物。

8.5.2.5　结构细部构造防水施工

1. 施工缝

施工缝是防水薄弱部位之一，应不留或少留施工缝。底板的混凝土应连续浇筑。墙体上不得留垂直的施工缝，垂直施工缝应与变形缝统一考虑。最低水平施工缝距底板面应不少于300mm，并避免设在墙板承受弯距或剪力最大的部位。施工缝的接缝断面可做成不同的形状，如图8.21所示。

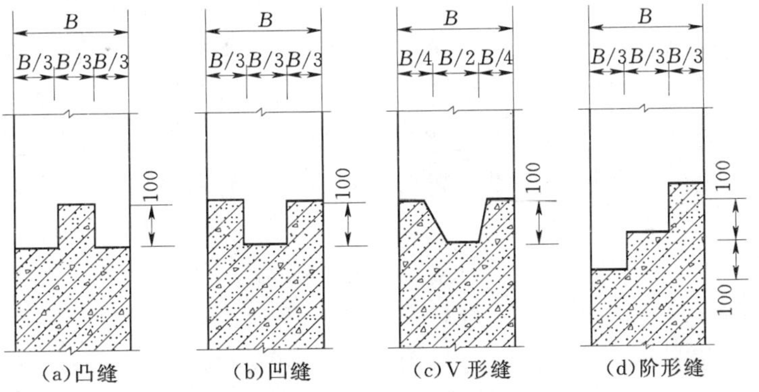

图8.21　施工缝接缝形式（单位：mm）

无论采用哪种形式的施工缝，为了使接缝严密，混凝土浇筑前均应对缝表面进行凿毛处理，清除浮粒。并用水冲洗干净，并保持湿润，铺上一层20～25mm厚的水泥砂浆，其材料和灰砂比应与混凝土相同。捣压密实后再继续浇筑混凝土。

为有效解决墙体施工缝的渗漏水问题，目前常用SPJ型遇水膨胀橡胶或BW型遇水膨胀橡胶止水条，对施工缝进行处理。

BW型遇水膨胀橡胶止水条的施工方法：撕掉其表面的隔离纸，将其直接粘贴在平整、干净的施工缝处，压紧粘牢，且每隔1m左右钉一个水泥钢钉，固定后即可进行下一步防水混凝土的浇筑，如图8.22所示。

2. 变形缝

地下结构物的变形缝是防水工程的薄弱环节，防水处理比较复杂。在选用材料、做法

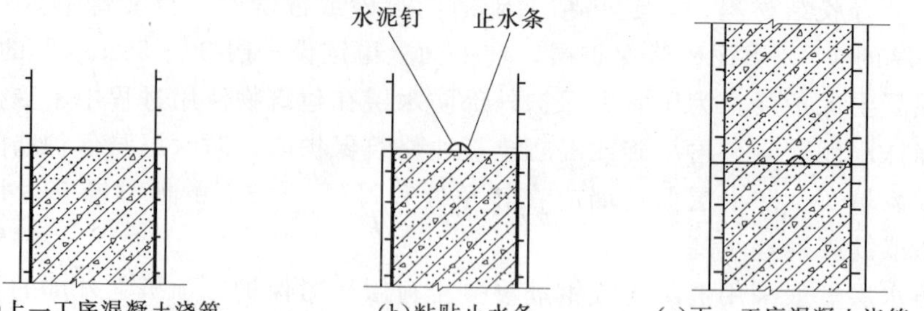

图 8.22　敷设止水条

及结构形式上，应考虑变形缝处的沉降、伸缩的可变性，并且还应保证不产生渗漏水现象。

常见的变形缝止水带材料有橡胶止水带、塑料止水带、氯丁橡胶止水带和金属止水带（如镀锌钢板等）。其中，橡胶止水带与塑料止水带的柔性、适应变形能力与防水性能都比较好，是目前变形缝常用的止水材料；氯丁橡胶止水带是一种新型止水材料，具有施工简便、防水效果好、造价低且易修补的特点；金属止水带适应变形的能力差，制作困难，仅用于高温环境条件下无法采用橡胶止水带或塑料止水带的场合。

环境温度高于 50℃处的变形缝，可采用 2mm 厚的紫铜片或 3mm 厚不锈钢金属止水带。在不受水压的地下室防水工程中，结构变形缝可采用加防腐掺合料的沥青浸过的松散纤维材料、软质板材等，并用封缝材料严密封缝。墙的变形缝的填嵌应按施工进度逐段进行，每 300～500mm 高填缝一次，缝宽不小于 30mm。不受水压的卷材防水层，在变形缝处应加铺两层抗拉强度高的卷材；在受水压的地下防水工程中，温度经常小于 50℃、不受强氧化作用时，变形缝宜采用橡胶或塑料止水带。当有油类侵蚀时，应选用相应的耐油橡胶或塑料止水带。

止水带应为整条，如必须接长，应采用焊接或胶结；接缝宜为一处，应设在边墙较高位置上，不得设在结构转角处；止水带埋设位置应准确，其中间空心圆环与变形缝的中心线应重合；止水带应妥善固定，顶、底板内止水带应成盆状安设，宜采用专用钢筋套或扁钢固定。不得穿孔或用铁钉固定，损坏处应修补。

变形缝接触处两侧应平整、清洁、无渗水，并涂刷与嵌缝材料相容的基层处理剂。嵌缝应先设置与嵌缝材料隔离的背衬材料，并嵌填密实，与两侧粘结牢固。在缝上粘贴卷材或涂刷涂料前，应在缝上设置隔离层后才能进行施工。

止水带的构造形式通常有埋入式、可卸式、粘贴式等，目前采用较多的是埋入式。

3. 后浇带留设与施工

随着高层建筑物的增多，大体积混凝土主体结构愈来愈多。为减少早期混凝土裂缝和地基不均匀沉降的影响，需留设后浇带，后浇带部位在结构中实际形成了两条施工缝，对结构在该部位受力有一定影响，所以应留设在受力较小的部位，因后浇带是柔性接缝，故也应留设在变形较小的部位，间距宜为 30～60m，宽度宜为 700～1000mm。

后浇带可做成平缝，结构立筋不宜在缝中断开，如需断开，则主筋搭接长度大于 45 倍主筋直径，并应按设计要求加设附加钢筋。后浇带应在其两侧混凝土龄期达六周后再施工，但高层建筑的后浇带应在结构顶板浇筑钢筋混凝土两周后进行，施工缝表面需按上述的办法处理，补偿收缩混凝土的养护期不应少于四周。

后浇带应采用补偿收缩混凝土浇筑，其强度等级应比两侧混凝土提高一个等级，混凝土养护应不少于28d。后浇带构造详图如图8.23所示。

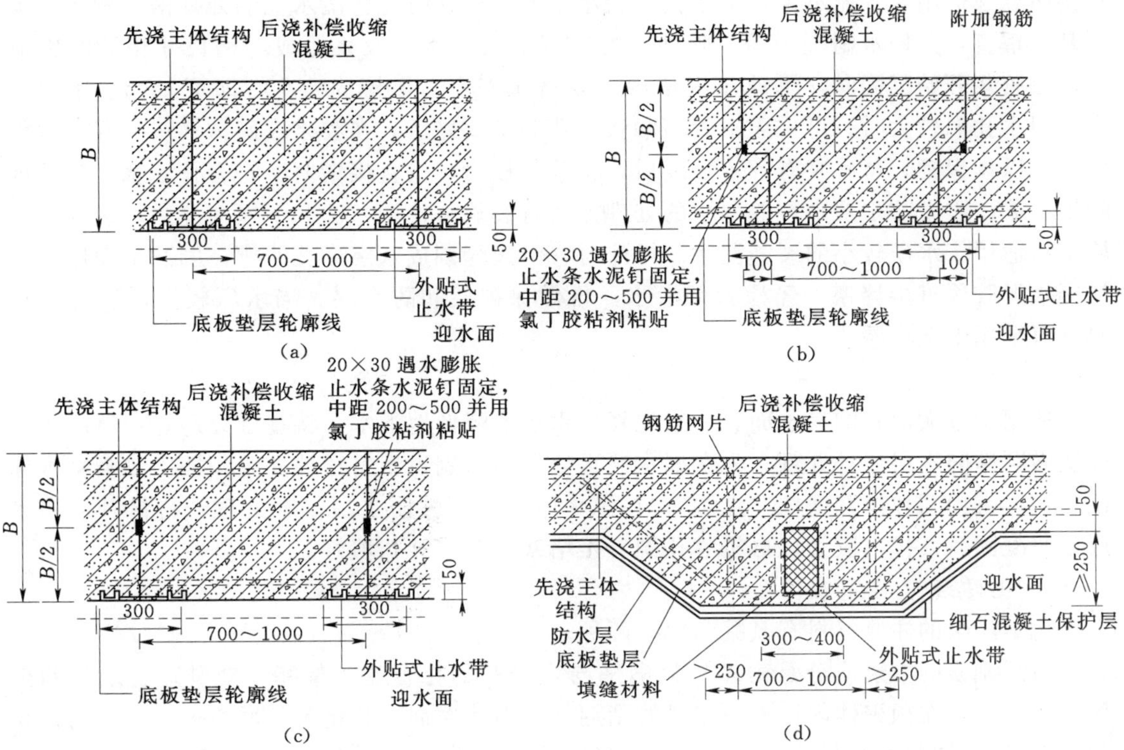

图8.23 后浇带防水构造（单位：mm）

8.5.3 地下防水工程堵漏处理

8.5.3.1 堵漏技术

根据地下防水工程特点，针对不同程度的渗漏水情况，应选择相应的防水材料和堵漏方法，进行防水结构渗漏水处理。在拟定处理渗漏水措施时，应本着将大漏变小漏、片漏变孔漏、线漏变点漏，使漏水部位汇集于一点或数点，最后堵塞的方法进行。

对防水混凝土工程的修补，通常采用的方法是用促凝剂和水泥拌制而成的快凝水泥胶浆进行快速堵漏或大面积修补。近年来，采用膨胀水泥（或加膨胀剂）作为防水修补材料，其抗渗堵漏效果更好。对混凝土的微小裂缝，则采用化学注浆堵漏技术。

1. 快硬性水泥胶浆堵漏法

堵漏材料包括促凝剂和快凝水泥胶浆。促凝剂是以水玻璃为主，并与硫酸铜、重铬酸钾及水配制而成。配制时按配合比把定量的水加热至100℃，然后将硫酸铜和重铬酸钾倒入水中，继续加热并不断搅拌至完全溶解，冷却至30～40℃，再将此溶液倒入称量好的水玻璃液体中，搅拌均匀，静置30min后就可使用。

快凝水泥浆胶的配合比是水泥：促凝剂为1：0.5～1：0.6，由于这种胶浆凝固快

（一般 1min 左右就凝固），使用时注意随拌随用。

地下防水工程的渗漏水情况比较复杂，常用的堵漏方法有堵塞法和抹面法。

（1）堵塞法。

适用于孔洞漏水或裂缝漏水时的修补处理。孔洞漏水常用直接堵塞法和下管堵漏法。直接堵塞法适用于水压不大，漏水孔洞较小情况。操作时先将漏水孔洞处剔槽，槽壁必须与基面垂直，并用水刷洗干净，随即将配制好的快凝水泥胶浆捻成与槽尺寸相近的锥形团，在胶浆开始凝固时，迅速压入槽内，并挤压密实，保持 30s 左右即可。当水压力较大，漏水孔洞较大时，可采用下管堵漏法。孔洞堵塞好后，在胶浆表面抹素灰一层，砂浆一层，以作保护。待砂浆有一定强度后，将胶管拔出，按直接堵塞法将管孔堵塞。最后拆除挡水墙，再做防水层。裂缝漏水的处理方法有裂缝直接堵塞法和下绳堵漏法。裂缝直接堵塞法适用于水压较小的裂缝漏水。操作时，沿裂缝剔成八字形坡的槽，刷洗干净后，用快凝水泥胶浆直接堵塞，经检验无渗水，再做保护层和防水层。当水压较大，裂缝较长时，可采用下绳堵漏法。

（2）抹面法。

适用于较大面积的渗水面。一般先降低水压或降低地下水，将基层处理好，然后用抹面法做刚性防水层修补处理。先在漏水严重处用凿子剔出半贯穿性孔眼，插入胶管将水导出。这样就使“片渗”变位“点渗”，在渗水面做好刚性防水层修补处理。待修补的防水层砂浆凝固后，拔出胶管，再按“孔洞直接堵塞法”将管孔填好。

2. 化学注浆堵塞法

化学注浆的注浆材料有氰凝和丙凝两种。

（1）氰凝的主要成分是由多异氰酸酯与含羟基的化合物（聚酯、聚醚）制成的预聚体。使用前，在预聚体内掺入一定量的副剂（表面活性剂、乳化剂、增塑剂、溶剂与催化剂等），搅拌均匀即配制成氰凝浆液。氰凝浆液不遇水不发生化学反应，稳定性好；当浆液灌入漏水部位后，立即与水发生化学反应，生成不溶于水的凝胶体；同时释放 CO_2 气体，使浆液发泡膨胀，向四周渗透扩散直至反应结束。

（2）丙凝由双组分（甲溶液和乙溶液）组成。甲溶液是丙烯酰胺和 N－N′－甲撑双丙烯酰胺及 β－二甲氨基丙腈的混合溶液。乙溶液是过硫酸铵的水溶液。两者混合后很快形成不溶于水的高分子硬性凝胶，这种凝胶可以封密结构裂缝，从而达到堵漏的目的。

注浆堵漏施工，可分为对混凝土表面处理、布置注浆孔、埋设注浆嘴、封闭漏水部位、压水试验、注浆、封孔等工序。注浆孔的间距一般为 1m 左右，并要交错布置，注浆结束，待浆液固结后，拔出注浆嘴并用水泥砂浆封固注浆孔。

3. 孔洞堵漏

（1）直接堵漏法。

孔洞较小，水压不太大时，可用直接堵漏法。将孔洞凿成凹槽并冲洗干净，用配合比为 1∶0.6 的水泥胶浆塞入孔洞，迅速用力向槽壁四周挤压密实。堵塞后，检查是否漏水，确定无渗漏后，做防水层。

（2）下管堵漏法。

孔洞较大，水压较大时，可采用下管堵漏法。该办法分两步完成，首先凿洞、冲洗干净，插入一根胶管，用促凝剂水泥胶浆堵塞胶管外空隙，使水通过胶管排出；当胶浆开始凝固时，立即用力在孔洞四周压实，检查无渗水时，抹上防水层的第一、二层；待防水层有一定强度后将管拔出，按直接堵塞法将管孔堵塞，最后抹防水层的第三、四层。

（3）木楔子堵塞法。

用于孔洞不大，水压很大的情况。用胶浆把一铁管稳牢于漏水处剔成的孔洞内，铁管顶端比基层面低20mm，管四周空隙用砂浆、素灰抹好；待砂浆有一定强度后，把一浸过沥青的木楔打入管内，管顶处再抹素灰、砂浆等，经24h后，检查无渗漏时，随同其他部位一起做好防水层，如图8.24所示。

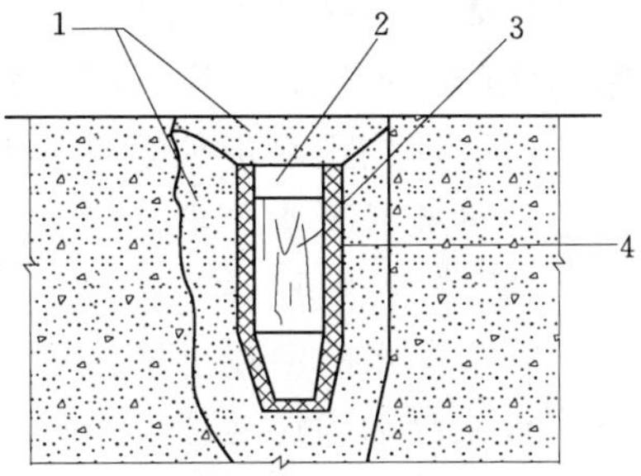

图8.24 木楔堵漏

1—素灰和砂浆；2—干硬性砂浆；3—木楔；4—铁管

4. 裂缝堵漏

（1）下线法。

水压较大，缝隙不大时，采用下线法施工。操作时，在缝内先放一线，缝长时分段下线，线间中断20～30mm，然后用胶浆压紧，从分段处抽线，形成小孔排水；待胶浆有强度后，用胶浆包住钉子塞住抽线时留下的小孔，再抽出钉子，由钉子孔排水，最后将钉子孔堵住做防水层。

（2）半圆铁片堵漏法。

水压较大，裂缝较大时，可将渗漏处剔成八字槽，用半圆铁片放于槽底；铁片上有小孔插入胶管，铁片用胶浆压住，水由胶管排出。当胶浆有一定强度时，转动胶管并抽出，再将胶管形成的孔堵住。

8.5.3.2 地下防水工程渗漏及治理方法

1. 混凝土墙裂缝漏水

混凝土墙面出现以垂直方向裂缝为主的裂缝。有的裂缝因贯穿而漏水。治理方法如下。

（1）清除墙外回填土，沿裂缝切槽嵌缝并用氰凝浆液或其他化学浆液灌注缝隙，封闭裂缝。

（2）严格控制原材料质量，优化配合比设计，改善混凝土的和易性，减少水泥用量。

（3）设计时应按设计规范要求控制地下墙体的长度，对特殊形状的地下结构和必须连续的地下结构，应在设计上采取有效措施。

（4）加强养护，一般均应采用覆盖后的浇水养护方法，养护时间不少于规范规定。同时还应防止气温陡降可能造成的温度裂缝。

2. 施工缝漏水

（1）处理好接缝。拆模后随即用钢丝板刷将接缝刷毛，清除浮浆，扫刷干净，冲洗湿润。在混凝土浇筑前，在水平接缝上铺设1∶2.5水泥砂浆2mm左右。浇筑混凝土须细致振捣密实。

（2）平缝表面洗刷干净，将橡胶止水条的隔离纸撕掉，居中粘贴在接缝上。搭接长度不少于50mm。随后即可继续浇筑混凝土。

(3) 沿漏水部位可用氰凝、丙凝等灌注堵塞一切漏水的通道，再用氰凝浆涂刷施工缝内面，宽度不少于600mm。

3. 变形缝漏水

(1) 采用埋入式橡胶止水带，质量必须合格，搭接接头要挫成斜坡毛面，用XY－401胶粘压牢固。止水带在转角处要做成圆角，且不得在拐角处接槎。

(2) 表面附贴橡胶止水带，缝内嵌入沥青木丝板，表面嵌两条BW橡胶止水条。上面粘贴橡胶止水带，再用压板、螺栓固定。

(3) 后埋式止水带须全部剔除，用BW橡胶止水条嵌入变形缝底，然后重新铺贴好止水带，再浇混凝土压牢。

4. 穿墙管漏水

将管下漏水的混凝土凿深250mm。如果水的压力不大，用快硬水泥胶浆堵塞；或用水玻璃水泥胶堵漏法处理。水玻璃和水泥的配合比为1∶0.6。从搅拌到操作完毕不宜超过2min，操作时应迅速压在漏水处；也可用水泥快燥精胶浆堵漏法。水泥和快燥精的配合比为2∶1，凝固时间约1min。将拌好的浆液直接压堵在漏水处，待硬化后再松手。

经堵塞不漏水后，随即涂刷一层纯水泥浆，抹一层1∶2水泥砂浆，厚度控制在5mm左右。养护22d后，涂水泥浆一层，然后抹第二层1∶2.5水泥砂浆，与周边要抹实、抹平。

课题8.6　卫生间防水工程施工

卫生间一般有较多穿过楼地面或墙体的管道，平面形状复杂且面积较小。如果采用卷材防水施工，因剪口和接缝较多，很难粘结牢固、密封严密，故多采用涂膜防水，使用较多的是聚氨酯涂膜防水。

8.6.1　卫生间防水施工的前提条件

1. 总要求

(1) 以排为主，以防为辅。

(2) 防水层须做在楼地面面层下面。

(3) 卫生间地面标高应低于门外地面标高，地漏标高则更低，如图8.25所示。

2. 排水坡度要求

(1) 1∶3水泥砂浆找坡层，最薄处20mm厚，坡向地漏，坡度一般为1∶50，一次抹平。

(2) 地漏处排水坡度以地漏边缘向外50mm，排水坡度为3∶100～5∶100。

(3) 地漏标高应根据门口至地漏的坡度确定，必要时设门槛。

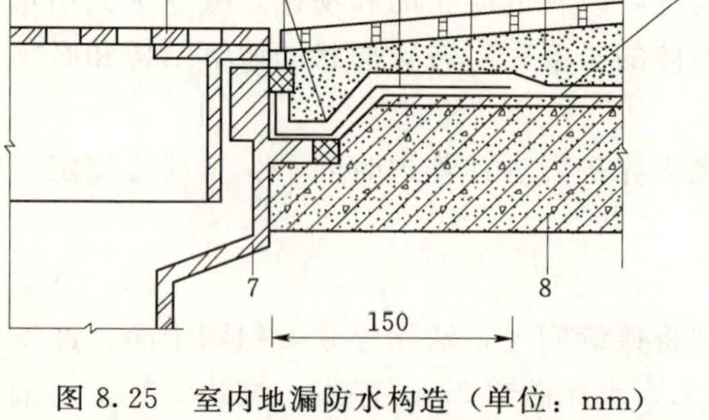

图8.25　室内地漏防水构造（单位：mm）

1—地漏盖板；2—密封材料；3—附加层；4—防水层；5—地面砖及结合层；6—水泥砂浆找平层；7—地漏；8—混凝土楼板

(4) 卫生间如设有浴盆，浴盆地面排水至地漏坡度为 3∶100～5∶100。

3. 找平层要求

(1) 涂刷防水层的基层表面时，必须将尘土、杂物等清扫干净，表面残留的灰浆硬块和突出部分应铲平、扫净，抹灰、压平，阴阳角处应抹成圆弧或钝角。

(2) 30mm 厚 1∶3 干硬性水泥砂浆（内掺建筑胶）抹平，套管根部抹成“八”字角，宽 10mm、高 15mm。在找平层接地漏、管根、出水口、卫生洁具根部（边沿），要收头圆滑。坡度符合设计要求，部件必须安装牢固，嵌封严密，且经过验收。

(3) 对高低不平部位或凹坑处，用 1∶2.5 的水泥砂浆抹平。

4. 其他条件

(1) 卫生间楼面混凝土振捣必须密实，随振随抹、压实抹光，形成一道自身防水层。

(2) 所有楼板的管洞、套管洞周围的缝隙均用掺加膨胀剂的细石混凝土浇灌严实抹平，孔洞较大的，吊模后浇筑膨胀混凝土。待全部处理完后进行灌水实验，24h 无渗漏，方可进行下道工序。

(3) 涂刷防水层的基层表面应保持干燥，含水率一般不大于 9%，并要平整、牢固，不得有空鼓、开裂及起砂等缺陷。防水层施工前，应将基层表面的尘土等杂物清除干净，并用干净的湿布擦一次。

(4) 突出地面的管根、地漏、排水口、阴阳角等细部，应先做好附加层增补处理，刷完底胶后，经检查并办完隐蔽工程验收。

(5) 防水层施工不得在雨天、大风天进行，冬期施工的环境温度应不低于 5℃。

8.6.2 防水层施工

1. 工艺流程

清理基层表面→细部处理→配制底胶→涂刷底胶（相当于冷底子油）→第一遍涂膜→第二遍涂膜→第三遍涂膜防水层施工→防水层一次试水→保护层饰面层施工→防水层二次试水→防水层验收。

2. 涂刷底胶（相当于冷底子油）

(1) 配制底胶，先将聚氨酯甲料、聚氨酯乙料加入二甲苯，比例为 1∶1.5∶2（重量比）配合搅拌均匀，配制量应视具体情况而定，不宜过多。

(2) 涂刷底胶，用长把滚刷将按上法配制好的底胶混合料，均匀涂刷在基层表面，涂刷量为 0.15～0.2kg/m^2，涂后常温季节 4h 以后，手感不粘时，可做下道工序。

3. 涂膜防水层施工

聚氨酯防水材料为聚氨酯甲料、聚氨酯乙料和二甲苯，配比为 1∶1.5∶0.2（重量比）。

(1) 在施工中涂膜防水材料，其配合比计量要准确，并必须用电动搅拌机进行强力搅拌。

(2) 附加层施工。应在大面积涂刷前对地面的地漏、管根、出水口，卫生洁具等根部（边沿），阴、阳角等部位先做一布二油附加防水层，两侧各压交界缝 200mm。涂刷防水材料的具体要求是：常温 4h 表干后，再刷第二道涂膜防水材料，24h 实干后，即可进行大面积涂膜防水层施工。

(3) 涂膜防水层。第一道涂膜防水层，用塑料或橡皮刮板将已配好的聚氨酯涂膜防水材料均匀涂刮在已涂好底胶的基层表面，用量为0.8kg/m^2，不得有漏刷和鼓泡等缺陷，24h固化后，可进行第二道涂层。第二道涂层的涂刷方向与第一道涂层相互垂直，涂刮量与第一道相同，不得有漏刷和鼓泡等缺陷。24h固化后，再按上述配方和方法涂刮第三道涂膜，涂刮量以0.4～0.5kg/m^{2}为宜 。三道涂膜厚度为1.5mm。进行第一次试水，遇有渗漏，应进行补修，至不出现渗漏为止。

除上述涂刷方法外，也可采用长把滚刷分层进行相互垂直的方向分四次涂刷。如条件允许，也可采用喷涂的方法，但要掌握好厚度和均匀度。细部不易喷涂的部位，应在实干后进行补刷。

(4) 在涂膜防水层施工前，应组织有关人员认真进行技术和使用材料的交底。防水层施工完成后，经过24h以上的蓄水试验，未发现渗水漏水为合格，然后进行隐蔽工程检查验收，交下一道施工。

4. 成品保护

(1) 对已涂刷好的涂膜防水层应及时采取保护措施，在未做好保护层以前，不得穿带钉鞋出入室内，以免破坏防水层。

(2) 突出地面管根、地漏、排水口、卫生洁具等处的周边防水层不得碰损，部件不得变位。

(3) 地漏、排水口等处应保持畅通，施工中要防止杂物掉入，试水后应进行认真清理。

(4) 涂膜防水层施工过程中，未固化前不得上人走动，以免破坏防水层，造成渗漏。

(5) 涂膜防水层施工过程中，应注意保护有关门口、墙面等部位，防止污染成品。

5. 保护层施工

涂膜防水层施工完后，蓄水24h试验观察渗漏与否，合格后在涂膜防水层上抹一层20mm的水泥砂浆保护层，然后再铺设陶瓷面砖或马赛克等饰面层。

8.6.3 质量要求

1. 保证项目

(1) 涂膜防水材料及无纺布技术性能必须符合设计要求和有关标准的规定，产品应附有出厂合格证、防水材料质量认证，现场取样送检进行试验，未经认证的或检测不合格的防水材料不得使用。

(2) 涂膜防水层及其细部等做法必须符合设计要求和施工规范的规定，并不得有渗水漏水现象。

2. 基本项目

(1) 涂膜防水层的基层应牢固、表面洁净、平整，阴、阳角处呈圆弧形或钝角。

(2) 底胶、聚氨酯涂膜附加层的涂刷方法、搭接、收头应符合规定，并应粘结牢固、紧密，接缝封严，无损伤、空鼓等缺陷。

(3) 涂膜防水层应涂刷均匀，保护层和防水层粘结牢固，不得有损伤、厚度不匀等缺陷。

8.6.4 施工注意事项

(1) 在交叉作业时，要配合好，穿墙管道或凹眼打孔，应在防水施工前，并抹平压光做收头处理。

(2) 防水施工前，严禁管道、水嘴、接头漏水和滴水。

(3) 防水高度正确、合理。如在卫生间洗浴时，水会溅到邻近的墙上，如没有防水层的处理，隔壁墙和对顶角墙容易潮湿发生霉变。所以一定要在铺地面瓷砖之前，做好地面防水。家居装饰工程验收办法中规定的一般墙面的防水处理需要达到 0.9m 的高度，内墙隔壁有柜的则要做到 1.2m 高，但如果是非承重的轻体墙，整面墙最好都做防水，最少也要做到 1.8m 高。

(4) 刷防水涂料的时候一定要细心。墙和地面的接缝处，上下水管道和地面之间，以及一些边角都要非常注意，多刷几次，才能保证不放过“漏网之鱼”。

(5) 卫生间木门底部的防水容易被忽略。其实木门的底部可以多刷几层油料，或者装上一层不锈钢，就可以很好地解决水对木门底部的侵蚀。

(6) 装修完后，可以在卫生间门口砌上一道临时“堤坝”。堵住下水口，往里面放水，直到水高 10cm，让水在卫生间停留 24h 左右，再仔细查看四周地面以及楼下邻居的天花板是否有潮湿痕迹，没有则说明是合格的防水工程。至于墙面防水的检测，可以把花洒对着墙面浇水 3～4min，在 4h 后观察墙的另一面有没有渗水迹象，没有则说明工程是合格的。

(7) 应注意的质量问题：

1) 空鼓。水层空鼓一般发生在找平层与涂膜防水层之间和接缝处，原因是基层含水过大，使涂膜空鼓，形成气泡。施工中应控制含水率，并认真操作。

2) 渗漏。防水层渗漏水，多发生在穿过楼板的管根、地漏、卫生洁具及阴阳角等部位，原因是管根、地漏等部件松动、粘结不牢、涂刷不严密或防水层局部损坏，部件接槎封口处搭接长度不够所造成。在涂膜防水层施工前，应认真检查并加以修补。

(8) 地面瓷砖铺贴尽量采用湿铺工艺。

(9) 禁止在地面开槽走管，破坏原有防水层。

(10) 特别注意烟道、地漏、立管等周边要精心施工。

(11) 防水涂料要涂刷多遍，每遍要干燥后才能涂刷下一道；相临两次的涂刷方向要相互垂直。

(12) 防水涂料涂刷后注意保护避免被破坏。

(13) 填缝剂勾缝要密实、均匀，严禁漏勾缝。

(14) 卫生间、厨房墙地砖收口正确合理。如卫生间的瓷砖铺贴应该是墙砖压住地砖，在铺完地砖之后再铺上与地砖相邻的墙砖。

(15) 水泥砂浆配比合理，并掺防水剂。

(16) 做好试压、泼水、闭水试验。

(17) 及时标记管线走向，并绘制管线走向图。

课题 8.7　冬期施工和雨期施工的措施

8.7.1　防水工程冬期施工

冬期进行屋面防水工程施工应选择无风晴朗天气进行，并应根据使用的防水材料控制其施工气温界限，以及利用日照条件提高面层温度。在迎风面宜设置活动的挡风装置。

在施工中有交叉作业时，应做到合理安排隔气层、保温层、找平层、防水层的工序，并做到连续操作。对已完成部位应及时覆盖，以免受潮、受冻。

(1) 保温层施工。

冬期施工采用的屋面保温材料应符合设计要求，并不得含有冰雪、冻块和杂质。干铺的保温层可在负温下施工，采用沥青胶结的整体保温层和板状保温层应在气温不低于－10℃时施工，采用水泥、石灰或乳化沥青胶结的整体保温层和板状保温层应在气温不低于5℃时施工。雪天或5级风及以上的天气不得施工。

(2) 找平层施工。

水泥砂浆找平层可掺入防冻剂。如采用氯化钠防冻剂时宜选用普通硅酸盐水泥或矿渣硅酸盐水泥，严禁使用高铝水泥。砂浆强度不应低于3.5MPa，施工温度不应低于－7℃。

采用沥青砂浆作找平层时，基层应干燥、平整，不得有冰层或积雪。基层应先满涂冷底子油1～2道，待冷底子油干燥后，方可作找平层。施工时应采取分段流水作业和保温等措施。沥青砂浆施工温度应符合要求。

找平层应牢固坚实、表面无凹凸、起砂、起鼓现象。如有积雪、残留冰霜、杂物等应清扫干净。

(3) 防水层与隔气层施工。

沥青卷材施工的环境温度不应低于5℃。当气温较低且屋面防水层采用卷材时，可采用热熔法和冷粘法施工。

热熔法施工温度不应低于－10℃，宜使用高聚物改性沥青防水卷材。涂刷基层处理剂宜使用挥发快的溶剂配制，涂刷后应干燥10h及以上，干燥后应及时铺贴。卷材搭结接缝的边缘以及末端收头部位应以密封材料嵌缝处理，必要时可用掺防冻剂的水泥砂浆对经过密封处理的末端收头部位进行压缝处理。

冷粘法施工温度不宜低于－5℃，宜使用合成高分子防水卷材。涂布基层处理时应将聚氨酯涂膜防水材料的甲料：乙料：二甲苯按1：1.5：3的比例配合搅拌均匀，涂在基层表面上，干燥时间不应小于10h。采用聚氨酯涂料做附加层处理时，甲料：乙料按1：1.5的比例，厚度不小于1.5mm，并应在固化36h以后，才能进行下一工序施工。铺贴立面或大坡面合成高分子防水卷材宜用满粘法。接缝采用配套的按缝胶粘剂，接缝口应用密封材料封严，其宽度不应小于10mm。

当采用涂料做防水层时宜使用溶剂型涂料，施工环境温度不应低于－5℃，在雨、雪天、5级风及以上时不得施工。涂料储运环境温度不宜低于0℃，并应避免碰撞，保管环境应干燥、通风并远离火源。基层处理剂可选用有机溶剂稀释而成，充分搅拌，涂刷均匀，干燥后方可进行涂膜施工。涂膜防水层应由两层以上涂层组成，总厚度应达到设计要求，其成膜厚度不应小于2mm。施工时可采用涂刮或喷涂。当涂刮施工时，每遍涂刮的推进方向宜与前一遍互相垂直，并在前一遍涂料干燥后，才可进行后一遍涂料施工。在涂层中夹铺胎体增强材料时，位于胎体下面的涂层厚度不应小于1mm，最上层的涂料层不应小于两遍。

隔气层可采用气密性好的单层卷料。用卷材时可采用花铺法施工，卷材搭接宽度不应小于 80mm。采用防水涂料时，宜选用溶剂型涂料。隔气层施工的温度不应低于－5℃。

8.7.2 防水工程雨期施工

（1）卷材层面应尽量在雨季前施工，并同时安装屋面的落水管。

（2）雨天严禁进行油毡屋面施工，油毡、保温材料不能淋雨。

（3）雨天屋面工程宜采用“湿铺法”施工工艺，“湿铺法”就是在“潮湿”基层上铺贴卷材，先喷刷 1～2 道冷底子油，喷刷工作宜在水泥砂浆凝结初期进行操作，以防基层浸水。如基层浸水，应在基层面干燥后铺贴油毡，如基层潮湿且干燥有困难时，可采用排汽屋面。

复习思考题

1. 简述排汽屋面施工的要点。
2. 找平层的含水率是怎么测定的？
3. 简述卷材防水的施工条件。
4. 简述卷材防水屋面施工铺贴的搭接方向。
5. 屋面卷材防水层的施工质量要求有哪些？
6. 刚性防水屋面施工的操作要点有哪些？
7. 防水工程验收应收集和整理哪些文件及记录？
8. 防水混凝土的配合比应符合哪些规定？
9. 简述卫生间地面聚氨酯防水涂料施工的要点。

单元9 装饰工程施工

课题9.1 抹灰工程施工

9.1.1 一般抹灰施工

1. 抹灰施工的基层处理

抹灰施工的基层主要有砖墙面、混凝土面、轻质隔墙材料面、板条面等。在抹灰前应对不同的基层进行适当的处理以保证抹灰层与基层粘结牢固。

（1）清除基层表面的灰尘、污垢、油渍、碱膜等。

（2）凡室内管道穿越的墙洞、楼板洞，凿剔墙后安装的管道周边应用1：3水泥砂浆填嵌密实。

（3）墙面上的脚手架眼应填补好。

（4）浇水润湿。

（5）表面凹凸明显的部位应事先剔平或用1：3水泥砂浆补平。对平整光滑混凝土表面，可以有三种方法：凿毛或划毛处理，喷1：1水泥细砂浆进行毛化，刷界面处理剂。

（6）门窗周边的缝隙应用水泥砂浆分层嵌塞密实。

（7）不同材料基体的交接处应采取加强措施，如铺钉金属网，金属网与各基体的搭接宽度不应小于100mm。

2. 施工工艺

一般抹灰的施工工艺为基层处理→灰饼、标筋→底层灰→中层灰→抹罩面灰。

3. 施工要点

（1）做灰饼和标筋。

抹灰操作应保证其平整度和垂直度。施工中常用的手段是做灰饼和标筋，如图9.1所示。

做灰饼是在墙面的一定位置上抹上砂浆团以控制抹灰层的平整度、垂直度和厚度。具体做法是：从阴角处开始，在距顶棚约200mm处先做两个灰饼（上灰饼），然后对应在踢脚线上方2.0～2.50mm处做两个下灰饼，再在中间按1200～1500mm间距做中间灰饼。灰饼大小一般以40～60mm为宜，灰饼的厚度为抹灰层厚度减去面层灰厚度。

标筋（也称冲筋）是在上下灰饼之间抹上砂浆带，同样起控制抹灰层平整度和垂直度的作用。标筋宽度一般为80～100mm，厚度同灰饼。标筋应抹成八字形（底宽面窄）。要检查标筋的平整度和垂直度。

（2）抹底层灰。

标筋达到一定强度后（刮尺操作不致损坏或砂浆达到七至八成干）即可抹底层灰。

抹底层灰可用托灰板盛砂浆，用力将砂浆推抹到墙面上，一般应从上而下进行。在两

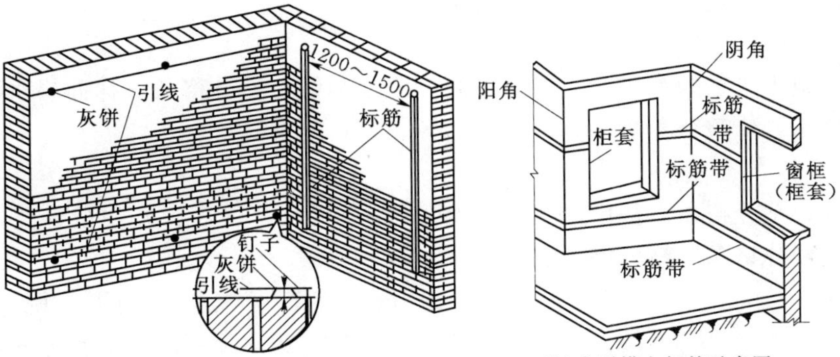

(a)灰饼和标筋的位置示意图　　(b)水平横向标筋示意图

图9.1　挂线做标准灰饼及标筋（单位：mm）

标筋之间抹满后，即用刮尺从下而上进行刮灰，使底灰层刮平刮实并与标筋面相平。操作中用木抹子配合去高补低，最后用铁抹子压平。

（3）抹中层灰。

底层灰七八成干（用手指按压有指印但不软）时即可抹中层灰。操作时一般按自上而下、从左向右的顺序进行。先在底层灰上洒水，待其收水后在标筋之间装满砂浆，用刮尺刮平，并用木抹子来回搓抹，去高补低。搓平后用2m靠尺检查，超过质量标准容许偏差时应修整至合格。

（4）抹面层灰。

在中层灰七八成干后即可抹罩面灰。先在中层灰上洒水，然后将面层砂浆分遍均匀抹涂上去，一般也应按从上而下、从左向右的顺序。抹满后用铁抹子分遍压实压光。铁抹子各遍的运行方向应相互垂直，最后一遍抹涂方向宜为竖直方向。

（5）阴阳角抹灰。

用阴阳角方尺检查阴阳角的直角度，并检查垂直度，然后定抹灰厚度，浇水润湿。

用木制阴角器和阳角器分别进行阴阳角处抹灰，先抹底层灰，使其基本达到直角，再抹中层灰，使阴阳角方正。

阴阳角找方应与墙面抹灰同时进行。

（6）顶棚抹灰。

顶棚抹灰可不做灰饼和标筋，只需在四周墙上弹出抹灰层的标高线（一般从500mm线向上控制）。顶棚抹灰的顺序宜从房间向门口进行。

抹底层灰前，应清扫干净楼板底的浮灰、砂浆残渣，清洗掉油污以及模版隔离剂，并浇水湿润。为使抹灰层和基层粘结牢固，可刷水泥胶浆一道。

抹底层灰时，抹压方向应与模板纹路或预制板板缝相垂直，应用力将砂浆挤入板条缝或网眼内。

抹中层灰时，抹压方向应与底层灰抹压方向垂直，抹灰应平整。

9.1.2　装饰抹灰施工

9.1.2.1　水刷石施工

水刷石也称水洗石、洗石、水冲石。这是一种传统的外墙装饰做法，由于其耐久性好，施工工艺简单、造价低，目前还在大量采用。

1. 施工工艺

水刷石的施工工艺的流程为：抹灰中层验收→弹线、粘分格条→抹面层水泥石子浆→冲洗→起分格条、修整→养护。

2. 操作要点

(1) 弹线、粘分格条。待中层灰6～7成干并经验收合格后，按照设计要求进行弹线分格，并粘贴好分格条。粘分格条如图9.2所示。

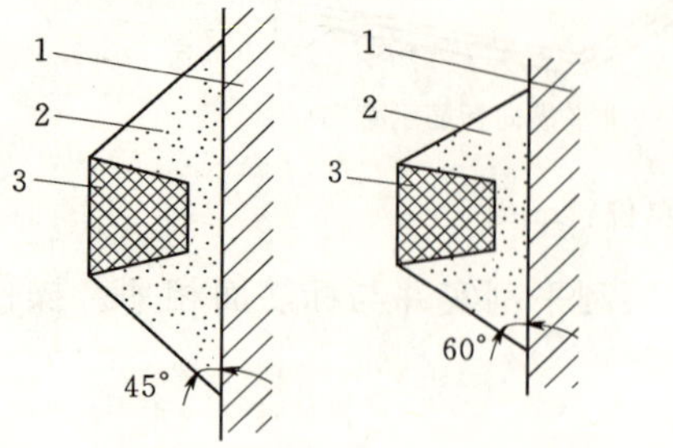

(a)粘分格条作法一 (b)粘分格条作法二

图9.2 粘分格条

1—基体；2—水泥浆；3—分格条

(2) 抹水泥石子浆浇水润湿，刷一道水泥浆(水灰比为0.37～0.40)，随即抹水泥石子浆。水泥石子浆中的石子颗粒应均匀、洁净、色泽一致，水泥石子浆稠度以50～70mm为宜。抹水泥石子浆应一次成活，用铁抹子压紧搓平，但不应压得过死。每一分格内抹石子浆应按自下而上的顺序。阳角处应保证线条垂直、挺拔。

(3) 冲洗。冲洗是确保水刷石施工质量的重要环节。冲洗可分两遍进行：第一遍先用软毛刷刷掉面层水泥浆露出石粒，第二遍用喷雾器从上往下喷水，冲去水泥浆使石粒露出1/3～1/2粒径，达到显露清晰的效果。

开始冲洗的时间与气温和水泥品种有关，应根据具体情况控制。一般以能刷洗掉水泥浆而又不掉石粒为宜，冲洗应快慢适度，冲洗按照自上而下的顺序，冲洗中还应做好排水工作。

(4) 起分格条、修整。冲洗后随即起出分格条，起条应小心仔细。可用素水泥浆进行局部修补，要及时对面层进行养护。

对外墙窗台、窗楣、雨篷、阳台、压顶、檐口以及突出的腰线等部位，应做出泄水坡度，并做滴水槽或滴水线。

3. 质量问题与预防措施

(1) 水刷石面层空鼓。

1) 主要原因。基层处理不好，清扫不干净，浇水不匀，影响底层砂浆与基层的粘结性能。一次抹灰太厚或各层抹灰跟得太紧；水泥浆刮抹后，没有紧跟抹水泥石子浆，影响粘结效果；夏季施工，砂浆失水太快，或没有适当浇水养护。

2) 预防措施。抹灰前，应将基层清扫干净，浇水时应均匀；底子灰不能抹得太厚，应注意各层之间的间隔时间；水泥浆结合层刮抹后应及时抹水泥石子浆，不能间隔。

(2) 水刷石面层石渣不均匀或脱落，面层浑浊不清。

1) 主要原因。石子使用前没有洗净过筛。分格条粘贴操作不当；底子灰干湿度掌握不好，水刷石面层胶合时，底子太软；水泥石子浆干得快，抹子没压均匀或没压好；冲洗太早。冲洗过迟，面层已干，遇水后石粒易崩落，而且洗不干净，面层浑浊不清晰。

2) 预防措施。所有原材料必须符合质量要求；分格条必须使用优质木材，粘贴前应在水中浸透，粘贴时两边应以45°抹素水泥浆，保证抹灰和起条方便；抹水泥石子浆时应掌握好底子灰的干湿程度，防止有假凝现象，造成不易压实抹平，水泥石子浆稍收水后，要多次刷压拍平，使石子在灰浆中转动，达到大面朝下，排列紧密均匀。

(3) 水刷石面层阴阳角不垂直、有黑边。

1) 主要原因。抹阳角时操作不正确。阴角处没有弹垂直线找规矩，而一次抹完水泥石子浆；冲洗阴阳角时，喷水角度和时间掌握不适当，石粒被洗掉。

2) 预防措施。抹阳角反贴八字靠尺时，应使伸出的八字棱与面层的厚度相等，使水泥石子浆的接槎正交。如高出另一面，在抹时势必会将石粒拍搓下去，造成石粒松动，冲洗时容易脱落；如低于另一面，则容易出现黑边；阳角冲洗前，应先用刷子蘸水刷掉靠近阳角处的灰浆，然后检查石粒是否饱满、均匀和密实，压得不密实则再压一遍，然后自上而下进行冲洗。要掌握好冲洗时间的长短；阴角处的水泥石子浆面层最好分两次完成，即先做一个面，再做另一个面。两个面都应根据水泥石子浆面层的厚度在靠近阴角处弹垂直线，作为抹时的依据。冲洗时应注意喷水的角度和时间，如角度不正确则容易将水刷石冲洗掉，如冲洗时间短则冲洗不干净。

(4) 水刷石面层颜色不匀。

1) 主要原因。所用石子种类不一，石子质量较差；颜料质量差，未拌和均匀，底子灰干湿不均匀；大风天气施工；冬期施工时，因掺入盐类而出现盐析，影响墙面颜色均匀。

2) 预防措施。同一墙面所用石子应颗粒坚硬均匀，色泽一致，不含杂质，使用前须过筛、冲洗，分类堆放和防止污染；应选用耐碱、耐光矿物颜料，并与水泥拌和均匀；抹水泥石子浆前，干燥底子灰上要浇水润湿，并刷水泥浆一道；忌大风天气施工，以免造成大面积污染和出现花斑；冬期施工尽量避免掺氯化钠和氯化钙。

9.1.2.2 干粘石施工

干粘石是由水刷石演变而来的一种工艺。与水刷石相比，干粘石施工操作简单，减少了湿作业，因此在不少地方得到了推广。

1. 施工工艺

干粘石的施工工艺流程为：抹灰中层验收→弹线、粘分格条→抹粘结层砂浆→撒石粒、拍平→起分格条、修整。

2. 施工要点

(1) 抹粘结屋砂浆。

浇水润湿，刷素水泥浆一道，抹水泥砂浆粘结层。粘结层砂浆厚度以4～5mm为宜，稠度以60～80mm为宜，粘结层应平整，阴阳角应方正。

(2) 撒石粒和拍平。

在粘结层砂浆干湿适宜时可以用手甩石粒，然后用铁抹子将石粒均匀拍入砂浆中，且应遵循“先边角后中间，先上面后下面”的原则。在阳角处应同时进行。甩石粒应尽量使石粒分布均匀一般不宜补甩，过密或过稀处，应直接剔除或补粘。拍石粒时也应用力合适，一般以石粒进入砂浆深度不小于其粒径的一半为宜。

(3) 修整。

如局部有石粒不均匀、表面不平、石粒外露太多或石粒下坠等情况，应及时进行修整。起分格条时如局部出现破损也应用水泥浆修补，要使整个墙面平整、色泽均匀、线条顺直清晰。

9.1.2.3 假面砖施工

假面砖又称仿釉面砖，是采用掺氧化铁和颜料的水泥砂浆，模拟面砖装饰效果的饰面。假面砖用手工操作，一般适用于外墙装饰。

1. 假面砖抹灰的砂浆

假面砖抹灰的砂浆应按设计要求的色调配制。

2. 假面砖抹灰一般做法

假面砖抹灰应做两层：第一层为砂浆垫层（13mm 厚），第二层为面层（34mm 厚）。因所用砂浆不同，其有两种做法：方法一，第一层砂浆垫层用 1∶0.3∶3 水泥石灰混合砂浆，第二层用饰面砂浆或饰面色浆；方法二，第一层砂浆垫层用 1∶1 水泥砂浆，第二层用饰面砂浆。

操作时应注意：①应按比例配制好砂浆或色浆，拌和均匀；②在第一层具有一定强度，且第二层完成后，沿靠尺由上向下用铁梳子划纹；③根据假面砖的宽度用铁钩子沿靠尺横向划沟，深度露出第一层即可；④要清扫干净。

课题 9.2 吊顶工程施工

在吊顶施工之前，顶棚上部的电气、报警等线路，空调、消防、供水等管道均应已安装就位并完成调试，自顶棚至墙体各处电气开关及插座的有关线路敷设已布置就绪，材料和施工机具等已准备完毕。

9.2.1 木龙骨吊顶施工

木龙骨吊顶是以木质龙骨为基本骨架，配以胶合板、纤维板或其他人造板作为罩面板材的吊顶体系。

9.2.1.1 吊顶木龙骨架安装施工

主要工艺程序：弹线→木龙骨处理→龙骨架拼接→安装吊点紧固件→龙骨架吊装→龙骨架整体调平→面板安装→压条安装→板缝处理。

1. 弹线

弹线包括弹吊顶标高线、吊顶造型位置线、吊挂点定位线、大中型灯具吊点定位线。

（1）弹吊顶标高线。

根据室内墙上＋500mm 水平线，用尺量至顶棚的设计标高，在该点画出高度线，沿墙四周弹一道墨线，这条线便是吊顶标高线，也是吊顶四周的水平线，其偏差不能大于 5mm。操作时可用灌满水的透明塑料软管来确定各点标高。

（2）确定吊顶造型线。

对于较规则的建筑空间，其吊顶造型位置可先在一个墙面量出竖向距离，以此画出其他墙面的水平线，即得吊顶位置外框线，而后逐步找出各局部的造型框架线。对于不规则的空间画吊顶造型线宜采用找点法，即根据施工图纸测出造型边缘距墙面的距离，对于墙面和顶棚基层进行实测，找出吊顶造型边框的有关基本点，将各点连线形成吊顶造型线。

（3）确定吊挂点位置线。

平顶天花的吊点布置一般为1个/m^2，在顶棚上均匀排布。对于有叠级造型的吊顶，应注意在分层交界处布置吊点，吊点间距为0.8～1.2m。较大的灯具应安排单独吊点来吊挂。

2. 木龙骨处理

（1）防腐处理。

建筑装饰工程中所用木质龙骨材料应按规定选材，并在实施防潮处理时涂刷防虫药剂。

（2）防火处理。

工程中木构件的防火处理，一般是将防火涂料涂刷或喷涂于木材表面，也可把木材置于防火涂料槽内浸渍。防火涂料据其胶结性质分为油质防火涂料（内掺防火剂）与氯乙烯防火涂料、可赛银（酪素）防火涂料、硅酸盐防火涂料。

3. 龙骨架的分片拼接

（1）确定吊顶骨架需要分片或可以分片安装的位置和尺寸，根据分片的平面尺寸选取龙骨尺寸。

（2）先拼接组合大片的龙骨骨架，再拼接小片的局部骨架。拼接组合的面积不可过大，否则不便安装。

（3）骨架的拼接按凹槽对凹槽的方法咬口拼接，拼口处涂胶并用圆钉固定，如图9.3所示。

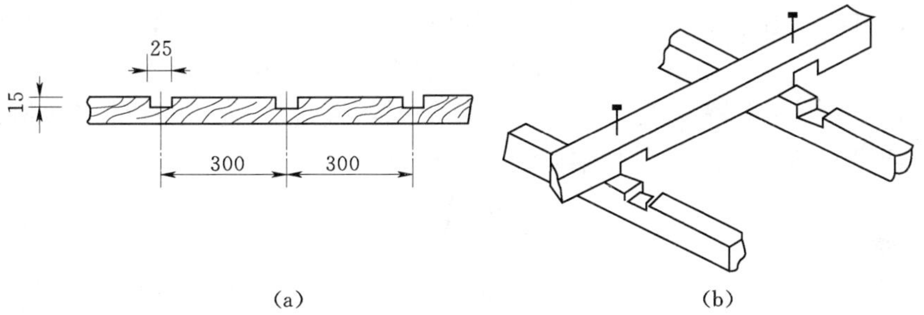

图9.3 木龙骨利用槽口拼接示意（单位：mm）
（a）凹槽；（b）凹槽拼口处涂胶并用圆钉固定

4. 安装吊点紧固件及固定边龙骨

（1）安装吊点紧固件。

吊顶吊点的紧固方式较多，如需预埋钢筋、钢板，则吊杆与预埋钢筋、钢板连接；无预埋者可用射钉或胀锚螺栓将角钢块固定于楼板底面作为与吊杆的连接件，如图9.4所示。

（2）固定沿墙边龙骨。

在木骨架施工中，沿吊顶标高线固定边龙骨的常用做法有两种：一种是沿标高线以上10mm处在墙面钻孔，间距0.5～0.8m，在孔内打入木楔，然后将沿墙木龙骨钉固于墙内木楔上；另一种做法是先在木龙骨上打小孔，再用水泥钉通过小孔将边龙骨钉固于混凝土墙面（此法不宜用于砖砌墙体）。不论用何种方式固定沿墙龙骨，均应保证牢固可靠，其

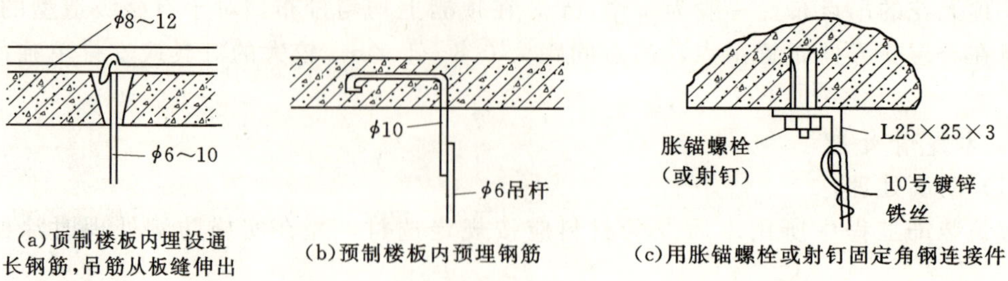

(a)顶制楼板内埋设通长钢筋，吊筋从板缝伸出　(b)预制楼板内预埋钢筋　(c)用胀锚螺栓或射钉固定角钢连接件

图9.4　木质装饰吊顶的吊点紧固安装

底面必须与吊顶标高线保持齐平。

5. 龙骨架吊装

(1) 分片吊装。

将拼接组合好的木龙骨架托起至吊顶标高位置，先做临时固定。临时固定的方法有：一是用高度定位杆作支撑，临时固定高度低于3m的吊顶骨架；二是可用铁丝在吊点上临时固定高度超过3m的吊顶骨架。然后根据吊顶标高线拉出纵横水平基准线，进行整片龙骨架调平，然后将其靠墙部分与沿墙边龙骨钉接。

(2) 龙骨架与吊点固定。

常采用的木骨架吊顶的吊杆有木吊杆、角钢吊杆和扁铁吊杆如图9.5所示。采用木吊杆时，截取的木方吊杆料应长于吊点与龙骨架实际间距100mm左右，以便于调整高度。采用角钢作吊杆时，在其端头钻2～3个孔以便调整高度；与木骨架的连接点可选择骨架的角位，用螺钉固定。采用扁铁做吊杆时，其端头也应打出2～3个调节孔；扁铁与吊点连接件的连接可用M6螺栓，与木骨架用2枚木螺钉连接固定。吊杆的下部端头最终都应按准确尺寸截平，不得伸出木龙骨架底面。

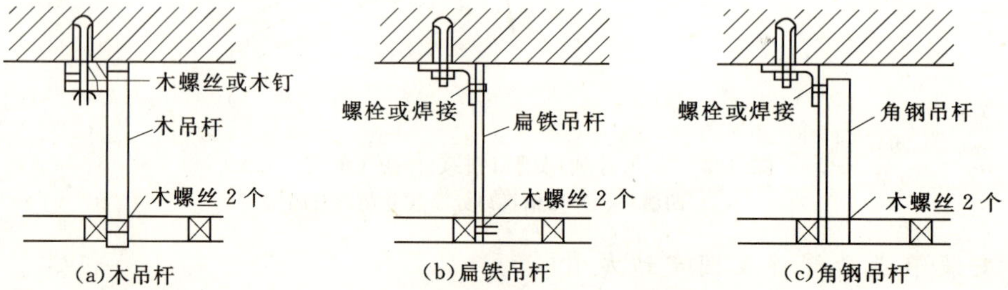

(a)木吊杆　(b)扁铁吊杆　(c)角钢吊杆

图9.5　木骨架吊顶常用吊杆类型

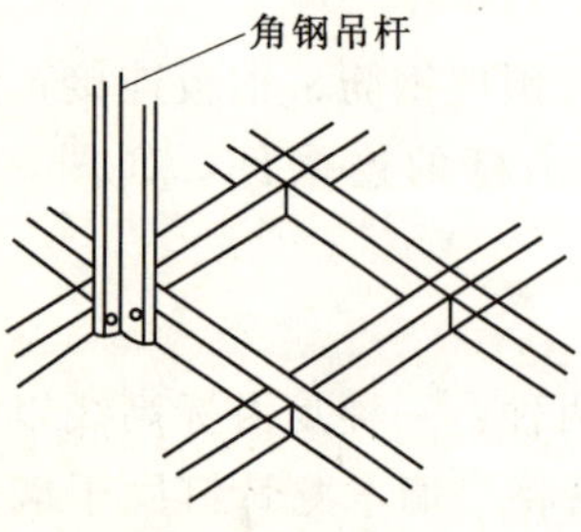

图9.6　角钢吊杆与木骨架的固定

(3) 龙骨架分片间的连接。

分片龙骨架在同一平面对接时，将其端头对正，然后用短木方钉于对接处的侧面或顶面进行加固，如图9.6所示。对于一些重要部位的骨架分片间的连接应选用铁件进行加固。

(4) 叠级吊顶上下层龙骨架的连接。

叠级吊顶，也称高差吊顶、变高吊顶。对于叠级吊顶，一般是自上而下开始吊装，吊装与调平的方法与上述相同。

其高低面的衔接，先以一条木方斜向将上下骨架定位，再用垂直方向的木方把上下两平面的龙骨架固定连接，如图 9.7、图 9.8 所示。

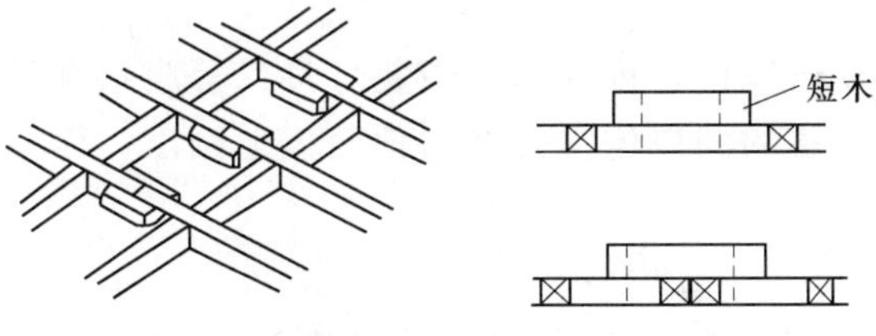

(a)立面图　(b)侧视图

图 9.7 木龙骨架对接固定

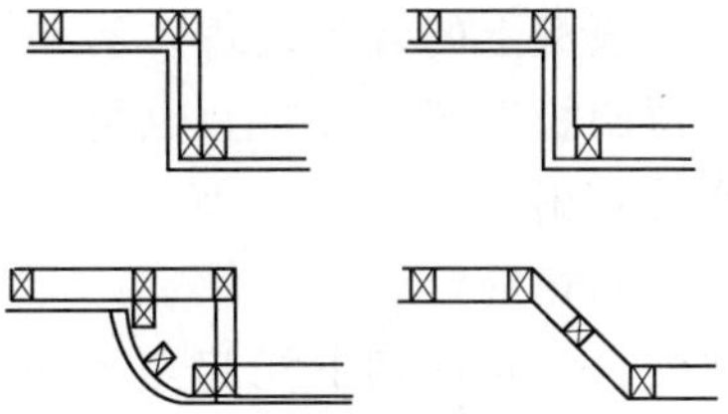

图 9.8 木龙骨架叠级构造

6. 龙骨架整体调平

在各分片吊顶龙骨架安装就位之后，对于吊顶面需要设置的送风口、检修孔、内嵌式吸顶灯盘及窗帘盒等装置，在其预留位置处要加设骨架，进行必要的加固处理及增设吊杆等。对于吊顶骨架面的下凸部位，要重新拉紧吊杆；对于其上凹部位，可用木杆下顶，尺寸准确后须将杆件的两端固定。吊顶常采用起拱的方法平衡饰面板的重力，并减少视觉上的下坠感，一般地，7～10m 跨度按 3/1000 起拱，10～15m 跨度按 5/1000 起拱。

9.2.1.2 木吊顶面板安装

1. 材料选择

吊顶面板一般选用加厚三夹板或五夹板。如使用过薄的胶合板，在温度和湿度变化下容易产生吊顶面层的凹凸变形，也可选用其他人造板材，如木丝板、刨花板、纤维板等。

2. 板材处理

(1) 弹面板装钉线。

按照吊顶龙骨分格情况，以骨架中心线尺寸参照，在挑选好的胶合板正面上画出装钉线，保证能将面板准确地固定于木龙骨上。

(2) 板块切割。

根据设计要求，如需将板材分格分块装钉，应按画线切割胶合面板。方形板块应注意找方，保证四角为直角；当设计要求钻孔并形成图案时，应先做样板，按样板制作。

(3) 修边倒角。

在胶合板块的正面四周，用手工细刨或电动刨刨出 45°倒角，宽度为 2～3mm，对于要求不留缝隙的吊顶面板，此种做法有利于在嵌缝补腻子时使板缝严密，并减少以后的变形程度。对于有留缝装饰要求的吊顶面板，可用木工修边机，根据图纸要求进行修边处理。

(4) 防火处理。

对有防火要求的木龙骨吊顶，其面板在以上工序完毕后应进行防火处理。通常做法是在面板反面涂刷或喷涂三遍防火涂料，晾干备用。对木骨架的表面应做同样的处理。

3. 吊顶面板铺钉施工

(1) 板材预排布置。

为避免材料浪费以及在安装施工中出现差错，并达到美观效果，在正式装钉以前须进行预排布置。对于不留缝隙的吊顶面板有两种排布方式：一是整板居中，非整板布置于两侧；二是整板铺大面，非整板放在边缘部位。

(2) 预留设备安装位置。

吊顶顶棚上的各种设备，例如空调冷暖送风口、排气口、暗装灯具口等应根据设计图纸在吊顶面板上预留开口。也可以将各种设备的洞口位置先在吊顶面板上画出，面板就位后再将其开出。

(3) 面板铺钉。

将胶合板正面朝下托起至预定位置，即从板的中间向四周展开铺钉，钉位按画线确定，钉距为80～150mm，胶合板应钉得平整，四角方正，不应有凹陷和凸起。

9.2.2 轻钢龙骨吊顶施工

轻钢龙骨吊顶是以轻钢龙骨为吊顶的基本骨架，配以轻型装饰罩面板材组合而成的新型顶棚体系。常用罩面板有纸面石膏板、石棉水泥板、矿棉吸音板、浮雕板和钙塑凹凸板。

施工主要工艺程序：弹线→安装吊点紧固件→安装主龙骨→安装次龙骨→安装灯具→面板安装→板缝处理。

1. 弹线

弹线包括顶棚标高线、造型位置线、吊挂点位置、大中型灯位线等。双层U形、T形轻钢龙骨骨架，其吊点间距不大于1200mm；单层吊顶骨架，其吊点间距为800～1500mm。

2. 安装吊点紧固件

可根据吊顶是否上人（或是否承受附加荷载），分别采用图9.9、图9.10所示方法进行吊点紧固件的安装。

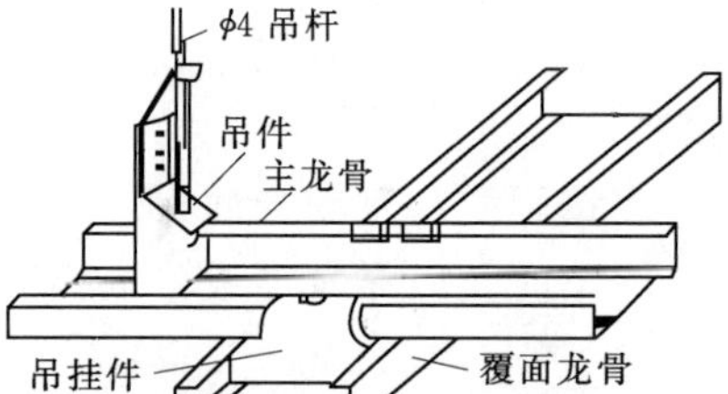

(a)不上人型吊顶吊杆与主次龙骨连接

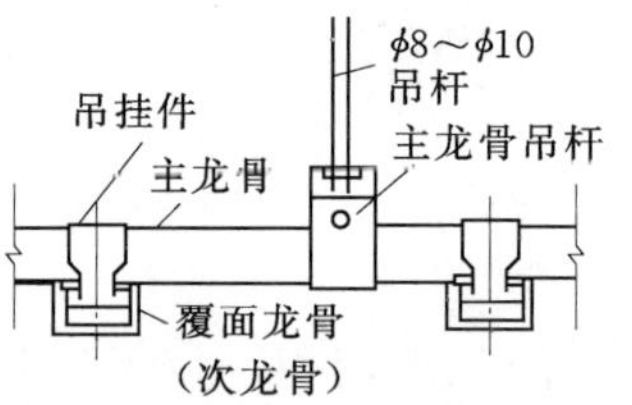

(b)上人型吊顶吊杆与主次龙骨连接

图9.9 覆面龙骨与承载龙骨的连接

3. 主龙骨安装与调平

(1) 主龙骨安装。

将主龙骨与吊杆通过垂直吊挂件连接。对于上人吊顶的悬挂，采用一个吊环将主龙骨箍住，并拧紧螺丝固定，既可挂住龙骨，又可防止上人时龙骨发生摆动；对于不上人吊顶的悬挂，采用一个特别的挂件卡在主龙骨的槽中，如图9.9所示。主龙骨的接长一般选用连接件接长，也可焊接，但宜点焊。当遇观众厅、礼堂、餐厅、商场等大面积吊顶时，需每隔 12m 在大龙骨上部焊接一道横卧大龙骨，以增强大龙骨的侧面稳定性及吊顶的整体性。

（2）主龙骨架的调平。

在主龙骨与吊件及吊杆安装就位之后，以一个房间为单位进行调平调直。调整方法可用 600mm×600mm 方木按主龙骨间距钉圆钉，将主龙骨卡住，临时固定。方木两端要紧顶墙上或梁边，如图 9.10 所示。再拉十字和对角水平线，拧动吊杆螺母，升降调平。对于由 T 形龙骨装配的轻型吊顶，主龙骨基本就位后可暂不调平，待安装横撑龙骨后再进行调平调正。调平时要注意主龙骨的中间部分应有所起拱，起拱高度一般不小于房间短向跨度的 1/200～1/300。

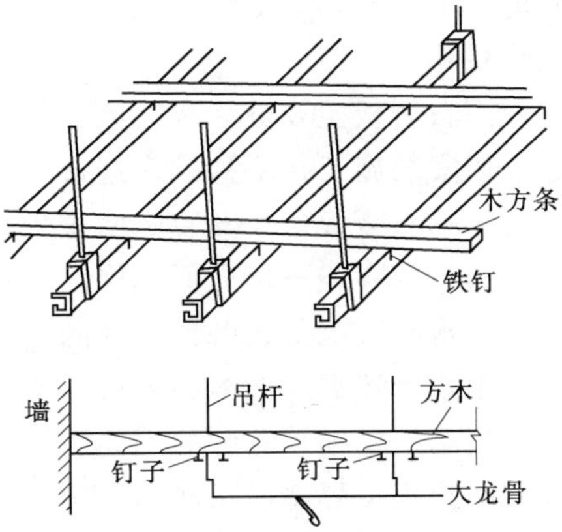

图 9.10 定位调平龙骨

4. 安装次龙骨和横撑龙骨

（1）安装次龙骨。

使用配套的龙骨挂件将次龙骨与主龙骨在其交叉布置点连接固定。龙骨挂件的下部钩挂住次龙骨，上端搭在主龙骨上，将其 U 形或 W 形腿用钳子弯入主龙骨内。次龙骨的间距由饰面板规格决定，双层 U 形、T 形龙骨骨架中龙骨间距为 500～1500mm，如果间距大于 800mm，在中龙骨之间应增加小龙骨，小龙骨与中龙骨平行，用小吊挂件与大龙骨连接固定。

（2）安装横撑龙骨。

横撑龙骨由中、小龙骨截取，其方向与次龙骨垂直，底面与次龙骨平齐（单层的龙骨骨架吊顶，其横撑龙骨底面与主龙骨平齐）。横撑龙骨与次龙骨的连接采用配套的接插件连接。

（3）固定边龙骨。

边龙骨沿墙面或柱面标高线钉牢。固定时常用高强水泥钉，钉的间距以不大于 500mm 为宜。若基层材料强度较低，紧固力小，可以用膨胀螺栓或用较长的钉子固定。边龙骨一般不承重，只起封口作用。

5. 罩面板安装

罩面板安装前应对吊顶龙骨架安装质量进行检验，符合要求后方可进行罩面板安装。

罩面板常有明装、暗装、半隐装三种安装方式。明装是指罩面板直接搁置在 T 形龙骨两翼上，纵横 T 形龙骨架均外露。暗装是指罩面板安装后骨架不外露。半隐装是指罩面板安装后外露部分骨架。

课题 9.3 轻质隔墙工程施工

9.3.1 骨架隔墙工程施工

骨架隔墙是以平立钢龙骨、木龙骨等为骨架，以纸面石膏板、人造木板、水泥纤维板等为墙面板形成的隔墙。

9.3.1.1 轻钢龙骨纸面石膏板隔墙施工

纸面石膏板具有轻质、高强、抗震、防火、防蛀、隔热保温和隔声等性能，并且具有良好的可加工性，如裁、钉、刨、钻、粘结等，而且其表面平整、施工方便，是常用的室内装饰材料。

纸面石膏板主要分为普通纸面石膏板、防火纸面石膏板和防水纸面石膏板。

隔墙安装施工按下列顺序进行：墙位放线→墙基（导墙）施工→安装沿地、沿顶、沿墙龙骨或贴石膏板条→安装竖向龙骨、横撑龙骨或贯通龙骨→粘钉一面石膏板→水暖、电气钻孔、下管穿线→填充隔声保温材料→安装门窗框→粘钉另一面石膏板→护缝及护角处理→安装水暖、电气设备预埋件的连接固定件→饰面装修→安装踢脚板。如果是四层石膏板墙，则按上述顺序在两面粘钉石膏板之后，分别粘钉外层两面石膏板。

面板的固定根据龙骨的不同而异。轻钢龙骨石膏板隔墙用自攻螺钉或螺栓固定，螺钉长度和间距根据隔墙面积和厚度确定，一般为200～500mm；固定后的螺钉头要沉入板面2～3mm，但不得破坏面纸。石膏龙骨的石膏板主要用胶粘剂粘贴，将胶粘剂均匀涂抹在龙骨和石膏板上，要找平贴牢。使用木龙骨时，可直接将石膏板用圆钉固定在木龙骨上，钉距为200mm。

墙面石膏板之间的接缝有暗缝、压缝和凹缝三种做法。

9.3.1.2 木龙骨轻质罩面板隔墙施工

木龙骨轻质隔墙分为独立的隔墙和靠建筑墙体的单面木墙两种，施工方法有所不同。

在墙身结构施工前，吊顶面的龙骨架应该吊装完毕，需要通入墙面的电气线路及其他管线应敷设到位，并备齐所需的工具等；按设计要求定位弹线，并标出门的位置。室内装饰的木结构均需作防火处理，涂刷2～3遍防火漆或防火涂料。

1. 靠建筑墙面的木墙身结构施工

木墙身结构通常用25mm×30mm的带凹槽木方作龙骨，木龙骨架可在地面上进行拼装。可根据墙身的大小将木龙骨整体或分片固定在墙面上。用冲击钻在地上弹线的交叉点位置上钻孔，孔距600mm左右，深度不小于60mm，在钻出的孔中打入木楔。对校正好的木骨架进行固定，用垂线法和水平线法检查、调整骨架的垂直度和平整度。木骨架与墙面间如有缝隙，应用木片或木块垫实。

按色差挑选木夹板，在距木夹板正面四边约3mm处刨出45°倒角；用枪钉把木夹板固定到木龙骨上，钉距约为100mm，要把钉枪的嘴压在板上，以使钉头埋入板内。

2. 独立木隔墙的施工

木隔墙分为全封隔墙、有门窗隔墙和隔断三种。

木骨架的固定位置通常是在沿墙、沿地和沿顶面处。对隔断来说，主要是靠地面和墙面固定，如端头无法固定，常用铁件来加固端头，加固部位主要是在地面与竖木方之间。对于木隔墙的门框竖向木方，均应用铁件加固，否则会使木隔墙颤动、门框松动以及木隔墙松动。

如果隔墙的顶端不是建筑结构，而是吊顶，处理方法视不同情况而定。对于无门隔墙，只需与吊顶相接，所留缝隙小，平直即可；对于有门的隔墙，考虑到振动和碰动，顶端必须加固，即隔墙的竖向龙骨应穿过吊顶面，再与建筑物的顶面进行固定，常用方法为将木方或角钢做成倒人字形，夹角以60°为宜固定于顶面上。

墙面木夹板的安装方式主要有明缝和拼缝两种。明缝固定是在两板之间留一条有一定宽度的缝，图纸无规定时，缝宽以8～10mm为宜；明缝如不加垫板，则应将木龙骨面刨光，明缝的上下宽度应一致，锯割木夹板时，应用靠尺来保证锯口的平直度与尺寸的准确性，并用0号砂纸修边。拼缝固定时，要对木夹板正面四边进行倒角处理（45°×3mm），以使板缝平整。

木隔墙中的门框是以门洞两侧的竖向木方为基体，配以挡位框、饰边板或饰边线条；大木方骨架隔墙门洞竖向木方较大，其挡位框可直接固定在竖向木方上；由于双层构架隔墙的木方小，应先在门洞内侧钉上厚夹板或实木板，再固定挡位框。

木隔墙中的窗框是在制作时预留的，然后用木夹板和木线条进行压边定位；隔断墙的窗也分固定窗和活动窗，固定窗是用木压条把玻璃板固定在窗框中，活动窗与普通活动窗一样。

9.3.2 板材隔墙工程施工

板材隔墙是指由复合轻质墙板、石膏空心板、预制或现制的钢丝网水泥板等板材构成的隔墙。板材隔墙由于施工工艺简单，又能减轻建筑物自重和提高隔声保温性能，故在装饰工程中得到了广泛地应用。

9.3.2.1 石膏空心条板隔墙施工

石膏空心条板可以用单层板来做隔墙和隔断，也可以用双层空心条板，中间夹设空气层或矿棉、膨胀珍珠岩等保温材料。墙板的固定一般常用下楔法，即下部用木楔固定后灌填干硬性混凝土。上部的固定方法有两种：一种为软连接，另一种是直接顶在楼板或梁下。后者因其施工简便而较常采用。墙板的空心部分可穿各种线路，板面上可固定电门、插销，可按需要钻成小孔等。

隔墙安装施工顺序为：墙位放线→立墙板→斗墙底缝隙灌填混凝土→批腻子嵌缝抹平。

1. 平面缝的嵌缝

（1）清理接缝后用小刮刀将嵌缝石膏腻子均匀饱满地嵌入板缝，并在接缝处刮上宽约60mm、厚约1mm的腻子。随即贴上穿孔纸带，用宽为60mm的腻子刮刀顺着穿孔纸带方向将纸带内的腻子挤出穿孔纸带，并刮平、刮实，不得留有气泡。

（2）用宽为150mm的割刀将石膏腻子填满宽约150mm的带状接缝部分。

（3）再用宽约300mm的刮刀补一道石膏腻子，其厚度不得超过板面2mm。

（4）待腻子完全干燥后（约12h），用2号砂布或砂纸打磨平滑，中部可略微凸起并向两边平滑过渡。

2. 阳角缝的嵌缝

（1）将金属护角用12mm的圆钉固定在纸面石膏板上。

（2）用石膏嵌缝腻子将金属护角埋入腻子中，并压平、压实。

3. 阴角缝的嵌缝

（1）先用嵌缝石膏腻子将角缝填满，然后在阴角两侧刮上腻子，在腻子上贴穿孔纸带，并压实。

(2) 用阴角抹子在穿孔纸带上加一层腻子。

(3) 腻子干燥后，处理平滑。

具体做法和腻子带宽窄、厚度可参考前面平面缝的嵌缝做法。

4. 膨胀缝的嵌缝

(1) 先在膨胀缝中装填绝缘材料（纤维状或泡沫状的保温、隔声材料），并且要求其不超出龙骨骨架的平面。

(2) 用弹性建筑密封膏填平膨胀缝。如果加装盖缝板，则可以填满并凸起一些，然后将盖缝板盖于膨胀缝外，再用螺钉将盖缝板在膨胀缝的一边固定（注意：另一边不要固定，以备后期产生膨胀或收缩位移）。

9.3.2.2 加气混凝土板隔墙施工

1. 墙板的布置形式

加气混凝土墙板由于具有良好的综合性能，因此目前常被应用于各种建筑的外墙。加气混凝土板自重小，节省水泥，运输方便，施工操作简单，可锯、可刨、可钉。

(1) 竖向墙板为主的布置形式与施工。

当建筑物的开间（或柱距）尺寸较大（超过6m），门窗洞口的形式较为复杂时，一般多采用竖向外墙板的布置形式，并且通过在两板之间的板槽内插筋灌砂浆来实现其与上下楼板、梁、钢筋混凝土圈梁的连接。

建筑中墙板主要采用竖向布置形式时，应主要考虑窗间墙，山墙尽可能符合600mm的外墙板的板宽度模数，窗过梁一般为横向放置，窗坎墙横向、竖向放置均可。

墙板竖向布置形式的优点是应用灵活，缺点是吊装次数较多，灌缝次数较多，而且施工不便，效率较低。

根据设计的布置，画出墙板的安装位置线，并要标出门窗的位置。采用单板逐次或双板、多板（预先在地面上粘结好）吊装到所要放置的位置，连接钢筋，灌注砂浆。吊装窗过梁和窗坎墙到预定的位置（必要时要设置支撑），并连接钢筋，灌注砂浆。

(2) 横向墙板为主的布置形式与施工。

建筑中墙板的横向布置形式比较适用于门窗洞口较简单、窗间墙较少或没有窗间墙的建筑。在设计中应注意符合横向外墙板的规格，特别是宽度较大的，例如6m宽的横向外墙板，分布钢筋较多，应尽量避免进行较多的纵向切锯等加工。

墙板横向布置的优点是应用灵活。与竖向布置比较，横向板缝施工质量易保证；缺点是吊装次数较多。根据设计的布置，画出墙板所要安装的位置。

2. 隔墙板的平面排列与隔墙构造

(1) 隔墙为无门窗布置，且隔墙的宽度与每块板宽度之和不相符时，应将“余量”安排在靠墙或靠柱隔墙板的一侧。

(2) 加气混凝土隔墙一般采用竖直安装法，其连接固定方法有刚性连接和柔性连接两种。

柔性连接是在板的上端与结构底面垫弹性材料。但在实际施工中，较多采用刚性连接法，其作法与步骤是先做室内地面，将板就位后，上端铺粘结砂浆，然后在板的两侧对打木楔，使板上端与结构层顶紧，并在板下端的木楔间塞填豆石混凝土，待混凝土硬固后取出木楔，最后再做室内地平。

（3）隔墙的转角连接主要有 L 式转角连接和 T 式丁字连接，连接固定主要用粘结砂浆和斜向钉入镀锌圆钉或经防锈处理的 $\phi8$ 钢筋，窗钉间距为 700～800mm。

3. 拼装外墙大板

由于竖向外墙板（或横向外墙板）较窄，故吊装次数较多，为了避免这些缺点，近些年国外已经采取将单板在工厂或现场拼装成比较大型的板材之后再吊装的方法。目前较多采用的是在工地现场拼装的方式，应按设计要求确定拼装大板的规格板型，由于安装部位不同，其构造连接方式也不同。

（1）以竖向外墙板为主的拼装大板。

采用侧拼法，即依靠板的自重，使板间粘牢，然后在板侧灌浆插钢筋，待砂浆达到一定强度后将大板翻转 90°。优点是工艺简单，可重叠拼装，占地较小。

（2）以横向外墙板为主的拼装大板。

该拼装形式适用于开间、窗户洞口比较单一的设计。但是垂直方向需穿钢筋，板侧需打孔（一般应由工厂制作时预留），不易保证质量，故比较适合于在工厂拼装。此种形式的大板一般可不在侧向打斜孔插钢筋。其优点是粘结后大板不必翻转，也不必等到粘结剂达到一定强度后再吊装，只要拼装完毕后将板内附加钢筋端头螺栓拧紧即可吊离拼装架，拼装工艺简单，施工方便，效率较高。

9.3.2.3　钢网泡沫塑料夹心墙板（泰柏板）隔墙施工

泰柏板做隔墙，其厚度在抹完砂浆后应控制在 100mm 左右。隔墙高度要控制在 4.5m 以下。泰柏板隔墙必须使用配套的连接件进行连接固定。安装时，先按设计图弹隔墙位置线，然后用线坠引至墙面及楼顶板。将裁好的隔墙板按弹线位置放好，板与板拼缝用配套箍码连接，再用铅丝绑扎牢固。隔墙板之间的所有拼缝须用联结网或“之”字条覆盖。隔墙的阴角、阳角和门窗洞口等也须采取补强措施。阴阳角用网补强，门窗洞口用“之”字条补强。

9.3.3　玻璃隔墙工程施工

玻璃隔墙是以玻璃为主要板材，配以其他的骨架、装饰架安装而成，这种隔墙视线非常流畅，能创造出特有的内部空间。

1. 木筋玻璃隔断施工

常用的玻璃品种有平板玻璃、磨砂玻璃、压花玻璃和彩色玻璃等。其下部做法主要有墙裙罩面板和砖墙抹灰，也有直到地面的玻璃隔断。

系安装施工要点：按图纸在墙上弹出垂线，在地面及顶棚上弹出隔断的位置；做出隔断的下半部，并与两端结构锚固；在砖墙的木砖和地面的木楔上安装木筋，并钉牢，再钉上、下槛及中间楞木，最后安装玻璃。

2. 铝合金玻璃隔墙

铝合金玻璃隔墙具有许多优点：耐火、耐腐蚀、不变形、施工简便等，所以在装饰工程中被大量采用。

铝合金玻璃隔墙施工顺序：墙位放线→墙基施工→安装铝合金骨架→骨架固定连接→安装玻璃→玻璃固定、嵌缝。

施工要点与木筋玻璃隔断相仿，铝合金骨架之间的连接多用自攻螺钉、拉铆钉和铸铝连接件等；玻璃与铝合金的连接和固定方法很多，可根据实际情况确定。

课题9.4 地面工程施工

9.4.1 水磨石地面施工

水磨石地面施工工艺流程为：基层处理→找标高与弹水平线→铺抹找平层砂浆→养护→弹分格线→镶分格条→拌制水磨石拌和料→涂刷水泥浆结合层→铺水磨石拌和料→滚压、抹平→试磨→粗磨→细磨→磨光→草酸清洗→打蜡上光。施工工艺如下。

1. 基层处理

将混凝土基层上的杂物清净，不得有油污、浮土。用钢錾子和钢丝刷将沾在基层上的水泥浆皮錾掉铲净。

2. 找标高与弹水平线

根据墙面上的+50cm标高线，往下量测出磨石面层的标高，弹在四周墙上，并考虑其他房间和通道面层的标高要相互一致。

3. 铺抹找平层砂浆

(1) 根据墙上弹出的水平线，留出面层厚度（约10～15mm厚），抹1∶3水泥砂浆找平层，为了保证找平层的平整度，先抹灰饼（纵横方向间距1.5m左右），大小约8～10cm。

(2) 灰饼砂浆硬结后，以灰饼高度为标准，抹宽度为8～10cm的纵横标筋。

(3) 在基层上洒水湿润，刷一道水灰比为0.4～0.5的水泥浆，面积不得过大，随刷浆随铺抹1∶3找平层砂浆，并用2m长刮杠以标筋为标准进行刮平，再用木抹子搓平。

4. 养护

抹好找平层砂浆后养护24h，待抗压强度达到1.2MPa后，才可进行下道工序施工。

5. 弹分格线

根据设计要求的分格尺寸，一般采用1m×1m。在房间中部弹十字线，计算好周边的镶边宽度后，以十字线为准可弹分格线。如果设计有图案要求时，应按设计要求弹出清晰的线条。

6. 镶分格条

用小铁抹子抹稠水泥浆将分格条固定住（分格条安在分格线上），抹成30°八字形，如图9.11所示，高度应低于分格条条顶3mm，分格条应平直（上平必须一致）、牢固、接头严密，不得有缝隙，作为铺设面层的标志。另外在粘贴分格条时，为了使拌和料填塞饱满，在分格条十字交叉接头处，距交点40～50mm内不抹水泥浆，如图9.12所示。

当分格采用铜条时，应预先在两端头下部1/3处打眼，穿入22号铁丝，锚固于下口八字角水泥浆内。镶条后12h后开始浇水养护，一般洒水养护3～4d，最少2d，在此期间房间应封闭，禁止各工序进行。

7. 拌制水磨石拌和料（或称石渣浆）

(1) 拌和料的体积比宜采用1∶1.5～1∶2.5（水泥∶石粒），要求配合比准确，拌和均匀。

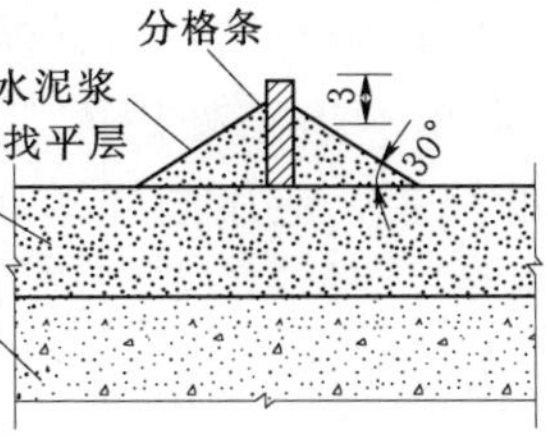

图9.11 现制水磨石地面镶嵌分格条剖面示意

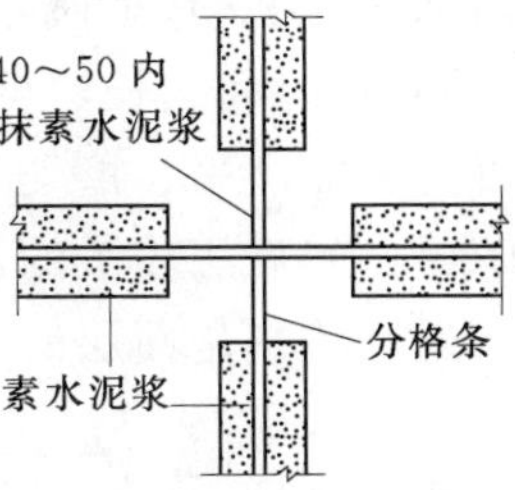

图9.12 分格条交叉处正确的粘贴方法

(2) 使用彩色水磨石拌和料，除彩色石粒外，还加入耐光耐碱的矿物颜料，其掺入量为水泥重量的3%～6%，普通水泥与颜料配合比、彩色石子与普通石子配合比，在施工前都须经试验室试验后确定。同一彩色水磨石面层应使用同厂、同批颜料。在拌制前应根据整个地面所需的用量，将水泥和所需颜料一次统一配好、配足。配料时不仅用铁铲拌和，还要用筛子筛匀，用包装袋装起来存放在干燥的室内，避免受潮。彩色石粒与普通石粒拌和均匀后，集中储存待用。

(3) 各种拌和料在使用前加水拌和均匀，稠度约6cm。

8. 涂刷水泥浆结合层

先用清水将找平层洒水湿润，涂刷与面层颜色相同的水泥浆结合层，其水灰比宜为0.4～0.5，要刷均匀，亦可在水泥浆内掺加胶粘剂，要随刷随铺拌和料，不得刷的面积过大，防止浆层风干导致面层空鼓。

9. 铺设水磨石拌和料

(1) 水磨石拌和料的面层厚度，除有特殊要求的以外，宜为12～18mm，并应按石料粒径确定。铺设时将搅拌均匀的拌和料先铺抹分格条边，后铺入分格条方框中间，用铁抹子由中间向边角推进，在分格条两边及交角处特别注意压实抹平，随抹随用直尺进行平度检查。如局部地面铺设过高时，应用铁抹子将其挖去一部分，再将周围的水泥石子浆拍挤抹平（不得用刮杠刮平）。

(2) 几种颜色的水磨石拌和料不可同时铺抹，要先铺抹深色的，后铺抹浅色的，待前一种凝固后，再铺后一种（因为深颜色的掺矿物颜料多，强度增长慢，影响机磨效果）。

10. 滚压和抹平

用滚筒液压前，先用铁抹子或木抹子在分格条两边宽约10cm范围内轻轻拍实（避免将分格条挤移位）。滚压时用力要均匀（要随时清掉粘在滚筒上的石渣），应从横竖两个方向轮换进行，达到表面平整密实、出浆石粒均匀为止。待石粒浆稍收水后，再用铁抹子将浆抹平、压实，如发现石粒不均匀之处，应补石粒浆再用铁抹子拍平、压实。24h后浇水养护。

11. 试磨

一般根据气温情况确定养护天数，温度在20～30℃时养护2～3d即可开始机磨，过早开磨石粒易松动；过迟造成磨光困难。所以需进行试磨，以面层不掉石粒为准。

12. 粗磨

第一遍用60～90号金刚石磨，使磨石机机头在地面上走横“8”字形，边磨边加水（如磨石面层养护时间太长，可加细砂，加快机磨速度），随时清扫水泥浆，并用靠尺检查平整度，直至表面磨平、磨匀，分格条和石粒全部露出（边角处用人工磨成同样效果），用水清洗晾干，然后用较浓的水泥浆（如掺有颜料的面层，应用同样掺有颜料配合比的水泥浆）擦一遍，特别是面层的洞眼小，孔隙要填实抹平，脱落的石粒应补齐，浇水养护2～3d。

13. 细磨

第二遍用90～120号金刚石磨，要求磨至表面光滑为止。然后用清水冲净，满擦第二遍水泥浆，仍注意小孔隙要细致擦严密，然后养护2～3d。

14. 磨光

第三遍用200号细金刚石磨，磨至表面石子显露均匀，无缺石粒现象，平整、光滑，无孔隙为度。

普通水磨石面层磨光遍数不应少于三遍，高级水磨石面层的厚度和磨光遍数及油石规格应根据设计确定。

15. 草酸擦洗

为了取得打蜡后显著的效果，在打蜡前磨石面层要进行一次适量限度的酸洗，一般均用草酸进行擦洗，使用时，先用水加草酸混合成约10%浓度的溶液，用扫帚蘸后洒在地面上，再用油石轻轻磨一遍；磨出水泥及石粒本色，再用水冲洗并用软布擦干。此道操作必须在各工种完工后才能进行，经酸洗后的面层不得再受污染。

16. 打蜡上光

将蜡包在薄布内，在面层上薄薄涂一层，待干后用钉有帆布或麻布的木块代替油石，装在磨石机上研磨，用同样方法再打第二遍蜡，直到光滑洁亮为止。

9.4.2 石材地面铺设施工

9.4.2.1 施工准备

1. 材料准备

（1）石材准备。

材料应按要求的品种、规格、颜色准备。凡有翘曲、歪斜、厚薄偏差太大以及缺边、掉角、裂纹、隐伤和局部污染变色的石材应予剔除，完好的石材板块应套方检查，规格尺寸如有偏差，应磨边修正。用草绳等易褪色材料包装花岗岩石板时，拆包前应防止受潮和污染。材料进场后应堆放于施工现场附近，下方垫木，板块叠合之间应用软质材料垫塞。

（2）粘结材料准备。

水泥的强度等级不低于32.5。结合层用砂采用过筛的中砂、粗砂，灌缝选用中、细砂，砂的含泥量不超过3%。颜料选用矿物颜料，一次备足。同一楼地面工程应采用同一厂家、同一批次的产品，不得混用。

2. 现场作业条件准备

墙面粉刷完成后，以室内墙面+500mm标高线定出地面标高线。暗管线已敷设完毕且验收合格。准备好加工棚，安装好台钻和砂轮锯，接通水源、电源。

9.4.2.2 施工工艺流程和操作要点

1. 工艺流程

工艺流程：基层清理→弹线→试拼、试铺→浸水湿润→铺水泥砂浆结合层→铺板→灌缝→踢脚板镶贴→上蜡。

2. 操作要点

(1) 基层清理。

板块地面在铺贴前应先挂线检查基层平整情况，偏差较大处应事先凿平和修补，如为光滑的混凝土楼地面，应凿毛。基层应清洁，不能有油污、落地灰，特别不要有白灰、砂浆灰，不能有渣土。清理干净后，在抹底子灰前应洒水润湿。

(2) 弹线。

根据设计要求，确定平面标高位置，并弹在四周墙上。再在四周墙上取中，在地上弹出十字中心线，按板块的尺寸加预留缝放样分块。大理石板地面缝宽1mm，花岗岩石板地面缝宽小于1mm，预制水磨石地面缝宽2mm。与走廊直接相通的门口应与走道地面拉通线，板块布置要以十字线对称，若室内地面与走廊地面颜色不同，其分界线应安排在门口或门窗中间。在十字线交点处对角安放两块标准块，并用水平尺和角尺校正。铺板时依标准块和分块位置，每行依次挂线。

(3) 试拼、试铺。

在正式铺设前，对每一房间的大理石板块应按图案、颜色、纹理进行试拼。试拼后按两个方向编号排列，然后按编号码放整齐，以便对号入座，使铺设出来的楼地面色泽美观、一致。在房间内相互垂直的两个方向，铺两条宽度略大于板块板宽、厚不小于30mm的干砂带，根据试拼石板的编号及施工图将石材板块排好，检查板块之间的缝隙，核对板块与墙、柱、洞口等部位的相对位置，根据试铺结果，在房间主要部位弹相互垂直的控制线，并引至墙上，用以检查和控制板块位置。

(4) 浸水润湿。

大理石、花岗岩、预制水磨石板块在铺贴前应先浸水润湿，阴干后擦干净板背的浮尘方可使用。铺板时，板块的底面以内潮外干为宜。

(5) 铺水泥砂浆结合层。

铺水泥砂浆结合层是铺贴工艺中重要的环节，必须注意以下几点：

1) 水泥砂浆结合层宜采用干硬性水泥砂浆。干硬性水泥砂浆的配合比通常为1：1～1：3（水泥：砂体积比），一般采用强度等级不低于C32.5的水泥配制，铺设时稠度（以标准圆锥体沉入度）以20～40mm为宜。现场如无测试仪器，可用手捏成团，在手中颠后即散开为度。

2) 为保证干硬性水泥砂浆与基层或找平层的粘结效果，在铺设前，应在基层或找平层上刷一道水灰比为0.4～0.5的水泥浆（可掺10% 801胶），以保证整个上下层之间粘结牢固。

3) 铺结合层时，摊铺砂浆长度应在1m以上，宽度应超出板块宽度20～30mm，铺浆厚度为10～15mm，虚铺砂浆厚度应比标高线高出3～5mm，砂浆由里向外铺抹，然后用木刮尺刮平、拍实。

(6) 铺板。

铺贴时，要将板块四角同时平稳落下，对准纵横缝后，用橡皮锤（木锤）轻敲振实，并用水平尺找平，锤击板块时注意不要敲砸边角，也不要敲打已铺贴完毕的板块，以免造成空鼓。铺贴顺序，一般从房间中部向四周退步铺贴。凡有柱子的大厅，宜先铺柱子与柱子中间部分，然后再向两边展开。

(7) 灌缝。

铺板完成2d后，经检查板块无断裂及空鼓现象后，方可进行灌缝。根据板块颜色，用浆壶将调好的稀水泥素浆或1:1稀水泥砂浆（水泥：细砂）灌入缝内2/3高，并及时清理板块表面上溢出的浆液，再用与板面颜色相同的水泥浆将缝灌满、擦缝。待缝内水泥色浆凝结后，应将板面清洗干净，在拭净的石材楼地面上覆盖锯末保护，24h后洒水养护，3d内禁止上人走动或在面层上进行其他作业。

(8) 踢脚板镶贴。

预制水磨石、大理石和花岗石踢脚板一般高度为100～200mm，厚度为15～20mm。可采用粘贴法和灌浆法施工。踢脚板施工前应认真清理墙面，提前一天浇水润湿。阳角处踢脚板的一端用无齿锯切成45°。踢脚板应用水刷净，阴干备用。镶贴时由阳角开始向两侧试贴，检查是否平直，缝隙是否严密，有无缺边掉角等缺陷，合格后方可实贴。不论采取什么方式安装，均先在墙面两端各镶贴一块踢脚板，其上沿高度在同一水平线上，出墙厚度要一致，然后沿两块踢脚板上和拉通线，逐块依顺序安装。

1) 粘贴法。根据墙面标筋和标准水平线，用1:2～2.5水泥砂浆抹底并刮平划毛，待底层砂浆干硬后，将已润湿阴干的踢脚板抹上2～3mm素水泥浆进行粘贴，同时用橡皮锤敲击平整，并注意随时用水平尺、靠尺板找平、找直。次日，用与地面同色的水泥浆擦缝。

2) 灌浆法。将踢脚板临时固定在安装位置，用石膏糊将相邻的两块踢脚板粘牢，然后用稠度10～15cm的1:2水泥砂浆（体积比）灌缝，并随时把溢出的砂浆擦干净。待灌入的水泥砂浆凝固后，把石膏铲掉擦净，用与板面同色水泥浆擦缝。

(9) 上蜡。

板块铺贴完工后，待其结合层砂浆强度达到60%～70%即可打蜡抛光。其具体操作方法与现浇水磨石地面基本相同。

9.4.3 陶瓷地砖楼地面施工

1. 施工流程

有地漏或排水的房间施工流程为：基层处理→标筋→铺结合层砂浆→板块浸水→弹线→铺板块→压平拨缝→嵌缝养护。

走廊、大厅等室内地坪施工流程为：基层处理→作灰饼、冲筋一铺结合层砂浆→板块浸水阴干→弹线一铺板块→压平拨缝→嵌缝→养护。

2. 操作要点

(1) 基层清理。

表面砂浆、油污和垃圾清除干净，用水冲洗、晾干。若混凝土楼面光滑则应凿毛或拉毛。

（2）标筋。

根据墙面水平基准线，弹出地面标高线。在房间四周做灰饼，灰饼表面标高与铺贴材料厚度之和应符合地面标高要求。依据灰饼标筋，在有地漏和排水孔的部位，用50～55mm厚1∶2∶4细石混凝土从门口处向地漏找泛水，应双向放坡0.5%～1%，但最低处不小于30mm厚。

（3）铺结合层砂浆。

铺砂浆前，基层应浇水润湿，刷一道水泥素浆，随刷随铺1∶3（体积比）干硬性水泥砂浆。砂浆稠度必须控制在35mm以下。根据标筋标高，用木拍子拍实，短刮杠刮平，再用长刮杠通刮一遍。检测平整度误差不大于4mm。拉线测定标高和泛水，符合要求后用木抹子搓成毛面。踢脚线应抹好底层水泥砂浆。

有防水要求时，找平层砂浆或水泥混凝土要掺防水剂，也可按设计要求加铺防水卷材，如用水乳型橡胶沥青防水涂料布（无纺布）做防水层，四周卷起150mm高，外粘粗砂，门口处铺出30mm宽。

（4）板块浸水。

同石材板块地面。

（5）弹线。

在已有一定强度的找平层上用墨斗线弹线。弹线应考虑板块间隙。找平、找方同石材板块施工。

（6）铺板块。

铺贴操作时，先用方尺找好规矩，拉好控制线，接线由门口向进抹方向依次铺贴，再向两边铺贴。用1∶2水泥砂浆铺摊在板块背面，再粘贴到地面上，并用橡皮锤敲压实，使标高、板缝均符合要求。如有板缝误差可用开刀拨缝，对高的部分用橡皮锤敲平，低的部分应起出瓷砖，并用水泥砂浆垫高找平。

瓷砖的铺贴形式，对于小房间（面积小于40m^2），通常是做T字形（直角定位法）标准高度面；对于大面积房间，通常在房间中心按十字形（有直角定位法和对角定位法）做出标准高度面，便于多人同时施工。房间内外地砖品种不同，其交接线应在门扇下中间位置，且门口不应出现非整砖，非整砖应放在房间不起眼的位置。

（7）压平拨缝。

每铺完一段落或8～10块后，用喷壶略洒水，15min左右用橡皮锤（木锤）按铺砖顺序捶铺一遍，不得遗漏，边压实边用水平尺找平。压实后拉通线先竖缝后横缝调拨缝隙，使缝口平直、贯通。从铺砂浆到压平拨缝应在5～6h完成。

（8）嵌缝养护。

水泥砂浆结合层终凝后，用白水泥或普通水泥浆擦缝，擦实后铺撒锯末屑养护，4～5d后方可上人。

9.4.4 木地板地面施工

9.4.4.1 施工工艺流程

1.实铺式

搁栅式施工流程为：基层处理（修理预埋铁件或钻孔打木塞）→安装木搁栅、撑木→

钉毛地板斗→（找平、刨平）→弹线，钉硬木地板→钉踢脚板→刨光、打磨→油漆。

粘贴式施工流程为：基层清理→弹线定位→刷胶→粘贴地板→刨光、打磨→油漆。

2. 空铺式

空铺式施工流程为：基层处理→砌地垄墙→干铺油毡→铺垫木、找平→弹线、安装木搁栅→钉剪刀撑→钉硬木地板→钉踢脚板→刨光、打磨→油漆。

9.4.4.2 普通木地板和硬木地板施工操作要点

1. 基层处理

(1) 架空式地板的基层处理。

地面找平后，采用M2.5水泥砂浆砌筑地垄墙或砖墩，地垄墙的间距不宜太大。其顶面应采取涂刷沥青胶两道或铺设油毡等防潮措施。大面积木地板铺装工程的通风构造应按设计要求。每条地垄墙、暖气沟墙应按设计要求预留尺寸为120mm×120mm到180mm×180mm的通风洞口（一般要求洞口数量不少于2个，且要在一条直线上）。并在建筑外墙上每隔3～5m设置不小于180mm×180mm的洞口及其通风窗设施，洞口下皮距室外地坪标高不小于200mm，孔洞应安设栅子。

先将垫木等材料按设计要求作防腐处理。操作前检查地垄墙、墩内预埋木方、地脚螺栓或其他铁件及其位置。依据+500mm水平线在四周墙上弹出地面设计标高线。在地垄墙上用钉、骑马铁件箍定或镀锌铁丝绑扎等方法对垫木进行固定。然后在压檐木表面画出木搁栅搁置中线，并在搁栅端头也画出中线，之后把木搁栅对准中线摆好，再依次摆正中间的木搁栅，木搁栅离墙面应留出不小于30mm的缝隙，以利隔潮通风。木搁栅的表面应平直，安装时要随时注意从纵横两个方向找平。用2m长的直尺检查时，尺与木搁栅间的空隙不应超过3mm。木搁栅上皮不平时，应用合适厚度的垫板，不准用木楔找平，或刨平，也可对底部稍加砍削找平，但砍削深度不应超过10mm，砍削处应另作防腐处理。木搁栅安装后，必须用长100mm圆钉从木搁栅两侧向中部斜向成45°角与垫木（或压檐木）钉牢。

木搁栅的搭设架空跨度过大时需按设计要求增设剪刀撑，为了防止木搁栅与剪刀撑在钉结时移动，应在木搁栅上面临时钉些木拉条，使木搁栅互相拉结。将剪刀撑两端用两根长70mm圆钉与木搁栅钉牢。若不采用剪刀撑而采用普通的横撑时，也按此法装钉。

(2) 实铺地板（搁栅式）基层处理。

搁栅常用30mm×40mm或40mm×50mm木方，使用前应作防腐处理。将木搁栅与楼板或混凝土垫层的内预埋铁件（地脚螺栓、U形铁、钢筋段等）或防腐木砖进行连接，也可现场钻孔打入木楔后进行连接。木搁栅表面应平直，用2m直尺检查其容许偏差为3mm。木搁栅与墙之间宜留出30mm的缝隙。木搁栅间如需填干炉渣时，应加以夯实拍平。

2. 毛地板的铺钉

双层木板面层下层的毛地板表面应刨平，其宽度不宜大于120mm。在铺设前，应清除已安装的木搁栅内的刨花等杂物；铺设时，毛地板应与木搁栅成30°或45°，并应使其髓心朝上，用钉斜向钉牢，其板间缝隙不应大于3mm。毛地板与墙之间，应留有10～15mm缝隙，接头应错开。应在每根木搁栅上各钉2枚钉子固定每块毛地板，钉子的长度应为毛地板厚度尺寸的2.5倍。

毛地板铺钉后，可铺设一层沥青纸或油毡，以利于隔声和防潮。

3. 铺设面板

铺设面板有两种方法，即钉结法和粘结法。

（1）钉结法。

钉结法可用于空铺式和实铺式。先将钉帽砸扁，从板边企口凸榫侧边的凹角处斜向钉入。铺钉时，钉与表面成45°或60°斜角，钉长为板厚的2～3倍。对于不设毛地板的单层条形木板，铺设应与木搁栅垂直，并要使板缝顺进门方向。地板块铺钉时通常从房间较长的一面墙边开始，第一行板槽口对墙，从左至右，两板端头企口插接，直到第一排最后一块板，截去长出的部分。接缝必须在搁栅中间，且应间隔错开。板与板间应紧密，仅允许个别地方有空隙，其缝宽不得大于1mm（如为硬木长条板，缝宽不得大于0.5mm）。板面层与墙之间应留10～15mm的缝隙，该缝隙用木踢脚板封盖。铺钉一段要拉通线检查，确保地板始终通直。

拼花木地板的拼花平面图案形式有方格式、席纹式、人字纹式、阶梯错落长条铺装式等。对于较复杂的拼花图案，宜先弹方格网线，试拼试铺。铺钉时，先拼缝铺钉标准条，铺出几个方块或几档作为标准。再向四周按顺序拼缝铺钉。中间钉好后，最后按设计要求作镶边处理。拼花木板面层的板块间缝隙，不应大于0.3mm。

对于长条面板或拼花木板的铺钉，其板块长度不大于300mm时，侧面应钉2枚钉子；长度大于300mm时，每300mm应增加1枚钉子，板块的顶端部位均应钉1枚钉子。当硬木地板不易直接施钉时，可事先用手电钻在板块施钉位置斜向预钻钉孔（预钻孔的孔径略小于钉杆直径），以防钉裂地板。

（2）粘结法。

粘结铺贴拼花木地板前，应根据设计图案和板块尺寸试拼试铺，调整至符合要求后进行编号，铺贴时按编号从房间中央向四周渐次展开。所采用的粘结材料可以是沥青胶结料，也可以是各种胶粘剂。

1）沥青腔结料铺贴法。采用沥青胶结料粘贴铺设木地板的建筑楼地面水泥类基层，其表面应平整、洁净、干燥。先涂刷一遍冷底子油，然后随涂刷沥青胶结料随铺贴木地板，沥青胶在基层上的涂刷厚度宜为2mm，同时在地板块背面亦应涂刷一层薄而均匀的沥青胶结料。

将硬木地板块呈水平状态就位，与相邻板块挤严铺平；相邻两块地板的高差不得高于铺贴面1.5mm或低于铺贴面0.5mm，不符合要求的应予重铺。铺贴操作时应尽可能防止沥青胶结料溢出表面，如有溢出时要及时刮除，并随之擦拭干净。

2）胶粘剂铺贴法。采用胶粘剂铺贴的木地板，其板块厚度不应小于10mm。粘贴木地板的胶粘剂与粘贴塑料地板的胶粘剂基本相同，选用时要根据基层情况、地板块的材质、楼地面面层的使用要求确定。

水泥类基层的表面应平整、坚硬、干燥、无油脂及其他杂质，含水率不应大于9%。当基层表面有麻面起砂、裂缝现象时，应涂刷（批刮）乳液腻子进行处理，每遍涂刷腻子的厚度不应大于0.8mm，干燥后用0号铁砂布打磨，再涂刷第二遍腻子，直至表面平整后，再用水稀释的乳液涂刷一遍。采用 2m 直尺检查基层表面的平整度，其容许偏差为 2mm。

为保证粘贴质量，基层表面可事先涂刷一层薄而匀的底子胶。底子胶可按同类胶加入其质量为 10%的汽油和 10%的醋酸乙酯（或乙酸乙酯）并搅拌均匀进行配制。

当采用乳液型胶粘剂时，应在基层表面和地板块背面分别涂刷胶粘剂；当采用溶剂型胶粘剂时，可只在基层表面上均匀涂胶。基层表面及板块背面的涂胶厚度均应不大于 1mm，涂胶后应静停 10～15min，待胶层不粘手时再进行铺贴；并应到位准确，粘贴密实。

4. 踢脚板施工

踢脚板提前刨光，内侧开凹槽，每隔 1m 钻 6mm 通风孔，墙身每隔 750mm 设防腐固结木砖，木砖上钉防腐木块，用于固定踢脚板。

5. 刨平和磨光

原木地板面层的表面应刨平、磨光。使用电刨刨削地板时，滚刨方向应与木纹成 45°角斜刨，推刨不宜太快，也不能太慢或停滞，防止啃咬扳面。边角部位采用手工刨，须顺木纹方向。避免戗槎或撕裂木纹，刨削应分层次多次刨平，注意刨去的厚度不应大于 1.5mm。刨平后应用地板磨光机打磨两遍，磨光时也应顺木纹方向打磨，第一遍用粗砂，第二遍用细砂。

采用粘贴的拼花木板面层，应待沥青胶结料或胶粘剂凝固后方可进行地板表面刨磨处理。

目前，木地板生产厂家已经对木地板进行了表面处理。施工时只需将木地板安装好即可投入使用，而不再进行刨平磨光和油漆等工作。

课题 9.5 饰面板（砖）工程施工

饰面板（砖）工程施工是指在建筑内、外墙面、地面及柱面镶贴、挂贴饰面材料的一种装饰方法，是装饰施工的重要组成部分。饰面材料的种类很多，如饰面板、饰面砖等。本章主要介绍饰面砖和饰面板的安装施工。

9.5.1 内墙镶贴瓷砖施工

1. 施工工艺流程

基层处理→抹底子灰→弹线、排砖→浸砖→贴标准点→镶贴→擦缝。

2. 施工要点

（1）基层处理。

镶贴瓷砖的基层表面必须平整和粗糙，如果是光滑基层应进行凿毛处理；基层表面砂浆、灰尘及油渍等应用钢丝刷或清洗剂清洗干净；基层表面凸凹明显部位，要事先剔平或用水泥砂浆补平。

在抹底子灰前，应根据不同的基体进行不同的处理，以解决找平层与基层的粘结问题。对于墙面基体，应将基层清理干净后洒水润湿；对于纸面石膏板或其他轻质墙体材料基体，应将板缝按具体产品及设计要求做好嵌填密实处理，并在表面用接缝带（穿孔纸带或玻璃纤维网格布等防裂带）粘覆补强，使之形成稳固的墙面整体；对于混凝土基体，可选用下述三种方法之一：一是将混凝土表面凿毛后用水润湿，刷一道聚合物水泥浆；二是将 1∶1 水泥细砂浆（内掺适量胶粘剂）喷或甩到混凝土基体表面作毛化处理；三是采用界面处理剂处理基体表面，加气混凝土基体要用水润湿基体表面，在缺棱掉角处刷聚合物水泥浆一道，用 1∶1∶4 水泥石膏混合砂浆分层找平，待干燥后，钉一层镀锌钢丝网并绷紧，使基层表面要求达到净、干、平、实。

（2）抹底子灰。

基体基层处理好后，用 1∶3 水泥砂浆或 1∶1∶4 的混合砂浆打底。打底时要分层进行，每层厚度宜 5～7mm，并用木抹子搓出粗糙面或划出纹路，用刮杠和托线板检查其平整度和垂直度，隔日浇水养护。

（3）弹线排砖。

待底层灰强度达到六七成时，按图纸要求，结合瓷砖规格进行弹线、排砖。先量出镶贴瓷砖的尺寸，立好度数杆，在墙面上从上到下弹出若干条水平线，控制水平皮数，再按整块瓷砖的尺寸弹出竖直方向的控制线。此时要考虑排砖形式和接缝宽度应符合设计要求，接缝宽度应注意水平方向和垂直方向的砖缝一致，排砖形式主要有直缝和错缝（俗称“骑马缝”）两种。在同一墙面上的横竖排列，不宜有一行以上的非整砖，且非整砖要排在次要位置或阴角处。当遇有墙面盥洗镜等装饰物时，应以装饰物中心线为准向两边对称排砖，排砖过程中在边角、洞口和突出物周围常常出现非整砖或半砖，应将整块瓷砖切割成合适小块进行预排，并注意对称和美观。

（4）浸砖。

瓷砖在镶贴前应在水中充分浸泡，以保证镶贴后不致因吸灰浆中的水分而粘贴不牢或砖面浮滑。一般浸水时间少于 2h，取出阴干备用，阴干时间通常为 3～5h，以手摸无水感为宜。

（5）镶贴。

瓷砖铺贴的方式有离缝式和无缝式两种。无缝式铺贴要求阳角转角铺贴时要倒角，即将瓷砖的阳角边厚度用瓷砖切割机打磨成 30°～40°，以便对缝。依砖的位置，排砖有矩形长边水平排列和竖直排列两种。

正式镶贴前应贴标准点，即用混合砂浆将废瓷砖按粘贴厚度粘贴在基层上作标志块，用托线板上下挂直，横向拉通，用以控制整个镶贴瓷砖表面的平整度。在地面水平线嵌上一根八字尺或直靠尺，这样可防止瓷砖因自重或灰浆未硬结而向下滑移，以确保其横平竖直。

铺贴瓷砖宜从阳角开始，先大面，后阴阳角和凹槽部位，并自下向上粘贴。用铲刀在瓷砖背面刮满刀灰，贴于墙面用力按压，用铲刀木柄轻轻敲击，使瓷砖紧密粘于墙面，再用靠尺按标志块将其校正平直。取用瓷砖及贴砖要注意浅花色瓷砖的顺反方向，不要粘颠倒，以免影响整体效果。铺贴要求砂浆饱满，厚度 6～10mm，若亏灰时，要取下重贴，不得在砖口处塞灰，防止空鼓。一般每贴 6～8 块应用靠尺检查平整度，随贴随检查，有高出标志块者，可用铲刀木柄或木锤轻捶使之平整；如有低于标志块者，则应取下重贴，同时要保证缝隙宽窄一致。当贴到最上一行时，上口要成一直线，上口如没有压条，则应镶贴一面有圆弧的瓷砖。其他设计要求的收口、转角等部位，以及腰线、组合拼花等均应采用相应的砖块（条）适时就位镶贴。

铺贴时粘结料宜用1∶2的水泥砂浆，为改善和易性，可掺15%的石膏灰，亦可用聚合物水泥砂浆，当用聚合物水泥砂浆时，其配合比应由试验确定。

水管处应先铺周围的整块砖，后铺异形砖。此时，水管顶部镶贴的瓷砖应用胡桃钳钳掉多余的部分，一次钳得不要太多，以免瓷砖碎裂。对整块瓷砖打预留孔，可先用打孔器钻孔，再用胡桃钳加工至所需孔径。

切割非整块砖时，应根据所需要的尺寸在瓷砖背面划痕，用专用瓷片刀沿木尺切割出较深的割痕，将瓷砖放在台面边沿处，用手将切割的部分掰下，再把断口不平和切割下的尺寸稍大的瓷砖放在磨石上磨平。

（6）擦缝。

镶贴完毕，自检无空鼓、不平、不直后，用棉丝擦净。然后把白水泥加水调成糊状，用长毛刷蘸白水泥浆在墙砖缝上刷，待水泥浆变稠，用布将缝里的素浆擦匀，砖面擦净，不得漏擦或形成虚缝。对于离缝的饰面，宜用与釉面砖颜色相同的水泥浆嵌缝或按设计要求处理。

若砖面污染严重，可用稀盐酸刷洗后，再用清水刷洗干净。

9.5.2 外墙镶贴面砖施工

1. 施工工艺流程

施工工艺流程为：

基层处理→抹底子灰→弹线分格、排砖→浸砖→贴标准点→刷结合层→镶贴面砖→勾缝→清理表面。

2. 施工要点

（1）基层处理。

清理墙、柱面，将浮灰和残余砂浆及油渍冲刷干净，再充分浇水润湿，并按设计要求涂刷结合层（采用聚合物水泥砂浆或其他界面处理剂），再根据不同基体进行基层处理，处理方法同内墙饰面砖工程。

（2）抹底子灰。

打底时应分层进行，每层厚度不应大于7mm，以防空鼓。第一遍抹后扫毛，待6～7成干时，可抹第二遍，随即用木杠刮平，木抹搓毛，终凝后浇水养护。

多雨地区，找平层宜选用防水、抗渗性水泥砂浆，以满足抗渗漏要求。

（3）弹线分格和排砖。

按设计要求和施工样板进行排砖，确定接缝宽度及分格，同时弹出控制线，做出标记。排砖须用整砖，对于必须用非整砖的部位，非整砖的宽度不宜小于整砖宽度的1/3。一般要求阳角、窗口都是整砖。若按块分格，应采取调整砖缝大小的方法排砖、分格。外墙镶贴的饰面砖其外形有矩形和方形两种，矩形饰面砖可以采用密缝、疏缝，按水平、竖直方向相互排列。密缝排列时，缝宽控制在1～3 mm，疏缝排列时，砖缝宽一般控制在4～20mm。

（4）浸砖。

与内墙瓷砖相同。

（5）贴标准点。

在镶贴前，应先贴若干块废面砖作为标志块，上下用托线板吊直，作为粘结厚度的依据。横向每隔 1.5～2.0m 做一个标志块，用拉线或靠尺校正平整度。靠阳角的侧面也要挂直，称为双面挂直。

(6) 刷结合层。

找平层经检验合格并养护后，宜在表面涂刷结合层，这样可以满足强度要求，提高外墙饰面砖粘贴质量。

(7) 镶贴面砖。

外墙饰面砖宜自上而下顺序镶贴，并先贴墙柱，后贴墙面，再贴窗间墙。铺贴用砂浆一般为 1∶2 水泥砂浆或掺入石膏（不大于水泥质量 15%）的水泥混合砂浆。粘贴时，先按水平线垫平八字尺或直靠尺，再在面砖背面满铺粘结砂浆，粘贴层厚度宜在 4～8mm。粘贴后，用小铲柄轻轻敲击，使之与基层粘牢，并髓时用直尺找平找方，贴完一行后，需将面砖上的灰浆刮净。对于有设缝要求的饰面，可按设计规定的砖缝宽度制备小十字架，临时卡在每四块砖相邻的十字缝间，以保证缝隙精确；单元式的横缝或竖缝，则可用分格条，一般情况下只需挂线贴砖。分格条在使用前应用水充分浸泡，以防胀缩变形，在粘贴面砖次日（或当日）取出，取条时应轻巧，避免碰动面砖。

有抹灰与面砖相接的墙、柱面，应先在抹灰面上打好底，贴好面砖后再抹灰。

(8) 勾缝和清理表面。

贴完一个墙面或全部墙面并检查合格后进行勾缝。勾缝应用水泥砂浆分皮嵌实，并宜先勾水平缝，后勾竖直缝。勾缝一般分两遍，第一遍用 1∶1 水泥细砂浆，第二遍用与面砖同色的彩色水泥砂浆擦成凹缝，凹进深度为 3mm。勾缝应连续、平直、光滑、无裂纹、无空鼓。勾缝处残留的砂浆，必须清除干净。同时用 3%～5%的稀盐酸清洗表面，并用清水冲洗干净。

9.5.3 锦砖贴面工程施工

1. 施工工艺流程

施工工艺流程为：基层处理→抹底子灰→排砖、弹线、分格→镶贴→揭纸→调缝→闭缝刮浆→清洗墙面。

2. 施工要点

(1) 基层处理。施工方法同外墙面砖。

(2) 抹底子灰。施工方法同外墙面砖。

(3) 排砖、分格、弹线。根据设计、建筑物墙面总高度、横竖装饰线条的布置、门窗洞口和马赛克品种规格定出分格缝宽，弹出若干水平线、垂直线，同时加工好分格条。注意同一墙面上应采用同一种排列方式，预排中应注意阳角、窗口处必须是整砖，而且是立面压侧面。

(4) 镶贴。按已弹好的水平线安放八字尺或直靠尺，并用水平尺校正垫平。一般两人协同操作，一人在前面洒水润湿墙面，先刮一道素水泥浆，随即抹上 2～5mm 厚的水泥浆为粘结层，并用靠尺刮平；另一人将马赛克铺在木垫板上，纸面朝下，锦转背面朝上，先用湿布把底面擦净，用水刷一遍，再刮白水泥浆，如果设计对缝格的颜色有特殊要求，也可用普通水泥或彩色水泥。一边刮浆一边用铁抹子往下挤压，将素水泥浆挤满锦砖的缝格，砖面不要留砂浆。清理四边余灰，将刮浆的纸交给镶贴操作者进行粘贴。

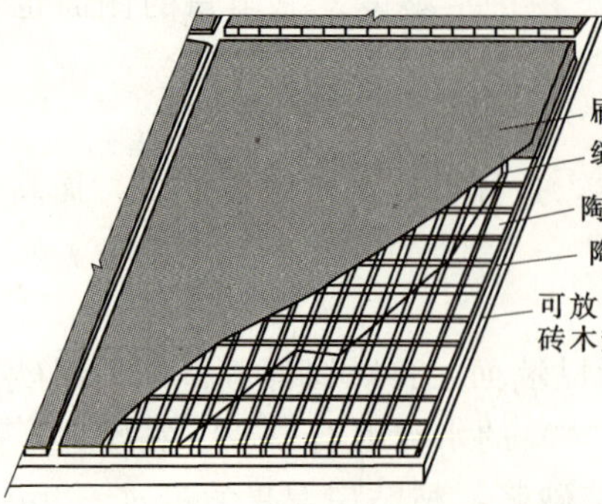

图9.13 缝中灌砂做法

另一种操作方法是在抹粘结层之前，在润湿的墙面上抹1∶3的水泥砂浆或混合砂浆，分层抹平，同时将锦砖铺在木垫板上（锦砖背面朝上），如图9.13所示。缝中灌1∶2干水泥砂，并用软毛刷刷净底面浮砂，再用刷子稍刷一点水，刮抹薄薄一层水泥浆（1∶0.3＝水泥∶石灰膏），随即进行粘贴。

镶贴操作时，操作者双手执在锦砖的上方，使下口与所垫直尺齐平，从下口粘贴线向上粘贴砖联，缝要对齐，并且要注意每一大张之间的距离，以保持整个墙面的缝格一致，准确附位后随之压实，并将硬木垫板放在已贴好的马赛克面上，用小木锤敲击木拍板，使其平整。

（5）揭纸和调缝。一般地，一个单元的马赛克铺完后，在砂浆初凝前（20～30min）达到基本稳固时，用软毛刷刷水润透护面纸（或其他护面材料），用双手轻轻将纸揭下，揭纸宜从上往下撕，用力方向应尽量与墙面平行。

揭纸后检察缝的大小，用金属拨板（或开刀）调整弯扭的缝隙，并用粘结材料将未填实的缝隙嵌实，使之间距均匀。拨缝后再在马赛克上贴好垫板轻敲拍实一遍，以增强与墙面的粘结。

（6）闭缝刮浆、清洗墙面。待全部墙面铺贴完，粘结层终凝后，将白水泥稠浆（或与马赛克颜色近似的色浆）用橡胶刮板往缝子里刮满、刮实、刮严，再用麻丝和擦布将表面擦净。遗留在缝子里的浮砂可用干净潮湿软毛刷轻轻带出。超出的米厘条分格缝要用1∶1水泥砂浆勾严勾平，再用布擦净。清洗墙面应在粘结层和勾缝砂浆终凝后进行。全面清理并擦干净后，次日喷水养护。

课题9.6 门窗工程施工

9.6.1 木门窗施工

1. 木门窗安装的作业条件

（1）结构工程已完成并验收合格。

（2）室内已弹好＋50cm水平线。

（3）门窗框、扇在安装前应检查窜角、翘扭、弯曲、劈裂、崩缺，榫槽间结台处有无松离，如有问题，应进行修理。

（4）门窗框进场后，应将靠墙的一面涂刷防腐涂料，刷后分类码放平整。

（5）准备安装木门窗的砖墙洞口已按要求预埋防腐木砖，木砖中心距不大于1.2m，并应满足每边不少于2块木砖的要求；单砖或轻质砌体应砌入带木砖的预制混凝土块中。

（6）砖墙洞口安装带贴脸的木门窗，为使门窗框与抹灰面平齐，应在安框前做出抹灰标筋。

(7) 门窗框安装在砌墙前或室内、外抹灰前进行，门窗扇安装应在饰面完成后进行。

2. 木门窗框的安装要点

(1) 先立门窗框（立口）。

立门窗框前须对成品加以检查，进行校正规方，钉好斜拉条（不得小于2根），无下坎的门框应加钉水平拉条，以防在运输和安装中变形。

立门窗框前要事先准备好撑杆、木橛子、木砖或倒刺钉，并在门窗框上钉好护角条。

立门窗框前要看清门窗框在施工图上的位置、标高、型号、门窗框规格、门扇开启方向、门窗框是里平、外平或是立在墙中等，按图立口。

立门窗框时要注意拉通线，撑杆下端要固定在木橛子上。

立框子时要用线锤找直吊正，并在砌筑砖墙时随时检查是否倾斜或移动。

(2) 后塞门窗框（后塞口）。

后塞门窗框前要预先检查门窗洞口的尺寸、垂直度及木砖数量，如有问题，应事先修理好。门窗框应用钉子固定在墙内的预埋木碚上，每边的固定点应不小于两处，其间距应不大于1.2m。

在预留门窗洞口的同时，应留出门窗框走头（门窗框上、下坎两端伸出口外部分）的缺口。在门窗框调整就位后，封砌缺口。当受条件限制、门窗框不能留走头时，应采取可靠措施将门窗框固定在墙内木砖上。

后塞门窗框时需注意水平线要直。多层建筑的门窗在墙中的位置，应在一条直线上。安装时，横竖均拉通线。当门窗框的一面需镶贴脸板，则门窗框应凸出墙面，凸出的厚度等于抹灰层的厚度。

寒冷地区门窗框与外墙间的空隙，应填塞保温材料。

3. 木门窗扇的安装要点

(1) 安装前检查门窗扇的型号、规格、质量是否合乎要求，如发现问题，应事先管好或更换。

(2) 安装前先量好门窗框的高低、宽窄尺寸，然后在相应的扇边上画出高低宽窄的线，双扇门要打叠（自由门除外），先在中间缝处画出中线，再画出边线，并保证梃宽一致，上下冒头要画线刨直。

(3) 画好高低、宽窄线后，用粗刨刨去线外部分，再用细刨刨至光滑平直，使其符合设计尺寸要求。

(4) 将扇放入框中试装合格后，在框上扇高的1/8～1/10，按合页大小画线，并剔出合页槽，槽深一定要与合页厚度相适应，槽底要平。

(5) 门窗扇安装的留缝宽度，应符合有关标准的规定。

9.6.2 铝合金门窗工程施工

9.6.2.1 铝合金门制作与安装

1. 铝合金门框制作

视门的大小选用76mm×44mm、100mm×44mm或100mm×25mm铝合金型材做门框架，按设计尺寸下料，具体做法同门扇制作，其横框与竖框的连接是通过铝角码和自攻螺丝固定的。

门扇上部转动定位轴销安装在门框的横向框料内。先把定位销从钻好的销孔中伸出，再用螺丝将定位销组件固定在门框上横料内。

门框横竖料的连接用3mm厚的铝角码连接，每个铝角码的长度按框料内截面尺寸确定在门的上框和中框部位的边框上，钻孔安装铝角码，然后将中、上横框套在角铝上，钻孔后用自攻螺丝固定。

在门框上，左右设扁铁连接件，连接件与门框用自攻螺丝或铆钉固定，安装间距视门料情况和与墙体的间距确定。

2. 门扇制作

选料要考虑表面色彩、料型、壁厚等因素，以保证足够的刚度、强度和装饰性；门扇下料时，要在门洞口尺寸中减掉安装缝隙的尺寸、门框尺寸，其余按扇数均分调整大小。

在竖挺上拟安装横档部位内侧用手电钻钻孔，用来安装钢筋螺栓，孔径略大于钢筋直径；上下横挡一般用套螺纹的钢筋螺栓固定。一般钢筋螺栓长度只要比门扇内边尺寸（横方尺寸）长25mm，固定时应先紧固外侧螺母，并用内侧螺母锁紧，钢筋螺栓应在地弹簧连杆与下横方安装完毕后再安装。中横方可直接通过角铝固定。

在拟安装门锁部位钻孔，再伸入曲线锯切割成锁孔形状，在门边梃上，门锁两侧要对正，一般应在门扇安装后再安装门锁。安装门扇转动配件时，要使其转动销、地弹簧轴的轴线一致。

3. 铝合金门安装

在门洞口墙体上弹出安装位置线时，同一层楼水平标高误差不大于±2.5mm，各洞口中心线从顶层到底层偏差不大于±5.0mm。

铝框上的保护膜安装前不得撕掉或损坏；框子应安装在洞口的安装线上；组台门窗框应先进行预拼装，然后按先安装通长拼樘料，后安装分段拼樘料，最后安装基本门框的顺序进行；缝隙应用密封胶条密封。组合门框拼樘料如需加强时，其加固型材应经防锈处理。

当洞口是预埋铁件时，铝框上的镀锌铁脚可直接焊接在预埋件上；当洞口为混凝土墙体但未留预埋件或槽口时，其连接件可用射钉枪射钉紧固；当洞口墙体为砖石砌体时，应用冲击钻钻深孔，用膨胀螺栓紧固连接件，不宜采用射钉连接。

地弹簧安装采用地面预留洞口时，安装调整完毕应浇C25级细石混凝土固定；铝门框埋入地下应为20～50mm；组合门框间立柱上下端应各嵌入墙体（或梁）内25mm以上；转角处的主柱嵌入长度应在35mm以上；门框连接件采用射钉、膨胀螺栓、钢钉等时，离墙的边缘不得小于50mm，且应错开墙体缝隙。

门框与洞口墙体应采用弹性连接，最后嵌填防水密封胶；铝门框上如沾上水泥浆或其他污物应立即用软布擦洗干净，切忌用金属工具刮洗。

活动门扇的安装应先保证门扇上横料内的转动定位销定位，地弹簧埋设后其表面要与地面平齐。安装门扇时，要把地弹簧的转轴用扳手拧至门扇开启的位置，然后将门扇下横料内地弹簧连杆套在转轴上，再将上横料内的转动定位销用调节螺钉调出一些，待定位销孔与锁吻合后，再将定位销完全调出并插入定位销孔中。最后用双头螺杆或自攻螺丝将门拉手安装在门扇边框两侧。

玻璃应配合门料的规格色彩及设计要求选用，大片玻璃与框扇接缝处要打入玻璃胶。整个门安装好后，清理干净交付使用。

9.6.2.2 铝合金窗制作与安装

1. 铝合金窗扇制作

（1）组装。

1）切口处理。在窗扇组装连接前，先在窗扇的边框上下两端进行切口处理，以便将其上下方插入其切口内进行固定。

2）安装滑轮。在下横的底槽内安装滑轮，两端备装一只滑轮。

3）打孔。在窗扇边框和带钩边框与下横衔接端画线打孔，共三个孔，上下两个是连接固定孔，中间一个是调节滑轮框上调节螺钉的工艺孔；旋动滑轮上的调节螺钉能改变滑轮从下横槽中外伸高低尺寸，而且也能改变下横槽内两个滑轮之间的距离。

4）安装横角码和窗扇钩锁。窗扇上锁口的位置有左右之分，特别注意不能开错。

5）上密封毛条。长毛条装于上横顶边和下横底边的槽内，短毛条装于带钩边框的钩部槽内。

（2）窗框及上亮的制作。

1）上亮。上亮部分的扁方管型材通常采用铝角码和自攻螺丝连接，应先用一小段同规格的扁方管做模子（长20mm左右），取下模子，再将另一条竖向扁方管放到模子的位置上，在角码的另一方向打孔，固定即成。

上亮的铝型材在四个角位置赴衔接固定后，再用截面尺寸为10mm×10mm或12mm×12mm的铝槽作固定玻璃的压条，先用自攻螺丝把铝槽紧固在中心线外侧，留出大于玻璃厚度的距离，安装内侧铝槽，自攻螺丝不需上紧，上好玻璃后再紧固。

2）窗框。窗框组装先量出上滑道上面两条固紧槽孔的距离和高低位置尺寸，然后按这两个尺寸在窗框边封上部衔接处画线打孔，孔径在5mm左右，用专用的碰口胶垫放在边封的槽口内，自攻螺丝穿过边封和碰口胶垫上的孔，旋进上滑道的固紧槽孔内；在旋紧螺钉的同时，注意上滑道与边封对齐，各槽对正，最后再上紧螺钉，然后在边封内装毛条。按同样方法制作下滑道。

窗框的四个角衔接起来后，用直角尺测量并校正一个窗框的直角度，最后上紧各角上的衔接自攻螺钉。将校正并紧固好的窗框立放在墙边，防止碰撞。

切两小块厚木板，放在窗框上滑的顶面，再将上亮放在上滑的顶面，将两者前后左右边对正；然后从上滑下面向上打贯穿孔，用自攻螺丝将上滑与上亮连接起来，至此推拉窗的制作完成。

2. 铝合金窗的安装

铝合金窗的安装一般是先将窗框安装固定在窗洞里，如图9.14所示，再安装窗扇与上亮玻璃。窗洞的尺寸应比铝合金窗框大25～40mm，并应找平；在四周安装角码或木块窗框要进行水平和垂直度校正；洞口饰面固结后，便可进行窗扇安装，用螺丝刀拧旋边框侧的滑轮调节螺钉，使滑轮向下横槽内回缩，这样就可以托起窗扇，使其顶部插可窗框的上滑槽内；将滑轮卡在下滑的滑轮轨道上，使滑轮从下横内外伸，同时使窗扇在滑轨上移动顺畅。使长毛条刚好能与窗框下滑面相接触，起到良好的防尘效果。

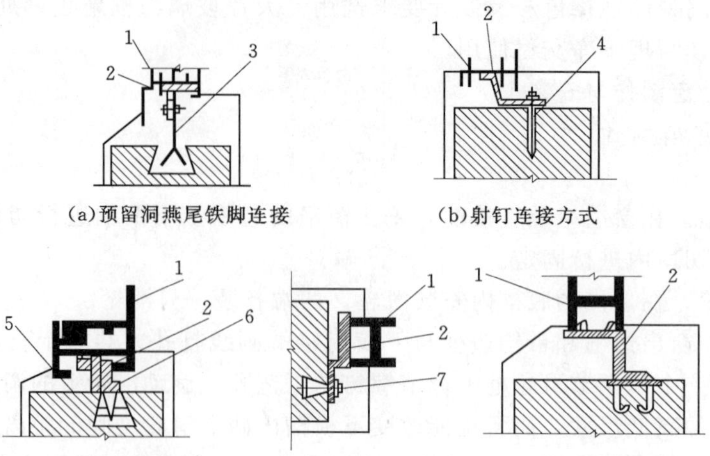

(a)预留洞燕尾铁脚连接 (b)射钉连接方式

(c)预埋木砖连接 (d)膨胀螺钉连接 (e)预埋铁件焊接连接

图 9.14 铝合金窗常用固定方法

1—门窗框；2—连接铁件；3—燕尾铁脚；4—射（钢）钉；5—木砖；6—木螺钉；7—膨胀螺钉

上亮玻璃的尺寸必须比上亮内框小 5mm 左右，留出热胀冷缩的余地；窗扇玻璃各方向通常比窗扇内侧大 25mm 左右，从一侧将玻璃放入槽中，紧固连接边框即可；在玻璃与窗扇之间用塔形橡胶条或玻璃胶密封。

窗钩锁的挂钩安装于窗框边封凹槽内，位置尺寸要与窗扇上挂钩锁洞的位置相对应。一般易出现的高低问题，只需将锁钩螺钉松动后调节再紧固即可。

课题 9.7 涂料涂饰、裱糊、软包工程施工

9.7.1 涂料涂饰工程的施工方法

涂饰工程常用的施工方法有刷涂、滚涂、喷涂、抹涂等，每种施工方法都是在做好基层后施涂，不同的基层对涂料施工有不同的要求。

9.7.1.1 刷涂

刷涂是指采用鬃刷或毛刷施涂。

1. 施工方法

刷涂时，头遍横涂走刷要平直，有流坠马上刷开，回刷一次；蘸涂料要少，一刷一蘸，不宜蘸得太多，防止流淌；由上向下一刷紧挨一刷，不得留缝；第一遍干后刷第二遍，第二遍一般为竖涂。

2. 施工注意事项

（1）上道涂层干燥后，再进行下道涂层，间隔时间依涂料性能而定。

（2）涂料挥发快的和流平性差的，不可过多重复回刷，注意每层厚薄一致。

（3）刷罩面层时，走刷速度要均匀，涂层要匀。

（4）第一道深层涂料稠度不宜过大，深层要薄，使基层快速吸收为佳。

9.7.1.2 滚涂

滚涂是指利用滚涂辊子进行涂饰。

1. 施工方法

先把涂料搅匀调至施工黏度，少量倒入平漆盘中摊开。用辊筒均匀蘸涂料后在墙面或其他被涂物上滚涂。

2. 施工注意事项

(1) 平面涂饰时，要求流平性好、黏度低的涂料；立面滚涂时，要求流平性小、黏度高的涂料。

(2) 不要用力压滚，以保证涂料厚薄均匀。不要让辊中的涂料全部挤压出后才蘸料，应使辊内保持一定数量的涂料。

(3) 接槎部位或滚涂一定数量时，应用空辊子滚压一遍，以保护滚涂饰面的均匀和完整，不留痕迹。

3. 施工质量要求

滚涂的涂膜应厚薄均匀，平整光滑，不流挂，不漏底，表面图案清晰均匀，颜色和谐。

9.7.1.3 喷涂

喷涂是指利用压力将涂料喷涂于物面墙面上的施工方法。

1. 施工方法

(1) 将涂料调至施工所需稠度，装入储料罐或压力供料筒中，关闭所有开关。

(2) 打开空气压缩机进行调节，使其压力达到施工压力。施工喷涂压力一般在 0.4～0.8MPa 范围内。

(3) 喷涂作业时，手握喷枪要稳，涂料出口应与被涂面垂直；喷枪移动时应与被喷面保持平行；喷枪运行速度一般为 400～600mm/s。

(4) 喷涂时，喷嘴与被涂面的距离一般控制在 400～600mm。

(5) 喷枪移动范围不能太大，一般直线喷涂 700～800mm 后下移折返喷涂下一行，一般选择横向或竖向往返喷涂。喷嘴应与被涂面垂直且作平行移动，运行中速度保持一致，如图 9.15 所示。纵横方向做 S 形移动。当喷涂两个平面相交的墙角时，应将喷嘴对准墙角线，如图 9.16 所示。

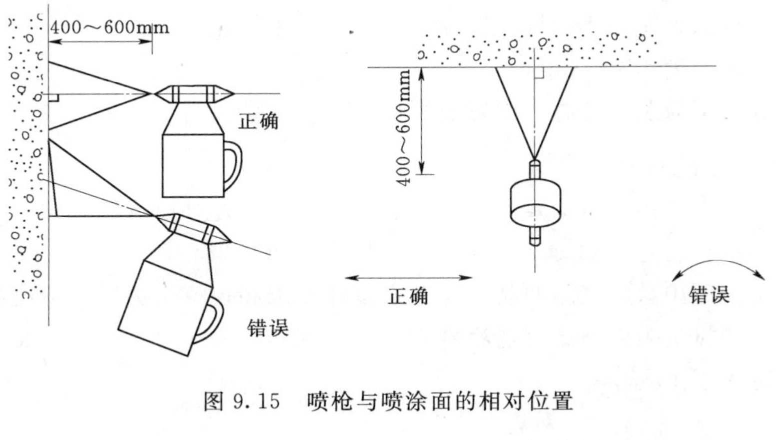

图 9.15 喷枪与喷涂面的相对位置

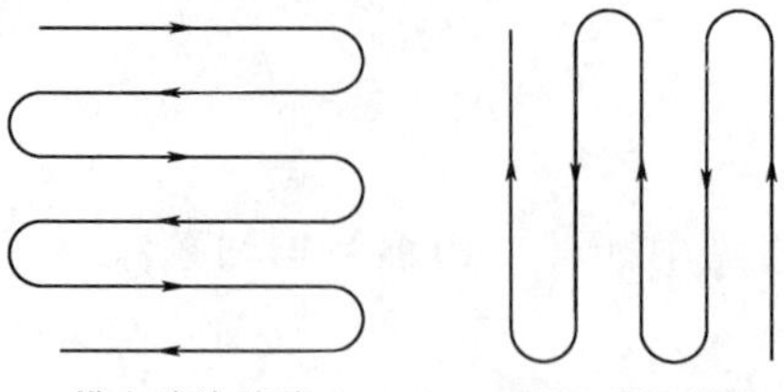

(a)正确的喷涂路线

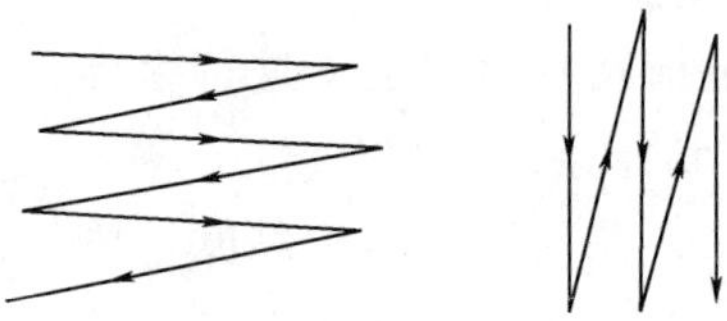
(b)错误的喷涂路线

图 9.16 喷涂路线

(6) 喷涂面的上下或左右搭接宽度为喷涂宽度的 1/2～1/3。

(7) 喷涂时应先喷门、窗附近，涂层一般要求两遍成活（横一竖一）。

(8) 喷枪喷不到的地方应用油刷、排笔填补。

2. 施工注意事项

(1) 涂料稠度要适中。

(2) 喷涂压力过高或过低都会影响涂膜的质感。

(3) 涂料开桶后要充分搅拌均匀，有杂质要过滤。

(4) 涂层接槎须留在分格缝处，以免出现明显的搭接痕迹。

3. 施工质量要求

涂膜厚度均匀，颜色一致，平整光滑，不得出现露底、皱纹、流挂、针孔、气泡和失光等现象。

9.7.1.4 抹涂

抹涂是指用钢抹子将涂料抹压到各类物面上的施工方法。

1. 施工方法

(1) 抹涂底层涂料。用刷涂、滚涂方法先刷一层底层涂料做结合层。

(2) 抹涂面层涂料。底层涂料涂饰后 2h 左右，即可用不锈钢抹压工具涂抹面层涂料，涂层厚度为 2～3mm；抹完后，间隔 1h 左右，用不锈钢抹子拍抹饰面压光，使涂料中的粘结剂在表面形成一层光亮膜；涂层干燥时间一般为 48h 以上，期间如未干燥，应注意保护。

2. 施工注意事项

(1) 抹涂饰面涂料时，不得回收落地灰，不得反复抹压。

(2) 涂抹层的厚度为 2～3mm。

(3) 工具和涂料应及时检查，如发现不干净或掺入杂物时，应清除或不用。

9.7.2 外墙涂饰工程施工

建筑涂料由于造价低，装饰效果好，施工方便，因此在外墙装饰中被广泛采用。

1. 外墙涂饰工程的一般要求

(1) 涂饰工程所用涂料产品的品种应符合设计要求和现行有关国家标准的规定。

(2) 混凝土和抹灰表面施涂溶剂涂料时，含水率不得大于 8%，施涂水性和乳液型涂料时含水率不得大于 10%。

（3）涂料干燥前，应防止雨淋、尘土玷污和热空气的侵袭。

（4）涂料工程使用的腻子，应坚实牢固，不得发生粉化、起皮和裂纹现象。腻子干燥后，应打磨平整光滑并清理干净。外墙需要使用涂料的部位，应使用具有耐水性能的腻子。

（5）涂料的工作黏度和稠度，必须加以控制，使其在涂料施涂时不流坠，无刷痕；施涂过程中不得任意稀释。

（6）双组分或多组分涂料在施涂前，应按产品说明规定的配合比，根据使用情况分批混合，并在规定的时间内用完；所有涂料在施涂前和施涂过程中均应保持均匀。

（7）施涂溶剂型、乳液型和水性涂料时，后一遍涂料必须在前一遍涂料干燥后进行；每一遍涂料应施涂均匀，各层必须结合牢固。

（8）水性和乳液型涂料施涂时的环境温度，应按产品说明的温度控制，冬季在室内施涂时，应在采暖条件下进行，室温应保持均衡，不得突然变化。

（9）涂料施工分阶段进行时，应以分格缝、墙的阴角处或落水管处等为分界线。

（10）同一墙面应用同一批号的涂料，每遍涂料不宜施涂过厚，涂屋应均匀、颜色一致。

2. 外墙涂饰工程的施工工序

外墙涂料饰面应根据涂料种类、基层材质，施工方法、表面花饰以及涂料的配比与搭配等来安排恰当的工序，以保证质量合格。

（1）混凝土表面、抹灰表面基层处理。施涂前对基层认真处理是保证涂料质量的重要环节，要按设计和施工规范要求严格执行。

1）新建筑物的混凝土或抹灰基层在涂饰涂料前应先涂刷抗碱封闭底漆。

2）旧墙面在涂饰涂料前应清涂疏松的旧装修层，并涂刷界面剂。

3）施涂前应将基体或基层的缺棱掉角处修补，表面麻面及缝隙应用腻子补齐填平。

4）基层表面上的尘灰、污垢、溅沫和砂浆流痕应清除干净。

5）表面清扫干净后，最好用清水冲刷一遍，有油污处用碱水或肥皂水擦净。

（2）混凝土及抹灰外墙表面薄涂料的施工工序见表9.1。

表9.1　　混凝土及抹灰外墙表面薄涂料施工工序

工序名称	乳液薄涂料	溶济薄涂料	无机薄涂料
基层修补	+	+	+
清扫	+	+	+
填补缝隙、局部刮腻子	+	+	+
磨平	+	+	+
第一遍涂料	+	+	+
第二遍涂料	+	+	+

注　1. 表中“+”表示应进行的工序。
2. 如薄涂两遍涂料后，装饰效果未达到质量要求时，应增加涂料的施涂遍数。

（3）混凝土及抹灰外墙表面厚涂料的施工工序，见表9.2。

表 9.2 混凝土及抹灰外墙表面厚涂料施工工序

工序名称	合成树脂乳液厚涂料	无机厚涂料	工序名称	合成树脂乳液厚涂料	无机厚涂料
基层修补	+	+	磨平	+	+
清扫	+	+	第一遍厚涂料	+	+
填补缝隙、局部刮腻子	+	+	第二遍厚涂料	+	+

注 1. 表中“+”表示应进行的工序。
2. 合成树脂乳液厚涂料和无机厚涂料有云母状、砂粒状两种。
3. 机械喷涂的遍数不受表中涂饰遍数的限制，以达到质量要求为准。

(4) 混凝土及抹灰外墙表面复层涂料施工工序，见表 9.3。

表 9.3 混凝土及抹灰外墙表面复层涂料施工工序

工序名称	合成树脂乳液复层涂料	硅溶胶类复层涂料	水泥系复层涂料	反应固化型复层涂料
基层修补	+	+	+	+
清扫	+	+	+	+
填补缝隙、局部刮腻子	+	+	+	+
磨光	+	+	+	+
施涂封底涂料	+	+	+	+
滚压	+	+	+	+
第一遍罩面涂料	+	+	+	+
第二遍罩面涂料	+	+	+	+

注 1. 表中“+”号表示应进行的工序。
2. 如需要半球面点状造型时，可不进行滚压工序。
3. 水泥系主层涂料喷涂后，应先干燥 12h，然后洒水养护 24h 后，才能施涂罩面涂料。

9.7.3 内墙涂饰工程施工

内墙涂料装饰是较为常用的装饰，与外墙涂料装饰基本相同。

9.7.3.1 内墙涂料装饰的一般要求

(1) 涂料施工应在抹灰工程、木装饰工程、水暖工程、电气工程等全部完工并经验收合格后进行。

(2) 根据装饰设计的要求，确定涂饰施工的涂料材料，并根据现行材料标准，对材料进行检查验收。

(3) 要认真了解涂料的基本特性和施工特性。

(4) 了解涂料对基层的基本要求，包括基层材质、坚实程度、附着能力、清洁程度、干燥程度、平整度、酸碱度 (pH 值)、腻子等，并按其要求进行基层处理。

(5) 涂料施工的环境温度不能低于涂料正常成膜温度的最低值，相对湿度也应符合涂料施工相应的要求。

(6) 涂料的溶剂 (稀释剂)、底层涂料、腻子等均应合理地配套使用，不得滥用。

(7) 涂料使用前应调配好。双组分涂料的施工，必须严格按产品说明书规定的配合比，根据实际使用量分批混合，并在规定的时间内用完。其他涂料应根据施工方法、施工季节、温度、湿度等条件调整涂料的施工黏度或稠度，不应任意加稀释剂或水。施工黏度、稠度必须加以控制，使涂料在施涂时不流坠、不显刷纹。同一墙面的内墙涂料，应用相同品种和相同批号的涂料。

（8）所有涂料在施涂前及施涂过程中，必须充分搅拌，以免沉淀，影响施涂操作和施工质量。

（9）涂料施工前，必须根据设计要求做出样板或样板间，经有关人员认可后方可大面积施工。样板或样板间应一直保留到竣工验收为止。

（10）一般情况下，后一遍涂料的施工必须在前一遍涂料表面干燥后进行。每一遍涂料应施涂均匀，各层涂料必须结合牢固。

（11）采用机械喷涂时，应将不需施涂部位遮盖严实，以防玷污。

1）建筑物中的细木制品、金属构件和制品，如为工厂制作组装，其涂料宜在生产制作阶段施涂，最后一遍涂料宜在安装后施涂；如为现场制作组装，组装前应先涂一遍底子油（干性油、防锈涂料），安装后再施涂涂料。

2）涂料工程施工完毕，应注意保护成品，保护成膜硬化条件及已硬化成膜的部分不受玷污。其他非涂饰部位的涂料必须在涂料干燥前清理干净。

9.7.3.2　内墙涂料的施涂工序

涂饰工程有普通涂饰和高级涂饰两个等级，涂饰施工的工序应根据涂料的种类、基层材质情况及设计要求的等级做适当调整，而且涂料的遍数应符合设计要求。

1. 混凝土及抹灰基层的施涂工序

应用于混凝土抹灰基层的涂料有薄质涂料、厚质涂料和复合涂料。

（1）薄质涂料。

这包括水性涂料、合成树脂乳液涂料、溶剂型（包括油性）涂料、无机涂料等。薄质涂料的施工工序为：清扫→填补腻子、局部刮腻子→磨平→第一遍刮腻子→磨平→第二遍刮腻子→磨平→干性油打底→第一遍涂料→复补腻子→磨平（光）→第二遍涂料→磨平（光）→第三遍涂料→磨平（光）→第四遍涂料。

（2）厚质涂料。

这包括合成树脂乳液涂料、合成树脂乳液砂壁状涂料、合成树脂轻质厚涂料、无机涂料等。厚质涂料的施工工序为：基层清扫→填补腻子、局部刮腻子→磨平→第一遍满刮腻子→磨平→第二遍满刮腻子→磨平→第一遍喷涂厚涂料→第二遍喷涂厚涂料→局部喷涂厚涂料。

（3）复层涂料。

这包括水泥系复层涂料、合成树脂乳液系复层涂料、硅酮胶系复层涂料和固化型合成树脂乳液等。复层涂料的施工工序为：基层清扫→填补缝隙、局部刮腻子→磨平→第一遍满刮腻子→磨平→第二遍满刮腻子→磨平→施涂封底涂料→施涂主层涂料→液压→第一遍罩面涂料→第二遍罩面涂料。如需要半球面点状造型时，可不进行滚压工序。

2. 木材基层的施涂工序

内墙涂料装饰对于木基层的施涂部位包括木墙裙、木护墙、木隔断、木挂镜线及各种木装饰线等。所用的涂料有油性涂料（清漆、磁漆、调和漆）、溶剂型涂料等。

（1）木材基层涂刷溶剂型混色涂料的施工工序为：清扫、起钉子、除油污等→铲去脂囊、修补平整→磨砂纸→节疤处点漆片→干性油或带色干性油打底（局部刮腻子、磨光腻子、涂干性油）→第一遍满刮腻子→磨光→刷涂底层涂料→第一遍涂料→复补腻子→磨光→湿布擦净→第二遍涂料→磨光（高级涂料用水砂纸）→磨光→第二遍满刮腻子→湿布擦净→第三遍涂料。

（2）木基层涂刷清漆涂料的施工工序为：清扫、起钉子、除去油污等→磨砂纸→润粉→磨砂纸→第一遍满刮腻子→磨光→第二遍满刮腻子→磨光→刷油色→第一遍清漆→拼色→复补腻子→磨光→第二遍清漆→磨光→第三遍清漆→水砂纸磨光→第四遍清漆→磨光→第五遍清漆→磨退→打砂蜡→打油蜡→擦亮。

3. 金属基层的施涂工序

内墙涂料装饰中金属基层涂饰主要应用在金属花饰、金属护墙、栏杆、扶手、金属线角、黑白铁制品等部位，这些金属在大气中易生锈，为保护制品不被镑蚀，必须先涂以防锈涂料。金属基层涂料的施工工序为：除锈、清扫、磨砂纸斗刷涂防锈涂料→局部刮腻子→磨光→第一遍刮腻子→磨光→第二遍满刮腻子→磨光→第一遍涂料→复补腻子→磨光→第二遍涂料→磨光→湿布擦净→第三遍涂料→磨光（用水砂纸）→湿布擦净→第四遍涂料。施工中应注意：

（1）带锈防锈涂料可省去第一道工序。

（2）薄钢板屋面、檐沟、水落管、泛水等施涂涂料可不刮腻子，施涂防锈涂料不得少于两遍。

（3）金属涂料和半成品安装前，应先检查防锈涂料有无损坏，损坏处应补刷。薄钢板制作的屋脊、檐沟和天沟等咬口处，应用防锈油腻子填补密实。

（4）钢结构施沫涂料，应符合现行《钢结构工程施工验收规范》的有关规定。

（5）防锈涂料和第一遍银粉涂料，应在设备管道就位前施涂，最后一遍银粉涂料应在刷浆工程完工后施涂。

9.7.4 裱糊工程施工

裱糊饰面工程，又称“裱糊工程”，是指在室内平整光洁的墙面、顶棚面、柱体面和室内其他构件表面，用壁纸、墙布等材料裱糊的装饰工程。

1. PVC壁纸裱糊

PVC壁纸裱糊施工工艺流程为：基层处理→封闭底涂→道→弹线→预拼→裁纸编号→润纸→刷胶→上墙裱糊→修整表面→养护。

（1）裱糊壁纸的基层处理。

裱糊壁纸的基层，要求坚实牢固，表面平整光洁，不疏松起皮、掉粉，无砂粒、孔洞、麻点和飞刺，污垢和尘土应消除干净，表面颜色要一致。裱糊前应先在基层刮腻子并磨平。裱糊壁纸的基层表面为了达到平整光滑、颜色一致的要求，应视基层的实际情况，采取局部刮腻子、满刮一遍腻子或满刮两遍腻子处理，每遍干透后用0～2号砂纸磨平。以羧甲基纤维素为主要胶结料的腻子不宜使用，因为纤维素大白腻子强度太低、遇湿易胀。

不同基体材料的相接处，如石膏板和木基层相接处，应用穿孔纸带粘糊，以防止裱糊后的壁纸面层被撕裂或拉开，处理好的基层表面要喷或刷一遍汁浆。一般抹面基层可配制801 胶∶水＝1∶1 喷刷，石膏板、木基层等可配制酚醛清漆∶汽油＝1∶3 喷刷，汁浆喷刷不宜过厚，要均匀一致。

(2) 封闭底涂。

腻子干透后，刷乳胶漆一道。若有泛碱部位，应用 9％的稀醋酸中和。

(3) 弹线。

按 PVC 壁纸的标准宽度找规矩，弹出水平及垂直准线。为了使壁纸花纹对称，应在窗户上弹好中线，再向两侧分弹。如果窗户不在中间，为保证窗间墙的阳角花饰对称，应弹窗间墙中线，由中心线向两侧再分格弹线。

(4) 预拼、裁纸和编号。

根据设计要求按照图案花色进行预拼，然后裁纸，裁纸长度应比实际尺寸大 20～30mm。裁纸下刀前，要认真复核尺寸有无出入，尺子压紧壁纸后不得再移动，刀刃贴紧尺边，一气呵成，中间不得停顿或变换持刀角度，手劲要均匀。

(5) 润纸。

壁纸上墙前，应先在壁纸背面刷清水一遍，立即刷胶，或将壁纸浸入水中 3～5min后，取出将水擦净，静置约 15min 后，再进行刷胶。因为 PVC 壁纸遇水或胶水即开始自由膨胀，干后自行收缩，其幅宽方向的膨胀率为 0.5％～1.2％，收缩率为 0.2％～0.8％(体积分数)。如在干纸上刷胶后立即上墙裱糊，纸虽被胶固定，但继续吸湿膨胀，因此墙面上的纸必然出现大量气泡、皱褶，不能成活。润纸后再贴到基层上，壁纸随着水分的蒸发而收缩、绷紧，这样，即使裱糊时有少量气泡，干后也会自行胀平。

(6) 刷胶。

塑料壁纸背面和基层表面都要涂刷胶粘剂。为了能有足够的操作时间，纸背面和基层表面要同时刷胶。胶粘剂要集中调制，应除去胶中的疙瘩和杂物。调制后，应当日用完。刷胶时，基层表面涂刷胶粘剂的宽度要比上墙壁纸宽 30mm，涂刷要薄而均匀，不裹边，不宜过厚，一般抹灰面用胶量为 0.15kg/m^2 左右，气温较高时用量相对增加。塑料壁纸背面刷胶的方法是：壁纸背面刷胶后，胶面与胶面反复对叠，可避免胶干得太快，也便于上墙，这样裱糊的墙面整洁、平整。

(7) 裱糊。

裱糊时，应从垂直线起至阴角处收口，由上而下进行。上端不留余量，包角压实。上墙的壁纸要注意纸幅垂直，先拼缝、对花形，拼缝到底压实后再刮平大面。一般无花纹的壁纸，纸幅间可拼缝重叠 20mm，并用直钢尺在接缝上从上而下用活动剪纸刀切断。切割时要避免重割，有花纹的壁纸，则采取两幅壁纸花纹重叠，对好花，用钢尺在重叠处拍实，从上往下切。切割去余纸后，对准纸缝粘贴，阳角不得留缝，不足一幅的应裱糊在较暗或不明显的地方。基层阴角若遇不垂直现象，可做搭缝，搭缝宽度为 5～10mm，要压实，并不留空隙。

裱糊拼缝对齐后，用薄钢片刮板或胶皮刮板由上而下抹刮（较厚的壁纸必须用胶辊滚压），再由拼缝开始按向外向下的顺序刮平压实，多余的粘结剂挤出纸边，及时用湿毛巾抹去，以整洁为准，并要使壁纸与顶棚和角线交接处平直美观，斜视时无胶痕，表面颜色一致。

为了防止使用时碰蹭，使壁纸开胶，严禁在阳角处甩缝，壁纸要裹过阳角不小于20mm。阴角壁纸搭缝时，应先裱糊压在里面的壁纸，再粘贴面层壁纸，搭接面应根据阴角垂直度而定，搭接宽度一般不小于2～3mm，并且要保持垂直无毛边。

遇有墙面上卸不下来的设备或附件，裱糊时可在壁纸上剪口裱上去。其方法是将壁纸轻轻糊于突出的物件上，找到中心点，从中心往外剪，使壁纸舒平裱于墙面上，然后用笔轻轻标出物件的轮廓位置，慢慢拉起多余的壁纸，剪去不需要的部分，四周不得有缝隙。壁纸与挂镜线、贴脸和踢脚板接合处，也应紧接，不得有缝隙，以使接缝严密美观。

顶棚裱糊壁纸，先裱糊靠近主窗处，方向与墙平行。长度过短时，则可与窗户成直角粘贴。裱糊前，先在顶棚与墙壁交接处弹上一道粉线，将已刷好胶的壁纸用木柄撑起，将反复折叠好的壁纸托起，展开折叠部分，边缘靠齐粉线，然后从一端向另一起裱糊，直到贴好为止。多余的部分，再剪齐修整。

（8）修整。

壁纸上墙后，若发现局部不合质量要求，应及时采取补救措施。如纸面出现皱纹、死褶时，应趁壁纸未干，用湿毛巾轻拭纸面，使壁纸潮湿，用手慢慢将壁纸铺平，待无皱褶时，再用橡胶滚或胶皮刮板赶压平整。如壁纸已干结，则要将壁纸撕下，把基层清理干净后，再重新裱糊。

如果已贴好的壁纸边沿脱胶而卷翘起来，即产生张嘴现象时，要将翘边壁纸翻起，检查产生的原因，属于基层有污物的，应清理干净，补刷胶液粘牢；属于胶粘荆胶性小的，应换用胶性较大的胶粘剂粘贴；如果壁纸翘边已坚硬，应使用粘结力较强的胶粘剂粘贴，还应加压粘牢粘实。

如果已贴好的壁纸出现接缝不垂直，花纹未对齐时，应及时将裱糊的壁纸铲除干净，重新裱糊。对于轻微的离缝或亏纸现象，可用与壁纸颜色相同的乳胶漆点描在缝隙内，漆膜干后一般不易显露。较严重的部位，可用相同的壁纸补贴，不得看出补贴痕迹。

另外，如纸面出现气泡，可用注射针管将气抽出，再注射胶液贴平贴实所示。也可以用刀在气泡表面切开，挤出气体用胶粘剂压实。若鼓泡内胶粘剂聚集，则用刀开口后将多余胶粘剂刮去压实即可。对于在施工中碰撞损坏的壁纸，可采取挖空填补的办法，将损坏的部分割去，然后按形状和大小，对好花纹补上，要求补后不留痕迹。

（9）养护。

壁纸在裱糊过程中及干燥前，应防止穿堂风劲吹，并应防止室温突然变化。冬季施工应在采暖条件下进行。白天封闭通行或将壁纸用透气纸张覆盖，除阴雨天外，需开窗通风，夜晚关门闭窗，防止潮气入侵。

2. 金属壁纸裱糊

金属壁纸属于室内高档装修材料，它以特种纸为基层，将很薄的金属箔压合于基层表面加工而成。有金黄、古铜、红铜、咖啡、银白等色，并有多种图案。用以装饰墙面，雍容华贵、金碧辉煌。高级宾馆、饭店、娱乐建筑等多采用。如在室内一般造型面上，适当点缀一些金属壁纸装修，更有画龙点睛之妙用。

金属壁纸上面的金属箔非常薄，很容易折坏，故金属壁纸裱糊时须特别小心。基层必须特别平整洁净，否则可能将壁纸戳破，而且不平之处会非常明显地暴露出来。

金属壁纸的施工工艺流程为：基层表面处理→刮腻子→封闭底层→弹线→预拼→裁纸、编号→刷胶→上墙裱贴→修整表面→养护。

金属壁纸的施工要点为：

(1) 基层要求。

阻燃型胶合板除设计有具体规定者外，应用厚为9mm以上（含9mm）、两面打磨光的特等或一等胶合板。若基层为纸面石膏板，则贴缝的材料只能是穿孔纸带，不得使用玻璃纤维纱网胶带。

(2) 刮腻子。

第一道腻子用油性石膏腻子将钉眼、接缝补平，并满刮腻子一遍，找平大面，干透后用砂纸打磨平整。

第一道腻子彻底干后，用猪血料石膏粉腻子（石膏粉：猪血料=10：3，质量比）再满刮一遍。要求横向批刮，须刮抹平整和均匀，线脚及棱角等处应整齐。腻子干透后，用砂纸打磨平、扫净。第三道再满刮猪血料石膏粉腻子一遍，要求同上，但批刮方向应与第二道腻子垂直。干透后用砂纸打磨平、扫净。第四道、第五道腻子同第三道、第四道腻子。第五道腻子磨平、扫净后，须用软布将全部腻子表面仔细擦净，不得有漏擦之处。

(3) 刷胶。

壁纸润湿后立即刷胶。金属壁纸背面及基层表面应同时刷胶。胶粘剂应用金属壁纸专用胶粉配制，不得使用其他胶粘剂。刷胶注意事项如下：

金属壁纸刷胶时应特别慎重，勿将壁纸上金属箔折坏。一边在裁好浸过水的壁纸的背面刷胶，一边将刷过胶的部分（使胶面朝上）卷在刚开封的发泡壁纸筒上（因发泡壁纸筒未曾开封，故圆筒上非常柔软平整），不致将金属锆折坏。但卷前一定将发泡壁纸筒扫净擦净。

刷胶应厚薄均匀，不得漏刷、裹边和起堆。

基层表面的刷腔宽度，应较壁纸宽出30mm左右。

(4) 上墙裱贴。

裱糊金属壁纸前须将基层再清扫一遍，并用洁净软布将基层表面仔细擦净。金属壁纸可采用对缝裱糊工艺。

金属壁纸带有图案，故须对花拼贴。施工时两人配合操作，一人负责对花拼缝，一人负责手托已上胶的金属壁纸卷，逐渐放展，一边对缝裱贴，一边用橡胶刮子将壁纸刮平。须从壁纸中部向两边压刮，使胶液向两边滑动而使壁纸裱贴均匀。刮平时应注意用力均匀、适中，避免刮伤金属壁纸表面。

刮金属壁纸时，如两幅壁纸之间有小缝存在，则应用刮子将后粘贴的壁纸向先粘贴的壁纸一边轻刮，使缝逐渐缩小，直至小缝完全闭合为止。

3. 锦缎裱糊

锦缎作为“墙布”来装饰室内墙面，在我国古建筑中早已采用，锦缎柔软光滑，极易变形，不易裁剪，故很难直接裱糊在各种基层表面。因此，必须先在锦缎背面裱一层宣纸，使锦缎硬朗挺括以后再上墙。

(1) 施工工艺。

锦缎裱糊施工工艺流程为：基层表面处理→刮腻子→封闭底层、涂防潮底漆→弹线→锦缎上浆→锦缎裱纸→预拼→裁纸、编号→刷胶→上墙裱贴→修整墙面→涂防虫涂料→养护。

(2) 施工要点。

1) 锦缎上浆。将锦缎正面朝下、背面朝上，平铺于大“裱案”(裱糊案子是字画裱糊时的专用案子)上，并将锦缎两边压紧，用排刷蘸“浆”从锦缎中间向两边刷浆。刷浆(又名上浆)时应涂刷得非常均匀，浆液不宜过多，以打湿锦缎背面为准。“浆”的用料配合比如下：

面粉∶防虫涂料∶水＝5∶40∶20(质量比)。

面粉须用纯净的高级面粉，越细越好，防虫涂料可购成品。

上列用料按质量比配好后，仔细搅拌，直至拌成稀薄适度的浆液为止(可视情况加温水)。

2) 锦缎裱纸(俗称托纸)。在另一大“裱案”上，平铺上等宣纸一张(宣纸幅宽须较锦缎幅宽宽出100mm左右)，用水打湿后将纸平贴于案面之上，以刚好打湿宣纸为宜。宣纸平贴于案面，不得有皱褶之处。

从第一张裱案上，由两人合作，将上好浆的锦缎从案上揭起，使浆面朝下，仔细粘裱于打湿的宣纸之上。然后用牛角刮子(裱纸的专用工具，也可用塑料刮子)从锦缎中间向四边刮压，以使锦缎与宣纸粘贴均匀。刮压时用力须恰当，动作须不紧不慢，恰到好处，以免将锦缎刮褶刮皱或刮伤。

待宣纸干后，可将裱好的锦缎取下备用。

3) 裁纸和编号。锦缎属高档装修材料，价格较高，裱糊困难，裁剪不易，故裁剪时应严格要求，避免裁错，导致浪费。同时为了保证锦缎颜色、花纹一致，裁剪时应根据锦缎的具体花色、图案及幅宽等仔细设计，认真裁剪。裁好的锦缎片子(俗称“开片”)，应编号备用。

4) 刷胶。锦缎宣纸底面与基层表面应同时刷胶，胶粘剂可用专用胶粉。刷胶时应保证厚薄均匀，不得漏刷、裹边和起堆。基层上的刷胶宽度比锦缎宽30mm。

5) 涂防虫涂料。因为锦缎为丝织品易被虫咬，故表面必须涂防虫涂料。

6) 其他施工工序同一般壁纸。

9.7.5 软包工程施工

9.7.5.1 无吸声层软包墙面

1. 施工工艺

无吸声层软包墙面的施工工艺流程为：墙内预留防腐木砖→抹灰→涂防潮层→钉木龙

骨→墙面软包。

2. 施工要点

(1) 墙内预留防腐木砖。

砖墙在砌筑时或混凝土墙、大模板混凝土墙在浇筑时，在墙内需预埋 60mm×60mm×120mm 防腐木砖，沿横、竖木龙骨中心线每隔 400～600mm 设置一块（或按具体设计）。

(2) 墙体抹灰。

详见抹灰工程。

(3) 墙体表面涂防潮层。

在找平层上满涂 3～4mm 厚防水建筑胶粉防潮层一道，须三遍成活，并须涂刷均匀，不得有厚薄不均及漏涂之处。

(4) 钉木龙骨。

30～40mm 横、竖木龙骨，正面刨光，背面刨防翘凹槽一道。满涂氟化钠防腐剂一道，防火涂料三道，中距 400～600mm（双向或按设计要求），钉于墙体内预埋防腐木砖之上，龙骨与墙面之间如有缝隙之处，须以防腐木片（或木块）垫平垫实。全部木龙骨安装时必须边钉边找平，各龙骨表面必须在同一垂直平面上，不得有凸出、凹进、倾斜、不平之处。整个墙面的木龙骨安装完毕，应进行最后检查、找平。

(5) 墙面软包。

软包墙面底层。将 8～12mm 厚阻燃型胶合板按软包墙面横、竖木龙骨中心间距（一般为 400～600mm，具体间距按设计要求）锯成方块（或矩形块），并将平行于竖龙骨的两条侧边整板满涂氟化钠防腐剂一道，涂后将板编号存放备用。

软包墙面面层裁剪。将面层按下列尺寸裁成长条：

横向尺寸＝竖龙骨中心间距＋50mm；

竖向尺寸＝软包墙面高度＋上、下端压口长度之和。

软包墙面施工。将胶合板底层就位，并将裁好的面料平铺于胶合板上，面料拉紧，用沉头木螺钉或圆钉将面料压钉于竖向木龙骨上，并将胶合板其余两条直边直接钉于横向木龙骨上。所有钉须沉入胶合板表面以内，钉孔用油性腻子嵌平，钉距为 80～150mm。胶合板底层及软包面料钉完一块，继续再钉下一块，直至全部钉完为止。软包墙面上下两端或四周，用高级金属饰条（如钛金饰条、8K 不锈铜饰条等）或其他饰条收口。全部软包墙面施工完毕后，须详加检查。如有面料褶皱、不平、松动、压缝不紧或其他质量问题，应加以修理。

9.7.5.2 有吸声层软包墙面

1. 胶合板压钉面料法

(1) 软包墙面底层制作同无吸声层软包墙面底层。

(2) 软包墙面吸声层制作，可采用玻璃棉、超细玻璃棉或自熄型泡沫塑料等，按设计要求尺寸裁制成方形（或矩形）吸声块存放备用。

(3) 软包墙面面层裁剪。将面层按下列尺寸裁剪：

横向尺寸＝竖龙骨中心间距＋吸声层厚度＋50mm；

竖向尺寸=软包墙面高度+吸声层厚度+上、下端压口长度之和。

(4) 软包墙面施工。将裁好的胶合板底层按编号就位，将制好的吸声块平铺于胶合板底层之上，将裁好的面料铺于吸声块上，并将面料绷紧，用钉将面料压钉于竖向木龙骨上，并将其余两条胶合板直接钉于横向木龙骨上。所有钉头须沉入胶合板表面以内，钉孔用油性腻子腻平，钉距为80～150mm，所有吸声层须铺均匀，包裹严密，不得有漏铺之处。胶合板及面料压紧钉牢以后，再在四角处加钉镜面不锈钢大帽头装饰钉一个。胶合板底层、吸声层及软包面料钉完一块，继续再钉下一块，直至全部钉完为止。

(5) 收口。同无吸声层做法。

2. 吸声层压钉面料法

也可将裁好的面料直接铺于吸声块上进行压钉，其余做法同前。

课题9.8 幕 墙 施 工

建筑幕墙是指由金属构件与各种板材组成的悬挂在主体结构上，不承担主体结构荷载与作用的建筑外维护结构。建筑幕墙按其面层材料的不同可分为玻璃幕墙、石材幕墙、金属幕墙等，本课题主要介绍玻璃幕墙的构造及施工工艺。

9.8.1 玻璃幕墙种类

玻璃幕墙分有框玻璃幕墙和无框全玻璃幕墙。而有框玻璃幕墙又分为明框、隐框和半隐框玻璃幕墙三种。无框全玻璃幕墙分底座式全玻璃幕墙、吊挂式玻璃幕墙和金属支承结构点式玻璃幕墙等多种。

(1) 明框玻璃幕墙。玻璃镶嵌在铝框内、四边都有铝框的幕墙构件，横梁、立柱均外露。

(2) 隐框玻璃幕墙。玻璃用结构硅酮胶粘结在铝框上，铝框全部隐蔽在玻璃后面。

(3) 半隐框玻璃幕墙。玻璃两对边嵌在铝框内，两对边用结构胶粘结在铝框上。形成立柱外露、横梁隐蔽的竖框横隐的玻璃幕墙或横梁外露、竖框隐蔽的竖隐横框的玻璃幕墙。

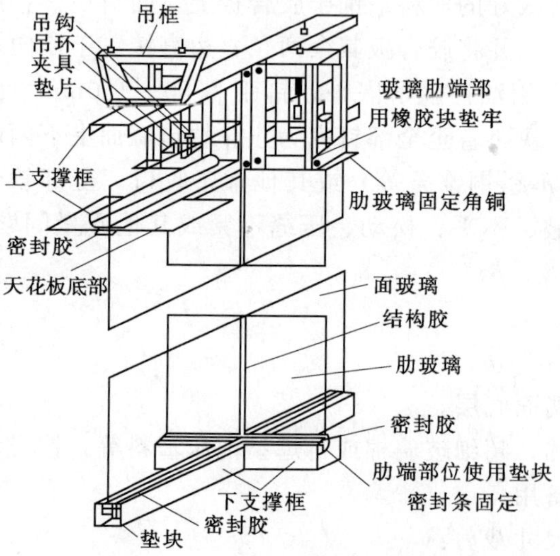

图9.17 落地式全玻璃幕墙结构示意

(4) 全玻璃幕墙。使用大面积玻璃板，而且支撑结构也采用玻璃肋，称全玻璃幕墙。高度小于4.5m的玻璃幕墙可直接以下部为支撑，如图9.17所示；超过4.5m的全玻璃幕墙宜在上部悬挂，玻璃肋通过结构硅酮胶与面玻璃粘合，如图9.18所示。

(5) 挂架式玻璃幕墙。采用四爪式不锈钢挂件与立柱焊接，挂件的每个爪与一块玻璃的一个孔相连接，即一个挂件同时与4块玻璃相连接，如图9.19所示。

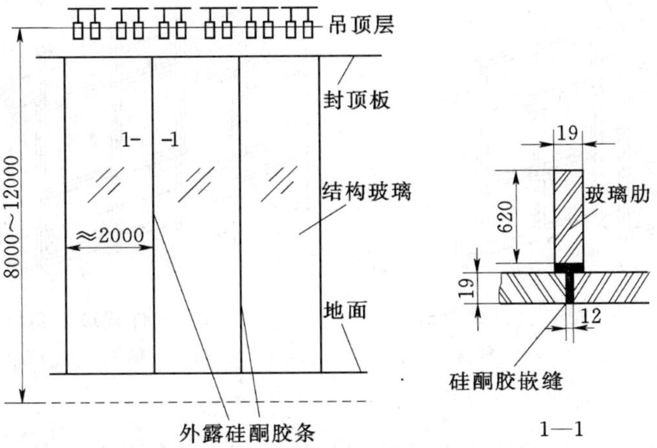

图 9.18 悬挂式全玻璃幕墙结构示意（单位：mm）

9.8.2 玻璃幕墙材料及构造要求

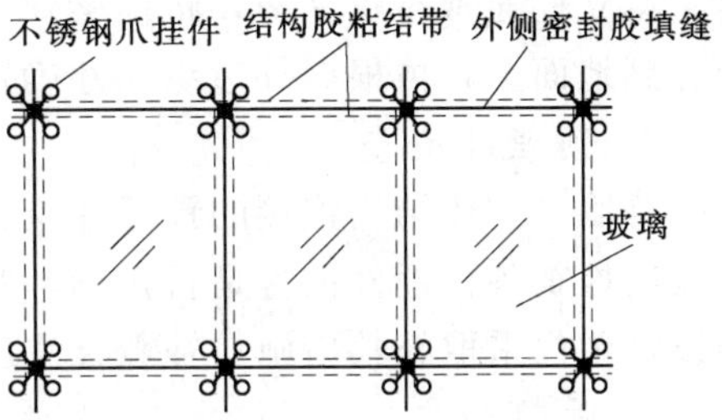

图 9.19 挂架式玻璃幕墙

玻璃幕墙的主要材料包括玻璃、铝合金型材、钢材、五金件及配件、结构胶及密封材料、防火、保温材料等。因幕墙不仅承受自重荷载，还要承受风荷载、地震荷载和温度变化作用的影响，因此幕墙必须安全可靠，使用的材料必须符合国家或行业标准规定的质量要求。

（1）具有防雨水渗漏性能，设泄水孔，耐候嵌缝密封材料宜用氯丁胶或砖橡胶。

（2）设冷凝水排出管道。

（3）不同金属材料接触处设置绝缘垫片，采取防腐措施。

（4）立柱与横梁接触处应设柔性垫片。

（5）隐框玻璃拼缝宽不宜小于 15mm，作为清洗机轨道的玻璃竖缝不小于 40mm。

（6）幕墙下部设绿化带，入口处设遮阳棚、雨篷。

（7）设防撞栏杆。

（8）玻璃与楼层隔墙处缝隙填充料用不燃烧材料。

（9）玻璃幕墙自身应形成防雷体系，并与主体结构防雷体系连接。

9.8.3 玻璃幕墙安装

玻璃幕墙的施工方式除挂架式和无骨架式外，分为单元式安装（工厂组装）和元件式安装（现场组装）两种。单元式玻璃幕墙施工是将立柱、横梁和玻璃板材在工厂已拼装为一个安装单元（一般为一层楼高度），然后在现场整体吊装就位，如图 9.20 所示；元件式玻璃幕墙施工是将立柱、横梁和玻璃等材料分别运到工地现场，进行逐件安装就位，如图 9.21 所示。由于元件式安装不受层高和柱网尺寸的限制，是目前应用较多的安装方法，它适用于明框、隐框和半隐框幕墙，其主要工序如下。

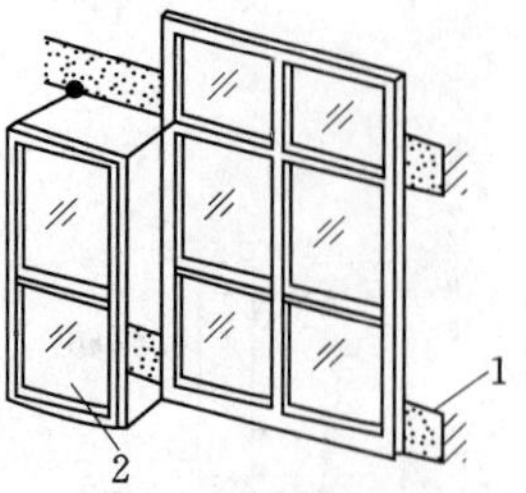

图 9.20 单元式玻璃幕墙
1—楼板；2—玻璃幕墙板

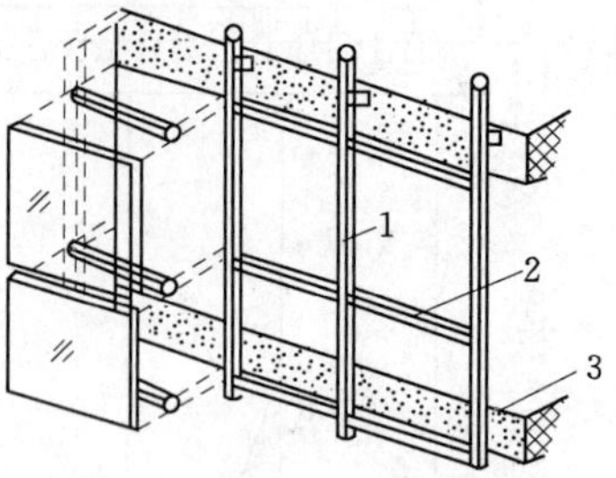

图 9.21 元件式玻璃幕墙
1—立柱；2—横梁；3—楼板

1. 测量放线

将骨架的位置弹到主体结构上。放线工作应根据主体结构施工的基准轴线和水准点进行。对于由横梁、立柱组成的幕墙骨架，先弹出立柱的位置，然后再将立柱的锚固点确定。待立柱通常布置完毕，将横梁弹到立柱上。如果是全玻璃安装，则首先将玻璃的位置线弹到地面上，再根据外边缘尺寸确定锚固点。

2. 预埋件检查

幕墙与主体结构连接的预埋件应在主体结构施工过程中按设计要求进行埋设，在幕墙安装前检查各预埋件位置是否正确，数量是否齐全。若预埋件遗漏或位置偏差过大，应会同设计单位采取补救措施。补救方法应采用植锚栓补设预埋件，同时应进行拉拔试验。

3. 骨架施工

根据放线的位置进行骨架安装。骨架安装是采用连接件与主体结构上的预埋件相连。连接件与主体结构是通过预埋件或后埋锚栓固定，当采用后埋锚栓固定时，应通过试验确定锚栓的承载力。骨架安装先安装立柱，再安装横量。上下立柱通过芯柱连接如图 9.22 所示，横梁与立柱的连接根据材料不同，可以采用焊接、螺栓连接、穿插件连接或用角铝连接。

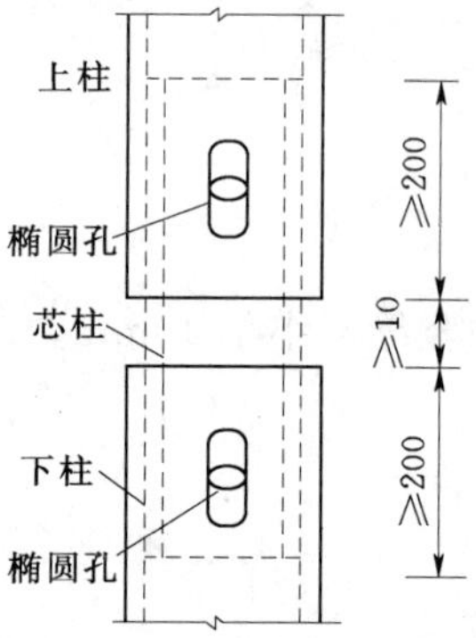

图 9.22 上下立柱连接方法
(单位：mm)

4. 玻璃安装

玻璃安装因幕墙的类型不同而不同。对于钢骨架，因型钢没有镶嵌玻璃的凹槽，多用窗框过渡，将玻璃安装在铝合金窗框上再将铝合金窗框与骨架相连。铝合金型材的幕墙框架，在成型时已经将固定玻璃的凹槽随同断面一次挤压成型，可以直接安装玻璃。玻璃与金属之间不能直接接触，玻璃底部设防震垫片，侧面与金属之间用封缝材料嵌缝。对隐框玻璃幕墙，在玻璃框安装前应对玻璃及四周的铝框进行清洁，保证嵌缝耐候胶能可靠粘结。安装前玻璃的镀膜面应粘贴保护膜加以保护，交工前全部揭除。安装时对于不同的金属接触面应设防静电垫片。

5. 密缝处理

玻璃或玻璃组件安装完后，应即使用耐候密封胶嵌缝密封，保证玻璃幕墙的气密性、水密性等性能。嵌缝密封做法如图 9.23～图 9.25 所示。玻璃幕墙使用的密封胶其性能必须符合规范规定。耐候密封胶必须是中性单组分胶，酸碱性胶不能使用。使用前，应经国家认可的检测机构对与硅酮结构胶相接触的材料进行相容性和剥离粘结性试验，并应对邵氏硬度和标准状态下拉伸粘结性能进行复验。

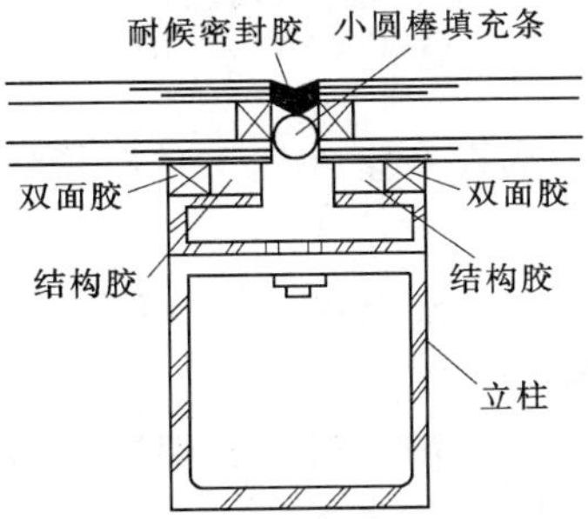

图 9.23　隐框幕墙耐候胶嵌缝

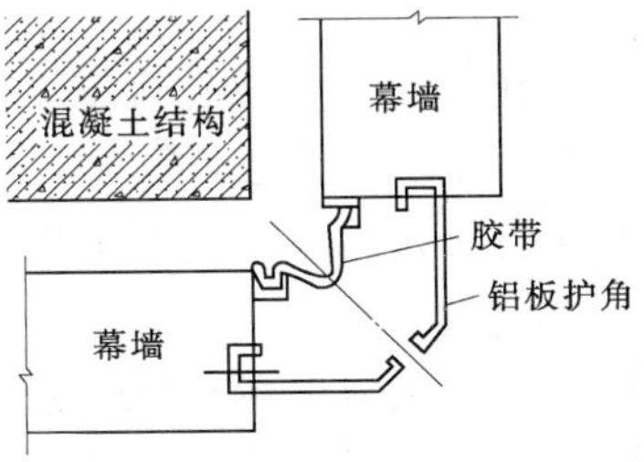

图 9.24　幕墙转角封缝构造

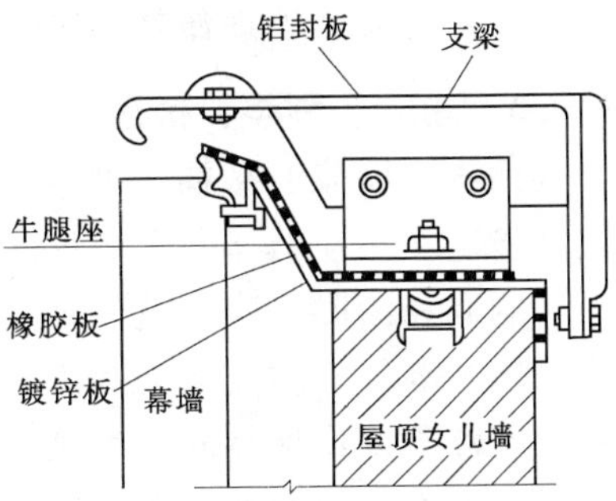

图 9.25　幕墙顶部封缝做法

6. 清洁维护

玻璃安装完后，应从上往下用中性清洁剂对玻璃幕墙表面及外露构件进行清洁，清洁剂使用前应进行腐蚀性检验，证明对铝合金和玻璃无腐蚀作用后方可使用。

课题 9.9　冬期施工和雨期施工的措施

9.9.1　抹灰工程冬期施工

1. 热作法施工

热作法施工是利用房屋的永久或临时热源来保持操作环境的温度，使抹灰砂浆硬化和固结。常用于室内抹灰。热源有火炉、蒸汽、远红外线加热器等。

室内抹灰以前，宜先做好屋面防水层及室内封闭保温。室内抹灰的养护温度不应低于 5℃。水泥砂浆层应在潮湿的条件下养护，并应通风、换气。用冻结法砌筑的墙，室外抹灰应待其完全解冻后施工；室内抹灰应待抹灰的一面解冻深度不小于砖厚的一半时方可施工。不得采用热水冲刷冻结的墙面或用热水消除墙面的冰霜。砂浆应在搅拌棚中集中搅拌，并应在运输中保温，要随用随拌，防止冻结。

室内抹灰工程结束后 7d 以内应保持室内温度不低于 5℃。抹灰层可采取加温措施加速干燥。当采用热空气加温时，应注意通风，排除湿气。

2. 冷作法施工

冷作法施工是在砂浆中掺入防冻剂，在不采取保温措施的情况下进行抹灰。适用于装饰要求不高、小面积的外墙抹灰工程。

抹灰基层表面当有冰、霜、雪时，可采用与抹灰砂浆同浓度的防冻剂溶液冲刷，并应清除表面的尘土。

9.9.2　饰面工程

冬期室内饰面工程施工可采用热空气或带烟囱的火炉取暖，并应设有通风、排湿装置。室外饰面工程宜采用暖棚法施工，棚内温度不应低于5℃，并按常温施工方法操作。

饰面板就位固定后，用1：2.5水泥砂浆灌浆，保温养护时间不小于7d。

外面饰面石材应根据当地气温条件及吸水率要求选材。采用螺栓固定的干作业法施工，锚固螺栓应做防水、防锈处理。

釉面砖及外墙面砖在冬期施工时宜在2%盐水中浸泡2h，并在晾干后方可使用。

9.9.3 油漆、刷浆、裱糊、玻璃工程

油漆、刷浆、裱糊、玻璃工程应在采暖条件下进行施工。当需要在室外施工时，其最低环境温度不应低于5℃，遇有大风、雨、雪应停止施工。

刷调和漆时，应在其内加入调和漆重量2.5%的催干剂和5%的松香水，施工时应排除烟气和潮气，防止失光和发黏不干。

室外刷浆应保持施工均衡，粉浆类料浆宜采用热水配制，随用随配并做料浆保温，料浆使用温度宜保持在15℃左右。

裱糊工程施工时，混凝土或抹灰基层含水率不应大于8%。施工中当室内温度高于20℃，且相对湿度不大于80%时，应开窗换气，防止壁纸皱折起泡。

玻璃工程冬期施工时，应将玻璃、镶嵌用合成橡胶等材料运到有采暖设备的室内，操作地点环境温度不应低于5℃。

外墙铝合金、塑料框、大扇玻璃不宜在冬期安装。

9.9.4 雨期施工措施

雨天不准进行室外抹灰。对已经施工的墙面，应注意防止雨水污染，至少应能预测1～2d的天气变化情况。室内抹灰尽量在做完屋面后进行，至少做完屋面找平层，并铺一层油毡。雨天不宜做罩面油漆。

课题9.10 安全施工措施

9.10.1 饰面作业

1. 饰面作业

(1) 施工前班组长对所有人员进行有针对性的安全交底。

(2) 外装饰为多工种立体交叉作业，必须设置可靠的安全防护隔离层。

(3) 贴面使用预制件、大理石、瓷砖等，应堆放整齐平稳，边用边运。安装要稳拿稳放，待灌浆凝固稳定后，方可拆除临时设施。

(4) 瓷砖墙面作业时，瓷砖碎片不得向窗外抛扔。剔凿瓷砖应戴防护镜。

(5) 使用电钻、砂轮等手持电动工具，必须装有漏电保护器，作业前应试机检查，作业时应戴绝缘手套。

(6) 夜间操作应有足够的照明。

(7) 遇有六级以上强风、大雨、大雾，应停止室外高处作业。

2. 刷（喷）浆工程

(1) 喷浆设备使用前应检查，使用后应洗净，喷头堵塞，疏通时不准对人。

（2）喷浆要戴口罩、手套和保护镜、穿工作服，手上、脸上最好抹上护肤油脂（凡士林等）。

（3）喷浆要注意风向，尽量减少污染及喷洒到他人身上。

（4）使用人字梯，拉绳必须结牢，并不得站在最上一层操作，不准站在梯子上移位，梯子脚下要绑胶布防滑。

（5）活动架子应牢固、平稳，移动时人要下来。移动式操作平台面积不应超过 $10m^2$，高度不超过 5m。

3．外檐装饰抹灰工程

（1）施工前对抹灰工进行必要的安全和技能培训，未经培训或考试不合格者不得上岗作业。更不得使用童工、未成年工、身体有疾病的人员作业。

（2）对脚手板不牢固之处和跷头板等及时处理，要铺有足够的宽度，以保证手推车运灰浆时的安全。

（3）脚手架上的材料要分散放稳，不得超过容许荷载（装修架不得超过 $200kg/m^2$，集中载荷不得超过 $150kg/m^2$）。

（4）不准随意拆除、斩断脚手架软硬拉接，不准随意拆除脚手架上的安全设施，如妨碍施工，必须经施工负责人批准后，方能拆除妨碍部位。

（5）使用吊篮进行外墙抹灰时，吊篮设备必须具备“三证”（检验报告、生产许可证、产品合格证），并对抹灰人员进行吊篮操作培训，专篮专人使用，更换人员必须经安全管理人员批准并重新教育、登记，吊篮架上作业必须系好安全带，必须系在专用保险绳上。

（6）吊篮架子升降由架子工负责，非架子工不得擅自拆改或升降；作业过程中遇有脚手架与建筑物之间拉接，未经领导同意，严禁拆除。必要时由架子工负责采取加固措施后方可拆除。

（7）井架吊篮起吊或放下时，必须关好井架安全门，头、手不得伸入井架内，待吊篮停稳，方能进入吊篮内工作。采用井字架、龙门架、外用电梯垂直运送材料时，预先检查卸料平台通道的两侧边防护是否齐全、牢固，吊盘（笼）内小推车必须加挡车板，不得向井内探头张望。

（8）在架子上工作，工具和材料要放置稳当，不准随便乱扔。

（9）砂浆机应有专人操作维修、保养，电器设备应绝缘良好并接地，并做到二级漏电保护。

（10）用塔吊上料时，要有专职指挥，遇六级以上大风时暂停作业。

（11）高空作业时，应检查脚手架是否牢固，特别是大风及雨后作业。

4．室内水泥砂浆抹灰工程

（1）操作前应检查架子、高凳等是否牢固，如发现不安全地方立即作加固等处理，不准用 50mm×100mm、50mm×200mm 木料（2m 以上跨度）、钢模板等作为立人板。

（2）搭设脚手不得有跷头板，脚手板不得搭设在门窗、暖气片、洗脸池等非承重的物器上。阳台通廊部位抹灰，外侧必须挂设安全网。严禁踩踏脚手架的护身栏杆和阳台栏板进行操作。

（3）室内抹灰使用的木凳、金属支架应搭设平稳牢固，脚手板高度不大于 2m，架子上堆放材料不得过于集中，存放砂浆的灰斗、灰桶等要放稳。

（4）室内抹灰采用高凳上铺脚手板时，宽度不得少于两块脚手板，间距不得大于2m，移动高凳时上面不得站人，作业人员最多不得超过2人。高度超过2m时，应由架子工搭设脚手架。

（5）在室内推运输小车时，特别是在过道中拐弯时要注意小车挤手。在推小车时不准倒退。

（6）在高大门、窗旁作业时，必须将门窗扇关好，并插上插销。

（7）严禁从窗口向下随意抛掷东西。

（8）搅拌与抹灰时（尤其在抹顶棚时），注意灰浆溅落眼内。

9.10.2　玻璃安装

1. 玻璃安装安全技术

（1）切割玻璃，应在指定场所进行。切下的边角余料应集中堆放，及时处理，不得随地乱丢。

（2）搬运和安装玻璃时，注意行走路线，手戴手套，防止玻璃划伤。

（3）安装门、窗及安装玻璃时严禁操作人员站在樘子、阳台栏板上操作。门、窗临时固定，封填材料未达到强度时，严禁手拉门、窗进行攀登。

（4）使用的工具、钉子应装在工具袋内，不准口含铁钉。

（5）玻璃未钉牢固前，不得中途停工，以防掉落伤人。

（6）安装窗扇玻璃时，不能在垂直方向的上下两层间同时安装，以免玻璃破碎时掉落伤人。

（7）安装玻璃不得将梯子靠在门窗扇上或玻璃上。

（8）在高处安装玻璃，必须系安全带、穿软底鞋，应将玻璃放置平稳，垂直下方禁止通行。安装屋顶采光玻璃，应铺设脚手板。

（9）在高处外墙安装门、窗而无外脚手架时应张挂安全网。无安全网时，操作人员应系好安全带，其保险钩应挂在操作人员上方的可靠物件上，操作人员的重心应位于室内，不得在窗台上站立。

（10）施工时严禁从楼上向下抛撒物料，安装或更换玻璃要有防止玻璃坠落措施。

（11）施工中使用的电动工具及电气设备，均应符合国家现行标准《施工现场临时用电安全技术规范》（JGJ 46—2005）的规定。

（12）门窗扇玻璃安装完后，应随即将风钩或插销挂上，以免因刮风而打碎玻璃伤人。

（13）储存时，要将玻璃摆放平稳，立面平放。

2. 玻璃幕墙安装安全技术

（1）安装构件前应检查混凝土梁柱的强度等级是否达到要求，预埋件焊接是否牢靠，不松动；不准使用膨胀螺栓与主体结构拉结现象。

（2）严格按照施工组织设计方案及安全技术措施施工。

（3）吸盘机必须有产品合格证和产品使用证明书，使用前必须检查电源电线、电动机绝缘应良好无漏电，重复接地和接保护零线牢靠，触电保护器动作灵敏，液压系统连接牢固无漏油，压力正常，并进行吸附力和吸持时间试验，符合要求，方可使用。

（4）遇有大雨、大雾或六级阵风及其以上，必须立即停止作业。

9.10.3　涂料工程

1. 涂料工程安全注意事项

（1）施工前进行教育培训，严格执行安全技术交底工作，坚持特殊工种持证上岗制度，进场施工人员每人进行安全考试，考试合格后方可进场施工。

（2）漆材料（汽油、漆料、稀料）应单独存放在专用库房内，不得与其他材料混放，库房应通风良好。易挥发的汽油、稀料应装入密闭容器中，严禁在库内吸烟和使用任何烟火，照明灯具必须防爆。施工现场严禁吸烟、使用任何明火和可导致火灾的电器设备，并有专职消防员在现场监察旁站，现场设置足够的消防器材，确保使用满足灭火要求。

（3）库房应通风良好，并设置消防器材和“严禁烟火”标识。库房与其他建筑物应保持一定的安全距离。

（4）沾染油漆的棉纱、破布、油纸等废物，应收集存放在有盖的金属容器内，并及时处理。

（5）施工现场一切用电设施须安装漏电保护装置，施工用电动工具应正确使用。

（6）室内照明使用36V，地下室使用24V，电线不可拖地，严禁无证操作。

（7）配备足够的灭火器，一般情况按照200个/m^2配备灭火器。消防器材要设在易发生火灾隐患或位置明显处，所有的消防器材均要涂上红油漆，设置标志牌。要保障消防道路的畅通。

（8）作业的人员应注意如下事项。

1）严禁从高处向下方投掷或者从低处向高处投掷物料、工具。

2）清理楼内物料时，应设溜槽或使用垃圾桶或垃圾袋。

3）手持工具和零星物料应随手放在工具袋内。

4）如头痛、恶心、心闷和心悸等，应停止作业，到户外通风处换气。

5）从事有机溶剂、腐蚀和其他损坏皮肤的作业，应使用橡皮或塑料专用手套，不能用粉尘过滤器代替防毒过滤器，因为有机溶剂蒸气可以直接通过粉尘过滤器等。

2. 涂料工程施工安全技术

（1）施工中使用油漆、稀料等易燃物品时，应限额领料。禁止交叉作业；禁止在作业场分装、调料。

（2）油工施工前，应将易弄脏部位用塑料布、水泥衣或油毡纸遮挡盖好，不得把白灰浆、油漆、腻子洒到地上，沾到门窗、玻璃和墙上。

（3）在施工过程中，必须遵守“先防护，后施工”的规定，施工人员必须佩戴安全帽、穿工作服、耐温鞋，严禁在没有任何防护的情况下违章作业。

（4）使用煤油、汽油、松香水、丙酮等调配油料，应戴好防护用品，严禁吸烟。熬胶、熬油必须远离建筑物，在空旷地方进行，严防发生火灾。

（5）在室内或容器内喷涂时，应戴防护镜。喷涂含有挥发性溶液和快干油漆时，严禁吸烟，作业周围不准有火种，并戴防护口罩和保持良好的通风。

（6）刷涂外开窗扇，将安全带挂在牢固的地方。刷涂封檐板、水落管等应搭设脚手架或吊架。在大于25℃的铁皮屋面上刷油应设置活动板梯、防护栏杆和安全网。

(7) 使用喷灯，加油不得过满，打气不应过足，使用时间不宜过长，点灯时火嘴不准对人，加油应待喷灯冷却后进行，离开工作岗位时，必须将火熄灭。

(8) 喷砂机械设备的防护设备必须齐全可靠。

(9) 用喷砂除锈，喷嘴接头要牢固，不准对人。喷嘴堵塞时，应停机消除压力后方可进行修理或更换。

(10) 使用喷浆机，电动机接地必须可靠，电线绝缘良好。手上沾有浆水时，不准开关电闸，以防触电。通气管或喷嘴发生故障时，应关闭闸门后再进行修理。喷嘴堵塞疏通时喷嘴不准对人。

(11) 采用静电喷漆，为避免静电聚集，喷漆室（棚）应有接地保护装置。

(12) 使用合页梯作业时，梯子坡度不宜过限或过直，梯子下挡用绳子拴好，梯子脚应绑扎防滑物。在合页梯上搭设架板作业时，两人不得挤在一处操作，应分段顺向进行，以防人员集中发生危险。使用单梯坡度宜为60°。

(13) 使用人字梯应遵守以下规定。

1) 高度2m以下作业（超过2m按规定搭设脚手架）使用的人字梯应四脚落地，摆放平稳，梯脚应设防滑皮垫和保险拉链。

2) 在人字梯上搭铺脚手板时，脚手板两端搭接长度不得小于20cm，脚手板中间不得同时两人操作，梯子挪动时，作业人员必须下来，严禁站在梯子上踩高跷式挪动。人字梯顶部铰轴不准站人、不准铺设脚手板。

3) 人字梯应经常检查，发现开裂、腐朽、榫头松动、缺档等不得使用。

(14) 空气压缩机压力表和安全阀必须灵敏有效。高压气管各种接头必须牢固，修理料斗气管时应关门气门，试喷时不准对人。

(15) 防水作业上方和周围10m内应禁止动用明火交叉作业。

(16) 临边作业必须采取防坠落的措施。外墙、外窗、外楼梯等高处作业时，应系好安全带，安全带应高挂低用，挂在牢靠处。油漆窗户时，严禁站在或骑在窗栏上操作。刷封沿板或水落管时，应在脚手架或专用操作平台架上进行。

(17) 在施工休息、吃饭、收工后，现场油漆等易燃材料要清理干净，油料临时堆放处要设派专人看守，防止无人看守易燃物品引起火灾隐患。

(18) 作业后应及时清理现场遗料，运到指定位置存放。

3. 油漆工程安全技术

(1) 油漆涂料的配置应应遵守以下规定。

1) 调制油漆应在通风良好的房间内进行。调制有害油漆涂料时，应戴好防毒口罩、护目镜，穿好与之相适应的个人防护用品，工作完毕应冲洗干净。

2) 操作人员应进行体检，患有眼病、皮肤病、气管炎、结核病者不宜从事此项事业。

3) 高处作业时必须支搭平台，平台下方不得有人。

4) 工作完毕，各种油漆涂料的溶剂桶（箱）要加盖封严。

(2) 在用钢丝刷、板锉、气动、电动工具清除铁锈、铁鳞时，为避免眼睛沾污和受伤，需戴上防护眼镜。

(3) 在涂刷或喷涂对人体有害的油漆时，需戴上防护口罩，如对眼睛有害，需戴上密闭式眼镜进行保护。

（4）在涂刷红丹防锈漆及含铅颜料的油漆时，应注意防止铅中毒，操作时要戴口罩。

（5）在喷涂硝基漆或其他挥发性、易燃性溶剂稀释的涂料时不准使用明火。

（6）为了避免静电集聚引起事故，对罐体涂漆或喷涂应安装接地线装置。

（7）涂刷大面积场地时，（室内）照明和电气设备必须按防火等级规定进行安装。

（8）在配料或提取易燃晶时严禁吸烟，浸擦过清油、清漆、油的棉纱、擦手布不能随便乱丢。

（9）油漆仓库明火不准入内，须配备灭火机。不准装小太阳灯。

复习思考题

1. 如何使吊顶面保持成一个水平面？
2. 简述木龙骨吊顶的施工工艺。
3. 骨架轻质隔墙有哪些？试述几种骨架隔墙的安装方法。
4. 板材隔墙有哪些？试述几种板材隔墙的安装方法。
5. 玻璃隔断怎样安装？
6. 铝合金隔断怎样安装？
7. 简述水磨石地面的施工工艺。
8. 简述大理石地面铺贴施工的工艺要点。
9. 内墙镶贴瓷砖的工艺流程和操作要点是什么？
10. 简述外墙面砖的施工工艺。
11. 陶瓷锦砖应如何镶贴？
12. 木门窗是怎样安装的？
13. 铝合金门窗是怎样制作和安装的？
14. 涂料的常用施工方法有哪几种？并简述每种施工方法的施工技术。
15. 简述抹灰外墙的基层处理及施涂乳液薄涂料的施工方法。
16. 简述软包饰面工程的施工工艺。
17. 简述玻璃幕墙的安装方法。
18. 简述抹灰工程的冬期施工方法。
19. 简述饰面工程的冬期施工方法。
20. 简述油漆、刷浆、裱糊、玻璃工程的冬期施工方法。
21. 简述装饰工程的雨期施工措施。
22. 简述饰面作业的安全施工措施。
23. 简述玻璃安装的安全施工措施。
24. 简述涂料工程的安全施工措施。

参 考 文 献

[1] GB 50202—2002 建筑地基基础工程施工质量验收规范 [S]. 北京：中国计划出版社，2002.
[2] GB 50204—2002 混凝土结构工程施工质量验收规范 [S]. 北京：中国建筑工业出版社，2002.
[3] GB 50203—2011 砌体结构工程施工质量验收规范 [S]. 北京：中国建筑工业出版社，2011.
[4] GB 50108—2011 地下防水工程质量验收规范 [S]. 北京：中国建筑工业出版社，2011.
[5] GB 50209—2010 建筑地面工程施工质量验收规范 [S]. 北京：中国计划出版社，2010.
[6] GB 50207—2012 屋面工程质量验收规范 [S]. 北京：中国建筑工业出版社，2012.
[7] GB 50210—2001 建筑装饰装修工程质量验收规范 [S]. 北京：中国标准出版社，2001.
[8] GB 50327—2001 住宅装饰装修工程施工规范 [S]. 北京：中国建筑工业出版社，2001.
[9] GB 50300—2001 建筑工程施工质量验收统一标准 [S]. 北京：中国建筑工业出版社，2001.
[10] GB/T 50375—2006 建筑工程施工质量评价标准 [S]. 北京：中国建筑工业出版社，2006.
[11] GB 50164—2011 混凝土质量控制标准 [S]. 北京：中国建筑工业出版社，2011.
[12] GB/T 50107—2010 混凝土强度检验评定标准 [S]. 北京：中国建筑工业出版社，2010.
[13] JGJ 94—2008 建筑桩基技术规范 [S]. 北京：中国建筑工业出版社，2008.
[14] JGJ 106—2003 建筑桩基检测技术规范 [S]. 北京：中国建筑工业出版社，2003.
[15] JGJ 3—2010 高层建筑混凝土结构技术规程 [S]. 北京：中国建筑工业出版社，2010.
[16] JGJ 6—2011 高层建筑筏形与箱形基础技术规范 [S]. 北京：中国建筑工业出版社，2011.
[17] JGJ 18—2012 钢筋焊接及验收规程 [S]. 北京：中国建筑工业出版社，2003.
[18] JGJ/T 98—2010 砌筑砂浆配合比设计规程 [S]. 北京：中国建筑工业出版社，2010.
[19] JGJ 162—2008 建筑施工模板安全技术规范 [S]. 北京：中国建筑工业出版社，2008.
[20] JGJ 215—2010 建筑施工升降机安装、使用、拆卸安全技术规程 [S]. 北京：中国建筑工业出版社，2010.
[21] JGJ 95—2011 冷轧带肋钢筋混凝土结构技术规程 [S]. 北京：中国建筑工业出版社，2011.
[22] JGJ 80—1991 建筑施工高处作业安全技术规程 [S]. 北京：中国计划出版社，2004.
[23] JGJ 46—2005 施工现场临时用电安全技术规范（附条文说明） [S]. 北京：中国建筑工业出版社，2005.
[24] JGJ 33—2001 建筑机械使用安全技术规程 [S]. 北京：中国建筑工业出版社，2001.
[25] JGJ 59—2011 建筑施工安全检查标准 [S]. 北京：中国标准出版社，2012.
[26] JGJ 130—2011 建筑施工扣件式钢管脚手架安全技术规程 [S]. 北京：中国建筑工业出版社，2011.
[27] JGJ 55—2011 普通混凝土配合比设计规程 [S]. 北京：中国建筑工业出版社，2011.
[28] JGJ/T 10—2011 混凝土泵送施工技术规程 [S]. 北京中国建筑工业出版社，2011.
[29] JGJ/T 104—2011 建筑工程冬期施工规程 [S]. 北京：中国建筑工业出版社，2011.
[30] CECS 180—2005 建筑工程预应力施工规程（附条文说明）[S]. 北京：中国计划出版社，2005.
[31] 建筑施工手册（第四版）编写组. 建筑施工手册 [M]. 4 版 . 北京：中国建筑工业出版社，2003.
[32] 姚谨英. 建筑施工技术 [M]. 3 版 . 北京：中国建筑工业出版社，2007.
[33] 陈守兰. 建筑施工技术 [M]. 北京：科学出版社，2005.
[34] 祖青山. 建筑施工技术 [M]. 北京：中国环境科学出版社，2003.

[35] 李伟，王飞. 建筑工程施工技术 [M]. 北京：机械工业出版社，2006.
[36] 应惠清. 土木工程施工技术 [M]. 上海：同济大学出版社，2006.
[37] 张厚先，王志清. 建筑施工技术 [M]. 北京：机械工业出版社，2003.
[38] 宁仁歧. 建筑施工技术 [M]. 北京：高等教育出版社，2004.
[39] 廖代广. 土木工程施工技术 [M]. 武汉：武汉理工大学出版社，2002.
[40] 李继业. 建筑施工技术 [M]. 北京：科学出版社，2001.
[41] 毛鹤琴. 土木工程施工 [M]. 武汉：武汉理工大学出版社，2004.
[42] 林瑞铭，舒适. 建筑施工 [M]. 天津：天津大学出版社，1989.
[43] 钟汉华. 混凝土工程施工机械设备使用指南 [M]. 郑州：黄河水利出版社，2002.